Seite 11	Mechanik – Übungsfeld der Analysis	**1**
Seite 79	Ausbau der Analysis durch Vektorrechnung	**2**
Seite 181	Funktionen mit zwei und mehr Variablen	**3**
Seite 233	Integrale mehrstelliger Funktionen	**4**
Seite 265	Einstieg in die Vektoranalysis	**5**
Seite 295	Von Quellen, Senken und Wirbeln	**6**
Seite 351	Schwingungen, Wellen und zwei Franzosen	**7**

Frank Paech

Analysis – anschaulich und anwendungsorientiert

Frank Paech

Analysis –
anschaulich und anwendungsorientiert

Mit 213 Bildern, 15 Tabellen und zahlreichen Illustrationen

Fachbuchverlag Leipzig
im Carl Hanser Verlag

Dr. rer. nat. Frank Paech
Husum
www.dr-paech.de

Bibliografische Information der Deutschen Nationalbibliothek

Die Deutsche Nationalbibliothek verzeichnet diese Publikation in der Deutschen Nationalbibliografie; detaillierte bibliografische Daten sind im Internet über http://dnb.d-nb.de abrufbar.

ISBN 978-3-446-43175-1
E-Book-ISBN 978-3-446-43592-6

Dieses Werk ist urheberrechtlich geschützt. Alle Rechte, auch die der Übersetzung, des Nachdruckes und der Vervielfältigung des Buches, oder Teilen daraus, vorbehalten. Kein Teil des Werkes darf ohne schriftliche Genehmigung des Verlages in irgendeiner Form (Fotokopie, Mikrofilm oder ein anderes Verfahren), auch nicht für Zwecke der Unterrichtsgestaltung, reproduziert oder unter Verwendung elektronischer Systeme verarbeitet, vervielfältigt oder verbreitet werden.

Fachbuchverlag Leipzig im Carl Hanser Verlag
© 2013 Carl Hanser Verlag München
Internet: http://www.hanser-fachbuch.de

Lektorat: Christine Fritzsch
Herstellung: Katrin Wulst
Satz: Frank Paech, Husum
Layout: Medien Profis GmbH, Leipzig
Druck und Binden: Firmengruppe APPL, aprinta druck, Wemding

Printed in Germany

Vorwort

Ich freue mich, liebe Leserin und lieber Leser, dass Sie das Vorwort nicht überschlagen haben. Wegen des unkonventionellen Aufbaus dieses Buches sind einige Vorbemerkungen sicherlich hilfreich.

Die Grundidee, die Analysis in der vorliegenden Form darzustellen, stammt noch aus meiner eigenen Studienzeit. Das Ärgernis: Nahezu von der ersten Vorlesungsstunde an steht in den Fachvorlesungen eine Mathematik im Hintergrund, die in den Fachvorlesungen Mathematik nur zeitversetzt behandelt werden kann. Auch nachträglich ist in den Mathematikvorlesungen das Aha-Erlebnis nicht einfach, denn sie sind (je nach Hochschultyp) mehr oder weniger eigenständige Module und nicht unbedingt zielgenau auf die Belange der Anwender (Natur- und Ingenieurwissenschaftler) ausgerichtet. So muss beispielsweise der Naturwissenschaftler und Ingenieur Formeln überblicken, die neben mehreren Variablen auch noch mit einer Vielzahl von Parametern bestückt sind. In der „reinen" Mathematik spielen Parameter, mit der Formeln an die Realität angepasst werden müssen, eine untergeordnete Rolle. Dort ist es vorrangig, alle möglichen Spezialfälle, die sogar der „liebe Gott" als irrelevant zurückweisen würde, einzubeziehen. Dieses Buch soll den Studierenden der Natur- und Ingenieurwissenschaften die Möglichkeit geben, sich zeitnah zu ihren Fachvorlesungen, die zugrundeliegende (anwendungsorientierte) Mathematik zu erarbeiten. Es eignet sich dann auch später als populäre, didaktisch ausgefeilte Begleitliteratur für die Mathematik – insbesondere dann, wenn aufgrund des hohen Abstraktionsgrades zwischenzeitlich einmal der Boden „wegsackt" oder Prüfungen drohen.

Möglicherweise wundern Sie sich über die (sehr) bunte Gestaltung dieses Buches. Mir ist es wegen der schwierigen Materie wichtig, Sie liebe Leserin und lieber Leser bei Laune zu halten. Besser Ihr gequältes Lächeln als aufkommende bleierne Müdigkeit. Das traurig dreinblickende Nasenmonster ist ein Überbleibsel aus meiner Lehrtätigkeit: Es diente damals – schnell an die Tafel gekritzelt – als „Identifikationsfigur" und musste Vorder-, Seiten- und Draufsicht geometrischer Figuren anzeigen, musste an elektrische Weidezäune fassen, durfte Rennwagen steuern oder sich abquälen, Berghänge zu erklimmen (in Husum gibt es keine Berge). Die Benutzung dieser Figuren in diesem Lehrbuch ist eine Reminiszenz an meine ehemaligen Schüler – Sie werden mir die Marotte hoffentlich nachsehen.

Hier ist dann auch die Stelle, mich für die Unterstützung der Lektorin Frau Christine Fritzsch und der Herstellerin Frau Katrin Wulst ganz herzlich zu bedanken. Ihnen wünsche ich viel Erfolg beim Durcharbeiten dieses Buches.

Das soll verhindert werden!

„Sofort" und „abrupt" gibt es streng genommen weder in der Natur noch in der Welt der Technik.

Manchmal auch Ihr Begleiter – eine Identifikationsfigur für Blickrichtungen, Merksätze und Gedankenexperimente:

Auf geht's!

Husum im Herbst 2012   Frank Paech

Was Sie zu Beginn unbedingt wissen sollten ...

Im falschen Film?

Nein, Sie sind nicht im falschen Film! Auch wenn es so scheint, Sie haben kein Physik-, sondern ein Mathematikbuch aufgeschlagen. Allerdings erfordern anwendungsrelevante Beispiele – das kann man beklagen – profunde physikalische Kenntnisse. Diese Kenntnisse werden hier mitgeliefert und bedeuten zusätzliche Arbeit. Der Vorteil ist, dass die Hürden zu den Anwendungen in den natur- und ingenieurwissenschaftlichen Fächern eingeebnet sind – die Formeln sind mit Leben erfüllt – Sie können sich etwas darunter vorstellen.

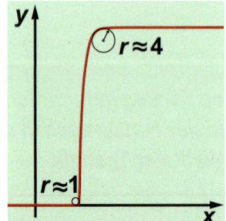

Sprungstelle mit 100-fach gestreckter x-Achse

Um Formeln an die vielfältigen Gegebenheiten der Praxis anpassen zu können, müssen sie mit (vielen) Parametern ausgefüttert werden. Das bedeutet für den Einsteiger eine erhebliche Erschwernis. Zumindest ist der liebe Gott den Anwendern gnädig: Auch wenn es manchmal so scheint, Größen machen weder Sprünge noch knicken sie plötzlich ab. Sobald man den Verlauf der Größen bei entsprechender Auflösung betrachtet, entpuppen sich Knickstellen als abgerundet und Sprungstellen als gemäßigte Übergänge. Unsere Funktionen sind in der Regel **stetig differenzierbar**. Die Diskussion über „Bürstenfunktionen" können wir getrost in die „reine Mathematik" verlagern.

In diesem Buch wird versucht, Sie so tief wie möglich abzuholen, aber die Mathematik der Oberstufe sollten Sie gerne verstanden haben. Für den Fall, dass Ihre Basis Lücken aufweist, bietet der Verlag eine Lösung (s. „Ergänzende Hinweise" am Schluss des Buches). Der „Lernkompass für Überflieger" lässt Sie durch das Buch navigieren und zielsicher eventuelle Lücken beheben. Die Ursache für Verständnisschwierigkeiten liegt oft darin, dass sich die Studierenden nicht über die Schreibkonventionen im Klaren sind. Um sicherzugehen, stellen wir hier im Vorspann die wichtigsten Konventionen heraus:

Zur Not naht Rettung von der Nordseeküste.

Kursiv und nicht kursiv geschriebene Zeichen unterscheiden sich in der Regel in ihrer Bedeutung beträchtlich!

- Zeichen, deren Bezeichnungen frei wählbar sind, werden kursiv geschrieben. Hier dürfen Sie nicht rätseln: „Warum heißt das nur so?" Die Wahl der Bezeichnungen liegt im Ermessen des Verfassers. Natürlich sollten die Zeichen vernünftigerweise so gewählt sein, dass ein Leser Rückschlüsse auf deren Bedeutung ziehen kann. Nicht ganz in diese Vorschrift passen die physikalisch-technischen Formelzeichen. Die werden zwar auch kursiv geschrieben – es gibt jedoch Normen und Konventionen, die zu berücksichtigen sind.
- Zeichen mit feststehender Bedeutung werden **nicht** kursiv geschrieben! Dazu gehören neben den Zahlen, Einheiten, Präfixe, Infixe, Postfixe – die Namen spezieller Funktionen.
- Abweichend von den vorherigen Konventionen wird die kursive Darstellung auch für Hervorhebungen von Fachvokabeln sowie für Formel-, Bild-, Merksatz- und Tabellenverweise benutzt.

Gleichheitszeichen treten in unterschiedlicher Bedeutung auf!

- Das Gleichheitszeichen wird so verwendet, wie Sie es gewohnt sind. Wenn etwas nicht nur gleich, sondern durchgängig gleich ist, verwendet man drei horizontale Striche ($\equiv$). Statt „ist gleich" sagt man dann „ist identisch".
- Das Gleichheitszeichen wird ebenfalls für Definitionen und Zuweisungen verwendet. In den Fällen stellt sich nicht mehr die Frage: „Weshalb ist das links und rechts vom Gleichheitszeichen Stehende gleich?" Die Frage lautet jetzt: „Ist die Zuweisung oder Definition sinnvoll oder ist sie möglicherweise unsinnig?" Wer etwas definiert, muss für seine Definitionen geradestehen! Um ein Definitions- bzw. Zuweisungszeichen von dem normalen Relationszeichen (=) unterscheiden zu können, kann man optional hinter das Gleichheitszeichen ein tief gestelltes „def" schreiben. Es gibt aber auch andere Schreibweisen. In diesem Buch wurde die computerfreundliche Alternative benutzt: Man setzt einen Doppelpunkt **vor** das Gleichheitszeichen. Die Schreibweise ist insofern angenehm, weil sie keinerlei Hoch- oder Tiefstellungen und auch keine Sonderzeichen erfordert.

Punkt-vor-Strich-Konvention

- Mit dieser Konvention wird die Anzahl der Klammern reduziert. Wegen des Vorranges der „Punktrechnung" kann man auf den „Malpunkt" verzichten. Andererseits ist ein „Malpunkt" ein wunderbares Trennzeichen und verbessert die Lesbarkeit von Formeln. Aus diesem Grund stattet man Formeln vielfach doch mit Malpunkten aus, obwohl sie eigentlich überflüssig sind. Lassen Sie beim handschriftlichen Notieren derartiger Formeln, so wie Sie es gewohnt sind, „Malpunkte" getrost fort!

Klammern

- Man sollte vermeiden, durch Konventionen überflüssig gewordene Klammern zu setzen, denn scheinbar sinnlose Klammern weisen in der Regel auf etwas hin. So bedeutet beispielsweise ein eingeklammerter „Exponent" (n) hinter einem Funktionsnamen die n-te Ableitung dieser Funktion.
- Keine Konvention ohne Ausnahmen. Sollten Klammern aus kosmetischen Gründen sinnvoll erscheinen, muss sichergestellt sein, dass der Betrachter dieses auch so wahrnehmen kann.

Buchstabenkombinationen für Funktionsnamen

- Buchstabenkombinationen wie sin, cos, ln, arcsin gefolgt von einem Klammerpaket mit den Argumenten (Präfix-Schreibweise) sind in der Regel alternativlos. Bei e-Funktionen ist das anders: Dort besteht die Möglichkeit, das Argument als Exponent von „e" zu schreiben. Das hat den Vorteil, dass man ein Klammerpaar spart und auf einen Blick erkennt, wie die Potenzregeln bei Umformungen des Funktionsterms anzuwenden sind. Sollte die e-Funktion mit anderen Funktionen verkettet sein, führt die Schreibweise zu unerträglichen Miniaturen, denn üblicherweise vermindert man die Schrifthöhe im Exponenten. Wenn dann aber noch Indizes und Exponenten zu berücksichtigen sind, benötigt man die Augen eines Adlers. In diesem Fall kommt man um „exp(...)" nicht herum. Der Vorteil der Exponenten-Schreibweise ist zugleich Nachteil der Alternative: Die Anwendung der Potenzregeln ist nicht mehr offensichtlich. Es hilft nichts, Präferenzen sind nicht erlaubt, Sie müssen unbedingt beide Schreibweisen beherrschen.

(s. 7.12.4)
Formelverweis

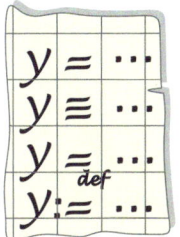

Mehrere Gleichheitszeichen!

Tante-Sally-Regel aus den USA

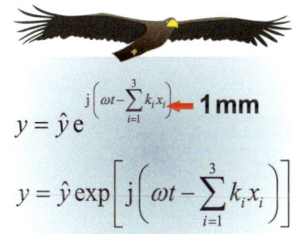

Selbst für Adler problematisch

Indexsalat

Kein Zeichen von mangelndem Sachverstand: die Benennung der Koordinaten mit x, y und z.

Indizes erfordern einen spitzen Bleistift!

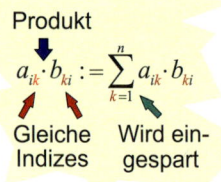

- Indizes sind unverzichtbare Hilfsmittel bei der Darstellung mathematischer Zusammenhänge. Unverzichtbar insbesondere dann, wenn Summen unter Verwendung des Σ-Zeichens verkürzt geschrieben werden sollen. Allerdings erschweren sie (nicht nur) wegen ihrer verminderten Schriftgröße die Lesbarkeit der Formeln. Sind beispielsweise die kartesischen Koordinaten mit x_1, x_2, x_3 benannt, steckt das Merkmal nur in dem kleinen Index. Wenn sichergestellt ist, dass man sich im Dreidimensionalen befindet, kann man getrost auf x, y, z zurückgreifen. Auch hier gilt: Sie dürfen sich nicht auf eine Schreibweise beschränken, Sie müssen Formeln mit und ohne Indizes „lesen und schreiben" können – zur Not eben mit Lupe und superspitzem Bleistift.

- Zur Darstellung eines Einheitsvektors sind drei Zeichen notwendig: Ein kleines e weist ihn als Einheitsvektor aus, ein Pfeil oder Fettdruck ist zur Kennzeichnung des vektoriellen Charakters notwendig, die wichtige Richtungsinformation steht in dem kleinen tiefgestellten Postfix (Ziffern oder Buchstaben). Die mühselige Schreiberei provoziert Nachlässigkeit. Für die Orthonormalbasis von Rechtssystemen dürfen alternativ die traditionellen – in Deutschland früher in Frakturschrift geschriebenen – Zeichen verwendet werden: i, j, k (s. DIN 1303). In Schreibschrift verwendet man „Schnörkelbuchstaben" (US: funny letters), d.h. Buchstaben, die sich merklich von Ihrer Normalschrift unterscheiden. Der Riesenvorteil: Die Richtungsinformation steckt in dem Zeichen selbst und ist selbst mit müdigkeitsvernebeltem Blick eindeutig erkennbar.

- Auf die Summenkonvention, die es ermöglicht, bei Summen das Σ-Zeichen mitsamt der Angabe über den Laufindex fortzulassen, wird in diesem Buch verzichtet. Die Konvention besteht darin, dass über Produkte mit gleichen Indizes automatisch summiert wird – für Fortgeschrittene eine Erleichterung, für Einsteiger eine Quälerei. Sollte Ihr Professor auf diesen Schreibweisen bestehen, ist es empfehlenswert, im Manuskript die ausführlicheren Schreibweisen hinzuzufügen. Irgendwann hat man sich dann auch an die eleganten Kurzschreibweisen gewöhnt (Vorsicht, es gibt auch hochgestellte Indizes).

Übungsaufgaben:

Der Autor kennt niemanden!

Nicht unbedingt effektiv: Aufgaben, bei denen man nicht weiß, wie sie gemeint sind.

Kennen Sie jemanden, der **freiwillig** die Übungsaufgaben eines Lehrbuchs bearbeitet, um sie dann mit irgendwo versteckten verknappten Lösungen zu vergleichen? Aufgabenstellungen, die aus einem gemeinsamen Problem erwachsen, sind eindeutig. Im Falle künstlich konstruierter Aufgaben ist man nie sicher, die Aufgabenstellung so zu interpretieren, wie der Aufgabensteller sie sich vorgestellt hat. Ein fertiges Ergebnis hilft nur bedingt. In diesem Buch folgt den Übungsaufgaben jeweils unmittelbar ein weitgehend vollständiger Lösungsvorschlag. Ein Zeichen von Charakterstärke: Lösung mit einem Blatt Papier abdecken und selber rechnen.

Inhalt

1	**Mechanik – Übungsfeld der Analysis I**	**11**
1.1	Bemerkungen zur Schulphysik	11
1.2	Erste Sichtung der klassischen Physik	13
1.3	Newtons Bewegungsgesetz	17
1.4	Der nicht ganz freie Fall	22
1.5	Tabellenkalkulation verstehen	28
1.6	Mit der Tabellenkalkulation einen Fallschirmsprung simulieren	32
1.7	Schwingfähige Systeme	39
1.8	Freie gedämpfte Oszillatoren	45
1.9	Der gedämpfte Oszillator exakt	50
1.10	Zwang ausüben – Resonanz	60
1.11	Erzwungene Schwingungen exakt berechnen	67
2	**Ausbau der Analysis durch Vektorrechnung**	**79**
2.1	Eine mittelalterliche Kanone	79
2.2	Mit der Tabellenkalkulation eine Hansekogge beschießen	82
2.3	Exakte Parameterdarstellungen spezieller Bahnkurven	86
2.4	Parameterdarstellung einer Geraden im Raum	90
2.5	Darstellungen von Ebenen im Raum	95
2.6	Bahnkurven im Raum aufgrund Gravitation	106
2.7	Kurvenfahrten ohne Schienen	113
2.8	Koordinatentransformationen und Scheinkräfte	119
2.9	Reale Systeme und Massenmittelpunkt	133
2.10	„Quantitas Motus" – der Impuls	137
2.11	Drehmoment oder der Nutzen des Kreuzprodukts I	144
2.12	Drehimpuls, Kreisel und der Nutzen des Kreuzprodukts II	154
2.13	Die Bewegungsgleichungen eines fast starren Körpers	166
3	**Funktionen mit zwei und mehr Variablen**	**181**
3.1	Mehrstellige Funktionen und ihre Ableitungen	181
3.2	Von totalen Differenzialen, Hyperebenen und Gradienten	190
3.3	Von Bergen, Tälern und Bergsätteln	205
3.4	Von Kurven und Singularitäten	214
3.5	Extremwerte mit Nebenbedingungen	224
3.6	Die Gaußsche Methode der kleinsten Quadrate	228

4 Integrale mehrstelliger Funktionen — 233

- 4.1 Bereichsintegrale — 233
- 4.2 Bereichsintegrale in Zylinderkoordinaten — 241
- 4.3 Bereichsintegrale in Kugelkoordinaten — 247
- 4.4 Kurven- oder Linienintegrale — 252
- 4.5 Flächen- bzw. Oberflächenintegrale — 257

5 Einstieg in die Vektoranalysis — 265

- 5.1 Ebene Strömungsfelder und ihre Darstellung — 265
- 5.2 Superposition ebener Strömungsfelder — 274
- 5.3 Von Strömen, Flüssen und Dichten — 277
- 5.4 Kurvenintegrale in Kraftfeldern — 279
- 5.5 Energieerhaltung in Potenzialfeldern — 285
- 5.6 Der Energiesatz in der Mechanik — 290

6 Von Quellen, Senken und Wirbeln — 295

- 6.1 Quellen, Senken und Divergenzen — 295
- 6.2 Vektorfelder mit Quellen und Senken — 300
- 6.3 Von Potenzialen, Monopolen und Multipolen — 306
- 6.4 Dipole und Quadrupole konkret — 313
- 6.5 Wirbel und Rotoren — 317
- 6.6 Vektorfelder mit Quellen, Senken und Wirbeln — 323
- 6.7 Der Trick mit dem Vektorpotenzial — 330
- 6.8 Influenz – der Einfluss der Materie — 335
- 6.9 Induktion – nichtstationäre Vektorfelder — 341
- 6.10 Nabla-Gymnastik: Maxwells neuer Summand — 345
- 6.11 Mehr Nabla-Gymnastik: Das Bernoullische Prinzip — 348

7 Schwingungen, Wellen und zwei Franzosen — 351

- 7.1 Viele gekoppelte Oszillatoren — 351
- 7.2 Eine Gleichung, die Wellen produziert — 359
- 7.3 Superposition von Wellen, Gruppen und Paketen — 367
- 7.4 Fourier-Analyse im Komplexen — 374
- 7.5 Fourier-Integral und Fourier-Transformation — 380
- 7.6 Schnupperkurs Laplace-Transformation — 391

Anhang

- Ergänzende Hinweise — 400
- Sachwortverzeichnis — 402

Mechanik – Übungsfeld der Analysis I

1.

Kein Zweifel: Die Mechanik ist die Mutter der Physik und die wiederum ist Grundlage aller natur- und ingenieurwissenschaftlichen Fächer. Da Isaak Newton parallel zur Mechanik auch die Analysis maßgeblich (mit-)entwickelte, kann auch mit gleichem Recht, der Mechanik die Mutterrolle für die Analysis zugesprochen werden. In diesem Kapitel werden wir ein wenig von Isaak Newtons Arbeitsweise übernehmen. Wir werden versuchen, wechselseitig Ihre Mathematik- und Physik-Kenntnisse auszubauen. Natürlich kann man sich leicht in den endlosen Weiten von Mathematik, Physik und Technik verlieren. Welche grundlegenden Kenntnisse sind wichtig und was duldet Aufschub? Tatsächlich gibt es dafür eine Entscheidungshilfe und das ist die sogenannte *klassische Physik*.

Arbeitete zur Zeit Newtons ebenfalls maßgeblich an der Entwicklung der Analysis: Gottfried Wilhelm Leibniz

Ihr Wegweiser durch die anwendungsorientierte Mathematik

1.1 Bemerkungen zur Schulphysik

Führen wir uns einmal vor Augen, mit welchen Formeln Schüler im Laufe ihrer Schulkarriere im Fach Physik konfrontiert werden (*s. Bild 1.1.1*). Angesichts der Vielzahl dieser Formeln, könnte man Schulphysik für eine subtile Form der Kinderquälerei halten. Auf der anderen Seite ist bekannt, dass Formeln keineswegs einfach in den Raum gestellt werden. Hinter jeder Formel steht ein „Versuch", ein mehr oder weniger anschauliches *Modell* und eventuell auch noch eine Reihe von Übungsaufgaben. Es handelt sich im Bild wohl um eine eher suggestive Darstellung.

> **Was ist in der Naturwissenschaft ein Modell?**
> Ein Modell ist ein System, mit dem ein Phänomen im Rahmen einer sinnvollen Genauigkeit beschrieben und erklärt werden kann. Es besteht in der Regel aus einem anschaulichen System, das dem täglichen Leben entlehnt ist, darf aber auch aus einem System mathematischer Relationen bestehen. Der Phantasie der „Modellierer" sind keine Grenzen gesetzt.

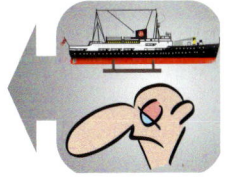

Merksatz 1.1.1

Die Schulphysik ist für viele Schüler nicht leicht zu begreifen. Das liegt nicht so sehr an der Vielzahl möglicher Formeln – in den Fremdsprachen müssen die Schüler viel mehr Vokabeln lernen und schaffen das auch. Das Problem liegt tiefer. Im naturwissenschaftlichen Unterricht muss weitgehend auf die Unterstützung durch Mathematik verzichtet werden. Das, was für den jeweiligen Unterrichtsstoff aus der Mathematik eigentlich gebraucht wird, ist immer Stoff höherer Klassenstufen (und später Semesterstufen). Damit können die Phänomene der Naturwissenschaften nicht in einem größeren Zusammenhang dargestellt werden, sondern sind nur im Rahmen spezieller Modelle mit limitiertem Gültig-

Leider setzt sich das auch im Hochschulbereich fort!

Berühmte Modelle: Bohrsches Atommodell, Orbitalmodell, Kugelwolkenmodell

Beispiel: Das Boyle-Mariottesche Gesetz gilt nur für „ideale Gase" bei konstanter Temperatur.

keitsbereich erklärbar. Es ist zumeist für jedes Phänomen ein anderes Modell erforderlich. Damit ist es für Lernende zwangsläufig äußerst schwierig selbstständig zu beurteilen, was weitgehend exakt (fast nie!) und was nur eine Näherung mit begrenztem Gültigkeitsbereich ist. Die traditionelle Namensgebung trägt noch dazu bei. Viele Formeln bzw. deren verbale Ausformulierung führen die hehre Bezeichnung „…gesetz" und suggerieren unbegrenzte Gültigkeit. Dem Lernenden stellt sich die Physik als unzusammenhängendes Konglomerat von Phänomenen, Modellen und Gesetzen dar – ein roter Faden ist schwer erkennbar.

Schauen Sie genau hin! Vor diesem Formelflickenteppich haben auch Sie einmal gestanden.

Bild 1.1.1
Schülerin vor den Formeln der Schulphysik

Sobald man über hinreichende Mathematikkenntnisse verfügt, hellt sich das Ganze auf. Seit Anfang des 20. Jahrhunderts ist ein aus nur sieben Relationen bestehendes mathematisches Modell bekannt, das nicht nur einzelne Phänomene, sondern die komplette Physik des Anschauungsraumes widerspruchsfrei beschreibt. Die einzelnen Relationen waren auch schon vorher bekannt – sie fügten sich aber erst zu einem widerspruchsfreien Ganzen zusammen, nachdem James C. Maxwell die später nach ihm benannte 4. Maxwellsche Gleichung mit einem zusätzlichen Summanden vervollständigte. „Supermodelle", die einen sehr großen Bereich widerspruchsfrei wiedergeben, nennt man in der Naturwissenschaft eine *Theorie (vgl. Merksatz 1.1.1)*. Die gerade erwähnte heißt ihrer Zeitepoche entsprechend *klassische Physik*. Der Gültigkeitsbereich der klassischen Physik ist groß, reicht aber nicht in den Mikro- und nicht in den Makrokosmos hinein. Für diese Bereiche sind weitere Theorien erforderlich. Aber das ist auch nicht weiter schlimm: So wie beispielsweise die Übergänge vom Millimeterbereich (Anschauungsraum) in den Nanometerbereich (Mikrokosmos) fließend sind, gehen auch die Theorien fließend ineinander über. Sie dürften gar nicht die hehre Bezeichnung „Theorie" führen, wenn sich im Überschneidungsbereich der Theorien Widersprüche ergäben.

> **Was ist eine Theorie?**
> Eine *Theorie* ist in der Naturwissenschaft das „Allerhöchste" – darüber kommt nur noch der „liebe Gott"!
> Ein Denkgebäude darf nur dann mit der Vokabel *Theorie* geadelt werden, wenn damit ein **sehr** großer Bereich widerspruchsfrei erklärt werden kann.
> **Umfangreiche experimentelle Bestätigungen sind Bedingung!**
> Beispiele neben der klassischen Physik: Quantenmechanik, Quantenelektrodynamik, allgemeine Relativitätstheorie.
> Wird lediglich ein begrenzter Phänomen-Bereich erklärt, spricht man nur von *Modellen*.

Merksatz 1.1.2

Die Widerspruchsfreiheit und die Kompatibilität zu den benachbarten Theorien machen die klassische Physik zu einer sicheren **Bastion** von Naturwissenschaft und Technik. Das klingt fantastisch und ist es auch: Lediglich **sieben** Relationen und kein Wirrwarr aus hunderten von Formeln erschließen die physikalischen Grundlagen der Naturwissenschaft. Einziger Wermutstropfen: Die klassische Physik erfordert eine anwendungsorientierte Mathematik. Die steht den Studierenden zum Studienbeginn nicht zur Verfügung, sondern kann erst nach und nach aufgebaut werden. Unsere arme Schülerin in *Bild 1.1.1* kann von der klassischen Physik nicht profitieren – vielleicht kann es ihr Lehrer.

Mit dem vorher Gesagtem zeichnet sich unsere weitere Vorgehensweise ab: Wir werden einen Zickzackkurs einschlagen und so versuchen, wechselseitig klassische Physik und die zugehörige Mathematik zu erfassen.

1.2 Erste Sichtung der klassischen Physik

Das *Bild 1.2.1* zeigt die 18 Mitarbeiterinnen und Mitarbeiter eines kleinen Betriebes vor ihrem Stammhaus. Ein neu angestellter Mitarbeiter steht zunächst vor einem Informationsdefizit. Er kennt seine zukünftigen Kolleginnen und Kollegen und deren Aufgabenbereich noch nicht. Genauso wichtig für eine erfolgreiche Arbeit ist das Wissen um die arbeitsrelevanten Beziehungen innerhalb der Mitarbeiterschaft. Am günstigsten ist es, wenn sich ein wohlwollender Betriebsangehöriger bereit erklärt, den Neuling zeitlich klug gestaffelt in die Betriebsinterna einzuweisen.

Bild 1.2.1
Das Informationsdefizit eines Neulings: Aufgabenbereiche und Beziehungen

Als Neuling in der klassischen Physik steht man vor einer vergleichbaren Situation. Zunächst müssen die relevanten Größen, die an der Theorie beteiligt sind, bekannt sein. Die Relationen dieser Größen – wir sagen jetzt statt Beziehungen lieber unverfänglich Relationen – sind im Gegensatz zu den menschlichen Beziehungen einfacher: Sie sind wohldefiniert. Damit hat es aber mit der Einfachheit ein Ende, denn die Lösungsmannigfaltigkeit des Relationssystems ist überwältigend. Wir werden uns davon aber nicht entmutigen lassen und zeitlich schön gestaffelt vorgehen.

Betrachten Sie an dieser Stelle die Maxwellschen Gleichungen nur mit zusammengekniffenen Augen!

Zählt traditionell als eine Relation:
$$\vec{g} = \ldots \wedge \vec{F} = m \cdot \vec{g}$$
$$\Leftrightarrow \vec{F} = G \frac{m\,M}{r^2} \frac{\vec{r}}{r}$$

Kraftgesetze: Im Bereich der Atomkerne kommen zwei starke, aber extrem kurzreichweitige Kernkräfte hinzu.

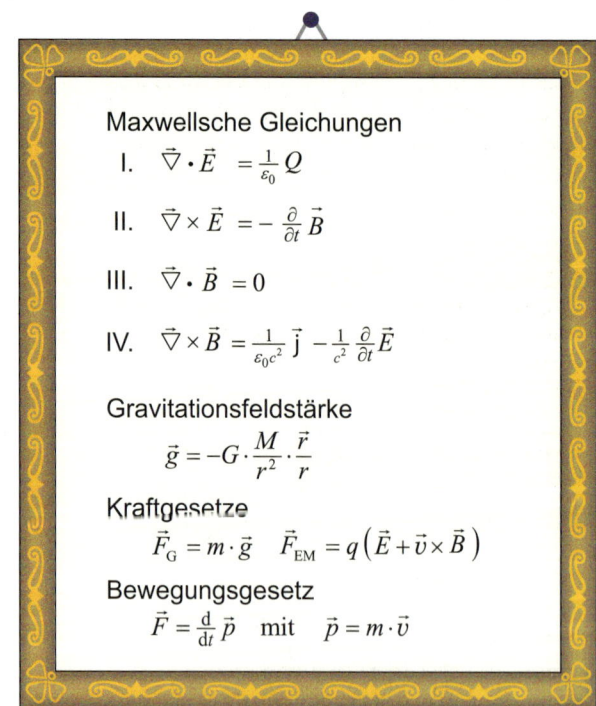

Bild 1.2.2
Klassische Physik

Maxwellsche Gleichungen

I. $\vec{\nabla} \cdot \vec{E} = \frac{1}{\varepsilon_0} Q$

II. $\vec{\nabla} \times \vec{E} = -\frac{\partial}{\partial t} \vec{B}$

III. $\vec{\nabla} \cdot \vec{B} = 0$

IV. $\vec{\nabla} \times \vec{B} = \frac{1}{\varepsilon_0 c^2} \vec{j} - \frac{1}{c^2} \frac{\partial}{\partial t} \vec{E}$

Gravitationsfeldstärke
$$\vec{g} = -G \cdot \frac{M}{r^2} \cdot \frac{\vec{r}}{r}$$

Kraftgesetze
$$\vec{F}_G = m \cdot \vec{g} \qquad \vec{F}_{EM} = q\left(\vec{E} + \vec{v} \times \vec{B}\right)$$

Bewegungsgesetz
$$\vec{F} = \frac{d}{dt} \vec{p} \quad \text{mit} \quad \vec{p} = m \cdot \vec{v}$$

Zunächst kümmern wir uns um die beteiligten Größen und betrachten die Relationen nur im Regenbogenpressestil: Wer hat was mit wem? Genaueres hat noch (viel) Zeit.

1.2 Erste Sichtung der klassischen Physik

Zunächst eine erfreuliche Bemerkung: Für das Verständnis einer Theorie sind die Naturkonstanten nicht von Bedeutung – man sollte sich deshalb von deren zum Teil exotischen Benennungen nicht irritieren lassen. Im vorliegenden Fall sind die *elektrische Feldkonstante* ε_0, die *Gravitationskonstante* G und die *Lichtgeschwindigkeit* c für das Grundverständnis unwichtig. Sie kommen natürlich sofort ins Spiel, wenn konkret etwas berechnet werden soll. Beachten Sie: Die Zahlenwerte der Naturkonstanten liegen mit dem SI-System fest. Die Verwendung anderer Einheiten-Systeme, beispielsweise um die elektrische Feldkonstante ε_0 auf den Zahlenwert 1 zu trimmen, sind nicht mehr üblich!

Es gibt auch eine magnetische Feldkonstante:

$$\frac{1}{\varepsilon_0 \cdot c^2} := \mu_0$$

Gott sei Dank!

> **Was ist mit „System" gemeint?**
> System ⟨gr., „aus Gliedern bestehendes Ganzes"⟩
> In Naturwissenschaft und Technik wird der Begriff System i.Allg. verwendet, um ein in sich geschlossenes (nicht notwendig abgeschlossen!) und nach irgendeinem Prinzip geordnetes Ganzes zu bezeichnen. Der Begriff wird immer dann gern verwendet, wenn das Ordnungsprinzip unbekannt oder schwer in Kurzform darzustellen ist. Ein Beispiel ist ein System aus einem Atomkern und Elektronen – ein Atom. Das Ordnungsprinzip lässt sich nur aufwendig mithilfe der Quantenmechanik beschreiben.

Merksatz 1.2.1

Die klassische Physik ist keine Theorie, mit der sich der Mikrokosmos erschließen lässt. Es ist beispielsweise nicht möglich, auf der Basis dieser Theorie eine vernünftige Erklärung zu finden, weshalb sich zwei (neutrale) Wasserstoffatome zu einem stabilen Molekül H_2 zusammenschließen. Eine schlechte Idee wäre es allerdings, die Relationen als System von Axiomen zu betrachten und sich stur den Informationen aus den Nachbartheorien zu verschließen. Was verwendbar ist, wird auch verwendet!

Nur mithilfe der Quantenmechanik erklärbar: die chemische Bindung

	Beschreibung	Gesamtmasse	Gesamtladung
Körper, Teilchen	Irgendein materielles System – z.B. ein Himmelskörper, ein Schinken, ein Molekül	beliebig	beliebig
Proton	Positiv geladener Kernbaustein, kleinste im Nanokosmos vorkommende Ladung	m_p	$+q_e$
Neutron	Kernbaustein ohne Ladung, hat etwa die gleiche Masse wie ein Proton	m_n	0
Elektron	Ladung gleicht exakt der des Protons mit umgekehrten Vorzeichen, Elektronenmasse ca. 0,5 ‰ der Protonenmasse	m_e	$-q_e$
Atomkern	System aus n Neutronen und p Protonen	$n \cdot m_n + p \cdot m_p$	$+p \cdot q_e$
Atom, Molekül	System aus Atomkern(en) und Elektronen, Protonenzahl = Elektronenzahl, hat etwa die gleiche Masse wie der/die Kern(e)	$n \cdot m_n + p \cdot m_p + p \cdot m_e$	0
$q_e \approx 1{,}602 \cdot 10^{-19}$ C, $m_p \approx m_n \approx 1{,}675 \cdot 10^{-27}$ kg, $m_e \approx 9{,}109 \cdot 10^{-31}$ kg; $n, p \in \mathbb{N}$			

Tabelle 1.2.1
Für die klassische Theorie wichtige Teilchen des Mikrokosmos

Sie können getrost Ihre Kenntnisse aus der Schule (Physik und Chemie) verwenden.

In der klassischen Theorie steht nichts von der Teilchenstruktur des Mikrokosmos. Es sind nur zwei Eigenschaften materieller Körper aufgeführt: Ladung (q, Q) und Masse (m, M). In *Tabelle 1.2.1* ist zusammengestellt, was aus dem Mikrokosmos (stillschweigend) übernommen wird.

Beachten Sie:
Das magnetische Pendant zum elektrischen Feld ist das B-Feld!

Die erste Gruppe der klassischen Physik sind die Maxwellschen Gleichungen. Sie sagen aus, dass geladene Körper – gleich ob in Ruhe (Ladung Q) oder bewegt (Strom I) – ihre Umgebung in einen anderen Zustand versetzen. Sie erzeugen zwei Felder – ein *elektrisches Feld* ***E*** und ein *magnetisches Feld* ***B***. Über die Eigenschaften des elektromagnetischen Feldes lässt sich natürlich erst etwas aussagen, wenn man Lösungen der Relationen gefunden hat. In der nächsten wesentlich einfacheren Relation steht, dass auch ein massebehafteter Körper seine Umgebung verändert. Er erzeugt ein Gravitationsfeld.

Q wird gerne felderzeugende Ladung genannt. Entsprechend ist M die felderzeugende Masse (Gravitationsladung).

Nun muss geklärt werden, was es heißt, wenn aufgrund der elektrischen Ladung Q bzw. der Masse eines Körpers M seine Umgebung in einen anderen Zustand versetzt wird! Das wird mit den „Kraftgesetzen" ausgesagt. Befindet sich ein zweiter Körper mit der Masse m in dem Gravitationsfeld, so wirkt aufgrund dieses Feldes auf ihn eine Kraft ($m·\vec{g}$). Zwar ist das Kraftgesetz für geladene Körper (Ladung q, Geschwindigkeit $\vec{v}$) im elektromagnetischen Feld nicht ganz so simpel – aber immerhin, genau wie im Gravitationsfeld wirken aufgrund der Felder ***E***, ***B*** Kräfte auf den (geladenen) Körper.

Zum Nachweis der Felder benötigt man einen „Probekörper". Man spricht im elektrischen Fall von einer „Probeladung".

Kräfte auf einen Körper, was immer sie hervorgerufen haben mag, haben Folgen: Sie ändern seinen Bewegungszustand. Genau das sagt die siebente Relation aus. Diese *Bewegungsgesetz* genannte Relation ist das *zweite Newtonsche Axiom* (auch: *Grundgesetz der Mechanik*). Die zeitliche Änderung der Größe ***p*** wurde von Newton „Mutationem motus" benannt. Heute spricht man von der zeitlichen Änderung des *Impulses p*, dem Produkt aus Masse und Geschwindigkeit:

motus <lat., „Bewegung">

(1.2.1)
$$\vec{p} := m \cdot \vec{v} \ , \quad \frac{d}{dt}\vec{p} = \left(\frac{d}{dt}m\right) \cdot \vec{v} + m \cdot \left(\frac{d}{dt}\vec{v}\right)$$

Zur Ermittlung der zeitlichen Änderung muss die Produktregel angewendet werden. Sollte sich die Masse des Körpers nicht ändern, ist der erste Summand gleich null. Nun wird Ihnen das Bewegungsgesetz bekannt vorkommen:

(1.2.2)
$$m = \text{konst.}: \quad \vec{F} = m \cdot \frac{d}{dt}\vec{v} \quad \text{bzw.} \quad \vec{F} = m \cdot \vec{a}$$

Die zeitliche Änderung der Geschwindigkeit ist nichts anderes als die Beschleunigung. Welchen Vorteil es hat, anstelle der anschaulichen Größe Geschwindigkeit mit der abstrakten Rechengröße Impuls zu operieren, klären wir später.

Sie sind jetzt sicher, dass für die Kraft auf einen Körper ausschließlich die Felder E, B oder g verantwortlich sind (Ausnahme: Atomkernbereich).

Bei dieser ersten Sichtung, haben wir natürlich alle Probleme umgangen. Als sehr schwierig werden sich die Maxwellschen Gleichungen herausstellen. Eine weitere Schwierigkeit lässt sich auch schon erkennen: Der Körper, der sich in den Feldern befindet, erzeugt seinerseits ebenfalls Felder und die daraus resultierenden Kräfte wirken auf die Felderzeuger zurück und können diese verändern. Mathematisch heißt das: Sämtliche Relationen sind nicht unabhängig, sondern gekoppelt!

1.3 Newtons Bewegungsgesetz

Die Aussage, dass für die Kraft auf einen Körper – sofern man die Kerne nicht antastet – ausschließlich *E*-, *B*- oder *g*-Felder verantwortlich sind, wird Sie sicher verblüfft haben. Dass die Kraft eines Elektromotors etwas mit elektromagnetischen Feldern zu tun hat, wird niemanden erstaunen – aber was ist mit der ganz gewöhnlichen Muskelkraft? Fragen wir zwei Experten! Da ist zunächst der *Hammerhai* – die Unterseite seines flügelförmigen Kopfes ist gespickt mit hochempfindlichen Sensoren für elektrische Felder. Da ein (Beute-)Fisch zwangsläufig für seine Kiemenatmung Muskelaktivität aufrecht erhalten muss, hilft das beste Tarnkleid (plus Eingraben in den Sand) nichts: Der Hai kann das zur Atmungsaktivität benötigte *E*-Feld orten. Ein anderer Experte ist der *Zitteraal*. Hier hat die Evolution Muskelzellen so umgebildet, dass sie nicht auf Krafterzeugung, sondern auf Felderzeugung optimiert sind. Das Tier kann mit diesen Zellen elektrische Felder respektabler Feldstärken erzeugen und damit Beutetiere in einen für ihn appetitlichen Zustand versetzen. Sie sind betäubt und können in aller Ruhe genüsslich verspeist werden.

Zwei Feldexperten

Verlieren wir unsere Ziele nicht aus den Augen! Wir benötigen Grundkenntnisse für den Ausbau der Analysis. Ein weiteres Eingehen auf tierische Spezialisten würde uns in einem Sumpf aus Fachvokabeln und speziellen Modellen versinken lassen. Wir werden, um in der Theorie weiterzukommen, eine kühne militärische Vorgehensweise einschlagen. Wir werden **das Feld von hinten aufrollen**. Hinten bzw. ganz unten in *Bild 1.2.2* steht das Newtonsche Bewegungsgesetz. Das werden wir uns als erstes vornehmen. Auch wenn wir über das Zustandekommen der Kräfte noch nicht viel sagen können, sind wir deswegen keineswegs hilflos. In vielen Fällen kann man sich mit empirisch ermittelten Kräften sehr gut behelfen. Das (Newtonsche) Bewegungsgesetz – hier noch eindimensional – werden wir uns an dem populären VW-Käfer klar machen:

Bitte blättern Sie zurück!

Empirie <gr., „Erfahrung"> Ein Beispiel ist das aus der Schule bekannte „Hookesche Gesetz": F = D · s

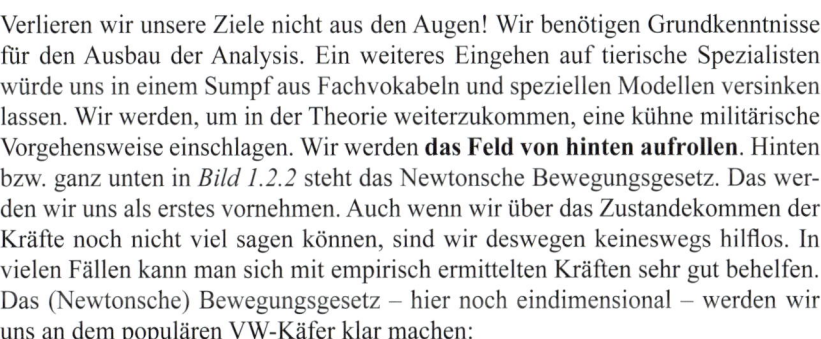

Der dem Bewegungsgesetz zugrunde liegende Vektorraum ist hier (noch) eindimensional. Das Bewegungsgesetz darf dann ohne Vektorpfeile notiert werden.

Bild 1.3.1
VW-Käfer mit Uhr, Tageskilometerzähler und Tachometer

Im Blickfeld des Fahrers und des Beifahrers sind die Instrumente, die den momentanen Fahrzustand des Fahrzeugs anzeigen:

Formelzeichen s:
spatium <lat., „Zwischen-
raum, Strecke, ...">

- Zeit t: Uhr zeigt die Tageszeit an. Müsste gegebenenfalls durch eine Stoppuhr ergänzt werden.
- Strecke $s(t)$: Der Tageskilometerzähler zeigt die nach dem Nullreset zurückgelegte Strecke s(t) an.
- Geschwindigkeit $v(t)$: Das Tachometer zeigt die Momentangeschwindigkeit $v(t)$ an.

Ein Sensor für große
Beschleunigungen: ein
gefüllter Magen

- Beschleunigung $a(t)$: Ein Beschleunigungsmesser ist nicht vorgesehen. Der Podex des Fahrers ist ein grober Sensor für die Beschleunigung $a(t)$. Ansonsten ist die Beschleunigung an den Änderungen der Zeigerwinkel von Tacho und Sekundenzeiger zu erkennen.

kinema <gr., „Bewegung">

Äußerst wichtig ist, dass Sie sich über die Definitionen und Darstellungsalternativen der kinematischen Größen sowie deren Beziehungen zueinander im Klaren sind:

Merksatz 1.3.1

Zeit t, Zeitintervall Δt:

$$0 \quad\quad t_u \quad t_o \quad\quad\quad t_u \leq t \leq t_o \quad\quad \frac{t}{s}$$
$$\Delta t$$

Momentangeschwindigkeit $v(t)$:

$$v(t) = \lim_{\Delta t \to 0} \frac{\Delta s}{\Delta t} = \frac{\mathrm{d}s}{\mathrm{d}t}\bigg|_t \quad \underbrace{\left(\frac{\mathrm{d}}{\mathrm{d}t}s(t) \text{ bzw. } \dot{s}(t)\right)}_{\text{alternative Darstellungen}}$$

Δs ist die Ortsänderung des Systems im Zeitintervall der Breite Δt.

Momentbeschleunigung $a(t)$:

$$a(t) = \lim_{\Delta t \to 0} \frac{\Delta v}{\Delta t} = \frac{\mathrm{d}v}{\mathrm{d}t}\bigg|_t \quad \underbrace{\left(\frac{\mathrm{d}}{\mathrm{d}t}v(t) \text{ bzw. } \dot{v}(t), \frac{\mathrm{d}^2}{\mathrm{d}t^2}s(t), \ddot{s}(t)\right)}_{\text{alternative Darstellungen der Beschleunigung}}$$

Δv ist die Geschwindigkeitsänderung im Zeitintervall der Breite Δt.

Geschwindigkeitsänderung
Δv im Zeitintervall Δt:

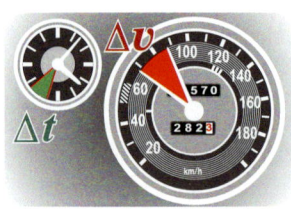

Über das Bewegungsgesetz (*1.2.2*) sollten Sie wirklich verwundert sein: Was für eine simple Relation! Keine der beteiligten Größen ist mit einer entsetzlichen einstelligen Verknüpfung wie z. B. einer Wurzel oder Potenz verkettet. Auch wenn die Beschleunigung mithilfe Differenzialoperatoren ausgedrückt wird – diese Operatoren sind gutartig, sie sind lineare Operatoren.

Das Bewegungsgesetz
trägt viele Namen: Grund-
gesetz der Mechanik,
2. Newtonsches Axiom,
2. Newtonsches Gesetz,
Newton II, ...

Den Einfluss der Masse im Bewegungsgesetz bemerken Autofahrer, die sich mit „untermotorisierten" Autos begnügen, sofort. Vollgepackt mit fünf Personen und unter Umständen noch Gepäck auf dem Dach, will das Auto an der Ampel nach Ende der Rotphase einfach nicht in Gang kommen. Nach dem Newtonschen Bewegungsgesetz eine klare Sache: Bei gleicher Kraft vermindert sich – der erhöhten Masse entsprechend – die Beschleunigung. Ohne eine „Startrakete", die eine Extrakraft erzeugt, ist nichts zu machen. Dass bei konstanter Masse Kraft und Beschleunigung zueinander proportional sind, ist in „übermotorisierten" Autos leicht zu spüren. Jede Veränderung der Kraft mithilfe des Gaspedals wirkt sich unmittelbar durch eine fühlbare Beschleunigung aus. Die Proportionalität lässt

sich natürlich nur messen und nicht mit dem Podex erfühlen. Auch die entgegengesetzt zur Fahrtrichtung wirkende Bremskraft ist (am Bremspedal) regelbar. Die Bremskraft verursacht eine mehr oder weniger starke Geschwindigkeitsverminderung. Die Beschleunigung ist negativ. Auch hier gilt das Bewegungsgesetz. Werfen wir noch einen Blick auf die häufigsten Fehler, die in Zusammenhang mit dem Bewegungsgesetz gemacht werden:

- Mit dem Bewegungsgesetz wird nicht die Größe Kraft definiert! Definiert wird lediglich die Einheit der Kraft (kg·m/s², Aliasname: Newton).
- F ist nur in kaum realisierbaren Fällen konstant. Es handelt sich in der Regel um mehr oder weniger komplizierte Funktionen.
- F steht für die Summe aller einwirkenden Kräfte. Das Produkt aus Masse und Beschleunigung erlaubt keinen Rückschluss auf einzelne Summanden.

Keine Kraftdefinition:

Beispiel:
$F := D\hat{x}_E \cdot \sin(\omega \cdot t + \delta)$

Kann durchaus vorkommen:
$\vec{F} := \vec{F}_1 + \vec{F}_2 + \vec{F}_3 + \ldots$

Zur genaueren Analyse des Bewegungsgesetzes denken wir uns, dass es sich bei der Kraft F um die Werte einer wohldefinierten Funktion handelt. Dann können wir annehmen, dass auch $v(t)$ eine wohldefinierte Funktion ist. Die Argumente und Funktionswerte von $v(t)$ können kontinuierlich an der Uhr und am Tachometer abgelesen werden. Die Masseänderung durch Treibstoffverbrauch beachten wir noch nicht.

Wäre beispielsweise mithilfe eines programmierbaren Fahrroboters realisierbar

$$m = \text{konst.}: \quad F = m \cdot \frac{dv}{dt} \Bigg| :m \Leftrightarrow \frac{dv}{dt} = \frac{F}{m} \Bigg| \cdot dt \Leftrightarrow \underline{\underline{dv = \frac{F}{m} \cdot dt}}$$

(1.3.1)

Nach der Division durch die Masse m ist ersichtlich, dass die Änderung der Geschwindigkeit bezogen auf die Zeit – die Beschleunigung – sich einfach aus dem Quotienten aus der momentanen Kraft F und der Masse m ergibt. In (1.3.1) wurde die Beschleunigung mithilfe des *Differenzialquotienten* ausgedrückt. Das versetzt uns in die Lage, durch Multiplikation mit dt die Relation nach dv aufzulösen. In dieser Darstellung des Bewegungsgesetzes sind Ursache und Folge klar ersichtlich: Die Kraft F verursacht (bezogen auf ein Zeitintervall) eine Änderung der Geschwindigkeit dv.

*Beachten Sie:
Die Beschleunigung ist wie die Kraft eine Funktion der Zeit, a=F/m.*

Ursache: Kraft / Folge: Änderung der Geschwindigkeit

Wenn wir unseren VW-Käfer von einem programmierbaren Roboter steuern lassen, können wir eine bestimmte Kraftfunktion vorgeben. Nun sagt das Bewegungsgesetz zwar aus wie sich jeweils die Geschwindigkeit ändert, aber macht keine Aussage über die momentanen Geschwindigkeiten selbst. Es wird sich aber zeigen, dass auf der Basis von (1.3.1) ein *Algorithmus* zur Ermittlung der Geschwindigkeiten entwickelt werden kann.

Algorithmus <gr./arab., „nach einem festgelegten Verfahren">

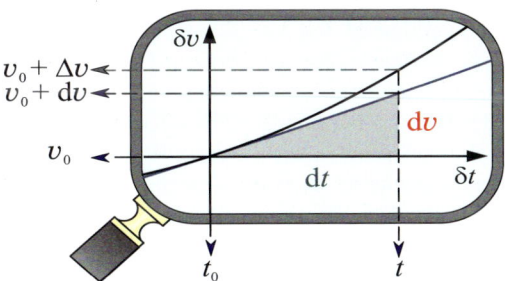

Bild 1.3.2
Differenzen und Differenziale im v-t-Diagramm

Bild 1.3.2 zeigt einen vergrößerten Ausschnitt des Graphen einer fiktiven Geschwindigkeit-Zeit-Funktion $v(t)$. Die Steigungen dieses Graphen entsprechen gemäß *(1.3.1)* den momentanen Beschleunigungen F/m des Systems. Weiterhin ist der Graph einer linearen Funktion eingezeichnet. Beide Graphen stimmen an der Stelle t_0 in Funktionswert und Steigung überein. Optional sind zwei zusätzliche Achsen eingetragen: eine Zeitachse (Nullpunkt t_0) sowie eine Geschwindigkeitsachse (Nullpunkt v_0). In diesem optionalen System wird aus der linearen Funktion eine simple Proportionalität. Die unabhängige Variable heißt dt, die abhängige dv, die Beschleunigung zur Zeit t_0 ist der Proportionalitätsfaktor.

Der Fahrer „gibt kräftig Gas".

Gewöhnungsbedürftig: dt ist unabhängige Variable (Argument) einer Proportionalität.

(1.3.2)

$$\mathrm{d}v = \frac{F}{m} \cdot \mathrm{d}t \quad \text{mit} \quad F = F(t_0, \ldots)$$

Bezüglich des Graphen von $v(t)$ ist die die blaue Gerade eine Tangente an den Punkt (t_0, v_0). In der unmittelbaren Umgebung der Zeit t_0 kann $v(t)$ durch die lineare Funktion approximiert werden – allerdings ist die Genauigkeit zur Zeit t noch unzureichend. Das gibt uns die Gelegenheit, den Unterschied zwischen Δv und dv herauszustellen (s. *Bild 1.3.2*). Für Differenzen zwischen Argumenten und Funktionswerten der Originalfunktion verwendet man grundsätzlich die griechischen Deltas. *Differenziale* sind ebenfalls Differenzen – sie beziehen sich aber nicht auf die Originalfunktion, sondern auf Argumente und Werte einer zugeordneten linearen Näherungsfunktion (Tangente).

Beachten Sie: Die Proportionalität zwischen dt und dv ist keine Näherung, sie ist exakt!

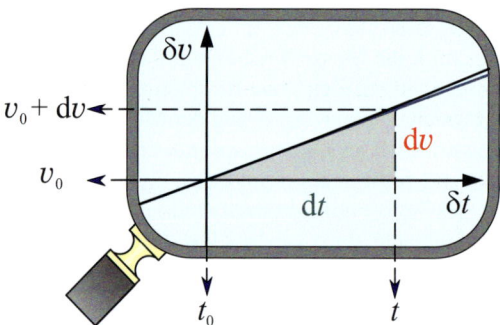

Bild 1.3.3
Differenzen- und Differenzialquotient bei verkleinertem dt

In der anwendungsorientierten Mathematik sind Funktionswerte in der Regel Größen. Eine Funktionswertdifferenz kann dann auch mit dem anschaulichen Begriff **Änderung** bezeichnet werden. Das heißt: Wenn die Zeit von t_0 nach t voranschreitet, **ändert** sich die Geschwindigkeit um Δv. Die Differenziale müssen keine kleinen Größen sein – aber sie dürfen beliebig klein sein. Nur null kommt nicht infrage. In *Bild 1.3.3* wurde gegenüber dem vorherigen Bild das Differenzial dt auf den zehnten Teil verkleinert. Die Vergrößerung der Lupe sorgt dafür, dass wir keine Miniaturen betrachten müssen. In diesem Bereich können Originalkurve und „Tangente" kaum noch unterschieden werden – das Differenzial dv kommt (schon fast) an die korrekte Funktionswertdifferenz Δv heran. Jetzt ist die anschauliche Vokabel „Änderung" auch für das Differenzial dv sinnvoll. Die Beschleunigung ist in dieser Sprechweise: Geschwindigkeits**änderung** bezogen auf die Zeit.

Die Geschwindigkeitsänderung wird näherungsweise durch das Differenzial dv wiedergegeben.

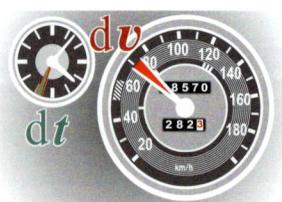

1.3 Newtons Bewegungsgesetz

Möglicherweise fragen Sie sich, was mit diesem Aufwand wohl erreicht werden sollte. Weshalb in aller Welt soll man statt der exakten Originalkurve eine Näherung verwenden? Die Antwort: Wir haben damit den gesuchten Algorithmus zur Berechnung der Funktion $v(t)$ fast schon gefunden! Einen einzigen Funktionswert $v(t_0)$ müssen wir allerdings kennen. In diesem Fall können mithilfe der Differenziale tatsächlich weitere Funktionswerte von $v(t)$ in vernünftiger Näherung ermittelt werden:

So etwas nennt man Anfangsbedingung: $v(t_0):=v_0$

$$\text{Bekannt:} \quad F(t), m, \text{Anfangsbedingung: } v(t_0) = v_0,$$
$$\text{Damit gilt: } dv = \frac{F(t_0)}{m} \cdot dt, \quad v(t_0 + dt) \approx v(t_0) + dv$$

(1.3.3)

Haben Sie es bemerkt? Mit den Formeln von (1.3.3) können wir „Lieber Gott" spielen. Es eröffnet sich ein Blick in die Zukunft. Zugegeben, es ist nur ein kurzer Blick über den Zeitpunkt t_0 hinaus. Der Grund: Nur mit einem kleinen dt gibt das Differenzial dv die Änderung des Funktionswertes Δv in guter Näherung wieder. Dann aber gilt: Alter Wert plus Änderung ergibt den künftigen Wert. Damit ist man aber noch nicht am Ende. Wir hatten ein robotergesteuertes Auto angenommen. Damit liegt die Kraft als wohldefinierte Funktion vor und die Momentangeschwindigkeit lässt sich nach demselben Verfahren für weitere dt-Schritte finden: Zeit um dt erhöhen, neue Kraft berechnen, Änderung dv gemäß (1.3.3) ermitteln und zu dem vorherigen Wert addieren. Nach Möglichkeit vermeidet man Schreibweisen mit dem Ungefähr-Zeichen, denn ein Benutzer der Formel erhält damit keine Aussage über die Güte der Näherung. Wenn das Verfahren (1.3.3) als reiner Algorithmus formuliert werden soll, werden Differenziale i. Allg. nicht zur Formulierung herangezogen:

Kaum zu glauben: Ein kleiner Blick in die Zukunft wird möglich.

Nicht vergessen: Die Kraft ist gegeben, was sie anrichtet muss berechnet werden.

Man kann sich auch darüber hinwegsetzen.

$$\text{Bekannt:} \quad F(t), m, \text{Anfangsbedingung: } v(t_0) = v_0,$$
$$\text{Für } t \geq t_0: \quad v(t + \Delta t) := v(t) + \Delta v = v(t) + \frac{F(t)}{m} \cdot \Delta t$$

(1.3.4)

Der Algorithmus (1.3.4) produziert in einem Δt-Raster Werte einer Näherungsfunktion „$v(t)$". Auf die an und für sich erforderliche Umbenennung – $v(t)$ wurde bereits für die exakte Originalfunktion verwendet – verzichten wir gerne.

Differenzen und Differenziale

Seien x_u und x_o Elemente aus dem Definitionsbereich einer beliebigen reellen Variablen x. Wenn x_u und x_o die Grenzen eines Intervalls sind (u und o stehen für untere/obere Grenze), ergibt sich die Intervallbreite aus der **D**ifferenz $x_o - x_u$. Für eine derartige Differenz ist Δx die Standardschreibweise.

$$(x_u, x_o), (x_u, x_o], (x_u, x_o], [x_u, x_o]: \quad \Delta x := x_u - x_o$$

Differenziale sind ebenfalls Differenzen, haben aber nur einen Sinn im Zusammenhang mit einer differenzierbaren Funktion bzw. deren linearer Näherung. Differenziale treten paarweise auf. Wird doch ein separates **d**… verwendet, ist es entweder Teil eines Operators (z. B. beim Integral) oder es soll damit ausgedrückt werden, dass es sich um eine beliebig kleine Größe handelt.

Merksatz 1.3.2

1.4 Der nicht ganz freie Fall

Um zu sehen, wie das Newtonsche Bewegungsgesetz „arbeitet", soll es benutzt werden, um damit den Bewegungsablauf einiger typischer Systeme zu berechnen. Günstig sind Systeme, bei denen aus Erfahrung bekannt ist, was herauskommen muss. Wir nehmen zur Einführung nicht den sogenannten *freien Fall* (im luftleeren Raum), sondern lassen, wie im folgenden Bild illustriert, einen Fallschirm sicher zu Boden schweben.

Wir schweben mit und üben den Umgang mit den Differenzialen.

Nutzen Sie die Freiheit, bevorzugen Sie immer systemangepasste Koordinatensysteme!

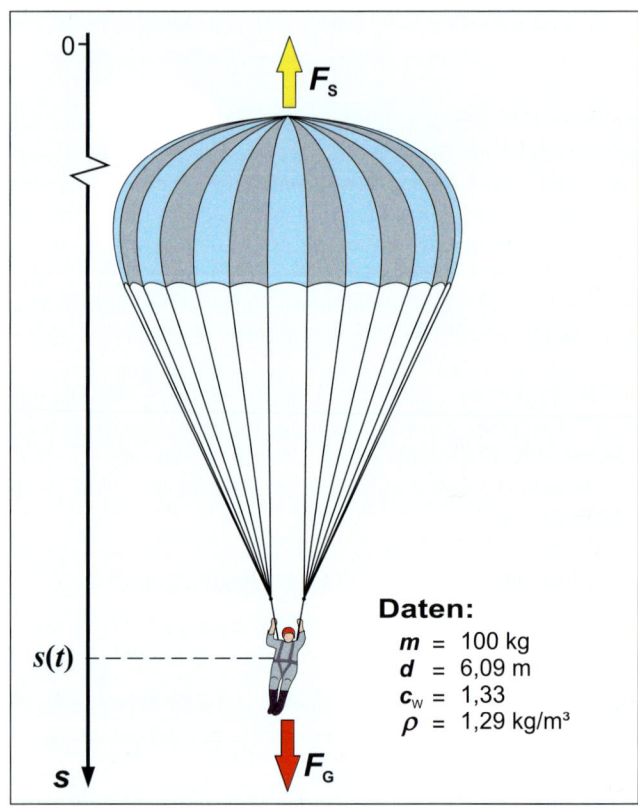

Bild 1.4.1
Rundkappenfallschirm

„s" steht für Strecke. Vgl.: spatium <lat., „Zwischenraum, u. a. auch Strecke">

Bitte nie unnötige Schwierigkeiten einbauen!

Wir haben es hier (noch) mit einem eindimensionalen Problem zu tun, deswegen heißt unsere Ortskoordinate nicht x, y oder z, sondern s. Sie werden verwundert fragen, weshalb die s-Achse nach unten zeigt. Die Antwort: Man kann im Prinzip ein Koordinatensystem nach Gutdünken wählen. Hat man sich schließlich für ein Koordinatensystem entschieden, muss man sich dann aber streng daran halten und alle Systemkoordinaten bezüglich des gewählten Koordinatensystems angeben. Nach Möglichkeit wählt man ein – wie man sagt – *systemangepasstes Koordinatensystem*, in dem sich die Rechnungen besonders einfach gestalten. Unser Koordinatenursprung ist der Absprungort des Fallschirmspringers. Der Vorteil der nach unten weisenden Koordinatenachse: Wir müssen uns nicht mit negativen Vorzeichen herumärgern; $s(t)$ und $v(t)$ sind in diesem System positiv.

1.4 Der nicht ganz freie Fall

Der erste Schritt, um ein System mit dem Bewegungsgesetz quantitativ zu bearbeiten, ist die Erfassung **aller** auf das System einwirkenden Kräfte. Im Bewegungsgesetz steht zwar nur ein „harmloses F", aber das steht für die Summe aller einwirkenden Kräfte. Beim Fallschirm sind das zwei: Nach unten – in positive s-Richtung – zieht die Gewichtskraft; nach oben hält der Strömungswiderstand dagegen. Er weist in negative s-Richtung. Die Gewichtskraft entnehmen wir *Bild 1.2.2*. Die Gravitationsfeldstärke g ist in Zugspitzhöhe etwa 1‰ geringer als in Meereshöhe. So hoch wollen wir den Fallschirmspringer gar nicht schicken; g kann deshalb getrost als Konstante angesehen werden. Für die Gewichtskraft gilt:

Vorsicht, hinter einem einzelnen Formelzeichen kann sich viel verbergen!

Zugspitze: 2963 m

$$F_G = m \cdot g \quad \text{mit} \quad g = 9{,}81 \text{ m/s}^2 \text{ (Mitteleuropa) bzw. } g \approx 10 \text{ m/s}^2 \text{ (weltweit)} \quad (1.4.1)$$

Für den Strömungswiderstand eines Körpers in einem flüssigen oder gasförmigen Medium müssen wir uns mit einer empirischen Näherungsformel begnügen.

$$F_S = c_W \cdot \frac{\rho \cdot A}{2} \cdot v^2 \quad \left(\text{bzw. mit } b := c_W \cdot \frac{\rho \cdot A}{2} : \; F_S = b \cdot v^2\right) \quad (1.4.2)$$

A ist in (*1.4.2*) die Schattenfläche des Körpers, der sich in einem Medium der Dichte ρ mit der Geschwindigkeit v bewegt. Bemerkenswert ist, dass die Geschwindigkeit quadratisch eingeht. Das heißt, wer seine Geschwindigkeit verdoppeln will, muss es schaffen, den vervierfachten Strömungswiderstand zu überwinden. Wie strömungsgünstig der Körper gestaltet ist, steckt in dem Faktor c_W. Er beträgt für eine flache Scheibe eins (deshalb die Zwei im Nenner), für einen VW-Käfer 0,48 und für den Fallschirm 1,33. c_W-Werte werden im Allgemeinen empirisch ermittelt. Damit steht alles zur Verfügung, um das Bewegungsgesetz für unseren Fallschirmspringer aufzustellen:

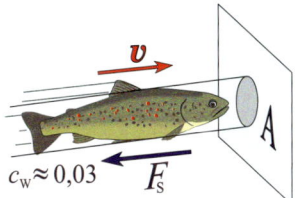

$c_W \approx 0{,}03$

$$m \cdot g - b \cdot v^2 = m \cdot \frac{dv}{dt} \; \Big| : m \Big| \cdot dt \quad \text{bzw.} \quad dv = \left(g - \frac{b}{m} \cdot v^2\right) dt \quad (1.4.3)$$

Beachten Sie, die Formeln für die Einzelkräfte gelten nur für Beträge. Sobald man sie in das Bewegungsgesetz einbaut, müssen dem gewählten Koordinatensystem entsprechend, die richtungsweisenden Vorzeichen eingebaut werden. Um nicht all zu viele Parameter mitschleppen zu müssen, wurden in der Formel (*1.4.2*) die Vorfaktoren von v^2 zu einem Parameter b zusammengefasst. Damit gilt für den speziellen Näherungsalgorithmus:

Negative Vorzeichen kennzeichnen keine „Miesen", sondern die Richtung relativ zum gewählten Koordinatensystem!

$$\Delta v = \left(g - \frac{b}{m} \cdot v^2\right) \cdot \Delta t, \quad v(t + \Delta t) = v(t) + \Delta v \quad (1.4.4)$$

En passant fügen wir noch einen Algorithmus zur Ermittlung der Wegänderung und des Weges hinzu:

$$\bar{v} = \frac{\Delta s}{\Delta t} \; \Rightarrow \; \Delta s = \bar{v} \cdot \Delta t, \quad s(t + \Delta t) = s(t) + \Delta s \quad (1.4.5)$$

Die Tabellenkalkulation können Sie in www.dr-paech.de (Leserservice) herunterladen und damit „spielen".

In (1.4.5) steht nichts weiter als ein *Differenzenquotient* und der hat die Bedeutung der mittleren Geschwindigkeit (lies v-quer) im Zeitintervall der Breite Δt. Damit ist das Produkt aus dieser Geschwindigkeit und der Zeitintervallbreite exakt Δs. Für den neuen Ort gilt dann natürlich alter Ort plus Ortsänderung ist gleich neuer Ort (s. rechts in (1.4.5)). Damit sind Sie bereit für einen Sprung ins kalte Wasser: der näherungsweisen Ermittlung von $v(t)$ und $s(t)$ des Fallschirms mithilfe einer Tabellenkalkulation.

Tabelle 1.4.1
Oberfläche der Tabellenkalkulation von v(t) und s(t) eines Fallschirmes

Bedeutung der Operatorpfeile:

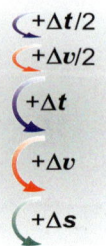

Rundkappenfallschirm

	A	B	C	D	E	F
1	t in s	v in m/s	s in m	F in N	Param.	Werte
2	0,0	0,000	0,000	1000,00	Δt in s	0,2
3	0,1	1,000	0,100	987,50	m in kg	100
4	0,2	1,975	0,200	975,00	b in kg/m	25
5	0,3	2,950	0,495	878,72	g in m/s²	10
6	0,4	3,732	0,790	782,44		
7	0,5	4,152	1,242	636,42		
8	0,6	5,005	1,693	490,40		
9	0,7	5,496	2,243	367,67		
10	0,8	5,741	2,792	244,94		
32	3,0	6,325	16,597	0,01		
33	3,1	6,325	17,229	0,00		
34	3,2	6,325	17,862	0,00		
35	3,3	6,325	18,494	0,00		

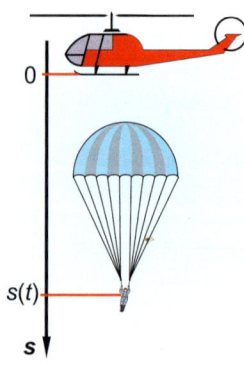

Betrachten Sie bitte *Tab 1.4.1* zunächst als ganz „normale" Tabelle, denn es ist in jedem Fall günstig, die ersten Zeilen zuerst mit dem Taschenrechner nachzurechnen. Die Fallschirmdaten sind deswegen so gewählt, dass der Parameter k ganzzahlig herauskommt und die Gravitationsfeldstärke wurde auf 10 m/s² geglättet. Normalerweise würde man auf zwei allerhöchstens drei signifikante Stellen gerundete Tabellenwerte notieren. Damit sichtbar ist, wie der Algorithmus arbeitet, wurden hier mehr Stellen angegeben.

In Zeile 1 stehen die üblichen Tabellenbeschriftungen. Wichtig sind die Zellen A2, B2 und C2 in Zeile 2. Dort stehen die *Anfangsbedingungen*:

$$t_0 = 0, \quad v(t_0) = 0, \quad s(t_0) = 0$$

Mit diesen Anfangsbedingungen tun wir hier so, als ob der Fallschirm am Koordinatenursprung (z. B. einem Hubschrauber) abgeworfen wird. Er soll sich sofort nach dem Abwurf öffnen. Für Δt wurden 0,2 Sekunden gewählt. Die anfängliche Kraft errechnet sich aus der jeweiligen Anfangsbedingung:

Zugegeben, die Anfangsbedingung ist unrealistisch!

(1.4.6)

$$F(t_0) = m \cdot g - b \left(v(t_0)\right)^2 = \underline{\underline{1000\,\text{N}}}$$

Da die Geschwindigkeit noch gleich null ist, hat sich auch noch kein Strömungswiderstand aufgebaut: Die Kraft ist gleich der vollen Gewichtskraft. Der Algo-

1.4 Der nicht ganz freie Fall

rithmus beginnt mit einem – wie sich herausstellen wird – wirkungsvollen Trick: Der erste Schritt ist nicht Δt, sondern nur $\Delta t/2$. Als Erstes müsste die Kraft als Ursache für die Geschwindigkeitsänderung ermittelt werden:

… sogar „superwirkungsvoll"!

$$F\left(t_0 + \tfrac{\Delta t}{2}\right) = m \cdot g - b\left(v\left(t_0 + \tfrac{\Delta t}{2}\right)\right)^2 \approx m \cdot g - b\left(v(t_0)\right)^2 = F(t_0) \quad (1.4.7)$$

In (1.4.7) zeichnet sich das erste Dilemma ab: Zur Berechnung der Kraft ist die aktuelle Geschwindigkeit erforderlich. Das heißt, es wird etwas gebraucht, was erst noch berechnet werden soll. Der Ausweg ist kühn: Man nimmt einfach näherungsweise die Kraft, die zuvor auf das System einwirkte. Das wäre in diesem Fall $F(t_0)$. Mit der nun (näherungsweise) bekannten Kraft lässt sich gemäß (1.3.4) und unter Beachtung, dass nicht Δt, sondern $\Delta t/2$ verwendet wird, die neue Geschwindigkeit berechnen:

Ein sehr kühner Schritt! Es wird sich zeigen, dass sich trotzdem eine brauchbare Näherung ergibt.

$$v\left(t_0 + \tfrac{\Delta t}{2}\right) = v(t_0) + \frac{F(t_0)}{m} \cdot \frac{\Delta t}{2} = 0 + \frac{1000}{100} \cdot \frac{0{,}2}{2} = \underline{\underline{1{,}000 \tfrac{m}{s}}} \quad (1.4.8)$$

Nun zahlt sich der Trick mit dem „$\Delta t/2$" aus. Mit $v(t_0 + \Delta t/2)$ steht näherungsweise eine Art mittlere Geschwindigkeit (Durchschnitts…) im Zeitintervall der Breite Δt zur Verfügung. Die kann gemäß (1.4.5) zur Berechnung der Ortsänderung bzw. zur Berechnung des neuen Ortes herangezogen werden:

Eine exakt bekannte mittlere Geschwindigkeit liefert einen exakten Weg!

$$s(t_0 + \Delta t) = s(t_0) + v\left(t_0 + \tfrac{\Delta t}{2}\right) \cdot \Delta t = 0 + 1{,}000 \cdot 0{,}2 = \underline{\underline{0{,}200\,\text{m}}} \quad (1.4.9)$$

Beachten Sie bitte die hellgrauen Zahlen in *Tab 1.4.1* noch nicht! Die letzten Zeitpunkte, an denen in den jeweiligen Spalten eine Eintragung steht, nennen wir jetzt t_B, t_C, t_D. Für diese Zeitpunkte gilt an dieser Stelle:

Die Indizes stehen für die Spaltenbenennungen.

$$t_B = t_0 + \tfrac{\Delta t}{2} = 0 + 0{,}1 = 0{,}1\,\text{s}\,,\quad t_C = t_0 + \Delta t = 0 + 0{,}2 = 0{,}2\,\text{s}\,,\quad t_D = t_0 = 0\,\text{s} \quad (1.4.10)$$

Von nun an geht es in den Spalten in Δt-Schritten weiter. Zunächst muss die neue Kraft ermittelt werden. Wieder sind zur Kraftberechnung keine aktuellen Daten vorhanden. Wieder verwenden wir obigen frechen Ausweg: Für die Berechnung der Kraft nehmen wir ersatzweise die letzten verfügbaren Daten. Hier wird (nur) die Geschwindigkeit benötigt. Die zuletzt berechnete Geschwindigkeit war $v(t_B)$ – also berechnen wir damit die neue Kraft:

$$F(t_D + \Delta t) = m \cdot g - b\left(v(t_B)\right)^2 = 100 \cdot 10 - 25 \cdot 1^2 = \underline{\underline{975\,\text{N}}} \quad (1.4.11)$$

Jetzt können wir in die Spalte B überwechseln. Die in (1.4.11) berechnete Kraft verursacht eine Geschwindigkeitsänderung und für die neue Geschwindigkeit ergibt sich:

$$v(t_B + \Delta t) = v(t_B) + \frac{F(t_D + \Delta t)}{m} \cdot \Delta t = 1 + \frac{975}{100} \cdot 0{,}2 = \underline{\underline{2{,}950 \tfrac{m}{s}}} \quad (1.4.12)$$

Die in (1.4.12) ermittelte Geschwindigkeit kann wie schon in (1.4.9) wegen der Zeitversetzung um $\Delta t/2$ als mittlere Geschwindigkeit dienen, um die Ortsänderung bzw. den neuen Ort zu finden:

(1.4.13)

$$s(t_C + \Delta t) = s(t_C) + v(t_B) \cdot \Delta t = 0,2 + 2,950 \cdot 0,2 = \underline{\underline{0,790\,\text{m}}}$$

So etwas nennt man eine Schleife.

Mit den drei neuen Einträgen in die Spalten D (975 N), B (2,950 m/s) und C (0,790 m) erhöhen sich t_D, t_B, t_C um Δt. Der Algorithmus ist damit komplett. Um mehr Tabellenwerte zu erzeugen, brauchen Sie nur noch die Schritte von *(1.4.11)* bis *(1.4.13)* bis zu einem Zeitpunkt Ihrer Wahl zyklisch zu wiederholen.

Es würde sich eine hässliche Zickzack-Kurve ergeben.

Lückenfüller für Excel

Der Trick mit der $\Delta t/2$-Versetzung ermöglicht zwar relativ genaue Werte für $s(t)$, wird aber zu einem Ärgernis, wenn ein Tabellenkalkulationsprogramm die grafischen Darstellungen anfertigen soll. So ein Programm mag Lücken überhaupt nicht und interpretiert fehlende Einträge als null. Um das zu vermeiden, kann man die Lücken mit den Mittelwerten aus Vorgänger und Nachfolger ausfüllen. Das sind in *Tab. 1.4.1* die hellgrauen Zahlen. Bevor wir erklären, wie die mühsamen Rechnungen mit einer Tabellenkalkulation vereinfacht werden können, wollen wir uns ansehen, was sich aus dem Bewegungsgesetz für das vorliegende Fallschirmbeispiel konkret ergeben hat:

Beachten Sie: Die Werte von $v(t)$ liegen mit Ausnahme des Anfangswertes in den Mitten der Zeitintervalle.

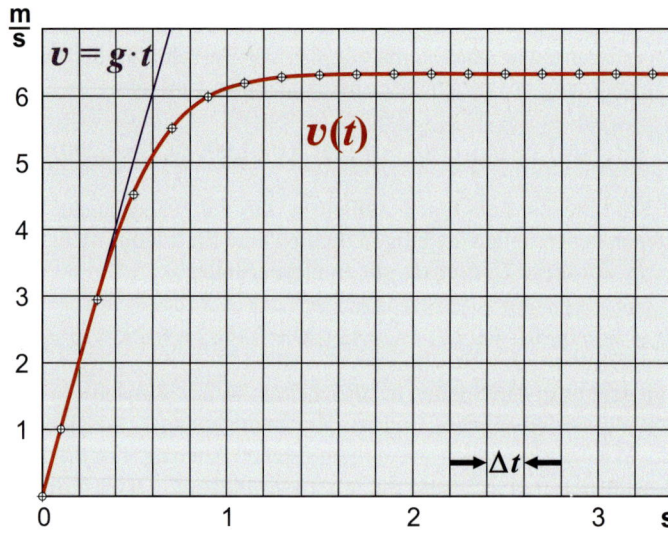

Bild 1.4.2
Geschwindigkeits-Zeit-Diagramm des Fallschirmsystems

6,3 m/s entsprechen einem Sprung von einer 2 m hohen Mauer! Trauen Sie sich das?

Das Ergebnis birgt eine Überraschung. Der zusätzlich eingezeichnete Geschwindigkeitsverlauf eines Objektes im freien Fall ist während der ersten 500 ms eine gute Näherung von $v(t)$. Das heißt trotz 60 m² Stoff fällt man zunächst – wie man sagen würde – ungebremst. Dann aber, im Strömungswiderstand steht schließlich das Quadrat der Geschwindigkeit, vermindern sich die Geschwindigkeitsänderungen rasch; die Geschwindigkeit wird konstant. Der Fallschirmspringer wird mit einer Geschwindigkeit von ca. 6,3 m/s auf dem Boden aufkommen.

Was sich nicht ändert, das bleibt.

Die Konstanz der Geschwindigkeit ist hier eine Selbstverständlichkeit: Wenn die Gesamtkraft (vgl. *Tab. 1.4.1* unten) null wird, sagt Newtons Bewegungsgesetz, dass die Beschleunigung zwangsweise ebenfalls gleich null werden muss. Keine Beschleunigung mehr heißt aber, dass sich die Geschwindigkeit nicht ändert und was sich nicht ändert, das bleibt (konstant). Diese Selbstverständlichkeit war vor

1.4 Der nicht ganz freie Fall

Newtons Zeiten ein kaum zu glaubendes Phänomen – wusste es doch jeder: Sobald ein Esel aufhört zu ziehen ($F = 0$), bleibt der Karren hinter ihm stehen ($v = 0$). Mit Kenntnis des Bewegungsgesetzes ist das „Phänomen" leicht zu verstehen: Sobald der Esel nicht mehr zieht, fehlt dem System Esel-Karre nur ein Kraftsummand. Die verbliebenen Summanden bringen schließlich den Karren zum Stehen. Zeigen Sie für die Altvorderen Verständnis! Der Fall, dass überhaupt keine Kräfte auf ein System einwirken, ist schwer realisierbar. Nur im Weltraum fern aller Gravitationseinflüsse behält ein Raumschiff nach Abschaltung der Antriebsrakete exakt diejenige Geschwindigkeit, auf die es vorher beschleunigt wurde.

Der berühmte Eselskarren

Im Physikhörsaal muss man sich mit einem Luftkissenschlitten behelfen.

Wenn es im Falle eines Fallschirmes nur darum ginge, die konstante Endgeschwindigkeit zu berechnen, ist keine mühsame Tabellenkalkulation nötig. Man sucht einfach diejenige Geschwindigkeit, bei der die Kraft gleich null ist:

$$\underbrace{mg - c_\text{W} \frac{\rho \left(d^2 \frac{\pi}{4}\right)}{2} v^2}_{F} = 0 \Leftrightarrow v = \sqrt{\frac{8mg}{c_\text{W} \pi \rho} \cdot \frac{1}{d}} \quad (\approx 6{,}3 \, \tfrac{\text{m}}{\text{s}})$$

(1.4.14)

In (1.4.14) wurde die Formel für den Strömungswiderstand komplett eingesetzt und darüber hinaus für die Schattenfläche $A = d^2 \cdot \pi / 4$ eingesetzt. Beachten Sie den Definitionsbereich der Gleichung in (1.4.14)! Sie ist nur für positive Geschwindigkeiten definiert (ein Fallschirm ist kein Gasballon).

Kreisfläche: $A = r^2 \cdot \pi$
Oft praktischer:
$$A = d^2 \cdot \tfrac{\pi}{4}$$
Piviertel = 0,785
ρ_Stahl = 7,85 g/cm³

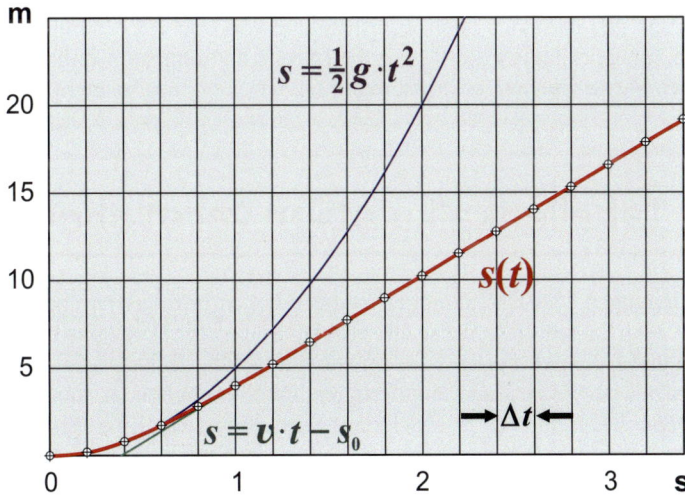

Bild 1.4.3
Weg-Zeit-Diagramm des Fallschirmsystems

Das Weg-Zeit-Diagramm zeigt ebenfalls, dass sich der Fallschirm in den ersten 500 ms so bewegt, als ob er noch gar nicht geöffnet wäre. Anschließend mündet der Graph asymptotisch in eine lineare Funktion ein.

Es mag Sie irritieren, dass eine grafische Darstellung der Kraft in Abhängigkeit von der Zeit nicht vorangestellt wurde. Sagt nicht Newtons Bewegungsgesetz aus, dass einzig die Kraft Ursache und $v(t)$, $s(t)$ die Folgen sind. Das Gesetz ist natürlich richtig, aber in unserem Fall haben wir keinen programmierbaren Roboter, der zu jedem Zeitpunkt eine bestimmte Kraft vorgibt. In unserem Fall wird die

Beispiele:

Explizit von v:
wegen $v = v(t)$
auch **implizit** von t:
$F(v) = bv^2$

Explizit von t:
$F(t) = C \arctan(at)$

Kraft von der Geschwindigkeit gesteuert. Mathematisch gesprochen: Die Kraft ist nicht *explizit*, sondern nur *implizit* von der Zeit abhängig. Sie ist explizit von der Geschwindigkeit abhängig. Sehen wir uns abschließend den nicht mehr überraschenden Verlauf der (Gesamt-)Kraft an:

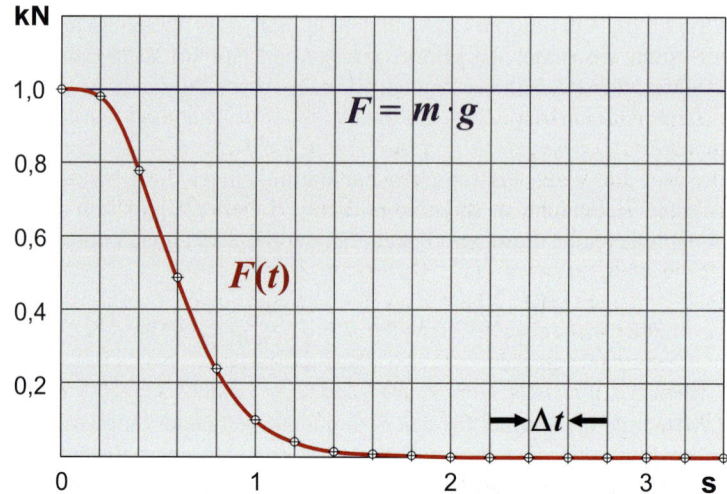

Bild 1.4.4
Zeitlicher Verlauf der Kraft im Fallschirm-System

Die Verwandtschaft des Graphen der Kraftfunktion $F(t)$ mit der Geschwindigkeitsfunktion $v(t)$ lässt sich unter Zuhilfenahme von *Bild 1.4.2* erahnen: Subtrahiert man von der Gewichtskraft $m \cdot g$ die (mit dem Parameter b multiplizierten) quadrierten Werte von $v(t)$, so erhält man $F(t)$.

1.5 Tabellenkalkulation verstehen

Immer einen Lorbeerkranz wert!

Im Lieferumfang Ihres Rechners!

Hinzu kommen noch die Menü- und die Werkzeugleiste.

Für Überlegungen oder Darstellungen ist die Tabellenform (fast) immer eine sehr gute Idee. Man hat auf diese Weise alle problemrelevanten Daten übersichtlich im Blickfeld und kann auf diesem Fundament weitere Überlegungen anstellen. Fast alles, was mit einer von Hand angefertigten Tabelle möglich ist, kann auch mit einer *Tabellenkalkulation* (z. B. MS-Excel) gemacht werden. Eine Tabellenkalkulation kann aber mehr. Da derartige Anwendungen zumeist im Lieferumfang Ihres Rechners enthalten sind, lohnt es sich, diese Optionen auszureizen. Alles, was Sie zum Verständnis so eines Universalwerkzeuges brauchen, ist ein wenig Mathematik. In diesem Abschnitt wird Ihnen die Tabellenkalkulation so weit nahegebracht, wie zum Verständnis der Beispiele und Übungen dieses Buches erforderlich ist.

Sobald Sie die Tabellenkalkulation auf Ihrem Rechner starten, haben Sie eine Oberfläche ähnlich wie in *Tab. 1.4.1* (je nach Version der Tabellenkalkulation) ohne die Tabelleneinträge vor sich. Die rechteckigen Felder der Tabelle heißen *Zellen*. In diese Zellen könnte hineingeschrieben werden, was normalerweise auch von Hand in eine Tabelle eingefügt würde. Sie müssen nur die Zelle mit dem

1.5 Tabellenkalkulation verstehen

Cursor anklicken (linke Maustaste), Ihre Eingabe eintippen und mit Enter quittieren. Wenn die Zellen einer Spalte zu schmal oder zu breit sind, kann über die Menüoption *Start/Zellen/Format* die Breite einer Spalte geändert werden. Das Formatmenü bietet viele zusätzliche Möglichkeiten an, die eingegebenen Zelleninhalte zu formatieren.

Hier aber wollen wir mehr! Die Zellen sind nicht nur simple Textrahmen, sondern Speicherplätze oder mathematisch gesprochen (*gebundene*) *Variable*. Die Namen der Variablen entsprechen der Schachbrettnorm: Spaltenbuchstabe gefolgt von der Zeilennummer. Zugegeben, originelle Variablennamen sind das nicht und sie widersprechen der Konvention, Variablennamen so zu wählen, dass anhand des Namens deren Bedeutung erahnt werden kann. Sobald Sie etwas in eine Zelle hineinschreiben, wird das auf dem von der Tabellenkalkulation reservierten Speicherplatz im Hauptspeicher Ihres Rechners abgelegt. Man sagt, der Variablen wird ein Wert zugewiesen. Wenn man mit dem Cursor eine Zelle anklickt, erscheint in einem (weißen) Feld oberhalb der Tabelle der Variablenname und rechts daneben in einem langen Feld – meist beschriftet mit „*fx*" – noch einmal der Wert der Variablen. Es gibt aber, wie in der folgenden Tabelle gezeigt, eine weitere Möglichkeit.

Wichtig: Zellen einer Tabellenkalkulation sind Speicherplätze!

Schachbrettnorm:

Matrizen:

Zeile, Spalte

Tabelle 1.5.1
Die Zelle B3 ist durch Anklicken markiert worden.

Das weiße Feld links oben heißt bei Excel „Namenfeld".

In der Zelle B3 der *Tab 1.5.1* steht ein *Funktionswert*. Oder anders gesprochen, B3 ist die *abhängige Variable* einer Funktion. Das lange weiße *fx*-Feld zeigt jetzt einen Funktionsterm. Wenn Sie mit dem Cursor auf eine leere Zelle klicken, können Sie in dem *fx*-Feld einen Funktionsterm eingeben. Excel interpretiert eine Eingabe als Funktion, wenn das **erste** Zeichen ein Gleichheitszeichen ist. Dem Gleichheitszeichen muss wie üblich der Funktionsterm folgen. Sobald Sie auf die Buchstaben *fx* klicken, bekommen Sie die festeingebauten Funktionen mitsamt deren Syntax zur Verwendung angeboten (Alternative: Menü *Formeln*). Die abhängige Variable der Funktion, die normalerweise vor dem Gleichheitszeichen stehen soll, ist durch die Zelle bereits festgelegt und braucht nicht mehr eingegeben werden. Die Funktion darf durchaus mehrstellig sein. Die fertige Funktionseingabe muss mit Enter quittiert werden. Danach erscheint entweder eine lästige Fehlermeldung oder in der Zelle steht – egal wie kompliziert die Funktion ist – der fertig berechnete Funktionswert. Die Argumente der Funktion sind andere Variable (Zellen) unter der Voraussetzung, dass denen auch ein Wert zugewiesen wurde (sonst wird das als null interpretiert).

Verknüpfungszeichen, Klammern:

Addition: +
Subtraktion: –
Multiplikation: *
Division: /
... hoch ...: ^
Klammern: (...)

Beachten Sie: Das Minuszeichen ist nicht der lange Bindestrich (Alt 0150), sondern der normale Trennstrich!

Bürokratie: Quittieren Sie Ihre Eingaben mit „ENTER"!

Markieren nach:

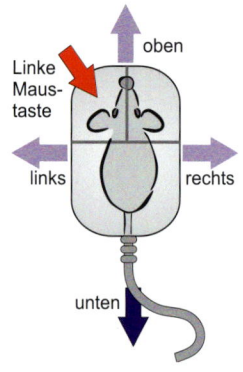

B3 anklicken und „nach unten" markieren:

Zu einem mächtigen Werkzeug wird die Tabellenkalkulation aber erst durch die Möglichkeit, ohne mühseliges Eintippen, Funktionen auf Nachbarzellen zu übertragen. Nehmen wir an, Sie würden in *Tab. 1.5.1* die Zelle B3 anklicken und die Zellen darunter mit gedrückter linker Maustaste markieren. Wenn Sie danach die Tastenkombination ⟨Strg⟩⟨U⟩ eintippen, geschieht ein kleines Wunder. Alle markierten Zellen „erben" den Funktionsterm. Aber die Argumente ändern sich! Die Zeilennummern der Funktionsvariablen erhöhen sich von Zelle zu Zelle um eins. In B4 würde beispielsweise im *fx*-Feld stehen: B3+D3/m*dt/2. Anstelle der Tastenkombination können Sie alternativ im Menü *Start/Bearbeiten/Füllbereich* Ihre Wünsche vorgeben und weitere Optionen erkunden. Danach stehen in den zuvor markierten Zellen die den veränderten Variablen zugeordneten Funktionswerte.

Nun enthalten Tabellenprojekte der Praxis *Parameter*. Wir erinnern uns: Parameter sind Variable, die vorübergehend konstant gehalten werden. In *Tab. 1.5.1* sind die Zellen F2 bis F5 für Parameter reserviert (die Einträge in Spalte E sind nur Beschriftungen). Wenn Sie eine Formel auf benachbarte Zellen übertragen, würde Excel je nach Ausfüllrichtung die Zeilennummern oder die Spaltenbuchstaben verändern. Wenn das bei einer Variablen – wie z. B. einem Parameter – verhindert werden soll, müssen in den Formeln die Zeilennummer, der Spaltenbuchstabe oder sogar beides vor Veränderungen geschützt werden. Das geschieht bei Excel durch Dollarzeichen. So wird z. B. die Zelle F2 durch die Dollarzeichen zum Parameter: F2. Egal in welche Richtung Sie eine Formel vererben, alle greifen auf den Parameter in Zelle F2 zu.

Da Formeln für die Tabellenkalkulation in eine Zeile gepresst werden müssen, entfallen klammersparende Bruchstrich- und Exponenten-Schreibweisen und erschweren die Lesbarkeit. Befremdliche Variablennamen und Dollarzeichen tragen das ihrige dazu bei. Es ergibt sich ein hässlicher Klammer-, Buchstaben-, Dollarzeichen- und Zahlensalat. Für die Parameter eines Tabellenprojektes bietet Excel im Menü *Formeln/Definierte Namen/Namen definieren* die Möglichkeit, Zellen (auch kompletten Zeilen oder Spalten) problemangepasste Namen zu geben. In *Tab. 1.4.1* bzw. *1.5.1* wurde davon Gebrauch gemacht. Die Zelle F2 heißt nun „dt", F3 „m", F4 „b" und F5 „g". Auch wenn andere Schriftarten nicht möglich sind, sehen die Formeln viel freundlicher aus.

Merksatz 1.5.1

Verzweifeln Sie nicht über die vielen Optionen! Erkunden Sie selbst Optionen der Menü- und Werkzeugleisten!

> **Unnütze Arbeit?**
> Sparen Sie bei Tabellenkalkulationen nicht mit zusätzlichen Beschriftungen, auch wenn diese an der eigentlichen Kalkulation nicht beteiligt sind! „Lebenswichtig" ist die Kopfzeile (Zeile 1). Diese Zeile ist die Brücke zur Außenwelt. Dort sollen die Variablennamen stehen, die in der Tabellenkalkulation zwangsweise durch die Buchstaben-Zahlen-Kombinationen ersetzt werden mussten. Sie haben zusätzlich über das Menü *Überprüfen/Kommentar* die Möglichkeit, einzelne Zelleninhalte zu erklären. Der Zellenkommentar wird nur sichtbar, wenn die Zelle angeklickt wird.

Das in diesem Abschnitt Gesagte wird Ihnen erst richtig klar, wenn Sie es sofort einmal ausprobieren. Als Beispiel diene die „Modulo-Funktion". Diese Funktion kennen Sie – nur nicht unter diesem Namen – seit Ihrer Grundschulzeit. Es handelt sich um das „Teilen mit Rest". Die sogenannte div-Funktion (Ganzzahldivi-

1.5 Tabellenkalkulation verstehen

sion) liefert den ganzzahligen Anteil eines Quotienten und die mod-Funktion den „Rest" (*s. Marginalbild*). Unabhängig davon, ob Ihnen diese Funktion bekannt ist oder nicht, können Sie sich mithilfe der Tabellenkalkulation die Funktionseigenschaften klar machen und genau das sollen Sie im Rahmen einer „Übungsaufgabe" machen.

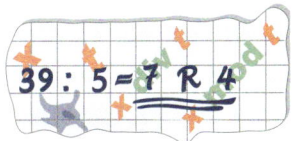

Teilen mit Rest

Aufgabe:
Starten Sie Ihre Tabellenkalkulation! Klicken Sie auf die angegebene Zelle, gehen Sie – falls angegeben – in das Menü oder tippen ein, was hinter den Pfeilen aufgeführt ist. Gewinkelte Klammern mit Inschrift markieren zu drückende Spezialtasten.

a) Kopfzeile: A1→ x ⟨Enter⟩, B1→ y ⟨Enter⟩, C1→ Parameter ⟨Enter⟩, D1→ Werte ⟨Enter⟩
b) Parameter: C2 → Teiler t ⟨Enter⟩, D2 → 6,28 (das sind ungefähr 2π)
c) D2 → Menü *Formeln/Definierte Namen/Namen definieren* → t ⟨OK⟩
d) A2 → 0 ⟨Enter⟩, A2, Menü *Start/Füllbereich/Reihe/Spalten*, Inkrement → 0,2; *Endwert* → 15 ⟨OK⟩
e) B2 → =REST(A2;t) ⟨Enter⟩, B2 anklicken und Maus mit gedrückter linker Maustaste nach unten ziehen bis alle Zellen von B2 bis B77 markiert sind, dann ⟨Strg⟩⟨U⟩ drücken
f) A2 anklicken und die Maus mit gedrückter linker Maustaste nach unten ziehen bis alle Zellen von A2 bis A77 markiert sind.
g) B2 anklicken, ⟨Strg⟩ drücken und gleichzeitig die Maus mit gedrückter linker Maustaste nach unten ziehen bis alle Zellen von B2 bis B77 markiert sind.
h) Menü *Einfügen/Diagramme/Punkt/Punkte mit interpolierten Linien* oder weitere Formatierungsmenüs durchführen
i) Verändern Sie den Wert des Parameters „t" auf 5 und beobachten, wie sich diese Änderung auswirkt.
j) Ändern Sie den Wert des Parameters „t" auf 12 und machen sich klar, was die Funktionswerte der mod-Funktion mit der Uhrzeit zu tun haben.
k) Die grafische Darstellung enthält (prinzipielle) Fehler. Diskutieren Sie diese Fehler und machen sich klar, wie der Funktionsgraph korrekt aussehen müsste.

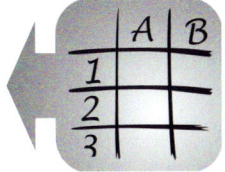

Eingaben können direkt in die angeklickte Zelle geschrieben werden. Korrekturen oder längere Eingaben führt man besser im fx-Feld aus.

Mod-Funktion
$y = x \bmod t$
☒ =REST$(x;t)$
Div-Funktion
$y = x \operatorname{div} t$
☒ =QUOTIENT$(x;t)$

Das Ergebnis Ihrer Mühe:

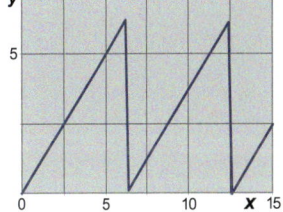

Wenn Sie von (a) bis (h) alles richtig eingegeben haben, müssten Sie neben der Tabelle einen sägezahnartigen Graphen vor sich haben. Nach dem Herumspielen mit dem Parameter in den Aufgabenteilen (i) und (j) sollten Sie erstaunt sein: Tabellenwerte und Diagramm passen sich ohne weiteres Zutun dem veränderten Parameter an und ermöglichen ein einfaches experimentelles Erkunden seines Einflusses. Die Zacken des Sägezahns sind in Wirklichkeit Sprungstellen. Sie müssten – wenn überhaupt – durch **gestrichelte** senkrechte Linien gekennzeichnet werden (Excel kann nicht alles!).

1.6 Mit der Tabellenkalkulation einen Fallschirmsprung simulieren

Keine Gefahr!

Vorsicht: Tabellenkalkulationen unterstützen zumeist die Kursivregel nicht!

Mit dem Rüstzeug des vorangegangenen Abschnitts sind Sie in der Lage, den Fallschirmsprung preiswert und ohne Gefahr näher studieren zu können. Es wird im Folgenden gezeigt, wie mithilfe einer Tabellenkalkulation auf der Basis von Newtons Bewegungsgesetz der Geschwindigkeits-Zeit-Verlauf und der Weg-Zeit-Verlauf näherungsweise ermittelt werden kann.

Die ersten Schritte für derartige Projekte sind immer ähnlich: Kopfzeile (Zeile 1), Anfangswerte (Zeile 2) und Parameter (z. B. in Spalte F) eingeben – so wie das beispielsweise in *Tabelle 1.4.1* dargestellt ist. Um zumindest für die Parameter übliche Formelzeichen verwenden zu können, sollten die Parameter-Zellen, so wie im letzten Abschnitt beschrieben, im Namenfeld umbenannt werden: F2 in dt, F3 in m, F4 in b und F5 in g. dt steht für die zeitliche Schrittweite Δt, m steht für die Masse m, b steht für die zusammengefassten Parameter ($b := c_w \cdot \rho A/2$ *vgl.* (*1.4.2*)) und g steht für die Gravitationsfeldstärke g.

In der Nomenklatur der Tabellenkalkulationen spricht man im Falle gefüllter Spalten (oder Zeilen) von Datenreihen.

Nach den vorbereitenden Schritten werden die Spalten nacheinander gefüllt. Die erste Spalte (A) ist wie üblich für die Argumente – hier die Zeiten – vorgesehen. Man könnte – wie in der Übungsaufgabe des vorherigen Abschnitts – die Zellen der A-Spalte mithilfe des Menüs *Start/Bearbeiten/Füllbereich/Reihe/Inkrement* 0,1 *Endwert* 3,4 erzeugen. Hier ist es vorteilhafter, die zeitliche Schrittweite als Parameter einzusetzen. Deshalb schreiben wir in Zelle A3 die simple Formel:

(1.6.1)

Zeile 2, Zelle B2:   = A2 + dt/2

U steht für „unten". Für „nach rechts Ausfüllen" tippt man <Strg><R>.

Anschließend werden die Zellen A3 bis A36 entsprechend den Zeiten von $t = 0$ bis $t = 3{,}4$ s markiert und mit ⟨Strg⟩⟨U⟩ ausgefüllt. Sollte die Zeitspanne von 0 bis 3,4 s nicht ausreichen, lassen sich auf dieselbe Weise zusätzliche Zellen ausfüllen.

Wie bereits in *Abschnitt 1.4* angedeutet, ist die $\Delta t/2$-Versetzung von $v(t)$ und $s(t)$ für die Tabellenkalkulation ein Stolperstein, der aus dem Weg zu räumen ist. Es entstehen Lücken in der Tabelle, die nachträglich durch die Mittelwertbildung aus Vorgänger- und Nachfolgerwert geschlossen werden sollten. Gemäß (*1.4.8*) errechnet sich die Geschwindigkeit in Zelle B3 durch einen einmaligen $\Delta t/2$-Schritt. In Zelle B3 muss deshalb die folgende Formel eingegeben werden:

(1.6.2)

Zeile 3, Zelle B3:   = B2 + D2 / m * dt/2

Die abhängige Variable hieße dementsprechend B3.

Befremdlich ist immer wieder, dass vor dem Gleichheitszeichen keine Variable steht, der etwas zugewiesen wird. Nochmals: Diese Variable ist bereits durch das Anklicken der Zelle – in diesem Falle B3 – festgelegt. Dass in Spalte D noch gar keine Kraftberechnung möglich ist, kann getrost ignoriert werden. In den nächsten Zellen müssten abwechselnd Mittelwerte und Geschwindigkeiten in Δt-Schritten berechnet werden:

Zeile 4, Zelle B4:   = Mittelwert(B3; B5)
Zeile 5, Zelle B5:   = B3 + D4/m*dt
Zeile 6, Zelle B6:   = Mittelwert(B5; B7)
Zeile 7, Zelle B7:   = B5 + D6/m*dt
usw.

(1.6.3)

*Beachten Sie:
Die Mittelwerte sind nur „Lückenbüßer"!*

Die in (*1.6.3*) angegebenen Formeln müssten zumindest teilweise von Hand eingegeben werden, denn mit der praktischen „nach-unten-Ausfüllen"-Option kann nur eine einzige Formel auf andere Zellen übertragen werden. Das Problem könnte mit einer *Fallunterscheidung* gelöst werden:

Das wäre überaus lästig!

$$f(x_1, x_2, \ldots) = \begin{cases} u(x_1, x_2, \ldots) & \text{falls} \quad \varphi(x_1, x_2, \ldots) \\ v(x_1, x_2, \ldots) & \text{sonst} \end{cases}$$

(1.6.4)

Dabei steht φ für eine Aussageform/Formel. „Falls $\varphi(x_1, x_2, \ldots)$" bedeutet ausführlich: „Falls $\varphi(x_1, x_2, \ldots)$ eine wahre Aussage ergibt". Blättert man nach einem Klick auf das *fx*-Symbol die „eingebauten" Funktionen durch, findet man, dass eine Fallunterscheidung angeboten wird. Die Syntax dieser Fallunterscheidung gewinnt keinen Schönheitspreis – erfüllt aber ihren Zweck:

Wertebereich von φ: {F, W} bzw. {0, 1}, 2 Elemente

WENN(Prüfformel; Wenn-Wert; Sonst-Wert)

(1.6.5)

Die Formel $\varphi(x_1, x_2, \ldots)$ heißt in (*1.6.5*) unkonventionell „*Prüfformel*" und die Funktionswerte von $u(x_1, x_2, \ldots)$ und $v(x_1, x_2, \ldots)$ heißen „Wenn-Wert" und „Sonst-Wert". In Worten: Wenn die Prüfformel – interpretiert mit den jeweiligen Argumenten – ein wahre Aussage ergibt, dann ist der Wert der Gesamtformel gleich dem Wenn-Wert, **sonst** ist er gleich dem Sonst-Wert. Ein Blick auf die Formeln in (*1.6.3*) zeigt, dass im Falle einer ungeraden Zellennummer eine neue Geschwindigkeit berechnet werden muss. Im Falle einer geraden Zeilennummer muss dagegen ein Mittelwert bereitgestellt werden. Ein weiteres Durchblättern der Excel-Funktionen zeigt, dass auch dazu Formeln zur Verfügung stehen: ZEILE(x) gibt die Zeilennummer heraus, in der die Variable x (oder der Parameter) steht. Lässt man die Klammer leer – also ZEILE() – retourniert die Formel die Zeilennummer der Zelle, in der diese Formel steht. Die Formel erscheint lächerlich, aber was auf dem Bildschirm zu sehen ist, steht nicht notwendig im Hauptspeicher für Berechnungen zur Verfügung. Die Formel UNGERADE(x) ordnet der Variable x (oder dem Parameter) die nächsthöhere ungerade Zahl zu. Im Falle einer negativen Variablen wird die nächstniedrigere ungerade Zahl zugeordnet. Ist x bereits ganzzahlig, so wird x unverändert ausgegeben. Im Falle der Funktion GERADE(x) braucht man nur in den vorherigen Sätzen das „un" zu streichen. Mit den Funktionen ZEILE und UNGERADE lässt sich dann auch die Prüfformel aufstellen. Sie sieht leider recht unbeholfen aus:

„Prüfformel", „Wenn-Wert" und „Sonst-Wert" sind Bestandteile der Excel-Nomenklatur!

Sie brauchen beim Eingeben von Formeln oder Daten nicht auf Groß- und Kleinschreibung zu achten.

Verschaffen Sie sich einen Überblick über die „eingebauten" Funktionen! Sie müssen dazu nur auf fx klicken.

ZEILE() = UNGERADE(ZEILE())

(1.6.6)

Überprüfen Sie selbst: Die Formel ist wirklich nur dann wahr, wenn die Prüfformel in einer ungeraden Zeile steht.

Nun ist es endlich möglich, für alle Zellen ab B4 eine Universalformel zusammenzubasteln und einzugeben. Wir lassen die Zelle B4 zunächst aus und geben in Zelle B5 die folgende Formel ein (Enter nicht vergessen):

(1.6.7)
$$= \underbrace{\text{WENN(ZEILE()=UNGERADE(ZEILE())}}_{\text{Prüfformel}};\underbrace{\text{B3+D4/m*dt}}_{\text{Wenn-Wert}};\underbrace{\text{MITTELWERT(B4;B6)}}_{\text{Sonst-Wert}})$$

Zwar wird nach dem Enter in der Zelle B5 noch kein vernünftiger Wert berechnet – die Spalte D ist noch leer – aber die Formel ist gespeichert. Die Zelle steht in diesem Fall in einer ungeraden Zeile, also ist hier der Wenn-Wert zuständig (vgl. (1.6.3)). Vermindert oder erhöht man alle Zeilennummern in (1.6.7) um eins, ist zu erkennen, dass die Formel auch die Mittelwertbildungen mit einschließt. Für gerade Zeilennummern wird der Sonst-Wert berechnet:

(1.6.8)
$$= \text{WENN(ZEILE()=UNGERADE(ZEILE());B2+D3/m*dt;MITTELWERT(B3;B5))}$$

Formel (1.6.8) muss nicht extra eingegeben werden, denn das Ausfüllen funktioniert auch „nach oben". Markieren Sie B5 und anschließend B4. Danach können Sie im Menü Start/Bearbeiten/Füllbereich/oben die Zelle B4 füllen. Die Zeilennummern der Formel haben sich dabei automatisch um eins vermindert. Das weitere Ausfüllen der Spalte B sollte nun schon (fast) Routine sein: Markieren von Zelle B4 bis B36 und ⟨Strg⟩⟨U⟩ (oder Menü ...). Sollten Sie misstrauisch sein, klicken Sie informationshalber auf Zelle B7 und prüfen, ob die Formel stimmt, die im fx-Feld steht:

(1.6.9)
$$=\text{WENN(ZEILE( )=UNGERADE(ZEILE( ));B5+D6/m*dt;MITTELWERT(B6;B8))}$$

Die Formel ist offensichtlich in Ordnung: Die Zeilennummer ist ungerade und der Wenn-Wert wird ermittelt.

Das Erklären der Spalte C kann kürzer ausfallen. Hier werden in den geraden Zeilen die neuen Wege berechnet, während in den ungeraden Zeilen die Mittelwerte aus Vorgänger und Nachfolger zu ermitteln sind. Grundlage dafür ist Formel (1.4.13):

(1.6.10)
Zeile 3, Zelle C3: $= \text{MITTELWERT}(C2;C4)$
Zeile 4, Zelle C4: $= C2+B3*dt$
Zeile 5, Zelle C5: $= \text{MITTELWERT}(C4;C6)$
Zeile 6, Zelle C6: $= C4+B5*dt$
usw.

Wie oben beginnen wir mit einer Formel, in der der Wenn-Wert berechnet werden soll; das ist hier in C4. Analog zu (1.6.7) ergibt sich:

(1.6.11)
$$=\underbrace{\text{WENN(ZEILE(A4)=GERADE(A4)}}_{\text{Prüfformel}};\underbrace{C2+B3*dt}_{\text{Wenn-Wert}};\underbrace{\text{MITTELWERT(C3;C5)}}_{\text{Sonst-Wert}})$$

Formel (1.6.11) passt auch für die Zelle C3 und berechnet dort den Mittelwert. Dazu wird wie oben C4 und C3 markiert und die Formel im Menü Bearbeiten/Ausfüllen/nach oben auf Zelle C3 übertragen. Der Rest müsste mittlerweile Routine sein: Zellen C4 bis C36 markieren und nach unten ausfüllen.

1.6 Mit der Tabellenkalkulation einen Fallschirmsprung simulieren

In den Spalten B und C wird erst dann etwas Vernünftiges berechnet, wenn Spalte D durch Kräfte ausgefüllt ist. Der (Kraft-)Wert in D2 muss aus den Parametern und Anfangswerten aus Zeile 2 errechnet werden (vgl. (*1.4.6*)):

Zeile 2, Zelle D2:   = m*g – b*B2^2   (1.6.12)

Die Kraft für Zelle D3 kann noch nicht ermittelt werden, sonst ergäbe sich ein sogenannter Zirkelbezug: Für die Kraft F in D3 ist die Geschwindigkeit v in B2 erforderlich und B2 benötigt wiederum D3. Wir werden D3, D5, D7, … mit Mittelwerten füllen. Gemäß (*1.4.11*) benutzen wir keine Variablen, die in derselben Spalte stehen. Zusammen mit den Mittelwerten ergibt sich:

Excel reagiert auf einen Zirkelbezug mit einer Fehlermeldung.

Zeile 3, Zelle D3:   = MITTELWERT(D2;D4)
Zeile 4, Zelle D4:   = m*g – b*B3^2
Zeile 5, Zelle B5:   = MITTELWERT(D4;D6)
Zeile 6, Zelle C6:   = m*g – b*B5^2
usw.

(1.6.13)

Wie in der C-Spalte werden in den ungeradzahligen Zeilen nur Mittelwerte errechnet. Wir notieren deshalb zunächst eine Formel, für die der Wenn-Wert berechnet werden muss und geben in D4 die folgende Formel ein:

=WENN(ZEILE()=GERADE(ZEILE());m*g – b*B3^2;MITTELWERT(D3;D5))   (1.6.14)

Prüfformel   Wenn-Wert   Sonst-Wert

Die übrigen Zellen der D-Spalte – das sind D3, D5 bis D36 – werden wie vorher beschrieben nach oben und unten ausgefüllt. Wenn Sie diese Schritte geschafft haben, müssten endlich die Geschwindigkeiten, Orte und Kräfte für die Zeiten von 0 bis 3,4 s komplett errechnet sein.

Den krönenden Abschluss eines Tabellenkalkulations-Projektes bilden die Diagramme. Leider ist die Erstellung professioneller Diagramme mühevoll – zu unüberschaubar sind anfangs die zahlreichen Optionen, die ein Tabellenkalkulationsprogramm anbietet. Es braucht Zeit, um sich einzuarbeiten. Wir beschränken uns hier deshalb – wie bereits in *Aufgabe 1.5.1* – auf eine Minimalbeschreibung. Zuerst werden immer die Spalte mit den Argumenten und dann mit gedrückter ⟨Strg⟩-Taste die zugeordneten Werte markiert. Anschließend wählt man im Menü *Einfügen/Diagramm/Punkt/Punkte mit interpolierten Linien*.

Tipp:
Komplette Spalten (oder Zeilen) können alternativ durch Anklicken des Spaltenbuchstabens (Zeilennummer) markiert werden. Sind mehrere Spalten (Zeilen) zu markieren, drückt man gleichzeitig die ⟨Strg⟩-Taste.

Bevor Sie das gerade Beschriebene eingeben, ist ein Rückblick sinnvoll. Blättern Sie zurück zur *Tabelle 1.4.1* und betrachten die B und die C-Spalte! In beiden Spalten werden Geschwindigkeits- bzw. Ortsänderungen aufsummiert. Wären die Änderungen infinitesimal klein, wäre die Summation mithilfe von Differenzialen formulierbar. Beginnen wir mit den Ortsänderungen in Spalte C:

$$ds = v \cdot dt \quad | \text{aufsummieren!}$$
$$\Rightarrow \int_{s_0}^{s} ds = \int_{t_0}^{t} v \cdot dt \Rightarrow s - s_0 = \int_{t_0}^{t} v \cdot dt \Rightarrow \underline{\underline{s(t) = s_0 + \int_{t_0}^{t} v \cdot dt}}$$

(1.6.15)

Für die numerische Integration gibt es auch raffiniertere Methoden, zum Beispiel die Simpsonsche Regel.

Das formale Aufsummieren der Differenziale in *(1.6.15)* führt auf ein Integral. Das heißt, in der Spalte C der Tabellenkalkulation wird versucht, ein Integral näherungsweise zu berechnen. Man spricht von einer *numerischen Integration*. Wenn man sich – wie in *Aufgabe 1.5.1* – die Werte in Spalte B durch eine explizit von t abhängigen Funktion erzeugen würde, stünden in der C-Spalte Näherungswerte des Integrals (*s. rechts in (1.6.11)*). Führen wir die gleiche formale Summation für die Geschwindigkeitsänderungen aus:

(1.6.16)

$$dv = \frac{F}{m} \cdot dt \quad \bigg| \text{aufsummieren!}$$

$$\Rightarrow \int_{v_0}^{v} dv = \int_{t_0}^{t} \frac{F}{m} \cdot dt \Rightarrow v - v_0 = \int_{t_0}^{t} \frac{F}{m} \cdot dt \Rightarrow \underline{\underline{v(t) = v_0 + \int_{t_0}^{t} \frac{F}{m} \cdot dt}}$$

Für $t_0 = 0$, $v_0 = 0$ und $F = m \cdot g$:

$$v(t) = \int_0^t g \cdot dt$$

$$= g \cdot \int_0^t dt = \underline{\underline{g \cdot t}}$$

Auch hier gelangt man zu einem Integral. Man könnte meinen, die ganze Tabellenkalkulation wäre Unsinn, man braucht ja „nur" das Integral zu „berechnen". Das wäre richtig, wenn die Kraft F konstant wäre. Ebenfalls richtig wäre es, wenn F für eine explizit von t abhängige Funktion stehen würde, deren Stammfunktion mit den üblichen Integrationsregeln leicht zu finden ist. Funktionen der Praxis tun einem diesen Gefallen selten. Numerische Methoden sind in diesem Falle am einfachsten zu bewältigen.

Die bisherigen unrealistischen Anfangsbedingungen wären nur mit einem Spielzeugfallschirm realisierbar (*vgl. Zeile 2 in Tab. 1.4.1*). Tatsächlich wird der Fallschirm frühestens geöffnet, wenn sich der Springer nicht mehr in der unmittelbaren Nähe des Flugzeugs befindet. Im Rahmen der folgenden Aufgaben soll gezeigt werden, dass wir auch einen realen Fall preiswert und gefahrlos studieren können.

Aufgabe 1.6.1

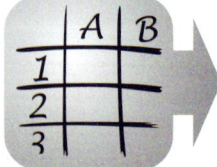

Kein Problem: die Definition zusätzlicher Parameter

Aufgabe:
Starten Sie Ihre Tabellenkalkulation und geben das in diesem Abschnitt beschriebene Tabellenkalkulationsprogramm für den Fallschirm ein! Führen Sie danach folgende Abwandlungen durch:
a) Spalte A markieren Menü *Start/Zahl/mehr*: Dezimalstellen 2 ⟨OK⟩. Genauso für Spalte B (1 Stelle), C (1 Stellen) und D (0 Stellen).
b) Verkleinern Sie den Parameter dt auf 0,1 sowie den Parameter b auf 0,25! E6 → k in kg/m ⟨Enter⟩, F6 → 25 ⟨Enter⟩, F6 → Namenfeld anklicken → k ⟨OK⟩.
c) A36 bis D36 markieren und anschließend die Maus (alles mit gedrückter linker Maustaste) bis Zeile 70 herunterziehen, dann ⟨Strg⟩⟨U⟩.
d) D27 markieren und oben in der Formel statt des Parameters b den Parameter k hineinschreiben ⟨Enter⟩. D27 bis D70 markieren und ⟨Strg⟩⟨U⟩.

Erläuterungen zu Aufgabe 1.6.1:
Abwandlungsschritt (a) war überfällig: Man darf in einer Näherungsrechnung nicht durch Angabe vieler Kommastellen eine hohe Präzision vortäuschen. „Rundungsfehler" brauchen Sie nicht zu befürchten: Intern rechnet Excel mit der **vollen Stellenzahl**. Die Rundungen erscheinen nur auf dem Bildschirm und können bei Bedarf jederzeit geändert werden.

Immer daran denken: Es handelt sich um Näherungswerte mit „Lückenbüßern"!

1.6 Mit der Tabellenkalkulation einen Fallschirmsprung simulieren

Im Abwandlungsschritt (b) wird der Parameter b verkleinert. Das muss er auch, denn der Fallschirm ist anfangs ungeöffnet. Der Körper des Springers hat bäuchlings einen c_w-Wert von ca. 0,75. Die Schattenfläche A beträgt ca. 0,5 m². Damit ergibt sich $b = 0{,}25$ kg/m. Öffnet sich der Fallschirm, ändert sich die Kraft. Rasche Änderungen verträgt das Tabellenkalkulations-Programm schlecht – wurden doch gerade geringe Änderungen in den Zeitintervallen vorausgesetzt. Man sollte das Zeitintervall Δt so klein gewählt haben, dass sich auch rasche Änderungen über mehrere Intervalle erstrecken. Hier wurde Δt vorsichtshalber auf 0,1 s verkleinert. Sollte das immer noch nicht ausreichen, kann es problemlos weiter verkleinert werden.

$c_W \approx 0{,}75$

$A \approx 0{,}5$ m²

Der Abwandlungsschritt (c) ist eine Konsequenz der Verkleinerung. Wenn weiterhin ein gleich großer Zeitabschnitt (hier 3,4 s) berechnet werden soll, muss die Tabelle erweitert werden (hier bis Zeile 70). In der Tabelle steht ein Schreckensszenario: Der Fallschirm öffnet sich nicht; nach 3,25 s hätte der Springer bereits eine Geschwindigkeit von ca. 30 m/s (108 km/h). Ohne Luftwiderstand wäre sie etwa 2 m/s höher.

Keine Angst, wir lassen niemanden umkommen!

In Abwandlungsschritt (d) öffnet sich der Fallschirm schon nach 1,2 s. Damit ändert sich die Kraft. In unserem Beispiel ist diese Kraftänderung besonders einfach implementierbar: der Parameter b muss lediglich durch den Parameter k (= 25 kg/m) ausgetauscht werden. Die Übertragung der Formeländerung in Zelle D27 auf alle Zellen bis D70 sollte mittlerweile Routine sein.

Die neue Kraft ab Zelle 27:

$$F = m \cdot g - k \cdot v^2$$

mit $k = 25$ kg/m

Sobald Sie die Abwandlungsschritte verstanden haben, können wir uns endlich um die Diagramme kümmern:

Aufgabe:
a) A2 bis A70 markieren, B2 bis B70 und D2 bis D70 mit gedrückter ⟨Strg⟩-Taste markieren. Menü *Einfügen/Diagramm/Punkt/Punkte mit interpolierten Linien ohne Datenpunkte*.
b) $F(t)$-Kurve mit **rechter** Maustaste anklicken (für Kontextmenü): *Datenreihe formatieren/Achsen*: Sekundärachse ⟨OK⟩
c) Sekundärachse mit **rechter** Maustaste anklicken (für Kontextmenü): *Skalierung*: Minimum –3000, Maximum 2500, Hauptintervall 1000 ⟨OK⟩
d) Primärachse ($v(t)$) mit **rechter** Maustaste anklicken (für Kontextmenü): *Skalierung*: Minimum –15, Maximum 12,5, Hauptintervall 5 ⟨OK⟩
e) Auf das weiße Diagrammfeld klicken, Menü *Layout/Achsen/Gitternetzlinien*: Primäre Hauptgitternetze (horizontal und vertikal) anzeigen

Aufgabe 1.6.2

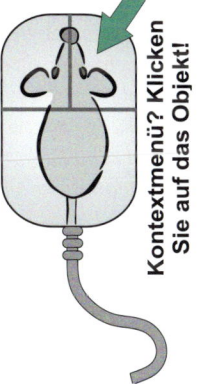

Die Aufgabenteile (a) bis (e) erklären sich größtenteils von selbst. Wichtige Objekte sind häufig mit einem (unsichtbaren) Kontextmenü verknüpft. Dieses Spezial-Menü wird erst sichtbar, wenn das Objekt mit der rechten Maustaste angeklickt wird. Wie Sie bemerkt haben, ist es möglich, zwei Datenreihen in einem Diagramm mit zwei Achsen (Primär- und Sekundärachse) darzustellen. Man kann auch noch mehr Datenreihen einbeziehen, muss aber mit zwei Achsen auskommen.

Kehren wir zurück zu unserem konkreten Beispiel! Das folgende Bild zeigt das Excel-Diagramm zu *Aufgabe 1.6.2* (es wurde ein wenig nachbearbeitet).

Immer daran denken: Die Kraft F(t) ist gemäß Newtons Bewegungsgesetz immer Ursache der Geschwindigkeitsänderungen!

Die Kraft während des Öffnungsvorgangs des Fallschirms wird nicht realistisch erfasst – deshalb die gestrichelte Linie. Wir können es verschmerzen.

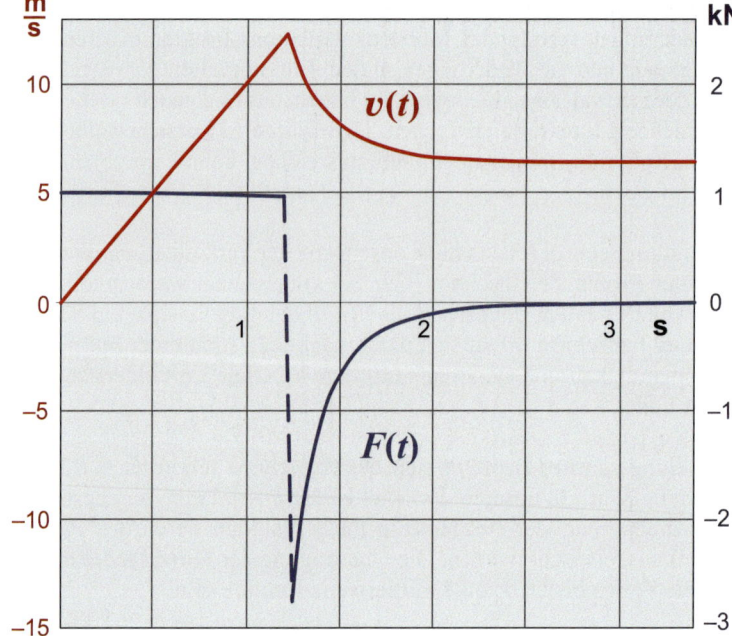

Bild 1.6.1
Geschwindigkeits- und Kraftverlauf eines Fallschirmes

Wie Sie erkennen, fällt der Springer vor dem Öffnen des Schirmes nahezu im freien Fall. Die Geschwindigkeitszunahme findet ihr rasches Ende, sobald sich der Schirm geöffnet hat. Nach dem Newtonschen Bewegungsgesetz kann nur eine geänderte Kraft dafür die Ursache sein und genau das ist aus dem *F(t)*-Verlauf ersichtlich. Der drastisch erhöhte Luftwiderstand ist verantwortlich für die Geschwindigkeitsänderung. Nicht einmal eine Sekunde nach dem Öffnen ist alles vorbei – der Luftwiderstand hat sich der Gewichtskraft angeglichen und die Gesamtkraft ist nahezu null. Der Fallschirm sinkt näherungsweise mit konstanter Geschwindigkeit.

„Gemäß" dem ersten Newtonschen Gesetz

Schauen wir noch einmal zurück: Bei der Anpassung auf den realistischeren Fall waren – sieht man einmal von Parameteränderungen und Tabellenverlängerungen ab – lediglich Änderungen in der Kraftspalte D erforderlich. Die Spalten A, B und C mussten nicht überarbeitet werden. Das zeigt: Es ist auch möglich, Bewegungsabläufe anderer (eindimensionaler) Systeme unter dem Einfluss von Kräften zu studieren. Es müssen lediglich die Kraftformeln in Spalte D und die Parameter an das jeweilige System angepasst werden.

Man kann es bereits ahnen: Die hier vorgestellte Tabellenkalkulation ist ein Universalwerkzeug zur numerischen Berechnung von Bewegungsabläufen.

1.7 Schwingfähige Systeme

Wenn Sie das folgende Bild sehen, werden Sie sicher gequält fragen, welchen Nutzen ein Beispiel haben soll, das nun wirklich in jedem Mathematik- oder Physikbuch zu finden ist. Tatsächlich steht dieses System Pate für (fast) alle schwingfähigen Systeme – auch wenn diese völlig unterschiedlich aussehen. Die unglaubliche Spanne reicht vom Molekül über das Federbein eines Autos bis hin zum Barthaar einer Robbe (*s. Marginalbild*).

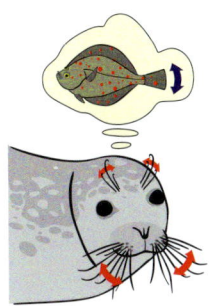

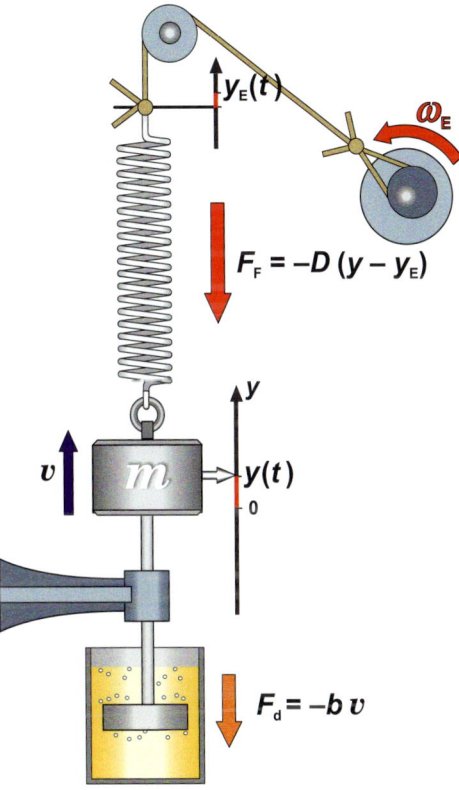

Umlenkrolle

Federaufhängung mit Koordinatensystem

Elektromotor mit Exzenter als „Erreger"

Schraubenfeder

Stahlzylinder mit Koordinatensystem

Führung (Lenker)

Dämpfung („Stoßdämpfer")

Bild 1.7.1
Komplettes Feder-Masse-System mit Dämpfung und Erreger

Das System in *Bild 1.7.1* besteht aus einem Stahlzylinder, der an einer Schraubenfeder hängt. Der Ort des Zylinders kann an einem eindimensionalen Koordinatensystem abgelesen werden (Koordinatenursprung = Ruhelage des Zylinders). Die Gewichtskraft spielt – sofern die Schraubenfeder nicht überlastet wird – bei der Bewegung des Systems keine Rolle, denn sie wird durch die Gegenkraft der Feder egalisiert und beeinflusst lediglich den Ort des Koordinatenursprungs. Die Aufhängung der Feder lässt sich optional durch einen Elektromotor auf und ab bewegen. Eine weitere Option ist eine *Dämpfung* („Stoßdämpfer"). Ein mit dem Stahlzylinder verbundener Kolben taucht in ein Ölbad. Je nach Viskosität des Öles setzt dieses Teilsystem der Bewegung eine mehr oder weniger hohe Widerstandskraft entgegen.

„Schwingfähige Systeme" werden gerne „Oszillatoren" genannt.

oszillare ⟨lat., „schaukeln"⟩

Jetzt wird es quantitativ!

Das System lässt sich stören, indem man den Stahlzylinder mit einer zusätzlichen Kraft anhebt oder nach unten zieht. Zwangsläufig wird die Feder dadurch entweder zusammengedrückt oder auseinandergezogen. Die Feder widersetzt sich dieser – wie man sagt – Auslenkung mit einer Gegenkraft F_F. Hier wird die Gültigkeit des Hookeschen „Gesetzes" angenommen, welches aussagt, dass diese Kraft proportional zur momentanen Auslenkung ist.

Nur für kleine Auslenkungen vernünftig:

(1.7.1)
$$F_F = -D \cdot y$$

Der Proportionalitätsfaktor D heißt *Federkonstante*. Mit dem negativen Vorzeichen wird ausgedrückt, dass Auslenkung und Kraft stets entgegengerichtet sind. In *Bild 1.7.1* ist beispielsweise die Auslenkung positiv (bezüglich des gewählten Koordinatensystems) – also hält die Feder in negativer y-Richtung dagegen. Im Marginalbild wird gezeigt, wie diese Federkonstante bestimmt werden kann. Man belastet das System mit einem kleinen zusätzlichen Gewicht und misst die daraus resultierende Auslenkung der Feder. Der Quotient aus der Gewichtskraft ΔF und der Auslenkung Δy ist – im Rahmen der Messgenauigkeit – gleich der Federkonstanten (s. Marginalbild).

$$D = \frac{\Delta F}{\Delta y}$$

Bestimmung der Federkonstanten

Eine weitere Annahme besteht darin, dass die Kraft F_d auf den Kolben im Ölbad proportional zur Geschwindigkeit des Teilsystems Gewicht/Kolben ist. Das ist sicherlich eine sehr grobe Näherung, die nur in zähflüssigen Ölen eine gewisse Berechtigung hat. Auch hier sorgt ein negatives Vorzeichen dafür, dass die Kraft F_D stets der Momentangeschwindigkeit entgegen gerichtet ist. Den Proportionalitätsfaktor b kann man *Dämpfungskonstante* nennen.

(1.7.2)
$$F_d = -b \cdot v$$

Aufgrund des Exzenterantriebes ist die Bewegung der Federaufhängung nur näherungsweise durch eine Sinusfunktion beschreibbar. Wir gehen hier trotzdem von einem strengen Sinus aus:

(1.7.3)
$$y_E = \hat{y}_E \cdot \sin(\omega_E t)$$

Für ω_E sagt man auch Erregerfrequenz (in rad/s)

In (1.7.3) ist ω_E die Winkelgeschwindigkeit des Motors und $\hat{y}_E$ ist der Abstand des Exzenters von der Motordrehachse. Auslenkungen des Aufhängepunktes aus der Ruhelage $y_E(t)$ beeinflussen die Dehnung oder Stauchung der Feder zusätzlich. Sind y und y_E vorzeichengleich, vermindern sie sich. Sie wären sogar gleich null, wenn sich Aufhängepunkt und Gewicht synchron zueinander bewegen würden. Im Falle entgegengesetzter Vorzeichen vergrößern sich Dehnung oder Stauchung. Damit ist für die Kraft der Feder auf den Stahlzylinder nicht mehr allein die Auslenkung des Stahlzylinders y relevant – jetzt ist es die Differenz aus den Auslenkungen y und y_E:

Die Differenz ist entscheidend!

(1.7.4)
$$F_F = -D \cdot (y - y_E)$$

Mit den Formeln (1.7.1) bis (1.7.4) ergibt sich für die Gesamtkraft F:

(1.7.5)
$$F = -D \cdot (y - y_E) - b \cdot v \quad \left[\text{bzw. } F = -D \cdot (y - \hat{y}_E \sin(\omega_E t)) - b \cdot v\right]$$

1.7 Schwingfähige Systeme

Um die Anzahl der Multiplikationen zu minimieren, belässt man normalerweise einen Funktionsterm in faktorisierter Form. Trotzdem geben wir die Kraft, um die einzelnen Summanden besser im Blick zu haben, zusätzlich noch in der ausmultiplizierten Fassung an:

$$F = \underbrace{-D \cdot y}_{\text{ortsabhängig}} - b \cdot v + \underbrace{D\hat{y}_E \sin(\omega_E \cdot t)}_{\text{Störfunktion}} \qquad (1.7.6)$$

Im Vergleich zum Fallschirm weist das vorliegende System zwei große Unterschiede auf: Zum einen enthält hier die Kraft einen von der Ortskoordinate abhängigen Summanden ($-D \cdot y$). Zum anderen enthält sie einen explizit von der Zeit abhängigen Beitrag – eine sogenannte *Störfunktion*. Es ist kein Geheimnis: Ohne Störung würde das System – einmalig angestoßen und dann sich selbst überlassen – eine gedämpfte Schwingung vollführen. Unter dem Einfluss der Störfunktion wird dem System „ständig" etwas aufgezwungen – man spricht von einer *erzwungenen Schwingung*. In unserem Fall wird eine reine Sinusfunktion als Störfunktion verwendet. Es dürften natürlich aber auch andere Funktionen (auch nichtperiodische) stören. Alle diese Fälle können mithilfe der in den letzten Abschnitten gezeigten Tabellenkalkulation problemlos untersucht werden. Es müssen lediglich die Parameter in Spalte F und die Kraftformeln in Spalte D an das System angepasst werden. Leider muss man dabei von den üblichen Standardparameternamen (vorübergehend) Abschied nehmen. So wird aus der Erregerkreisfrequenz ω_E ein verstümmeltes „we" und aus der Amplitude der Erregerschwingung muss auf das schöne Dach verzichtet werden. Der Parameter heißt nur „ye". Nur die Federkonstante muss nicht verschandelt werden. Obwohl D auch Spaltenname ist, gestattet Excel die Verwendung des großen „D" als Parameternamen. Die Kraftformel in Zelle D2 ist zunächst simpel, denn sie greift nur auf Werte der Anfangszeile zurück:

$$= -D * (C2 - ye * \text{SIN}(we * A2)) - b * B2 \qquad (1.7.7)$$

Da Zelle D3 nur mit einem Mittelwert ausgefüllt wird, notieren wir lieber Zelle D4, in der erstmalig errechnete Werte benutzt werden. Leider wird die Formel aufgrund der Fallunterscheidung lang. Es sei hier deshalb zunächst der Wenn-Wert für die gerade Zeile 4 notiert:

$$= -D * (C4 - ye * \text{SIN}(we * A4)) - b * B3 \qquad (1.7.8)$$

Moment! In (*1.7.8*) kann wohl etwas nicht stimmen. Hatten wir vorher, um Zirkelbezüge zu vermeiden, nicht immer auf Werte der Vorgängerzeilen zurückgreifen müssen? Hier stehen aber Ort und Zeit aus der aktuellen Zeile. Die Zeit in Zelle A4 ist kein Rechenwert, sondern ein Argument und darf natürlich verwendet werden. Der Ort in Zelle C4 wurde mithilfe der Geschwindigkeit B3 und dem Vorgängerwert C2 errechnet – beides Werte aus vorangegangenen Zeilen. Damit kommt Excel zurecht. Notieren wir der Vollständigkeit halber die komplette Formel für Zelle D4:

$$= \text{WENN}(\text{ZEILE}()=\text{GERADE}(\text{ZEILE}());-D*(C4-ye*\text{SIN}(we*A4))-b*B3;\text{MITTELWERT}(D3;D5)) \qquad (1.7.9)$$

Ein orts-, ein geschwindigkeitsabhängiger Summand und dazu noch eine explizit von der Zeit abhängige Störfunktion.

Wegen dieser Verstümmelungen sind die Beschriftungen in Spalte E wichtig!

Excel akzeptiert den Parameternamen b nicht! Um auf „b" beharren zu können, weichen wir auf b_ aus.

Keine Angst vor Zirkelbezügen! Sie werden von Excel durch bunte Pfeile angezeigt und sind danach leicht korrigierbar.

Die Zellen D3 und D5 bis … werden wie üblich mithilfe im Menü *Bearbeiten/Ausfüllen/nach oben* bzw. *nach unten* ausgefüllt.

Wie genau sind eigentlich unsere Kalkulationen?

Zunächst sollte man sich von der Genauigkeit der Tabellenkalkulation überzeugen. Die lässt sich am besten beim ungedämpften System mit ausgeschaltetem Erreger überprüfen. Damit sind die Parameter ω_E, $\hat{y}_E$ und b alle gleich null. Für diesen Spezialfall vereinfacht sich die Bewegungsgleichung beträchtlich:

(1.7.10)
$$-D \cdot y = m \cdot \ddot{y}$$

Ein mathematisches Modell erträgt alles!

Die Zahlenwerte der verbliebenen Parameter D und m setzen wir unbekümmert gleich eins. Auch für die Anfangsbedingungen nehmen wir einfachste Zahlenwerte: $v(0) = 1$ und $y(0) = 0$. Dabei kümmern wir uns (noch) nicht darum, ob sich die Zahlenwerte mit realistischen Federn überhaupt realisieren lassen.

Tabelle 1.7.1
Tabellenkalkulation für das Feder-Masse-System

Feder-Masse-System

D4 f_x =WENN(ZEILE(A4)=GERADE(ZEILE(A4);

	A	B	C	D	E	F
1	t in s	v in m/s	y in m	F in N	Param.	Werte
2	0,00	1,000	0,000	0,000	Δt in s	0,1
3	0,05	1,000	0,050	−0,050	m in kg	1,0
4	0,10	0,995	0,100	−0,100	D in N/m	1,0
5	0,15	0,990	0,150	−0,150	b in kg/s	0
6	0,20	0,980	0,199	−0,199	ω_E in rad/s	0
7	0,25	0,970	0,248	−0,248	$\hat{y}_E$ in m	0

Nun sind Sie wieder gefordert – bitte führen Sie die in der folgenden Aufgabe aufgeführten Schritte aus!

Aufgabe 1.7.1

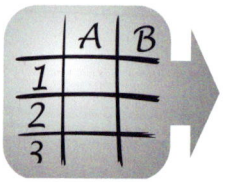

Noch kein spannendes Ergebnis: Sinus- und Kosinusfunktion

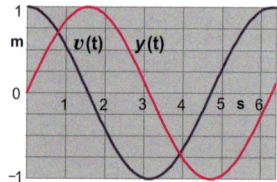

Aufgabe:
Starten Sie Ihre Tabellenkalkulation und laden Sie das Tabellenkalkulationsprogramm für den Fallschirm!
a) Ändern Sie die Tabellenbeschriftungen, die Anfangsbedingungen und die Parameter so wie in Tabelle 1.7.1 angegeben! Benennen Sie die Parameter mit D, b, we und ye.
b) Ändern Sie die Kraftformel in D2 → = − D*C2, ⟨Enter⟩. Ändern Sie die Kraftformel in D4 → =WENN(Zeile()=GERADE(Zeile()); −D*C4; MITTELWERT(D3;D5)), ⟨Enter⟩.
c) D4, D3 markieren, anschließend Menü *Bearbeiten/Ausfüllen/nach oben*.
d) A3 bis D3 markieren und anschließend die Maus (alles mit gedrückter linker Maustaste) bis Zeile 130 herunterziehen, dann ⟨Strg⟩⟨U⟩.
e) Spalte A markieren und danach die Spalten B und C mit gedrückter ⟨Strg⟩-Taste markieren. Menü *Start/Einfügen/Diagramm/Punkt/Punkte mit interpolierten Linien ohne Datenpunkte*. Formatieren nach „Geschmack".
f) Vergleichen Sie die Werte in den Spalten B und C mit den Werten der Sinus- und Kosinusfunktion Ihres Taschenrechners. Vergrößern und verkleinern Sie Δt und diskutieren Sie die Auswirkung auf die Werte!

1.7 Schwingfähige Systeme

Das Ergebnis ist nicht sonderlich überraschend. Spalte C enthält Näherungswerte der Sinusfunktion und in Spalte B stehen Werte der Kosinusfunktion. Für ein Zeitraster von $\Delta t = 0{,}1$ s ergeben sich erst in der dritten Stelle hinter dem Komma Abweichungen: im Mittel um weniger als einen Stellenwert. Weitere Verkleinerungen verbessern die Genauigkeit beträchtlich und deuten darauf hin, dass das Verfahren konvergiert. Für qualitative Betrachtungen würde auch $\Delta t = 0{,}2$ s noch ausreichend sein. Die Periodenlänge beträgt 6,28 s, d.h., ein Zeitraster von $\Delta t = 0{,}1$ s entspricht etwa 1,6 % der Periodenlänge.

Höhere Genauigkeiten? Kein Problem – verkleinern Sie Δt. Leider müssen Sie dann – um dieselbe Zeitspanne zu erfassen – die Tabellen verlängern!

Man könnte nun die Parameter D und m variieren, um herauszubekommen, wie die Sinusfunktion darauf reagiert. Es geht aber einfacher. Es dürfte bekannt sein, dass eine mit den Parametern ω, $\hat{y}$ und φ_0 ausgefütterte Sinusfunktion eine Schwingung beschreibt. Sie muss deshalb die Bewegungsgleichung (*1.7.10*) erfüllen.

Mit der parametrisierten Sinusfunktion beschreibt man ungedämpfte Schwingungen.

$$y = \hat{y} \cdot \sin(\omega \cdot t + \varphi_0) \tag{1.7.11}$$

Wir brauchen also bloß diese parametrisierte Funktion in die Bewegungsgleichung einzusetzen und prüfen unter welchen Bedingungen (*1.7.10*) erfüllt wird. Dazu werden die ersten beiden Ableitungen (Kettenregel) von (*1.7.11*) benötigt:

Beachten Sie die Kettenregel!

$$u := \omega \cdot t + \varphi_0, \quad \frac{d}{dt}u = \omega$$
$$\dot{y} = \frac{dy}{du} \cdot \frac{du}{dt} = \omega \cdot \hat{y}\cos(\omega \cdot t + \varphi_0)$$
$$\ddot{y} = \frac{d\dot{y}}{du} \cdot \frac{du}{dt} = -\omega^2 \cdot \hat{y}\sin(\omega \cdot t + \varphi_0) = \underline{\underline{-\omega^2 \cdot y}} \tag{1.7.12}$$

Das (eventuell überraschende) Ergebnis: Die zweite Ableitung und die parametrisierte Sinusfunktion sind zueinander proportional. Setzt man das Ergebnis von (*1.7.12*) in die Bewegungsgleichung (*1.7.10*) ein, ergibt sich:

$$-D \cdot y = m(-\omega^2 y)$$
$$\Leftrightarrow D \cdot y = m\omega^2 \cdot y$$
$$\Leftrightarrow y \equiv 0 \;\vee\; \underline{\underline{D = m\omega^2}} \tag{1.7.13}$$

Es zeigt sich: Die parametrisierte Sinusfunktion (*1.7.11*) ist bei Erfüllung der doppelt unterstrichenen Relation in (*1.7.13*) *allgemeine Lösung* der Bewegungsgleichung (die triviale Lösung erreicht man mit $\hat{y} = 0$).

Physikalische Interpretation: Wenn $F = -Dy$ exakt gilt, dann wird die Bewegung präzise durch die parametrisierte Sinusfunktion beschrieben.

Für den Spezialfall aus *Aufgabe 1.7.1* ergibt sich mit den Anfangsbedingungen (s. Zeile 2, Tab. 1.7.1) für $y(t)$ die Sinus- und für $v(t)$ die Kosinusfunktion:

$$\left.\begin{array}{l} D = 1, \; m = 1: \omega = 1 \\ y(0) = 0: \; \hat{y}\sin(1 \cdot 0 + \varphi_0) = 0 \Rightarrow \varphi_0 = 0 \\ \dot{y}(0) = 1: \; 1 \cdot \hat{y}\cos(1 \cdot 0) = 1 \quad \Rightarrow \hat{y} = 1 \end{array}\right\} \begin{array}{l} y(t) = \sin(t) \\ \dot{y}(t) = v(t) = \cos(t) \end{array} \tag{1.7.14}$$

Für Systeme mit beliebiger Federkonstante D und Masse m ergibt sich für Kreisfrequenz ω, Frequenz ν und Periodendauer T:

(1.7.15)
$$D = m\omega^2 \Rightarrow \omega = \sqrt{\frac{D}{m}}\,,\quad \nu = \frac{\omega}{2\pi} = \frac{1}{2\pi}\sqrt{\frac{D}{m}}\,,\quad T = \frac{1}{\nu} = 2\pi\sqrt{\frac{m}{D}}$$

Der Schwingungszustand eines einmal angefachten Oszillators heißt Eigenschwingung. Die zugehörige Frequenz heißt Eigenfrequenz.

Die Formel für die Periodendauer rechts in (*1.7.15*) liefert einen Anhaltspunkt für die Wahl des Zeitraster für eine Tabellenkalkulation der Bewegungsgleichung von Feder-Masse-Systemen: Wählen Sie Δt zwischen einem und zwei Prozent der Periodendauer T für den ungedämpften Fall.

Die mit den Parametern ω, $\hat{y}$ und φ_0 ausgestattete Sinusfunktion (*1.7.11*) hat den Vorteil, dass sie sich sofort als zeitlich verschobener Sinus zu erkennen gibt. Nicht ganz so anschaulich aber rechnerisch leichter handhabbar ist die gleichwertige Darstellung von $y(t)$ als *Linearkombination* aus der Sinus- und Kosinusfunktion:

(1.7.16)
$$y(t) = A\cos(\omega t) + B\sin(\omega t)$$

Dass die parametrisierte Darstellung in die Linearkombination überführbar ist, wird ersichtlich, wenn man den verschobenen Sinus (*1.7.11*) mithilfe eines Additionstheorems auseinanderpflückt und die Faktoren mit A bzw. B identifiziert:

$$y = \hat{y}\cdot\sin(\omega t + \varphi_0) = \underbrace{\hat{y}\sin(\varphi_0)}_{:=A}\cos(\omega t) + \underbrace{\hat{y}\cos(\varphi_0)}_{:=B}\sin(\omega t)$$

Umgekehrt lässt sich die Amplitude wegen „$\sin^2\alpha + \cos^2\alpha = 1$" sehr leicht aus den Koeffizienten A und B errechnen:

(1.7.17)
$$A^2 + B^2 = \hat{y}^2\sin^2(\varphi_0) + \hat{y}^2\cos^2(\varphi_0) = \hat{y}^2\underbrace{\left(\sin^2(\varphi_0) + \cos^2(\varphi_0)\right)}_{\equiv 1} = \hat{y}^2$$
$$\Rightarrow \hat{y} = \sqrt{A^2 + B^2}$$

Vorsicht, „…winkel" wird zumeist fortgelassen!

Auch der *Anfangsphasenwinkel* φ_0 – auch *Nullphasenwinkel* genannt – kann aus den Koeffizienten errechnet werden. Leider ist diese Berechnung nur für $A \geq 0$, $B > 0$ einfach. In diesen Fällen liegt φ_0 zwischen null und $\pi/2$.

(1.7.18)
$$\frac{A}{B} = \frac{\cancel{\hat{y}}\sin(\varphi_0)}{\cancel{\hat{y}}\cos(\varphi_0)} = \tan(\varphi_0) \Rightarrow \varphi_0 = \arctan\left(\frac{A}{B}\right) \text{ für } A \geq 0, B > 0$$

Unangenehmer wird es für die übrigen Kombinationen von A und B. Für diese Fälle sind lästige Fallunterscheidungen erforderlich. Diese lassen sich umgehen, wenn man die folgende – auf dem geometrischen Umfangswinkelsatz basierende – Formel verwendet:

(1.7.19)
$$\varphi_0 = \begin{cases} -\pi & \text{falls } A = 0 \wedge B < 0 \\ 2\arctan\left(\dfrac{A}{B + \sqrt{A^2 + B^2}}\right) & \text{sonst} \end{cases}$$

Die beiden gleichwertigen Darstellungen einer ungedämpften Sinus-Schwingung, auch *harmonische Schwingung* genannt, sind außerordentlich wichtig. Beachten Sie deshalb den folgenden Merksatz!

> **Merke:**
> Eine **harmonische Schwingung** wird durch folgende Funktion beschrieben:
>
> $y = \hat{y} \sin(\omega t + \varphi_0)$
>
> Mit „y-Dach" als Amplitude, ω als Kreisfrequenz (Frequenz in rad/s) und φ_0 als Phasenwinkel zur Zeit $t = 0$. Das komplette Argument der Sinusfunktion heißt Phasenwinkel bzw. kurz *Phase*.
> Alternativ lässt sich die harmonische Schwingung als Linearkombination aus einer Sinus- und Kosinusfunktion darstellen:
>
> $y = A \cos(\omega t) + B \sin(\omega t)$
>
> Für die Umrechnung gilt:
>
> $A = \hat{y} \sin(\varphi_0)$, $B = \hat{y} \cos(\varphi_0)$
>
> Umgekehrt lassen sich Amplitude und Anfangsphase aus den Parametern A und B wie folgt errechnen (vgl. (1.7.20)):
>
> $\hat{y} = \sqrt{A^2 + B^2}$, $\varphi_0 = \arctan\left(\dfrac{A}{B}\right)$ falls $A \geq 0 \wedge B > 0$

Merksatz 1.7.1

1.8 Freie gedämpfte Oszillatoren

Der Name „frei" könnte irritieren, denn „frei" und „gedämpft" sind eigentlich widersprüchliche Begriffe. Mit „frei" ist hier gemeint, dass das schwingfähige System (Oszillator) nicht (mehr) unter dem Einfluss einer Störfunktion steht. Für das in *Bild 1.7.1* dargestellte System heißt das: Der Elektromotor mit dem Exzenter ist für $t > 0$ außer Betrieb und für die Koordinate der Federaufhängung gilt dann $y_E \equiv 0$.

Ab einem bestimmten Zeitpunkt: außer der Dämpfung keine weiteren Störungen

Irritieren könnte auch der Begriff „Anfangsbedingung". Für das System aus *Bild 1.7.1* scheint es für die Anfangsbedingung nur zwei Möglichkeiten zu geben. Entweder hebt man den Stahlzylinder etwas an, um ihn dann plötzlich loszulassen. Oder man zieht den Zylinder vor dem Loslassen ein Stückchen nach unten. Nach dem Loslassen bleibt das System sich selbst überlassen. Tatsächlich ist „Anfangsbedingung" weiter gefasst. Es ist unerheblich, wer wie und wann ein System anfacht und es ist weiterhin gleich, wie die „Anfangswerte" messtechnisch erfasst werden. Sobald ein Wertetripel aus Zeit t_0 Geschwindigkeit $v(t_0)$ und Ort $y(t_0)$ bekannt ist, lässt es sich als Anfangsbedingung auffassen:

Das System kann genauso gut während $t < 0$ über die Federaufhängung angefacht werden!

Bekannt: $t_0 \mapsto v(t_0), y(t_0)$

(1.8.1)

=GERADE(ZEILE(A4);

E	F
Param.	Werte
Δt in s	0,02
m in kg	2,0
D in N/m	79
b in kg/s	2,51
ω_E in rad/s	0
$\hat{y}_E$ in m	0
ω_0 in rad/s	6,28
T_0 in s	1,00

(1.8.2)

Da man zum Zeitpunkt t_0 immer eine reale oder virtuelle Stoppuhr starten kann, setzt man t_0 in der Regel gleich null. Im Rahmen der physikalischen Grenzen des Systems sind für Ort und Geschwindigkeit beliebige Wertekombinationen möglich. So könnte es beispielsweise sein, dass das Feder-Masse-System auf irgendeine Weise angefacht wird und zu einem späteren Zeitpunkt t_0 gerade seinen Nulldurchgang vollführt. In diesem Fall hat das System Zeit t_0 eine bestimmte Geschwindigkeit – die Auslenkung ist dagegen gleich null.

Bevor wir freie Oszillatoren unter verschiedenen Parametern und Anfangsbedingungen studieren, ist es hilfreich im Blick zu haben, welche Kreisfrequenz und welche Periodendauer das System hätte, wenn keine Dämpfung ($b = 0$) vorhanden wäre. Die beiden Größen errechnen sich aus den Parametern D und m gemäß (1.7.15). Beschriften Sie bitte die Zellen E8 und E9 – z. B. wie im nebenstehenden Marginalbild – und geben Sie in die Zellen F8 und F9 folgende Formeln ein:

$$F8 \rightarrow = \text{Wurzel}(D/m), \quad F9 \rightarrow = 2 * PI()/F8$$

Die seltsame Darstellung der Zahl π nehmen Sie bitte so hin – Excel schreibt das so vor.

Wir betrachten im Folgenden Oszillatoren mit folgenden Parametern:

(1.8.3)

$$m = 2\,\text{kg}, \quad D = 79\,\tfrac{\text{N}}{\text{m}}, \quad v(0) = 0, \quad b = 2{,}51\,\tfrac{\text{kg}}{\text{s}}\,\left[12{,}6\,\tfrac{\text{kg}}{\text{s}},\ 100\,\tfrac{\text{kg}}{\text{s}}\right],\quad y(0) = 0{,}1\,\text{m}$$

Unsere Wahl: $\Delta t = 0{,}2$ s

Das System hätte im ungedämpften Fall eine Periodendauer von einer Sekunde. Für das Zeitraster wählen wir fürs Erste 2 % dieser Periodendauer – das sind 0,02 s. Während im ungedämpften Fall kaum mehr als eine Periode interessiert, sollte das System im Falle einer Dämpfung über ein wesentlich größeres Zeitintervall einsehbar sein. Wenn wir im vorliegenden Fall ca. 5 (gleichsinnige) Nulldurchgänge überblicken wollen, muss eine Tabelle aus mindestens 500 Zeilen (zuzüglich Kopfzeile und Anfangsbedingung) erstellt werden. Das ist für den Rechner überhaupt kein Problem – lästig ist nur, dass die Tabelle nicht mehr auf den Bildschirm passt. Zum Markieren über den unteren Bildschirmrand hinaus müssen Sie die Maus bzw. den Mauszeiger mit gedrückter linker Maustaste in den unteren Rand führen. Anschließend beginnt die Tabelle zu „laufen" und die Zellen werden fortlaufend markiert. Sobald Sie den Mauszeiger ins Bild zurückführen, stoppt der Markierungsvorgang. Sie können anschließend wie gewohnt die Zellen im Menü *Bearbeiten* ausfüllen. Spezielle Tabellenwerte erreicht man danach über die Bildlaufleiste an der rechten Bildschirmseite. Zur Diagrammerstellung markiert man am einfachsten die kompletten Spalten durch Anklicken der Spaltenbuchstaben. Ist das Zeitfenster zu groß, kann es problemlos durch Skalieren der Zeitachse eingeengt werden. Eine Erweiterung ist nur durch Hinzufügen weiterer Zeilen möglich.

Das Hantieren mit Tabellen großer Zeilenzahlen erfordert anfangs viel Geduld.

Praktisch: das Markieren kompletter Zeilen oder Spalten durch Anklicken der Zeilennummer bzw. des Spaltenbuchstabens

Nehmen Sie bitte den Parameter ϑ als Maß für die Dämpfung erst einmal so hin. Die Erklärung erfolgt in Abschnitt 1.9.

Das folgende Bild zeigt das Verhalten des Oszillators unter verschiedenen in (1.8.3) angegebenen Dämpfungen. Zunächst betrachten wir den Fall einer relativ schwachen Dämpfung: $b = 2{,}51$ kg/s („$\vartheta = 0{,}1$"). Offensichtlich handelt es sich nicht mehr um eine periodische Bewegung. Eine Periodizität scheint lediglich bei den

1.8 Freie gedämpfte Oszillatoren

(gleichsinnigen) Nulldurchgängen vorhanden zu sein. Im Rahmen der Tabellenkalkulation ist nicht exakt erkennbar, ob sich die Periodenlänge der gleichsinnigen Nulldurchgänge gegenüber dem ungedämpften System verändert hat. Man nennt den Bewegungszustand eines schwach gedämpften Oszillators Schwingfall.

Beachten Sie die (trickreichen) Einheiten!

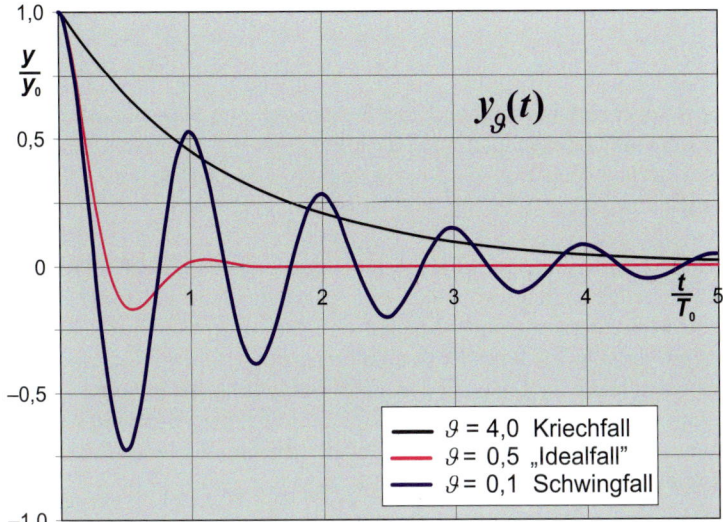

Horizontale Achse: Einheit ist die Schwingungsdauer des Systems bei fehlender Dämpfung.

Vertikale Achse: Einheit ist die Anfangsauslenkung.

Bild 1.8.1
Auslenkungsverhalten gedämpfter Oszillatoren

Bei dem mit „Idealfall" bezeichneten System wurde die Dämpfung so weit erhöht, dass nur noch drei Halbschwingungen auszumachen sind. Das ist in etwa bei $b = 12{,}6$ kg/s („$\vartheta = 0{,}5$") der Fall. Da das System aber immer noch Nulldurchgänge vollführt, handelt es sich nach wie vor um einen Schwingfall. Jetzt ist in *Bild 1.8.1* unzweifelhaft erkennbar, dass sich die Abfolge der Nulldurchgänge gegenüber dem schwach- bzw. ungedämpften Fall geändert hat. Die Abstände haben sich vergrößert. Bei einer weiteren Erhöhung der Dämpfung auf $b = 100$ kg/s („$\vartheta = 4$") findet überhaupt kein Nulldurchgang mehr statt. Die Schwingung wird *aperiodisch*, der *Kriechfall* tritt ein.

In Bild 1.8.1 ist die Periodendauer am besten am zeitlichen Abstand der ersten beiden Maxima ersichtlich.

Die in *Bild 1.8.1* dargestellten Fälle demonstrieren auch die Stärken und Schwächen der numerischen Integration der Bewegungsgleichung:

Tabellenkalkulationen sind leicht abzuwandeln.

- Die Stärken liegen darin, dass es möglich ist, sich in kürzester Zeit einen Überblick über das zeitliche Verhalten eines Systems unter dem Einfluss einer Kraft zu verschaffen. Die Zeit ist insbesondere dann kurz, wenn auf dem Rechner bereits die Tabellenkalkulation für irgendein System durchgeführt (und abgespeichert) wurde. In diesem Fall müssen nur Anfangsbedingungen, Parameter und die Formel für die Kraft ausgetauscht werden. Profunde Kenntnisse über die Integration von Differenzialgleichungen sind nicht erforderlich. Es reicht, wenn die Grundlagen der Differenzial- und Integralrechnung verstanden worden sind.

Nervenschonend: Es müssen keine Differenzialgleichungen gelöst werden.

- Die Schwäche liegt darin, dass es sich nur um Näherungsrechnungen handelt. Das geht soweit, dass bei einem zu groben Zeitraster ($\rightarrow \Delta t$) völliger Unsinn herauskommen kann. Wehe, man nimmt dann so etwas für bare Münze! Das Ergebnis einer Tabellenkalkulation sind nur Wertetabellen und daraus extra-

Nehmen Sie Näherungsrechnungen nicht unkritisch für bare Münze!

hierte grafische Darstellungen. Exakte Funktionsterme kann die Methode nicht liefern. Deshalb bleiben zwangsläufig Fragen ungeklärt, die normalerweise mithilfe der üblichen Kurvendiskussionen behandelt werden.

Im Falle des Oszillators wäre beispielsweise die Klärung der folgenden Fragen interessant:

- Wie ändert sich konkret die Abfolge der Nulldurchgänge mit der Dämpfung?
- Auf welchen Ortskurven liegen die Extremwerte im Schwingfall? Handelt es sich um eine Hyperbel oder um eine e-Funktion mit negativem Exponenten?
- Durch welche Funktion wird ein Kriechfall beschrieben und wie sieht der Grenzfall zwischen Schwing- und Kriechfall aus?

Babys lieben schwach gedämpfte Oszillatoren mit geringen Federkonstanten.

Feder und Dämpfer sind wichtige, sicherheitsrelevante Teile aller (Kraft-)Fahrzeuge. Fahrzeuge stehen zwar nicht exemplarisch für Oszillatoren – trotzdem stellen wir diese heraus, denn Sie haben als Fahrer oder Fahrgast bereits mit Ihrem Po das Verhalten gedämpfter Oszillatoren „studiert". Die Korrespondenz der Komponenten realer Systeme mit denen des Modellsystems in *Bild 1.7.1* ist nicht immer einfach – wir betrachten deshalb die im folgenden Bild dargestellte „Radaufhängung" eines Kleinwagens. Es handelt sich um das linke Hinterrad eines Frontantrieblers.

Das Federbein oben und der Lagerbock (Bildmitte) sind mit der Karosserie verschraubt.

Die Bodenwelle wird die Feder gleich zusammendrücken.

Die Drehachse des Längslenkers verläuft im Lagerbock senkrecht zur Zeichenebene.

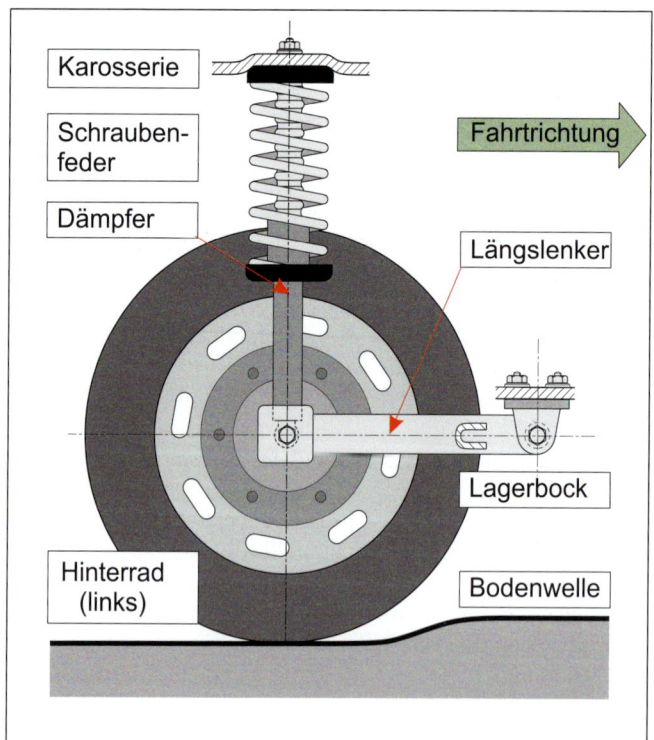

Bild 1.8.2
Federbein eines Kleinwagens

Beim Auto steht so zu sagen alles auf dem Kopf. Die schwingende Masse – das ist hier die Karosserie mit allem was sich darin befindet – hängt nicht herunter, sondern steht auf der Feder. Feder und Dämpfer sind in dem in *Bild 1.8.2* dargestellten Beispiel zu einem *Federbein* kombiniert. Das Federbein stützt sich auf das Radlager. Geführt wird das Rad von einem drehbar gelagerten Längslenker (*vgl. „Führung" in Bild 1.7.1*). Die Bewegungen des Rades sind deshalb nicht vertikal, sondern verlaufen auf einem Kreisbogen. Einem VW-Käfer konnte man bequem auf die Stoßstange steigen, herunterspringen und so testweise Schwingungen der Karosse anfachen. Das entspräche dem üblichen Anfachen des Feder-Masse-Systems von *Bild 1.7.1*: Stahlzylinder anheben oder herunterziehen und loslassen. Das Feder-Masse-System könnte alternativ angefacht werden, indem man die Aufhängung der Feder bewegt. Das wurde in *Bild 1.7.1* durch den Exzenterantrieb angedeutet. Diese Art der Anfachung korrespondiert mit der normalen Anfachung bei den Fahrzeugen: Fahrbahnunebenheiten werden über das Rad von unten auf das Federbein übertragen. Etwas irreführend ist es, den Dämpfer „Stoßdämpfer" zu nennen, denn „Stöße" werden von der Feder abgefangen. Das, was volkstümlich mit „Stöße" bezeichnet wird, sind hohe Beschleunigungen. Die Federn verhindern, dass hohe vertikale Beschleunigungen der Räder aufgrund der Straßenunebenheiten auf die Karosserie übertragen werden.

Anfachen einer Schwingung beim VW-Käfer

Allgemein ist das Anfachen eines Oszillators gleichbedeutend mit einer Energiezufuhr in das System. Der Dämpfer muss dafür sorgen, dass diese Energie nicht allzu lange in dem Teilsystem verbleibt und sie kontrolliert in Form von Wärme abführen. Eine zu schwache Dämpfung hätte fatale Folgen. Eine einzige Bodenwelle würde eine langanhaltende Schwingung der Karosserie anfachen (*s. nebenstehendes Marginalbild*). Ein dermaßen wippendes Auto sähe zwar lustig aus, aber das Fahrverhalten (insbesondere bei rasanter Kurvenfahrt) wäre katastrophal.

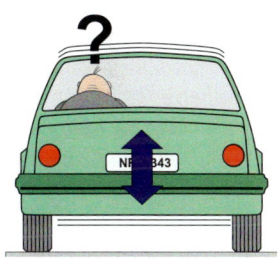

Schwingfall aufgrund geringer Dämpfung.

Eine zu starke Dämpfung führt zu dem gefürchteten *Kriechfall*. Das System würde – auch wenn das in *Bild 1.8.1* nicht eindeutig erkennbar ist – den Ruhezustand nicht in endlicher Zeit erreichen. Nach dem Überfahren einer Bodenwelle würde das Rad in Richtung Radkasten gedrückt. Anschließend wäre die Bodenfreiheit der Zelle für längere Zeit vermindert (*s. nebenstehendes Marginalbild*). Ein schlimmes Szenario ist vorstellbar, wenn mehrere Unebenheiten aufeinander folgen und sich die Auslenkungen aufaddieren (*s. nebenstehendes Marginalbild*).

Kriechfall aufgrund zu hoher Dämpfung. Die Karosserie hat keine definierte Ruheposition mehr. Hier hat sich die Bodenfreiheit verringert.

Ideal erscheint der Fall, in dem das System gerade keinen Nulldurchgang mehr macht, aber trotzdem noch nicht „kriecht". Ganz so ideal ist so ein Grenzfall doch nicht, denn bereits geringe Parameterveränderungen – z. B. aufgrund der Alterung des Dämpfers – könnten das System in den Kriechfall bringen. Die Dämpfung wird in vielen praktischen Fällen so eingestellt, dass das System etwa nach drei Halbschwingungen zur Ruhe kommt. Bei dieser Einstellung wäre man auch bei Parameterstreuungen der Dämpfer noch sicher, dass das System nach einer Anfachung in die Ruhelage zurückkehrt.

1.9 Der gedämpfte Oszillator exakt

Um die im vorherigen Abschnitt aufgeworfenen Fragen klären zu können, muss die Bewegungsgleichung des gedämpften Oszillators – so wie er in *Bild 1.7.1* dargestellt wurde – exakt integriert werden. Da ermittelt werden soll, wie das System von seinen Parametern beeinflusst wird, dürfen die Systemparameter **nicht** durch spezielle Zahlenwerte ersetzt werden.

Jetzt kommen die Parameter zum Zuge!

Notieren wir zunächst (noch) einmal die Bewegungsgleichung:

(1.9.1)
$$\underbrace{-Dy - bv}_{F} = m\frac{dv}{dt} \quad \text{mit} \quad v = \frac{dy}{dt}$$

Eigentlich gehört zu einer Gleichung die Angabe des Definitionsbereichs! In (1.9.1) wurde er für „selbstverständlich" erachtet und fortgelassen. So selbstverständlich ist der Definitionsbereich vielleicht doch nicht! Die verkürzte Funktionswert-Schreibweise könnte missverstanden werden – in (1.9.1) sind keine Zahlenwerte, sondern Funktionen (hier $v(t)$ und $y(t)$) gesucht, d. h. der Definitionsbereich besteht aus der Menge der einstelligen reellen Funktionen. Im vorliegenden Fall kann der Definitionsbereich noch weiter auf beliebig oft differenzierbare Funktionen eingeengt werden. Da es sich bei $v(t)$ nicht um eine eigenständige Funktion, sondern nur die Ableitung von $y(t)$ handelt, kann v durch die zeitliche Ableitung des Ortes y ersetzt werden:

Differenzialgleichungen sähen entsetzlich aus, wenn man die Klammerpakete mit den Argumenten mitschreibt.

(1.9.2)
v durch $\frac{dy}{dt}$ ersetzen: $\quad -Dy - b\frac{dy}{dt} = m\frac{d^2 y}{dt^2} \quad \left| -m\frac{d^2 y}{dt^2} \right| \cdot (-1)$

Wie bei allen Gleichungen sollten alle Terme, die die gesuchten Größen in irgendeiner Verknüpfung enthalten, auf die linke Seite gebracht werden. In unserem Fall ist die gesuchte Funktion $y(t)$ in allen Termen enthalten. Also wird, wie hinter den senkrechten Strichen von (1.9.2) bereits angedeutet, alles auf die linke Seite „geschaufelt". Enthielte die Gleichung zusätzlich eine Funktion, die explizit von der Zeit abhängt (Störfunktion), würde man diese auf der rechten Seite positionieren. Hier ist das nicht der Fall, auf der rechten Seite steht eine Null – die Gleichung ist – wie man sagt – *homogen*. Da die Gleichung Terme enthält, in denen die gesuchte Funktion mit Differenzialoperatoren verknüpft ist, handelt es sich um eine *gewöhnliche Differenzialgleichung*. Mit „gewöhnlich" ist gemeint, dass einstellige reelle Funktionen gesucht sind.

„Alles" außer Störfunktionen auf die linke Seite schaufeln!

Wie beim Integrieren müssen Sie auch beim Lösen einer Differenzialgleichung nicht alles neu erfinden – benutzen Sie eine professionelle Formelsammlung! Um festzustellen, ob die fragliche Differenzialgleichung in der Formelsammlung enthalten ist, muss versucht werden, ob man sie in eine der dort aufgeführten „Typen" überführen kann. Ein allgemeingültiges Verfahren gibt es dazu leider nicht. Wenn möglich, versucht man die Differenzialgleichung zu normieren. Dazu wird sie durch den Faktor/Koeffizienten vor der höchsten Ableitung dividiert. Sollte es sich bei diesem Faktor um eine Funktion mit Nullstellen handeln, ist bereits dieser Schritt versperrt. In unserem Falle handelt es sich „nur" um einen konstanten

Keine Schande: das Arbeiten mit einer Formelsammlung

1.9 Der gedämpfte Oszillator exakt

Faktor, die Masse *m*. Daher kann die Gleichung durch *m* dividiert werden. Dabei entstehen lästige Parameterquotienten. Diese sollte man durch eigenständige Parameter ersetzen. Leider erkennt man die „genialsten" Parameterersetzungen oft erst im Nachhinein. Dass es sinnvoll ist, den Parameterquotienten D/m durch das Quadrat des Parameters ω_0 zu ersetzen, liefert die Physik (vgl. (*1.7.15*)). Aber den Grund δ nicht mit b/m, sondern besser mit $b/(2m)$ gleichzusetzen, würde erst anhand der fertigen Lösung deutlich.

Der aus den festen Systemparametern D und m errechnete Parameter heißt Kennkreisfrequenz und erhält i. Allg. eine Null als Index.

$$m\frac{d^2 y}{dt^2} + b\frac{dy}{dt} + Dy = 0 \quad \big|\, :m$$

$$\Rightarrow \frac{d^2 y}{dt^2} + \frac{b}{m}\frac{dy}{dt} + \frac{D}{m}y = 0 \quad \Big|\, \delta := \frac{b}{2m},\ \omega_0^2 := \frac{D}{m}$$

$$\Rightarrow \ddot{y} + 2\delta\dot{y} + \omega_0^2 y = 0$$

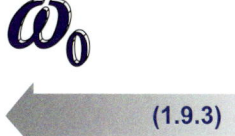

(1.9.3)

Im letzten Schritt in (*1.9.3*) werden neben der Verwendung der neuen Parameter die Differenzialoperatoren durch die platzsparende Punktschreibweise (falls die Variable *t* heißt) oder durch Postfixstriche ersetzt. Beachten Sie: Parameter, die aus positiven Größen errechnet wurden, bleiben selbstverständlich positiv. Je nach Betrachtungsweise können die Parameter als Platzhalter für irgendwelche konstante Vorfaktoren – man spricht auch von Koeffizienten – angesehen werden. Da Differenzialoperatoren die freundliche Eigenschaft der Linearität haben, handelt es sich in (*1.9.3*) um eine *gewöhnliche homogene Differenzialgleichung 2. Ordnung mit konstanten Koeffizienten*. Die Linearität wäre nicht mehr gegeben, wenn die gesuchte Funktion oder deren Ableitungen zusätzlich noch mit nichtlinearen Funktionen (z. B. hoch 2) verknüpft wären.

Sie müssen mit allen Schreibweisen jonglieren können!

Lineare homogene Differenzialgleichungen mit konstanten Koeffizienten sind mithilfe eines Algorithmus exakt lösbar. Lösungen bzw. Lösungsverfahren sind in jeder professionellen Formelsammlung zu finden; prinzipielle mathematische Schwierigkeiten werden dabei nicht auftreten. Wir werden die Rechnung hier trotzdem vorführen, denn das Beispiel ist exemplarisch für den (oft mühseligen) Umgang mit den Parametern.

Der Kampf mit Parametern ist leider selten zu vermeiden.

$$\ddot{y} + 2\delta\dot{y} + \omega_0^2 y = 0$$
$$\text{Ansatz: } y = Ce^{rt} \quad \left[\dot{y} = rCe^{rt},\ \ddot{y} = r^2 Ce^{rt}\right] \quad |\text{Einsetzen in Diff.gl.!}$$
$$\rightarrow r^2 Ce^{rt} + 2\delta r Ce^{rt} + \omega_0^2 Ce^{rt} = 0 \quad |\, Ce^{rt} \text{ ausklammern!}$$
$$\Leftrightarrow (r^2 + 2\delta r + \omega_0^2) \cdot Ce^{rt} = 0 \quad |\text{e-Funktion ist nullstellenfrei}$$
$$\Leftrightarrow C = 0 \ \lor\ \underline{r^2 + 2\delta r + \omega_0^2 = 0}$$

(1.9.4)

Man erkennt in (*1.9.4*), dass der Ansatz eine Lösung der Differenzialgleichung ist, wenn der Parameter *r* die sogenannte *charakteristische Gleichung* erfüllt (Lösungen einer algebraischen Gleichung werden gerne Wurzeln genannt – deshalb heißt der Parameter hier *r*). Im vorliegenden Fall handelt es sich um eine simple quadratische Gleichung, deren Lösung sich bequem mithilfe der Lösungsformel ergibt:

Sie mögen das lateinische „r" nicht? Kein Problem: Nehmen Sie das griechische „λ"!

$$r^2 + 2\delta r + \omega_0^2 = 0$$
$$\Leftrightarrow r = -\delta \pm \sqrt{\delta^2 - \omega_0^2}$$

(1.9.5)

Anatomie einer komplexen Zahl:
$$\underline{z} = x + \mathrm{j}\, y$$
mit $\underline{z}, \mathrm{j} \in \mathbb{C}$
$x, y \in \mathbb{R}$

Mehr dazu siehe Merksatz 1.11.2. Der Unterstrich ist optional.

Wie eingangs erwähnt, müssen wir die Parameter im Auge behalten. Der Parameter δ ist ein Maß für die Dämpfung (vgl. (1.9.3)). Der Schwingfall tritt ein, wenn die Dämpfung, d.h. der Parameter δ klein oder sogar null ist. In diesen Fällen wird der Radikand in (1.9.5) verbotenerweise negativ. Das lässt sich umgehen, wenn man nicht nur reelle, sondern auch komplexwertige Funktionen zulässt. In dem Lösungsansatz oben in (1.9.4) dürfen damit die Parameter C und r komplexe Zahlen sein. Durch das Abspalten der *imaginären Einheit* j wird erreicht, dass der Wurzeloperator mit einem positiven Radikanden gefüttert wird.

(1.9.6)

$$r = -\delta \pm \sqrt{\delta^2 - \omega_0^2} \quad | (-1) \text{ ausklammern}$$
$$r = -\delta \pm \sqrt{(-1)(-\delta^2 + \omega_0^2)} \quad | \text{Summanden vertauschen, faktorisieren}$$
$$r = -\delta \pm \sqrt{-1}\sqrt{\omega_0^2 - \delta^2} \quad | \sqrt{-1} = \mathrm{j}, \quad \omega_d := \sqrt{\omega_0^2 - \delta^2}$$
$$r = -\delta \pm \mathrm{j}\,\omega_d$$

Ab hier kommt Leonard Eulers imaginäre Einheit ins Spiel!

Potenzen der imag. Einheit j: Kennt man eine, kennt man alle!
$$\mathrm{j}^2 = \left(\sqrt{-1}\right)^2 = \underline{-1}$$
$$\mathrm{j}^{-1} = \frac{1}{\mathrm{j}} = \frac{\mathrm{j}}{\mathrm{j}\cdot\mathrm{j}} = \frac{\mathrm{j}}{-1} = \underline{-\mathrm{j}}$$

Sie werden in (1.9.6) befremdet feststellen, dass mit ω_d schon wieder ein Parameter zusammengestrickt wurde (der Index „d" steht für ge**d**ämpft). Das ist ein typisches Verfahren: Die beiden Lösungen der charakteristischen Gleichung für den Schwingfall erhalten so eine kompakte Darstellung.

Da beim Kriechfall $\delta > \omega_0$ ist, kann man getrost im Reellen bleiben – das Abspalten der imaginären Einheit ist nicht nötig. Um wie oben eine kompakte Darstellung zu erhalten, kürzen wir die reelle Wurzel mit ρ ab:

(1.9.7)

$$r = -\delta \pm \sqrt{\delta^2 - \omega_0^2} \quad | \rho := \sqrt{\delta^2 - \omega_0^2}$$
$$r = -\delta \pm \rho$$

Wenn die mit ρ abgekürzte Wurzel verschwindet, liegt der *aperiodische Grenzfall* vor – die charakteristische Gleichung hat nur eine Lösung. Damit ergeben sich für die Lösungen der charakteristischen Gleichung drei Fälle:

(1.9.8)

$$r = \begin{cases} -\delta \pm \mathrm{j}\,\omega_d & \text{falls} \quad \omega_0 > \delta \quad \text{(Schwingfall)} \\ -\delta & \text{falls} \quad \omega_0 = \delta \quad \text{(app. Grenzfall)} \\ -\delta \pm \rho & \text{falls} \quad \omega_0 < \delta \quad \text{(Kriechfall)} \end{cases}$$

$$\mathrm{e}^{+\mathrm{j}\varphi} = \cos(\varphi) + \mathrm{j}\sin(\varphi)$$
$$\mathrm{e}^{-\mathrm{j}\varphi} = \cos(\varphi) - \mathrm{j}\sin(\varphi)$$

Die Eulerschen Formeln

Da die Differenzialgleichung (1.9.4) die freundliche Eigenschaft der Linearität besitzt, lassen sich die allgemeinen Lösungen aus der Summe der aus dem Ansatz gewonnenen Lösungen zusammenbasteln. Leider verkomplizieren die Parameter wieder die Rechnung: Jeder Fall in (1.9.8) muss einzeln betrachtet werden. Wir beginnen mit den beiden Lösungen des Schwingfalls! Lassen Sie sich nicht von den imaginären Exponenten der e-Funktionen irritieren – die *Eulerschen Formeln* regeln das „automatisch".

1.9 Der gedämpfte Oszillator exakt

$$y_1(t) = C_1 e^{(\delta + j\omega_d)t}, \quad y_2(t) = C_2 e^{(\delta - j\omega_d)t} : y(t) = C_1 e^{(-\delta + j\omega_d)t} + C_2 e^{(-\delta - j\omega_d)t}$$

$e^{-\delta t}$ ausklammern: $\underline{\underline{y(t) = e^{-\delta t}\left(C_1 e^{j\omega_d t} + C_2 e^{-j\omega_d t}\right)}}$

(1.9.9)

Die allgemeine Lösung in (*1.9.9*) ist komplex. An und für sich kein Problem: Mit **reellen** Anfangsbedingungen erhält man – wie wir gleich sehen werden – **reelle** Lösungen. Benutzern, die unsicher im Umgang mit komplexen Zahlen sind, gibt man lieber eine allgemeine reelle Lösung zur Hand. Die findet man durch Vorgabe einer allgemeinen reellen Anfangsbedingung:

Standardname für (Integrations-)Konstanten (reell oder komplex) ist das große „C".

$$y(0) = A, \quad \dot{y}(0) = -\delta A + \omega_d B$$

(1.9.10)

Sicherlich ärgern Sie sich über den Parametersalat bei der *Anfangsgeschwindigkeit*. Warum setzt man die Anfangsgeschwindigkeit nicht einfach gleich *B*? Das kann man durchaus machen – verzichtet man aber auf den obigen Trick, büßt man das mit zusätzlichen lästigen Rechnereien. Bitte konstatieren Sie: Da die Parameter δ und ω_d ungleich null sind, kann mit (*1.9.10*) durch Wahl von *A* und *B* jede beliebige reelle Anfangsbedingung erzeugt werden.

Auch Formeln werden kosmetisch behandelt: hier durch die Verwendung von „A, B" für reelle Konstante.

$$y(t) = e^{-\delta t}\left(C_1 e^{j\omega_d t} + C_2 e^{-j\omega_d t}\right) \Big| \frac{d}{dt}\ldots, \text{Produktregel, Kettenregel!}$$

$$\dot{y}(t) = -\delta e^{-\delta t}\left(C_1 e^{j\omega_d t} + C_2 e^{-j\omega_d t}\right) + j\omega_d e^{-\delta t}\left(C_1 e^{j\omega_d t} - C_2 e^{-j\omega_d t}\right)$$

$$= -\delta y(t) + j\omega_d e^{-\delta t}\left(C_1 e^{j\omega_d t} - C_2 e^{-j\omega_d t}\right)$$

$$y(0) = C_1 + C_2 := A$$

$$\dot{y}(0) = -\delta A + j\omega_d(C_1 - C_2) := -\delta A + \omega_d B \quad |+\delta A \quad |:(j\omega_d)$$

(1.9.11)

Jetzt wird der Trick mit dem Parametersalat in (*1.9.10*) verständlich: Die (komplexen) Parameter C_1 und C_2 errechnen sich aus den reellen Parametern *A* und *B* durch ein einfaches Gleichungssystem. Die dazu erforderlichen Umformungen sind unten rechts in (*1.9.11*) bereits hinter den senkrechten Strichen vermerkt. Die Lösung ist mithilfe des *Additionsverfahrens* schnell ermittelt:

$\delta \cdot A$ und ω_d fallen aufgrund des Tricks freundlicherweise heraus.

$$\begin{pmatrix} C_1 + C_2 = A \\ C_1 - C_2 = \frac{1}{j}B \end{pmatrix} \Leftrightarrow \begin{pmatrix} 2C_1 = A + \frac{1}{j}B \\ 2C_2 = A - \frac{1}{j}B \end{pmatrix} \Leftrightarrow \underline{\underline{\begin{pmatrix} C_1 = \frac{1}{2}\left(A + \frac{1}{j}B\right) \\ C_2 = \frac{1}{2}\left(A - \frac{1}{j}B\right) \end{pmatrix}}}$$

(1.9.12)

Mit der Lösung des Gleichungssystems (*1.9.12*) können die komplexen Parameter C_1 und C_2 in (*1.9.9*) ersetzt werden:

(1.9.13)

$$y(t) = e^{-\delta t}\left(\tfrac{1}{2}\left(A + \tfrac{1}{j}B\right)e^{j\omega_d t} + \tfrac{1}{2}\left(A - \tfrac{1}{j}B\right)e^{-j\omega_d t}\right) \quad |\text{ausmultiplizieren!}$$

$$y(t) = e^{-\delta t}\left(\tfrac{1}{2}A e^{j\omega_d t} + \tfrac{1}{2j}B e^{j\omega_d t} + \tfrac{1}{2}A e^{-j\omega_d t} - \tfrac{1}{2j}B e^{-j\omega_d t}\right) \quad |A, B \text{ ausklammern!}$$

$$y(t) = e^{-\delta t}\left(A\frac{e^{j\omega_d t} + e^{-j\omega_d t}}{2} + B\frac{e^{j\omega_d t} - e^{-j\omega_d t}}{2j}\right) \quad \Big| \frac{\ldots}{\ldots} = \text{Sinus, Kosinus}$$

$$\underline{\underline{y(t) = e^{-\delta t}\left(A\cos(\omega_d t) + B\sin(\omega_d t)\right)}}$$

$$\sin(\varphi) = \frac{e^{+j\varphi} - e^{-j\varphi}}{2j}$$

$$\cos(\varphi) = \frac{e^{+j\varphi} + e^{-j\varphi}}{2}$$

Vergl.: Eulersche Formeln

„ω_d" ist die Eigenfrequenz eines gedämpften Oszillators. „ω_0" wäre die Eigenfrequenz des Systems bei „abgeschalteter" Dämpfung (= Kennkreisfrequenz).

Bild 1.9.1
„Anatomie" einer gedämpften Schwingung

Mithilfe von *Merksatz 1.7.1* lässt sich der Schwingfall alternativ mithilfe des verschobenen Sinus formulieren:

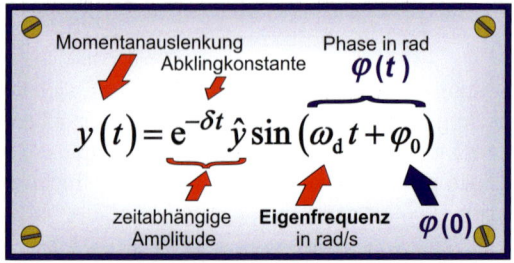

Trotz der Periodizität bezüglich Nulldurchgängen und Extremwerten ist $y(t)$ keineswegs im mathematischen Sinne periodisch. Sie beschreibt sozusagen eine Schwingung mit „abklingender Amplitude". Deswegen ist es sinnvoll, den Parameter δ *Abklingkonstante* oder *Abklingkoeffizient* zu nennen.

(1.9.14)

$$\text{Eigenfrequenz: } \omega_d = \sqrt{\omega_0^2 - \delta^2} \quad \text{mit} \quad \omega_0 = \sqrt{\frac{D}{m}}$$

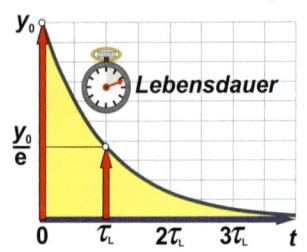

Der Parameter ω_d bestimmt die Perioden der Extremwerte bzw. der Nulldurchgänge. Diese (Kreis-)Frequenz errechnet sich aus den Systemparametern m, D und δ des Oszillators (*vgl.* (1.9.14)) und heißt *Eigenfrequenz des gedämpften Systems*. ω_0 wäre die Eigenfrequenz des gleichen Oszillators, aber ohne Dämpfung. Die beiden ersten Faktoren im Funktionsterm von *Bild 1.9.1* sollten Sie an exponentielle Abklingprozesse erinnern. Beispielsweise „zerfällt" die Höhe $y(t)$ des Bierschaumes näherungsweise exponentiell. Wenn wir die *Zerfallskonstante* ebenfalls δ nennen und y_0 die Schaumhöhe des frisch gezapften Bieres ist, dann beschreibt (1.9.15) den zeitlichen Verlauf der Bierschaumhöhe. Üblicherweise schreibt man, wenn die e-Funktion einziger Funktionsterm ist, y_0 voran.

(1.9.15)

$$y(t) = y_0 \, e^{-\delta t}, \quad \tau_L = \frac{1}{\delta} \text{ (Lebensdauer)}, \quad \tau_{\frac{1}{2}} = \frac{\ln 2}{\delta} \text{ (Halbwertszeit)}$$

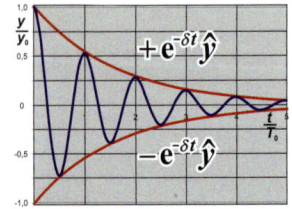

Wenn man für die Zeit in (1.9.15) die reziproke Abklingkonstante einsetzt, ist die Bierschaumhöhe auf den e-ten Teil abgesunken. Diese Zeit heißt *Lebensdauer*. Populärer ist wohl das ln2-Fache der Lebensdauer; das ist die sogenannte *Halbwertszeit*. Systeme des Mikrokosmos, die sich nicht in stabilen Grundzuständen befinden, sind ebenfalls Beispiele für exponentielle Abkling- bzw. Zerfallsprozesse. Hauptsächlich in diesen Bereichen sind die Begriffe „Lebensdauer" (Atome/Moleküle) bzw. „Halbwertszeit" (Atomkerne) üblich.

Beim gedämpften Oszillator „zerfällt" nichts, aber die Schwingungsauslenkungen klingen auch wie in (1.9.15) ab. Das Reziproke der Abklingkonstanten liefert die Zeit, nach der die maximale Schwingungsauslenkung auf den e-ten Teil abgesunken ist – die „Lebensdauer" des Schwingungszustands eines Oszillators. Der Graph der e-Funktion und sein an der t-Achse gespiegeltes Pendant sind Ortskurven, auf denen die Maxima und Minima des Graphen der Schwingungsfunktion $y(t)$ liegen (*s. nebenstehendes Marginalbild*).

1.9 Der gedämpfte Oszillator exakt

Egal welcher Art der Oszillator ist, im Schwingfall sind die Systemparameter ω_d, δ und ω_0 messtechnisch relativ einfach zu ermitteln. Die Kreisfrequenz ermittelt man über den zeitlichen Abstand zweier gleichsinniger Nulldurchgänge:

Einfache messtechnische Erfassung

$$T_d \text{ messen!} \quad \omega_d = \frac{2\pi}{T_d} \qquad (1.9.16)$$

An die Abklingkonstante kommt man über das sogenannte *logarithmische Dekrement* – das ist einfach der logarithmierte Quotient zweier aufeinander folgender Maxima (oder Minima) – heran. Es gilt:

$$\frac{y_{\max 1}}{y_{\max 2}} = \frac{y(t_{\max})}{y(t_{\max}+T_d)} = \frac{e^{-\delta(t_{\max})}}{e^{-\delta(t_{\max}+T_d)}} = e^{\delta T_d} \quad \Big|\ln\ldots$$

$$\Rightarrow \underbrace{\ln\left(\frac{y_{\max 1}}{y_{\max 2}}\right)}_{:=\Lambda} = \delta T_d \quad \Rightarrow \quad \delta = \frac{\Lambda}{T_d} \qquad (1.9.17)$$

Wenn man (1.9.14) nach ω_0 auflöst, kann man auch noch die Kreisfrequenz ermitteln, die das System bei fehlender Dämpfung hätte. Da im Falle realer Systeme die Teilsysteme nicht klar voneinander zu trennen sind, lassen sich Federkonstante und Masse auch nicht getrennt bestimmen. Sogar bei dem Feder-Masse-System in *Bild 1.7.1* ist das nicht der Fall. Da die Feder selbst teilweise in Bewegung ist, müsste das bei exakten Rechnungen berücksichtigt werden.

Sie akzeptieren keine Näherungen? Dann wird es auch schwierig, ein Feder-Masse-System zu berechnen.

Wir müssen den schrecklichen Kampf mit den Parametern weiterführen und zu der Fallunterscheidung (1.9.8) zurückkehren. Es gibt noch zwei weitere Parameterkonstellationen. Wir betrachten erst den Kriechfall. Um hier die allgemeine Lösung zu erhalten, müssen wir in (1.9.9) die imaginäre Einheit j durch 1 und ω_d durch ρ ersetzen:

Beachten Sie: Im Gegensatz zu ω_d (Eigenfrequenz) hat der Parameter ρ keine anschauliche Bedeutung.

$$y_1(t) = C_1 e^{(\delta+\rho)t}, \; y_2(t) = C_2 e^{(\delta-\rho)t}: \; y(t) = C_1 e^{(-\delta+\rho)t} + C_2 e^{(-\delta-\rho)t}$$

$e^{-\delta t}$ ausklammern: $\underline{\underline{y(t) = e^{-\delta t}\left(C_1 e^{\rho t} + C_2 e^{-\rho t}\right)}}$ $\qquad (1.9.18)$

In (1.9.18) sind keine komplexen Zahlen erforderlich. Man könnte die allgemeine Lösung für den Kriechfall so stehen lassen. Eine spezielle Lösung erhält man durch Anpassung der Konstanten C_1 und C_2 an die spezielle Anfangsbedingung. Beim Schwingfall hatten wir in (1.9.13) die (komplexen) e-Funktionen durch Linearkombinationen aus Sinus und Kosinus ersetzt. Man könnte aber die Verwandtschaft der Winkelfunktionen mit den *Hyperbelfunktionen* dazu benutzen, um auch (1.9.18) als Linearkombination – jetzt aus *Hyperbelsinus* und *Hyperbelcosinus* – darzustellen. Wenn man aus den Anfangsbedingungen mit demselben Trick wie in (1.9.10) die Parameter A und B festlegt, können von (1.9.10) bis (1.9.13) (fast) alles übernommen werden. Wir teilen hier deshalb das Ergebnis ohne gesonderte Rechnung mit:

$$\sinh(\varphi) := \frac{e^{+\varphi} - e^{-\varphi}}{2}$$

$$\cosh(\varphi) := \frac{e^{+\varphi} + e^{-\varphi}}{2}$$

Wieder ein bisschen Kosmetik: Wir benennen die Konstanten analog zum Schwingfall mit A und B.

$$y(t) = e^{-\delta t}\left(A\cosh(\rho t) + B\sinh(\rho t)\right) \qquad (1.9.19)$$

Für die Hyperbelfunktionen gibt es ebenfalls Additionstheoreme!

Ein Pendant zu der Darstellung des Schwingfalles (s. *Bild 1.9.1*) ließe sich auch mit Hyperbelfunktionen zusammenbasteln. Da das aber nur mit lästigen Fallunterscheidungen möglich ist, bringt die Darstellung für die Praxis keine Vorteile. Wichtig ist dagegen, das Abklingverhalten gedämpfter Oszillatoren noch einmal genauer zu betrachten.

Die Kennkreisfrequenz wird Einheit!

Es ist bemerkenswert, dass die Parameter ω_d, ρ und δ alle von der Kennkreisfrequenz ω_0 abhängig sind. Alle die Parameter haben dieselbe Einheit: rad/s. Man könnte daher die Parameter ω_d, ρ und δ auf ω_0 beziehen – sozusagen ω_0 als Einheit benutzen, der Umrechnungsfaktor ist dann $1/\omega_0$:

Schwingfall $(\omega_0 > \delta)$:

(1.9.20)
$$\omega_d = \sqrt{\omega_0^2 - \delta^2} \; \Big| : \omega_0 \Leftrightarrow \frac{\omega_d}{\omega_0} = \sqrt{\frac{1}{\omega_0^2}\left(\omega_0^2 - \delta^2\right)} = \sqrt{1 - \left(\frac{\delta}{\omega_0}\right)^2}$$

$$\vartheta := \frac{\delta}{\omega_0} : \; \underline{\frac{\omega_d}{\omega_0} = \sqrt{1 - \vartheta^2}} \quad \text{mit } \vartheta \in [0,1)$$

Der Parameter ϑ ist wirklich nützlich!

Sie haben sicher gequält festgestellt, dass die Abklingkonstante δ bezogen auf ω_0 als neuer Parameter definiert wurde. Dieser Parameter wurde bereits in *Bild 1.8.1* vorangekündigt und heißt *Dämpfungsgrad*. Die Definition eines (neuen) Parameters heißt noch lange nicht, dass dieser auch sinnvoll ist! Sehen wir uns analog zu (*1.9.20*) den Kriechfall an!

Kriechfall $(\omega_0 < \delta)$:

(1.9.21)
$$\rho = \sqrt{\delta^2 - \omega_0^2} \; \Big| : \omega_0 \Leftrightarrow \frac{\rho}{\omega_0} = \sqrt{\frac{1}{\omega_0^2}\left(\delta^2 - \omega_0^2\right)} = \sqrt{\left(\frac{\delta}{\omega_0}\right)^2 - 1}$$

$$\vartheta := \frac{\delta}{\omega_0} : \; \underline{\frac{\rho}{\omega_0} = \sqrt{\vartheta^2 - 1}} \quad \text{mit } \vartheta \in (1, \infty)$$

Vielleicht das Federbein eines Autos mit dem Schnurrhaar eines Tigers?

Zumindest ist in (*1.9.20*), (*1.9.21*) einsichtig, dass mit dem Dämpfungsgrad ein Parameter zur Verfügung steht, der unabhängig vom speziellen ω_0 ist. Da sich ω_0 aus der Federkonstanten und der Masse errechnet (s. (*1.7.15*)), lassen sich mithilfe des Dämpfungsgrades ϑ völlig verschiedenartige aufgebaute Oszillatoren miteinander vergleichen. Tatsächlich kann der Parameter noch mehr – um das einzusehen müssen Sie leider einige mühsame Rechnereien nachvollziehen.

Für die Praxis ist es wichtig, ein Gefühl dafür zu haben, mit welchen Auslenkungen $y(t)$ eines Oszillators lange nach dem Anfachungszeitpunkt noch zu rechnen ist. Beim Schwingfall hatten wir das bereits besprochen – eine Diskussion des Kriechfalles steht noch aus. Wir knüpfen dazu an (*1.9.18*) an:

(1.9.22)
$$\lim_{t \to \infty} y(t) = \lim_{t \to \infty} e^{-\delta t}\left(C_1 e^{\rho t} + C_2 e^{-\rho t}\right) = \underline{\lim_{t \to \infty} C_1 e^{-(\delta - \rho)t}}$$

Beim Übergang zu „großen Zeiten" wird der der Einfluss des zweiten Summanden in der Klammer wegen seines negativen Exponenten immer geringer und kann gegen den immer mächtiger werdenden ersten Summanden vernachlässigt

1.9 Der gedämpfte Oszillator exakt

werden. Damit ist klar: Es handelt sich beim Kriechfall um einen exponentiellen Abklingprozess und die effektive Abklingkonstante für diesen Prozess beträgt:

$$\delta_{\text{eff}} = \delta - \rho = \delta - \sqrt{\delta^2 - \omega_0^2} \quad \Big| \, \delta^2 \text{ ausklammern, faktorisieren!} \quad (1.9.23)$$

Es wurde bereits in (1.9.23) am Rand vermerkt, dass mit δ etwas geschehen soll:

$$\delta_{\text{eff}} = \delta - \rho = \delta - \sqrt{\delta^2\left(1 - \frac{\omega_0^2}{\delta^2}\right)} = \delta - \delta\sqrt{1 - \frac{\omega_0^2}{\delta^2}} = \delta\left(1 - \sqrt{1 - \frac{\omega_0^2}{\delta^2}}\right) \quad (1.9.24)$$

Unverzichtbares Werkzeug der Praxis: die Taylorreihe

Zugegeben, der Sinn dieser Rechengymnastik ist kaum einzusehen. Wenn wir annehmen, dass es sich um eine starke Dämpfung handelt, ist der zweite Summand unter der Wurzel klein. Wir könnten mit dieser Berechtigung die Wurzel durch ein Taylorpolynom approximieren:

$$\sqrt{1-x} \approx 1 - \frac{x}{2} : \; \delta_{\text{eff}} = \delta\left(1 - \sqrt{1 - \frac{\omega_0^2}{\delta^2}}\right) \approx \delta\left(1 - \left(1 - \frac{\omega_0^2}{2\delta^2}\right)\right) = \underline{\underline{\frac{\omega_0^2}{2\delta}}} \quad (1.9.25)$$

Wir haben mit (1.9.25) eine Näherung für die effektive Abklingkonstante beim Kriechfall erhalten. Was man damit anfangen kann, merkt man erst nach der folgenden Überlegung: Anschaulicher als die Abklingkonstante selbst ist ihr Reziprokes, das ist die Zeit, nach der die Abklinggröße auf den e-ten Teil abgesunken ist („Lebensdauer"). Nehmen wir deshalb ebenfalls das Reziproke von (1.9.25)!

Rümpfen Sie bitte nicht die Nase, wenn Sie „Näherung" hören!

$$\vartheta \in (1, \infty): \; \tau_L = \frac{1}{\delta_{\text{eff}}} \approx \frac{2\delta}{\omega_0^2} = \frac{2}{\omega_0} \cdot \frac{\delta}{\omega_0} = \frac{2}{\omega_0} \cdot \vartheta \; \Rightarrow \; \underline{\underline{\tau_L \sim \vartheta}} \quad (1.9.26)$$

Im Grunde ist erst jetzt der zusätzliche Parameter ϑ wirklich sanktioniert. Im Kriechfall ist dieser Parameter proportional zur „Lebensdauer" des „kriechenden Oszillators". Mit dem Dämpfungsgrad genannten Parameter erhält man eine Vorstellung von der Zeit, in der sich der Abklingprozess abspielt. Eine Verdopplung des Dämpfungsgrades bewirkt etwa eine Verdopplung der „Lebensdauer". Beachten Sie, (1.9.25) gilt nur für den Kriechfall! Im Schwingfall sind „Lebensdauer" und Dämpfungsgrad zueinander antiproportional:

Der Parameter „Dämpfungsgrad" verdient eine Krone.

$$\vartheta \in [0, 1]: \; \tau_L = \frac{1}{\delta} = \frac{1}{\omega_0 \vartheta} \; \Rightarrow \; \underline{\underline{\tau_L \sim \frac{1}{\vartheta}}} \quad (1.9.27)$$

Die kürzeste der möglichen „Lebensdauern" eines Oszillatorzustandes erreicht man mit dem Dämpfungsgrad eins.

Wir hatten in *Abschnitt 1.8* bereits auf der Basis der Ergebnisse der Tabellenkalkulation den Kriechfall diskutiert. Jetzt liegen exakte Beziehungen vor – muss eventuell etwas relativiert werden? Wir haben eben festgestellt, dass in jedem Fall der Abklingprozess durch eine e-Funktion mit negativem Exponenten beschrieben wird und so einem exponentiellen Zerfall gleicht. Eine e-Funktion mit negativem Exponenten strebt sehr rasch gegen null: Bereits nach 7 Lebensdauern ist

Lohn der Rechnerei: mit Parametern ausgefütterte Funktionen, die an reale Oszillatoren angepasst werden können

die Abklinggröße etwa auf 1‰ ihres ursprünglichen Wertes abgesunken. Der große Unterschied, und das hatten wir bereits konstatiert, liegt in den Nulldurchgängen. Im Schwingfall, also bei Dämpfungsgraden zwischen null und eins, pendeln die Auslenkungen um die Ruhelage. Im zeitlichen Mittel ist die Auslenkung immer nahe der Ruhelage. Das ist bei dem Kriechfall anders. Die „Schwingung" ist aperiodisch, es gibt keine Nulldurchgänge. Im zeitlichen Mittel ist die Auslenkung keinesfalls nahe null. Auch wenn das System nach 7 und mehr „Lebensdauern" praktisch seine Ruhelage erreicht hat – es wäre in dieser Zeitspanne einseitig verstellt. Nehmen wir beispielsweise an, der (Stoß-)Dämpfer unseres Federbeins (s. Bild 1.8.2) hätte aufgrund eines Defektes einen Dämpfungsgrad über eins. Eine Bodenwelle, so wie sie im Bild angedeutet ist, würde das Federbein für ein paar Sekunden verkürzen und die Straßenlage des Autos in dieser Zeit negativ beeinflussen.

Das zeitliche Mittel ist entscheidend!

Dämpfungsgrade nahe eins bewirken eine bretthartte Federung! Nicht gut für die Bandscheiben!

Der aperiodische Grenzfall, d.h. der Dämpfungsgrad ist exakt gleich eins, hat für die Praxis keine Bedeutung, denn die Parameter eines realen Systems lassen sich nicht exakt einstellen. Der Grenzfall ist nur mathematisch von Interesse, denn in diesem Fall muss ein modifizierter Lösungsansatz verwendet werden (vgl. (1.9.4)). Für $\vartheta = 1$ ist δ gleich ω_0. Berücksichtigen wir diese Gleichheit in der charakteristischen Gleichung, ergibt sich:

Benutzen Sie Ihre Formelsammlung!

(1.9.28)

$$r^2 + 2\delta r + \delta^2 = 0 \mid \text{bin. Formel!} \iff (r+\delta)^2 = 0 \iff (r+\delta)(r+\delta) = 0$$
d.h. $r = -\delta$ ist 2-fache Nullstelle

Im Falle einer Mehrfachnullstelle muss der e-Funktion ein Polynom vorangestellt werden. Der Grad ist eins weniger als die Vielfachheit. Im Falle unserer 2-fachen Nullstelle sieht dann die allgemeine Lösung wie folgt aus:

(1.9.29)

$$y(t) = (A + Bt)\,e^{-\delta t}$$

Um die Formel an den Schwingfall (1.9.13) und an den Kriechfall (1.9.19) anzupassen, wurden die Konstanten hier gleich A und B genannt.

Die beiden Konstanten (1.9.29) müssen – wie üblich – an die speziellen Anfangsbedingungen angepasst werden. Die Lösung sieht auf den ersten Blick anders als die des Kriechfalls (1.9.18) aus. Sie ist aber von einem Kriechfall mit einem Dämpfungsgrad knapp über eins praktisch nicht unterscheidbar. Irritieren könnte die Kombination des monoton steigenden Polynoms mit der e-hoch-minus-Funktion. Hier müssen Sie die Eigenschaften der e-Funktion rekapitulieren. Wenn man das Argument nur groß genug wählt, überwältigen e-Funktionen mit negativen Exponenten letzten Endes **jede** Potenzfunktion.

Als Beispiel für die Anpassung der oben mit C_1, C_2 bzw. A, B bezeichneten Konstanten an spezielle Anfangsbedingungen, diene der Fall mit den drei Halbschwingungen aus Bild 1.8.1 mit $\vartheta = 0{,}5$. Zunächst sind die Systemparameter zusammenzustellen bzw. zu berechnen.

(1.9.30)

$$D = 79\,\tfrac{\text{N}}{\text{m}},\quad m = 2\,\text{kg},\quad b = 12{,}6\,\tfrac{\text{N}}{\text{s}}$$

$$\omega_0 = \sqrt{\tfrac{D}{m}} = 6{,}28\,\tfrac{\text{rad}}{\text{s}},\quad \delta = \tfrac{b}{2m} = 3{,}15\,\tfrac{1}{\text{s}},\quad \omega_d = \sqrt{\omega_0^2 - \delta^2} = 5{,}44\,\tfrac{\text{rad}}{\text{s}}$$

1.9 Der gedämpfte Oszillator exakt

Als Anfangsbedingung wählen wir dieselbe, die auch schon in der Tabellenkalkulation verwendet wurde: Das System wird 0,1 m ausgelenkt, festgehalten und zur Zeit $t = 0$ sich selbst überlassen. Das beinhaltet, dass die Geschwindigkeit der Masse zur Zeit $t = 0$ gleich null ist. Der erste Schritt zur speziellen Lösung ist immer die Bereitstellung des Funktionswertes und dessen erster Ableitung an der Stelle null.

$y(0) = 0, v(0) = v_o$ ist eine kaum zu realisierende Anfangsbedingung. Sie liefert aber die kompaktesten Funktionen.

$$y(t) = e^{-\delta t}\left(A\cos(\omega_d t) + B\sin(\omega_d t)\right)$$
$$\dot{y}(t) = -\delta e^{-\delta t}\left(A\cos(\omega_d t) + B\sin(\omega_d t)\right) + \omega_d e^{-\delta t}\left(-A\sin(\omega_d t) + B\cos(\omega_d t)\right)$$
$$y(0) = A = 0{,}1$$
$$\dot{y}(0) = -\delta A + \omega_d B = 0$$

(1.9.31)

Die Parameter A und B können nun mithilfe eines einfachen Gleichungssystems ermittelt werden:

$$\begin{pmatrix} A = 0{,}1 \\ \delta A + \omega_d B = 0 \end{pmatrix} \Leftrightarrow \begin{pmatrix} A = 0{,}1 \\ B = \frac{\delta}{\omega_d}A = 0{,}058 \end{pmatrix}, \begin{pmatrix} \hat{y} = \sqrt{A^2 + B^2} = 0{,}116 \\ \varphi_0 = \arctan(A/B) = 1{,}05\,\text{rad} \end{pmatrix}$$

(1.9.32)

Damit ergibt sich schließlich für die spezielle Lösung:

$$y(t) = e^{-3{,}15 \cdot t} \cdot 0{,}1 \cdot \left(0{,}1\cos(5{,}44 \cdot t) + 0{,}058\sin(5{,}44 \cdot t)\right)$$
$$\text{bzw.}\ \ y(t) = e^{-3{,}15 \cdot t} \cdot 0{,}116 \cdot \sin(5{,}44 \cdot t + 1{,}05)$$

(1.9.33)

Eine Bemerkung zum Schluss: Der Fall war vorher als Schwingfall mit drei Halbschwingungen herausgestellt worden. Die Lösung zeigt, dass das mit der mathematischen Lösung nicht übereinstimmt. Das System vollführt beliebig viele Halbschwingungen. Dazu muss man bemerken, dass im Modell eine streng geschwindigkeitsproportionale Dämpfung vorausgesetzt wurde. Das ist in der Praxis kaum zu realisieren. Eine gewisse Haftreibung ist immer wirksam. Bei kleinen Auslenkungen ist wegen der dann geringen Geschwindigkeiten auch die Dämpfungskraft gering. Dann überwiegen die Haftreibungskräfte und bringen das System zum Stillstand. Anders ausgedrückt: Das System bleibt „kleben".

Kritisch sein! Eine Modellrechnung gilt nur so lange, wie die Voraussetzungen erfüllt sind!

Differenzialgleichung: $\ddot{y} + 2\delta\dot{y} + \omega_0^2 y = 0$
Systemparameter: ω_0 (Kennkreisfrequenz), δ (Abklingkonstante)
Abgeleitete Parameter: $\vartheta = \delta/\omega_0$ (Dämpfungsgrad)
Freie Konstante: A, B reell (alternativ C_1, C_2 reell oder komplex)
Allgemeine Lösung:

$$y(t) = e^{-\delta t} \cdot \begin{cases} \left(A\cos(\omega_d t) + B\sin(\omega_d t)\right) & \text{falls } \vartheta \in [0,1) \text{ mit } \omega_d = \omega_0\sqrt{1-\vartheta^2} \\ (A + Bt) & \text{falls } \vartheta = 1 \\ \left(A\cosh(\rho t) + B\sinh(\rho t)\right) & \text{falls } \vartheta \in (1,\infty) \text{ mit } \rho = \omega_0\sqrt{\vartheta^2-1} \end{cases}$$

Bild 1.9.2
Differenzialgleichung und die allgemeine Lösung gedämpfter Schwingungen

1.10 Zwang ausüben – Resonanz

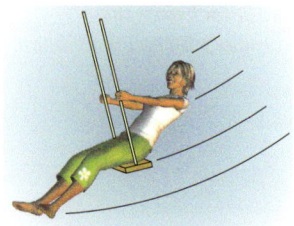

Schaukeln – ein Phänomen?

Wenn Sie die Abschnittsüberschrift lesen, denken Sie sicherlich an spektakuläre Ereignisse, wie den Einsturz der Tacoma Narrows Bridge im Jahre 1940. Zu jener Zeit fachten kräftige, aber nicht etwa außergewöhnliche Luftverwirbelungen die Brücke zu Schwingungen an, die sie schließlich zum Einsturz brachten. Wenn Sie dieses spektakuläre Ereignis für unbegreiflich halten, müssten Sie sich erst recht darüber wundern, dass man eine gewöhnliche Schaukel nicht nach dem Prinzip „viel hilft viel" anfachen kann. Man muss schon seine Bewegungen mit denen der Schaukel geeignet synchronisieren, um respektable Auslenkungen zu erzielen. Wir werden in diesem und dem folgenden Abschnitt sehen, dass „*Resonanz*" vom Standpunkt der Newtonschen Bewegungsgleichung – also der klassischen Theorie – überhaupt nichts Besonderes darstellt.

Kein schlüpfriger Scherz! „Erreger" wird tatsächlich gesagt.

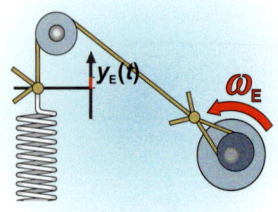

$y_E(t) = \hat{y}_E \sin(\omega_E t)$

Völlig unspektakulär: die sinusförmige „Erregung"

Wir kehren wieder zu unserem Feder-Masse-System zurück – jetzt sollen endlich alle Systemkomponenten – auch der motorgetriebene Exzenter (s. Bild 1.7.1) – zum Einsatz kommen. Damit wird das System nicht einmalig angefacht, sondern es wirkt eine kontinuierliche Störfunktion auf das System ein. Wir benutzen das Modellsystem in dem Wissen, dass Teilsysteme realer Oszillatoren selten klar trennbar sind. Das im Marginalbild schaukelnde Mädchen ist (wieder) ein Beispiel. Dass das System Schaukel-Mädchen ein schwingfähiges System ist, dürfte Ihnen vertraut sein – aber wo ist der „Erreger". Hier braucht nicht lange gesucht zu werden – das Mädchen selber facht das System durch Gewichtsverlagerung an. Nun wird die Störfunktion, die das Mädchen verursacht, zwar periodisch, aber wohl kaum streng sinusförmig sein. Trotzdem sind wir nicht schlecht beraten, für das Modellsystem eine sinusförmige Störfunktion vorauszusetzen. Periodische Funktionen können in eine Fourierreihe entwickelt werden – die Summanden der Reihe sind dann Sinusfunktionen. Anschaulich gesprochen heißt das, die periodische Funktion kann – auch wenn sie es gar nicht ist – als Überlagerung von Sinusfunktionen aufgefasst werden. Unter gewissen Voraussetzungen funktioniert das auch mit nichtperiodischen Funktionen: Aus der Reihe wird dann ein (Fourier-) Integral. Bevor wir nun konkret werden, sollten Sie sich noch den folgenden Merksatz ansehen.

Merksatz 1.10.1

<u>*Plenus angulus*</u>
<lat., „Vollwinkel">

$2\pi \text{ rad} = 1 \text{ pla}$

$\omega = 2\pi \nu$

> **Kreisfrequenz kontra Frequenz?**
> Harmonische Schwingungen lassen sich als Projektionen hypothetischer rotierender Zeiger auf eindimensionale Achsen auffassen. Da nur hypothetische Zeiger rotieren, sagt man lieber Kreisfrequenz statt Winkelgeschwindigkeit. Formelzeichen (ω) und Einheit (rad/s) bleiben gleich. Ändert man im Falle der Kreisfrequenz das Winkelmaß vom Bogenmaß (Radiant) alternativ in Vollwinkel (Abkürzung: pla), sagt man nicht mehr Kreisfrequenz, sondern lediglich *Frequenz*. Obwohl es sich nur um einen Wechsel der Einheit handelt, tut man so, als ob es sich um eine andere Größe (Formelzeichen ν oder f) handelt. Eine strenge sprachliche Trennung von „Frequenz" und „Kreisfrequenz" **ist nicht erforderlich**, denn man erkennt am Formelzeichen, in welcher Einheit das Winkelmaß einzusetzen ist.

1.10 Zwang ausüben – Resonanz

Die Vorgehensweise ist wie vorher: Wir verschaffen uns zuerst mittels Tabellenkalkulation einen Überblick und wagen dann eine exakte Rechnung. Die für die Bewegungsgleichung erforderlichen Kraftformeln wurden bereits in Abschnitt 1.7 bereitgestellt (s. (1.7.6)) und müssen nur noch in die Zellen D2 (s. (1.7.7)) und D4 (s. (1.7.9)) der Tabellenkalkulation eingegeben werden. Die restlichen Zellen werden dann wie besprochen im Menü *Start/Bearbeiten/Füllbereich/ nach oben* (D3) und *nach unten* (D5 – ...) gefüllt. Man könnte – muss es aber nicht – die Parameterliste etwas umgestalten. Die Periodendauer T_0 ist nicht mehr erforderlich – günstig ist es, sich stattdessen die Kreisfrequenz ω_d anzeigen zu lassen. Beachten Sie $\delta = b/(2m)$!

Nicht viel mehr Aufwand, als einen Taschenrechner zur Hand zu nehmen.

$$\omega_d = \sqrt{\omega_0^2 - \delta^2} \quad \text{in F9 eingeben:} \quad =\text{WURZEL}\left(\text{ABS}\left(F8^\wedge 2 - (F5/2/F3)^\wedge 2\right)\right) \quad (1.10.1)$$

Eine Verbesserung wäre es auch, anstelle des unnormierten Dämpfungsparameters b, den Dämpfungsgrad ϑ als Eingabeparameter einzurichten. Dann muss der für die Kraftformel notwendige Parameter b aus den Parametern m, ω_0 und ϑ errechnet werden (s. (1.9.3), (1.9.21)). In die Zellen F9 und F5 müssen dazu folgende Excel-Formeln eingegeben werden. Die Zelle F10 steht somit frei für die Eingabe des Dämpfungsgrades zur Verfügung.

Es ist besser, den Dämpfungsgrad zum Eingabeparameter zu erheben.

$$b = 2m\omega_0\vartheta \quad \text{in F5 eingeben:} \quad = 2*F3*F8*F10 \quad (1.10.2)$$

Damit ist die Tabellenkalkulation zur Erkundung der erzwungenen Schwingungen bereit. Zunächst einmal müssen wir uns im Klaren sein, wie die Parameter zu belegen sind. Dabei gilt das Prinzip: „Möglichst wenig ändern!". Das Prinzip ist mit der nebenstehenden Parameterkonstellation (s. Tab. 1.10.1) erfüllt. Wichtig: m, D und damit ω_0 sind unverändert – wir haben es also mit demselben Oszillator wie in den vorherigen Abschnitten zu tun. Den Dämpfungsgrad wählen wir zunächst null. Als Erregerfrequenz nehmen wir den **gleichen** Wert wie die Eigenfrequenz ω_d (da $\vartheta = 0$ ist hier $\omega_d = \omega_0$).

Tabelle 1.10.1
Parameterkonstellation

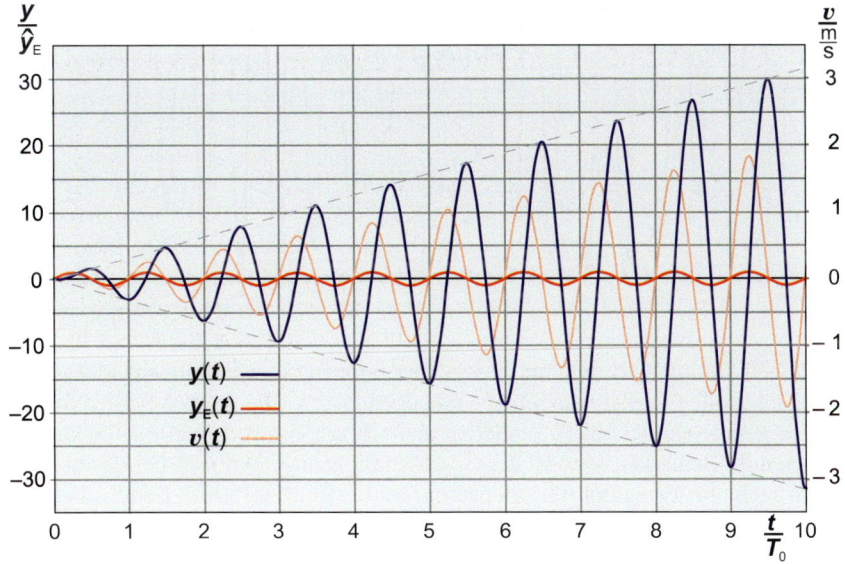

Bild 1.10.1
y(t), $y_E(t)$ und $v(t)$ des Oszillators im Resonanzfall

Bild 1.10.1 zeigt das mithilfe der Tabellenkalkulation erstellte (nachbearbeitete) Diagramm. Beachten Sie die „trickreichen" Einheiten auf der Primärachse! Die Amplitude ($\rightarrow \hat{y}_E$) der Erregerfunktion $y_E(t)$ wurde als Einheit verwendet. Damit sind die Zahlenwerte auf der Primärachse Vielfache von $\hat{y}_e$. Für die Zeitachse ist bei uns ein derartiger Kunstgriff nicht erforderlich, da hier T_0 ohnehin gleich 1 s gewählt wurde. Die für die Geschwindigkeit zuständige Sekundärachse ist „ganz normal" in m/s eingeteilt.

Das Phänomen der ständig wachsenden Auslenkungen heißt i. Allg. „Resonanz".

Mit der gewählten Parameterkonstellation – der Gleichheit von Erreger- und Eigenfrequenz – haben wir offensichtlich ein Phänomen getroffen. Trotz der relativ schwachen Erregung mit einer Amplitude von nur 0,01 m ergeben sich beim Oszillator beeindruckende Schwingungen. Nach knapp zehn Perioden sind die Auslenkungen schon mehr als auf das 20-Fache der Erregeramplitude angewachsen – und das Anwachsen der Oszillatorausschläge geht – zumindest bei unserem Modell – immer weiter. Weiterhin ist zu erkennen, dass die gleichsinnigen Nulldurchgänge des Oszillators um $\pi/2$ hinter denen des Erregers hinterherhinken (Phasendifferenz zwischen Erreger und Oszillator = $-\pi/2$). Dagegen sind Geschwindigkeit $v(t)$ und die Errregung $y_E(t)$ phasengleich. Das ist völlig im Einklang mit Ihren Schaukelerfahrungen: Den größten „Schwung" holen Sie in den Nulldurchgängen der Auslenkungen (am effektivsten bei der Vorwärtsbewegung) – also genau, wenn die Geschwindigkeiten maximal sind.

Tabelle 1.10.2
Parameterkonstellation

=GERADE(ZEILE(A4);

E	F
Param.	Werte
Δt in s	0,02
m in kg	2,0
D in N/m	79
b in kg/s	0
ω_E in rad/s	5,650 *neu!*
$\hat{y}_E$ in m	0,01
ω_0 in rad/s	6,285
ω_d in rad/s	6,285
ϑ	0

Sehen wir uns im Folgenden an, was aus dem „Phänomen" wird, wenn Erregerfrequenz nicht mehr gleich der Eigenfrequenz ist:

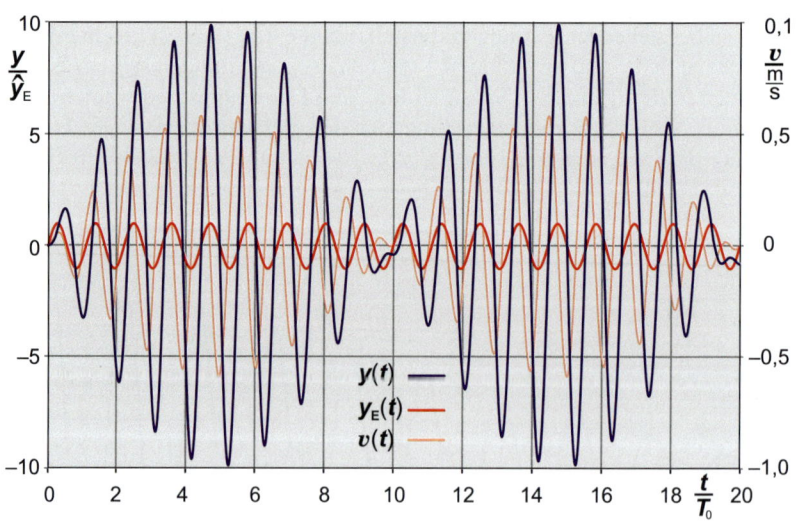

Bild 1.10.2
$y(t)$, $y_E(t)$ und $v(t)$ des Oszillators für den Fall, dass sich Erreger- und Eigenfrequenz unterscheiden

Bild 1.10.2 zeigt, dass sich mit dieser „verstimmten" Erregerfrequenz nicht mehr beliebig große Oszillatorausschläge erzeugen lassen. Die größten Auslenkungen liegen gerade einmal bei 10 Einheiten und schrumpfen zudem alle 10 Sekunden gegen null. Bemerkenswert ist der Geschwindigkeitsverlauf $v(t)$. Er scheint nicht mehr recht zur Erregung $y_E(t)$ zu passen. Mal trifft „Berg" auf „Berg", aber mal trifft auch „Berg" auf „Tal". Probieren Sie es mithilfe der Tabellenkalkulation aus: Sobald die Erregerfrequenz von der Eigenfrequenz abweicht, ergibt sich ein

1.10 Zwang ausüben – Resonanz

mit *Bild 1.10.2* vergleichbarer Verlauf von $y(t)$ und $v(t)$. Bei sehr kleinen Erregerfrequenzen erreichen die maximalen Auslenkungen gerade einmal die Amplitude der Erregerfrequenz. Ist die Erregerfrequenz relativ zur Eigenfrequenz groß, reagiert der Oszillator kaum noch. Die maximalen Auslenkungen gehen gegen null.

Sehr instruktiv ist es, wenn man die Phänomene der erzwungenen Schwingungen energiemäßig betrachtet. Im Fokus steht der Energiestrom an der Schnittstelle zwischen den Teilsystemen Erreger und Oszillator:

Oft ist es instruktiver, die Größe „Leistung" „Energiestrom" zu nennen.

$P \geq 0$ bedeutet: Energie strömt nur in Pfeilrichtung bzw. der Erreger gibt ausschließlich Leistung ab.

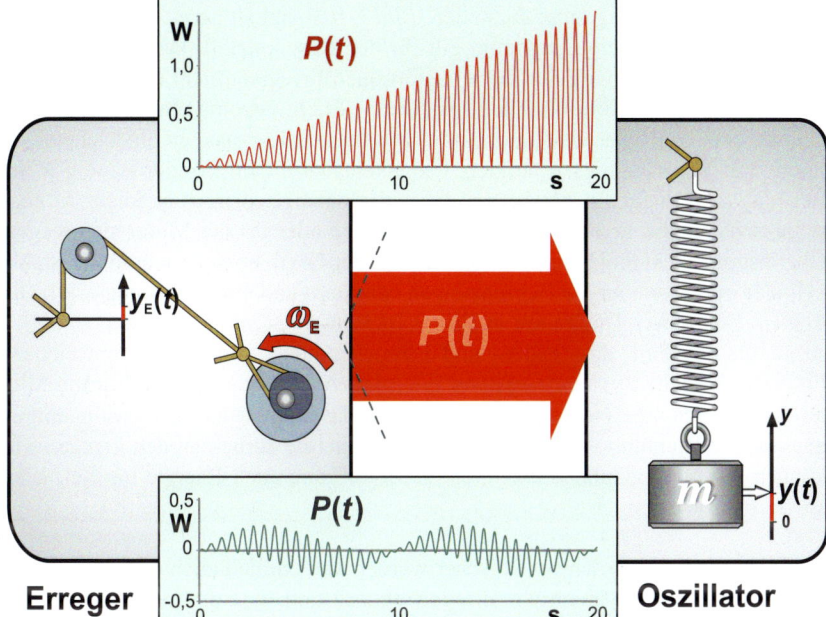

Bild 1.10.3
Energiestrom zwischen Erreger und Oszillator

Die Geschwindigkeit der Schnittstelle – in *Bild 1.10.3* ist es der „Knoten" – wird durch den Motorantrieb erzwungen und ist gleich der zeitlichen Ableitung von $y_e(t)$. Die Kraft, gegen die das Erregersystem anarbeiten muss, ist die Kraft, mit der die gestreckte oder zusammengedrückte Feder zurückwirkt (*vgl.* (1.7.4), (1.7.5)). Für die im Zeitintervall dt vom Erreger zum Oszillator übertragene physikalische Arbeit gilt dann:

$$dW = F \cdot dy_E \quad |:dt \quad \Rightarrow \quad \underbrace{\frac{dW}{dt}}_{=P} = F \cdot \underbrace{\frac{dy_E}{dt}}_{=v_E} \quad \text{bzw.} \quad \underline{\underline{P = F \cdot v_E}} \qquad (1.10.3)$$

Die Größe P ist dann der sogenannte *Energiestrom* zwischen den Teilsystemen – anders ausgedrückt: Es handelt sich um die Leistung, die der Motor aufbringen muss. Um diesen Energiestrom mithilfe der Tabellenkalkulation in Augenschein nehmen zu können, muss dazu eine zusätzliche Spalte eingerichtet werden. In Zelle G1 notiert man „P in W". Die jeweiligen Federkräfte stehen bereits in der D-Spalte und die Geschwindigkeit $v_E(t)$ ergibt sich durch die Ableitung von (1.7.3):

Verwechseln Sie nicht die Geschwindigkeit der Schnittstelle $v_E(t)$ mit der Geschwindigkeit des Stahlzylinders $v(t)$!

(1.10.4)

$$v_E = \frac{dy_E}{dt} = \frac{d}{dt}\hat{y}_E \sin(\omega_E t) = \underline{\underline{\omega_E \hat{y}_E \cos(\omega_E t)}}$$

Man schreibt in Zelle G2 das Produkt aus Kraft F (Spalte D) und Geschwindigkeit (*1.10.3*) und füllt die komplette Spalte G wie üblich mit „Start/Bearbeiten/Füllbeich/nach unten" aus:

(1.10.5)

$$= D2*we*ye*\cos(we*A2)$$

Mithilfe der Spalten A und G lässt sich der Energiestrom P in Abhängigkeit von der Zeit in einem Diagramm darstellen. *Bild 1.10.3* enthält bereits zwei derartige Diagramme. Das obere Diagramm gilt für den Resonanzfall. Das Pulsieren des Energiestromes ist angesichts der sinusförmigen Erregung nicht erstaunlich. Bemerkenswert ist der kontinuierlich ansteigende Energiestrom vom Erreger zu Oszillator. Das heißt, der Oszillator ist im Resonanzfall sozusagen ein „schwarzes Loch" für (Schwingungs-)Energien. Umgekehrt wird dem Erreger ständig mehr Leistung abverlangt. In der Praxis ginge das solange, bis ein gnädiger Motorschutzschalter die Verbindung zum Netz trennte oder bis der Motor sich wegen Überlastung spektakulär verabschiedete. Auf der Oszillatorseite würde der Stahlzylinder irgenwann an die Begrenzungen hämmern und ein Zerstörungswerk anrichten. Das untere Diagramm in *Bild 1.10.3* zeigt (exemplarisch) den Energiestrom für den Fall, dass Eigen- und Erregerfrequenz voneinander abweichen. Erstaunlich ist die Existenz negativer Energieströme – sie sind im zeitlichen Mittel sogar gleich null. Negativer Energiestrom, das heißt, Energie strömt in entgegengesetzte Richtung – der Oszillator liefert Energie zurück an den Erreger. Sie können das nicht glauben? Doch, ein E-Motor kann auch Energie ins Netz einspeisen.

Im Folgenden wollen wir realistischer werden und endlich auch eine Dämpfung zulassen. Zunächst wählen wir Erregerfrequenz und Eigenfrequenz gleich. Beachten Sie: Die Eigenfrequenz ist aufgrund der Dämpfung kleiner geworden.

Energieeinspeisung ins Netz

Tabelle 1.10.3
Parameterkonstellation

=GERADE(ZEILE(A4);

E	F
Param.	Werte
Δt in s	0,02
m in kg	2,0
D in N/m	79
b in kg/s	1,383 *neu!*
ω_E in rad/s	6,275
$\hat{y}_E$ in m	0,01
ω_0 in rad/s	6,285
ω_d in rad/s	6,275 *neu!*
ϑ	0,055

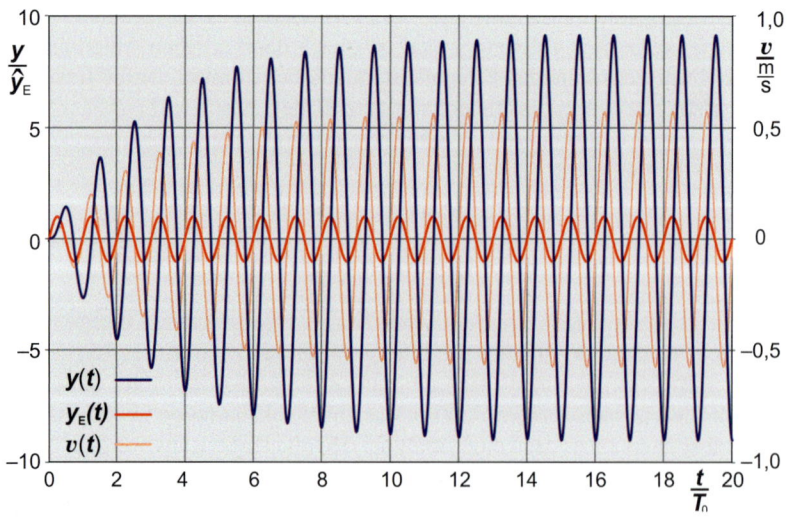

Bild 1.10.4
y(t), y_E(t) und v(t) eines gedämpften Oszillators für den Resonanzfall

1.10 Zwang ausüben – Resonanz

Bild 1.10.4 zeigt ein völlig unspektakuläres Verhalten des Oszillators und eine plausible Erklärung ist schnell zur Hand. Da bei kleinen Auslenkungen auch die Geschwindigkeiten noch klein sind, kann die Dämpfung noch keine große Rolle spielen. In *Bild 1.10.4* ist ersichtlich, dass sich die ersten 2 Perioden nicht merkbar vom ungedämpften Fall unterscheiden. Mit größer werdenden Auslenkungen steigen auch die Geschwindigkeiten. Die Dämpfung kommt mehr und mehr ins Spiel und verhindert das weitere Anwachsen der Auslenkungen bzw. der Geschwindigkeiten. Der Energiestrom vom Erreger zum Ozillator verhält sich zunächst wie der in *Bild 1.10.3* oben und geht dann in einen pulsierenden Energiestrom mit konstanter Amplitude über.

Vielleicht wird das Verhalten des gedämpften Oszillators spannender, wenn man die Erregungsfrequenz „verstimmt". Senken wir probeweise die Erregerfrequenz ein wenig ab:

Tabelle 1.10.4
Parameterkonstellation

Param.	Werte
Δt in s	0,02
m in kg	2,0
D in N/m	79
b in kg/s	1,383
ω_E in rad/s	5,650 *neu!*
$\hat{y}_E$ in m	0,01
ω_0 in rad/s	6,285
ω_d in rad/s	6,275
ϑ	0,055

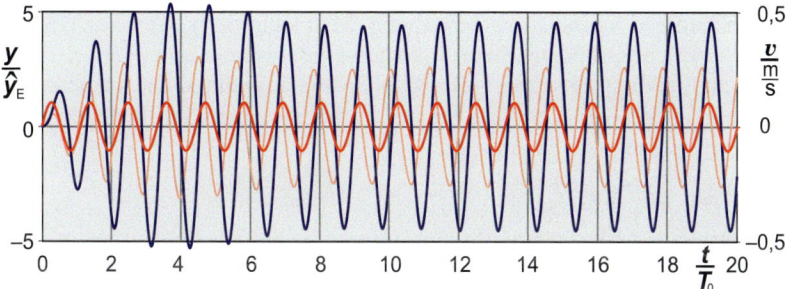

Bild 1.10.5
$y(t)$, $y_E(t)$ und $v(t)$ eines gedämpften Oszillators für den Fall, dass sich Erreger- und Eigenfrequenz unterscheiden

Man muss *Bild 1.10.5* schon gutwillig betrachten, um etwas Bemerkenswertes zu entdecken. Offenbar egalisiert die Dämpfung den zeitlichen Verlauf der Auslenkung. Nach einem mit den in vorher diskutierten Fällen vergleichbaren Anfang gehen die Auslenkungen nach einer geringen Amplitudenschwankung in eine gegenüber dem Erreger phasenverschobene Sinusschwingung über. Die Frequenz ist dann offenbar gleich der Erregerfrequenz ω_E.

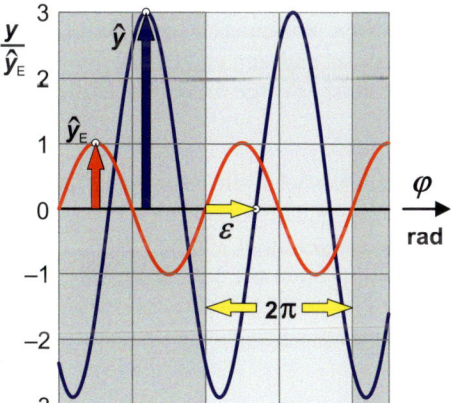

Beachten Sie die geänderten Einheiten auf der Zeitachse! 2π rad entspricht der Periodendauer einer Erregerschwingung.

$$\varphi = \omega_E \cdot t = 2\pi \cdot \frac{t}{T_E}$$

Bild 1.10.6
$y(t)$, $y_E(t)$ und $v(t)$ eines gedämpften Oszillators im „eingeschwungenen" Zustand

Man könnte den Anfang – in *Bild 1.10.4* etwa die ersten 10 Erreger-Perioden – als „Einschwingvorgang" betrachten und sich nur noch um die nachfolgende Sinusschwingung kümmern. Diese Schwingung ist durch folgende Parameter eindeutig festgelegt: Amplitude (hier $\hat{y}$), (Kreis-)Frequenz (hier ω_E) und Phase (hier ε). Man kommt daher bei einer derartigen Interessenlage mit dem Studium zweier funktioneller Zusammenhänge aus:

(1.10.6)

$$\hat{y} = \hat{y}_{\omega_0,\delta}(\omega_E), \quad \varepsilon = \varepsilon_{\omega_0,\delta}(\omega_E)$$

Bevor wir uns mit den in *(1.10.6)* vorgestellten Funktionen näher beschäftigen, sollten wir sicherstellen, dass Sie die Funktionsschreibweise verstehen. Bitte beachten Sie dazu den folgenden Merksatz!

Merksatz 1.10.2

> **Schreibweisen für Funktionen der Praxis:**
> In der Praxis sind unabhängige und abhängige Variable der Funktionen in der Regel Größen. Für die Namen dieser Größen (Formelzeichen) müssen genormte/übliche Formelzeichen verwendet werden.
> Es hat sich bewährt, für den Namen der Funktion denselben Namen wie den der abhängigen Variablen zu verwenden. Man kann dann auf einen Blick erkennen, welche Größe mit dieser Funktion erfasst werden soll. Parameter werden dem Funktionsnamen tiefgestellt als Postfix angehängt. Die unabhängigen Variablen folgen der Kombination aus Funktionsnamen und Parametern wie gewohnt in einem Klammerpaket.
>
> Beispiel: $\varepsilon = \cancel{f_{\omega_0,\delta}(\omega_E)}$, $\varepsilon = \varepsilon_{\omega_0,\delta}(\omega_E)$
>
> Beachten Sie: Ganzzahlige Variable werden in der Mathematik nicht in ein Klammerpaket gesetzt, sondern wie Parameter dem Funktionsnamen als tiefgestellte Postfixe zugefügt.

Die linke Funktion in *(1.10.6)* ist einstellig und hat zwei Parameter. Wenn man anstelle von ω_0 die zugrunde liegende Federkonstante D und die Masse m verwendet, sind es sogar drei. Diese Funktion beschreibt die Amplitude des Oszillators nach dem Einschwingen in Abhängigkeit von der Erregerfrequenz ω_E. Die rechte Funktion hat dieselben Argumente/Parameter und gibt die Phasenverschiebung zwischen Erreger und Oszillator wieder. Man könnte natürlich wieder die Tabellenkalkulation benutzen, um einige Eigenschaften dieser Funktionen herauszufinden. Allerdings ist das mühsam und fällt in die Rubrik Nervenprobe! Immerhin lassen sich aus den bisher vorgestellten Beispielen ein paar Eigenschaften herauslesen:

Beachten Sie: Mithilfe der Tabellenkalkulation kann man keine Funktionsterme ermitteln. Manchmal führt Raten mit anschließender Überprüfung zum Erfolg.

- Bei fehlender Dämpfung wächst die Amplitude im Resonanzfall über alle Grenzen – die Funktion $\hat{y}$ müsste bei ω_0 eine Polstelle haben. Die Phase des Oszillators hinkt dem Erreger um $\pi/2$ hinterher – d. h. $\varepsilon = \pi/2$.

… aber nicht plötzlich! Man muss schon lange genug warten!

- Sobald Dämpfung mit im Spiel ist, hat die Funktion ein mehr oder weniger stark ausgeprägtes Maximum. Die Phase des Oszillators muss nicht unbedingt $\pi/2$ sein – sie eilt aber der des Erregers nie voraus.

1.11 Erzwungene Schwingungen exakt berechnen

Die in (*1.10.6*) angesprochenen funktionellen Zusammenhänge lassen sich nur mühsam mithilfe einer Tabellenkalkulation studieren. Es ist in diesem Fall rationeller, sich um exakte Lösungen der Bewegungsgleichung (*1.7.6*) zu bemühen. Analog zu den Operationen und Parameterersetzungen in (*1.9.1*) bis (*1.9.3*) formen wir hier aus der Bewegungsgleichung die Differenzialgleichung:

Man müsste ein Raster von Parametern vorgeben und zu jeder Parameterkonstellation eine Tabellenkalkulation machen. Nur etwas für Notfälle!

$$-Dy - bv + D\hat{y}_E \sin(\omega_E t) = m\frac{dv}{dt} \quad \left| v \text{ durch } \frac{dy}{dt} \text{ ersetzen!} \right.$$

$$-Dy - b\frac{dy}{dt} + D\hat{y}_E \sin(\omega_E t) = m\frac{d^2 y}{dt^2} \quad \left| -m\frac{d^2 y}{dt^2} - D\hat{y}_E \sin(\omega_E t) \right| : (-m)$$

$$\frac{d^2 y}{dt^2} + \frac{b}{m}\frac{dy}{dt} + \frac{D}{m} y = \frac{D}{m} \hat{y}_E \sin(\omega_E t) \quad \left| \omega_0^2 := \frac{D}{m}, \; \delta := \frac{b}{2m} \right.$$

(1.11.1)

Führt man dann auch noch die Parameterersetzungen durch und verwendet anstelle der Differenziale die alternative „Punktschreibweise" ergibt sich:

$$\underbrace{\ddot{y} + 2\delta \dot{y} + \omega_0^2 y}_{\text{homogener Teil}} = \underbrace{\omega_0^2 \hat{y}_E \sin(\omega_E t)}_{\text{inhomogener Teil}}$$

(1.11.2)

Die Differenzialgleichung (*1.11.2*) für die erzwungene Schwingung unterscheidet sich von der des freien Oszillators durch die Störfunktion auf der rechten Seite (*vgl.* (*1.9.3*)) – es handelt sich jetzt um eine *inhomogene lineare Differenzialgleichung 2. Ordnung*. Für die allgemeine Lösung inhomogener linearer Differenzialgleichungen hält die Mathematik eine auf den ersten Blick verblüffend einfache Regel bereit:

Lösung inhomogener linearere Differenzialgleichungen (Variable x):

Lin. Differenzialoperator: $\mathcal{L} := a_n \dfrac{d^n}{dx^n} + a_{n-1} \dfrac{d^{n-1}}{dx^{n-1}} + \ldots + a_2 \dfrac{d^2}{dx^2} + a_1 \dfrac{d}{dx} + a_0$

Homogene lineare Differenzialgleichung: $\mathcal{L}(y) = 0$

Inhomogene lineare Differenzialgleichung: $\mathcal{L}(y) = f(x)$

Lösung des homogenen Teils: $y_h(x)$ mit $\mathcal{L}(y_h) = 0$

Partikulärintegral: $y_p(x)$ mit $\mathcal{L}(y_p) = f(x)$

Allgemeine Lösung: $\boxed{y(x) = y_h(x) + y_p(x)}$

Merksatz 1.11.1

Dass die Regel aus *Merksatz 1.11.1* doch nicht ganz simpel ist, merkt man erst, wenn eine spezielle Lösung benötigt wird. Die Lösung des homogenen Teils enthält n freie Parameter (Integrationskonstanten), die an die speziellen Anfangsbedingungen angepasst werden müssen.

Kann viel Mühe bereiten!

Gemäß der in *Merksatz 1.11.1* dargestellten Regel lautet die allgemeine Lösung jetzt (die Variable heißt jetzt wieder *t*):

(1.11.3)

$$y(t) = e^{-\delta t}\left(C_1 \cos(\omega_d t) + C_2 \sin(\omega_d t)\right) + y_p(t) \quad \text{oder}$$

$$y(t) = e^{-\delta t}\hat{y}_h \sin(\omega_d t + \varphi_0) + y_p(t)$$

Wenn Sie sich (*1.11.3*) im Zusammenhang mit *Bild 1.10.5* anschauen, erkennen Sie, dass der Einfluss des ersten Summanden aufgrund der e-Funktion mit der Zeit rasch abklingt. Für $t \gg 1/\delta$ ist nur noch das Partikulärintegral relevant. Wir ergreifen hier diese Möglichkeit zu einer Vereinfachung und betrachten zunächst „nur" das Partikulärintegral. „Vereinfachung" erscheint widersinnig, handelt es sich doch beim Partikulärintegral um eine Lösung der **kompletten** inhomogenen Differenzialgleichung. Die Rechenregeln für homogene lineare Differenzialgleichungen gelten hier nicht. Von einer Vereinfachung kann insofern gesprochen werden, da **eine einzige** Lösung ausreicht und es spielt keine Rolle, wie diese Lösung gefunden wurde: erraten, vom Mogelzettel abgeschrieben, einen Ansatz gefunden, Formelsammlung benutzt. Hauptsache, die „Lösung" ist wirklich eine Lösung, das heißt, sie erfüllt die Differenzialgleichung.

Wirklich bemerkenswert: Sie erraten „per Zufall" eine mögliche Lösung, machen die Probe und wenn Ihr Ansatz die Gleichung erfüllt, sind Sie „fertig".

Zur Erinnerung: Bei der „Einführung" der Integralrechnung wird eine Stammfunktion von f(x) üblicherweise mit F(x) benannt.

Sie meinen, mit inhomogenen Differenzialgleichungen keine Erfahrung zu haben? Ein Irrtum, wie Sie gleich sehen werden. Die folgende Differenzialgleichung erster Ordnung ist der einfachste Typ einer inhomogenen linearen Differenzialgleichung (*f(x)* sei eine beliebige stetige reelle Funktion):

(1.11.4)

$$y'(x) = f(x) \quad \left[\text{bzw. mit } y(x) := F(x): \ F'(x) = f(x)\right]$$

Die Lösung des homogenen Teils von (*1.11.5*) ist eine konstante Funktion und das Partikulärintegral ist eine *Stammfunktion* von *f(x)*. Damit gilt gemäß *Merksatz 1.11.1* für die allgemeine Lösung:

(1.11.5)

$$y_h(x) \equiv C, \ y_p(x) = \int f(x)\,dx$$

$$y(x) = y_h + y_p = \underline{\int f(x)\,dx + C}$$

Haben Sie es durchschaut? Die Lösung des „einfachsten" inhomogenen Differenzialgleichungstyps ist das unbestimmte Integral. Dass die Lösung des homogenen Teils in (*1.11.5*) aus kosmetischen Gründen hinten steht, wird Sie hoffentlich nicht verwirren. Sie werden sich mit Schaudern erinnern, mit welchen Schwierigkeiten und Ärgernissen Integrale verbunden sein können. Völlig klar, das wird sich mit Sicherheit bei umfangreicheren Differenzialgleichungen nicht ändern. Einen Lichtblick gibt es aber doch: Viele relevante Differenzialgleichungen haben bereits andere für Sie bearbeitet. Sie finden Lösungsansätze oder gar fertige Lösungen in jeder professionellen Formelsammlung – machen Sie unbedingt Gebrauch davon!

Papierkorb nach verzweifelten Versuchen, ein Integral zu berechnen.

Wenden wir uns wieder dem Partikulärintegral für die Differenzialgleichung der erzwungenen Schwingung (s. *1.11.2*) zu! Da wir bereits einige Lösungen mithilfe der Tabellenkalkulation bearbeitet haben, ist hier nicht einmal eine Formelsamm-

1.11 Erzwungene Schwingungen exakt berechnen

lung nötig (vgl. *Bild 1.10.4, 1.10.5, 1.10.6*). Das Partikulärintegral ist demnach eine phasenverschobene Sinusfunktion (s. *(1.7.11)* bzw. *(1.7.16)*). Die Frequenz gleicht der Erregerfrequenz und die Phase hinkt der Erregung mehr oder weniger hinterher. Diese Informationen führen auf den folgenden Ansatz:

$$y_p(t) = \hat{y}_p \sin(\omega_E t - \varepsilon) \qquad (1.11.6)$$

Sollte der Ansatz tatsächlich richtig sein, verbleibt „nur" noch die Aufgabe, die beiden Parameter – hier mit $\hat{y}_p$ und ε benannt – zu ermitteln. $\hat{y}_p$ ist die Amplitude und $-\varepsilon$ der Phasenwinkel des Partikulärintegrals. Das oben erwähnte „Hinterherhinken" wurde optional durch ein negatives Vorzeichen (vor dem ε). Bekanntlich lassen sich lineare homogene Differenzialgleichungen mit konstanten Koeffizienten relativ einfach lösen, wenn man ihren Definitionsbereich auf komplexwertige Funktionen erweitert und eine mit zwei Parametern ausgestattete komplexe e-Funktion als Lösungsansatz verwendet (s. *(1.9.4)*). Es ist daher zu erwarten, dass die Erweiterung des Definitionsbereichs ins Komplexe auch beim Aufsuchen des Partikulärintegrals hilfreich sein kann. Um die weiteren Überlegungen zu verstehen, ist es unabdingbar, die verschiedenen Darstellungsmöglichkeiten einer komplexen Zahl zu beherrschen.

Sie ärgern sich über Ansätze, die (fast) vom Himmel fallen? In Abschnitt 7.6 wird Ihnen ein (trickreiches) Verfahren gezeigt, mit dem man „geradeaus" Partikulärintegrale errechnen kann.

Sollte aus dem Kontext hervorgehen, dass es sich um eine komplexe Größe handelt, lässt man den (optionalen) Unterstrich fort.

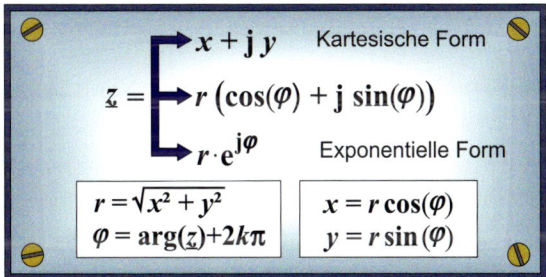

Bild 1.11.1
Darstellungsmöglichkeiten einer komplexen Zahl

Aus der Darstellung der komplexen Zahl $\underline{z}$ werden Funktionswerte einer speziellen komplexwertigen Funktion, wenn man den (reellen) Phasenwinkel φ durch die folgende lineare Funktion ersetzt:

$$\varphi(t) := \omega \cdot t + \varphi_0 \qquad (1.11.7)$$

Handelt es sich bei der Variablen um die Zeit, lässt sich der Parameter ω als Winkelgeschwindigkeit eines rotierenden Zeigers in der *Gaussschen Zahlenebene* auffassen. Der zweite Parameter φ_0 ist der Nullphasenwinkel. Die spezielle komplexwertige Funktion $\underline{z}(t)$ ist besonders interessant, weil die Projektion des Zeigers auf die imaginäre Achse eine harmonische Schwingung beschreibt:

$$\underline{z}(t) = r\,e^{j(\omega t + \varphi_0)} = r\left(\cos(\omega t + \varphi_0) + j\sin(\omega t + \varphi_0)\right)$$
$$\Rightarrow y(t) = \mathrm{Im}(\underline{z}(t)) = \underline{r \sin(\omega t + \varphi_0)} \qquad (1.11.8)$$

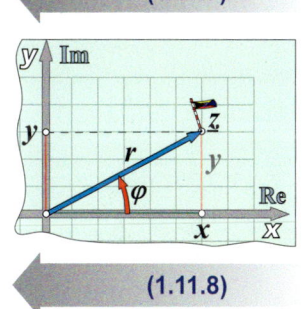

Formal erweitert man den Definitionsbereich der inhomogenen Differenzialgleichung *(1.11.2)* in die Menge der komplexwertige Funktionen, indem man anstelle der reellen Funktionswerte komplexe Funktionswerte notiert. Alles andere bleibt

Projektionen von z auf die Achsen der Gaußschen Ebene:.

$$\underline{z} = x + jy$$

$\text{Re}: \mathbb{C} \to \mathbb{R}, \underline{z} \mapsto x$

$\text{Im}: \mathbb{C} \to \mathbb{R}, \underline{z} \mapsto y$

(1.11.9)

(zunächst) wie es war. Eigentlich interessiert im Fall der erzwungenen Schwingung die komplexe Lösung gar nicht, sondern lediglich der *Imaginärteil* davon. Daraus ergibt sich eine – wie sich herausstellen wird – wesentliche Vereinfachung. Betrachten Sie (*1.11.8*) rückwärts von unten rechts bis zur exponentiellen Form oben links! Da letzten Endes immer nur Imaginärteile interessieren, kann die Sinusfunktion in (*1.11.2*) durch eine rechenfreundliche e-Funktion mit $j\omega_E t$ im Exponenten ersetzt werden:

$$\underline{z}: \mathbb{R} \to \mathbb{C}, t \mapsto \underline{z}(t), \quad y(t) = \text{Im}(\underline{z}(t))$$
$$\ddot{\underline{z}} + 2\delta \dot{\underline{z}} + \omega_0^2 \underline{z} = \omega_0^2 \hat{y}_E \, e^{j\omega_E t}$$

Anfangs gewöhnungsbedürftig – später unverzichtbar: die komplexe e-Funktion

(1.11.10)

Beachten Sie, $\underline{z}(t)$ ist eine Abbildung der reellen Zahlen in die Menge der komplexen Zahlen; die Variable ist also reell. Wie bei der Störfunktion kann auch bei dem Ansatz für das Partikulärintegral von den Segnungen der (komplexen) e-Funktion Gebrauch gemacht werden. Aus (*1.11.6*) wird daher:

$$\underline{z}_p(t) = \hat{y}_p \, e^{j(\omega_E t - \varepsilon)}$$

Nun muss geprüft werden, ob der Ansatz (*1.11.10*) die Differenzialgleichung (*1.11.9*) erfüllt. Dazu müssen erst einmal die erste und die zweite Ableitung (Kettenregel beachten!) bereitgestellt werden. Beginnen wir mit der ersten:

(1.11.11)

$$\varphi := \omega_E t - \varepsilon \, , \, \frac{d}{dt}\varphi = \omega_E$$

$$\dot{\underline{z}}(t) = \frac{d}{dt} \hat{y}_p \, e^{j(\omega_E t - \varepsilon)} = \frac{d}{d\varphi} \hat{y}_p e^{j\varphi} \cdot \frac{d}{dt}\varphi = j\hat{y}_p e^{j\varphi} \cdot \omega_E = \underline{j\omega_E \hat{y}_p \, e^{j(\omega_E t - \varepsilon)}}$$

Ableitung: $j\omega_E$ wird zum Faktor. $j \cdot j = -1$

(1.11.12)

Haben Sie es erkannt? Aufgrund der superfreundlichen Ableitungseigenschaften der e-Funktion spaltet sich bei der Ableitung lediglich der Faktor $j\omega_E$ ab. Deshalb können wir die zweite Ableitung ohne Rechnung notieren:

$$\ddot{\underline{z}}(t) = \frac{d^2}{dt^2} \hat{y}_p \, e^{j(\omega_E t - \varepsilon)} = (j\omega_E)^2 \hat{y}_p \, e^{j(\omega_E t - \varepsilon)} = \underline{-\omega_E^2 \hat{y}_p \, e^{j(\omega_E t - \varepsilon)}}$$

Augen zu auf und durch!

(1.11.13)

Schreiberei gibt es beim Einsetzen von (*1.11.10*), (*1.11.11*), (*1.11.12*) in die Differenzialgleichung (*1.11.9*):

$$-\omega_E^2 A e^{j(\omega_E t - \varepsilon)} + 2\delta j\omega_E \hat{y}_p \, e^{j(\omega_E t - \varepsilon)} + \omega_0^2 \hat{y}_p \, e^{j(\omega_E t - \varepsilon)} = \omega_0^2 \hat{y}_E \, e^{j\omega_E t} \quad | \text{Ausklammern}$$

$$\Leftrightarrow \left(-\omega_E^2 + 2\delta j\omega_E + \omega_0^2\right) \hat{y}_p \, e^{j(\omega_E t - \varepsilon)} = \omega_0^2 \hat{y}_E \, e^{j\omega_E t} \quad \left| e^{j(\omega_E t - \varepsilon)} = e^{j\omega_E t} \cdot e^{-j\varepsilon} \right.$$

$$\Leftrightarrow \left(-\omega_E^2 + 2\delta j\omega_E + \omega_0^2\right) \hat{y}_p \, e^{j\omega_E t} \cdot e^{-j\varepsilon} = \omega_0^2 \hat{y}_E \, e^{j\omega_E t} \quad \left| e^{j\omega_E t} \neq 0, \, : e^{j\omega_E t} \right.$$

$$\Leftrightarrow \hat{y}_p \left(-\omega_E^2 + 2\delta j\omega_E + \omega_0^2\right) e^{-j\varepsilon} = \omega_0^2 \hat{y}_E \quad \left| \omega_0^2 \hat{y}_E \in \mathbb{R} \right.$$

Der Ansatz (*1.11.10*) würde die Differenzialgleichung erfüllen, wenn die unterste Gleichung in (*1.11.13*) erfüllt werden könnte. Auf deren rechter Seite stehen die reellen Systemparameter ω_0 und $\hat{y}_E$, auch der Parameter $\hat{y}_p$ ist reell. Also müsste ε so wählbar sein, dass das Produkt aus dem Klammerausdruck und der e-Funktion

1.11 Erzwungene Schwingungen exakt berechnen

ebenfalls reell würde. Das ist, wie wir gleich sehen werden, problemlos möglich. Zunächst ordnet man in dem komplexen Klammerausdruck Real- und Imaginärteil und stellt ihn in exponentieller Form dar (*s. Bild 1.11.1*):

$$(\ldots) = -\omega_E^2 + 2\delta j \omega_E + \omega_0^2 = \underbrace{\omega_0^2 - \omega_E^2}_{\text{Realteil}} + j \underbrace{2\delta \omega_E}_{\text{Imaginärteil}}$$

$$= \sqrt{\left(\omega_0^2 - \omega_E^2\right)^2 + 4\delta^2 \omega_E^2} \cdot e^{j \cdot \arg\left(\omega_0^2 - \omega_E^2 + j 2\delta \omega_E\right)}$$

(1.11.14)

Verwendet man die exponentielle Form anstelle des Klammerausdrucks in der fraglichen Gleichung (*s. unten in 1.11.14*), ergibt sich eine (erfüllbare) Gleichung für den Parameter ε:

$$\hat{y}_p \sqrt{\left(\omega_0^2 - \omega_E^2\right)^2 + 4\delta^2 \omega_E^2} \cdot \underbrace{e^{j \cdot \arg\left(\omega_0^2 - \omega_E^2 + j 2\delta \omega_E\right)} e^{-j\varepsilon}}_{\text{Muss gleich 1 sein!}} = \omega_0^2 \hat{y}_E$$

$$\Rightarrow j \cdot \arg\left(\omega_0^2 - \omega_E^2 + j 2\delta \omega_E\right) - j\varepsilon = 0 \quad \Rightarrow \quad \underline{\underline{\varepsilon = \arg\left(\omega_0^2 - \omega_E^2 + j 2\delta \omega_E\right)}}$$

(1.11.15)

Da der Imaginärteil des Klammerausdrucks stets positiv ist, reduzieren sich freundlicherweise die lästigen Fallunterscheidungen der arg-Funktion auf drei. Mithilfe von (*1.11.16*) wird jeder Erregerfrequenz eindeutig ein Phasenwinkel ε zugeordnet – es handelt sich um eine einstellige (reelle) Funktion. Variable ist die Erregerfrequenz, Parameter sind die Kennkreisfrequenz und die Abklingkonstante. Um das zu unterstreichen, wurde dem ε optional ein Klammerpaket als Postfix angehängt.

Bitte denken Sie daran, dass ε in (1.11.6) negativ angesetzt wurde. $+\varepsilon$ ist sozusagen ein „Hinterher-hink-Winkel".

$$\varepsilon(\omega_E) = \begin{cases} \arctan \dfrac{2\delta \omega_E}{\omega_0^2 - \omega_E^2} & \text{falls } \omega_E < \omega_0 \\ \dfrac{\pi}{2} & \text{falls } \omega_E = \omega_0 \\ \pi + \arctan \dfrac{2\delta \omega_E}{\omega_0^2 - \omega_E^2} & \text{falls } \omega_E > \omega_0 \end{cases}$$

(1.11.16)

Beachten Sie, im dritten Fall von (*1.11.16*) ist das Argument im Arkustangens negativ! Da der Arkustangens eine ungerade Funktion ist, wird dann auch dessen Wert negativ. Der Phasenwinkel bleibt also stets zwischen null und π!

Der Arkustangens ist betragsmäßig immer kleiner als $\pi/2$.

Mit dem in (*1.11.16*) berechneten Phasenwinkel fallen die e-Funktionen oben in (*1.11.15*) heraus, die Gleichung wird reell und die Amplitude des Partikulärintegrals ist gemäß (*1.11.17*) berechenbar:

$$\hat{y}_p(\omega_E) = \frac{\omega_0^2 \hat{y}_E}{\sqrt{\left(\omega_0^2 - \omega_E^2\right)^2 + 4\delta^2 \omega_E^2}}$$

(1.11.17)

Wie bei (*1.11.16*) handelt es sich auch hier um eine eindeutige Zuordnung. Für Variable und Parameter gilt dasselbe wie für (*1.11.16*). Deshalb statten wir auch $\hat{y}_p$ mit einem Klammerpostfix aus.

Optional kann man den Bruchterm in (*1.11.17*) mit $1/\omega_0^2$ erweitern. Dann wird ersichtlich, dass die Amplitude $\hat{y}_p$ nicht von den absoluten Werten von ω_0 bzw. ω_E

abhängt. Es besteht lediglich eine Abhängigkeit vom Frequenzverhältnis ω_E/ω_0. Durch die Erweiterung, kommt der in (*1.9.20*) definierte Dämpfungsgrad ϑ wieder ins Spiel:

(1.11.18)
$$\hat{y}_p(\omega_E) = \frac{\hat{y}_E}{\sqrt{\left(1-\left(\frac{\omega_E}{\omega_0}\right)^2\right)^2 + 4\left(\frac{\delta}{\omega_0}\right)^2\left(\frac{\omega_E}{\omega_0}\right)^2}} = \frac{\hat{y}_E}{\sqrt{\left(1-\left(\frac{\omega_E}{\omega_0}\right)^2\right)^2 + 4\vartheta^2\left(\frac{\omega_E}{\omega_0}\right)^2}}$$

Üblicherweise bezieht man die Amplitude des Partikulärintegrals $\hat{y}_p$ gerne auf die Erregeramplitude. Dazu wird (*1.11.18*) durch $\hat{y}_E$ dividiert. Man hat auf diese Weise sofort im Blick, mit welchem Faktor die Oszillatoramplitude relativ zur Erregeramplitude verstärkt (oder geschwächt) wird.

(1.11.19)
$$\frac{\hat{y}_p}{\hat{y}_E} = \frac{1}{\sqrt{\left(1-\left(\frac{\omega_E}{\omega_0}\right)^2\right)^2 + 4\vartheta^2\left(\frac{\omega_E}{\omega_0}\right)^2}}$$

Die Umformung durch Erweiterung mit $1/\omega_0^2$ kann man auch beim Argument des Arkustangens bei der Berechnungsformel (*1.11.16*) für den Phasenwinkel ε anwenden. Auch hier wird aus der Abklingkonstante der dimensionslose Dämpfungsgrad ϑ.

(1.11.20)
$$\frac{2\delta\omega_E}{\omega_0^2 - \omega_E^2} = \frac{2\frac{\delta}{\omega_0}\cdot\frac{\omega_E}{\omega_0}}{1-\left(\frac{\omega_E}{\omega_0}\right)^2} = \frac{2\vartheta\cdot\frac{\omega_E}{\omega_0}}{1-\left(\frac{\omega_E}{\omega_0}\right)^2}$$

Über den Sinn der zuletzt beschriebenen Umformungen lässt sich natürlich streiten. Unbestreitbar sind die Vorteile von (*1.11.19*) und (*1.11.20*) für grafische Darstellungen und Kurvendiskussionen: Der komplette Quotient aus Erregerkreisfrequenz und Kennkreisfrequenz ist zur Variablen geworden – man könnte ihn optional mit x benennen – und der Dämpfungsgrad verbleibt als alleiniger Parameter. Für den Amplitudenquotienten in (*1.11.20*) böte sich dann eine Benennung mit $v(x)$ an. „v" steht dabei für Verstärkung. Sehen wir uns die beiden umbenannten Funktionen an!

Kosmetische Fragen haben auch in der Natur- und Ingenieurwissenschaft ihre Berechtigung!

(1.11.21)
$$v(x) = \frac{1}{\sqrt{\left(1-x^2\right)^2 + 4\vartheta^2 x^2}}, \quad \varepsilon(x) = \begin{cases} \arctan\left(\frac{2\vartheta x}{1-x^2}\right) & \text{falls } x < 1 \\ \frac{\pi}{2} & \text{falls } x = 1 \\ \pi + \arctan\left(\frac{2\vartheta x}{1-x^2}\right) & \text{falls } x > 1 \end{cases}$$

Die beiden Formeln in (*1.11.21*) sind auch die Basis, um sich mithilfe einer Tabellenkalkulation ein Bild von der erzwungenen Schwingung bei verschiedenen Dämpfungsgraden zu machen. Für die Achsenbeschriftungen nimmt man aber lieber die Originalbezeichnungen:

1.11 Erzwungene Schwingungen exakt berechnen

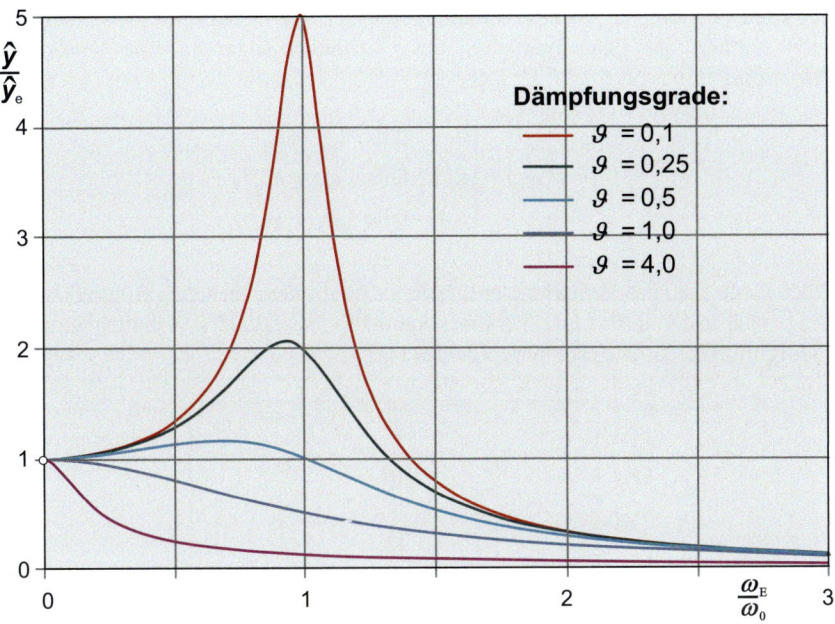

Zur Erinnerung:
$\vartheta < 1$: Schwingfall
$\vartheta = 1$: aperiodischer Grenzfall
$\vartheta > 1$: Kriechfall

Bild 1.11.2
Oszillatoramplituden unter dem Einfluss verschiedener Erregerfrequenzen

Die in *Bild 1.11.2* dargestellten Kurvenscharen mit Dämpfungsgraden von 0,1 bis 4 sind offensichtlich unspektakulär. Von einer „Resonanzkatastrophe" kann keine Rede sein. Bei $\vartheta = 0{,}1$ bringt der Erreger den Oszillator maximal auf das Fünffache seiner eigenen Amplitude und bei höheren Dämpfungsgraden wird die Resonanz völlig „verwischt". Das Verhalten der Phasen ist dagegen auch bei diesen Dämpfungsgraden noch bemerkenswert:

Richtig spektakulär wird es erst bei sehr geringen Dämpfungsgraden.

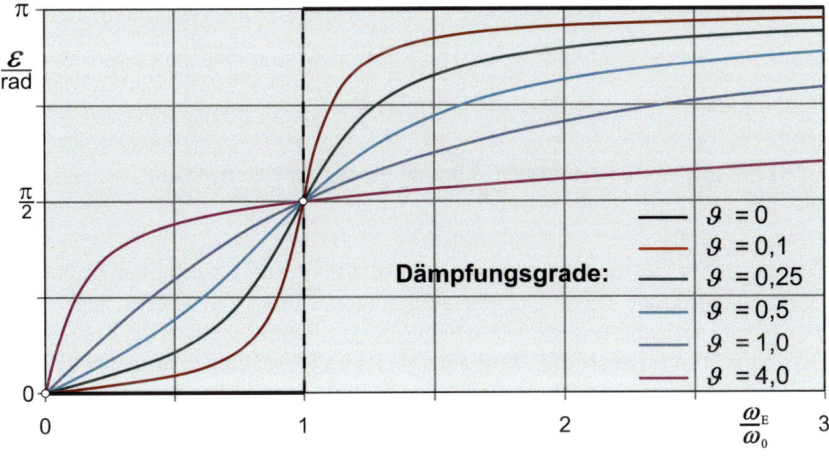

Für alle Dämpfungsgrade gilt: $\varepsilon(1) = \pi/2$

Bild 1.11.3
Phasenverschiebungen des Oszillators relativ zum Erreger

Dass die Phase des Oszillators der des Erregers ein wenig hinterherhinkt, ist plausibel. Aber dass dieses „Hinterherhinken" so weit geht, dass Oszillator und Erreger (für $\omega_E \gg \omega_0$) gegenphasig schwingen, ist schon erstaunlich. Es ist ebenfalls nicht selbstverständlich, dass bei Gleichheit von Erreger- und Kennkreisfrequenz die Phasendifferenz exakt $\pi/2$ beträgt.

Wirklich phänomenal ist das Verhalten sehr schwach gedämpfter Oszillatoren. Jetzt erinnert das Phasenverhalten des Oszillators sogar an eine (unstetige) *Sprungfunktion* (vgl. *Bild 1.11.3*, $\vartheta = 0$):

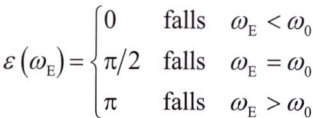

(1.11.22)

$$\varepsilon(\omega_E) = \begin{cases} 0 & \text{falls} \quad \omega_E < \omega_0 \\ \pi/2 & \text{falls} \quad \omega_E = \omega_0 \\ \pi & \text{falls} \quad \omega_E > \omega_0 \end{cases}$$

Hier gelangt nicht etwa eine Sprungfunktion durch die Hintertür in die Realität: Dämpfungen lassen sich nie ganz unterdrücken.

Auch wenn man das Verhalten der Oszillatoramplituden bei sehr geringen Dämpfungen anhand von *Bild 1.11.2* erahnen kann, das spektakuläre Verhalten wird erst richtig mithilfe eines gesonderten Bildes klar:

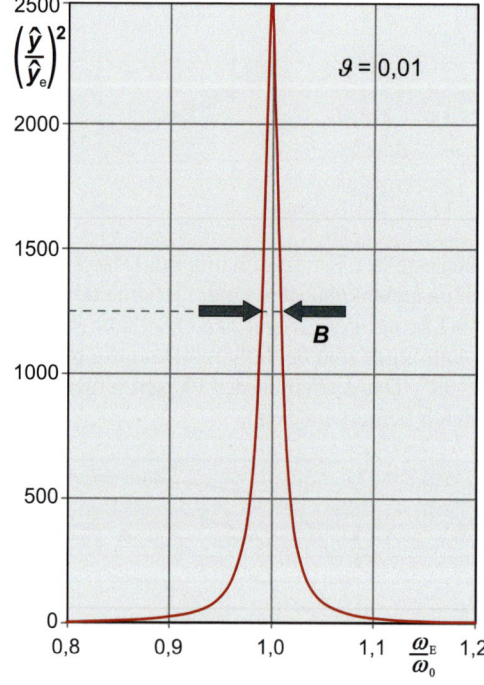

Im Labordeutsch nennt man so eine Kurve „peak".

Im Falle schwacher Dämpfungen ist die Kennkreisfrequenz ω_0 auch gleichzeitig Resonanzfrequenz.

Bild 1.11.4
Energie eines schwach gedämpften Oszillators bei verschiedenen Erregerfrequenzen

Zunächst wird Sie sicher irritieren, dass in *Bild 1.11.4* anstelle der (relativen) Oszillatoramplitude deren Quadrat aufgetragen wurde. Der Grund liegt darin, dass für die meisten Anwendungen nicht die Amplitude, sondern die Energie des Oszillators von Interesse ist. Diese Energie ist im Wesentlichen proportional zum Quadrat der Amplitude. Es ist zu erkennen, dass der Oszillator praktisch nur in der Umgebung der Resonanzfrequenz Energie vom Erreger aufnehmen kann. Dort, wo der „Peak" auf die Hälfte seines Maximalwertes abgesunken ist, sind die Grenzen eines Intervalls, dessen Breite *Bandbreite* (Formelzeichen *B*) genannt wird. Bandbreiten werden üblicherweise nicht in relativen Einheiten oder rad/s, sondern in Hz angegeben. Betrachtet man die Energieaufnahme eines Oszillators als einen Absorptionsvorgang, dann kann man bei einem sehr schwach gedämpften Oszillator von einer *selektiven Absorption* sprechen. Außerhalb der Umgebung der Resonanzfrequenz nimmt der Oszillator so gut wie keine Energie auf.

Nur die unmittelbare Umgebung der Resonanzfrequenz ist von Interesse!

Bandbreite, ein wichtiger Begriff aus der Elektronik bzw. der Nachrichtentechnik

1.11 Erzwungene Schwingungen exakt berechnen

Systeme, die selektiv absorbieren, gibt es also nicht nur im Mikrokosmos (Atome/Moleküle). Für quantitative Berechnungen von Systemen des Mikrokosmos reicht die klassische Physik nicht – es muss (mindestens) die Qantenmechanik herangezogen werden.

Erstaunlich: Selektive Absorption gibt es nicht nur im Mikrokosmos.

Aufgrund der Quadrierung fällt durch die energiemäßige Betrachtung die oft lästige Wurzel im Nenner von (1.11.19) bzw. (1.11.21) fort – die Funktion wird rational. Im Falle sehr schwach gedämpfter Oszillatoren lässt sich die Funktion durch eine sogenannte *Lorentzkurve* approximieren:

Für $\vartheta \ll 1$ und $x \approx 1$ gilt:

$$v^2(x) = \frac{1}{(1-x^2)^2 + 4\vartheta^2 x^2} = \frac{1}{((1+x)(1-x))^2 + 4\vartheta^2 x^2} \quad \Big| \text{3. binom. Formel}$$

$$\approx \frac{1}{(2(1-x))^2 + 4\vartheta^2 \cdot 1^2} = \underline{\underline{\frac{1}{4} \cdot \frac{1}{(1-x)^2 + \vartheta^2}}} \quad \Big| 1+x \approx 2\,;\, x^2 \approx 1$$

(1.11.23)

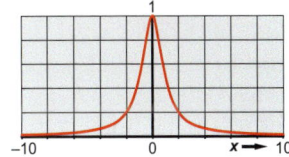

Die Bedingung $x \approx 1$ bedeutet: Die Näherung gilt nur für die unmittelbare Umgebung des Peaks. Ein Vergleich mit dem Radikanden der Originalfunktion (1.11.21) zeigt, dass die Funktionswerte für $0 < x < 1$ zu klein und für $x > 1$ zu groß sind. Legt man die Werte der Originalfunktion zugrunde, ist dort die relative Genauigkeit der Lorentznäherung nicht gut. Allerdings spielt in der Praxis außerhalb des Resonanzpeaks zumeist „nur" die absolute Genauigkeit eine Rolle. Da die Funktionswerte der Lorentzkurve außerhalb des Resonanzpeaks ebenfalls nahe bei null liegen, ist diese Näherung im Allgemeinen auch dort noch brauchbar. Wenn man in *Bild 1.11.4* zusätzlich noch die Lorentzkurve mit einzeichnen würde, könnte man zwischen beiden Kurven keine Unterschiede bemerken.

$f(x) = \dfrac{1}{x^2 + 1}$

(Normierte) Lorentzkurve

Mit den einparametrischen Funktionen $v(x)$ und $\varepsilon(x)$ in (1.11.21) und der Lorentzkurve in (1.11.23) liegen praxisrelevante Funktionen vor, die sich für sinnvolle Übungsaufgaben eignen. Zur Präsentation der Ergebnisse sollten die Variable x wieder durch die Kreisfrequenzen ω_0 und ω_F und der Parameter ϑ durch δ und ω_0 ersetzt werden.

> **Aufgabe:**
> Zeigen Sie, dass erstaunlicherweise die Extremwerte der Oszillatoramplituden bei erzwungener Schwingung (s. (1.11.21)) nur bei sehr schwacher Dämpfung mit den Eigenfrequenzen gedämpfter Oszillatoren (ω_d, s. (1.9.6), (1.9.14)) übereinstimmen!

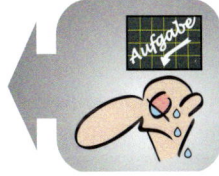

Aufgabe 1.11.1

Zur Lösung braucht man nur den bzw. die Extremwert(e) von $v(x)$ zu bestimmen. Da bekannt ist, dass lediglich ein Maximum im Spiel ist, reicht es, die Nullstellen der ersten Ableitung zu ermitteln. Beachten Sie $x \in \mathbb{R}_0^+$!

(1.11.24)

$$v = \frac{1}{\sqrt{(1-x^2)^2 + 4\vartheta^2 x^2}} \quad ; \quad v' = -\frac{1}{2} \cdot \left((1-x^2)^2 + 4\vartheta^2 x^2\right)^{-\frac{3}{2}} \cdot \left(-2(1-x^2) 2x + 8\vartheta^2 x\right)$$

$$v' = 0 \Leftrightarrow -2(1-x^2) 2x + 8\vartheta^2 x = 0 \Leftrightarrow x = 0 \lor x = \sqrt{1-2\vartheta^2}$$

$$x = \sqrt{1-2\vartheta^2} \rightarrow \frac{\omega_E}{\omega_0} = \sqrt{1 - 2\left(\frac{\delta}{\omega_0}\right)^2} \Leftrightarrow \underline{\underline{\omega_E = \sqrt{\omega_0^2 - 2\delta^2} \neq \omega_d}}$$

Das Ergebnis zeigt, dass die Erregerfrequenzen, mit denen Maximalwerte erzielt werden, nicht identisch mit den Eigenfrequenzen wd sind (*vgl. 1.9.6*). Auch ohne Rechnung war natürlich klar: Bei schwacher Dämpfung ist die Kennkreisfrequenz sowohl Eigen- als auch Resonanzfrequenz. Bisher sind wir von einer sinusförmigen Erregung ausgegangen. Man könnte einem schwach gedämpften Oszillator auch eine nichtsinusförmige Bewegung aufzwingen. Eine derartige Bewegung lässt sich als Linearkombination (Fourier-Reihe bzw. Fourier-Integral) aus Sinusschwingungen auffassen. Nur Komponenten mit Frequenzen, die in der Nähe der Resonanzfrequenz liegen, können den Oszillator nennenswert beeinflussen (*s. Bild 1.11.4*). Die oben erwähnte Bandbreite gibt vorab einen Eindruck von der Breite des wirksamen Frequenzintervalls. Das führt zu der folgenden Aufgabe:

Monsieur Fourier sei Dank: Wir kommen auch mit nichtsinusförmigen Erregern zurecht.

Aufgabe 1.11.2

> **Aufgabe:**
> Zeigen Sie, dass Bandbreite eines schwach gedämpften Oszillators gleich dem Doppelten der Abklingkonstante δ ist! Geben Sie eine (Faust-)Formel zur Berechnung der Bandbreite in Hertz an!
> Hinweis: Gehen Sie von der Lorentz-Näherung aus!

Zur Lösung sucht man zunächst die beiden Stellen, an denen die Lorentz-Kurve auf den halben Maximalwert abgesunken ist:

(1.11.25)

Noch ein Plus für die Dämpfungsgrade

$$\text{Maximalwert: } v^2(1) = \frac{1}{4\vartheta^2} \quad ; \quad \text{Gesucht } \left\{ x \,\middle|\, v^2(x) = \frac{1}{8\vartheta^2} \right\}$$

$$\frac{1}{4} \frac{1}{(1-x)^2 + \vartheta^2} = \frac{1}{8\vartheta^2}$$

$$\Leftrightarrow (1-x)^2 + \vartheta^2 = 2\vartheta^2 \,\big|\, -\vartheta^2 \,\big|\, \sqrt{\ldots}$$

$$\Leftrightarrow |1-x| = \vartheta \Leftrightarrow x = 1 \pm \vartheta \Rightarrow \underline{\underline{\Delta x = 2\vartheta}}$$

Damit beträgt die Bandbreite Δx bezogen auf die Kennkreisfrequenz ω_0: $2 \cdot \vartheta$. In rad/s bzw. Hertz gilt dann:

(1.11.26)

$$\text{In rad/s: } \Delta x = \frac{B}{\omega_0} = 2\frac{\delta}{\omega_0} \Rightarrow \underline{\underline{B = 2\delta}} \; ; \; \text{in Hz: } B = \frac{2\delta}{2\pi} = \underline{\underline{\frac{\delta}{\pi}}}$$

Potenzielle Anwender des mechanischen Resonanzphänomens sind Tiere, die mit Schnurrhaaren oder Fühlern auch noch feinste mehr oder weniger periodische Signale ihrer Umwelt wahrnehmen wollen. Die Rezeptoren dieser Tiere lassen sich als (gedämpfte) Oszillatoren ansehen. Es ergibt sich ein Dilemma. Schwache

Signale erfordern geringe Dämpfungen. Dann ist aber zwangsläufig deren Bandbreite klein und es ist kaum anzunehmen, dass ein Beutetier ausgerechnet in diesem schmalen Frequenzintervall verräterische Signale aussendet. Es gibt Auswege. Einer wäre, wenn die Eigenfrequenzen der Oszillatoren durchscannbar wären. In diesem Fall könnten empfindliche Oszillatoren mit geringer Dämpfung eingesetzt werden. Mit zusätzlich noch variablen Dämpfungen ließen sich die Oszillatoren an die jeweiligen Signalstärke anpassen.

Interviewen können wir ihn leider nicht, aber spekulieren ist erlaubt.

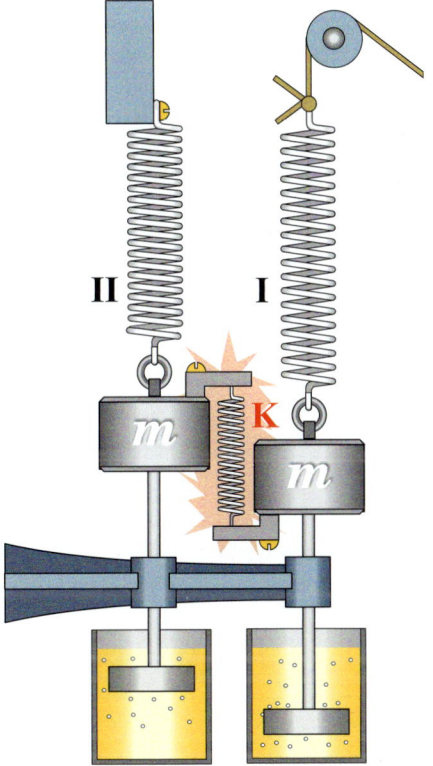

Oben rechts: Erregung ist via Schnur und Umlenkrolle möglich.

Oben links: Die Schraubenfeder ist oben fixiert.

Zwei Teilsysteme: Oszillator I und Oszillator II

K steht für Kopplung

Bild 1.11.5
Beispiel eines Systems aus zwei gekoppelten Teilsystemen

Ideal wäre, wenn die Oszillatorverstärkung nicht Lorentzform, sondern eine Rechteckform hätte. Dann würden alle Frequenzen innerhalb der Bandbreite gleich verstärkt. Mit einem einzelnen Oszillator lässt sich das nicht realisieren, aber mit einem System *gekoppelter Oszillatoren* eröffnen sich Möglichkeiten, an der Form der Verstärkungskurve etwas zu ändern. Mit „gekoppelt" ist gemeint, das die Oszillatoren des Systems untereinander Energie austauschen können. In *Bild 1.11.5* wurde das System aus *Bild 1.7.1* abgewandelt. Es besteht jetzt aus zwei Oszillatoren, die mithilfe einer (schwachen) Schraubenfeder verbunden sind. Über diese Schraubenfeder können die Teilsysteme Energie austauschen. Zupft man einmalig an einem der Teiloszillatoren, ergibt sich im Falle einer schwachen Dämpfung eine sogenannte Koppelschwingung. Der Verlauf der Auslenkung des Teilsystems entspricht dem von *Bild 1.10.2* (blaue Kurve). Der Verlauf des zweiten Teilsystems gleicht dem ersten – erfolgt jedoch phasenverschoben. Die Kopplung sorgt für einen Energietransfer zum zweiten Teilsystem, dessen Amplitude sich auf Kosten des ersten Systems immer mehr aufbaut.

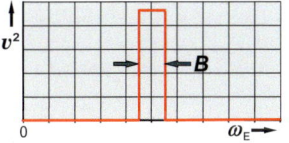

Idealform für den Nachrichtenempfang

Viele wichtige Systeme lassen sich als System, bestehend aus vielen gekoppelten Oszillatoren, auffassen.

Sobald die Energie im ersten Teilsystem auf null gesunken ist, geht der Energietransfer in die umgekehrte Richtung. Die Amplitude des ersten Systems nimmt wieder zu, die des zweiten Systems nimmt wieder ab.

Die bekannteste Koppelschwingung ist eine <u>Welle</u>. Hierzu sind beliebig viele gekoppelte Teiloszillatoren notwendig.

Eine stehende Welle ist eine Eigenschwingung eines Systems aus beliebig vielen gekoppelten Teilsystemen.

Man kann das System auch so auslenken, dass kein Energietransfer stattfindet. Derartige Schwingungszustände gekoppelter System heißen *Eigenschwingungen* und deren Frequenzen *Eigenfrequenzen*. Unser System hat zwei Eigenschwingungen. Die erste wird angefacht, wenn beide Teilsysteme gleichzeitig ausgelenkt und dann losgelassen werden. Sie schwingen dann synchron (gleichphasig). Die Koppelfeder wird dabei weder gespannt noch zusammengedrückt. Energie wird nicht ausgetauscht. Die zweite Eigenschwingung mit einer geringfügig höheren Eigenfrequenz ist etwas mühsamer anzufachen. Diese Eigenschwingung erhält man, wenn man das Gewicht des ersten Teilsystems anlupft, das des zweiten um den selben Betrag herunterzieht und beide zugleich freigibt. Die beiden Systeme schwingen dann gegenphasig. Die Koppelfeder wird zwar zusammengedrückt und auseinandergezogen, aber deren Energie wird immer symmetrisch auf beide Teilsysteme verteilt.

Um das Verhalten des Gesamtsystems zu beschreiben, ist hier anstelle des Amplitudenquadrats die Energie des Gesamtsystems aufgetragen.

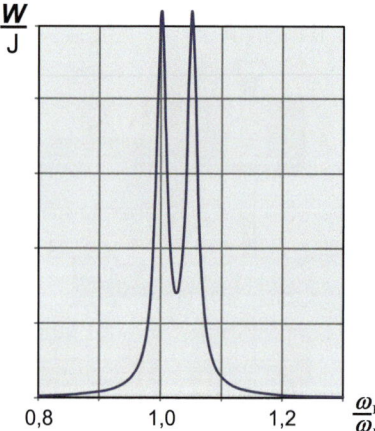

Bild 1.11.6
Frequenzabhängige Energie eines Systems aus zwei gekoppelten Oszillatoren (schwache Dämpfung)

Aufgrund der Dämpfung können die Peaks zu einem Band „verschmieren".

Eigenschwingungen lassen sich weniger mühsam durch einen Erreger, wie in *Bild 1.11.5* oben rechts angedeutet, anfachen. Scannt man die Erregerfrequenz hoch, wird erst die gleichphasige und dann die gegenphasige Eigenschwingung erreicht. *Bild 1.11.6* zeigt die frequenzabhängige Energie, die das System vom Erreger aufnimmt. Je nach Dämpfung und Härte der Koppelfeder ergeben sich zwei mehr oder weniger separierte Peaks. Durch Hinzunahme von noch mehr Teilsystemen erhöht sich die Anzahl der Eigenschwingungen noch weiter. Auf diese Weise ergibt sich tatsächlich eine Möglichkeit, den Verlauf der frequenzabhängigen Energie des Gesamtsystems zu beeinflussen.

Ausbau der Analysis durch Vektorrechnung

2.

Die Beispiele des vorherigen Kapitels kommen mit einer Variablen aus und sind trotzdem praxisrelevant. Das ist aber insofern erstaunlich, weil wir bekanntermaßen nicht in einer eindimensionalen Welt leben. Um diese eindimensionale Welt verlassen zu können und gleichzeitig die Analysis auf Funktionen mit mehreren Variablen ausdehnen zu können, ist es günstig, von einer anwendungsorientierten *Vektorrechnung* auszugehen. Ein Blick auf die Relationen der klassischen Physik (*s. Bild 1.2.2*) zeigt bereits: Die Newtonsche Bewegungsgleichung ist eine Vektorgleichung. Das heißt, wir haben bisher nur eindimensionale Sonderfälle betrachtet. Wir bleiben auf den Spuren Isaak Newtons und verschaffen uns anhand der beeindruckenden Möglichkeiten, die sich mithilfe der Vektorrechnung ergeben, eine Grundlage für die weiterführende Analysis.

Auch eindimensionale Systeme können von Bedeutung sein.

Mechanik zusammen mit der Analysis und Vektorrechnung bieten ein weites Übungsfeld.

2.1 Eine mittelalterliche Kanone

Zeitgenössischen Schießtafeln ist zu entnehmen, dass eine Demicannon bei einem *Abgangswinkel* von 20° ca. 1,3 km weit schießt. Begeben wir uns in Gedanken auf eine Hansekogge und versuchen mithilfe der Bewegungsgleichung herauszufinden, inwieweit ein mit dieser Kanone ausgerüstetes feindliches Schiff uns gefährlich werden könnte.

Hansekogge um 1480

Da wir immer noch von der Konstanz der Masse ausgehen können, benutzen wir die Bewegungsgleichung in der Form (*1.2.2*). Jetzt beschränken wir uns nicht mehr auf eindimensionale Probleme. Bei den Vektoren der klassischen Physik handelt es sich um sogenannte *Größenvektoren*, das sind *Koordinatenvektoren* des $\mathbb{R}^3$, die zusätzlich mit einer Einheit behaftet sind. Im Folgenden wird davon Gebrauch gemacht und mithilfe elementarer Umformungen gezeigt, dass eine *vektorielle Bewegungsgleichung* **gleichwertig** mit einem Gleichungssystem bestehend aus drei (Differenzial-)Gleichungen ist:

Kraft und Geschwindigkeit in (2.1.1) sind Beispiele für Größenvektoren.

$$\vec{F} = m \cdot \frac{\mathrm{d}}{\mathrm{d}t} \vec{v} \Leftrightarrow \begin{pmatrix} F_x \\ F_y \\ F_z \end{pmatrix} = m \cdot \frac{\mathrm{d}}{\mathrm{d}t} \begin{pmatrix} v_x \\ v_y \\ v_z \end{pmatrix} = \begin{pmatrix} m \cdot \frac{\mathrm{d}}{\mathrm{d}t} v_x \\ m \cdot \frac{\mathrm{d}}{\mathrm{d}t} v_y \\ m \cdot \frac{\mathrm{d}}{\mathrm{d}t} v_z \end{pmatrix} \Leftrightarrow \begin{array}{l} F_x = m \cdot \frac{\mathrm{d}}{\mathrm{d}t} v_x \\ \wedge\ F_y = m \cdot \frac{\mathrm{d}}{\mathrm{d}t} v_y \\ \wedge\ F_z = m \cdot \frac{\mathrm{d}}{\mathrm{d}t} v_z \end{array}$$

(2.1.1)

Der Differenzialoperator d/dt und der Faktor m verteilen sich auf die Vektorkoordinaten.

In (*2.1.1*) wurden die beteiligten Vektoren der Bewegungsgleichung zunächst als Koordinatenvektoren dargestellt. Skalare Faktoren, wie hier die Masse *m*, lassen sich auf die einzelnen Koordinaten verteilen. Betrachtet man die Differenzialquotienten als Grenzwert von Differenzenquotienten, erkennt man, dass das auch für

Ein Gleichungssystem lässt sich umgekehrt auch wieder in eine Vektorgleichung überführen.

die Differenzialoperatoren gilt. Auf diese Weise steht sowohl am Anfang als auch am Ende der mittleren Gleichungskette (2.1.1) ein Koordinatenvektor. Zwei Koordinatenvektoren sind genau dann gleich, wenn sie in **allen** Koordinaten übereinstimmen. Genau das steht rechts in (2.1.1). Aus der Vektorgleichung ist ein Gleichungssystem geworden. Beachten Sie die Äquivalenzpfeile!

Kehren wir zurück zu der fiktiven Bedrohungssituation und betrachten die folgende Kanone:

Luftwiderstand und Geschwindigkeit sind antiparallel.

Kein Bordwandanklopfgerät! Die Energie der Kugel beträgt anfangs ca. 240 kJ. Das ist in etwa die Energie eines PKW mit 80 km/h. Eine Eisenkugel hat aber keine Knautschzone!

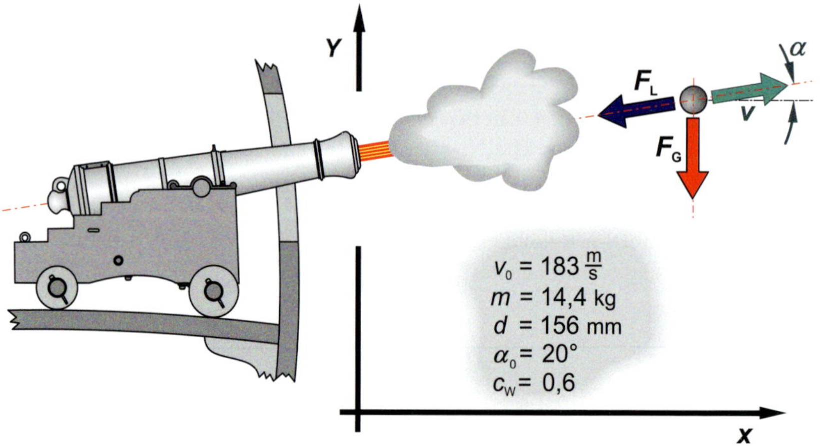

$v_0 = 183 \frac{m}{s}$
$m = 14{,}4$ kg
$d = 156$ mm
$\alpha_0 = 20°$
$c_w = 0{,}6$

Bild 2.1.1
Schiffskanone nach dem Abfeuern der Kugel

Aufgrund des hohen Drucks der Verbrennungsgase im Rohr wird die Kugel beschleunigt. Sobald die Kanonenkugel das Rohr verlassen hat, bricht der hohe Gasdruck zusammen. Der Beschleunigungsvorgang ist beendet, und die Kugel hat die Geschwindigkeit v_0 („vaunull"). Das ist auch der Zeitpunkt ($t = 0$), ab dem die Flugbahnberechnung mithilfe der Bewegungsgleichung beginnt. Für den Einsteiger ist es irritierend, dass die Verbrennungsgase für $t \geq 0$ keine Kraft mehr auf die Kugel ausüben. Der Einfluss der Treibladung steckt in der (Anfangs-)Geschwindigkeit v_0. Nachdem die Kugel das Rohr verlassen hat, wirken nur noch die Luftwiderstandskraft (Strömungswiderstand) F_L und natürlich die Gewichtskraft F_G. Den Betrag der Luftwiderstandskraft können wir mithilfe (1.4.2) abschätzen. Der c_w-Wert ist im Allgemeinen keine ausschließlich von der Körpergeometrie abhängige Konstante. Er steigt an, wenn die Geschwindigkeit nicht mehr klein im Vergleich zur Schallgeschwindigkeit ist. Auch Rauigkeit der Oberfläche erhöht den c_w-Wert. Wir setzen deshalb vorläufig den c_w-Wert auf 0,6 und vertrauen darauf, dass wir später noch mit den Parametern im Rahmen einer Tabellenkalkulation spielen können.

Solange einem das Rohr nicht um die Ohren fliegt, interessiert nicht, was im Rohr passiert!

Der c_w-Wert einer glatten Kugel bei niedrigen Geschwindigkeiten liegt bei 0,4.

Gemäß *Bild 2.1.1* ist die Luftwiderstandskraft der Momentangeschwindigkeit entgegengerichtet. Um den Luftwiderstand vektoriell darzustellen, muss man einen Einheitsvektor, der in negative Geschwindigkeitsrichtung weist, zusammenbasteln. Jeder Vektor (außer dem Nullvektor) wird durch S-Multiplikation mit seinem reziproken Betrag zu einem Einheitsvektor. Das machen wir hier mit der (negativen) Geschwindigkeit und erhalten nach elementaren Umformungen den folgenden Vektor. Beachten Sie, dass in Physik und Technik Beträge von Vektoren gerne durch Fortlassen des Vektorpfeiles (und der Betragsstriche) dargestellt werden.

Die S-Multiplikation mit einem reziproken Skalar kann optional mithilfe eines Bruchstriches dargestellt werden.

2.1 Eine mittelalterliche Kanone

$$\vec{F}_L = F_L \cdot \frac{1}{|-\vec{v}|}(-\vec{v}) = -c_W \frac{A\rho}{2} v^2 \cdot \frac{\vec{v}}{v} = -\underbrace{c_W \frac{A\rho}{2}}_{:=b} v \cdot \vec{v} = -bv \cdot \vec{v} = \begin{pmatrix} -bvv_x \\ -bvv_y \\ 0 \end{pmatrix}$$ (2.1.2)

Das v im Nenner kürzt sich freundlicherweise heraus.

In (2.1.2) wurde $c_W \cdot A \cdot \rho/2$ wie in (1.4.2) zu einem Parameter b zusammengefasst. In dem gewählten Koordinatensystem weist die Gewichtskraft ständig in negative y-Richtung:

$$\vec{F}_G = \begin{pmatrix} 0 \\ -mg \\ 0 \end{pmatrix}$$ (2.1.3)

Die Mühe, die Bewegungsgleichung mithilfe von Koordinatenvektoren darzustellen, macht man sich in der Regel nicht und notiert sie gleich in Form eines Gleichungssystems:

$$\begin{aligned} F_x &= & -bvv_x &= m \cdot \frac{d}{dt} v_x \\ F_y &= -mg & -bvv_y &= m \cdot \frac{d}{dt} v_y \\ F_z &= & 0 &= m \cdot \frac{d}{dt} v_z \end{aligned}$$ (2.1.4)

Beachten Sie die 2. Gleichung! Die y-Koordinate der Kraft besteht aus zwei Summanden!

Wenn das Schiff segelt, weist dessen Geschwindigkeit in z-Richtung. Diese Geschwindigkeit überträgt sich auch auf die Kanonenkugel. Da diese Geschwindigkeit klein im Vergleich zu v_0 ist, kann die z-Geschwindigkeitskoordinate im Betrag der Geschwindigkeit vernachlässigt werden. In (2.1.5) wurde deshalb v_z näherungsweise gleich null gesetzt.

Ein mittelalterliches Segelschiff ist keine Rennjacht!

$$\vec{v} = \begin{pmatrix} v_x \\ v_y \\ 0 \end{pmatrix}: \quad |\vec{v}| = \sqrt{\vec{v} \bullet \vec{v}} = \sqrt{v_x^2 + v_y^2} \quad \text{bzw.} \quad v = \sqrt{v_x^2 + v_y^2}$$ (2.1.5)

Aufgrund der geringen Geschwindigkeit der Kugel in z-Richtung braucht in dieser Richtung kein Luftwiderstand berücksichtigt werden (für $t \geq 0$: $F_z \approx 0$). Damit hängt die dritte Gleichung nicht mit den ersten beiden zusammen. Sie sagt dann aus, dass sich die z-Koordinate der Geschwindigkeit nicht ändert – die Kanonenkugel behält die z-Komponente der Geschwindigkeit, die sie kurz nach dem Abfeuern hatte, und das ist in diesem Beispiel lediglich die Schiffsgeschwindigkeit. Die ersten beiden Gleichungen des Systems (2.1.4) enthalten dagegen Tücken. Das liegt zum einen daran, dass in beiden Gleichungen mit dem Betrag der Geschwindigkeit Quadrate und eine Wurzel vorkommen (s. (2.1.5)). Beide Gleichungen sind deswegen nicht linear. Der Betrag der Geschwindigkeit in beiden Gleichungen bereitet noch weiteren Verdruss. Dadurch dass im Betrag sowohl v_x als auch v_y stehen, lassen sich diese Geschwindigkeitskomponenten nicht in separaten voneinander unabhängigen Gleichungen lösen. Die ersten beiden Gleichungen sind gekoppelt. Von einer exakten Lösung des (Differenzial-)Gleichungssystems müssen wir wohl Abstand nehmen – aber Gott sei Dank gibt es ja noch die Tabellenkalkulation.

Betrag eines Vektors aus einem euklidischen Raum: Wurzel aus dem Skalarprodukt mit sich selbst.

Die freundlichen Rechenregeln für lineare Differenzialgleichungen sind leider nicht anwendbar.

Noch eine Kröte: Gekoppelte Differenzialgleichungen

2.2 Mit der Tabellenkalkulation eine Hansekogge beschießen

In der Excel-Nomenklatur wird von „Arbeitsmappen" gesprochen. Eine Mappe besteht aus einer oder mehreren (Kalkulations-) Tabellen.

Vor dem Abwandeln einer Arbeitsmappe sollten Sie diese unter einem neuen Namen abspeichern!

Bevor man sich die Mühe macht, eine neue Tabelle einzutippen, sollte man unbedingt schauen, ob sich schon etwas Vergleichbares in Ihrem Rechner befindet. In unserem Fall kann die Arbeitsmappe „Fallschirm.xls", beschrieben in *Abschn. 1.6*, herangezogen und abgewandelt werden. Sie könnten einwenden, dass es sich beim Fallschirm um ein eindimensionales Problem handelt. Sobald Sie die folgenden Aufgaben bearbeitet haben, wird Ihnen klar werden, dass die Erweiterung auf höhere Dimensionszahlen relativ unproblematisch ist.

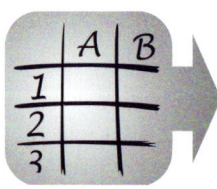

Aufgabe 2.2.1

Lassen Sie sich nicht durch die (noch) leere J-Spalte irritieren!

Namensänderungen können auch im Namensfeld vorgenommen werden.

Die Spalten A, B, C, E, F, I und J sind damit komplett!

> **Aufgabe:**
> a) Starten Sie Ihre Tabellenkalkulation und öffnen Sie die Excel-Arbeitsmappe „Fallschirm.xls"! Alte Diagramme darin können Sie löschen.
> b) Tabellenkopf E anklicken → Menü *Start/Zellen/Einfügen* (4-mal). Es müssten dann vier neue Spalten eingefügt sein. Die Parameter und ihre Werte befinden sich nun in den Spalten I und J.
> c) Im Tabellenkopf mit gedrückter ⟨Strg⟩-Taste B, C, D anklicken. Kopieren mit ⟨Strg⟩-⟨C⟩. Cursor auf E1. Einfügen mit ⟨Strg⟩- ⟨V⟩.
> d) B1→ v_x in m/s, C1→ x in m, D1→ F_x in N, E1→ v_y in m/s, F1→ y in m, F2 → 3, G1→ F_y in N, H1→ v in m/s.
> e) Im Folgenden werden die Werte der Parameter geändert und der Parameterblock um zwei Zellenpaare erweitert: J2 bleibt, J3 → 14,4, J4 → 0,0074, J5 → 9,81, I6 → v_0 in m/s, J6 → 183, J6 → Menü *Formeln/Definierte Namen/Namen definieren* → v0 ⟨OK⟩
> f) I7 → α_0 in °, J7 → 20, J7 → Menü *Formeln/Definierte Namen/Namen definieren* → alfa ⟨OK⟩
> g) B2 → =v0*COS(BOGENMASS(alfa))
> h) E2 → =v0*SIN(BOGENMASS(alfa))

Die Winkel dürfen auch negativ sein. In diesem Fall richtet der Kanonier das Rohr nach unten.

Möglicherweise haben Sie sich gewundert, dass in den Zellen B2 und E2 keine Anfangsbedingung, sondern Formeln eingegeben werden sollen. Das liegt daran, dass hier die Anfangsbedingung besser durch den Betrag der *Anfangsgeschwindigkeit* v_0 und den *Abgangswinkel* α_0 charakterisiert ist. Beide Werte sind deshalb in die Parameterliste aufgenommen worden. Die für die Tabellenkalkulation benötigten Geschwindigkeitskomponenten von v_0 – also $v_x(0)$ und $v_y(0)$ – lassen sich, wie aus *Bild 2.1.1* ersichtlich, mithilfe der Winkelfunktionen leicht formelmäßig erfassen. Beachten Sie, dass die Winkelfunktionen mit Winkeln im Bogenmaß gefüttert werden müssen!

(2.2.1)
$$v_x(0) = v_0 \cos(\alpha_0); \quad v_y(0) = v_0 \sin(\alpha_0)$$

Jetzt stehen nur noch die Formeln für die Beträge der Geschwindigkeit in der H-Spalte sowie die Änderungen der Kraftformeln in den Spalten D und G an. Die Formeln sind bereits im vorangegangenen Abschnitt besprochen worden und müssen nur noch für Excel umgeschrieben werden (v in (2.1.5), F_x, F_y in (2.1.4) *linke Seite der Gleichungen*):

2.2 Mit der Tabellenkalkulation eine Hansekogge beschießen

Aufgabe:

i) H2 → =WURZEL(B2^2+E2^2). Alle Zellen von H2 bis H36 markieren, dann Formel mit ⟨Strg⟩⟨U⟩ auf die markierten Zellen übertragen.
j) D2 → = –b*H2*B2, G2 → = –m*g–b*H2*E2
k) D3 →=WENN(ZEILE(A3)=GERADE(ZEILE(A3));–b*H2*B2; MITTELWERT(D2;D4))
l) G3 → =WENN(ZEILE(A3)=GERADE(ZEILE(A3));–m*g –b*H2*E2; MITTELWERT(G2;G4))
m) Alle Zellen von D3 bis D36 und von G3 bis G36 mit gedrückter ⟨Strg⟩-Taste markieren, dann Formeln mit ⟨Strg⟩⟨U⟩ übertragen.

Aufgabe 2.2.2

In Ihrer Tabelle müssten jetzt Werte der Kugelflugbahn stehen. Prüfen Sie – soweit möglich – anhand des folgenden Tabellenausschnitts nach, ob Ihre Werte stimmen. Die Werte in den Spalten B bis H sind auf ganze Zahlen gerundet. Excel bietet Rundungsoptionen im Menü *Start/Zahl* an. Sie können einzelne Zellen, aber auch ganze Spalten runden. Keine Angst, auch wenn die angezeigten Zahlenwerte gerundet wurden, rechnet Excel mit „ungerundeten" Werten.

Demicannon

B3 f_x =WENN(ZEILE(A4)=GERADE(ZEILE(A4));-m*g-b*H3*E3;MITTE

	A	B	E	F	G	H	I	J
1	t in s	v_x in	v_y in m/s	y in m	F_y in N	$|\bar{v}|$ in m/s	Param.	Werte
2	0,0	172	63	3	–226	183	Δt in s	0,2
3	0,1	170	61	9	–224	181	m in kg	14,4
4	0,2	169	59	15	–223	179	b in kg/m	0,0074
5	0,3	167	58	21	–220	177	g in m/s²	9,81
6	0,4	166	56	27	–217	175	v_0 in m/s	183
7	0,5	164	55	32	–214	173	α_0 in °	20
8	0,6	163	53	38	–212	171		

Tabelle 2.2.1
Für die Demicannon abgewandelte Tabellenkalkulation des Rundkappenfallschirmes

Schauen Sie in Ihre Tabellenspalte F! Dort stehen die jeweiligen Höhen (y in m) der Kugel nach dem Abfeuern. Da die ursprünglich von dem Fallschirmproblem stammende Tabelle nur bis $t = 4,1$ s reicht, ist Ihre Kugel am Tabellenende noch in der Luft. Erst wenn die Höhe negativ wird, hat man den Aufprall auf das Wasser erfasst. Beachten Sie, die Flugbahndaten für negative Höhen sind nicht mehr realistisch, denn die Parameter und die Kraftformeln gelten für Luft und nicht für Wasser. Wir werden deshalb im Diagramm den Wertebereich der y-Koordinate auf positive Zahlen beschränken. In *Aufgabe 2.2.3* werden Sie angeleitet, Ihre Tabelle nach unten zu erweitern und die Flugbahn in einem Diagramm darzustellen.

Die Herstellung eines ansprechenden Diagramms ist leider ein Kampf mit vielen Optionen.

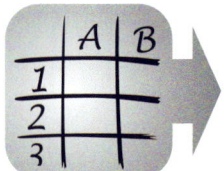

Aufgabe 2.2.3

Das Ziehen an den Rändern funktioniert nur an den Ecken und in den Seitenmitten.

Meist immer eine Option: durch Anklicken mit der rechten Maustaste ins Kontextmenü

Aufgabe:

n) Markieren Sie mit gedrückter linker Maustaste die Zellen von A36 bis H36 und ziehen die Maus dann bis Zeile 122 entsprechend $t = 12$ s herunter. Dann sämtliche Formeln mit ⟨Strg⟩⟨U⟩ übertragen.

o) C2 bis C122 markieren, F2 bis F122 mit gedrückter ⟨Strg⟩ – Taste markieren. Menü *Einfügen/Diagramm/Punkt/Punkte mit interpolierten Linien mit Datenpunkten*.

p) *x*-Achse mit **rechter** Maustaste anklicken. Menü *Achse formatieren/ Skalierung*: Minimum 0, Maximum 1400, Hauptintervall 200, Hilfsintervall 100 ⟨Schließen⟩

q) *y*-Achse mit **rechter** Maustaste anklicken. *Achse formatieren/Skalierung*: Min. 0, Max. 200, Hauptintervall 200, Hilfsintervall 100 ⟨Schließen⟩

r) *x*-Achse mit **rechter** Maustaste anklicken. ⟨Haupt- und Hilfsgitternetz hinzufügen⟩. Für die vertikale Achse ebenso verfahren.

s) Das komplette Diagramm anklicken. Mit der Maus an den Rändern so ziehen, dass beide Achsen (ungefähr) gleich skaliert sind.

Ihr Diagramm wird Ihnen sicherlich noch nicht gefallen. Kurve und Datenpunkte sind zu dick. Sie erreichen durch Anklicken der Kurve mit der rechten Maustaste ein Kontextmenü, in dem Ihnen die Option *Datenreihe formatieren* angeboten wird. Wählen Sie eine Linenbreite von 1 pt und kreisförmige Datenpunkte der Größe 2! Im folgenden Diagramm sind nur Datenpunkte im Halbsekundenraster eingezeichnet.

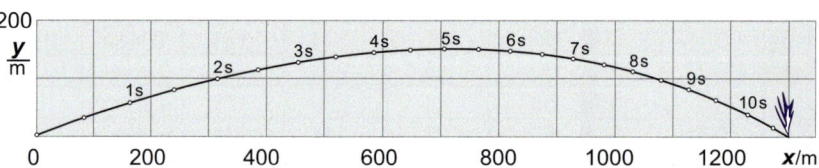

Bild 2.2.1
Flugbahn einer Kanonenkugel

Sie vermissen Weg-Zeit- und Geschwindigkeit-Zeit-Diagramme? Tatsächlich kann in unserem Fall auf diese Diagramme verzichtet werden, denn deren Informationen sind auch im Bahnkurvendiagramm (*s. Bild 2.2.1*) enthalten. Das, was in der Tabellenkalkulations-Nomenklatur Datenpunkte genannt wird, sind die Positionen der Kanonenkugel im Δt-Raster. An den zusammenrückenden Abständen ist die Verringerung der Geschwindigkeit zu erkennen. Auch die Weg-Zeit-Verläufe lassen sich in etwa anhand der Datenpunkte erkennen.

Die vorgegebenen Parameter liefern bereits eine Bahnkurve, die historischen Schießtafeln einigermaßen entspricht. Wir können jetzt endlich durch Variieren der Parameter das Gefährdungspotenzial der Kanone in 1300 m Entfernung beurteilen. Nehmen wir an, der Kanonier erhöht den Abgangswinkel um 2° auf 22°. Das Diagramm passt sich sofort an, und wir sehen, dass die Kugel in einer Höhe von 40 m über unsere Kogge fliegt und 60 m dahinter aufschlägt. 40 m – so hoch ist keine Kogge. Nicht einmal der Speer des Mannes im Krähennest ist gefährdet. Bei einem Abgangswinkel von 18° platscht die Kugel ca. 70 m vor der Kogge ins Wasser. Probieren Sie es aus: Erst wenn der Kanonier seine Kanonen auf weniger als $\pm 1°$ richten könnte, würde es gefährlich. Das ist auf einem schwankenden

2.2 Mit der Tabellenkalkulation eine Hansekogge beschießen

mittelalterlichen Schiff nicht möglich. Da der Kanonier über keinen präzisen Entfernungsmesser verfügt, weiß er nicht einmal genau, welchen Abgangswinkel er einzustellen hat. Da auch die anderen Parameter großen Streuungen unterworfen sind, können wir auf unserer Kogge in 1300 m Entfernung ganz unbesorgt sein – wir müssen nur verhindern, dass das feindliche Schiff aufschließen kann. Auf 250 m Entfernung trifft jeder Schuss!

Nur ein Zufallstreffer wäre möglich.

Artilleristen sprechen von „Kernschussweite".

Die in diesem Abschnitt vorgestellte Tabellenkalkulation ist für alles, was „geworfen" wird, anwendbar. (Voraussetzung: Es wirken keine zusätzlichen dynamischen Auftriebskräfte auf den Flugkörper. In diesem Fall müssten die Kraftformeln modifiziert werden.) Trotzdem ist es immer wieder verblüffend, dass man mit unserem Excel-Arbeitsblatt anstelle einer schweren Eisenkugel auch die Flugbahn eines nur 5 Gramm schweren Badmintonballs berechnen kann.

Dynamische Auftriebskräfte: Tragflügeleffekt, Magnus-Effekt. Unser Arbeitsblatt gilt beispielsweise nicht für Diskusscheiben oder rotierende Bälle (Spin).

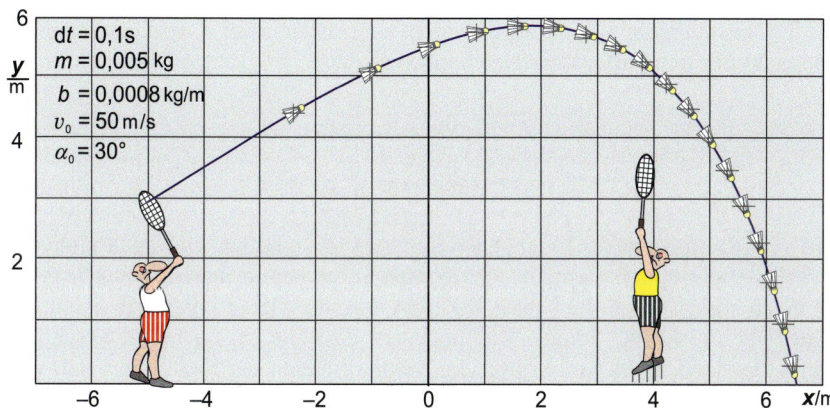

Bild 2.2.2
Flugbahn eines Badminton-Balls

Das scheinbar völlig unterschiedliche Verhalten eines Badmintonballs hat seine Ursache in der geringen Masse. Für die Beschleunigung gilt $a = F/m$. Eine geringe Masse im Nenner bewirkt daher eine große Beschleunigung. Ein Spieler kann deshalb den Ball während der Schlagphase mit relativ geringer Kraft auf eine hohe Anfangsgeschwindigkeit bringen. Umgekehrt bewirkt die geringe Masse im Nenner, dass der Ball in der Flugphase eine starke negative Beschleunigung erfährt. Der Ball scheint regelrecht in der Luft stecken zu bleiben. Aus der Sicht der Spieler sieht das noch drastischer aus als von der Seite. Für den unglücklichen Spieler auf der rechten Seite in *Bild 2.2.2* scheint der Ball fast senkrecht hinter ihm auf die Line zu plumpsen.

Profispieler schaffen Anfangsgeschwindigkeiten bis 70 m/s (250 km/h)

Probieren Sie einmal einen Wattebauschweitwurf!

Aufgabe:
a) Benutzen Sie die Arbeitsmappe „Demicannon.xls" für einen Badminton-Ball und erzeugen ein Diagramm der Flugbahn (*vgl. Bild 2.2.2*). Ändern Sie den Abgangswinkel, sodass der Ball knapp über das Netz fliegt ($\alpha_0 < 0$, Netzhöhe = 1,55 m). Vergleichen Sie die Transitzeiten!
b) Testen Sie, wie sich die Flugbahnen der Badminton-Bälle bei Erhöhung der Anfangsgeschwindigkeiten auf 70 m/s ändern!

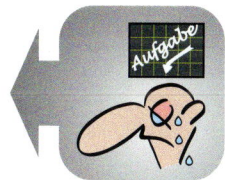

Aufgabe 2.2.4

2.3 Exakte Parameterdarstellungen spezieller Bahnkurven

Mit den durch Tabellenkalkulation näherungsweise ermittelten Bahnkurven von Demicannon und Badmintonball verfügen Sie bereits Erfahrung mit Parameterdarstellungen.

Setzen Sie probeweise in der Arbeitsmappe „Demicannon.xls" den Luftwiderstand gleich null ($b = 0$)! Die Kugel würde bei einem Abgangswinkel von 45° 3,4 km weit fliegen – das ist mehr als das Doppelte als mit Luftwiderstand. Das Fortlassen des Luftwiderstandes führt in diesem Fall nicht einmal näherungsweise zu vernünftigen Werten. Da die Geschwindigkeit quadratisch mit dem Luftwiderstand zusammenhängt (vgl. *(1.4.2)*, *(2.1.2)*), hat er einen großen Einfluss. Im Gegensatz dazu sorgt das Quadrat bei geringen Geschwindigkeiten dafür, dass der Luftwiderstand vernachlässigt werden kann (Voraussetzung: Die Masse ist nicht zu gering). Die Bewegungsgleichungen *(2.1.4)* magern dann zu drei – bzw., da die die Bewegung in z-Richtung hier nicht interessiert, zwei – voneinander unabhängigen linearen Differenzialgleichungen ab.

Beispiel Kugelstoßen: Für Anfangsgeschwindigkeit und Masse gilt: $v_0 \approx 14$ m/s, $m \approx 7$ kg. Der Luftwiderstand spielt nahezu keine Rolle.

$$\text{I.} \quad F_x = 0 \quad = m \cdot \frac{\mathrm{d}}{\mathrm{d}t} v_x \quad \big|\, {:}\, m$$

$$\text{II.} \quad F_y = -mg \quad = m \cdot \frac{\mathrm{d}}{\mathrm{d}t} v_y \quad \big|\, {:}\, m$$

Mit *(2.3.1)* sind exakte Flugbahn-Berechnungen möglich und auch sinnvoll. Der erste Schritt ist hinter dem senkrechten Strich bereits angedeutet: Die Gleichungen sollen durch die Masse dividiert werden. Dabei kürzt sich erstaunlicherweise die Masse heraus. Das bedeutet, dass die Masse bei abwesendem Luftwiderstand keine Rolle spielt. Im Vakuum hätten ein Badminton-Ball und eine Kanonenkugel bei gleichen Anfangsbedingungen keine unterschiedlichen Flugbahnen. Das Phänomen ist leicht mithilfe einer evakuierbaren Fallröhre, in der eine Feder und eine Bleikugel eingeschlossen sind, nachweisbar. Während die Feder in Luft gemächlich herunterschwebt, fällt sie im Vakuum synchron mit der Bleikugel (s. *Marginalbild*). Die Kombination aus Differenzialoperator und Operand wird als Differenzialquotient dargestellt. Für die erste Differenzialgleichung gilt:

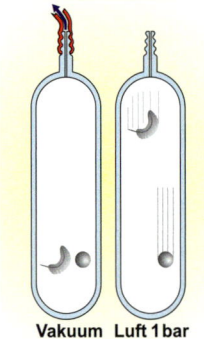

Fallröhren dürfen in keiner Physiksammlung fehlen.

$$\frac{\mathrm{d}v_x}{\mathrm{d}t} = 0 \,\bigg|\cdot \mathrm{d}t \;\Rightarrow\; \mathrm{d}v_x = 0 \,\bigg|\, \text{aufsummieren von } v_0 \cos(\alpha_0) \text{ bis } v_x(t)\,!$$

$$\int_{v_0 \cos(\alpha_0)}^{v_x} \mathrm{d}v_x = 0 \;\Rightarrow\; v_x - v_0 \cos(\alpha_0) = 0 \;\Rightarrow\; \underline{v_x(t) = v_0 \cos(\alpha_0)}$$

Der Integralfomalismus ist hier nur eine Option. Wegen der Einfachheit der Differenzialgleichungen dürfen Sie auch die allgemeinen Lösungen gleich hinschreiben und die Konstanten mithilfe der Anfangsbedingungen bestimmen. Hier stehen die Anfangsbedingungen (s. *Arbeitsmappe „Demicannon.xls"*) in den unteren Grenzen. Die Geschwindigkeit-Zeit-Funktion ist wiederum Ableitungsfunktion der Weg-Zeit-Funktion. Der Formalismus kann noch einmal angewendet werden:

So geht es auch!

$\dot{v}(t) = 0 \Rightarrow \underline{v(t) = C}$

$v(t) = \dot{x}(t) = C$

$\Rightarrow \underline{x(t) = Ct + D}$

$v(0) = v_0 \cos(\alpha_0) = C$

$x(0) = 0 = C \cdot 0 + D$

2.3 Exakte Parameterdarstellungen spezieller Bahnkurven

$$v_x = \frac{dx}{dt} = v_0 \cos(\alpha_0) \bigg| \cdot dt \Rightarrow dx = v_0 \cos(\alpha_0) \cdot dt \bigg| \int_{...}^{...}$$

$$\int_0^x d\xi = \int_0^t v_0 \cos(\alpha_0) \cdot dt = 0 \Rightarrow \underline{\underline{x(t) = v_0 \cos(\alpha_0) \cdot t}}$$

(2.3.3)

Auch die zweite Differenzialgleichung kann so bearbeitet werden:

$$\frac{dv_y}{dt} = -g \bigg| \cdot dt \Rightarrow dv_y = -g \bigg| \int_{...}^{...}$$

$$\int_{v_0 \sin(\alpha_0)}^{v_y} dv_y = \int_0^t -g\, d\tau \Rightarrow v_y - v_0 \sin(\alpha_0) = -gt \Rightarrow \underline{\underline{v_y(t) = -gt + v_0 \sin(\alpha_0)}}$$

(2.3.4)

Der Vorteil des umständlichen Formalismus: Hinter den senkrechten Strichen kann übersichtlich vermerkt werden, was mit der Gleichung weiter geschehen soll. Sie müssen nicht unbedingt Integrationsvariablen in einer anderen Schriftart schreiben – Ihr Matheprof sieht es ja nicht. Für die y-Koordinate muss eine lineare Funktion integriert werden und es entsteht der berühmte Term $½gt^2$:

$$\underbrace{\int_a^t f(\tau)\, d\tau}_{korrekt} \quad \underbrace{\int_a^t f(t)\, dt}_{geduldet}$$

weil: $a \leq \tau \leq t$

$$v_y = \frac{dy}{dt} = -gt + v_0 \sin(\alpha_0) \bigg| \cdot dt \Rightarrow dy = \left(-gt + v_0 \sin(\alpha_0)\right) \cdot dt \bigg| \int_{...}^{...}$$

$$\int_3^y d\zeta = \int_0^t \left(-g\tau + v_0 \sin(\alpha_0)\right) \cdot d\tau \Rightarrow y - 3 = -g\int_0^t \tau\, d\tau + v_0 \sin(\alpha_0)\int_3^t d\tau \bigg| +3$$

$$\Rightarrow \underline{\underline{y(t) = -\tfrac{1}{2}gt^2 + v_0 \sin(\alpha_0) \cdot t + 3}}$$

(2.3.5)

Mit den Weg-Zeit-Funktionen $x(t)$ und $y(t)$ können die Wertepaare für die Flugbahn erzeugt werden. Ein Wertepaar besteht hier nicht aus Argument und Funktionswert, wie Sie es von gewöhnlichen einstelligen Funktionen her kennen. **Beide Koordinaten sind Funktionswerte mit der Zeit t als gemeinsames Argument.** Neben den beiden Spalten für die Wertepaare ist daher noch eine zusätzliche Spalte für die Argumente erforderlich. In dem folgenden Bild sind Bahnkurven für verschiedene Abgangswinkel dargestellt.

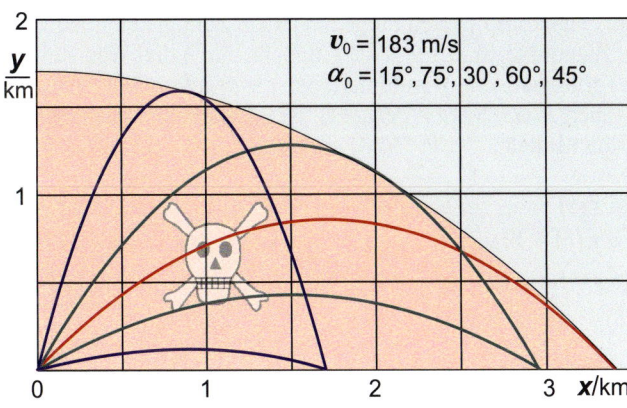

Die Einhüllende der Wurfparabeln heißt Sicherheitsparabel.

Bild 2.3.1
Wurfparabeln bei fehlendem Luftwiderstand

Durch Beleuchtung des Flugkörpers mit einer Blitzlampe (Stroboskop), kann man diese Darstellungsart demonstrieren.

Ärgerlich ist, dass die Graphen keine Rückschlüsse auf die eigentlichen Argumente – hier die Zeiten – zulassen. Das kann aber wie in *Bild 2.2.1* und *2.2.2* zumindest teilweise behoben werden. Man markiert die Wertepaare eines äquidistanten Argumentrasters (Zeitraster) durch Kreise, Kreuze oder gar Federbälle und notiert dort die zugehörigen Argumente.

Die Elimination des Parameters gelingt nur in Ausnahmefällen.

Da in *Bild 2.3.1* jedem x eindeutig eine Höhe y zugeordnet ist, handelt es sich offensichtlich um Graphen einer (einstelligen) Funktion mit α_0 als Parameter. Es ist naheliegend zu versuchen, $x(t)$ und $y(t)$ durch Elimination der Zeit t zu einem einzigen Funktionsterm $y(x)$ zu verschmelzen:

(2.3.6)

$$x(t) = v_0 \cos(\alpha_0) \cdot t \quad |:v_0 \cos(\alpha_0) \Rightarrow t = \frac{x}{v_0 \cos(\alpha_0)} \quad \Big| \text{in } y(t) \text{ einsetzen}$$

$$y = -\frac{1}{2} g \frac{x^2}{v_0^2 \cos^2(\alpha_0)} + v_0 \sin(\alpha_0) \cdot \frac{x}{v_0 \cos(\alpha_0)} + 3 \quad \Big| \begin{array}{l}\text{konstante Faktoren}\\ \text{zusammenfassen}\end{array}$$

$$\underline{\underline{y = -\frac{g}{2v_0^2 \cos^2(\alpha_0)} \cdot x^2 + \tan(\alpha_0) \cdot x + 3}}$$

Außerhalb der Sicherheitsparabel kann das nicht passieren.

Die Elimination hat natürlich nur einen Sinn, wenn der Abgangswinkel nicht plus oder minus 90° beträgt. Ansonsten ergeben sich ganzrationale Funktionen zweiten Grades. Die Graphen heißen *Wurfparabeln*. In *Bild 2.3.1* ist auch die Einhüllende – die sogenannte *Sicherheitsparabel* – eingezeichnet. Außerhalb dieser Parabel kann kein Objekt durch eine Kanone mit gegebener Anfangsgeschwindigkeit v_0 getroffen werden. Weiterhin fällt auf, dass Wurfparabeln, deren Abgangswinkel sich zu 90° ergänzen, in gleicher Höhe wie beim Abschuss, wieder zusammenlaufen. Ein dort befindliches Ziel kann daher mit einem Flachschuss oder mit einem Steilschuss erreicht werden.

Die – wie man sagt – *explizite Darstellung* der die Flugbahn beschreibenden Funktion (z. B. (2.3.6)) hat schwerwiegende Mängel. Das wird schon am Ausschluss der Abgangswinkel ±90° deutlich. Wir hatten uns bisher nur um abgeschossene oder geworfene Flugkörper gekümmert. Ausgerüstet mit Flügeln, Motor und Fernsteuerung könnte der Flugkörper Kunstflugfiguren im dreidimensionalen Raum vollführen. Dann besteht keine Möglichkeit mehr, die Flugbahn mithilfe einer einstelligen Funktion in expliziter Darstellung zu beschreiben. Da aber auch bei einer komplizierten Flugbahn jedem Zeitpunkt eindeutig drei Raumkoordinaten zugeordnet sind, muss die Flugbahn durch drei Weg-Zeit-Funktionen $x(t), y(t), z(t)$ erfassbar sein. Kombiniert man die drei Raumkoordinaten zu einem *Ortsvektor* (auch *Radiusvektor* genannt), ist zu erkennen, dass es sich um eine Vektorfunktion handelt:

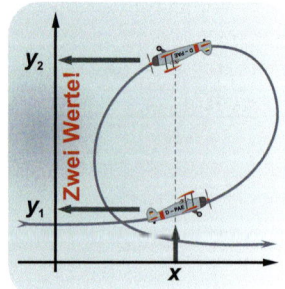

Diese Flugbahn lässt sich nicht parameterfrei darstellen.

(2.3.7)

Das Formelzeichen r steht für „Radiusvektor".

$$\left.\begin{array}{l} x = x(t) \\ y = y(t) \\ z = z(t) \end{array}\right\} \quad \text{bzw.:} \ \vec{r}: \mathbb{R} \to \mathbb{R}^3, t \mapsto \vec{r}(t) \ \text{mit} \ \underline{\underline{\vec{r}(t) = \begin{pmatrix} x(t) \\ y(t) \\ z(t) \end{pmatrix}}}$$

2.3 Exakte Parameterdarstellungen spezieller Bahnkurven

Die z-Komponente in (2.3.7) kann entfallen, wenn es sich um Kurven im Zweidimensionalen handelt. Egal ob die Kurve durch mehrere Weg-Zeit-Funktionen oder eine einzige Vektorfunktion dargestellt wird – man spricht von einer *Parameterdarstellung* mit der Zeit t als Parameter. Der Begriff Parameter könnte hier missverständlich sein. In der Regel werden Funktionsvariablen, die vorübergehend als konstant anzusehen sind, mit diesem Begriff belegt. Der Abgangswinkel α_0 in (2.3.6) ist ein typisches Beispiel. Im Gegensatz dazu handelt es sich bei dem Parameter in der Parameterdarstellung sozusagen um eine „Hintergrundvariable", die natürlich nicht konstant ist – Sie müssen das so hinnehmen.

Bei den Bahnkurven ist die Zeit Parameter. Je nachdem, was beschrieben werden soll, können auch andere Größen als Parameter dienen.

> **Parameterdarstellung einer Relation im $\mathbb{R}^2$:**
>
> $R = \left\{ (x, y) \in \mathbb{R}^2 \,\middle|\, \varphi(x, y) \text{ ist eine wahre Aussage} \right\}$
>
> sei die Mengendarstellung einer 2-stelligen Relation. φ steht für eine beliebige Formel (Aussageform). (Beachten Sie, eine Funktion ist eine spezielle Relation!) Man spricht von einer **Parameterdarstellung** der Relation, wenn die Formel mithilfe zweier (oder mehr) reeller Funktionen gebildet wird.
>
> $\varphi = \left(x = x(t) \wedge y = y(t) \quad \text{mit} \quad t \in \mathbb{D} \subseteq \mathbb{R} \right)$

Merksatz 2.3.1

Das klassische Beispiel einer Parameterdarstellung ist die Relation eines Kreises mit dem Radius r in der x,y-Ebene. Betrachten Sie dazu die folgende Planfigur:

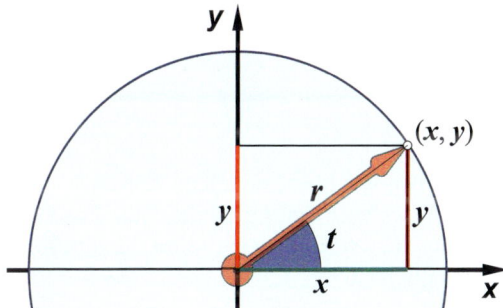

Bitte stören Sie sich nicht daran, dass der Winkel mit t bezeichnet wurde!

Bild 2.3.2
Planfigur zur Parameterdarstellung eines Kreises

Die Parameterdarstellung ergibt sich ganz einfach aus den Relationen am rechtwinkligen Dreieck $(0, 0)$, $(x, 0)$, (x, y):

$$x = r\cos(t) \;\wedge\; y = r\sin(t) \quad \text{mit} \quad t \in [0, 2\pi)$$

(2.3.8)

Beachten Sie, dass der Parameter r – wie in (2.3.6) der Abgangswinkel α_0 – als konstant anzusehen ist. Unter Benutzung eines Additionstheorems gelangt man zu der bekannten parameterfreien Darstellung der Relation:

$$\sin^2(t) + \cos^2(t) = 1 \quad \forall t \in \mathbb{R}:$$
$$\underline{\underline{x^2 + y^2}} = r^2\cos^2(t) + r^2\sin^2(t) = r^2\left(\sin^2(t) + \cos^2(t)\right) = \underline{\underline{r^2}}$$

(2.3.9)

Die in (2.3.9) doppelt unterstrichene Relation ergibt sich auch aus dem *Satz von Pythagoras*.

2.4 Parameterdarstellung einer Geraden im Raum

In der Schule fällt das in die sogenannte „analytische Geometrie".

Lassen Sie uns, liebe Leser, in Gedanken noch einmal eine Kanone abfeuern. Anders als in *Abschnitt 2.1* beschreiben wir hier Punkte im Raum durch Ortsvektoren. Das beinhaltet keine Einschränkung, denn die Komponenten eines Ortsvektors sind nichts weiter als die Koordinaten des jeweiligen Punktes hochkant als Spaltenvektor geschrieben. Die Anfangsbedingungen können dem folgenden Bild entnommen werden:

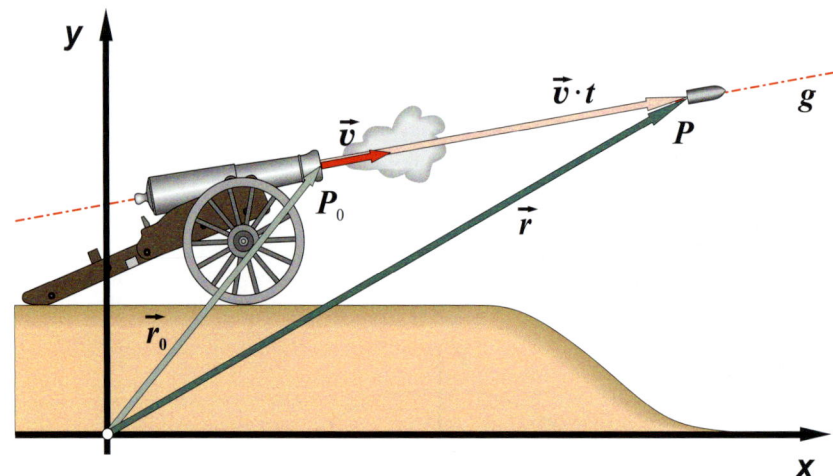

Ein friedliches Ziel: Darstellung einer Geraden im Raum

Bild 2.4.1
Kanone zur Veranschaulichung einer Geraden im Raum

Anders als vorher machen wir hier eine kühne Annahme: Wir vernachlässigen sowohl die Schwerkraft als auch den Luftwiderstand. Das Geschoss fliegt dann nach dem Verlassen des Kanonenrohres kräftefrei. Für die Bewegungsgleichung (in vektorieller Form) gilt dann:

(2.4.1)

$$\vec{F} = \vec{0} = m \cdot \frac{d\vec{v}}{dt} \bigg| :m \;\Rightarrow\; \frac{d\vec{v}}{dt} = \vec{0} \;\Rightarrow\; \underline{\underline{\vec{v}(t) = \vec{v}_0}}$$

Nullvektor – eine Null mit Pfeil? Sie können in Schreibschrift – ähnlich wie bei den Einheitsvektoren – eine „Schnörkelnull" schreiben.

In (2.4.1) wurde die Beschleunigung als Differenzialquotient geschrieben. Die Masse fällt wie im vorherigen Abschnitt heraus und in der mittleren Gleichung steht, dass sich die Geschwindigkeit nicht ändert, also konstant bleibt. Die Konstanz des (Geschwindigkeits-)Vektors bedeutet, dass sowohl Betrag als auch Richtung erhalten bleiben. Der Index null, der sonst die Anfangsgeschwindigkeit kennzeichnete, ist nicht mehr erforderlich. Er wurde deshalb in *Bild 2.4.1* fortgelassen.

Nicht nur der Betrag, sondern auch die Richtung bleibt konstant!

Die Konstanz des Betrages der Geschwindigkeit in Abwesenheit von Kräften hatten wir bereits in *Abschnitt 1.4* am berühmten Eselskarren diskutiert. Jetzt im mehrdimensionalen Fall kommt hinzu, dass die Kräftefreiheit auch eine Richtungskonstanz beinhaltet. Newton hatte seinen Lesern nicht zugemutet, diese Sachverhalte aus seinem Bewegungsgesetz (2. Newtonsches Axiom) zu folgern, sondern stellte dieses in seinem 1. Axiom heraus:

2.4 Parameterdarstellung einer Geraden im Raum

> **1. Newtonsches Axiom:**
> Jeder Körper verharrt im Zustand der Ruhe oder der gleichförmigen geradlinigen Bewegung, sofern er nicht durch Kräfte gezwungen ist, seinen Zustand zu ändern.

Merksatz 2.4.1

Die Flugbahn des Geschosses – eine Gerade im Raum – ermitteln wir nicht koordinatenweise wie in (2.3.3), sondern gleich in der kompakten vektoriellen Form:

$$\vec{v} = \frac{d\vec{r}}{dt}\bigg| \cdot dt \Rightarrow d\vec{r} = \vec{v} \cdot dt \quad \bigg|\int \ldots$$

$$\int_{\vec{r}_0}^{\vec{r}} d\vec{r} = \int_0^t \vec{v}\, dt = \vec{v}\int_0^t dt \Rightarrow \vec{r} - \vec{r}_0 = \vec{v}\, t \;\big|+\vec{r}_0\,\big|\vec{v},t \text{ vertauschen} \Rightarrow \underline{\underline{\vec{r}(t) = \vec{r}_0 + t\,\vec{v}}}$$

(2.4.2)

Beachten Sie:
Die Reihenfolge der Faktoren bei Multiplikation eines Vektors mit einem Skalar (S-Multiplikation) ist beliebig!

Das Ergebnis heißt *Punkt-Richtungs-Form* (einer Geraden). Wenn es nur darum geht, die Menge aller Punkte im Raum, die auf der Geraden liegen, zu beschreiben, müssen der Parameter t und der richtungsgebende Vektor v, kurz Richtungsvektor genannt, keine konkreten Größen sein. Weiterhin ist dann für den Parameter t **jede** reelle Zahl zulässig. Die Darstellung der Geraden kann man *Bild 2.4.1* auch direkt entnehmen: Um vom Nullpunkt des Koordinatensystems zum Geschoss zu gelangen, „steigt" man zunächst mithilfe des Ortsvektors r_0 zu irgendeinem Geradenpunkt – hier P_0 – auf. Um von dort zu einem beliebigen Geradenpunkt – hier P genannt – zu gelangen, muss zu diesem Ortsvektor noch ein Vielfaches des richtungsgebenden Vektors v addiert werden. Im Bild ist beispielsweise für den Parameter $t = 5$ gewählt.

Das friedliche Ziel ist erreicht!

> **Punkte kontra Vektoren:**
> Ein Punkt P_0 im Raum lässt sich eindeutig mithilfe eines Translationsvektors v (Verschiebungspfeil) auf einen zweiten Punkt abbilden:
>
> $P_1 = P_0 \oplus \vec{v}$
>
> Das Pluszeichen steht für „wird verschoben durch" oder gemäß DIN 1302 „angetragen an". Option: Kreisen Sie das Pluszeichen ein, wenn es sich von dem Operationszeichen der Vektoraddition abheben soll!
> Betrachtet man umgekehrt Punkt P_1 als Bild einer Translation des Punktes P_0, so definiert das Punktepaar eindeutig einen (Translations-)Vektor:
>
> $\vec{v} := \overrightarrow{P_0 P_1}$

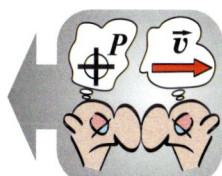

Merksatz 2.4.2

In der Praxis verwendet man gerne Ortsvektoren zur Darstellung von Punkten im Raum, da für Ortsvektoren die Vektorraumoperationen des $\mathbb{R}^3$ zur Verfügung stehen. Eine Einschränkung ist zu beachten: Im Gegensatz zu „normalen" Vektoren sind Ortsvektoren nicht verschiebbar. Sie haben nur dann einen Sinn, wenn sie drehbar an den Koordinatenursprung „angenagelt" sind. Ortsvektoren sind Koordinatenvektoren, die in der Regel in Spaltenschreibweise dargestellt werden. Die Komponenten eines Ortsvektors sind die Koordinaten des jeweiligen Punktes P:

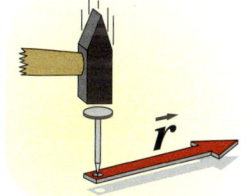

Ortsvektoren sind einseitig fixiert!

(2.4.3) Ortsvektor (O ist Koordinatenursprung): $\vec{r} := \overrightarrow{PO}$ bzw. $P = O \oplus \vec{r}$; $\vec{r} = \begin{pmatrix} x \\ y \\ z \end{pmatrix}$

Darstellung von Punkten im Raum durch „Dreier-Tupel"

Bei Endergebnissen oder grafischen Darstellungen werden konkrete Punkte nicht so gerne in Form eines Ortsvektors präsentiert. Man gibt sie lieber mithilfe eines Koordinaten-Dreiertupels an. Um dieses Dreierpaket nicht mit einem Zeilenvektor zu verwechseln, wird dem Tupel ein Präfix in Form eines geeigneten Großbuchstabens vorangestellt. Als Trennzeichen zwischen den Koordinaten können alternativ Semikolons oder (wie in der Schule) senkrechte Striche verwendet werden:

(2.4.4) Punkt P im $\mathbb{R}^3$: $P(x, y, z)$ bzw. $P(x; y; z)$ bzw. $P(x \mid y \mid z)$

Man sollte aber trotzdem die Mengendarstellung „lesen" können.

Obwohl es sich bei der Geraden im Raum um eine Punktmenge handelt, wird eine korrekte Mengenschreibweise nur ungern eingesetzt. Man belässt es in der Regel bei (2.4.2) und setzt den Namen der Menge getrennt durch einen Doppelpunkt vorweg:

(2.4.5) $g = \{P \mid P = O \oplus \vec{r}(t),\ \vec{r}(t) = \vec{r}_0 + t\,\vec{v},\ t \subseteq \mathbb{R}\}$ einfacher $g : \vec{r}(t) = \vec{r}_0 + t\,\vec{v}$

Ihre alte Schule lässt grüßen.

Parameterdarstellungen von Geraden sind der Schlüssel zur sogenannten *analytischen Geometrie* und die ist – zumindest teilweise – unabdingbar zum Verständnis der für Sie wichtigen *Vektoranalysis*. Aus diesem Grunde ist es günstig, wenn Sie sich hier noch einmal mit einer typischen Schulaufgabe befassen:

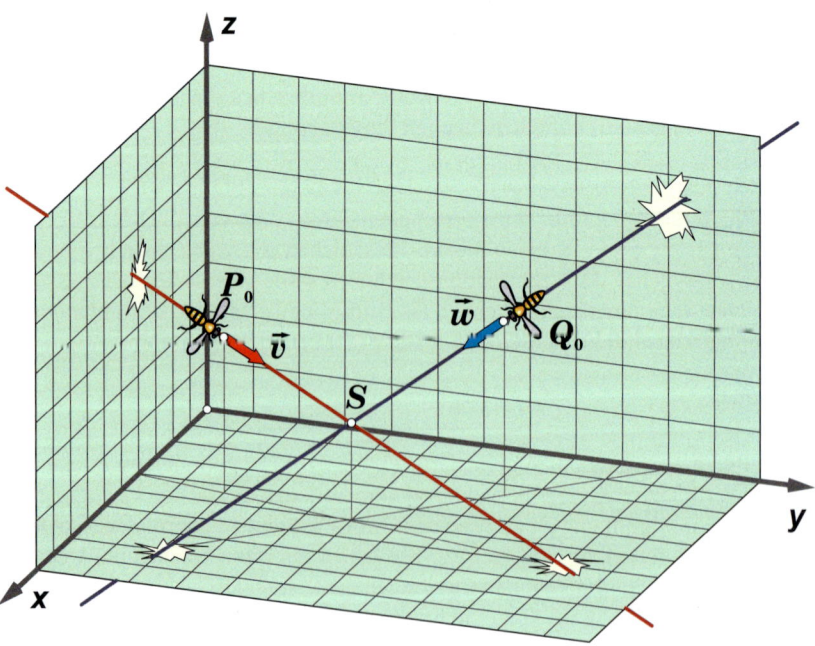

Die Kantenlänge der Karos beträgt 10 m. Die Tiere wurden vergrößert.

Bild 2.4.2
Planfigur zur Ermittlung der Lage zweier Geraden im Raum (Aufgabe 2.4.1)

2.4 Parameterdarstellung einer Geraden im Raum

Aufgabe:
Zwei Flugobjekte werden zum Zeitpunkt $t = 0$ in den Punkten $P_0(44, 20, 32)$ und $Q_0(26, 74, 36)$ geortet. Eine Sekunde später befinden sich die Objekte in den Punkten $P_1(46, 30, 28)$ und $Q_1(32, 68, 32)$. Nehmen Sie an, dass sich die Flugobjekte, wie in der Planfigur (*Bild 2.4.2*) angedeutet, auf einer geradlinigen Flugbahn befinden.
a) Berechnen Sie die Geschwindigkeiten $\boldsymbol{v}$ bzw. $\boldsymbol{w}$ der Objekte und stellen Sie die Gleichungen der Geraden im Raum auf!
b) Ermitteln Sie die Lage der Geraden zueinander und berechnen Sie gegebenenfalls den Schnittpunkt S!
c) Diskutieren Sie, ob bzw. unter welchen Bedingungen ein Zusammenstoß der Flugobjekte möglich ist.

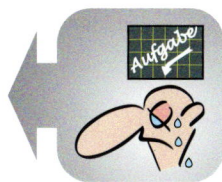

Aufgabe 2.4.1

*Etwas „schräg":
die Benennung einer
Geschwindigkeit mit „$\boldsymbol{w}$".*

Für die Form, in der man eine Lösung darlegt, gibt es viele Möglichkeiten. Dass Geraden in der Regel nicht ausführlich als Menge darstellt werden, sollte nicht dazu verleiten, auf korrekte mathematischen Symbole zu verzichten. Notieren Sie kurze Sätze, sofern eine Darlegung mittels mathematischer Symbole nicht möglich erscheint! Beachten Sie bitte den folgenden Lösungsvorschlag nur, wenn Sie mit einer eignen Lösung nicht weiter kommen!

Decken Sie den Lösungsvorschlag mit einem Papier ab!

Lösungsvorschlag:

Zu a) $\overrightarrow{P_0P_1} := \vec{v} = \overrightarrow{OP_1} - \overrightarrow{OP_0} = \begin{pmatrix} 2 \\ 10 \\ -4 \end{pmatrix}$, $\overrightarrow{Q_0Q_1} := \vec{w} = \overrightarrow{OQ_1} - \overrightarrow{OQ_0} = \begin{pmatrix} 6 \\ -6 \\ -4 \end{pmatrix}$

$g_1: \vec{r} = \begin{pmatrix} 44 \\ 20 \\ 32 \end{pmatrix} + t_1 \begin{pmatrix} 2 \\ 10 \\ -4 \end{pmatrix}$, $g_2: \vec{r} = \begin{pmatrix} 26 \\ 74 \\ 36 \end{pmatrix} + t_2 \begin{pmatrix} 6 \\ -6 \\ -4 \end{pmatrix}$

Zu b) Stelle fest $\vec{v} \nparallel \vec{w}$, d.h. g_1, g_2 schneiden sich oder sind windschief.

$g_1 \cap g_2 : \begin{pmatrix} 44 \\ 20 \\ 32 \end{pmatrix} + t_1 \begin{pmatrix} 2 \\ 10 \\ -4 \end{pmatrix} = \begin{pmatrix} 26 \\ 74 \\ 36 \end{pmatrix} + t_2 \begin{pmatrix} 6 \\ -6 \\ -4 \end{pmatrix} \Leftrightarrow \begin{matrix} \text{I)} & 2t_1 - 6t_2 = -18 \\ \text{II)} & 10t_1 + 6t_2 = 54 \\ \text{III)} & -4t_1 + 4t_2 = 4 \end{matrix}$

$(\text{I}) + (\text{II}) : 12t_1 = 36 \Leftrightarrow t_1 = 3$, Einsetzen in $(\text{I}) : 2 \cdot 3 - 6t_2 = -18 \Leftrightarrow t_2 = 4$

t_1, t_2 einsetzen in $(\text{III}) : -4 \cdot 3 + 4 \cdot 4 = 4$ wahr. $g_1 \cap g_2 \neq \{\}$

t_1, t_2 einsetzen in g_1 (und evtl. zur Probe in g_2):

$\vec{r}_S = \begin{pmatrix} 44 \\ 20 \\ 32 \end{pmatrix} + 3 \begin{pmatrix} 2 \\ 10 \\ -4 \end{pmatrix} = \begin{pmatrix} 50 \\ 50 \\ 20 \end{pmatrix}$, $g_1 \cap g_2 = S(50, 50, 20)$

Zu c) Die Parameter haben die Bedeutung der Zeit nach der Ortung in P_0, Q_0. Die richtungsgebenden Vektoren $\vec{v}$ und $\vec{w}$ sind Geschwindigkeiten in m/s. $t_2 - t_1 = 1$ s. Objekt 2 erreicht $S(50, 50, 20)$ 1 s später als Objekt 1.

Mit $g_1: \vec{r} = \begin{pmatrix} 44 \\ 20 \\ 32 \end{pmatrix} + t_1 \underbrace{\frac{3}{4} \begin{pmatrix} 2 \\ 10 \\ -4 \end{pmatrix}}_{:=\vec{w}}$ würde beispielsweise $t_1 = t_2 = 4$ sein.

Da die Parameter voneinander unabhängig sind, müssen sie unterschiedlich benannt werden!

„Windschief" ist kein Scherz!

Nicht irritieren lassen: Drei Gleichungen – aber nur zwei Variablen.

Vergessen Sie die dritte Gleichung nicht!

Würde aus der dritten Gleichung eine falsche Aussage, hätten die Geraden keinen Schnittpunkt.

Erläuterungen:

Richtungsvektoren müssen nicht normiert sein.

a) Die beiden richtungsgebenden Vektoren (Richtungsvektoren) ergeben sich aus der Differenz der bekannten Ortsvektoren. Die Geradengleichungen werden dann gemäß (2.4.2) notiert.

Zunächst muss geprüft werden, ob die richtungsgebenden Vektoren zueinander kollinear sind. Das wäre der Fall, wenn der eine Vektor durch einen skalaren Faktor aus dem anderen hervorgehen würde. Im vorliegenden Fall ist das offensichtlich nicht der Fall. Die Fälle $g_1 = g_2$ und $g_1 \parallel g_2$ sind daher auszuschließen. Durch das „Gleichsetzen" der Terme wird geprüft, ob es einen Ortsvektor gibt, der sowohl zu g_1 als auch zu g_2 führt. Es entsteht eine Aussageform – hier speziell ein Gleichungssystem. Ist es erfüllbar – d. h. es existieren zwei Parameter, die das Gleichungssystem erfüllen – gibt es einen gemeinsamen Ortsvektor und damit einen Schnittpunkt. Anderenfalls sind die Geraden zueinander windschief. Dass hier bereits zwei Gleichungen ausreichen, um Parameter zu ermitteln, darf nicht dazu verführen, die dritte Gleichung unbeachtet zu lassen. Es muss unbedingt geprüft werden, ob die Parameter die dritte Gleichung erfüllen. Die mit zwei Gleichungen berechneten Parameter sind nur dann eine Lösung des kompletten Gleichungssystems, wenn **alle** Gleichungen erfüllt werden.

Für Anfänger irritierend: das Bilden einer Relation (beispielsweise eine Gleichung), um dann zu prüfen, unter welchen Bedingungen sie erfüllt werden kann.

Trifft für uns nicht zu: Wir müssen anwendungsorientiert bleiben!

b) Dieser Aufgabenteil würde bei einer reinen Geometrieaufgabe entfallen. Da die Parameter die Bedeutung der Zeiten nach der Ortung haben, und die richtungsgebenden Vektoren Geschwindigkeitsvektoren sind, ist zu erkennen, dass die Flugobjekte den Schnittpunkt zu unterschiedlichen Zeiten passieren. Objekt1 ist zu schnell. Würde es (z. B.) seine Geschwindigkeit um 75 % herabsetzen, träfen beide Ojekte 4 Sekunden nach der Ortung aufeinander.

Merksatz 2.4.3

Kann gar nicht oft genug wiederholt werden: Ein Vektor wird auf die Länge eins normiert, indem man ihn mit seinem reziproken Betrag multipliziert.

> **Schreibweisen:**
> Sobald von vorn herein klar ist, dass man sich im dreidimensionalen Raum bewegt, vermeidet man gerne mühseligen Index- und Pfeilsalat.
> - Die Koordinaten werden schlicht mit x, y, z benannt.
> - Richtungsgebende Vektoren (Richtungsvektoren) benötigen keine besondere Benennung. Ausgeschlossen sind allerdings Benennungen, die zur Verwechslung mit Ortsvektoren führen können.
> - Im Falle normierter Richtungsvektoren kommt man um den Index- und Pfeilsalat nicht herum. Das kleine e steht für „Einheit", der Pfeil signalisiert den Vektorcharakter und mit einem tiefgestellten Postfix werden Informationen über den richtungsgebenden Vektor mitgeteilt.
>
> Richtungsvektor: $\vec{a}$. Normiert: $\vec{e}_a$ dabei gilt: $\vec{e}_a = \dfrac{\vec{a}}{|\vec{a}|}$ bzw. $\dfrac{1}{|\vec{a}|}\vec{a}$

2.5 Darstellungen von Ebenen im Raum

Immer noch „analytische Geometrie"

Auch wenn Ebenen im Raum hier nicht mit spektakulärem Kanonendonner präsentiert werden, soll das deren Bedeutung nicht schmälern. Sie sind nicht nur Gegenstand quälender Abituraufgaben. Im Rahmen dieses Buches ist das Verständnis von Ebenendarstellung für den Ausbau der Analysis von Bedeutung.

Das folgende Bild zeigt einen Ausschnitt aus einer hypothetischen Bergwiese mitsamt einem Tier, das mit den Steigungen der Bergwelt keine Probleme hat.

Beachten Sie: Das Koordinatensystem ist im Vergleich zu Bild 2.4.2 um 90° gedreht.

An den Speer ist eine Signalfahne aus der Seeschifffahrt angeknotet – Buchstabe N.

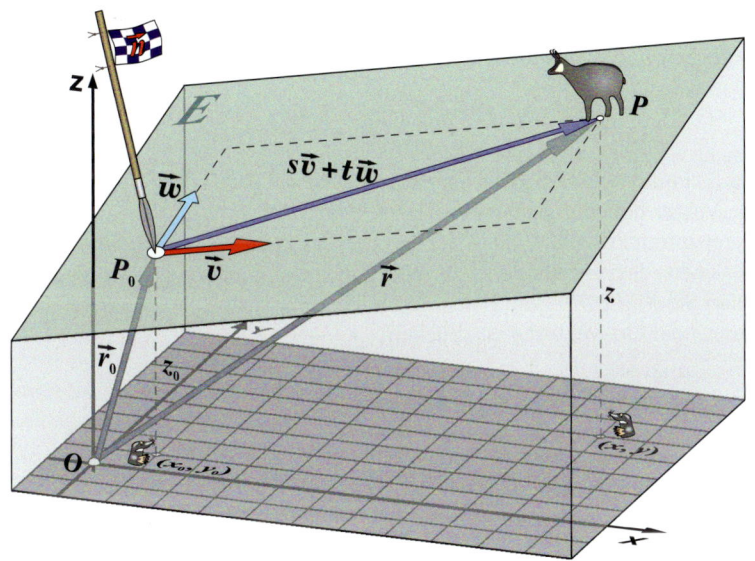

Beachten Sie die beiden Maulwürfe! Kantenlänge der Kästchen in der x,y-Ebene: 2 m

Bild 2.5.1
Planfigur zur Darstellung von Ebenen im Raum

Es geht, wie im vorherigen Abschnitt um eine Punktmenge – hier die Menge aller Punkte, die der geneigten Ebene angehören – Name der Punktmenge: E. Auch wenn Bergwiesen im Allgemeinen eng begrenzt sind, insbesondere wenn sie kaum Wölbung aufweisen, betrachten wir die Ebene als unbegrenzt.

Um die Menge zu beschreiben, wird eine Formel, die deren Elemente erfüllen müssen, benötigt. Der Punkt, über dem die Gämse steht, sei ein beliebiges Element. Wie bei der Geraden im vorherigen Abschnitt (vgl. (2.4.2)) sei ein Punkt der Menge bekannt und wird genau wie dort mit P_0 benannt. Der zugehörige Ortsvektor heißt (ebenfalls) r_0. Anders als vorher kann der zu einer Gämse mutierte Flugkörper sich in unterschiedlichen Richtungen auf der Ebene bewegen. Da eine Ebene die Dimensionszahl zwei hat, müssen zwei linear unabhängige Richtungsvektoren – hier mit v und w bezeichnet – vorgegeben sein. Um vom Koordinatenursprung O zum Punkt P zu gelangen, steigt man zunächst mit dem Ortsvektor r_0 zum Ebenenpunkt P_0 auf. Von diesem Punkt erreicht man mittels Linearkombinationen aus v und w jeden Punkt der Ebene – natürlich auch den im Bild einge-

Beispiel Bild 2.5.1:

$$\vec{r_0} = \begin{pmatrix} 2 \\ 2 \\ 8 \end{pmatrix}, \vec{v} = \begin{pmatrix} 5 \\ 0 \\ 1 \end{pmatrix}, \vec{w} = \begin{pmatrix} 0 \\ 5 \\ 1 \end{pmatrix}$$

Die Darstellung heißt auch Parameterform (der Ebene)

(2.5.1)

zeichneten „Gämsenpunkt" P. Beachten Sie, dass die Koeffizienten der Linearkombination auch negativ sein dürfen! In verkürzter Form sieht die Menge E wie folgt aus:

$$E: \vec{r} = \vec{r}_0 + s\vec{v} + t\vec{w}, \quad s,t \in \mathbb{R}$$

Parameterform unserer „Bergwiese":

$$E: \vec{r} = \begin{pmatrix} 2 \\ 2 \\ 8 \end{pmatrix} + s\begin{pmatrix} 5 \\ 0 \\ 1 \end{pmatrix} + t\begin{pmatrix} 0 \\ 5 \\ 1 \end{pmatrix}$$

$$s \in [-0{,}6; +2] \quad t \in [-0{,}8; 1{,}2]$$

Sollten statt der unbegrenzten Ebene endliche Flächenstücke beschrieben werden, müssen die Koeffizienten Bedingungen unterworfen werden.

Im Gegensatz zu den Geraden im Raum (nicht in der Ebene!) können die Parameter bei Ebenen im Raum eliminiert werden. Dazu müssen Sie in *Bild 2.5.1* den Speer beachten. Der Speer sei senkrecht zur Ebene in die Wiese gerammt und steht für einen sogenannten *Normalenvektor*. Länge und Richtungssinn des Vektors sind zunächst unerheblich – die Orthogonalität zu allen Vektoren der Ebene ist wichtig. Einen derartigen Normalenvektor findet man am einfachsten mithilfe des *Kreuzprodukts* aus den beiden Richtungsvektoren:

(2.5.2)

$$\vec{n} = \vec{v} \times \vec{w} \quad \left(\text{bzw. } \vec{n} = k\vec{v} \times \vec{w} \text{ mit } k \in \mathbb{R}\setminus\{0\}\right)$$

Unserer „Speer":

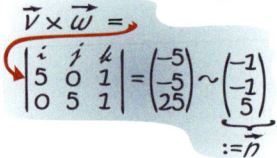

$$\vec{v} \times \vec{w} = \begin{vmatrix} \vec{i} & \vec{j} & \vec{k} \\ 5 & 0 & 1 \\ 0 & 5 & 1 \end{vmatrix} = \begin{pmatrix} -5 \\ -5 \\ 25 \end{pmatrix} \sim \begin{pmatrix} -1 \\ -1 \\ 5 \end{pmatrix}_{:=\vec{n}}$$

(2.5.3)

In der Klammer von (2.5.2) ist angedeutet, dass der durch das Kreuzprodukt definierte Vektor beliebig gestreckt oder verkürzt werden darf, aber nicht muss. Da ein Kreuzprodukt senkrecht auf der von den Faktoren aufgespannten Ebene steht, ist gesichert, dass **n** orthogonal zu jeder Linearkombination aus **v** und **w** ist. Betrachten Sie *Bild 2.5.1* – die Linearkombination lässt sich parameterfrei durch die Differenz der Ortsvektoren ausdrücken:

$$\vec{r} = \vec{r}_0 + s\vec{v} + t\vec{w} \mid -\vec{r}_0 \;\Rightarrow\; s\vec{v} + t\vec{w} = \underline{\vec{r} - \vec{r}_0} \mid \bullet\vec{n}$$

In (2.5.3) rechts wurde bereits der nächste Schritt angekündigt: das *Skalarprodukt* mit dem Normalenvektor. Das ist aber wegen der Orthogonalität stets gleich null. Damit ergibt sich:

(2.5.4)

$$\forall \vec{r}, \vec{r}_0 \in E: \; \vec{n} \bullet (\vec{r} - \vec{r}_0) = 0 \quad \text{bzw. ausmultipliziert} \quad \underline{\underline{\vec{n}\bullet\vec{r} - \vec{n}\bullet\vec{r}_0 = 0}}$$

Das (doppelt unterstrichene) Ergebnis heißt *Normalenform der Ebene*. Dass sich mit (2.5.4) etwas Komfortables ergeben hat, bemerkt man erst, wenn man die Vektoren als Spaltenvektoren darstellt und die skalaren Produkte ausführt:

(2.5.5)

$$\vec{r} = \begin{pmatrix} x \\ y \\ z \end{pmatrix}, \; \vec{r}_0 = \begin{pmatrix} x_0 \\ y_0 \\ z_0 \end{pmatrix}, \; \vec{n} = \begin{pmatrix} n_x \\ n_y \\ n_z \end{pmatrix}, \; \vec{n}\bullet\vec{r}_0 = n_x x_0 + n_y y_0 + n_z z_0 := c$$

$$\underline{\underline{E: \; n_x x + n_y y + n_z z - c = 0}}$$

Unsere Normalenform:

$$\vec{n}\bullet\vec{r} = \begin{pmatrix} -1 \\ -1 \\ 5 \end{pmatrix} \bullet \begin{pmatrix} x \\ y \\ z \end{pmatrix} = -x - y + 5z$$

$$\vec{n}\bullet\vec{r}_0 = \begin{pmatrix} -1 \\ -1 \\ 5 \end{pmatrix} \bullet \begin{pmatrix} 2 \\ 2 \\ 8 \end{pmatrix} = 36$$

$$E: \; -x - y + 5z - 36 = 0$$

Bei der Parameterform der Ebene (s. (2.5.1)) handelt es sich um eine Vektorgleichung – gleichwertig mit drei skalaren Gleichungen. Die Normalenform ist nicht nur parameterfrei, sondern besteht nur aus einer einzigen skalaren Gleichung (s. (2.5.5) bzw. Beispiel in der Marginalspalte).

2.5 Darstellungen von Ebenen im Raum

Ein Schönheitsfehler ist der Parameter c. Man kann ihm zunächst keine anschauliche Bedeutung zuweisen. Anhand des folgenden Bildes ist erkennbar, dass dieses doch möglich ist:

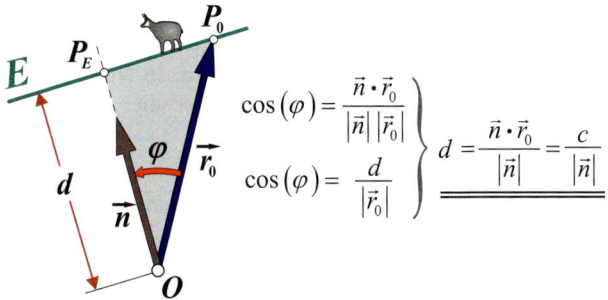

(2.5.6)

Bild 2.5.2
Planfigur zur Abstandsbestimmung von Ebenen zum Koordinatenursprung

Während die Ortsvektoren einseitig am Koordinatenursprung fixiert sind, können die übrigen Vektoren durchaus verschoben werden. Das wird im Bild mit dem Normalenvektor ausgenutzt: Der Normalenvektor wird am Koordinatenursprung angetragen. Mit dem O-Punkt und dem Vektor ist eine Gerade festgelegt, die zwangsläufig die Ebene durchstößt. Der Durchstoßpunkt heißt im Bild P_E. Diese beiden Punkte sind zusammen mit dem Punkt P_0 Eckpunkte eines rechtwinkligen Dreiecks. Das Interessante an dem Dreieck ist die Länge der Kathete OP_E: Die Länge ist gleich dem Abstand der Ebene vom Koordinatenursprung O. Der Kosinus des Winkels zwischen der Hypotenuse und der entsprechenden Ankathete ist über das skalare Produkt errechenbar. Andererseits ist der Kosinus gleich dem Quotienten aus Ankathete und Hypotenuse. Beides zusammen liefert eine einfache Formel zur Berechnung des Abstandes (s. (2.5.6)).

Unser Abstand:
$|\vec{n}| = \sqrt{(-1)^2 + (-1)^2 + 5^2} = \sqrt{27}$
$d = \dfrac{36}{\sqrt{27}} = 6{,}928\ldots$

Man kann optional die Normalenform einer Schönheitsoperation unterziehen. Dazu multipliziert man die Gleichung (2.5.4) mit dem reziproken Betrag des Normalenvektors und benutzt das unterstrichene Ergebnis von (2.5.6):

$\vec{e}_n$: *Einheitsvektor in Richtung des Vektors $\vec{n}$*

$$\vec{n} \cdot \vec{r} - \vec{n} \cdot \vec{r}_0 = 0 \; \Big| \cdot \frac{1}{|\vec{n}|} \;\Leftrightarrow\; \frac{\vec{n}}{|\vec{n}|} \cdot \vec{r} - \frac{\vec{n} \cdot \vec{r}_0}{|\vec{n}|} = 0 : \; \underline{\vec{e}_n \cdot \vec{r} - d = 0}$$

(2.5.7)

In (2.5.7) wird ausgenutzt, dass man einen skalaren Faktor einerseits einem vektoriellen Faktor andererseits auch dem fertigen Produkt (einem Skalar) zuordnen kann. Im ersten Summand von (2.5.7) wird der Normalenvektor durch seinen Betrag dividiert und es entsteht ein Einheitsvektor (Richtungsvektor) in Normalenrichtung. Aus dem zweiten Summanden wird gemäß (2.5.6) der Abstand. Das bedeutet: Sobald man nicht irgendeinen Normalenvektor, sondern einen mit der Länge eins wählt, hat der Parameter in der Normalenform die Bedeutung des Abstandes der Ebene vom Koordinatenursprung. In dieser Darstellung heißt die Ebenengleichung *Hessesche Normalenform*. Beachten Sie, der „Abstand" ist über ein Skalarprodukt definiert und ist somit vorzeichenbehaftet. Das Vorzeichen wird negativ, wenn $\varphi > \pi/2$! Das kann dann zum Tragen kommen, wenn der Abstand zwischen zwei parallelen Ebenen zu bestimmen ist.

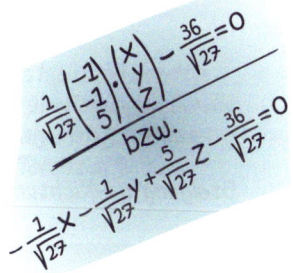

Ärgerlich: In der Hesseschen Normalenform sind Irrationalzahlen selten zu vermeiden.

Versetzen wir uns in *Bild 2.5.1* spaßeshalber in die Lage der beiden Maulwürfe, die in der x,y-Ebene auf Regenwurmsuche sind. Jedem Punkt der x,y-Ebene ist

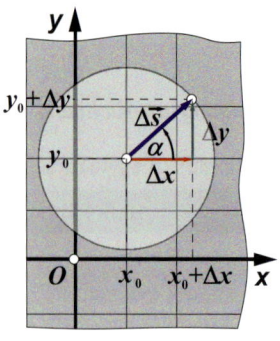

Bild 2.5.4
Planfigur zur Ermittlung der maximalen Steigung der Wiese

(2.5.13)

größere Steigung zu überwinden. Bei unserem Bergwiesenbeispiel stellt sich die Frage, ob aus den beiden Steigungen m_x und m_y die maximale Steigung der Wiese errechenbar ist. Ebenfalls wäre die Richtung des Weges mit dieser maximalen Steigung von Interesse. Tatsächlich lassen sich die Fragestellungen mithilfe eines kleinen Tricks schnell klären. Der besteht darin, die rechte Seite von (2.5.12) als Skalarprodukt aus Vektoren der x,y-Ebene darzustellen. Beachten Sie, die x,y-Ebene stellt den Definitionsbereich unserer zweistelligen linearen Funktion dar! Die Koordinaten des ersten Vektors bestehen aus den beiden Steigungen m_x und m_y. Wir wollen diesen Vektor propädeutisch *Gradient* nennen. Die Koordinaten des zweiten Vektors setzen sich aus den (frei wählbaren) Argumenten Δx und Δy zusammen und stellt einen – im nebenstehenden Bild mit $\Delta \vec{s}$ bezeichneten – Translationsvektor dar. Er verbindet die Projektionen der Punkte P_0 und P auf die x,y-Ebene. Gemäß *Bild 2.5.4* wählen wir die Koordinaten des Translationsvektors so, dass sein Betrag in jeder Richtung gleich Δs beträgt:

$$\Delta z = m_x \Delta x + m_y \Delta y \equiv \begin{pmatrix} m_x \\ m_y \end{pmatrix} \cdot \begin{pmatrix} \Delta x \\ \Delta y \end{pmatrix} \quad \text{wähle } \Delta \vec{s} := \begin{pmatrix} \Delta x \\ \Delta y \end{pmatrix} = \Delta s \, \vec{e}_s$$

Die Steigung der Ebene in die gewählte Richtung ergibt sich dann durch das Skalarprodukt aus dem Gradient genannten Vektor und dem Einheitsvektor:

(2.5.14)
$$\left. \frac{\Delta z}{\Delta s} \right|_{\vec{e}_s} = \begin{pmatrix} m_x \\ m_y \end{pmatrix} \cdot \vec{e}_s$$

Ein Skalarprodukt ist genau dann maximal, wenn die beiden Faktoren in Richtung und Richtungssinn übereinstimmen. Für den Einheitsvektor in Richtung der maximalen Steigung ergibt sich damit:

(2.5.15)
$$\vec{e}_{max} = \frac{1}{\sqrt{m_x^2 + m_y^2}} \begin{pmatrix} m_x \\ m_y \end{pmatrix}$$

$\Delta s = \sqrt{0{,}2^2 + 0{,}2^2} = 0{,}28\ldots$

$\Delta z_{max} = 0{,}2^2 + 0{,}2^2 = 0{,}08$

Die maximale Steigung der Ebene ergibt sich durch Einsetzen dieses speziellen Einheitsvektors in das Skalarprodukt (2.5.13). Erstaunlicherweise ist die maximale Steigung gleich dem Betrag des Gradienten.

(2.5.16)
$$\left. \frac{\Delta z}{\Delta s} \right|_{max} = \frac{m_x^2 + m_y^2}{\sqrt{m_x^2 + m_y^2}} = \sqrt{m_x^2 + m_y^2}$$

$\dfrac{\Delta z_{max}}{\Delta s} = 0{,}28\ldots$

28 % Steigung: Für Gämsen kein Problem!

Es dürfte irritieren, dass wir ursprünglich den Weg größter Steigung auf einer Ebene im Raum suchten, uns aber dann nur mit Projektionen auf die x,y-Ebene begnügten. Ein Bergwanderer hätte damit keine Probleme. Wenn er sich beispielsweise in der Bergwelt querfeldein orientieren sollte, dann sind Angaben über die Richtungen projiziert auf Meereshöhe hinreichende Informationen. Die zugehörigen Höhen ergeben sich zwangsläufig durch das Höhenprofil der Landschaft. Unser aus den beiden Steigungen m_x und m_y gebildeter Gradientenvektor gibt sozusagen den Kurs in Richtung der größen Steigung an. Sein Betrag liefert den Wert der maximalen Steigung.

2.5 Darstellungen von Ebenen im Raum

Die letzten beiden Informationen rechtfertigen, den aus den beiden Steigungen m_x und m_y gebildeten zweidimensionalen Vektor, durch einen besonderen Namen herauszustellen – den Gradienten (hier der linearen Funktion). Wegen der überragenden Bedeutung des Gradienten stellen wir bereits hier schon einmal die Schreibweisen vor. Die Gradientenbildung wird darin als Operation dargestellt, die aus der linearen Funktion die Einzelsteigungen herausfischt und daraus einen Vektor zusammenbaut. Der Operatername heißt „grad". Welche Vorteile allerdings die exotische Schreibweise des Operators mit dem auf die Spitze gestellten Dreieck und dem noch exotischeren Operatornamen „Nabla" bringen soll, wird erst ersichtlich, wenn wir uns im nächsten Kapitel intensiv mit dem Gradienten beschäftigen. Wir werden dabei auf die Überlegungen dieses Abschnitts zurückgreifen.

gradus <lat.:„der Schritt">

Das Ausmaß der Bedeutung des Gradientenbegriffs wird hier noch nicht deutlich: Der „Gradient" gehört zum Fundament der Vektoranalysis.

Bitte beachten Sie den folgenden Merksatz, in dem der Gradient vorläufig für zweistellige lineare Funktionen definiert wird.

Gradient linearer Funktionen:

Sei $L: \mathbb{R}^2 \to \mathbb{R}$, $(x,y) \mapsto L(x,y)$ mit $L(x,y) = m_x x + m_y y + c$

Der aus den Steigungen m_x und m_y gebildete Vektor heißt *Gradient* der zweistelligen linearen Funktion. Der Betrag des Gradienten ist gleich der maximalen Steigung:

$$\operatorname{grad}(L) := \begin{pmatrix} m_x \\ m_y \end{pmatrix} \quad \text{bzw.} \quad \vec{\nabla}L := \begin{pmatrix} m_x \\ m_y \end{pmatrix}, \quad |\operatorname{grad}(L)| = \sqrt{m_x^2 + m_y^2}$$

Vorsicht Spezialfall! Der Gradient einer zweistelligen linearen Funktion ist das Pendant zur Steigung einer einstelligen linearen Funktion. Sowohl Steigung als auch Gradient sind bei diesen Funktionstypen konstant.

Merksatz 2.5.1

Die beiden letzten Abschnitte erleichtern nicht nur den späteren Einstieg in die Vektoranalysis, sondern bieten auch das Handwerkzeug für die üblichen Aufgabenstellungen der sogenannten analytischen Geometrie in den Oberstufen allgemeinbildender Schulen. Mithilfe der Normalenform der Ebene können Sie beispielsweise elegant eine Abwandlung von *Aufgabe 2.4.1* lösen.

Analytische Geometrie als „Handwerkzeug"

Aufgabe:

Die Ortungen des zweiten Flugobjekts von *Aufgabe 2.4.1* waren „fehlerhaft" – die z-Koordinaten waren um 10 Einheiten zu klein. Die korrekte Ortung ist: $Q_0(26, 74, \mathbf{46})$ und $Q_1(32, 68, \mathbf{42})$.

a) Ermitteln Sie eine Hilfsebene, die g_1 enthält und parallel zu g_2 ist. Ermitteln Sie eine zweite Hilfsebene, die g_2 enthält und parallel zu g_1 ist!

b) Stellen Sie die Ebenen als Hessesche Normalenformen dar und ermitteln Sie den Abstand der beiden Hilfsebenen zum Koordinatenursprung und zueinander!

c) Begründen Sie, weshalb es sich bei dem Abstand der Hilfsebenen um den kleinstmöglichen Abstand der beiden Flugbahnen handelt!

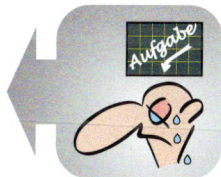

Aufgabe 2.5.1

Lösung zu Aufgabe 2.5.1

Die richtungsgebenden Vektoren von g_1 und g_2 bilden die richtungsgebenden Vektoren für beide Ebenen.

Den Normalenvektor findet man am schnellsten mit dem Kreuzprodukt.

Hier kommt die Bedeutung des Parameters d in der Hesseform ins Spiel (s. (2.5.6)).

Der Abstand eines Punktes von einer Geraden ist gleich der Länge des Lotes vom Punkt auf die Gerade.

Lösungsvorschlag:

Zu a) g_1 bleibt unverändert, für g_2 gilt: $g_2 : \vec{r} = \begin{pmatrix} 26 \\ 74 \\ 46 \end{pmatrix} + t_2 \begin{pmatrix} 6 \\ -6 \\ -4 \end{pmatrix}$

$g_1 \subseteq E_{1H} \wedge g_2 \parallel E_{1H} \Rightarrow E_{1H} : \vec{r} = \overrightarrow{OP_0} + s_1 \vec{v} + t_1 \vec{w}$

$g_2 \subseteq E_{2H} \wedge g_1 \parallel E_{2H} \Rightarrow E_{2H} : \vec{r} = \overrightarrow{OQ_0} + s_2 \vec{v} + t_2 \vec{w}$

Zu b) $\vec{v} \times \vec{w} = \begin{vmatrix} \vec{i} & \vec{j} & \vec{k} \\ 2 & 10 & -4 \\ 6 & -6 & -4 \end{vmatrix} = \begin{pmatrix} -64 \\ -16 \\ -72 \end{pmatrix} \propto \begin{pmatrix} 8 \\ 2 \\ 9 \end{pmatrix} := \vec{n}, \; \vec{n}_e = \frac{1}{\sqrt{149}} \begin{pmatrix} 8 \\ 2 \\ 9 \end{pmatrix}$

$E_{1H} : \vec{n}_e \cdot \vec{r}_0 = \frac{1}{\sqrt{149}} \begin{pmatrix} 8 \\ 2 \\ 9 \end{pmatrix} \cdot \begin{pmatrix} 44 \\ 20 \\ 32 \end{pmatrix} = \frac{680}{\sqrt{149}} := d_1$

$E_{2H} : \vec{n}_e \cdot \vec{r}_0 = \frac{1}{\sqrt{149}} \begin{pmatrix} 8 \\ 2 \\ 9 \end{pmatrix} \cdot \begin{pmatrix} 26 \\ 74 \\ 46 \end{pmatrix} = \frac{770}{\sqrt{149}} := d_2$

$|\Delta d| = |d_1 - d_2| \approx 7,4 \text{ Einh.}$

Zu c) Sei $A \in g_1$ und $B \in g_2$ mit $|\overrightarrow{AB}|$ minimal

$AB \perp g_1 \wedge AB \perp g_2 \Rightarrow \overrightarrow{AB} \parallel \vec{n}_e \Rightarrow \overrightarrow{AB} = +/- |\Delta d| \vec{n}_e$ bzw. $|\overrightarrow{AB}| = |\Delta d|$

Zum üblichen Grundwerkzeug der analytischen Geometrie gehört das Ermitteln von Ebenengleichungen aus drei gegebenen Punkten sowie die Berechnung von Schnittmengen aus Geraden und Ebenen. Die im folgenden Bild dargestellte Szenerie soll als Planfigur für eine derartige Aufgabe dienen. Deren „Einkleidung" soll nicht Ihre geologischen Kenntnisse voranbringen, sondern Ihnen helfen, sich Ebenen und Geraden im Raum besser räumlich vorzustellen.

Vorsicht, reines Phantasie-Produkt!

Erdbohrmaschine

P_0, P_1, P_2 bekannte Punkte auf der Flözoberfläche E

Flöz

Bild 2.5.5
Planfigur zur Berechnung von Ebenen und Geraden

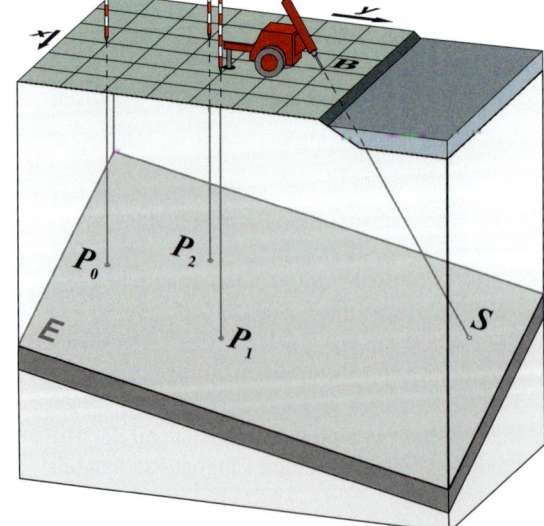

2.5 Darstellungen von Ebenen im Raum

Aufgabe:

Mithilfe von Probebohrungen zur Erkundung einer mineralhaltigen Erdschicht wurden drei Punkte ermittelt: $P_0(3, 1, -5)$, $P_1(4, 4, -6)$, $P_2(2, 3, -5)$. Zur weiteren Untersuchung wurde eine Probebohrung im Punkt $B(3, 6, 0)$ in Richtung $\vartheta = 159°33,645'$, $\varphi = 116°33,90'$ (Kugelkoordinaten) angesetzt.

a) Ermitteln Sie die Gleichung der (Bohr-)Geraden. Stellen Sie unter der Annahme, die Erdschicht sei näherungsweise eben, die Gleichung der Ebene in Normalenform auf!
b) Ermitteln Sie den Schnittpunkt S der Geraden mit der Ebene sowie die zu erwartende Bohrlänge!
c) Schätzen Sie mithilfe des Gradienten der Ebene ab, in welcher Richtung und in welcher Entfernung vom Koordinatenursprung die Erdschicht an die Erdoberfläche treten könnte (y-Richtung = N)!

Aufgabe 2.5.2

Lösungsvorschlag:

Zu a) Koordinaten eines Einheitsvektors $\vec{e}_b$ in Bohrrichtung:

$$x_b = \sin(\vartheta)\cos(\varphi) = -0{,}156 \propto -1$$
$$y_b = \sin(\vartheta)\sin(\varphi) = 0{,}312 \propto +2$$
$$z_b = \cos(\vartheta) = -0{,}937 \propto -6$$

$\vec{b} := \begin{pmatrix} -1 \\ 2 \\ -6 \end{pmatrix}$, $g: \vec{r} = \begin{pmatrix} 3 \\ 6 \\ 0 \end{pmatrix} + u \begin{pmatrix} -1 \\ 2 \\ -6 \end{pmatrix}$

Lösung zu Aufgabe 2.5.2

Der Vektor b weist in Bohrrichtung. Eine Normierung ist nicht erforderlich.

Ortsvektoren: $\vec{r}_0 := \overrightarrow{P_0O}$, $\vec{r}_1 := \overrightarrow{P_1O}$, $\vec{r}_2 := \overrightarrow{P_2O}$, $\vec{r}_B := \overrightarrow{BO}$

$\vec{v} := \vec{r}_1 - \vec{r}_0 = \begin{pmatrix} 1 \\ 3 \\ -1 \end{pmatrix}$, $\vec{w} := \vec{r}_2 - \vec{r}_0 = \begin{pmatrix} -1 \\ 2 \\ 0 \end{pmatrix}$, $\vec{n} := \vec{v} \times \vec{w} = \begin{vmatrix} \vec{i} & \vec{j} & \vec{k} \\ 1 & 3 & -1 \\ -1 & 2 & 0 \end{vmatrix} = \begin{pmatrix} 2 \\ 1 \\ 5 \end{pmatrix}$

Ermittlung der Richtungsvektoren für die Ebene und des Normalenvektors

Normalenform von E:

$\vec{n} \cdot \vec{r}_0 = -18$, $\vec{n} \cdot \vec{r} - \vec{n} \cdot \vec{r}_0 = 0$: $\begin{pmatrix} 2 \\ 1 \\ 5 \end{pmatrix} \cdot \vec{r} + 18 = 0$ bzw. $\underline{\underline{2x + y + 5z + 18 = 0}}$

Zu b) $E \cap g$: $\begin{pmatrix} 2 \\ 1 \\ 5 \end{pmatrix} \left(\begin{pmatrix} 3 \\ 6 \\ 0 \end{pmatrix} + u \begin{pmatrix} -1 \\ 2 \\ -6 \end{pmatrix} \right) + 18 = 0 \Leftrightarrow u = 1$, $\vec{r}_S = \begin{pmatrix} 3 \\ 6 \\ 0 \end{pmatrix} + 1 \begin{pmatrix} -1 \\ 2 \\ -6 \end{pmatrix} = \begin{pmatrix} 2 \\ 8 \\ -6 \end{pmatrix}$

Einsetzen der Geradengleichung in die Normalenform. Die Gleichung lässt sich nur mit Punkten erfüllen, die Gerade und Ebene gemeinsam angehören.

Schnittpunkt: $\underline{\underline{S(2, 8, -6)}}$, Bohrlänge: $|\vec{r}_S - \vec{r}_B| = \sqrt{41} \approx \underline{\underline{6{,}4}}$

Zu c) $2x + y + 5z + 18 = 0 \Leftrightarrow z(x,y) = -0{,}4x - 0{,}2y - 3{,}6$

$\text{grad}(z(x,y)) = \begin{pmatrix} -0{,}4 \\ -0{,}2 \end{pmatrix}$, $|\text{grad}(z(x,y))| \approx \underbrace{0{,}447}_{(24{,}1°)}$, $z(0,0) = -3{,}6$

Entfernung $= 3{,}6 / \tan(24{,}1°) \approx \underline{\underline{8}}$

Richtung 3. Quadrant: $\varphi = 180° + \arctan(0{,}5) \approx 206{,}6°$ ca. $\underline{\underline{\text{WSW}}}$

Planfigur zu c)

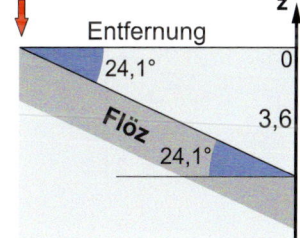

Für *Aufgabe 2.4.1* (Geradenkreuzung) musste zur Ermittlung der Schnittmenge zwangsläufig das Gleichsetzungsverfahren angewendet werden, da Geraden im Raum nicht parameterfrei dargestellt werden können. Im vorliegenden Fall könnte man ebenfalls ausschließlich mit Parameterdarstellungen arbeiten. In diesem

Fall liefe die Gleichsetzung der Parameterterme auf ein Gleichungssystem mit drei Variablen hinaus. Mithilfe der parameterfreien Normalenform wird – wie oben gezeigt – das „Einsetzverfahren" möglich.

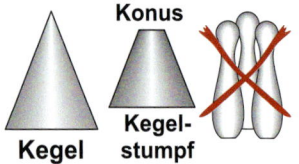

Schnittmengen von Ebenen mit nichtlinearen Gebilden können ebenfalls berechnet werden. Die bekanntesten Beispiele sind die Schnittmengen von Kegelmänteln mit Ebenen – sogenannte *Kegelschnitte*:

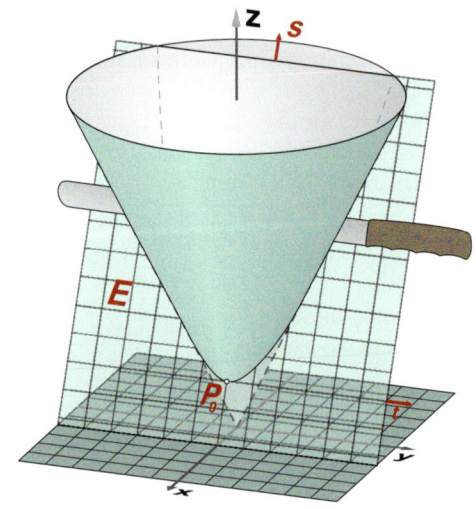

Wir stellen den Kegel auf die Spitze und schneiden mit einem superscharfen Messer parallel zur Mantellinie.

Bild 2.5.6
Illustration eines Kegelschnitts

Kegelverhältnis C:

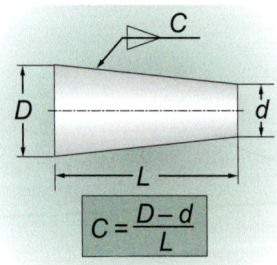

In *Bild 2.5.6* ist so eine Schnittmengenermittlung illustriert. Da ein Kegel im Raum parameterfrei dargestellt werden kann, ist es möglich, für die Berechnung der Schnittmenge das gleiche Verfahren wie in *Aufgabe 2.5.2* zu benutzen. Schneidet man den Kegelmantel in der Höhe z parallel zur x,y-Ebene an, ergibt sich ein Kreis mit dem Durchmesser d. Dieser Durchmesser ist wiederum proportional zur jeweiligen Höhe z. Der Proportionalitätsfaktor wird gerne als Quotient – geschrieben mit einem Doppelpunkt – dargestellt und heißt dann *Kegelverhältnis* (Formelzeichen C). Insbesondere schlanke Kegel bzw. Kegelstümpfe (Maschinenbau: *Konus*) lassen sich messtechnisch besser durch Kegelverhältnisse als durch Winkel erfassen.

Aufgabe 2.5.3

> **Aufgabe:**
> Ermitteln Sie die Schnittmenge einer Ebene E und eines Kegelmantels K. Die Lage des Kegels und der Ebene entnehmen Sie bitte der Planfigur. Der Punkt P_0 hat die Koordinaten $(1, 0, 2)$, das Kegelverhältnis beträgt exakt $1:1$.
> a) Stellen Sie die Gleichung der Eben in Parameterform auf! Wählen Sie für die Ebene orthonormale Richtungsvektoren in Richtung der (roten) Koordinatenachsen. Benennen Sie die Parameter mit t und s!
> b) Ermitteln Sie die Relation des Kegelmantels.
> c) Berechnen Sie die Schnittmenge!

2.5 Darstellungen von Ebenen im Raum

Lösungsvorschlag:

Zu a) $\vec{v} \parallel$ Hinterkante: $\vec{v} \propto \begin{pmatrix} -1 \\ 0 \\ 2 \end{pmatrix}$, $\vec{v} := \frac{1}{\sqrt{5}} \begin{pmatrix} -1 \\ 0 \\ 2 \end{pmatrix}$, $\vec{w} \parallel y$-Richtung: $\vec{w} := \begin{pmatrix} 0 \\ 1 \\ 0 \end{pmatrix}$

$E: \vec{r} = \begin{pmatrix} 1 \\ 0 \\ 2 \end{pmatrix} + \frac{s}{\sqrt{5}} \begin{pmatrix} -1 \\ 0 \\ 2 \end{pmatrix} + t \begin{pmatrix} 0 \\ 1 \\ 0 \end{pmatrix}$ bzw. als Gleichungssystem $\begin{cases} x = 1 - \frac{s}{\sqrt{5}} \\ y = t \\ z = 2 + \frac{2}{\sqrt{5}} s \end{cases}$

Zu b) Kegelverhältnis $= 1 : 1$, d.h. $z = d$ bzw. $r = \frac{1}{2} z$
Kreisschnittfläche in Höhe von z: $x^2 + y^2 = r^2$ $\Rightarrow K: x^2 + y^2 = \frac{1}{4} z^2$

Zu c) $E \cap K: \left(1 - \frac{s}{\sqrt{5}}\right)^2 + t^2 = \frac{1}{4}\left(2 + \frac{2}{\sqrt{5}} s\right)^2$

$\Leftrightarrow 1 - \frac{2}{\sqrt{5}} s + \frac{s^2}{5} + t^2 = \frac{1}{4}\left(4 + \frac{8}{\sqrt{5}} s + \frac{4}{5} s^2\right)$

$\Leftrightarrow 1 - \frac{2}{\sqrt{5}} s + \frac{s^2}{5} + t^2 = 1 + \frac{2}{\sqrt{5}} s + \frac{s^2}{5} \quad \left| -1 - \frac{s^2}{5} + \frac{2}{\sqrt{5}} s \right.$

$\Leftrightarrow \frac{4}{\sqrt{5}} s = t^2 \quad \left| \cdot \frac{\sqrt{5}}{4} \right. \quad \Leftrightarrow \quad \underline{\underline{s = \frac{\sqrt{5}}{4} t^2}} \text{ Parabel}$

Lösung zu Aufgabe 2.5.3

(Normierte) Richtungsvektoren für die Schnittebene E

Schnittebene in Parameterform bzw. als Gleichungssystem

d steht für den jeweiligen Durchmesser (= 2·r).

Einsetzen der Ebenen-Koordinaten in die Kreisgleichungen

s und t sind die Koordinaten des in der Schnittebene liegenden Systems (s. Bild 2.5.6).

Aufgabe 2.5.3 demonstriert die Bedeutung von Koordinatensystemen. Durch Festlegung der Basis eines Vektorraumes – hier handelt es sich um eine zweidimensionale Ebene – wird gleichzeitig ein Koordinatensystem definiert. Die Koeffizienten der Linearkombination eines Vektors sind die Koordinaten. Im Allg. wird es sich um ein schiefwinkliges System mit unterschiedlichen Skalierungen handeln. Wählt man wie beispielsweise in der Lösung von *Aufgabe 2.5.3* eine Orthonormalbasis, erhält man kartesische Koordinaten (dort mit s und t bezeichnet). Die Lage der Basis ist bei der Schnittmengenermittlung ebenfalls von Bedeutung. Sollte man sich nicht an den Symmetrieverhältnissen der zu erwartenden Schnittkurve orientieren, wird man mit langwierigen Rechnungen und unübersichtlichen Relationen (wenn man denn eine findet) bestraft. Neigt man die Ebene von *Aufgabe 2.5.3* weiter, mutiert die Schnittkurve zu einer *Ellipse*. Dann sollte der Koordinatenursprung in das Symmetriezentrum der Ellipse gelegt werden.

Machen Sie sich das Leben nicht unnütz schwer, wählen Sie problem- bzw. systemangepasste Basen.

Verlernen Sie das Wundern nicht: Die Randkurve eines schräg angeschnittenen Zylinders ist eine Ellipse – bei entsprechendem Anschnitt liefert ein Kegel ebenfalls eine Ellipse.

Aufgabe:
Überprüfen Sie das in eckigen Klammern angegebene Ergebnis! Ansonsten wie *Aufgabe 2.5.3* (Ebene und Koordinatenursprung geändert):

$E: \vec{r} = \begin{pmatrix} -1 \\ 0 \\ 8 \end{pmatrix} + \frac{s}{\sqrt{5}} \begin{pmatrix} -2 \\ 0 \\ 1 \end{pmatrix} + t \begin{pmatrix} 0 \\ 1 \\ 0 \end{pmatrix} \quad \left[E \cap K: \frac{s^2}{a^2} + \frac{t^2}{b^2} = 1, \underbrace{a = \sqrt{20}, b = \sqrt{15}}_{\text{Halbachsen}} \right]$

Aufgabe 2.5.4

2.6 Bahnkurven im Raum aufgrund Gravitation

Die Wiege der Analysis

Bisher hatten wir uns damit begnügt, Kräfte mit empirisch ermittelten Formeln zu beschreiben. Welcher Natur diese Kräfte waren spielte keine Rolle. Das führte, wie Sie gesehen haben, durchaus zu brauchbaren Ergebnissen. In diesem Abschnitt behandeln wir eine der (beiden) grundlegenden Kräfte der klassischen Physik und das ist die Gravitationskraft (s. Bild 1.2.2). Es war ein sehr weiter Weg bis zu der Erkenntnis, dass diese Kraft für eine Vielzahl von Phänomenen verantwortlich ist, die scheinbar nichts mit einander zu tun haben. Was haben der Fall einer Eisenkugel vom schiefen Turm von Pisa, Gezeiten der Meere und die Bewegung der Himmelskörper gemeinsam? Tatsächlich ist das Phänomen Gravitation (zunächst) leicht zu beschreiben: Zwei Körper mit den Massen M und m und dem Schwerpunktsabstand r ziehen sich gegenseitig an und für den Betrag der Anziehungskraft gilt das Newtonsche „Gravitationsgesetz".

(2.6.1)
$$F = G \cdot \frac{M \cdot m}{r^2} \quad \text{mit} \quad G = 6{,}673 \cdot 10^{-11} \frac{\text{m}^3}{\text{s}^2\text{kg}}$$

Dass die Massen der beteiligten Körper im Zähler von (2.6.1) mit (groß-)M und (klein-)m bezeichnet wurden, heißt nicht etwa, dass es sich um Massen in unterschiedlichen Größenordnungen handeln muss. Wer Indizes nicht scheut, kann alternativ die Massen m_1 und m_2 nennen. Der Faktor G ist eine universelle Naturkonstante. Die Zehnerpotenz in dieser sogenannten *Gravitationskonstante* lässt bereits erahnen, dass die Gravitationskraft nur dann respektable Größenordnungen erreicht, wenn mindestens einer der Körper die Dimension eines Himmelskörpers hat. Wenn sich zwei Menschen voneinander angezogen fühlen, handelt es sich nicht um die Gravitationskraft, denn diese liegt bei einer Entfernung von 1 m selbst bei Übergewichtigen in einer Größenordnung von lediglich 500 nN (Nanonewton). Zu einer zahlenmäßig vertrauten Beziehung wird das Gravitationsgesetz, wenn man betrachtet, mit welcher Kraft ein in der Nähe der Erdoberfläche befindlicher Körper angezogen wird:

$F_G < 500$ nN

(2.6.2)
$$F_G = G \cdot \underbrace{\frac{M_E m}{(R_{NN}+h)^2}}_{r} \approx m \cdot \underbrace{G \frac{M_E}{R_{NN}^2}}_{:=g} \cdot \left(1 - \frac{2h}{R_{NN}}\right) \quad \text{für } h < 3000\,\text{m} : \underline{\underline{F_G \approx m \cdot g}}$$

1. Näherung:
$$\frac{1}{(1+x)^2} \approx 1 - 2x$$
$$x := \frac{h}{R_{NN}}$$

Der g-Faktor heißt Schwere oder Gravitationsfeldstärke

In (2.6.2) wurde der Abstand r in eine Summe aus Erdradius ($R_{NN} \approx 6366$ km) und Höhe über *Normalnull* (NN) aufgeteilt. Wenn diese Höhe klein im Vergleich zum Erdradius bleibt, kann man R_{NN}^2 im Nenner ausklammern und die Klammer durch ein Taylorpolynom ersten Grades annähern. Bleibt man auch noch brav unterhalb der Zugspitzenhöhe (ca. 3000 m), reicht sogar die 0. Näherung. Die jetzt schlicht *Gewichtskraft* genannte Anziehungskraft ist näherungsweise konstant ($g = 9{,}81$ m/s², $-0{,}5$ ‰ in 3000 m Höhe).

2.6 Bahnkurven im Raum aufgrund Gravitation

Die Bezeichnung „ziehen sich gegenseitig an" beinhaltet die Existenz zweier Kräfte: Die Kraft von „M" auf „m" und die Kraft von „m" auf „M". Beide Kräfte sind betragsmäßig gleich, haben aber entgegengesetzte Richtung. Gravitationskräfte treten also grundsätzlich paarweise auf. So verhindert beispielsweise die Anziehungskraft der Erde, dass ein Elefant Kängurusprünge machen kann. Umgekehrt wird auch die Erde vom Elefanten angezogen. Die vektorielle Summe beider Kräfte ist gleich null – andernfalls würde das System Erde-Elefant die Umlaufbahn der Erde verändern. Tatsächlich ist das paarweise Auftreten von Kräften sogar ein allgemeingültiges Phänomen und in der Regel braucht nach einer zweiten Kraft nicht allzu lange gefahndet zu werden. Bei unserer Kanone wurde beispielsweise die Kugel im Kanonenrohr durch eine Kraft beschleunigt. Die gleich große Gegenkraft ist der Rückstoß und wehe den Kanonieren, wenn das Schießgerät nicht anständig festgezurrt wurde. Das wichtige Phänomen Kraft-Gegenkraft firmiert unter dem Namen 3. Newtonsches Axiom. Newton nannte die beiden Kräfte „Action" und „Reaction" – wir sollten ihm seinen Willen lassen:

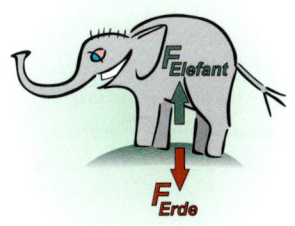

Aktion (die Erde zieht den Elefanten an) und Reaktion (der Elefant zieht die Erde an)

> **3. Newtonsches Axiom:**
> Zu jeder Aktion gibt es immer eine entgegengesetzt gleiche Reaktion: oder die gegenseitige Aktion zwischen zwei Körpern aufeinander ist immer gleich und entgegengesetzt gerichtet.

Merksatz 2.6.1

Vor Newtons abschließenden Arbeiten hatten Astronomen – insbesondere Tycho Brahe – langwierig Nacht für Nacht vor ihren Teleskopen gesessen und die Bewegungen der Planeten vermessen. Auf der Basis dieser Messungen konnte geschlossen werden, dass die Planeten auf elliptischen Bahnen um die Sonne kreisen (Keplersche Gesetze). Es war aber rätselhaft, welche Kräfte die Planeten ständig in Bewegung halten. Wir wollen jetzt zeigen, wie mithilfe der in den vorherigen Abschnitten bereitgestellten „Werkzeugen" die Planetenbahnen in unserem Sonnensystem nicht nur erklärbar, sondern auch präzise berechenbar sind. Das folgende Bild, in dem ein Phantasie-Planet in ein kartesisches heliozentrisches Koordinatensystem eingezeichnet ist, soll als Planfigur dienen.

Tak for natmålingerne Tycho!

Mit den Keplerschen Gesetzen wurden Planetenbahnen korrekt beschrieben – aber noch nicht erklärt.

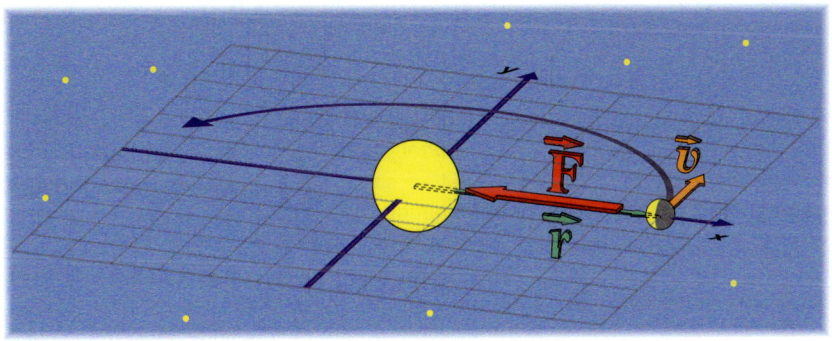

Bild 2.6.1
Planfigur zur Berechnung einer Planetenbahn

Der rote Pfeil im Bild steht für die Gravitationskraft der Sonne auf den Planeten. Diese Kraft ist maßgeblich für die Bahn des Planeten. Wo aber ist die Gegenkraft? Die gleich große Gegenkraft ist selbstverständlich auch vorhanden, und wird umgekehrt die Geschwindigkeit der Sonne beeinflussen. Da jedoch die Sonne eine

Sonnenmasse/Erdmasse ≈ 333 000

wesentlich höhere Masse als ihre Planeten hat, wird die Anziehungskraft des Planeten nur geringe Geschwindigkeitsänderungen der Sonne verursachen (Beachten Sie: $dv = F/m \cdot dt$). Aus diesem Grunde wurde in *Bild 2.6.1* nur die Gravitationskraft der Sonne auf den Planeten eingetragen.

Die „wahren" Anfangsbedingungen ergaben sich bei der Bildung des Sonnensystems

Zur Ermittlung von Bewegungen mithilfe der Newtonschen Bewegungsgleichung muss eine Anfangsbedingung vorgegeben werden, d. h. Ort und Geschwindigkeit müssen zu irgendeinem Zeitpunkt bekannt sein. Da dieser Zeitpunkt beliebig ist, brauchen wir uns nicht um die Entstehungsgeschichte des Sonnensystems zu kümmern, sondern können Anfangsbedingungen für das „fertige" Sonnensystem vorgeben. Hat beispielsweise der Himmelskörper keine oder eine auf die Sonne gerichtete Geschwindigkeit, braucht nichts gerechnet zu werden. Es wird eine gewaltige Kollision geben, der Himmelskörper wird in die Sonne stürzen. Das wird auch bei entgegengesetzter Richtung passieren, wenn die Geschwindigkeit des Himmelskörpers unterhalb einer gewissen „Fluchtgeschwindigkeit" bleibt.

Bei den Planeten sind Momentangeschwindigkeit und Ortsvektoren nie kollinear

Interessant wird es erst, wenn der Ortsvektor (im Bild der grüne Pfeil) und die Geschwindigkeit nicht kollinear sind. Beachten Sie, im All sind Gravitationskräfte die einzigen Kräfte. Es gibt keinen Luftwiderstand, der die Geschwindigkeitsbeträge nach und nach aufzehrt.

Einheitsvektor:
$$\vec{e} := -\frac{\vec{r}}{|\vec{r}|} \text{ bzw. } -\frac{\vec{r}}{r}$$

$$\vec{e} \bullet \vec{e} = \left(-\frac{\vec{r}}{r}\right) \bullet \left(-\frac{\vec{r}}{r}\right)$$

$$= \frac{\vec{r} \bullet \vec{r}}{r^2} = \frac{r^2}{r^2} = 1$$

Für den ersten Teil dieses Abschnitts reichte eine betragsmäßige Erfassung des Gravitationsgesetzes. Zur quantitativen Untersuchung der Planetenbewegung mittels Bewegungsgleichung, muss das Gravitationsgesetz vektoriell ausgefüttert werden. Die Kraftrichtungen ergeben sich aus der umgangssprachlichen Ausdrucksweise „ziehen sich gegenseitig an", denn diese Formulierung bedeutet, dass die Gravitationskraft der Sonne auf ihren Planeten dem Ortsvektor entgegengerichtet ist. Mit dem Hinzufügen eines Einheitsvektors in Gegenrichtung zum Ortsvektor wird das Gravitationsgesetz komplett:

(2.6.3)

$$\vec{F} = -G \cdot \frac{M \cdot m}{r^2} \cdot \frac{\vec{r}}{r} \quad \text{bzw.} \quad \begin{cases} F_x = -G\frac{M\,m}{r^3}x \\ F_y = -G\frac{M\,m}{r^3}y \\ F_z = -G\frac{M\,m}{r^3}z \end{cases}$$

Die Kraft weist ständig auf ein „Zentrum" (hier die Sonne). Es handelt sich um eine sogenannte Zentralkraft.

Beachten Sie, in (2.6.3) ist nicht etwa aus der $1/r^2$-Abhängigkeit eine $1/r^3$-Abhängigkeit geworden. Teilt man einen Vektor durch seinen Betrag, entsteht ein Einheitsvektor. Der Betrag des Ortsvektors kann optional dem „r^2" zugeschlagen werden. Eine mögliche Anfangsbedingung für die Bewegungsgleichung wurde bereits in *Bild 2.6.1* festgelegt. Da der Ort anfangs keine z-Komponente hat, ist die z-Komponente der Gravitationskraft zunächst gleich null. Es wird daher keine Änderung der Geschwindigkeit in z-Richtung geben. Da das auch für nachfolgende Zeitpunkte bestehen bleibt, beschränkt sich die Planetenbewegung rechenfreundlich auf die x,y-Ebene.

Vorsicht: Elektronen bewegen sich innerhalb von Atomen nicht auf ebenen Bahnen. Im Mikrokosmos gelten völlig andere Gesetze!

Die SI-Einheiten Meter und Sekunde sind für populäre Beschreibungen von Planetenbewegungen schlecht geeignet. Zwar können unhandliche Zehnerpotenzen mithilfe geeigneter Präfixe immer vermieden werden, aber es verbleibt ein hoher

2.6 Bahnkurven im Raum aufgrund Gravitation

Abstraktionsgrad. Wir verwenden deshalb den mittleren Abstand der Erde von der Sonne als Längeneinheit (Astronomische Einheit, AE) und den zwölften Teil eines siderischen Jahres als Zeiteinheit. Rechnet man das Produkt aus Gravitationskonstante und Sonnenmasse in diese Einheiten um, entsteht ein freundlicher Zahlenwert, aber gepaart mit einer exotischen Einheitenkombination:

Die Einheit „Monat" ist in Naturwissenschaft und Technik unüblich! Für populäre Präsentationen kann sie ausnahmsweise verwendet werden.

$$1 \text{ AE} = 1{,}496 \cdot 10^{11} \text{ m}, \quad 1 \text{ M(onat)} = \tfrac{1}{12} \cdot 365{,}256 \cdot 24 \cdot 3600 \text{ s}, \quad G = 6{,}673 \cdot 10^{11} \frac{\text{m}^3}{\text{kg} \cdot \text{s}^2}$$

$$G \cdot M = 1{,}33 \cdot 10^{20} \frac{\text{m}^3}{\text{s}^2} = 1{,}33 \cdot 10^{20} \frac{\left(\tfrac{1}{12} \cdot 365{,}256 \cdot 24 \cdot 3600\right)^2 \text{AE}^3}{\left(1{,}496 \cdot 10^{11}\right)^3 \text{M}^2} = 0{,}274737 \frac{\text{AE}^3}{\text{M}^2}$$

(2.6.4)

Zur Ermittlung des Geschwindigkeit-Zeit- und des Weg-Zeit-Verhaltens – hier eines Planeten – müssen die Bewegungsgleichungen für das spezielle System aufgestellt werden. Dazu setzt man das spezielle Kraftgesetz – hier das Gravitationsgesetz in der Form (2.6.3) – in die Newtonsche Bewegungsgleichung ein:

Das, was eine Zentralkraft verursacht, heißt Zentralbewegung.

$$F_x = -G \frac{M\,m}{r^3} x = m \cdot \frac{\text{d}}{\text{d}t} v_x$$

$$F_y = -G \frac{M\,m}{r^3} y = m \cdot \frac{\text{d}}{\text{d}t} v_y$$

(2.6.5)

Es wird Sie hier nicht mehr in Erstaunen versetzen, dass die Masse wie in (2.3.1) aus der Bewegungsgleichung herausfällt. Die Bewegungen des Planeten sind unabhängig von der Planetenmasse. Im nächsten Schritt ist zu entscheiden, ob das Gleichungssystem mit vertretbarem Aufwand exakt lösbar ist oder ob wir es von vornherein mit numerischen Methoden bearbeiten. Im Falle von (2.6.5) handelt es sich um ein System aus zwei gekoppelten nichtlinearen Differenzialgleichungen. Das System ist exakt lösbar, aber da mit der Excel-Arbeitsmappe „Demicannon.xls" bereits eine vergleichbare Tabellenkalkulation vorliegt, werden wir lieber den einfacheren Weg wählen. Tabellenkopf und Parameterliste sind leicht zu ändern:

Deswegen nichtlinear:
$$r = |\vec{r}| = \sqrt{\vec{r} \cdot \vec{r}} = \sqrt{x^2 + y^2}$$
$$r^3 = \left(\sqrt{x^2+y^2}\right)^3$$
bzw. $r^3 = \left(x^2 + y^2\right)^{\tfrac{3}{2}}$

Tabelle 2.6.1
Abgewandelte Tabelle von „Demicannon.xls"

	Planet										
D5		f_x	=WENN(ZEILE(A5)=GERADE(ZEILE(A5));-GM*m*C5/(WURZEL(C5^2+F5^2))^3;MITTELW...								
	A	B	C	D	E	F	G	H	Δt	Param.	Werte
1	t in M	v_x in AE	x in AE/M	F_x in kgAE/M²	v_y in AE	y in AE/M	F_y in kgAE/M²	ΔA/		Δt in M	0,1
2	0,00	0,000	0,500	−1,099	0,90682	0,000	−0,000	–		m in kg	1,0
3	0,05	−0,055	0,497	−1,084	0,907	0,045	−0,098	–	27	GM in AE³/M²	0,274737
4	0,10	−0,108	0,495	−1,069	0,897	0,091	−0,196	0,2			
5	0,15	−0,162	0,486	−1,027	0,887	0,135	−0,283				
6	0,20	−0,211	0,478	−0,986	0,869	0,179	−0,370	0,2	27		
7	0,25	−0,260	0,465	−0,925	0,850	0,222	−0,437				
8	0,30	−0,304	0,452	−0,864	0,825	0,264	−0,505	0,2	27		

Die Geschwindigkeitsbeträge in Spalte H werden hier nicht benötigt. Die Spalte kann später zur Verifizierung des zweiten Keplerschen Gesetzes eingesetzt werden. Der Parameter „m in kg" ist hier zwar überflüssig, aber wir nehmen ihn, um

Beachten Sie die Zahlenwerte noch nicht!

den Änderungsaufwand klein zu halten, doch mit. Die kompletten Arbeitsschritte sind in der folgenden „Aufgabe" zusammengestellt:

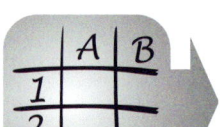

Aufgabe 2.6.1

> **Aufgabe:**
> a) Starten Sie Ihre Tabellenkalkulation und öffnen Sie die Excel-Arbeitsmappe „Demicannon.xls"! Alte Diagramme darin können Sie löschen.
> b) Ändern Sie den Tabellenkopf und die Parameterliste gemäß Tabelle 2.6.1! Benennen Sie Zelle J3 in *GM* um: J3 → Menü *Formeln/Definierte Namen/ Namen definieren* → GM ⟨OK⟩
> c) Wählen Sie folgende Anfangsbedingungen: B2→0, C2→1,00, E2→0,5236, F2→0
> d) Ändern Sie in D2, G2, D3 und G3 die Kraftformeln:
> D2 → = –GM*m*C2/(WURZEL(C2^2+F2^2))^3
> G2 → = –GM*m*F2/(WURZEL(C2^2+F2^2))^3
> D3 → =WENN(ZEILE(A3)=GERADE(ZEILE(A3)); –GM*m*C3/ (W… …URZEL(C3^2+F3^2))^3;MITTELWERT(D2;D4))
> G3 → =WENN(ZEILE(A3)=GERADE(ZEILE(A3)); –GM*m*F3/ (W… …URZEL(C3^2+F3^2))^3;MITTELWERT(G2;G4))
> e) H1→$\Delta A/\Delta t$, H2→ –, H3→ –, H4→=WENN(ZEILE(A3)=GERADE (Z… …EILE(A3)); (C2*F4-F2*C4)/2/dt;"-")
> f) Alle Zellen von A3 bis G242 mit gedrückter ⟨Strg⟩-Taste markieren, dann Formeln mit ⟨Strg⟩⟨U⟩ übertragen. Das gleiche von H4 bis H242.
> g) C2 bis C250 markieren, F2 bis F250 mit gedrückter ⟨Strg⟩ – Taste markieren. Menü *Einfügen/Diagramm/Punkt/Punkte mit interpolierten Linien mit Datenpunkten*. Nehmen Sie *Bild 2.6.2* als Anhaltspunkt für Ihre Formatierung.

Beachten Sie: Um die Tabellenkalkulation abwandelbar zu halten, wurde „klein m" mitgeschleppt, obwohl es sich heraus kürzt.

In Zelle C2 steht der mittlere Abstand der Erde von der Sonne als Anfangsbedingung und das sind genau 1 AE. Als Anfangsbedingung in Zelle E2 wurde die mittlere Umlaufgeschwindigkeit der Erde um die Sonne gewählt – die beträgt: $(2\pi \cdot 1 AE)/(12 M) \approx 0{,}52360$ AE/M. Wenn alles richtig eingegeben wurde und die Schrittweite Δt klein genug gewählt wurde, muss sich eine Kreisbahn mit einer Umlaufzeit von 12 Monaten ergeben. Tatsächlich umläuft die Erde die Sonne nur näherungsweise in einer Kreisbahn. Der kleinste Abstand beträgt in Wirklichkeit 0,98 AE. Geben Sie diesen Wert in Zelle C2 ein und erhöhen Sie die Anfangsgeschwindigkeit in E2 auf 0,53477! Dann kommt die Bahnkurve der Realität ziemlich nahe.

Wenn sich mit diesen Anfangsbedingungen keine geschlossene Kurve ergäbe, wäre die Schrittweite noch zu groß!

Zur Erinnerung: Die Mittelwerte werden (nur) für die problemlose Erstellung von Diagrammen benötigt.

Die Erddaten eignen sich wegen der „Nahezu-Kreisbahn" nicht gut für weitergehende Betrachtungen. Geben Sie deshalb lieber die in *Tabelle 2.6.1* aufgeführten Daten eines Phantasieplaneten ein. Mit dieser Anfangsbedingung erhalten Sie die in *Bild 2.6.2* dargestellte ellipsenförmige Bahnkurve. Die Planetenpostionen sind im zeitlichen Abstand von $\Delta t = 0{,}1$ M eingezeichnet. Die aus Mittelwertbildung hervorgegangenen Wertepaare wurden in dem Diagramm gelöscht. Aufgrund der verlängerten Umlaufzeit musste die Tabelle um 8 Zeilen erweitert werden. Der zweite Schnittpunkt der Bahnkurve mit der *x*-Achse sollte auf einem „glatten" Punkt liegen. Das wurde mit der „krummen" Anfangsgeschwindigkeit in E2 erreicht. Der Wert wurde durch Probieren ermittelt.

2.6 Bahnkurven im Raum aufgrund Gravitation

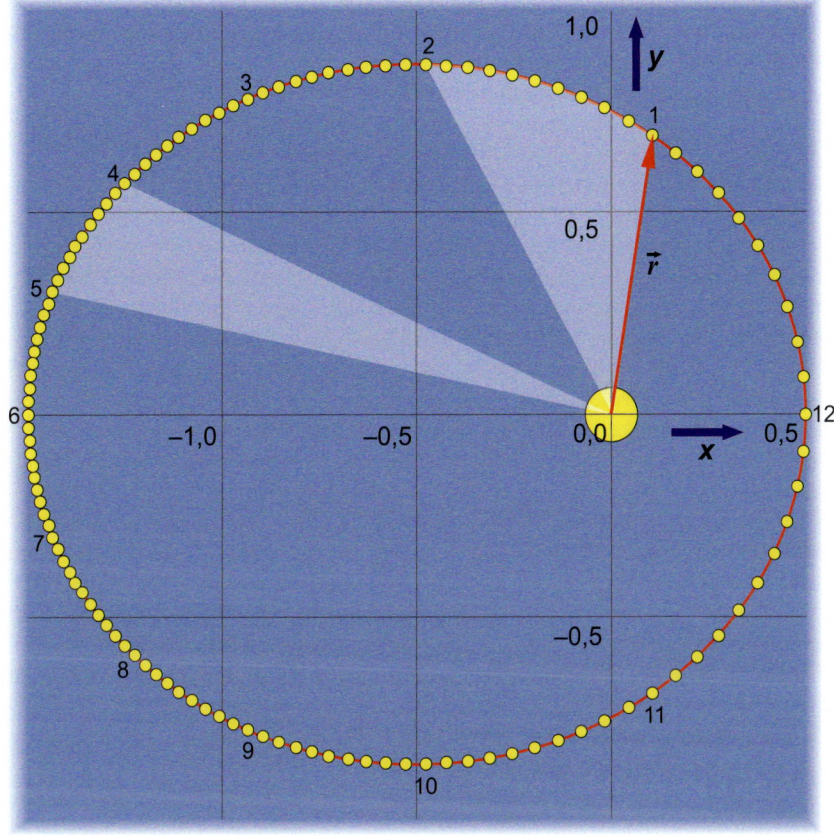

Der Ortsvektor (Radiusvektor) heißt bisweilen auch Fahrstrahl.

Im Falle der Erde hieße die x,y-Ebene Ekliptik.

Beachten Sie die Geschwindigkeiten! Mit größer werdender Entfernung von der Sonne sinkt die Geschwindigkeit des Planeten.

Bild 2.6.2
Elliptische Bahnkurve eines Phantasieplaneten um die Sonne

Ellipsenförmig heißt nicht, dass es sich auch wirklich um eine *Ellipse* handelt. Allerdings braucht hier nichts neu entdeckt zu werden. Es reicht, wenn wir überprüfen, ob die aus dem Gravitationsgesetz und den Bewegungsgleichungen mittels Tabellenkalkulation ermittelte Bahnkurve in vernünftiger Genauigkeit die *Keplerschen Gesetze* erfüllen:

> **Keplersche Gesetze:**
> 1. Die Planeten bewegen sich auf Ellipsen, in deren einem Brennpunkt die Sonne steht.
> 2. Der Radiusvektor von der Sonne zum Planeten überstreicht in gleichen Zeiten gleiche Flächen.
> 3. Die Quadrate der Umlaufzeiten der Planeten verhalten sich wie die dritten Potenzen ihrer großen Halbachsen.
>
>   Planet1, Planet2: $\frac{T_1^2}{T_2^2} = \frac{a_1^3}{a_2^3}$ bzw. für alle Planeten: $\frac{T^2}{a^3} =$ konst.

Merksatz 2.6.2

$T_i \rightarrow$ *Umlaufzeit*
$a_i \rightarrow$ *große Halbachse*

Eine Ellipse definiert sich aus einem Kegelschnitt (*vgl. Auf. 2.5.3*) oder in der Ebene durch Festlegung zweier (Brenn-)Punkte F_1, F_2 sowie der Länge der großen Halbachse a (s. Bild 2.6.3). Die Ellipse ist dann die Menge der Scheitelpunk-

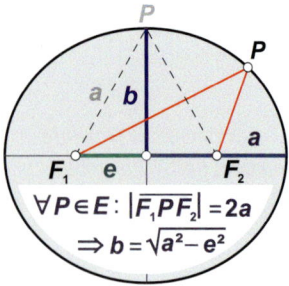

Bild 2.6.3
Definition einer Ellipse

$$\frac{x^2}{a^2} + \frac{y^2}{b^2} = 1$$

$a=1$, $b=0{,}866$

Transf.: $x \longrightarrow x+0{,}5$

$|y| = 0{,}866\sqrt{1-(x+0{,}5)^2}$

$\vec{r}_0 := \vec{r}(t)$, $\vec{r}_1 := \vec{r}(t+\Delta t)$

$\Delta A = \frac{1}{2}|\vec{r}_0 \times \vec{r}_1|$

$\vec{r}_0 \times \vec{r}_1 = \begin{vmatrix} \vec{i} & \vec{j} & \vec{k} \\ x_0 & y_0 & 0 \\ x_1 & y_1 & 0 \end{vmatrix}$

$\Delta A = \frac{1}{2}|x_0 y_1 - y_0 x_1|$

Ebenfalls 12 Monate – stimmt da vielleicht etwas nicht?

Erde:
$$\frac{T^2}{a^3} = \frac{(12\,M)^2}{(1\,AE)^3} = 144\,\frac{M^2}{AE^3}$$

Probekörper:
$$= \frac{(10\,M)^2}{(0{,}887\,AE)^3} = 143{,}3\,\frac{M^2}{AE^3}$$

Kaum zu glauben: Lediglich zwei Gesetze regeln die Bewegungen im Sonnensystem! ...dann werden die Rechnungen aufwendig!

te aller möglichen Streckenzüge F_1PF_2 der Länge $2a$. Die Länge der kleinen Halbachse ergibt sich aus dem speziellen achsensymmetrischen Streckenzug (im Bild gestrichelt angedeutet) mittels Pythagoras. Der Abstand der Brennpunkte vom Mittelpunkt – im nebenstehenden Bild mit e bezeichnet – heißt *lineare Exzentrizität*.

Wenn unsere aus der Tabellenkalkulation ermittelte Kurve tatsächlich eine Kepler-Ellipse ist, müssten $a = 1$ AE und $e = 0{,}5$ AE sein. Damit ergibt sich für die kleine Halbachse $b \approx 0{,}8660\ldots$ AE. Unser Wert liegt knapp 1 ‰ darunter. Bei der Standarddarstellung einer Ellipse liegt der Koordinatenursprung im Mittelpunkt. Zur weiteren Überprüfung verschiebt man den Koordinatenursprung in den Brennpunkt und löst die transformierte Ellipsengleichung nach $|y|$ auf. Setzt man x-Werte der C-Spalte in die Formel ein (nur die Werte mit gerader Zeilenzahl verwenden!) und vergleicht sie mit den Beträgen der F-Spalte, ergeben sich vergleichbare Genauigkeiten wie bei der kleinen Halbachse. Die mittlere Abweichung liegt bei 0,004 AE. Wir können daher das 1. Keplersche Gesetz als erfüllt gelten lassen.

Zwei vom Radiusvektor in gleichen Zeiten überstrichene Flächen, von denen im 2. Keplerschen Gesetz die Rede ist, sind bereits in *Bild 2.6.2* angedeutet. Diese Flächen sollten gleiche Flächeninhalte haben. Um so einen Flächeninhalt numerisch berechnen zu können, nehmen wir zwei benachbarte Radiusvektoren. Die Bogenkrümmung fällt dann kaum ins Gewicht und bei der jetzt in Δt überstrichenen Fläche handelt es sich um die eines leicht berechenbaren Dreiecks. Der Flächeninhalt eines durch zwei Vektoren definierten Dreiecks errechnet sich aus dem Betrag des halben Kreuzprodukts. Damit erklärt sich *Teil d* in *Aufgabe 2.6.1*. Die Werte in Spalte H sind tatsächlich alle gleich und zeigen, dass auch das zweite Keplersche Gesetz zutrifft. Dass diese (konstante) „Flächeninhaltsgeschwindigkeit" ein Maß für den Drehimpuls des Planeten ist, wird später diskutiert.

Sie werden sich möglicherweise gewundert haben, unser Phantasieplanet benötigt genau wie die Erde 12 Monate für einen Umlauf um die Sonne. Betrachtet man das dritte Keplersche Gesetz, so ist das keine Überraschung. Die Anfangsgeschwindigkeit des Planeten wurde so gewählt, dass die Länge der großen Halbachse 1 AE beträgt. Gemäß „Kepler3" muss sich dann eine Umlaufzeit von 12 Monaten ergeben. Um auch Bahnkurven mit einer anderen Halbachse prüfen zu können, ändern wir die Anfangsgeschwindigkeit in Zelle E2 auf 0,8871. Die Umlaufzeit vermindert sich dann auf 10 Monate, und für die große Halbachse ergeben sich (interpoliert) 0,887 AE. Berechnen Sie dann den Quotienten T^2/a^3! Im vorliegenden Fall ergibt sich 143,3. Die Genauigkeit reicht, im Falle der Erde beträgt der merkwürdige Quotient 144.

Es stellt sich die Frage, ob die Mechanik des Sonnensystems wirklich so einfach ist. Ja und Nein! In diesem Abschnitt wurde der Einfluss der übrigen Planeten nicht in die Rechnung einbezogen. Das führt angesichts der Massenverhältnisse durchaus zu brauchbaren Ergebnissen. Für genauere Rechnungen müssen auch die Gravitationskräfte der Himmelskörper untereinander berücksichtigt werden.

2.7 Kurvenfahrten ohne Schienen

Man kann die Gravitationskraft auf einen Planeten optional in zwei orthogonale Komponenten zerlegen, eine in Richtung der Momentangeschwindigkeit (Tangentialkraft) und die andere senkrecht dazu (Normalkraft). Bei den meisten Planeten übertreffen die Normalkräfte die tangentialen Kräfte bei Weitem. Im Folgenden kehren wir zurück in die Erdatmosphäre und untersuchen dort exemplarisch die Bahnkurven eines Flugzeugs unter dem ausschließlichen Einfluss einer Normalkraft (s. nebenstehendes Bild). Bei einem Flugzeug hat der Pilot – wie wir gleich sehen werden – die Möglichkeit, alle übrigen Kräfte „auszubalancieren". Das folgende Bild zeigt den Zustand dieses Flugzeugs zur Zeit $t = 0$.

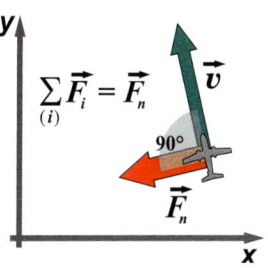

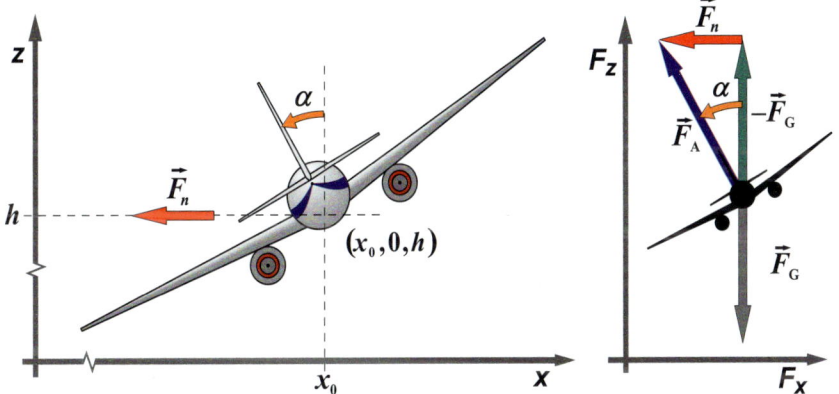

Die positive y-Achse weist in die Zeichenebene hinein!

Bild 2.7.1
Ein Flugzeug schwenkt in eine Kurve ein

Die positiven y-Achsen beider Koordinatensysteme weisen in die Zeichenebene hinein. Vor dem im Bild dargestellten Zeitpunkt ($t < 0$) flog das Flugzeug horizontal in positive y-Richtung (in die Zeichenebene hinein). Die Gewichtskraft F_G des Flugzeugs wird durch die Auftriebskraft F_A kompensiert. Dem Luftwiderstand (negative y-Richtung) wirkt die Schubkraft der beiden Strahltriebwerke entgegen. Da die Summe aller Kräfte gleich null ist, bleibt die Geschwindigkeit in Betrag und Richtung konstant (s. Merksatz 2.4.1). Zum Zeitpunkt $t = 0$ bringt der Pilot sein Flugzeug mittels Querruder in die Schräglage. Damit kippt auch der Auftriebskraftvektor und kann die Gewichtskraft nur noch teilweise kompensieren. Um ein Absacken des Flugzeugs zu verhindern, muss die Auftriebskraft erhöht werden. Die lässt sich durch Erhöhung des Anstellwinkels („Nase hoch") steigern. Die Auftriebserhöhung gibt es nicht gratis! Der Luftwiderstand wird nämlich auch größer und muss durch Schuberhöhung („Gas geben") ausgeglichen werden. Damit heben sich fast alle Kräfte auf – übrig bleibt nur die im Bild mit F_n bezeichnete Kraft. Sie ist parallel zur x,y-Ebene und bleibt ständig **orthogonal** zum Geschwindigkeitsvektor des Flugzeugs. Die Kräfte sind rechts im Bild in einem gesonderten Koordinatensystem für Kräfte eingezeichnet. Beachten Sie, Kraftvektoren verhalten sich wie Translationsvektoren – nur Richtung und Betrag, nicht aber der Anfangspunkt sind von Bedeutung. Die Kraftvektoren können in ihrem Koordinatensystem beliebig (parallel) verschoben werden. Der

t < 0: Horizontalflug in y-Richtung mit konstanter Geschwindigkeit.

Auftriebskraft erhöhen? Nase hoch (aber nicht zu viel, sonst droht ein Strömungsabriss) und „Gas geben".

Lassen Sie sich lieber nicht von einem Piloten mit dem Auto chauffieren – der gibt in den Kurven (Voll-)Gas!

Gilt nur, falls genügend Schubreserven verfügbar sind:

(2.7.1)

(konstante) Betrag der Normalkraft aus dem Dreieck, von den Vektoren F_A und $(-F_G)$ aufgespannt, wird mithilfe des Tangens berechnet:

$$F_n = m\,g \cdot \tan(\alpha) \quad (= \text{konst.})$$

Die Flugbahn für $t > 0$ ermitteln wir mithilfe der Newtonschen Bewegungsgleichung. Zunächst ist zu prüfen, ob sich aus der Tatsache, dass nur eine Normalkraft wirkt, etwas Besonderes ergibt.

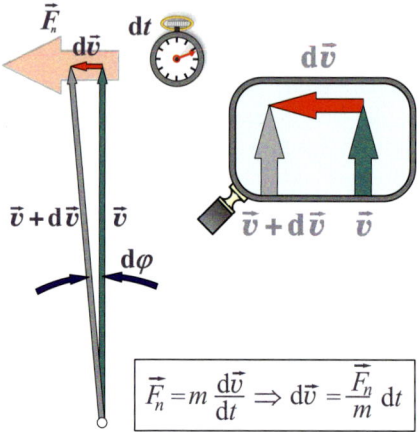

Bild 2.7.2
Vektorielle Betrachtung der Geschwindigkeitsänderung

$$\vec{F}_n = m\frac{d\vec{v}}{dt} \Rightarrow d\vec{v} = \frac{\vec{F}_n}{m}\,dt$$

Rechtwinkliges Dreieck, Kreissektor oder gleichschenkliges Dreieck sind im Falle eines beliebig kleinen Winkels nicht mehr unterscheidbar.

Gemäß der Newtonschen Bewegungsgleichung verursacht die Normalkraft in der Zeit dt eine Geschwindigkeitsänderung in Richtung dieser Kraft. Das lässt sich durch Vektorpfeile darstellen (*s. Bild 2.7.2 links*). Die neue Geschwindigkeit ist dann gleich der Vektorsumme aus v und dv. Die Richtung der geänderten Geschwindigkeit hat sich um den Winkel $d\varphi$ gedreht. Der Betrag der Geschwindigkeit hat sich wohl etwas erhöht. Nun ist $d\varphi$ ein „Miniwinkel", aber der in dem Vektordreieck in *Bild 2.7.2* eingetragene Winkel ist das nicht. Nimmt man wirklich einen „kleinen" Winkel, kann auch mithilfe einer Lupe nicht entschieden werden, ob es sich um ein Dreieck oder um einen Kreissektor mit zwei gleich langen Schenkeln handeln würde. Damit steht fest: Die Länge des Geschwindigkeitsvektors ändert sich unter dem Einfluss einer Normalkraft gar nicht – betroffen ist lediglich die Richtung. Mit dieser wichtigen Information können wir versuchen, die Bahnkurve mithilfe der Bewegungsgleichung auszurechnen.

(2.7.2)

$$\vec{F}_n = m\frac{d\vec{v}}{dt} \quad \text{mit} \quad \vec{F}_n = F_n\,\vec{e}_n;\; F_n = \text{konst.}$$

Die z-Koordinate der Normalkraft ist gleich null – bewirkt also nichts. Wir lassen daher die z-Koordinaten fort!

Um (2.7.2) in ein Gleichungssystem zu überführen, müssen die Koordinaten der Normalkraft ermittelt werden. Die z-Koordinate der Kraft ist gleich null, dafür sorgt, wie oben beschrieben, der Pilot. Die anderen Koordinaten müssen so gewählt werden, dass die Kraft wirklich Normalkraft ist, d.h. immer orthogonal zur jeweiligen Geschwindigkeit ist. Da der Betrag der Kraft konstant ist, stellen wir dazu die Kraft als Produkt aus Betrag und Einheitsvektor dar (*s. (2.7.2)*). Für den richtungsbestimmenden Einheitsvektor basteln wir zunächst einen – in der x,y-Ebene liegenden – zum Geschwindigkeitsvektor v orthogonalen Vektor zusam-

2.7 Kurvenfahrten ohne Schienen

men. Durch S-Multiplikation mit dessen reziprokem Betrag wird daraus ein Einheitsvektor. Kriterium für Orthogonalität ist das Skalarprodukt:

$$\vec{v}_n \perp \vec{v} \Leftrightarrow \vec{v} \cdot \vec{v}_n = 0, \ \vec{v} = \begin{pmatrix} v_x \\ v_y \end{pmatrix} \quad \text{wähle}: \ \vec{v}_n := \begin{pmatrix} -v_y \\ v_x \end{pmatrix} \quad \text{bzw.} \ \vec{e}_n = \frac{\vec{v}_n}{|\vec{v}|} \quad (2.7.3)$$

Prüfen Sie nach, durch Vertauschen der Geschwindigkeitskoordinaten und dem „Umdrehen" eines der Vorzeichen ist in (2.7.3) ein zum Geschwindigkeitsvektor $\boldsymbol{v}$ orthogonaler Vektor gefunden worden. Günstig: Beide Beträge sind gleich. Mithilfe dieses Vektorkonstruktes kann die Bewegungsgleichung (2.7.2) in ein Gleichungssystem überführt werden:

Ihre Schule lässt grüßen: Hier ist das „Einsetzungsverfahren"!

$$\text{I)} \quad -\frac{F_n}{v} v_y = m \cdot \frac{d}{dt} v_x \quad \bigg| \frac{d}{dt} \cdots$$

$$\text{II)} \quad \frac{F_n}{v} v_x = m \cdot \frac{d}{dt} v_y \quad (2.7.4)$$

Das Gleichungssystem (2.7.4) ist wegen des Betrages im Nenner ein nichtlineares System. Nun wissen wir aus der Vorüberlegung, dass eine Normalkraft den Betrag der Geschwindigkeit nicht ändert – sie bleibt konstant. Damit kann F_n/v als (harmloser) konstanter Faktor betrachtet werden und es entstehen zwei lineare (gekoppelte) Differenzialgleichungen. Die Gleichungen sind sogar nur ersten Grades, da lediglich die Geschwindigkeitskoordinaten als Variable auftreten. Dafür braucht man keine Tabellenkalkulation – wir benutzen deshalb die Gelegenheit zu zeigen, wie man ein System aus zwei Differenzialgleichungen bearbeiten kann. Der erste Schritt ist in (2.7.4) bereits angedeutet. Die erste Gleichung soll komplett nach der Zeit abgeleitet werden.

Deswegen nichtlinear:
$$v = |\vec{v}| = \sqrt{\vec{v} \cdot \vec{v}} = \sqrt{v_x^2 + v_y^2}$$

Achtung: Wir benutzen für die zeitlichen Ableitungen im Folgenden die kompakte Punktschreibweise!

$$\text{I)} \quad -\frac{F_n}{v} v_y = m \dot{v}_x \ \bigg| \frac{d}{dt} \cdots \Rightarrow -\frac{F_n}{v} \dot{v}_y = m \ddot{v}_x \Rightarrow \dot{v}_y = -\frac{mv}{F_n} \ddot{v}_x \ \big| \text{Einsetzen in II}$$

$$\text{II)} \quad \frac{F_n}{v} v_x = m \left(-\frac{mv}{F_n} \ddot{v}_x \right) \quad \Rightarrow \quad \underline{\ddot{v}_x + \omega^2 v_x = 0 \quad \text{mit} \ \omega := \frac{F_n}{mv}} \quad (2.7.5)$$

Das Ergebnis in (2.7.5) ist eine lineare homogene Differenzialgleichung zweiten Grades. Die Faktoren vor der Geschwindigkeitskoordinate v_x wurde üblicherweise mit ω zusammengefasst. Was immer die Größen und Parameter in einer Differenzialgleichung bedeuten mögen, hier genügt die x-Koordinate der Geschwindigkeit einer „Schwingungsgleichung". Deren allgemeine Lösung darf sofort notiert werden:

$$v_x(t) = v_0 \sin(\omega t + \varphi_0) \quad (2.7.6)$$

Die zweite Geschwindigkeitskoordinate kann durch Einsetzen der ersten Ableitung von (2.7.6) ermittelt werden:

$$\text{I)} \quad -\frac{F_{ZP}}{v} v_y = m \dot{v}_x \ \bigg| \cdot \left(-\frac{v}{F_{ZP}} \right) \Rightarrow v_y = -\frac{mv}{F_{ZP}} \dot{v}_x = -\frac{1}{\omega} \dot{v}_x,$$

$$\dot{v}_x = \omega v_0 \cos(\omega t + \varphi_0): \ v_y(t) = -v_0 \cos(\omega t + \varphi_0) \quad (2.7.7)$$

Um die Parameter v_0 und φ_0 nicht weiter mitschleppen zu müssen, legen wir sie gleich mithilfe der Anfangsbedingung fest:

(2.7.8)
$$\left.\begin{array}{l} v_x(0) = 0 : \text{ I) } 0 = v_0 \sin(\varphi_0) \Rightarrow \varphi_0 = 0 \\ v_y(0) = v : \text{ II) } v = -v_0 \cos(0) \Rightarrow v_0 = -v \end{array}\right\} \Rightarrow \begin{array}{l} v_x(t) = -v\sin(\omega t) \\ v_y(t) = v\cos(\omega t) \end{array}$$

Die Ortskoordinaten $x(t)$ und $y(t)$ ergeben sich durch unbestimmte Integrale:

(2.7.9)
$$v_x(t) = -v\sin(\omega t) \Rightarrow \underline{\underline{x(t)}} = \int(-v\sin(\omega t))\,dt + D_x = \underline{\underline{\frac{v}{\omega}\cos(\omega t) + D_x}}$$

$$v_y(t) = v\cos(\omega t) \Rightarrow \underline{\underline{y(t)}} = \int(v\cos(\omega t))\,dt + D_y = \underline{\underline{\frac{v}{\omega}\sin(\omega t) + D_y}}$$

Zwar ist das Ergebnis wegen des unbestimmten Integrals noch mit den Integrationskonstanten D_x und D_y „verunziert", aber es ist trotzdem klar, dass sich in (2.7.8) für $x(t)$ und $y(t)$ die Parameterdarstellung einer kreisförmigen Bahnkurve um den (Mittel-)Punkt (D_x, D_y) ergeben hat (s. Bild 2.7.3, vgl. 2.3.8, 2.3.9).

D steht für Drehpunkt.

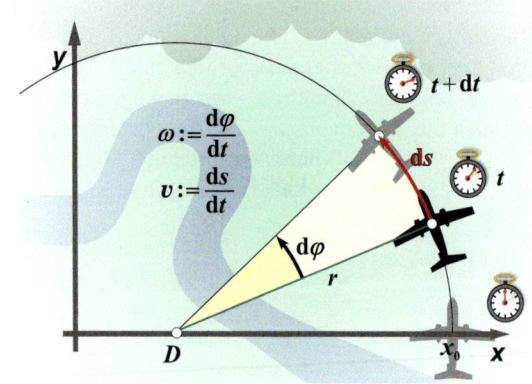

Bild 2.7.3
Definition von Winkel- und Umfangsgeschwindigkeit bei einer Kreisbahn

Bevor das endgültige Ergebnis dargelegt wird, muss Klarheit über die Bedeutung der Systemparameter v, ω und dem Radius der Bahnkurve r bestehen. Dazu richten wir in *Bild 2.7.3* unser Augenmerk auf den Kreisbogen ds, den das Flugzeug im Zeitintervall $[t, t + dt]$ durchfliegt. Ergänzt durch den Mittelpunkt wird dadurch ein Kreissektor definiert. Der Radiusvektor vom Flugzeug bis zum Kreismittelpunkt (nicht zum Koordinatenursprung) überstreicht in diesem Zeitintervall den Winkel dφ. Dann gilt:

(2.7.10)
$$ds = r \cdot d\varphi \,|\, :dt \Rightarrow \frac{ds}{dt} = r \cdot \frac{d\varphi}{dt} \text{ bzw. } \underline{\underline{v = r \cdot \omega}} \quad \left(\omega = \frac{v}{r},\ r = \frac{v}{\omega}\right)$$

Durch den Bezug auf die Breite des Zeitintervalls dt werden zwei Geschwindigkeiten definiert: eine Umfangsgeschwindigkeit v und eine Winkelgeschwindigkeit ω. Da beide Größen mithilfe von Differenzialquotienten definiert sind, können diese durchaus zeitabhängig sein. In unserem Fall geht die konstante Geschwindigkeit des Flugzeugs vor dem Einschwenken in die Kurve in die weiterhin konstante Umfangsgeschwindigkeit über. Unter Benutzung der Relationen zwischen v, r und ω aus (2.7.9) können wir endlich aus der Relation in (2.7.3) herleiten, welcher Krümmungsradius sich bei vorgegebener Geschwindigkeit und bekannter Normalkraft einstellt:

$$\omega := \frac{F_n}{mv} \Leftrightarrow \frac{v}{r_M} := \frac{F_n}{mv} \Leftrightarrow r_M = \frac{mv^2}{F_n} \qquad (2.7.11)$$

Die Koordinaten des Mittelpunkts D ergeben sich aus den Anfangsbedingungen für den Ort des Flugzeugs zur Zeit $t = 0$:

$$\left.\begin{array}{l} x(0) = x_0 \Rightarrow x_0 = \frac{v}{\omega}\cos(0) + D_x \Rightarrow D_x = x_0 - \frac{v}{\omega} = x_0 - r_M \\ y(0) = 0 \Rightarrow 0 = \frac{v}{\omega}\sin(0) + D_y \Rightarrow D_y = 0 \end{array}\right\} \text{Mittelpunkt:} \; D(x_0 - r_M, 0) \qquad (2.7.12)$$

Damit kann (endlich) die spezielle Lösung der Bewegungsgleichung (2.7.2) notiert werden:

$$\left.\begin{array}{l} x(t) = D_x + r\cos(\omega t) \\ y(t) = D_y + r\sin(\omega t) \end{array}\right\} \text{mit } \omega = \frac{v}{r}, \; r = \frac{mv^2}{F_n}, \; D_x = x_0 - r_M, \; D_y = 0 \qquad (2.7.13)$$

Unser Flugzeug vollführt unter dem ausschließlichen Einfluss der betragsmäßig konstanten Normalkraft einen Kreisbogen, der Betrag der Geschwindigkeit ändert sich dabei nicht und die Normalkraft ist dabei ständig auf den Mittelpunkt gerichtet. Deshalb wird diese Kraft auch *Zentripetalkraft* genannt. Für ein Verkehrsflugzeug, das mit 200 m/s (720 km/h) zu einer Kurve einschwenkt, ergibt sich demnach bei einer 30°-Schräglage:

petere <lat., „nach etwas streben">

$$r = \frac{\not{m}v^2}{\not{m}g\tan(\alpha)} = \frac{v^2}{g\tan(\alpha)}, \; \text{für } v = 200 \tfrac{m}{s} \text{ und } \alpha = 30°: r \approx 7\,\text{km} \qquad (2.7.14)$$

Für die Normalkräfte, die man mit einem Auto oder einem Schiff erzeugen kann, gibt es nicht so einfache Beziehungen. Die Fragestellung im normalen Alltag lautet in der Regel anders: Stimmt bei der gegenwärtigen Geschwindigkeit der aus der Bewegungsgleichung resultierende Kurvenradius mit den Erfordernissen des beabsichtigten Weges überein. Tatsächlich kommt man schnell an die Grenzen des Systems. Da in (2.7.13) bzw. (2.7.14) die Geschwindigkeit quadratisch eingeht, sind für Kurvenfahrten mit hohen Geschwindigkeiten gewaltige Normalkräfte/Zentripetalkräfte erforderlich. Eine Verdoppelung der Geschwindigkeit müsste mit einer Vervierfachung der Zentripetalkraft ausgeglichen werden. Sobald das System die notwendige Kraft nicht aufbringen kann, gibt es Probleme: Ein Auto landet im Straßengraben, ein Schiff brummt in die Uferböschung, ein vollgepackter Einkaufswagen kracht ins Dosenregal.

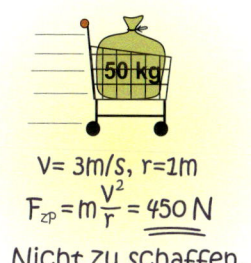

$v = 3\,m/s, \; r = 1\,m$
$F_{zp} = m\frac{v^2}{r} = 450\,N$
Nicht zu schaffen.

Ein interessanter Aspekt ergibt sich für die Planetenbewegung. Die Kreisbahn ist Spezialfall der Ellipsenbahn und deshalb ebenfalls Lösung der Bewegungsgleichung (2.6.5). Setzen wir das Newtonsche Gravitationsgesetz (2.6.1) in die

Relation (*2.7.11*) ein, bestätigt sich das 3. Keplersche Gesetz (*s. Merksatz 2.6.2*) zumindest für Kreisbahnen:

(2.7.15)

$$r = \frac{mv^2}{F_{ZP}} = \frac{mv^2}{G\frac{Mm}{r^2}} = \frac{m\left(\frac{2\pi r}{T}\right)^2}{G\frac{Mm}{r^2}} = \frac{m\,4\pi^2 r^2}{T^2} \cdot \frac{r^2}{GMm} = \frac{4\pi^2}{GM} \cdot \frac{r^4}{T^2} \Leftrightarrow \underline{\underline{\frac{T^2}{r^3} = \frac{4\pi^2}{GM}}}$$

Hier ist $r = r_M$!

Löst man (*2.7.15*) nach r auf und setzt für die Umlaufzeit T ein Jahr (in s) ein, so erhält man den mittleren Abstand der Erde zur Sonne ($1{,}496 \cdot 10^{11}$ m = 1 AE).

Wenn man von vornherein davon ausgeht, dass ein System durch eine betragsmäßig konstante Normalkraft auf eine Kreisbahn gebracht wird, lässt sich die Relation (*2.7.11*) ganz simpel durch Kombination von *Bild 2.7.2* mit *Bild 2.7.3* herleiten. Aus dem durch die Geschwindigkeitsvektoren **v** und **v**+ d**v** aufgespannten Dreieck in *Bild 2.7.2* ergibt sich für den Betrag der Geschwindigkeitsänderung: $dv = v \cdot d\varphi$. Bezogen auf die Zeit dt erhält man die sogenannte *Normalbeschleunigung* (oder auch *Zentriptalbeschleunigung*) a_n. Da die Geschwindigkeitsvektoren „Kreistangenten" sind, ist der Winkel $d\varphi$, den die Geschwindigkeitsvektoren einschließen, gleich dem zwischen den Radiusvektoren zum Kreismittelpunkt. Folglich ergibt sich:

Verwechseln Sie nicht Ursache und Folge: F_n ist die Ursache und die Normalbeschleunigung ist die Folge!

$$dv = v\,d\varphi = \frac{F_n}{m}dt \;\bigg|\; :dt \;\Rightarrow\; a_n = v\frac{d\varphi}{dt} = \frac{F_n}{m} \;\Rightarrow\; a_n = v\omega = \frac{F_n}{m}$$

(2.7.16)

$$v = \omega r: \underbrace{a_n = r\omega^2 \;\text{bzw.}\; \frac{v^2}{r}}_{\text{Normalbeschleunigung}} \;\text{bzw.}\; F_n = mr\omega^2 = m\frac{v^2}{r_M} \Leftrightarrow \underline{\underline{r = \frac{mv^2}{F_n}}}$$

In diesem Abschnitt ist im Grunde nichts Neues hinzugekommen. Es wurde wieder untersucht – diesmal durch eine exakte Rechnung – wie Systeme aufgrund des Newtonschen Bewegungsgesetzes auf eine Bahnkurve (hier eine Kreisbahn) im Raum „gezwungen" werden. Fassen wir zusammen:

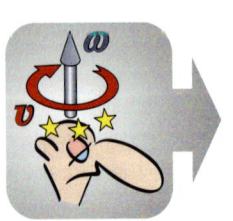

Merksatz 2.7.1

> **Systeme unter dem Einfluss von Normalkräften:**
> Ein System durchläuft in der Ebene E einen Kreisbogen mit dem Mittelpunkt M und dem Radius r, solange für die verursachende (Normal-) Kraft gilt:
>
> $$|\vec{F}_n| = \text{konst.} \wedge \vec{F}_n \parallel E \wedge \sphericalangle(\vec{F}_n, \vec{v}(t)) = \text{konstant } 90° \text{ oder } 270°$$
>
> Die Kraft ist dabei ständig auf den Mittelpunkt gerichtet und heißt deshalb auch Zentripetalkraft. Obwohl die Geschwindigkeit betragsmäßig konstant bleibt, handelt es sich um eine beschleunigte Bewegung (Zentripetalbeschleunigung). Für die Beträge und die Kreisbogenparameter gilt:
>
> $$F_n = mr\omega^2 \;\left(\text{bzw.}\; m\frac{v^2}{r}\right), \; a_n = r\omega^2 \;\left(\text{bzw.}\; \frac{v^2}{r}\right), \; v = r\omega$$

2.8 Koordinatentransformationen und Scheinkräfte

Es geht hier um Transformationen zwischen Systemen, die sich relativ zueinander bewegen!

Wenn Sie kritisiert werden, alles nur aus Ihrer persönlichen Warte zu sehen, können Sie das zurückweisen, denn es handelt sich um eine Selbstverständlichkeit. Man braucht nicht in die Hirnforschung einzusteigen, um sich darüber bewusst zu werden, dass **jeder** die Welt aus seinem ganz persönlichen „Koordinatensystem" wahrnimmt. Sehen wir uns in dem folgenden Bild ein einfaches Beispiel an, das die konkurrierenden Systeme zweier Personen aufzeigt:

In der Technik ist man tolerant!

T steht für Trägheit

Für den Fahrgast ist das am Zugabteil fixierte Koordinatensystem die „Normalität". Deshalb erhält die x-Koordinate in diesem System keine Indizes oder Postfixe!

Der Index S steht für das am Zugabteil fixierte Koordinatensystem

Bild 2.8.1
Bewegung einer Ente im beschleunigten Koordinatensystem

Es geht um eine alltägliche Situation auf einem Bahnsteig und im Abteil eines abfahrenden Zuges. Das im Bild eingezeichnete Koordinatensystem ist das eines jungen Fahrgastes, der von diesem System seine Holzente (und seine Großmutter auf dem Bahnsteig) betrachtet. Dass sich die Großmutter nicht mitsamt dem Bahnsteig in negative x-Richtung in Bewegung setzt, weiß er. Dass er sich aber über die auf ihn zurollende Ente wundert, wollen wir ihm zugestehen. Inwieweit sich seine Großmutter Gedanken macht, weshalb die Ente nicht mitbewegt wird, mag dahingestellt sein. Sie könnte darauf schließen, dass die Ente mit kugelgelagerten Rädern ausgestattet sein muss, da (fast) keine Kraft vom Tisch auf die Ente übertragen wird.

Haben Sie schon einmal das Geschehen auf einem Bahnsteig mit Koordinatentransformationen in Verbindung gebracht?

... insbesondere wenn sie die Ente mit Kugellagern bezahlt hat.

Führte der Fahrgast die Beschleunigung der Ente – so wie in dem Gedankenwölkchen angedeutet – auf eine Kraft zurück, wäre das – wie wir gleich sehen werden – durchaus ein brauchbarer Ansatz. Anhand des Bildes lässt sich sogar eine Formel für diese „Kraft" konstruieren: Die Beschleunigung der Ente ist nur scheinbar, denn es ist das komplette Zugabteil, das sich unterhalb der Ente in Bewegung setzt. Die scheinbare Beschleunigung der Ente muss dann gleich der Zugbeschleunigung mit umgekehrten Vorzeichen sein. Komplettiert mit der Masse (der

Bei Ansätzen gibt es keine Denkverbote!

Ente) als Faktor erhält man eine Formel für diese „Kraft". Man nennt sie üblicherweise *Trägheitskraft*:

(2.8.1)

$$F_T = -m\,a_S, \quad \text{Bewegungsgleichung für die Ente: } -m\,a_S = m\frac{dv}{dt}\bigg|:m$$

Sie ärgern sich über die negative Beschleunigung in (2.8.1)? Kein Problem, man kann formal eine „Trägheitsbeschleunigung" definieren: $a_T := -a_S$

Wie bei der Gravitationskraft tritt bei der Trägheitskraft die Masse des beschleunigten Körpers als Faktor auf und kürzt sich gleich wieder heraus, wenn man sie in die Bewegungsgleichung einsetzt (s. (2.8.1), vgl. Gleichung II in (2.3.1)). Sollte die Zugbeschleunigung näherungsweise konstant sein, so gilt das ebenfalls für die in (2.8.1) definierte Trägheitskraft, und für die Bewegung der Ente bezüglich des am Zugabteil fixierten Koordinatensystems ergibt sich:

(2.8.2)

$$-a_S = \frac{dv}{dt} \Rightarrow v(t) = -a_S\,t \Rightarrow x(t) = -\frac{1}{2}a_S t^2 + x(0)$$

Sobald die Ente die Tischkante erreicht, wird unser junger Fahrgast sein Spielzeug festhalten. „Festhalten" beinhaltet eine (Muskel-)Kraft. Mit dieser Kraft wird die Trägheitskraft kompensiert.

Mithilfe der Trägheitskraft kann der Fahrgast im beschleunigten System die Bewegung der Ente korrekt erfassen. Sehen wir uns an, wie sich das verallgemeinern lässt. Das nebenstehende Koordinatensystem mit den Achsen x_i, y_i, z_i sei ein *Inertialsystem*. So wird ein System genannt, das keinerlei Beschleunigungen unterworfen ist (dass erdgebundene Systeme so eine Bedingung nur unzureichend erfüllen, soll uns nicht anfechten). Für die Illustration einer *Koordinatentransformation* diene ein Baukran. Er soll den Koordinatenursprung des Systems x, y, z verschieben (Translation), aber nicht drehen. Bei einer Verschiebung bleiben die den Systemen zugrunde liegenden Vektorbasen gleich. Die Komponenten von Richtungsvektoren (z. B. die Kräfte, die auf den Fisch einwirken) ändern sich nicht. Natürlich müssen Ortskoordinaten, die als Variable auftreten, substituiert werden. Sehen wir uns an, wie sich die Bewegungsgleichung für den Fisch transformiert (wir benutzen für die zeitlichen Ableitungen Differenzialoperatoren):

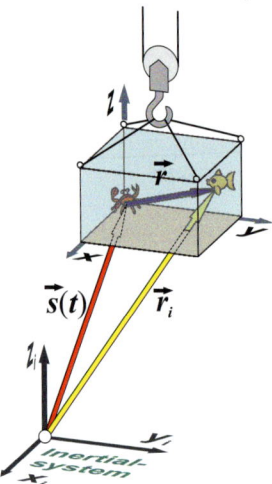

Bild 2.8.2
Translation eines Systems durch einen Baukran

(2.8.3)

$$\vec{F}_i = m\frac{d}{dt}\vec{v}_i = m\frac{d^2}{dt^2}\vec{r}_i \;\bigg|\text{Transformieren: } \vec{r}_i = \vec{r} + \vec{s}$$

$$\Rightarrow \vec{F} = m\frac{d^2}{dt^2}(\vec{r}+\vec{s}) = m\frac{d^2}{dt^2}\vec{r} + m\frac{d^2}{dt^2}\vec{s}\,;\; \frac{d^2}{dt^2}\vec{r} =,\; \frac{d^2}{dt^2}\vec{s} := \vec{a}_S$$

$$\Rightarrow \vec{F} = m\vec{a} + m\vec{a}_S \,\big|-m\vec{a}_S \;\Rightarrow\; \vec{F} - m\vec{a}_S = m\vec{a} \;\text{ bzw. } \underline{\vec{F} + \vec{F}_T = m\vec{a}} \;\text{ mit } \vec{F}_T := -m\vec{a}_S$$

Kann bei konstanter Geschwindigkeit nicht passieren.

Die erboste Strandkrabbe, die sich fürchterlich über die Bewegungen des Fisches ärgert, muss, um deren Bewegung zu beschreiben, die sonst auch vorhandenen Kräfte durch eine „Trägheitskraft" ergänzen. Erfolgt die Verschiebung der Systeme mit konstanter Geschwindigkeit, verschwindet mit der zweiten Ableitung auch die „Trägheitskraft". Das bewegte System ist in diesen Fällen ebenfalls Inertialsystem. Bekanntlich braucht man im ICE auch bei Höchstgeschwindigkeit im Speisewagen nicht zu befürchten, dass Trägheitskräfte den Rotwein auf das frische Hemd schwappen lassen.

2.8 Koordinatentransformationen und Scheinkräfte

Bei erdgebundenen Koordinatensystemen sind nicht Inertial-, sondern rotierende Koordinatensysteme der Normalfall. Zwar kann die Erdrotation selbst bisweilen außer Acht gelassen werden, nicht aber in den häufig stark rotierenden Systemen, in denen man sich häufig freiwillig oder zwangsweise befindet. In so einem System, in dem die Rotation keinesfalls vernachlässigbar ist, soll unser junger Fahrgast jetzt Platz nehmen:

Inertialsystem und rotierendes System

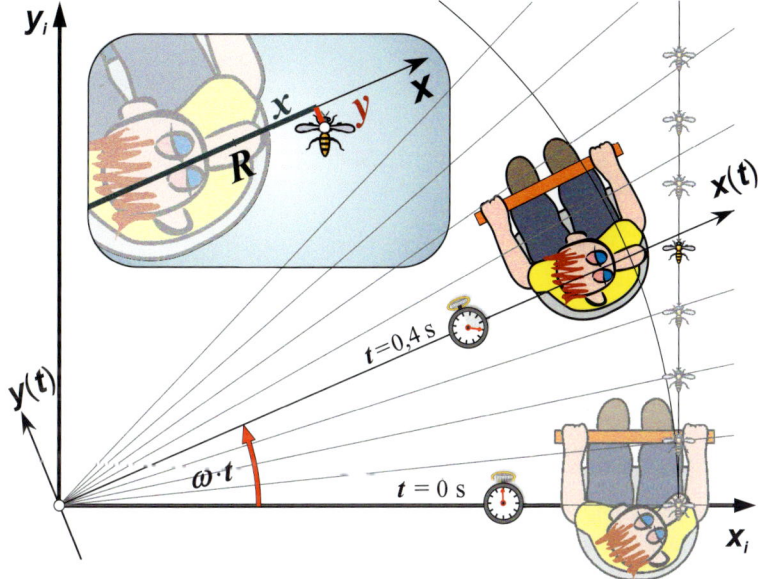

Koordinaten des Inertialsystems: x_i, y_i

Koordinaten des rotierenden Systems: x, y

$R = 5$ m, $\omega = 1$ rad/s

Bild 2.8.3
Fahrt in einem Kettenkarussell aus der Vogelperspektive

Zur Zeit $t = 0$ startet eine Biene von einem ungewöhnlichem Rastplatz, den sie zum Entsetzen unseres Fahrgastes kurz zuvor aufgesucht hat, in positive y_i-Richtung. Die Summe aller auf die Biene einwirkenden Kräfte sei gleich null – sie fliegt deshalb geradlinig und mit konstanter Geschwindigkeit. Wir nehmen an, dass sie die Geschwindigkeit ihres Startplatzes (5 m/s) während ihres Weiterflugs übernommen hat und einfach beibehält. Unser Karussellfahrer befindet sich in einem rotierenden System und betrachtet von dieser Warte die Flugbahn der Biene. Sehen wir uns an, wie er die Flugbahn aus seiner Warte sieht:

Startplatz: die Nase

Die gerade Flugbahn wird ins rotierende System transformiert.

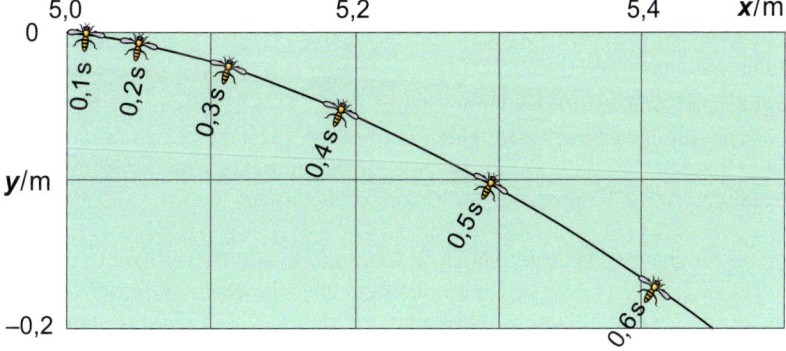

Beachten Sie die Flugrichtung der Biene: Die Biene fliegt seitwärts.

Bild 2.8.4
Flugbahn der Biene aus der Sicht des Fahrgastes

Offensichtlich ergibt sich sowohl in *x*- als auch in (negative) *y*-Richtung eine beschleunigte Bewegung. Natürlich weiß unser Fahrgast, dass er sich in einem rotierenden System befindet – er hat ja schließlich dafür bezahlt. Trotzdem könnte er auf die Idee kommen, dass es wie bei der Trägheitskraft für die Beschreibung derartiger Flugbahnen von Vorteil wäre, die beschleunigten Bewegungen auf Kräfte zurückzuführen. Bevor wir das untersuchen, schauen wir uns eine alternative Flugbahn der Biene an:

Wieder einer dieser kühnen Ansätze: Kräfte, die gar keine sind

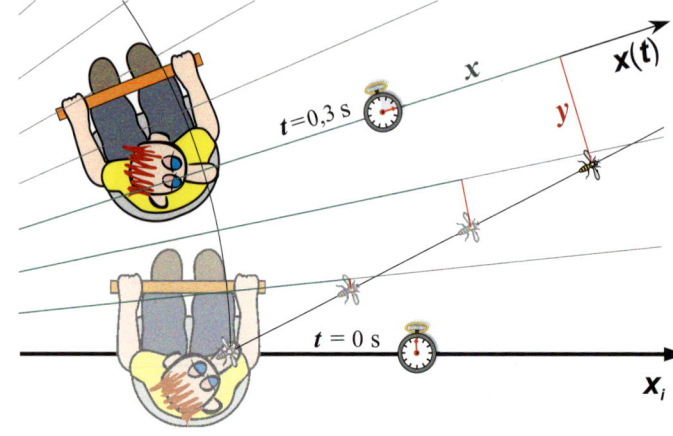

Derselbe Startplatz, aber die Abflugrichtung in x_i-Richtung

Bild 2.8.5
Fahrt in einem Kettenkarussell mit geänderten Abflugbedingungen der Biene

Die Biene fliegt jetzt in x_i-Richtung ab. Sie bekommt dabei wie im vorherigen Fall als Anfangsbedingung eine Geschwindigkeitskomponente in y_i-Richtung von 5 m/s mit – für die Komponente in x_i-Richtung ist eigentlich ein Katapultabschuss erforderlich, denn wir schicken unser Tierchen mit einer x_i-Komponente von konstant 10 m/s auf die Reise. Das folgende Bild zeigt, wie sich die an und für sich geradlinige Flugbahn im rotierenden System darstellt:

Eine Superbiene: Das Tierchen soll diese Geschwindigkeiten eine Weile durchhalten.

Beachten Sie wieder die Flugrichtung der Biene: Die Biene fliegt nahezu vorwärts.

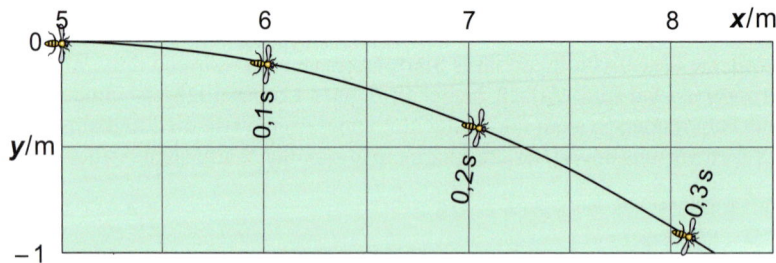

Bild 2.8.6
Flugbahnvariante der Biene aus der Sicht des Fahrgastes

Vergleichen Sie diese Flugbahn mit der in *Bild 2.8.3*! In *x*-Richtung bewegt sich die Biene mit einer Geschwindigkeit von nahezu konstant 10 m/s mit leicht steigender Tendenz. In diesem Fall scheint im Wesentlichen eine Kraft in negative *y*-Richtung für die Krümmung der Flugbahn zu sorgen.

Die „Scheinkraft" kommt von der Seite.

Um die Flugbahnen im rotierenden System durch „Kräfte" erfassen zu können, muss ähnlich wie in (2.8.3) ein Inertialsystem in ein bewegtes Koordinatensystem transformiert werden. Ganz so einfach wird sich das aber nicht gestalten, denn Drehungen des Koordinatensystem beinhalten einen Wechsel der Basisvektoren – wir bleiben deshalb bei unseren beiden überschaubaren Karussellbeispielen.

2.8 Koordinatentransformationen und Scheinkräfte

Dort wird das Inertialsystem (x_i, y_i) in ein um die z_i-Achse gedrehtes System transformiert. Der Drehwinkel – in den Formelsammlungen meistens mit φ benannt – ist zeitabhängig und beträgt (jeweils) $\omega \cdot t$. Um die Überführung einer Bewegungsgleichung in ein rotierendes System besser zu verstehen, dürfte der folgende Merksatz hilfreich sein.

Es ist keineswegs eine Schande, die z-Achse des Inertialsystems in die Drehachse des rotierenden Systems zu legen.

> **Orthogonale Koordinatentransformation:**
> **Ausgangssystem K**: Es handelt sich um ein kartesisches Koordinatensystem, die zugrunde liegende Vektorbasis ist orthonormiert.
> **Zielsystem K'**: Es handelt sich ebenfalls ein kartesisches Koordinatensystem mit orthonormierter Basis. Die zugrunde liegende Vektorbasis geht durch Drehungen und Spiegelungen aus der ursprünglichen Basis hervor.
> **Ermittlung der neuen Koordinaten**: Erfolgt in der Regel mithilfe von Transformationsmatrizen. Die neuen Koordinaten ergeben sich dann aus dem Matrixprodukt der Transformationsmatrix mit dem Spaltenvektor:
>
> $\vec{r}' = \boldsymbol{T}\,\vec{r}$ bzw. $\begin{pmatrix} x'_1 \\ x'_2 \end{pmatrix} = \begin{pmatrix} \tau_{11} & \tau_{12} \\ \tau_{21} & \tau_{22} \end{pmatrix} \begin{pmatrix} x_1 \\ x_2 \end{pmatrix} = \begin{pmatrix} \tau_{11} x_1 + \tau_{12} x_2 \\ \tau_{21} x_1 + \tau_{22} x_2 \end{pmatrix}$ (für $\mathbb{R}^3$ analog)
>
> **Vorteile der Matrizen**: Transformationsmatrizen können mithilfe der üblichen Matrizenmultiplikation aus anderen Transformationsmatrizen zusammengesetzt werden. Sie bilden bezüglich dieser Multiplikation eine Gruppe. Transformationsmatrizen orthonormaler Basen sind sind orthogonal:
>
> $\boldsymbol{T}\boldsymbol{T}^{\mathrm{T}} = \boldsymbol{E}$ bzw. $\begin{pmatrix} \tau_{11} & \tau_{12} \\ \tau_{21} & \tau_{22} \end{pmatrix} \begin{pmatrix} \tau_{11} & \tau_{21} \\ \tau_{12} & \tau_{22} \end{pmatrix} = \begin{pmatrix} 1 & 0 \\ 0 & 1 \end{pmatrix}$ damit ist $\boldsymbol{T}^{-1} = \boldsymbol{T}^{\mathrm{T}}$
>
> **Ärgerlich**: Es entsteht ein fürchterlicher „Bezeichnungssalat" aus Indizes und Postfixen. Benutzen Sie problemangepasste Schreibweisen!
> **Verschiebungen (Translationen)** passen nicht in dieses Konzept und müssen getrennt ausgeführt werden (es gibt Auswege → s. Formelsammlung).
> **Vorsicht**: Die Gruppe der Transformationsmatrizen ist **nicht kommutativ**. Die Matrizen sind i.Allg. nicht mit Differenzialoperatoren vertauschbar.

Merksatz 2.8.1

Im Merksatz wurde die übliche Schreibweise mit den Postfixhochstrichen verwendet. Sie müssen in der Lage sein, trotz des Schreibweisenkonflikts mit Ableitungen die Übersicht zu behalten.

In Formelsammlungen werden in der Regel Indizes verwendet. Tauschen Sie diese gegebenenfalls durch x, y und z aus!

Zunächst definieren wir die *Transformationsmatrix* $\boldsymbol{T}$ und stellen deren *Inverse* sowie deren erste und zweite Ableitung bereit.

$\vec{r} := \boldsymbol{T}\,\vec{r}_i$, $\vec{r}_i = \boldsymbol{T}^{-1}\vec{r}$

$\boldsymbol{T} = \begin{pmatrix} \cos(\omega t) & \sin(\omega t) \\ -\sin(\omega t) & \cos(\omega t) \end{pmatrix}$, $\boldsymbol{T}^{-1} = \boldsymbol{T}^{\mathrm{T}} = \begin{pmatrix} \cos(\omega t) & -\sin(\omega t) \\ \sin(\omega t) & \cos(\omega t) \end{pmatrix}$

$\dfrac{\mathrm{d}}{\mathrm{d}t}\boldsymbol{T}^{-1} = \omega \begin{pmatrix} -\sin(\omega t) & -\cos(\omega t) \\ \cos(\omega t) & -\sin(\omega t) \end{pmatrix}$, $\dfrac{\mathrm{d}^2}{\mathrm{d}t^2}\boldsymbol{T}^{-1} = \omega^2 \begin{pmatrix} -\cos(\omega t) & \sin(\omega t) \\ -\sin(\omega t) & -\cos(\omega t) \end{pmatrix} = -\omega^2 \boldsymbol{T}^{-1}$

Die Transformationsmatrix für die Rotation um die z-Achse finden Sie in den Formelsammlungen.

(2.8.4)

Bei der zweiten Ableitung wird der Faktor $(-\omega^2)$ abgespalten, ansonsten reproduziert sich die Matrix. Beachten Sie unbedingt die (fehlenden) Indizierungen. Wir betrachten das rotierende Zielsystem als Normalfall. Die Ortsvektoren bekommen deshalb nicht wie oben in *Merksatz 2.8.1* einen Strich als Postfix, wir schrei-

Wir befinden uns im rotierenden System der Erde. Niemand würde auf die Idee kommen, erdgebundene Koordinatensysteme mit Postfixhochstrichen zu schreiben.

ben sie index- und postfixfrei. Ein Inertialsystem ist zwar Ausgangssystem; es ist aber nur hypothetisch. In der Praxis wäre ein Inertialsystem näherungsweise nur mithilfe aufwendiger Kreiseltechnik realisierbar. Wie oben erhalten die Ortsvektoren des Inertialsystems den Index i. Beginnen wir mit der Transformation der Bewegungsgleichung ins rotierende System:

$$\vec{F}_i = m \frac{\mathrm{d}}{\mathrm{d}t} \vec{r}_i \quad \bigg| \mathbf{T} \cdots \;;\; \mathbf{T}\vec{F}_i := \vec{F}\,,\; \vec{F} \text{ ist gegeben!}$$

(2.8.5)

$$\Rightarrow \vec{F} = m\mathbf{T}\frac{\mathrm{d}^2}{\mathrm{d}t^2}\vec{r}_i = m\mathbf{T}\frac{\mathrm{d}^2}{\mathrm{d}t^2}\left(\mathbf{T}^{-1}\vec{r}\right) = m\mathbf{T}\frac{\mathrm{d}}{\mathrm{d}t}\left(\frac{\mathrm{d}}{\mathrm{d}t}\mathbf{T}^{-1}\vec{r}\right)$$

$$= m\mathbf{T}\frac{\mathrm{d}}{\mathrm{d}t}\left(\mathbf{T}^{-1}\dot{\vec{r}} + \dot{\mathbf{T}}^{-1}\vec{r}\right) = m\mathbf{T}\left(\mathbf{T}^{-1}\ddot{\vec{r}} + 2\dot{\mathbf{T}}^{-1}\dot{\vec{r}} + \ddot{\mathbf{T}}^{-1}\vec{r}\right)\,;\; \ddot{\vec{r}} = \vec{a},\; \dot{\vec{r}} = \vec{v}$$

$$= m\left(\mathbf{T}\mathbf{T}^{-1}\vec{a} + 2\mathbf{T}\dot{\mathbf{T}}^{-1}\vec{v} + \mathbf{T}\ddot{\mathbf{T}}^{-1}\vec{r}\right) \quad |\text{ Matrixprodukte ausführen}$$

Beachten Sie den „Trick" in der zweiten Zeile. Die Koordinaten des Inertialsystems sind damit aus dem Spiel.

Die Transformation der Kraft ins rotierende System braucht i.Allg. nicht ausgeführt zu werden, denn diese Kraft ist sozusagen gegeben. Da wir uns immer in irgendeinem rotierenden System befinden, handelt es sich um die ganz „normale" Kraft – so wie die in den Beispielen der vorherigen Abschnitte. Sehen wir uns an, was die Matrixprodukte ergeben:

Matrixprodukte sind unproblematisch.

(2.8.6)

$$\mathbf{T}\mathbf{T}^{-1} = \underline{\underline{\mathbf{E}}}\,,\quad \mathbf{T}\ddot{\mathbf{T}}^{-1} = \mathbf{T}\left(-\omega^2 \mathbf{T}^{-1}\right) = \underline{\underline{-\omega^2 \mathbf{E}}}$$

$$\mathbf{T}\dot{\mathbf{T}}^{-1} = \omega \begin{pmatrix} \cos(\omega t) & \sin(\omega t) \\ -\sin(\omega t) & \cos(\omega t) \end{pmatrix} \begin{pmatrix} -\sin(\omega t) & -\cos(\omega t) \\ \cos(\omega t) & -\sin(\omega t) \end{pmatrix} = -\omega \begin{pmatrix} 0 & 1 \\ -1 & 0 \end{pmatrix} = \underline{\underline{-\omega \mathbf{T}_{\pi/2}}}$$

Die Einheitsmatrix $\mathbf{E}$ ist das das Einselement der Gruppe. Wir können damit für Bewegungsgleichungen im rotierenden System schreiben:

(2.8.7)

$$\vec{F} = m\vec{a} - 2m\omega \mathbf{T}_{\pi/2}\vec{v} - m\omega^2 \vec{r} \quad |\; +2m\omega \mathbf{T}_{\pi/2}\vec{v} + m\omega^2 \vec{r}$$

Corioliskraft $\vec{F}_C := 2m\omega \mathbf{T}_{\pi/2}\vec{v}$, Zentrifugalkraft $\vec{F}_Z := m\omega^2 \vec{r}$

$$\vec{F} + \vec{F}_C + \vec{F}_Z = m\vec{a} \quad \text{bzw.} \quad \underline{\underline{\vec{F} + \vec{F}_C + \vec{F}_Z = m\frac{\mathrm{d}}{\mathrm{d}t}\vec{v}}}$$

„C" → „Coriolis..."
„Z" → „Zentrifugal...",
„Z" bitte nicht mit der (klein) z-Koordinate verwechseln!

Unschön, aber korrekt ist die in der *Corioliskraft* verbliebene Drehmatrix. Das Matrixprodukt lässt sich ausführen:

(2.8.8)

$$\vec{F}_{CF} = 2m\omega \mathbf{T}_{\pi/2}\vec{v} = 2m\omega \begin{pmatrix} 0 & 1 \\ -1 & 0 \end{pmatrix}\begin{pmatrix} v_x \\ v_y \end{pmatrix} = \underline{\underline{2m\omega \begin{pmatrix} v_y \\ -v_x \end{pmatrix}}}$$

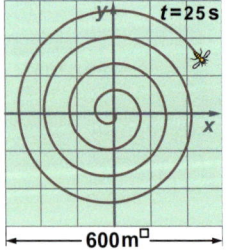

Die in Richtung des Ortsvektors weisende *Zentrifugalkraft* treibt den Körper (hier eine Biene) vom Drehpunkt weg nach außen. Die Corioliskraft wird dagegen nur dann wirksam, wenn der Körper eine Geschwindigkeit hat. Sie kommt dann ständig von der (linken) Seite und sorgt für die Krümmung der Bahnkurve. Zentrifugal- und Corioliskraft zusammen bewirken langfristig eine spiralförmige Flugbahn. Wechselt die Drehrichtung, kommt die Corioliskraft ständig von rechts.

2.8 Koordinatentransformationen und Scheinkräfte

Dass wir in beschleunigte bzw. rotierende Koordinatensysteme eingesperrt sind, ist unvermeidbar. Mit der in (2.8.3) definierten Trägheitskraft und der in (2.8.7) definierten Coriolis- und Zentrifugalkraft ist die Newtonsche Bewegungsgleichung sozusagen gerettet: Eine Geschwindigkeitsänderung wird nach wie vor durch die Summe aller Kräfte hervorgerufen – in beschleunigten Systemen müssen „nur" die Scheinkräfte hinzugefügt werden. Die Ergebnisse unserer bisherigen Überlegungen beschränkten sich nur auf Bewegungen in der Ebene – ein Manko. Für den dreidimensionalen Raum müssten die 2×2-Drehmatrizen durch 3×3-Matrizen ersetzt werden. Das wäre kein Problem, es gibt aber einen bemerkenswerten Trick, mit dem Zentrifugal- und Corioliskraft im Raum elegant dargestellt werden können. Dazu müssen wir uns noch einmal mit den Winkeln befassen.

Die Scheinkräfte werden wie reale Kräfte behandelt.

Der Formalismus wäre gleich.

Normalerweise ist ein Winkel(maß) erklärt als Länge des Winkelbogens zwischen zwei Strahlen im Raum – auch Schenkel genannt – unter Verwendung des Radius als Einheit. Versieht man den Winkelbogen mit einer Pfeilspitze, ist damit auch der Drehsinn gekennzeichnet (alternativ kann der Drehsinn durch ein Vorzeichen ausgedrückt werden). Obwohl ein mit einer Pfeilspitze ausgerüsteter Bogen an einen Translationsvektor erinnert, handelt es sich nicht um einen Vektor! Rechnerisch bestimmt man den Winkel zwischen zwei Strahlen mithilfe des Skalarproduktes (e_1 ist dabei ein Einheitsvektor in Richtung des ersten Strahles, entsprechend weist e_2 in Richtung des zweiten Strahles):

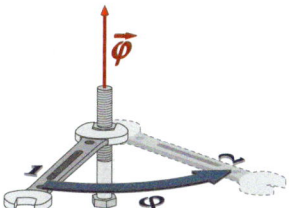

Bild 2.8.7
Winkel als axialer Vektor

$$\varphi := \sphericalangle(\vec{e}_1, \vec{e}_2): \quad \vec{e}_1 \cdot \vec{e}_2 = \cos\varphi \;\Rightarrow\; \underline{\underline{\varphi = \arccos(\vec{e}_1 \cdot \vec{e}_2)}} \qquad (2.8.9)$$

Ein Kreuzprodukt eignet sich nur bedingt zur Winkelbestimmung, da aufgrund der Betragsbildung der negative Teil des Definitionsbereichs des Arkussinus ungenutzt bleibt. Es werden deshalb nur Winkel zwischen 0 und $\pi/2$ erfasst:

$$\varphi := \sphericalangle(\vec{e}_1, \vec{e}_2): \quad |\vec{e}_1 \times \vec{e}_2| = \sin\varphi \;\Rightarrow\; \underline{\underline{\varphi = \arcsin|\vec{e}_1 \times \vec{e}_2|}} \qquad (2.8.10)$$

Trotzdem bietet das Kreuzprodukt eine überraschende Option: Man kann damit Winkeln einen Richtungsvektor zuordnen:

$$\vec{e} := \frac{\vec{e}_1 \times \vec{e}_2}{|\vec{e}_1 \times \vec{e}_2|}: \quad \underline{\underline{\vec{\varphi} := \varphi\vec{e}}} \quad \text{mit} \quad \varphi = \arccos(\vec{e}_1 \cdot \vec{e}_2) \qquad (2.8.11)$$

Zusammen mit dem durch das Skalarprodukt bestimmten Betrag ergibt sich auf diese Weise ein „Winkelvektor". Nun erfüllt eine Größe mit Betrag und Richtung nicht automatisch die Vektorraumaxiome. Wir ersparen uns hier den Nachweis, halten aber fest, dass es sich bei den Winkelvektoren um „*Pseudovektoren*" handelt. Damit werden auch *Winkelgeschwindigkeit* und *Winkelbeschleunigung* zu Vektoren und es steht die mächtige Vektoralgebra für die Arbeit mit diesen wichtigen Größen zur Verfügung. Das Verfahren, mithilfe eines Kreuzproduktes einen Pseudovektor zu konstruieren, ist auch bei anderen wichtigen Größen erfolgreich. Beispiele sind *Drehmoment* und *Drehimpuls*. Da die hier vorgestellten Pseudovektoren etwas mit Drehungen um eine echte oder eine virtuelle Achse zu tun haben, heißen sie auch *axiale Vektoren* – die „richtigen" Vektoren heißen dagegen *polare Vektoren*.

Richtung des Winkelvektors ohne Berechnung des Kreuzproduktes: senkrecht auf der von den Strahlen aufgespannten Ebene und in Richtung der von der Drehung verursachten Bewegungsrichtung einer virtuellen Mutter (oder Schraube) mit Rechtsgewinde.

Sie haben Schwierigkeiten mit dem Kreuzprodukt? Hier kein Problem – in Abschnitt 2.11 wird genauer darauf eingegangen.

Kehren wir zu unserem Karussellbeispiel zurück und fügen eine z-Achse hinzu. Die Winkelgeschwindigkeit ist dann ein axialer Vektor in z-Richtung. Die Corioliskraft wird in (2.8.8) immer senkrecht zur jeweiligen Momentangeschwindigkeit gedreht. Damit steht die Corioliskraft orthogonal zur Winkelgeschwindigkeit und zur Momentangeschwindigkeit. Sie steht also senkrecht auf der von der Momentangeschwindigkeit und der Winkelgeschwindigkeit aufgespannten Ebene. Das ist die Richtung des Kreuzproduktes aus diesen Vektoren. Für die Corioliskraft kann man deshalb ansetzen:

(2.8.12)

$$\vec{F}_C = 2m\vec{v} \times \vec{\omega}$$

Ein Kreuzprodukt ist antikommutativ – es ist daher noch zu prüfen, ob die Reihenfolgen der Faktoren stimmt. Unsere Momentangeschwindigkeit zeigt anfangs in positive x-Richtung und die Corioliskraft drängt die Biene in negative y-Richtung ab. Das Kreuzprodukt zeigt ebenfalls in negative y-Richtung und signalisiert, dass die Reihenfolge der Faktoren korrekt ist. Nun kann ein Koordinatensystem immer so gewählt werden, dass die Winkelgeschwindigkeit in z-Richtung weist. In unseren speziellen Beispielen hat die Geschwindigkeit keine z-Komponente. Führt man das Kreuzprodukt in (2.8.12) mit einer beliebigen Geschwindigkeit aus, stellt man fest, dass deren z-Komponente keinen Beitrag liefern würde. Auch das ist völlig korrekt: Solange sich ein Körper in Richtung des Winkelgeschwindigkeitsvektors bewegt, wirkt auf ihn lediglich die Zentrifugalkraft.

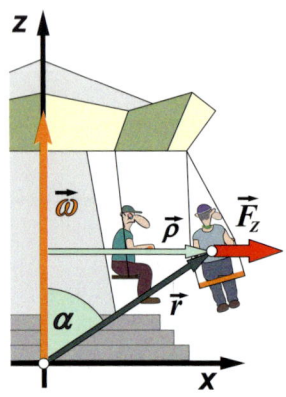

Bild 2.8.8
Zentrifugalkraft im rotierenden System

Normalerweise würde man wohl bei einem Karussell den Koordinatenursprung an dessen Fuß in Erdbodenhöhe legen. Die Karussellgäste kreisen dann ca. 2 m darüber. Der Radiusvektor wird dadurch verlängert, aber die Verlegung des Koordinatenursprungs hat keinen Einfluss auf die Zentrifugalkraft. Die in (2.8.7) angegebene Formel muss korrigiert werden. Maßgeblich für die Zentrifugalkraft ist nicht der Radiusvektor, sondern dessen Lot auf die Drehachse. Wir entnehmen dem nebenstehenden Bild:

(2.8.13)

$$|\vec{\rho}| = |\vec{r}| \sin(\alpha) = |\vec{r} \times \vec{e}_\omega|$$

Beachten Sie, das Koordinatensystem rotiert! Der Fahrgast im Karussell bewegt sich bezüglich des rotierenden Systems nicht.

Der Einheitsvektor $\vec{e}_\omega$ in (2.8.13) weist in Richtung des Winkelgeschwindigkeitsvektors. Leider passt die Richtung des Kreuzproduktes (2.8.13) nicht, denn der Produktvektor steht senkrecht auf der von **r** und **ω** aufgespannten Ebene. Das wäre in *Bild 2.8.8* die negative y-Richtung – es sollte aber die positive x-Richtung sein. Prüfen Sie es mit der Schraubenregel nach: Ein abermaliges Multiplizieren (von links) mit dem Einheisheitvektor liefert betrags- und richtungsmäßig den Lotvektor. Zur kompletten Zentrifugalkraft fehlt noch das Quadrat der Winkelgeschwindigkeit. Daraus machen wir zwei Faktoren, verteilen diese auf die beiden Einheitsvektoren und erhalten:

(2.8.14)

$$\vec{\rho} = \vec{e}_\omega \times (\vec{r} \times \vec{e}_\omega), \ \vec{F}_Z = m\omega^2 \vec{\rho}, \ \vec{\omega} = \omega\vec{e}_\omega \ : \ \underline{\underline{\vec{F}_Z = m\vec{\omega} \times (\vec{r} \times \vec{\omega})}}$$

Jeder Einheitsvektor bekommt sein ω.

Mit den verallgemeinerten Darstellungen der beiden Scheinkräfte (2.8.12) und (2.8.14) ist es nicht mehr erforderlich, die z-Richtung des Koordinatensystems in Richtung des Winkelgeschwindigkeitsvektors zu legen. Rechentechnisch ergibt sich dadurch (leider) keine Vereinfachung.

2.8 Koordinatentransformationen und Scheinkräfte

Die Newtonsche Bewegungsgleichung in beschleunigten Systemen:
Die Newtonsche Bewegungsgleichung ist **nicht invariant** bezüglich Transformationen in beschleunigte Systeme. Da ein beschleunigtes Koordinatensystem in der Regel die Beobachtungsplattform ist, kann die Newtonsche Bewegungsgleichung innerhalb dieses Systems nur in modifizierter Form angewendet werden. In der Bewegungsgleichung werden zu den „richtigen" Kräften zusätzlich sogenannte Scheinkräfte hinzugefügt:

$$\vec{F} + \underbrace{\vec{F}_T + \vec{F}_Z + \vec{F}_C}_{\text{Scheinkräfte}} = m\frac{\mathrm{d}}{\mathrm{d}t}\vec{v}$$

mit $\vec{F}_T = -m\vec{a}_S$, $\vec{F}_Z = m\vec{\omega} \times (r \times \vec{\omega})$, $\vec{F}_C = 2m\vec{v} \times \vec{\omega}$

Alle Größen beziehen sich auf das beschleunigte Koordinatensystem! Dabei steht a_S für die Translationsbeschleunigung und ω für den Winkelgeschwindigkeitsvektor des Koordinatensystems. Die Scheinkräfte können als ganz „normale" Kräfte angesehen werden.

Merksatz 2.8.2

Sehen wir uns anhand einfacher, aber exemplarischer „Aufgaben" an, wie sich die Umwelt aus der Sicht beschleunigter Koordinatensysteme darstellt:

Aufgabe:
Ein Unfallfahrzeug prallt gegen einen Baum. Die Knautschzone sorgt (kurzzeitig) für eine Beschleunigung in x-Richtung von $a_S = -10 \cdot g$. Dabei macht sich die Brille des unglücklichen Fahrers selbstständig. ($g = 9{,}81 \text{ m/s}^2$)
a) Ermitteln Sie die Flugbahn der Brille (Höhe der Nase 1,5 m)!
b) Mit welcher Geschwindigkeit prallt die Brille gegen die 1,1 m entfernte Scheibe?

Aufgabe 2.8.1

Lösungsvorschlag:

$\vec{F}_G = \begin{pmatrix} 0 \\ -mg \end{pmatrix}$, $\vec{F}_T = \begin{pmatrix} -ma_S \\ 0 \end{pmatrix}$; $a_S = -10g$, $v_x(0) = v_y(0) = 0$, $x(0) = 0$, $y(0) = 1{,}5$

Zu a)   Bewegungsgleichung: $\vec{F}_G + \vec{F}_T = m\frac{\mathrm{d}}{\mathrm{d}t}v_x$

$\begin{pmatrix} -ma_S = m \cdot \frac{\mathrm{d}}{\mathrm{d}t}v_x \\ -mg = m \cdot \frac{\mathrm{d}}{\mathrm{d}t}v_y \end{pmatrix} \Rightarrow \begin{pmatrix} v_x = -a_S t \\ v_y = -gt \end{pmatrix} \Rightarrow \begin{pmatrix} x = -\frac{1}{2}a_S t^2 \\ y = -\frac{1}{2}gt^2 + y(0) \end{pmatrix}$

Einsetzen: $\begin{pmatrix} x = \frac{1}{2}10gt^2 \\ y = -\frac{1}{2}gt^2 + 1{,}5 \end{pmatrix}$

Zu b) $x = 1{,}1 \text{ m}$: $1{,}1 = \frac{1}{2}10gt_1^2 \Rightarrow t_1 \approx 0{,}15 \text{ s}$

$|\vec{v}(t_1)| = \sqrt{a_S^2 t_1^2 + g^2 t_1^2} = \sqrt{101}\,g t_1 \approx 15\,\frac{\text{m}}{\text{s}}$ ($\approx 53\,\frac{\text{km}}{\text{h}}$)

Sie möchten die Flugbahn lieber vektoriell schreiben? Hier ist sie:

$$\vec{r}(t) = \begin{pmatrix} 10 \\ -1 \end{pmatrix}\frac{g}{2}t^2 + \begin{pmatrix} 0 \\ 1{,}5 \end{pmatrix}$$

Der Richtungsvektor ist parameterfrei, daher handelt es sich um eine geradlinige Flugbahn.

Bitter: Die Krankenkasse zahlt nicht!

Dass die Brille mit gut 50 km/h an der Windschutzscheibe zerschellt, dürfte angesichts des fürchterlichen Crashs nicht verwundern. Bemerkenswert ist dagegen die Flugbahn der Brille. Sie ist nicht gekrümmt, sondern gerade:

Eine Flugbahn ohne Krümmung!

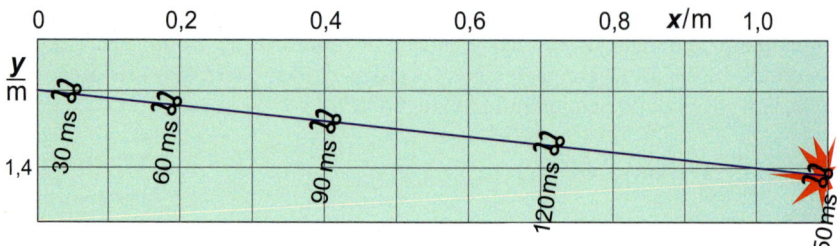

Bild 2.8.9
Flugbahn der Brille in einem Unfallfahrzeug

Der Grund ist leicht einsichtig: Der Parameter t hat sowohl in den Geschwindigkeits- als auch Ortskoordinaten die gleiche Potenz.

Aufgabe:
Für den Betrag der Zentripetalkraft, die von den Reifen aufgebracht werden können, gilt die empirische Näherungsformel: $F_n = \mu \cdot F_G$. Der sogenannte *Reibungskoeffizient* μ hängt vom Reifenprofil, der Gummisorte und dem Straßenbelag ab. Unter günstigen Bedingungen liegt er bei 0,8. Die Südkurve des Hockenheimringes hat einen Kurvenradius von $R = 50$ m.
a) Ermitteln Sie die maximale Geschwindigkeit, die der Fahrer eines Privat-PKW noch riskieren kann.
b) Schätzen Sie ab, um wie viel Meter der Wagen nach 2 s zur Seite ausgebrochen ist, wenn die Geschwindigkeit um 10 % überschritten wird!

Aufgabe 2.8.2

Es gibt Tabellen, in denen Reibungskoeffizienten tabelliert sind. Reizen Sie nie die maximale Zentripetalkraft aus!

Sobald wir als Fahrer oder Beifahrer in dem Auto Platz genommen haben, ist das Fahrzeug unsere „natürliche" Beobachtungsplattform. Da man sich den Trägheits- und Zentrifugalkräften bisweilen entgegenstemmen muss, sind diese Scheinkräfte auch einem Laien vertraut. Die folgende Rechnung im rotierenden System ist deshalb plausibler als eine im Inertialsystem (*vgl. Abschn. 2.7*).

In der Bewegungsgleichung ist R an und für sich eine Variable. Solange das Fahrzeug nicht völlig außer Kontrolle gerät, kann R näherungsweise als konstant angesehen werden.

Lösungsvorschlag:

Zu a) Bewegungsgleichung (x-Richtung): $-F_n + F_Z = m \dfrac{d}{dt} v_x$

mit $F_n \approx \mu F_G$, $F_Z = m\omega^2 R = m\dfrac{v^2}{R}$. Stabile Kurvenfahrt, falls $v_x(t) \equiv 0$.

Wähle ω bzw. v sodass $-F_n + F_Z = 0$!

$-\mu mg + m\dfrac{v^2}{R} = 0 \Rightarrow v = \sqrt{\mu R g} \approx \underline{20 \tfrac{m}{s}} \; \left(\approx 70 \tfrac{km}{h}\right)$

Zu b) $v := 1{,}1\sqrt{\mu R g}$: $-\mu mg + m\dfrac{v^2}{R} = 0{,}21 \mu m g$

$0{,}21 \mu m g = m\dfrac{d}{dt}v_x$, $x(t) \approx \tfrac{1}{2} 0{,}21 \mu g t^2$, $x(2) \approx \underline{3\text{ m}}$

Empirische Formeln sind Notbehelfe – aber immer noch besser als nichts!

Berechnungen, wie die von *Aufgabe 2.8.2*, dürfen nicht überinterpretiert werden. In der Rechnung wurde der Reibungskoeffizient als Konstante betrachtet. Aber

2.8 Koordinatentransformationen und Scheinkräfte

das ist er keinesfalls! Sobald das Fahrzeug ins Rutschen gerät, vermindert sich der Koeffizient. Das Ergebnis in (b) vermittelt lediglich einen Eindruck von den Größenordnungen.

> **Aufgabe:**
> 1802 ließ der Gymnasialprofessor J. F. Benzenberg im Inneren der St. Michaeliskirche (Hamburg/St. Pauli, geografische Breite N 53°33') Kugeln aus einer Höhe von $H = 76{,}34$ m herunterfallen. Er konnte nachweisen, dass die Kugeln nicht senkrecht unterhalb des Abwurfpunktes aufschlugen. Die Ursache dieser Abweichung liegt in der Corioliskraft. Benzenberg gelang mit seinen Fallversuchen der Nachweis der Erddrehung.
> a) Ermitteln Sie die Flugbahn der Kugeln!
> b) Berechnen Sie die Lage der Aufschlagpunkte!

Sie werden sicher befremdet festgestellt haben, dass der Vektor der Winkelgeschwindigkeit am (willkürlichen) Koordinatenursprung angetragen wurde. Der axiale Vektor Winkelgeschwindigkeit verhält sich wie ein ganz normaler Vektor: Von Bedeutung sind nur Richtung und Betrag. Er muss zwar die Richtung der Drehachse haben, kann, aber muss nicht auf der Drehachse liegen!

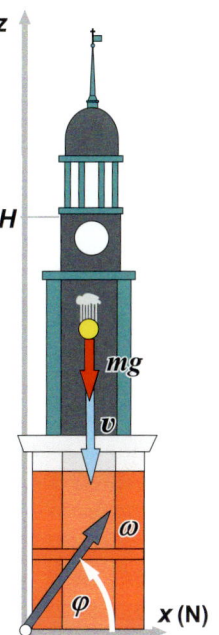

Aufgabe 2.8.3

Zum Bild: Turm von St. Michaelis 6.00 MEZ von der Sonne aus gesehen. Die y-Achse (Himmelsrichtung W) weist in die Zeichenebene hinein!

Vorsicht: „klein-z" steht für die z-Koordinate!

> **Lösungsvorschlag:**
> Zu a) Bewegungsgleichung: $\vec{F}_G + \cancel{\vec{F}_Z} + \vec{F}_C = m\frac{d}{dt}\vec{v}$
>
> $\vec{F}_C = 2m\vec{v}\times\vec{\omega} = 2m\omega \begin{vmatrix} \vec{i} & \vec{j} & \vec{k} \\ 0 & 0 & v_z \\ \cos(\varphi) & 0 & \sin(\varphi) \end{vmatrix} = 2m\omega \begin{pmatrix} 0 \\ v_z\cos(\varphi) \\ 0 \end{pmatrix}$
>
> $\begin{pmatrix} F_y = 2m\omega v_z\cos(\varphi) = m\frac{d}{dt}v_y \\ F_z = -mg = m\frac{d}{dt}v_z \end{pmatrix} \begin{matrix} :m \\ \int... \end{matrix} \Rightarrow \begin{pmatrix} \frac{d}{dt}v_y = -2\omega g\cos(\varphi)t \\ v_z = -gt \end{pmatrix} \begin{matrix} v_z \text{ in } v_y \\ \text{und } \int... \end{matrix}$
>
> $\Rightarrow \begin{pmatrix} v_y = -\omega g\cos(\varphi)t^2 \\ v_z = -gt \end{pmatrix} \Big|\int... \Rightarrow \begin{pmatrix} y = -\frac{1}{3}\omega g\cos(\varphi)t^3 \\ z = -\frac{1}{2}gt^2 + H \end{pmatrix}$
>
> Zu b) $z(t_A) = 0:\quad 0 = -\frac{1}{2}gt_A^2 + H \Rightarrow t_A = \sqrt{\frac{2H}{g}} = 3{,}95\,\text{s}$
>
> $y(t_A) = -\frac{1}{3}\omega g\cos(\varphi)t_A^3$
>
> $= -\frac{1}{3}\cdot\frac{2\pi}{24\cdot 3600\,\text{s}}\cdot 9{,}81\frac{\text{m}}{\text{s}^2}\cdot 0{,}594\cdot(3{,}95\,\text{s})^3 \approx -0{,}009\,\text{m} = \underline{\underline{-9\,\text{mm}}}$
>
> Ost-Ablenkung

J. F. Benzenbergs Werte: $X(t_A) = -(9 \pm 4)$ mm

Die Kugeln sollten also ca. 9 mm östlich vom Lot auftreffen. Möglicherweise vermissen Sie eine Ablenkung orthogonal zur Richtung der Drehachse, denn die Erdrotation verursacht auch eine Zentrifugalkraft. Die spielt hier keine Rolle, da nicht die Richtung des Ortsvektors zum Erdmittelpunkt als z-Richtung verwendet wurde, sondern die Richtung des Lotes auf die Erdoberfläche. Bei den üblichen Literaturwerten für die Beträge der *Fallbeschleunigung* ist – anders als in (2.6.2) – die Zentrifugalbeschleunigung einbezogen.

Gravitationsfeldstärke und Fallbeschleunigung (Richtung des Lotes) sind wegen der Zentrifugalkraft nicht ganz kollinear (Ausnahmen: Pole und Äquator).

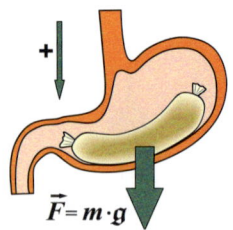

Bild 2.8.10

Kehren wir zurück zu dem Flugzeug im *Abschn. 2.7*, genauer in den Magen des Piloten. Nehmen wir an, er habe sich eine dicke Bratwurst ($m = 0{,}2$ kg) gegönnt. Dann wirken auf diese Wurst nicht nur die Gewichtskraft, sondern auch noch eventuell vorhandene Scheinkräfte. Die Muskulatur der Magenwand – das macht sie automatisch – wirkt der Summe dieser Kräfte entgegen. Soweit die Scheinkräfte klein im Vergleich zur Gewichtskraft sind, ist dieser Sachverhalt völlig unspektakulär. Trotzdem gibt es etwas Bemerkenswertes: Nicht nur die Gewichtskraft, sondern auch die übrigen Summanden sind proportional zur Masse des Körpers (hier die Bratwurst), auf den sie einwirken.

(2.8.15)
$$\vec{F} = \vec{F}_G + \vec{F}_T + \vec{F}_Z + \vec{F}_C = m\vec{g} - m\vec{a}_S + m\vec{\omega} \times (\vec{r} \times \vec{\omega}) + m\vec{v} \times \vec{\omega}$$

Nicht mit der speziellen Relativität verwechseln! Die allgemeine Relativitätstheorie ist die Schwierige!

Ist etwa auch die Gravitation eine Scheinkraft? Eine vergleichbare Frage hat sich Einstein wohl auch gestellt und eine Theorie (*vgl. Merksatz 1.1.2*) zur Gravitation – genannt *allgemeine Relativitätstheorie* – entwickelt. Wir bleiben hier im Rahmen der Klassischen Physik und klammern lediglich aus der Summe der Kräfte (Gewichtskraft plus Scheinkräfte) die Masse aus. Die verbleibende Vektorsumme benennen wir hier unkonventionell mit einem „Fraktur-g": $\mathfrak{g}$. Die auf die Masse bezogenen Scheinkräfte benennen wir mit a_T, a_Z und a_C.

(2.8.16)
$$\vec{F} = \vec{F}_G + \vec{F}_T + \vec{F}_Z + \vec{F}_C = m(\vec{g} + \vec{a}_T + \vec{a}_Z + \vec{a}_C) := \underline{\underline{m\mathfrak{g}}}$$

Ärgern Sie sich nicht über die entsetzliche „Umbennenerei"! Hier wurde aus kosmetischen Gründen – a_S in a_T umbenannt.

Der „$\mathfrak{g}$-Faktor" ist im Gegensatz zur Gravitationsfeldstärke g kein genormter Begriff. Wir nehmen es gelassen hin. Man spricht auch häufig von „$\mathfrak{g}$-Kraft".

Damit entsteht formal wie bei der Gewichtskraft (*vgl. (2.6.2)*) ein Produkt aus Masse und einem vektoriellen Faktor. Befindet sich der Besitzer des Magens in *Bild 2.8.10* in einem stark beschleunigten System – etwa in der Gondel einer Achterbahn oder gar in einem Kampfflugzeug – dann kann ihm die Bratwurst sehr schwer im Magen liegen. Er hat aber keine Möglichkeit in seinem System, die einzelnen Beiträge dieser „Schwere" auseinanderzuhalten. Seine Magennerven signalisieren dem Gehirn nur die komplette, wie man sagt, „$\mathfrak{g}$-Kraft".

Um hohe g-Belastungen auszuhalten, tragen Kampfpiloten sogenannte g-Hosen. Die Hosen haben Druckluftkammern, die sich bei Bedarf automatisch aufblasen und dem Aufweiten der Blutgefäße in Bein und Unterleib entgegenwirken.

Geht es darum die Gravitationskraft verschiedener Himmelskörper zu vergleichen, gibt man gerne die Gravitationsfeldstärken an deren Oberflächen an. Diese Feldstärken sind nichts weiter als Gewichtkräfte bezogen auf die Masse 1 kg. Die Einheit ist N/kg bzw. gekürzt m/s². Man könnte, da wir als Erdenbewohner ein Gefühl für die Gravitationsverhältnisse bei uns haben, alternativ die Gravitationsfeldstärke auf der Erde als Maßeinheit verwenden. Die Gravitationsfeldstärke auf der Erde beträgt dann 1 g (sprich: „ein geh") und auf dem Jupiter fast 2,7 g. Zur Beschreibung physiologischer Belastungen innerhalb beschleunigter Systeme ist es üblich, den „$\mathfrak{g}$-Faktor" in der Einheit g anzugeben. Wenn ein Pilot sein Flugzeug, so wie in *Abschn. 2.7* beschrieben, in eine Kurve steuert, dann beträgt der „$\mathfrak{g}$-Faktor" knapp +1,2 g, das entspräche in etwa der Gravitation auf der Saturnoberfläche. Würde unser Pilot mit einem Kampfflugzeug eine Kurve fliegen, wären 2,7 g leicht zu erreichen. Der Pilot wäre in diesem Fall den gleichen Belastungen ausgesetzt wie ein hypothetischer Astronaut auf dem Jupiter. Bei extremen Flugmanövern kann die Belastung wesentlich höher sein. Das Problem ist nicht allein der Magen. Auf alle Körperteile wirkt diese „$\mathfrak{g}$-Kraft". Schwachpunkt ist das System Blut-Blutgefäße. Hohe positive g-Werte treiben das Blut in die Beine, weiten dort die Blutgefäße und im Gehirn entsteht der gefürchtete Blutmangel.

2.8 Koordinatentransformationen und Scheinkräfte

In (2.8.16) wurde eine Summe aus Vektoren abgespalten. Während die Gravitationsfeldstärke g als gegeben hingenommen werden muss, stehen Betrag und Richtung der übrigen Summanden keineswegs fest. Wer in einem Schnellaufzug eines Hochhauses auf „Abwärts" tippt, bemerkt kurzfristig, dass Gewichtskraft und die Trägheitskraft aufgrund der Beschleunigung nach unten entgegengerichtet sind. Der „g-Faktor" ist kurzfristig geringer als eins. Bei einem Vorwärtslooping sind anfangs Zentrifugal- und Gravitationskraft entgegengerichtet. Dabei können hohe negative „g-Belastungen" zustande kommen. Diese Belastungen treiben das Blut in den Kopf – Blutgefäße könnten platzen. Ein Kuriosum ist ein sogenannter Parabelflug, der erstaunlicherweise sogar mit einem Passagierflugzeug (z. B. Airbus A300) möglich ist. Dabei wird das Flugzeug in eine Position gebracht, in der es Wurfparabelbahnen durchfliegen kann. Der dabei normalerweise hinderliche Luftwiderstand kann mithilfe der Triebwerke neutralisiert werden. Blättern Sie zurück zum *Abschnitt 2.3* ((2.3.1) bis (2.3.5))! Bei einer Wurfparabel ist die Beschleunigung in horizontaler Richtung gleich null und in vertikaler Richtung –1 g. Die aufgrund dieser Beschleunigungsverhältnisse entstehende Trägheitskraft hebt in der gut 20 s währenden Parabelflugphase die Gewichtskraft auf – es herrscht Schwerelosigkeit.

Auch mit g-Hose und Training: 10 g sind obere Grenze und dann auch nur kurzfristig zu ertragen.

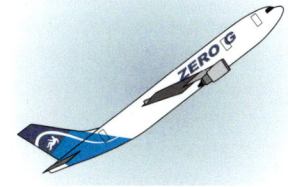

Airbus A300

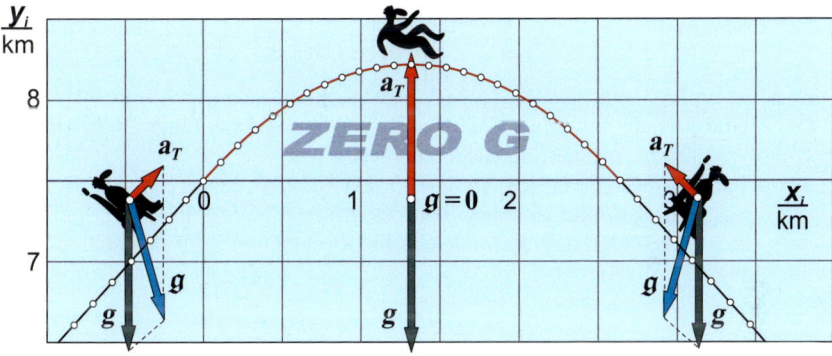

Der Nullpunkt auf der x-Achse wurde auf den Eintritt in die Parabelflugphase gelegt.

Bild 2.8.11
Angenommene Parabelflugbahn im erdgebundenen Koordinatensystem

Um die „g-Kräfte" auf die Fluggäste im mitbewegten Koordinatensystem rechnerisch behandeln zu können, stückeln wir eine Flugbahn in vektorieller Parameterdarstellung zusammen:

Die angenommene Flugbahn ist nicht authentisch – nähere Informationen siehe www.dlr.de.

Steigflug $t < 0$:
$$\vec{r}_i(t) = \begin{pmatrix} -1{,}1 \\ -1{,}2 \end{pmatrix} \cdot t^2 + \begin{pmatrix} 110 \\ 120 \end{pmatrix} \cdot t,$$

Parabelflug $0 \le t \le 24\,\text{s}$:
$$\vec{r}_i(t) = \begin{pmatrix} 0 \\ -g \end{pmatrix} \cdot \frac{t^2}{2} + \begin{pmatrix} 110 \\ 120 \end{pmatrix} \cdot t$$

Sinkflug $t > 24\,\text{s}$:
$$\vec{r}_i(t) = \begin{pmatrix} +1{,}1 \\ -1{,}2 \end{pmatrix} \cdot (t-24)^2 + \begin{pmatrix} +110 \\ -120 \end{pmatrix} \cdot (t-24) + \begin{pmatrix} 2640 \\ 0 \end{pmatrix}$$

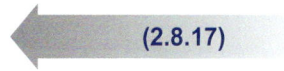

(2.8.17)

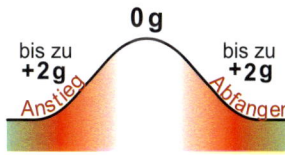

Der Übergang vom Horizontalflug in die Steigflugsphase bzw. das sogenannte Abfangen sind in der Funktion (2.8.17) der Einfachheit halber nicht berücksichtigt. In diesen Flugphasen kommen noch Zentrifugalkräfte hinzu und sorgen dafür, dass die Fluggäste vor und nach dem Parabelflug eine „Hyperschwere" erleben. Dabei können den Fluggästen problemlos „g-Werte" bis zu 2 g zugemutet werden.

Bratwürste werden vorher nicht ausgegeben.

Aufgabe 2.8.4

Aufgabe:
a) Ermitteln Sie Geschwindigkeit und Beschleunigung des Flugzeugs im erdgebundenen Koordinatensystem!
b) Diskutieren Sie anhand von (a) die Besonderheiten der Flugbahn!
c) Ermitteln Sie die „g-Verhältnisse" im Inneren des Fliegers. Beziehen Sie sich auf ein am Flieger fixiertes Koordinatensystem, dessen Achsen aber parallel zum erdgebundenen Koordinatensystem bleiben!

„Hyperschwere":
Sie entsteht beim Übergang vom Horizontalflug in den hier beschriebenen Steigflug sowie beim Abfangen, dem Übergang vom Sinkflug in den Horizontalflug.

Die Beschleunigungen sind nach Betrag und Richtung konstant.

Lösungsvorschlag:

Zu a) $\vec{v}_i = \dot{\vec{r}}_i$, $\vec{a}_i = \ddot{\vec{r}}_i$ ($\equiv$ Beschleunigung des Koordinatensystems $\vec{a}_S$)

Steigflug: $\vec{v}_i = \begin{pmatrix} -2{,}2 \\ -2{,}4 \end{pmatrix} \cdot t + \begin{pmatrix} 110 \\ 120 \end{pmatrix}$, $\vec{a}_S = \begin{pmatrix} -2{,}2 \\ -2{,}4 \end{pmatrix}$

Parabelflug: $\vec{v}_i = \begin{pmatrix} 0 \\ -g \end{pmatrix} \cdot t + \begin{pmatrix} 110 \\ 120 \end{pmatrix}$, $\vec{a}_S = \begin{pmatrix} 0 \\ -g \end{pmatrix}$

Sinkflug: $\vec{v}_i = \begin{pmatrix} +2{,}2 \\ -2{,}4 \end{pmatrix} \cdot (t-24) + \begin{pmatrix} +110 \\ -120 \end{pmatrix}$, $\vec{a}_S = \begin{pmatrix} +2{,}2 \\ -2{,}4 \end{pmatrix}$

Zu b) Steigflug, Sinkflug: Kollineare Richtungsvektoren, die Flugbahnen sind deshalb geradlinig. Die Geschwindigkeit fällt anfangs linear ab und nimmt im Sinkflug (wieder) linear zu.
Parabelflug: Die Geschwindigkeit in *x*-Richtung bleibt konstant. In *y*-Richtung nimmt sie linear ab (von positiven zu negativen Werten). Keine Beschleunigung in *x*-Richtung. Konstante negative Beschleunigung in *y*-Richtung.

Zu c) $\vec{a}_T = -\vec{a}_S = \begin{pmatrix} +2{,}2 \\ +2{,}4 \end{pmatrix}\Big|_{\text{Steigflug}} \ldots = \begin{pmatrix} 0 \\ g \end{pmatrix}\Big|_{\text{Parabelflug}} \ldots = \begin{pmatrix} -2{,}2 \\ +2{,}4 \end{pmatrix}\Big|_{\text{Sinkflug}}$; $\vec{g} = \begin{pmatrix} 0 \\ -g \end{pmatrix}$

$g = \vec{g} + \vec{a}_T = \begin{pmatrix} +2{,}2 \\ 2{,}4-g \end{pmatrix}\Big|_{\text{Steigflug}} \ldots = \begin{pmatrix} 0 \\ g-g \end{pmatrix} = \begin{pmatrix} 0 \\ 0 \end{pmatrix}\Big|_{\text{Parabelflug}} \ldots = \begin{pmatrix} -2{,}2 \\ 2{,}4-g \end{pmatrix}\Big|_{\text{Sinkflug}}$

Die Fahrgäste dürften wegen der extremen Neigungen (48°) der Sitze sowohl im Steig- als auch im Sinkflug so verunsichert sein, dass die Trägheitskräfte (Betrag: cirka 0,33 g) kaum wahrgenommen werden. Im Parabelflug heben sich Gravitations- und Trägheitskraft auf. Die Fahrgäste verlieren für 24 Sekunden den Kontakt zu ihren Sitzen.

Toll: 24 Sekunden eine Adonis-Figur. Kein Speckröllchen hängt nach unten!

2.9 Reale Systeme und Massenmittelpunkt

Für die bisherigen Berechnungen von Bewegungszuständen reichte eine einzige Vektorgleichung – die Newtonsche Bewegungsgleichung. Dem jeweiligen System entsprechend waren dabei maximal drei gekoppelte Differenzialgleichungen zu bearbeiten. Das Finden einer (exakten) Lösung so eines Differenzialgleichungssystems bringt einen häufig an den Rand seiner mathematischen Möglichkeiten (und zur Verzweiflung). So weit muss es gar nicht kommen, denn Näherungslösungen sind auch nicht gering zu schätzen und die sind sogar mit einer Standard Office-Anwendung ermittelbar. Leider – und das werden Sie sicher schon ahnen oder wissen – türmen sich bei der Bearbeitung komplexerer Systeme scheinbar unüberwindliche Hindernisse prinzipieller Art auf:

Bei Verwendung problemangepasster Koordinatensysteme kann sich die Anzahl der Gleichungen vermindern.

Betrachten wir ein (reales) Passagierflugzeug! Wenn Sie aus dem Fenster schauen, sehen Sie – möglicherweise entsetzt – wie die Tragfläche „arbeitet". Im Gang zwischen den Sitzreihen – darüber sind Sie nicht entsetzt – schieben Stewardessen schwere Wagen und bringen Essen und Getränke. Vorne klappert die Klotür und neben Ihnen räkelt sich eine 1 kN-Person im Sitz. Kurzum das Flugzeug besteht aus vielen Teilsystemen, die sich mehr oder weniger gegenseitig beeinflussen. Das heißt, um das komplette System „Flugzeug" erfassen zu können, ist für **jedes** Teilsystem eine Bewegungsgleichung erforderlich. Kein Problem, wenn die Gleichungen voneinander unabhängig wären. Aber das ist in der Regel nicht der Fall. Die Kräfte auf die wichtigen Teilsysteme sind abhängig von den Variablen und Parametern der übrigen Systeme:

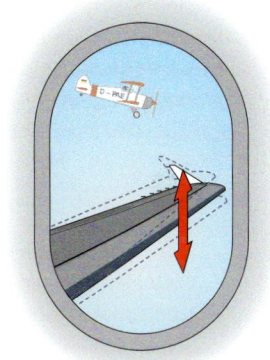

Kein Grund zur Besorgnis: die Bewegungen der Tragflächen

$$i\text{-tes Teilsystem: } \vec{F}_i = \vec{F}_i\left(\vec{r}_1, \vec{r}_2, \vec{r}_3, \ldots, \vec{r}_n, \vec{v}_1, \vec{v}_2, \vec{v}_3, \ldots, t\right)$$

(2.9.1)

Auch ohne spezielle Kenntnisse vom Flugzeugbau wird man erkennen, dass die Vielzahl der Variablen beeindruckend sein muss. Die zugehörigen Bewegungsgleichungen sind gekoppelt – man hat es nicht mit maximal drei, sondern mit („beliebig") vielen gekoppelten Differenzialgleichungen zu tun und genau das ist die prinzipielle Hürde, von der oben gesprochen wurde. Die Anzahl der Teilsysteme hängt davon ab, was man sinnvoll zusammenfassen kann (im Extremfall wären Moleküle bzw. Atome die Teilsysteme).

Für eine Office-Anwendung wie z. B. Excel ist die Hürde unüberwindlich.

Wie groß ist n? 10^2, 10^6 oder gar 10^{30}?

$$\begin{pmatrix} \text{Teilsystem 1}: & \vec{F}_1 = m_1 \dfrac{d}{dt}\vec{v}_1 \\ \text{Teilsystem 2}: & \vec{F}_2 = m_2 \dfrac{d}{dt}\vec{v}_2 \\ \ldots & \\ \text{Teilsystem } n: & \vec{F}_n = m_n \dfrac{d}{dt}\vec{v}_n \end{pmatrix} \text{bzw. wegen } \dfrac{d}{dt}\vec{v}_i = \dfrac{d^2}{dt^2}\vec{r}_i : \begin{pmatrix} \vec{F}_1 = m_1 \dfrac{d^2}{dt^2}\vec{r}_1 \\ \vec{F}_2 = m_2 \dfrac{d^2}{dt^2}\vec{r}_2 \\ \ldots \\ \vec{F}_n = m_n \dfrac{d^2}{dt^2}\vec{r}_n \end{pmatrix}$$

(2.9.2)

Auch wenn mehr Platz erforderlich ist: Bevorzugen Sie die Präfixe d/d... für Differenzialoperatoren!

Wenn man das Gleichungssystem ohne die Postfixe mit den riesigen Variablenpaketen notiert, hat man die Komplexität des Systems verschleiert. Dafür rücken die Differenzialoperatoren besser ins Blickfeld und diese Operatoren haben eine sehr freundliche Eigenschaft – sie sind *linear*. Sehen wir uns im Folgenden an, was Linearität bedeutet. Als Operator wählen wir die *n*-te Ableitung nach *t*.

(2.9.3)
$$\left.\begin{array}{l}n \in \mathbb{N}, \\ a, b \in \mathbb{R}\end{array}\right\}: \frac{d^{(n)}}{dt^{(n)}}(a u + b v) = \frac{d^{(n)}}{dt^{(n)}} a u + \frac{d^{(n)}}{dt^{(n)}} b v = a \frac{d^{(n)}}{dt^{(n)}} u + b \frac{d^{(n)}}{dt^{(n)}} v$$

u und *v* stehen in (2.9.3) für reelle Funktionen (Variable *t*). Differenzialoperatoren können – vergleichbar mit einem Faktor beim Distributivgesetz – auf die Summanden in der Klammer verteilt werden. Da bei Ableitungen konstante Faktoren nicht beeinflusst werden, ist es weiterhin möglich, Operatoren und konstante Faktoren zu vertauschen. Die Linearitätseigenschaft eines Differenzialoperators (2.9.3) ist eine Kombination zweier grundlegender Ableitungsregeln. Weil leicht in den Hintergrund tritt, dass die Linearitätseigenschaft auch von rechts nach links gelesen **und benutzt** werden kann, sei sie hier noch einmal herausgestellt. Von rechts nach links wird der Differenzialoperator sozusagen „ausgeklammert".

In Ihrer Formelsammlung finden Sie die beiden Ableitungsregeln unter „Faktor- und Summenregel".

Hier ist es wieder: Das „altbewährte" Additionsverfahren

Bei den folgenden Überlegungen wird es darum gehen, trotz des überwältigenden Gleichungssystems brauchbare Aussagen über das Verhalten des Systems machen zu können. So lässt sich aus einem Gleichungssystem eine weitere Gleichung gewinnen, wenn man sämtliche Gleichungen addiert:

(2.9.4)
$$\begin{pmatrix} \vec{F}_1 = m_1 \frac{d^2}{dt^2} \vec{r}_1 \\ \vec{F}_2 = m_2 \frac{d^2}{dt^2} \vec{r}_2 \\ \dots \\ \vec{F}_n = m_n \frac{d^2}{dt^2} \vec{r}_n \end{pmatrix} \Rightarrow \vec{F}_1 + \vec{F}_2 + \dots + \vec{F}_n = m_1 \frac{d^2}{dt^2} \vec{r}_1 + m_2 \frac{d^2}{dt^2} \vec{r} + \dots + m_n \frac{d^2}{dt^2} \vec{r}_n$$

Newton III: Die Kräfte müssen sich nicht notwendigerweise paarweise aufheben. Sie heben sich in der Regel erst in größeren Gruppen auf.

Gewichtskraft, dynamischer Auftrieb und Luftwiderstand wären in einem Gesamtsystem Erde-Flugzeug innere Kräfte.

Zunächst ist nicht zu erkennen, wozu die „Addiererei" nützlich sein soll. Betrachten wir zunächst die Summe aller Kräfte auf der linken Seite und bedenken, dass jeder Summand der linken Seite für sich auch eine Summe sein kann. Nun lassen sich alle Kräfte in *innere* und *äußere Kräfte* einteilen. Die inneren Kräfte sind Kräfte zwischen den Teilsystemen. Wegen des dritten Newtonschen Axioms ist die Summe aller inneren Kräfte gleich null. Bei den äußeren Kräften gehören die Gegenparts nicht zum System und heben sich deshalb nicht notwendigerweise auf. Äußere Kräfte beim Flugzeug: Gewichtskraft, dynamischer Auftrieb an den Flügeln, Luftwiderstand. Auf der linken Seite verbleibt deshalb die Summe aller äußeren Kräfte, die wir im Folgenden mit *F* abkürzen werden. Auf der rechten Seite „spielen" wir mit der Linearität des Differenzialoperators:

(2.9.5)
$$\vec{F} = \sum_{i=1}^{n} m_i \frac{d^2}{dt^2} \vec{r}_i = \frac{d^2}{dt^2} \left(\sum_{i=1}^{n} m_i \vec{r}_i\right) = \frac{d^2}{dt^2} \left(\sum_{i=1}^{n} m_i \frac{\sum_{i=1}^{n} m_i \vec{r}_i}{\sum_{i=1}^{n} m_i}\right) = \left(\sum_{i=1}^{n} m_i\right) \frac{d^2}{dt^2} \left(\frac{\sum_{i=1}^{n} m_i \vec{r}_i}{\sum_{i=1}^{n} m_i}\right)$$

2.9 Reale Systeme und Massenmittelpunkt

Bitte gewöhnen Sie sich an die Σ-Schreibweise zur Darstellung von Summen. Bedenken Sie auch, dass Summen in Σ-Schreibweise Klammern ersetzen. Da auch Bruchstriche Klammern ersetzen, sind alle Klammern in der Gleichungskette (*2.9.5*) überflüssig. Sie wurden hier **ausnahmsweise** gesetzt, um die Übersichtlichkeit zu verbessern. Innerhalb der ersten Klammer von links in (*2.9.5*) wurde mit der Summe der Massen aller Teilsysteme erweitert. Diese Summe ist nichts anderes als die Gesamtmasse des Systems. Da die gesamte Masse konstant ist, kann sie vor den Differenzialoperator gezogen werden. Fragt sich nur, ob der Quotient hinter dem Differenzialoperator ebenfalls eine anschauliche Bedeutung hat. Benennen wir den Quotienten mit $\vec{r}_S$, verwenden ein nichtindiziertes m für die Gesamtmasse und notieren:

$$\vec{F} := \sum_{i=1}^{n} \vec{F}_i \,,\ m := \sum_{i=1}^{n} m_i \,,\ \vec{r}_S := \frac{\sum_{i=1}^{n} m_i \vec{r}_i}{\sum_{i=1}^{n} m_i} \,:\ \vec{F} = m \frac{\mathrm{d}^2}{\mathrm{d}t^2} \vec{r}_S \qquad (2.9.6)$$

Es wäre auch möglich, auf den Index „S" zu verzichten, da sich der dann indexfreie Ortsvektor eindeutig von denen der Teilsysteme unterscheidet.

Was rechts in (*2.9.6*) steht, ist eine „ganz normale" Bewegungsgleichung – was soll daran besonders sein? Der Index S des Ortsvektors ist sicherlich keine Besonderheit, sondern lediglich eine Sache der Benennung. Um die Frage wirklich zu klären, müssen wir uns mit der Bedeutung des hier mit $\vec{r}_S$ bezeichneten Ortsvektors befassen. Was ist das für ein Ort, auf den dieser Vektor weist? Wären alle Teilmassen gleich, ist die Interpretation leicht, dann ergäbe sich das arithmetische Mittel aller beteiligten Ortsvektoren:

$$m_1 = m_2 = \ldots = m_n := \mu \,:\ \vec{r}_S = \frac{\sum_{i=1}^{n} m_i \vec{r}_i}{\sum_{i=1}^{n} m_i} = \frac{\mu \sum_{i=1}^{n} \vec{r}_i}{\mu \sum_{i=1}^{n} 1} = \frac{\vec{r}_1 + \vec{r}_2 + \ldots + \vec{r}_n}{n} \qquad (2.9.7)$$

Beachten Sie: Sämtliche Ortsvektoren, von denen hier die Rede ist, sind zeitabhängig.

Arithmetisches Mittel: Völlige „Gleichberechtigung" – alle Beteiligten sind gleichgewichtig.

Im Gegensatz zu (*2.9.7*) werden die Ortsvektoren in (*2.9.6*) zusätzlich mit den Massen der Teilsysteme „gewichtet". Sehr vernünftig: Große Teilmasse großer Beitrag, kleine Teilmasse kleiner Beitrag. Man spricht auch von einem *gewichteten Mittel* (hier der Ortsvektoren). In unserem Fall heißt der durch das gewichtete Mittel definierte Ort *Massenmittelpunkt* oder *Schwerpunkt* (deswegen der Index *S*). Wenn man sich das riesige Gleichungssystem (*2.9.2*) noch einmal vor Augen führt, ist das Ergebnis rechts in (*2.9.6*) kaum zu glauben. Auch wenn es sich um 10^{30} Teilsysteme handeln würde, bewegt sich der Massenmittelpunkt des kompletten Systems unter dem Einfluss äußerer Kräfte gemäß einer **einzigen** vektoriellen Bewegungsgleichung. Wie die Teilsysteme angeordnet sind, spielt überhaupt keine Rolle, es ist, als ob die gesamte Masse in dem Massenmittelpunkt konzentriert ist. Wenn Sie sich beispielsweise aus lauter Übermut aus dem Spülsaum der Nordsee eine tote Qualle greifen, um ihren Begleiter damit zu erschrecken, kann die Flugbahn des Massenmittelpunktes der Qualle wie die eines Badmintonballs oder einer Kanonenkugel berechnet werden. Allerdings müsste man sich um eine geeignete (Näherungs-)Formel für den Luftwiderstand der Qualle Gedanken machen.

Die genaue Position des Massenmittelpunktes ist nicht immer wichtig.

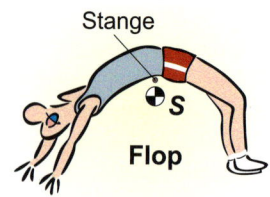

Zur Erklärung der Sprungtechnik reicht eine Abschätzung des jeweiligen Massenmittelpunktes S.

Wichtig: Der Massenmittelpunkt errechnet sich aus zeitabhängigen Ortsvektoren. Wenn sich Teilsysteme umordnen, verlagert sich zwangsläufig der Massenmittelpunkt.

Alle Betrachtungen und Beispiele der vorherigen Abschnitte sind mit den Überlegungen dieses Abschnitts sanktioniert: Bei den Kräften handelte es sich um äußere Kräfte, bei den Massen um Gesamtmassen und Geschwindigkeiten und Ortsvektoren bezogen sich auf Massenmittelpunkte. Wie diese Größen zu benennen sind, ist nur eine kosmetische Frage. Bei der Interpretation der Bewegungsgleichung, die in der Zusammenstellung der Grundgleichungen der klassischen Physik in *Bild 1.2.2* angegeben ist, dürfen Sie nun wählen: Enweder handelt es sich um die Bewegungsgleichung einer punktförmigen Masse oder um die des Massenmittelpunktes/Schwerpunktes eines Systems.

Die Ermittlung von Massenmittelpunkten ist, wie am Quallenbeispiel ersichtlich, nicht immer einfach bzw. auch nicht unbedingt notwendig. Es reicht oft zu wissen, dass so ein Punkt existiert, egal wie das System darum herumschlabbert. Ein gutes Beispiel ist der Hochsprung mit der Flop-Technik. Mihilfe dieser anspruchsvollen Sprungtechnik ist es möglich, die Stange zu überspringen, obwohl der jeweilige Massenmittelpunkt des Sportlers (weitgehend) energiesparend unterhalb der Stange bleibt. Es kann aber sein, dass Sie genötigt werden, Massenmittelpunkte zu errechnen. Da die Koordinaten von Massenmittelpunkten immer auf Symmetrieebenen bzw. -geraden liegen, erübrigt sich gegebenenfalls die Berechnung einiger Koordinaten. Ist die Anzahl der Teilsysteme überschaubar und sind die Massenmittelpunkte dieser Teilsysteme (näherungsweise) bekannt, errechnet sich der Massenmittelpunkt des Gesamtsystems unproblematisch – wie das folgende Beispiel zeigt – mithilfe der in (*2.9.6*) angegebenen Formel.

Da die Teilsysteme des Modellflugzeugs ein starres Gerüst bilden, steht die Position des Massenmittelpunktes relativ zum Gesamtsystem fest.

Massen in kg, Koordinaten in m.

Die x,y-Ebene ist Symmetrieebene.

Bild 2.9.1
Massenmittelpunkt eines Modellflugzeugs

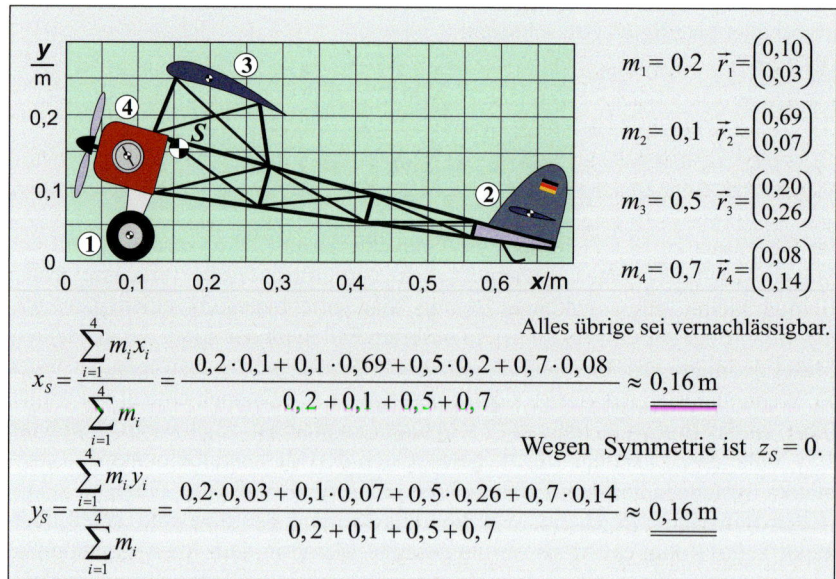

$$x_S = \frac{\sum_{i=1}^{4} m_i x_i}{\sum_{i=1}^{4} m_i} = \frac{0{,}2 \cdot 0{,}1 + 0{,}1 \cdot 0{,}69 + 0{,}5 \cdot 0{,}2 + 0{,}7 \cdot 0{,}08}{0{,}2 + 0{,}1 + 0{,}5 + 0{,}7} \approx 0{,}16\,\text{m}$$

Wegen Symmetrie ist $z_S = 0$.

$$y_S = \frac{\sum_{i=1}^{4} m_i y_i}{\sum_{i=1}^{4} m_i} = \frac{0{,}2 \cdot 0{,}03 + 0{,}1 \cdot 0{,}07 + 0{,}5 \cdot 0{,}26 + 0{,}7 \cdot 0{,}14}{0{,}2 + 0{,}1 + 0{,}5 + 0{,}7} \approx 0{,}16\,\text{m}$$

Volumenintegrale behandeln wir erst in Kapitel 3!

Es sind auch Massenmittelpunkte von Körpern berechenbar, die nicht aus diskreten Teilsystemen bestehen, sondern deren Inneres als Kontinuum aufgefasst werden kann. Die Summen in (*2.9.6*) werden zu diesem Zweck in Integrale überführt.

2.10 „Quantitas Motus" – der Impuls

Der Begriff wurde von Newton geprägt: quantitas motus <lat., „Bewegungsgröße">

Auch wenn die Abschnittsüberschrift etwas anderes zu signalisieren scheint, die Zielrichtung des letzten Abschnitts bleibt: Es geht weiterhin darum, aus einem riesigen System von Bewegungsgleichungen mit möglichst geringem mathematischen Aufwand Informationen herauszuarbeiten. Die Methode, alle Bewegungsgleichungen zu addieren, ist – wie wir gleich sehen werden – überraschenderweise noch nicht ausgereizt. Wir hatten in (2.9.4) von der Option Gebrauch gemacht, die zeitlichen Ableitungen der Geschwindigkeiten durch die zweiten Ableitungen der Ortsvektoren zu ersetzen. Darauf verzichten wir jetzt und benutzen die Linearität des Differenzialoperators. Auf irgendwelche Tricks – wie in (2.9.5) das Erweitern mit der Gesamtmasse – verzichten wir diesmal:

Immer wieder Gleichungssysteme.

Die Summe aller Kräfte nennt man Gesamtkraft – Formelzeichen F (mit Vektorpfeil, optional mit Index).

$$\begin{cases} \vec{F}_1 = m_1 \frac{d}{dt}\vec{v}_1 \\ \vec{F}_2 = m_2 \frac{d}{dt}\vec{v}_2 \\ \dots \\ \vec{F}_n = m_n \frac{d}{dt}\vec{v}_n \end{cases} \Rightarrow \begin{cases} \vec{F}_1 + \vec{F}_2 + \dots + \vec{F}_n = m_1 \frac{d}{dt}\vec{v}_1 + m_2 \frac{d}{dt}\vec{v}_2 + \dots + m_n \frac{d}{dt}\vec{v}_n \\ \vec{F}_1 + \vec{F}_2 + \dots + \vec{F}_n = \frac{d}{dt}(m_1\vec{v}_1 + m_1\vec{v}_1 + \dots m_n\vec{v}_n) \;,\; \vec{p}_i := m_i\vec{v}_i \\ \underbrace{\vec{F}_1 + \vec{F}_2 + \dots + \vec{F}_n}_{:=\vec{F}} = \frac{d}{dt}\underbrace{(\vec{p}_1 + \vec{p}_2 + \dots \vec{p}_n)}_{:=\vec{p}} \quad \text{bzw.} \quad \vec{F} = \frac{d}{dt}\vec{p} \end{cases}$$

(2.10.1)

Analog heißt die Summe aller Impulse Gesamtimpuls – Formelzeichen p (mit Vektorpfeil, optional mit Index).

In (2.10.1) wurden lediglich Gleichungen addiert, ein Differenzialoperator „ausgeklammert" und die Summanden umbenannt. Schauen wir, ob sich dabei etwas Brauchbares ergeben hat. Ihnen ist bereits bekannt, dass sich die inneren Kräfte eines Systems bei der Summierung herausheben und nur die Summe der äußeren Kräfte übrig bleiben. Es könnte aber sein, dass das System so weit geschnitten ist, dass alle systemrelevanten Kräfte innere Kräfte sind. Dann ergibt sich etwas Bemerkenswertes:

Additives Bewegungsintegral!

$$\vec{0} = \frac{d}{dt}(\vec{p}_1 + \vec{p}_2 + \dots \vec{p}_n) \Rightarrow \underline{\vec{p} = \vec{p}_1 + \vec{p}_2 + \dots \vec{p}_n = \text{konst.}}$$

(2.10.2)

Die zeitliche Ableitung der Summe aus den mit p_i abgekürzten Produkten aus Masse und Geschwindigkeit ist gleich null. Dann muss die Summe selber zeitlich konstant sein. Egal um was für ein Gewimmel und Gezappel es sich bei den Teilsystemen handelt, die merkwürdige Summe bleibt konstant – sie ist wie man sagt eine *Erhaltungsgröße*. Die unterstrichene Aussage heißt in der Physik *Impulssatz*. Für eine derartig starke Aussage nimmt man gerne die Definition einer abstrakten Größe in Kauf: Die Produkte aus Masse und Geschwindigkeit heißen *Impulse* (Einheit: kg·m/s oder N·s) und die Summe der Impulse der Teilsysteme ist dann der Impuls des Gesamtsystems. Der (zeitlich konstante) Gesamtimpuls ist dann – vornehm gesprochen – ein (*additives Bewegungs-*)*Integral* des Differenzialgleichungssystems. Der Impulsbegriff lässt sich ideal mit den Überlegungen des vorherigen Abschnitts kombinieren (*vgl.* (2.9.5)). Dann zeigt sich, dass der Gesamtimpuls gleich dem Produkt aus Gesamtmasse und der Geschwindigkeit des Massenmittelpunktes ist:

Die Impulserhaltung innerhalb abgeschlossener Systeme gilt sowohl im Mikro- als auch im Makrokosmos.

impulsus <lat. u. a. "Stoß">

Beeindruckend: Aus einem riesigen Differenzialgleichungssystem ergibt sich etwas Brauchbares.

(2.10.3)

$$\vec{p} = \sum_{i=1}^{n} \vec{p}_i = \sum_{i=1}^{n} m_i \vec{v}_i = \frac{\mathrm{d}}{\mathrm{d}t} \sum_{i=1}^{n} m_i \vec{r}_i = \left(\sum_{i=1}^{n} m_i\right) \frac{\mathrm{d}}{\mathrm{d}t} \left(\frac{\sum_{i=1}^{n} m_i \vec{r}_i}{\sum_{i=1}^{n} m_i} \right) = m\vec{v}_S$$

Ideal für die Benennung der Gesamtmasse wäre das große „M". Leider ist „M" das Formelzeichen für Drehmomente.

Auch wenn äußere Kräfte vorhanden sind, kann der Impulsbegriff verwendet werden. Wie unten rechts in (*2.10.1*) bereits angedeutet, magert dann die Newtonsche Bewegungsgleichung zu einer Beziehung zwischen nur noch zwei Größen ab:

(2.10.4)

$$\vec{F} = \frac{\mathrm{d}}{\mathrm{d}t}\vec{p} \quad \text{bzw.} \quad \vec{F} = \frac{\mathrm{d}\vec{p}}{\mathrm{d}t}$$

Es gibt leider keinen umgangssprachlichen Ausdruck für den Impuls. „Wucht" wäre geeignet, passt aber auch für kinetische Energie.

Mit der Zwei-Größen-Formulierung der Bewegungsgleichung ist man dicht an der Originalformulierung des 2. Newtonschen Axioms (Lex. II.): „*Mutationem motus proportionalem esse vi motrici impressae …*". „Motus" bzw. „quantitas motus" übersetzt man am besten mit *Bewegungsgröße* – der Alternativbezeichnung für Impuls. Eine Kraft ist demnach gleich der zeitlichen Änderungen der vektoriellen Größe „Impuls". Da es zu Newtons Zeiten noch keine SI-Einheiten gab, musste er noch von einer Proportionalität sprechen. Bekanntlich sind die SI-Einheiten so gestrickt, dass der Proportionalitätsfaktor gleich eins ist.

Merksatz 2.10.1

> **Impuls/Impulssatz:**
> Das Produkt aus Masse und Geschwindigkeit nennt man den *Impuls* oder *Bewegungsgröße* (UK/US: *momentum*):
>
> $$\vec{p} = m\vec{v}, \quad [p] = \mathrm{kg} \cdot \frac{\mathrm{m}}{\mathrm{s}} \quad \text{bzw.} \quad \mathrm{N \cdot s}$$
>
> Das System, auf das sich Masse und Geschwindigkeit beziehen, kann entweder ein Gesamt- oder ein Teilsystem sein. Mit der Gesamtmasse und der Geschwindigkeit des Massenmittelpunktes ergibt sich der *Gesamtimpuls* des kompletten Systems.
> Ein System heißt *abgeschlossen*, wenn es keinen äußeren Kräften ausgesetzt ist. In einem abgeschlossenen System gilt der sogenannte Impulssatz:
> **In einem abgeschlossenen System bleibt die Summe der Impulse aller Teilsysteme (Gesamtimpuls) konstant**.

Die Masse relativistischer Teilchen ($v > 0{,}1 \cdot c$) ist geschwindigkeitsabhängig.

Die bisherigen Überlegungen basierten darauf, dass die Massen in den Bewegungsgleichungen als konstante Faktoren angesehen werden können und deshalb mit dem Differenzialoperator (nach der Zeit) vertauschbar sind. Nun lernten Sie in der Chemie den „Satz von der Erhaltung der Masse". Der sagt aus, dass die Summe der Massen vor einer chemischen Reaktion gleich der Summe der Massen nach der Reaktion ist. Wenn also Masse verschwunden zu sein scheint, heißt das nur, dass sie nicht dort ist, wo wir gerade hinschauen. Solange keine Prozesse betrachtet werden, die so hochenergetisch sind, dass sie Umsetzungen der Atomkerne bewirken, kann die Masse getrost als konstant gelten.

Bei kernchemischen Prozessen gibt es den sogenannten „Massendefekt". Masse wird im größeren Maßstab in Energie umgesetzt.

Nun wurde bisher von Teilsystemen gesprochen, aber nicht gesagt, welche Regeln für das Zuschneiden von Teilsystemen anzuwenden sind. Leider gibt es nur

2.10 „Quantitas Motus" – der Impuls

eine schwammige Regel: Halte die Anzahl der Teilsysteme so klein wie irgend möglich! Aus den Beispielen vorheriger Abschnitte war ersichtlich, dass ein Zuschnitt in Teilsysteme vermeidbar sein kann. Im Folgenden werden wir uns an Beispiele heranwagen, bei denen ein Zuschnitt in (mindestens) zwei Teilsysteme notwendig ist.

Beispiel: Der Oszillator in Abschnitt 1.7: nur ein System. Federkraft, Dämpfung und Erregung wurden als äußere Kräfte aufgefasst.

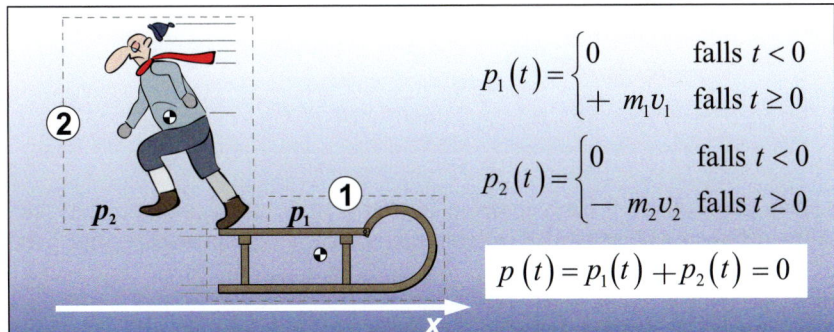

$$p_1(t) = \begin{cases} 0 & \text{falls } t < 0 \\ + m_1 v_1 & \text{falls } t \geq 0 \end{cases}$$

$$p_2(t) = \begin{cases} 0 & \text{falls } t < 0 \\ - m_2 v_2 & \text{falls } t \geq 0 \end{cases}$$

$$p(t) = p_1(t) + p_2(t) = 0$$

Wir betrachten nur die x-Koordinate!

Bild 2.10.1
Das Rückstoßprinzip am Hörnerschlitten

Der Schlitten in *Bild 2.10.1* habe blankgeschliffene Kufen, und stehe auf einer spiegelblanken Eisfläche. Gesucht ist eine Aussage über die Geschwindigkeit des Schlittens nach dem Absprung unseres Nasenmannes. Zunächst stellen wir fest, dass in *x*-Richtung keine äußeren Kräfte wirksam sind. Damit bleibt die *x*-Komponente des Impulses konstant. Da die Geschwindigkeiten des Schlittens und des Nasenmanns vor dem Absprung gleich null sind, ist der Gesamtimpuls bezüglich seiner *x*-Koordinate gleich null. Da ihn keine äußere Kraft ändert, ist das auch nach dem Absprung weiter der Fall. Gesamtimpuls gleich null, das bedeutet, die Geschwindigkeit des Massenmittelpunktes ist gleich null – bezüglich der *x*-Achse bleibt der Massenmittelpunkt des Gesamtsystems dort, wo er auch vorher war. Für weitergehende Aussagen versuchen wir es im Folgenden mit Zuschnitt auf zwei Teilsysteme und benutzen den Impulssatz:

Luft- und Reibungswiderstand wird vernachlässigt!

Kaum zu glauben, aber wahr: Der Massenmittelpunkt bleibt stehen.

$$0 = p_1 + p_2 = \begin{cases} 0 + 0 & \text{für } t < 0 \\ m_1 v_1 - m_2 v_2 & \text{für } t \geq 0 \end{cases} \Rightarrow m_1 v_1 - m_2 v_2 = 0 \Rightarrow \underline{\underline{v_1 = \frac{m_2}{m_1} v_2}}$$

(2.10.5)

Bei den vorgebenen Massenverhältnissen hat der Schlitten demnach die 10-fache Geschwindigkeit des Springers. Solange der Springer den Kontakt zum Schlitten noch nicht verloren hat, erhöhen sich die Geschwindigkeiten noch. Danach sind sie konstant, aber welche Geschwindigkeit hat der Springer? Für diese Aussage reicht unser Ansatz nicht, denn dafür müssten wir etwas über die Dynamik seiner Beinmuskulatur wissen. Wenn wir annehmen, dass der Springer aus 0,3 m Höhe trotz des rutschigen Standorts einen 0,3-Meter-Sprung geschafft hätte, läge v_2 bei 1,2 m/s und der Schlitten würde mit gut 40 km/h über das Eis schießen. Dieses Beispiel wird gerne zum Plausibelmachen des sogenannten *Rückstoßprinzips* verwendet.

Die fehlende Geschwindigkeit kann relativ einfach durch Kombination des Impulssatzes mit dem Energiesatz abgeschätzt werden.

Mit etwas mehr Schreibarbeit käme man auch zu dem selben Ergebnis, ohne die Produkte aus Masse und Geschwindigkeit „Impuls" zu nennen. Wir brauchen daher ein Beispiel, bei dem die Verwendung des Impulsbegriffs zwingend ist.

Mit einer Umbenennung kann man sich Schreibarbeit ersparen, aber nichts erklären!

Leider ist so ein Schlitten sonst zu nichts nutze.

Wir bleiben beim „Rückstoßprinzip" und rüsten einen Schlitten mit einer Stromlinienverkleidung und einem Raketentriebwerk aus. Statt Nasenmänner speit dieser Schlitten Abgasteilchen aus:

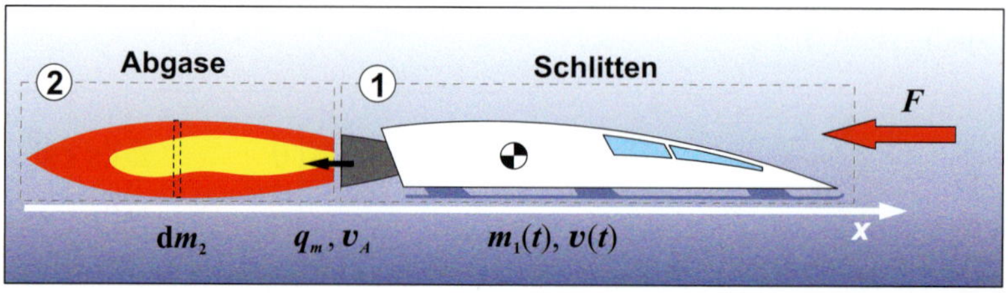

Bild 2.10.2
Raketenschlitten als Beispiel für Bewegungsgleichungen mit zeitabhängigen Massen

Masse inkl. Treibstoff: $m_1(0) = 750$ kg
Treibstoffvorrat: $m_T = 150$ kg
Luftwiderstand: $c_w = 0{,}19$ $A = 2$ m²
Relative Austrittsgeschwindigkeit: $v_A = 3000$ m/s
Treibstoffverbrauch bzw. Massenstrom: $q_m = 2{,}5$ kg/s

Anders als vorher soll nun auch eine äußere Kraft berücksichtigt werden – der Luftwiderstand. Damit ist der Gesamtimpuls nicht mehr konstant, es muss mit Bewegungsgleichungen gearbeitet werden. Wie in *Bild 2.10.2* angedeutet, versuchen wir wie vorher mit zwei Teilsystemen auszukommen. System 1 besteht aus dem kompletten Schlitten inklusive dem jeweils noch vorhandenen Treibstoff. System 2 umfasst **sämtliche** hinten ausgestoßene Abgasteilchen. Leider ergibt sich bei diesem sparsamen Teilsystemzuschnitt ein Ärgernis: Es wird Masse zwischen den beiden Teilsystemen ausgetauscht. Jetzt haben wir es auch im „harmlosen" nichtrelativistischen Bereich mit zeitabhängigen Massen zu tun. Das Beispiel ist daher ein Prüfstein für die Zwei-Größen-Bewegungsgleichung in der Form (2.10.4). Da darin der komplette Impuls abgeleitet wird, produziert die Produktregel einen zusätzlichen Summanden (s. (1.2.1), (1.2.2)) und es stellt sich die Frage: Sinnvoll oder nicht? Wir werden im Folgenden zunächst mithilfe der Systemparameter eine Formel für den (Gesamt-)Impuls zusammenbasteln, um dann durch formales Differenzieren zu einer Differenzialgleichung zu kommen. Ist deren Lösung plausibel, kommen Sie um den abstrakten Impulsbegriff nicht mehr herum.

Der Parameter q_m steht für den Massenstrom, das ist die Teibstoffmasse, die in Form der Verbrennungsgase pro Sekunde ausgestoßen werden. Gleichzeitig ist das der Treibstoffverbrauch. Bei einer anfangs vorhandenen Treibstoffmasse m_T ergibt sich daraus die *Brennzeit*:

(2.10.6)

$$m_T = q_m t_B \Rightarrow \text{Brennzeit}: t_B = \frac{m_T}{q_m} = \frac{150\,\text{kg}}{2{,}5\,\text{kg/s}} = \underline{\underline{60\,\text{s}}}$$

Kampf dem Indexsalat! Für die Momentangeschwindigkeit des Schlittens schreiben wir nur v!

Da hauptsächlich das Zeitfenster zwischen Zündung ($t = 0$) und *Brennschluss* von Interesse ist, beschränken wir uns im Folgenden ausschließlich auf dieses Zeitintervall. Für die zeitabhängige Masse sowie für den zeitabhängigen Impuls des Systems „Schlitten" ergibt sich:

(2.10.7)

$$0 \leq t \leq t_B: \quad m_1(t) = m_0 - q_m t, \quad p_1(t) = (m_0 - q_m t) \cdot v(t)$$

Die Konstanz der Ausströmgeschwindigkeit ist nur eine Idealisierung.

Die Ermittlung des Impulses des zweiten Teilsystems gestaltet sich leider mühsamer. Zwar bleibt die Ausströmgeschwindigkeit v_A der Abgasteilchen relativ zum Schlitten konstant – nicht aber bezüglich des ruhenden Koordinatensystems! Da sich die Geschwindigkeit des Schlittens bis zum Brennschluss erhöht, hängt die

2.10 „Quantitas Motus" – der Impuls

jeweilige Geschwindigkeit eines Abgasteilchens und damit dessen Impuls von dem Ausstoßzeitpunkt ab. Sei τ der Ausstoßzeitpunkt und t die aktuelle Zeit. Aus Symmetriegründen können wir – wie im Abgasstrahl von *Bild 2.10.2* angedeutet – die Abgasteilchen scheibchenweise betrachten:

Je schneller der Schlitten wird, umso „langsamer" werden die Abgasteilchen.

$$0 \leq \tau \leq t: \quad \mathrm{d}m_2 = q_m \, \mathrm{d}\tau \quad \begin{cases} \text{Geschwindigkeit von } \mathrm{d}m_2 = -v_A + v(\tau) \\ \text{Impuls von } \mathrm{d}m_2: \quad \mathrm{d}p_2 = q_m \bigl(-v_A + v(\tau)\bigr) \mathrm{d}\tau \end{cases}$$

(2.10.8)

Um alle Scheiben impulsmäßig zu erfassen, müssen alle ausgestoßenen Abgasscheiben berücksichtigt, d. h. aufsummiert werden:

$$p_2(t) = \int_0^t q_m \bigl(-v_A + v(\tau)\bigr) \mathrm{d}\tau$$

(2.10.9)

Für den Gesamtimpuls $p(t)$ müssen $p_1(t)$ und $p_2(t)$ addiert werden:

$$p(t) = (m_0 - q_m t) v(t) + \int_0^t q_m \bigl(-v_A + v(\tau)\bigr) \mathrm{d}\tau$$

(2.10.10)

Möglicherweise irritiert Sie, dass im Integrand die gesuchte Funktion steht. So etwas ist meist kein Problem, denn aus einer Integralgleichung kann man durch Differenzieren zu einer Differenzialgleichung kommen. In unserem Fall fordert die Zwei-Größen-Bewegungsgleichung (*2.10.4*) sowieso das Differenzieren nach der Zeit:

Dahinter steht der Hauptsatz der Differenzial- und Integralrechnung.

$$-F = \frac{\mathrm{d}}{\mathrm{d}t}\left((m_0 - q_m t) v(t) + \int_0^t q_m \bigl(-v_A + v(\tau)\bigr) \mathrm{d}\tau \right)$$

$$\Rightarrow -F = \cancel{-q_m v(t)} + (m_0 - q_m t) \dot{v}(t) - q_m v_A \cancel{+ q_m v(t)}$$

$$\Rightarrow \underline{\underline{-F = (m_0 - q_m t) \dot{v}(t) - q_m v_A}}$$

(2.10.11)

Nehmen wir zunächst an, der Raketenschlitten wäre so fest verankert, dass die Verankerung der Schubkraft des Triebwerks widersteht. Damit ist v-Punkt zwangsweise null gesetzt und es gilt:

Beachten Sie, das Vorzeichen vor „F" bezieht sich auf das Koordinatensystem in Bild 2.10.2!

$$F = q_m v_A \quad \left(= 2{,}5 \text{ kg/s} \cdot 3000 \text{ m/s} = \underline{\underline{7{,}5 \text{ kN}}} \right)$$

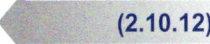

(2.10.12)

Bei dem Produkt aus Massenstrom und Ausströmgeschwindigkeit müsste es sich demnach um eine Formel für die *Schubkraft* eines Raketentriebwerks im Stand handeln. Ein Blick in die Formelsammlung zeigt: Diese Formel gilt für alle kontinuierlich ausströmenden Medien. Damit errechnet sich beispielsweise auch die Kraft, gegen die sich ein Feuerwehrman stemmen muss, damit sich der Schlauch beim Löschen nicht selbstständig macht. Es gibt keinen Ausweg: Bei der Erfassung von Systemen mit zeitabhängigen Massen **muss** mit den abstrakten Impulsen gearbeitet werden.

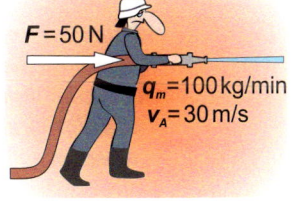

Wir befreien nun den Raketenschlitten aus seiner Verankerung und wollen versuchen, den Verlauf der Geschwindigkeit mithilfe der Differenzialgleichung zu er-

2.11 Drehmoment oder der Nutzen des Kreuzprodukts I

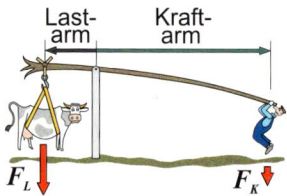

Hebelgesetz: Kraft mal Kraftarm ist gleich Last mal Lastarm.

Kräfte verhalten sich – so wird das gelehrt – wie Translationsvektoren. Von Bedeutung sind nur Betrag und Richtung nicht aber der *„Angriffpunkt"*. Genau das widerspricht der tagtäglichen Erfahrung, weiß doch jeder von der oft entscheidenden Bedeutung des Angriffspunkts einer Kraft. Bedenken Sie immer, dass hinter einem realen System ein umfangreiches Gleichungssystem (s. (2.9.2)) steht. Wenn man das Gleichungssystem durch die aufaddierten Gleichungen ersetzt, gehen zwangsläufig Informationen verloren. So klärt sich der „Widerspruch" mit dem Angriffspunkt auf. Die aufaddierte Vektorgleichung beschreibt die Bewegung des **Massenmittelpunktes** unter dem Einfluss äußerer Kräfte. Für diese Bewegung sind Angriffspunkte tatsächlich irrelevant. Sie kennen allerdings bereits aus Ihrer Schulzeit unter der Bezeichnung *„Hebelgesetze"* eine einfache Methode, die Einflüsse der Angriffspunkte zu erfassen.

Das „schräge" Ziehen könnte aufgrund einer schwer zugänglichen Lage der Mutter erforderlich sein.

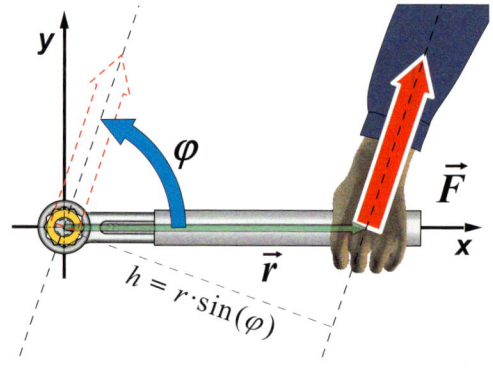

Bild 2.11.1
Ringschlüssel mit Sechskantmutter

Verschiedene Angriffspunkte, aber der Kraftmensch merkt davon nichts.

Betrachten Sie *Bild 2.11.1*! Die „Schraubwirkung" hängt bekanntlich nicht allein von der Kraft, sondern vom Produkt aus „Kraft und Hebelarm" ab. Zu präzisieren ist, was mit Hebelarm gemeint ist. Ortsvektor zum Angriffspunkt wäre plausibel aber falsch. Angriffspunkte könnten nämlich mithilfe Zug- oder Druckvorrichungen verlagert werden. Simples Beispiel: einfach ein Seil um den Schlüsselarm schlingen und an dem gedoppelten Seil ziehen. Da das Seil, sofern es nicht mit seinem Eigengewicht stört, beliebig lang sein darf, bewirken alle Kräfte, die auf der sogenannten *Wirkungslinie* liegen, dasselbe. Sie würden die Richtung der Kraft sicherlich nicht so wählen wie im *Bild 2.11.1* gezeichnet. Es gibt aber in der Praxis auch schlecht zugängliche Stellen und dann hat man nicht immer freie Wahl. Optimal wäre, wenn Ortsvektor und Wirkungslinie der Kraft orthogonal zueinander sind. Der im Bild dargestellte Fall ist bezüglich der „Schraubwirkung" gleichwertig mit dem orthogonalen Fall, aber mit „verkürztem" Schlüsselarm. Die Länge des – wie man auch sagt – *effektiven Hebelarms* ist gleich dem Abstand der Wirkungslinie vom Drehpunkt. Die Abhängigkeit von Winkel entnehmen Sie bitte dem Bild. Beachten Sie, bei dem Winkel φ handelt es sich um den von beiden Vektoren eingeschlossenen Winkel. Um was für einen Winkel es sich dabei handelt, wird in Planfiguren nicht immer deutlich. In der Regel muss man sich für einen gemeinsamen „Anfangspunkt" entscheiden und die Vektoren durch

2.11 Drehmoment oder der Nutzen des Kreuzprodukts I

Parallelverschiebung dorthin verlegen (im Bild wurde der Koordinatenursprung gewählt). Mithilfe des effektiven Hebelarms, der Kraft und der „Rechte-Hand-Regel" lässt sich eine hilfreiche vektorielle Größe knüpfen, das *Drehmoment* (US/UK: *torque*, Formelzeichen τ):

$$|\vec{M}| := |\vec{r}| \cdot |\vec{F}| \cdot \sin(\varphi), \text{ Richtung von } \vec{M}: \text{Rechte-Hand-Regel}$$

torqueo <lat., „drehen">

(2.11.1)

Zeile (*2.11.1*) ist nahezu die Definition des *Kreuzprodukts* (hier zwischen dem Ortsvektor $\boldsymbol{r}$ und der Kraft $\boldsymbol{F}$). Die noch fehlenden aber plausiblen Eigenschaften sind in dem folgenden Merksatz aufgeführt:

Kreuz- oder Vektorprodukt:

"$\times$" : $\mathbb{R}^3 \times \mathbb{R}^3 \to \mathbb{R}^3$; $\vec{a}, \vec{b}, \vec{c} \in \mathbb{R}^3$; $\alpha, \beta \in \mathbb{R}$

1. $|\vec{a} \times \vec{b}| := |\vec{a}| \cdot |\vec{b}| \cdot \sin(\angle(\vec{a}, \vec{b}))$
2. $(\alpha \vec{a} + \beta \vec{b}) \bullet (\vec{a} \times \vec{b}) = 0$
3. Richtungssinn von $\vec{a} \times \vec{b}$: Rechte-Hand-Regel
4. $\vec{a} \times (\vec{b} + \vec{c}) = \vec{a} \times \vec{b} + \vec{a} \times \vec{c}$
5. $\alpha(\vec{a} \times \vec{b}) = (\alpha \vec{a}) \times \vec{b} = \vec{a} \times (\alpha \vec{b})$

$\Leftrightarrow \vec{a} \times \vec{b} = \begin{vmatrix} i & j & k \\ a_x & a_y & a_z \\ b_x & b_y & b_z \end{vmatrix}$

Erläuterungen:
1. Der Betrag ergibt sich aus (*2.11.1*)
2. Die „Drehachse" bestimmt die Richtung. Das Kreuzprodukt ist orthogonal zu der von den Faktoren aufgespannten Ebene.
3. Nicht immer handlich: die „*Rechte-Hand-Regel*", auch „*Schraubenregel*" genannt (s. Marginalbild).
4. Das „Distributivgesetz" lernten Sie als Schüler durch Experimente am Wägebalken (Hebelgesetze).
5. Bezüglich reeller Faktoren ist das Kreuzprodukt assoziativ. Die Klammern sind daher optional.

Diese Eigenschaften lassen sich in einer formalen Determinante zusammenfassen. Erste Zeile: die Vektoren einer Orthonormalbasis des $\mathbb{R}^3$.

Merksatz 2.11.1

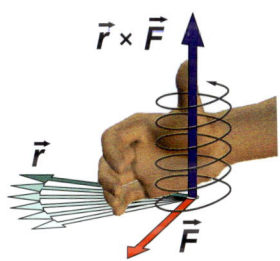

Rechte-Hand-Regel

In Abschnitt 2.8 (*Bild 2.8.7*, (*2.8.9*), (*2.8.10*)) mutierte bereits ein Drehwinkel mithilfe des Kreuzproduktes zu einem axialen Vektor. Als Vektoren mussten Einheitsvektoren in Richtung der Winkelstrahlen (Schenkel) herhalten. Beim Drehmoment ist kein „Kunstgriff" nötig. Der axiale Vektor *Drehmoment* ist in Betrag und Richtung vollständig durch das Kreuzprodukt aus Ortvektor und Kraft definiert:

$$\vec{M} := \vec{r} \times \vec{F}, \quad \text{Einheit: N} \cdot \text{m}$$

Achtung: Wegen der Verknüpfung mit einem Ortsvektor ist das Drehmoment abhängig von der Wahl des Koordinatenursprungs.

(2.11.2)

Beachten Sie – auch wenn die Rechte-Hand-Regel etwas anderes suggeriert – der Winkel zwischen den Vektoren ist **kein** Drehwinkel. Sollte allerdings das Drehmoment zu einer Drehung führen, dann haben beide Winkel in vektorisierter Form dieselbe Richtung, betragsmäßig, aber nur indirekt etwas miteinander zu tun (in *Bild 2.11.1* handelt es sich um die *z*-Richtung).

Lies: „Njutonmeter"

Aufgabe 2.11.1

> **Aufgabe:**
> a) Ermitteln Sie mithilfe der in *Merksatz 2.11.1* aufgeführten Eigenschaften die Kreuzprodukte zwischen den Vektoren einer Orthonormalbasis:
> $i \times i$, $j \times j$, $k \times k$, $i \times j$, $i \times k$, $j \times i$, $k \times i$, $j \times k$, $k \times j$
> b) Berechnen Sie das folgende Kreuzprodukt durch Ausmultiplizieren mithilfe der Eigenschaften (4) und (5):
> $(a_x\, i + a_y\, j + a_z\, k) \times (b_x\, i + b_y\, j + b_z\, k) = ?$
> c) Multiplizieren Sie die formale Determinante mithilfe der Sarrusschen Regel aus und bestätigen Sie damit Ihr Ergebnis von (b)!
> d) Zeigen Sie durch Nachrechnen mittels der formalen Determinante: Das Kreuzprodukt ist antikommutativ: $\vec{a} \times \vec{b} = -\vec{b} \times \vec{a}$

Ihnen fehlt Praxis im Rechnen mit dem Kreuzprodukt? Dann sollten Sie die folgende Aufgabe bearbeiten. Die Ergebnisse kontrollieren sich selbst.

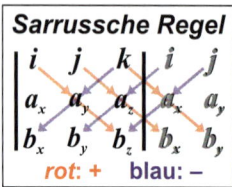
Sarrussche Regel
$$\begin{vmatrix} i & j & k & i & j \\ a_x & a_y & a_z & a_x & a_y \\ b_x & b_y & b_z & b_x & b_y \end{vmatrix}$$
rot: + blau: −

Sollte die Mutter aus *Beispiel 2.11.1* lose auf einem glatten Tisch liegen, würde sie mitsamt dem Schlüssel lediglich in Richtung der Kraft verschoben werden. Um diese Verschiebung zu unterdrücken, muss eine zweite Gegenkraft vorhanden sein. Diese Kraft stellt sich im Allgemeinen „automatisch" ein, wenn die Schraube oder das Werkstück, in dem die Schraube steckt, irgendwo – z.B. in einen Schraubstock – eingespannt ist. Wird an dem Schlüsselarm mit Brachialgewalt gezogen, sodass sich keine gleich große Gegenkraft mehr aufbauen kann, wird entweder die Schraube oder das komplette Werkstück herausgerissen. Damit wird klar, um einen Körper zu drehen, reicht eine einzelne Kraft nicht. Es muss eine gleich große Gegenkraft vorhanden sein. Beide Kräfte zusammen bilden ein sogenanntes *Kräftepaar*. Unser Beispiel ist insofern ein Spezialfall, weil die Wirkungslinie des Konterparts der Kraft durch den Koordinatenursprung verläuft (kein effektiver Hebelarm) und deshalb am Drehmoment unbeteiligt ist. In dem folgenden Beispiel ist das anders: Die Wirkungslinien beider Kräfte eines Kräftepaares verlaufen nicht durch den Koordinatenursprung.

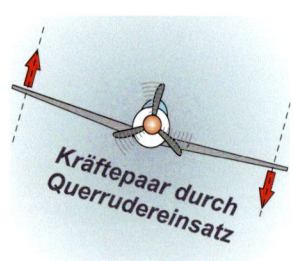
Kräftepaar durch Querrudereinsatz

Nur Petrus könnte mit einem Kräftepaar helfen: obere Kraft in negative x-Richtung, an den Füßen stellt sich dann die Gegenkraft automatisch ein (nur nicht bei extremer Glätte).

Bild 2.11.2
Kräftepaar mit auseinander driftenden Wirkungslinien

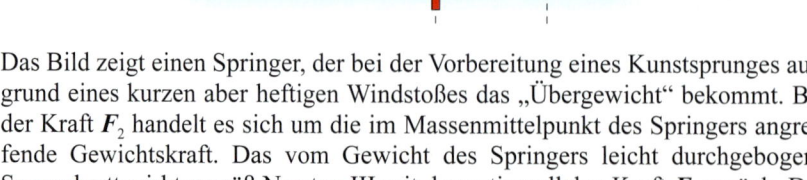

Das Bild zeigt einen Springer, der bei der Vorbereitung eines Kunstsprunges aufgrund eines kurzen aber heftigen Windstoßes das „Übergewicht" bekommt. Bei der Kraft F_2 handelt es sich um die im Massenmittelpunkt des Springers angreifende Gewichtskraft. Das vom Gewicht des Springers leicht durchgebogene Sprungbrett wirkt gemäß Newton III mit der antiparallelen Kraft F_1 zurück. Das

2.11 Drehmoment oder der Nutzen des Kreuzprodukts I

Kräftepaar $\vec{F}_1$, $\vec{F}_2$ wäre auch ohne „Übergewicht" vorhanden – dann aber mit gemeinsamer Wirkungslinie. Sie sehen sicher das Ungemach voraus, dass unserem Springer aufgrund der Tatsache droht, dass jetzt zwischen den Wirkungslinien beider Kräfte ein Abstand klafft. Um sein Ungemach rechnerisch erfassen zu können, bilden wir formal mithilfe von (2.11.2) die Drehmomente beider Partner des Kräftepaares und addieren sie probeweise:

Bei der Summe von Kräften oder Drehmomenten spricht man auch von der resultierenden Kraft bzw. dem resultierenden Drehmoment.

$$\left. \begin{array}{l} \vec{M} = \vec{M}_1 + \vec{M}_2 = \vec{r}_1 \times \vec{F}_1 + \vec{r}_2 \times \vec{F}_2;\ \vec{F}_1 := -\vec{F},\ \vec{F}_2 := \vec{F} \\ \vec{M} = \vec{r}_1 \times (-\vec{F}) + \vec{r}_2 \times \vec{F} = \vec{r}_2 \times \vec{F} - \vec{r}_1 \times \vec{F} = (\vec{r}_2 - \vec{r}_1) \times \vec{F} \end{array} \right\} \Rightarrow \underline{\underline{\vec{M} = \Delta\vec{r} \times \vec{F}}}$$

(2.11.3)

Während einzelne Drehmomente von der Wahl des Koordinatenursprunges abhängig sind, fällt diese Abhängigkeit beim *Gesamtdrehmoment* des Kräftepaares heraus. Das Ergebnis von (2.11.3) entspricht formal dem des vorherigen Beispiels. Sehen Sie sich dazu *Bild 2.11.1* und *Bild 2.11.2* noch einmal an: Der Betrag des Gesamtdrehmoments errechnet sich in beiden Fällen aus dem Produkt aus dem Abstand der Wirkungslinien als Länge des effektiven Hebelarms („Kraftarm/Lastarm") und der Kraft /„Last":

Beachten Sie: Wenn von „Drehmoment" gesprochen wird, ist in der Regel das Gesamtdrehmoment eines Kräftepaars gemeint.

$$M = |\Delta\vec{r}| \cdot |\vec{F}| \cdot \sin\left(\angle(\Delta\vec{r}, \vec{F})\right) = F \cdot h$$

(2.11.4)

Das Drehmoment (s. (2.11.4)) zwingt dem Springer – ob er will oder nicht – eine Drehung auf, während sein Massenmittelpunkt gleichzeitig die Reise nach unten antritt. Nur ein gnädiger Petrus könnte mit einem entgegengesetzten Windstoß für ein ausgleichendes Drehmoment sorgen. Beachten Sie hier ist im Grunde wieder die Methode des Aufsummierens angewendet worden und wieder führt diese Methode zu Erfolgen. Ausgerüstet mit dem Werkzeug Kreuzprodukt und dem Drehmomentbegriff können wir deshalb noch einmal versuchen, aus dem kompletten Bewegungsgleichungssystem ähnlich wie in (2.10.1) eine handliche Aussage zu extrahieren:

Ein Drehmoment kann nur durch ein entgegengesetztes Drehmoment ausgeglichen werden!

$$\begin{pmatrix} \vec{F}_1 = \frac{d}{dt}\vec{p}_1 \\ \vec{F}_2 = \frac{d}{dt}\vec{p}_2 \\ \ldots \\ \vec{F}_n = \frac{d}{dt}\vec{p}_n \end{pmatrix} \Rightarrow \begin{pmatrix} \vec{r}_1 \times \vec{F}_1 = \vec{r}_1 \times \frac{d}{dt}\vec{p}_1 \\ \vec{r}_2 \times \vec{F}_2 = \vec{r}_2 \times \frac{d}{dt}\vec{p}_2 \\ \ldots \\ \vec{r}_n \times \vec{F}_n = \vec{r}_n \times \frac{d}{dt}\vec{p}_n \end{pmatrix} \Rightarrow \begin{array}{c} \underline{\vec{M}_i := \vec{r}_i \times \vec{F}_i} \\ \sum_{i=1}^n \vec{M}_i = \sum_{i=1}^n \vec{r}_i \times \frac{d}{dt}\vec{p}_i \end{array}$$

(2.11.5)

Alle Gleichungen wurden von links vektoriell mit dem entsprechenden Ortsvektor multipliziert.

Um herauszufinden, ob die in (2.11.5) ergebene Aussage tatsächlich brauchbar ist, sollte man (wieder) Anleihen bei der Physik machen. Bei dem Schraubbeispiel in *Bild 2.11.1* ist durch die *systemangepasste Wahl* des Koordinatensystems das Drehmoment der Kraft am Schlüsselarm gleich dem Drehmoment des Kräftepaares. Ähnlich wie die Reaktionskräfte nach Newton III baut sich beim Festschrauben der Mutter ein Gegendrehmoment auf – jeder „Schrauber" spürt das in der Hand. Sobald die Mutter festsitzt und sich nicht mehr bewegt, ist das Gegendrehmoment antiparallel zum Drehmoment der Kraft am Schlüsselarm. Das Gesamtdrehmoment ist gleich null. In einem realen abgeschlossenen System heben sich

Immer bedenken – das Koordinatensystem dürfen wir selber wählen.

Immer eine gute Hilfe: Anleihen bei der Physik

Das ist ein Statiker, der sich verrechnet hat.

(2.11.6)

Die Summe der Drehmomente aller Kräfte heißt Gesamtdrehmoment – Formelzeichen M (mit Vektorpfeil, optional mit Index).

alle Drehmomente auf. Ist das System nicht abgeschlossen, gilt das nur für die sogenannten inneren Drehmomente. Die auf äußere Kräfte zurückgehenden Drehmomente bleiben bei der Summation übrig. Wie sich diese äußeren Drehmomente auswirken, behandeln wir im nächsten Abschnitt.

Gegenstand vieler Berechnungen ist nicht die Ermittlung eines Bewegungsablaufes, vielmehr soll berechnet werden, unter welchen Bedingungen alles so bleibt wie es ist: Ein Kran soll nicht umknicken, ein Haus nicht einstürzen und eine Brücke nicht zusammenkrachen. Wenn man das mit minimalem Materialaufwand gewährleisten kann, ist das keine triviale Angelegenheit. Geht es „nur" um äußere Kräfte, gewinnen wir aus (2.11.5) sehr freundliche Bedingungen:

Für den statischen Fall gilt: $\sum_{(i)} \vec{F}_i = \vec{0} \wedge \sum_{(i)} \vec{M}_i = \vec{0}$ bzw. $\vec{F} = \vec{0} \wedge \vec{M} = \vec{0}$

Damit alles bleibt wie es ist, muss einfach die Summe aller äußeren Kräfte und die Summe aller äußeren Drehmomente gleich null sein („müssen sich gegenseitig aufheben"). Dabei steht jede Vektorgleichung für drei skalare Gleichungen.

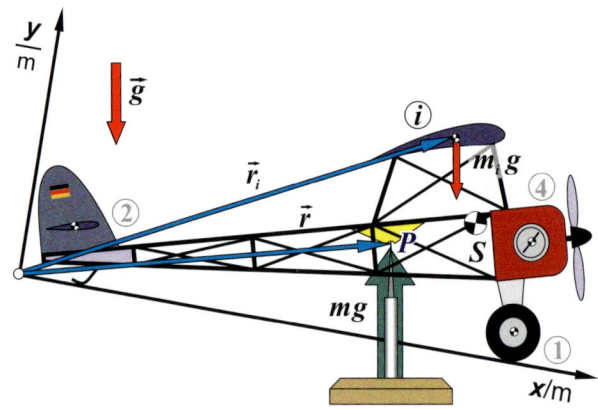

Bild 2.11.3
Momentaufnahme eines auf einem Ständer mit Spitze gelagerten Modellflugzeugs

Aufgrund der Wahl des Koordinatensystems liegt g beliebig im Raum.

Bild 2.11.3 zeigt das einfache Modellflugzeug, das auf einem Ständer mit Spitze lagern soll ohne zu kippen. Es soll im Prinzip in jeder Lage, in die man es gebracht hat, nach dem Loslassen stehen bleiben. Wir suchen den Punkt P (Ortsvektor r), an den die Pfanne (im Bild gelb), die die Spitze aufnimmt, zu montieren ist. Gleichung (I) von (2.11.6) ist kein Problem. Die Spitze muss die komplette Gewichtskraft aufnehmen und ist daher gleich $m \cdot g$. Befremdlich dürfte hier sein, dass sich das Koordinatensystem am Fahrwerk des Flugzeugs und nicht an der Richtung von g orientiert. Mit dieser Wahl wird erreicht, dass die Richtung von g relativ zur Lage des Flugzeugs variabel ist. Kümmern wir uns um die Drehmomente! Dazu bilden wir die Drehmomente sämlicher Gewichts-kräfte, summieren sie auf und schauen, wie der Ortsvektor r zu wählen ist, damit die Summe der Drehmomente gleich null ist. So wie der Punkt im Bild eingezeichnet ist, wird diese Bedingung sicherlich nicht erfüllt, denn alles was „Gewicht" hat, liegt rechts von diesem Punkt – möglicherweise erfüllt der Massenmittelpunkt die Bedingung.

2.11 Drehmoment oder der Nutzen des Kreuzprodukts I

$$\sum_{i=1}^{4}\vec{M}_i = \vec{0} \Leftrightarrow \sum_{i=1}^{4}\vec{r}_i \times m_i\vec{g} + \vec{r} \times (-m\vec{g}) = \left(\sum_{i=1}^{4}m_i\vec{r}_i - m\vec{r}\right) \times \vec{g} = \vec{0} \qquad (2.11.7)$$

Da das Vektorprodukt distributiv ist, kann der Vektor g ausgeklammert werden. Die skalaren Massen können nach ästhetischen Gesichtspunkten angeordnet werden. Die in Σ-Schreibweise dargestellte Summe in der Klammer von (2.11.7) ist bereits in (2.9.6) vorgekommen:

Immer wieder von Bedeutung: die Distributivität des Kreuzproduktes

$$\sum_{i=1}^{4} m_i := m, \quad \vec{r}_s = \frac{\sum_{i=1}^{4} m_i\vec{r}_i}{\sum_{i=1}^{4} m_i} = \frac{\sum_{i=1}^{4} m_i\vec{r}_i}{m} \Rightarrow \sum_{i=1}^{4} m_i\vec{r}_i = m\vec{r}_s \qquad (2.11.8)$$

Mithilfe von (2.11.8) kann man für die Drehmomentengleichung schließlich schreiben:

$$m \neq 0: \quad (m\vec{r}_s - m\vec{r}) \times \vec{g} = 0 \Leftrightarrow (\vec{r}_s - \vec{r}) \times \vec{g} = 0 \Leftrightarrow \underline{\vec{r}_s = \vec{r}} \lor \Delta\vec{r} \parallel \vec{g} \qquad (2.11.9)$$

Die Gesamtmasse m fällt heraus und die Gleichung hat eine von der Richtung der Gravitationsfeldstärke g unabhängige Lösung: den Massenmittelpunkt S. Das ist dann auch der Grund, weshalb der Massenmittelpunkt alternativ Schwerpunkt genannt werden darf.

Sie dürfen beides sagen: Schwerpunkt oder Massenmittelpunkt

> **Schwerpunkt/Massenmittelpunkt:**
> Unterstützt man einen Körper in seinem Schwerpunkt/Massenmittelpunkt, so entsteht aufgrund der Gravitationskraft in keiner Lage ein Drehmoment. Das heißt, bei drehbarer Lagerung bleibt der Körper in jeder Position stehen. Der Schwerpunkt/Massenmittelpunkt kann als Angriffspunkt der Gewichtskraft des gesamten Systems angesehen werden.

Merksatz 2.11.2

Blättern Sie ausgestattet mit *Merksatz 2.11.2* zurück zu *Bild 2.11.3*! Das resultierende Drehmoment der am Schwerpunkt angreifenden Gewichtskraft und der Unterstützungskraft lassen das Flugzeug nach vorn kippen. Wird ein Körper außerhalb seines Schwerpunktes drehbar gelagert, verhält er sich wie ein Pendel (s. nebenstehendes Bild). Gleichung (2.11.9) hat noch zwei g-abhängige Lösungen: Das Gesamtdrehmoment ist ebenfalls gleich null, wenn Δr parallel (stabiler Zustand) oder antiparallel (labiler Zustand) zur Gravitationsfeldstärke g ist.

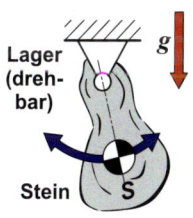

Körperpendel

Wenn Sie auf einem harten Stuhl Platz nehmen, dann lastet Ihre Gewichtskraft auf dem Stuhl und der Stuhl rächt sich gemäß Newton III mit einer Gegenkraft. Mit einer Gegenkraft? Da stimmt wohl etwas nicht. Merken wir nicht ganz deutlich im Hintern, dass es sich um viele (Teil-)Kräfte unterschiedlicher Größe handelt. An den Beckenknochen sind sie besonders stark – in der Pomitte gering. Wir wollen anhand des folgenden Beispiels zeigen, wie man mithilfe von (2.11.6) aus einer Kraftverteilung eine gleichwertige Gesamtkraft ermitteln kann. Nun werden Sie sagen: „Nichts leichter als das, man braucht doch bloß die Teilkräfte addieren." Das ist richtig, aber wo liegt der Angriffspunkt oder zumindest die Wirkungslinie der Gesamtkraft?

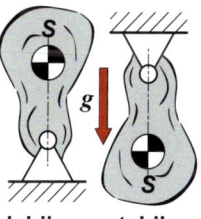

labiles stabiles
Gleichgewicht

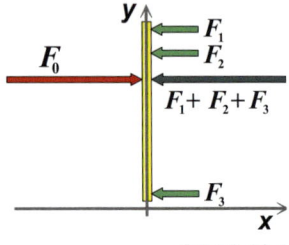

Bild 2.11.4
Gleichgewicht der Kräfte

(2.11.10)

Betrachten Sie das nebenstehende Bild! Ein Baumstamm soll mit drei unsymmetrisch verteilten Kräften nach links gerollt werden. Ein Riese hat etwas dagegen und die Frage ist, wo und mit welcher Kraft er gegen den Baumstamm treten muss, damit der dort bleibt wo er ist (statischer Fall). Das heißt, der Baum darf weder rollen noch sich seitwärts wegdrehen. Zur Lösung vergleichbarer statischer Probleme fertigt man sich am besten – so wie in *Bild 2.11.4* – eine Planfigur an, in der die äußeren Kräfte auf das System – hier dem Baumstamm – in einem geeigneten Koordinatensystem eingezeichnet sind. Die Vorzeichen der Vektoren sind durch die Richtung der Vektorpfeile in der Zeichnung festgelegt. Die Platzhalter stehen nur noch für die Beträge. Liegen Kraft und Ortsvektor in der x,y-Ebene, wie in diesem Beispiel, dann weisen die Drehmomente entweder in positive – oder negative z-Richtung. Für derartige Drehmomente ist die Sarrussche Regel nur im „Notfall" erforderlich, ansonsten: das linksdrehende Drehmoment zählt positiv, das rechtsdrehende zählt negativ. Setzen wir nun die Ortsvektoren und Kräfte des Riesen und der drei jungen Leute in (2.11.6) ein! Das sich daraus ergebende Gleichungssystem ist so einfach, dass die Lösung sofort notiert werden kann:

$$\sum_{i=0}^{3} F_{x,i} = F_0 - F_1 - F_2 - F_3 = 0 \quad \Rightarrow \quad F_0 = F_1 + F_2 + F_3$$

$$\sum_{i=0}^{3} M_{z,i} = -y_0 F_0 + y_1 F_1 + y_2 F_2 + y_3 F_3 = 0 \quad \Rightarrow \quad y_0 = \frac{y_1 F_1 + y_2 F_2 + y_3 F}{F_1 + F_2 + F_3}$$

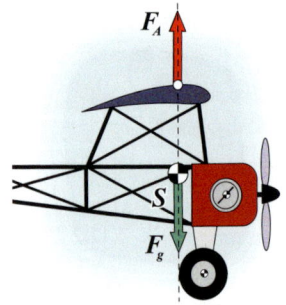

Bild 2.11.5
Stabiles Gleichgewicht der äußeren Kräfte im Horizontalflug

Im Allgemeinen liegen Kräfte und Ortsvektoren nicht in einer Ebene. Das Aufsummieren der Kräfte bleibt unproblematisch, aber die drei Koordinaten des Angriffspunktes müssen aus den drei Drehmomentgleichungen ermittelt werden. Mit dem Angriffspunkt $(0, y_0, 0)$ sowie der Summe der Kräfte wurde gleichzeitig die oben erwähnte Gesamtkraft gefunden, die zu der unsymmetrischen Kraftverteilung äquivalent ist. Ein Beispiel sind die Auftriebskräfte am Tragflügel eines Flugzeugs. Diese Kräfte sind von Flächenelement zu Flächenelement unterschiedlich. Fasst man diese Kräfte mithilfe der obigen Methode zusammen, liegt der Angriffspunkt bei konventionellen Flugzeugen im vorderen Drittel des Tragflügels (s. *Bild 2.11.5*). Das Flugzeug sollte so konstruiert sein, dass sein Schwerpunkt im Horizontalflug auf der Wirkungslinie dieser Kraft liegt. Ein tiefliegender Schwerpunkt sorgt für ein stabiles Gleichgewicht der Kräfte, Steuermomente sind nur bei groben Störungen erforderlich.

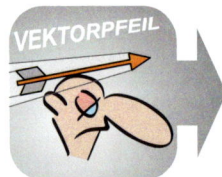

Merksatz 2.11.3

> **Vektorpfeile in Planfiguren und Illustrationen:**
> Pfeile in Planfiguren – breit oder schmal – weisen eindeutig einen Vektor aus. Da Richtung und Richtungssinn aus der Zeichnung hervorgehen, braucht der Pfeil nur noch mit dem **Betrag** beschriftet zu werden. Die Vorzeichen ergeben sich durch die Lage der Pfeile relativ zum eingezeichneten Koordinatensystem (positive/negative x-Richtung, positive/negative y-Richtung).

In den folgenden beiden Aufgaben sind die Maße von Kränen konstruktionsbedingt festgelegt – es sollen die Statikgleichungen (2.11.6) benutzt werden, um die sogenannten *Auflagerkräfte* zu errechnen.

2.11 Drehmoment oder der Nutzen des Kreuzprodukts I

Halbportalkran
$a = 6$ m (maximal)
$b = 2$ m, $c = 3$ m, $d = 8$ m
$F_2 = 100$ kN, $F_3 = 80$ kN
$F_4 = 50$ kN (max.), $F_0 = ?$, $F_1 = ?$

Aufgabe:
Vergleichen Sie die beiden nebenstehend dargestellten Belastungsfälle und berechnen Sie die (maximalen) Auflagerkräfte F_0 und F_1!

Lösungsvorschlag:

$$\sum_{i=0}^{4} F_{y,i} = F_0 + F_1 - F_2 - F_3 - F_4 = 0$$

$$\sum_{i=0}^{4} M_{z,i} = -dF_0 + cF_2 + bF_3 - aF_4 = 0$$

$$\Rightarrow \begin{cases} F_0 = \dfrac{cF_2 + bF_3 - aF_4}{d} = \underline{\underline{20\text{ kN}}} \\ F_1 = F_2 + F_3 + F_4 - F_0 = \underline{\underline{210\text{kN}}} \end{cases}$$

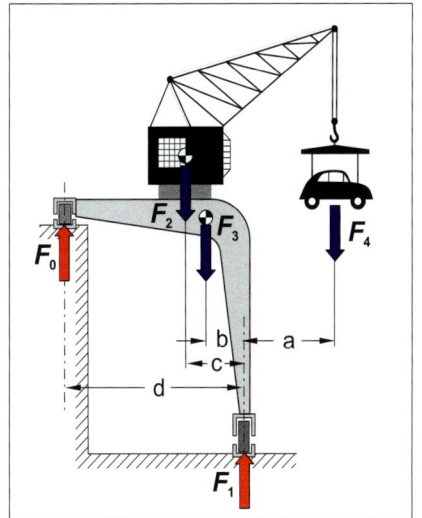

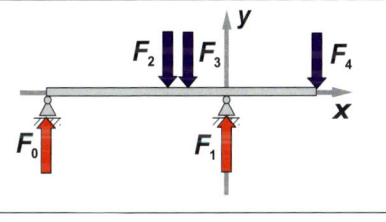

Aufgabe 2.11.2

Bild 2.11.6
Oben: Halbportalkran
Unten: gleichwertiger Belastungsfall am Balken

Obwohl der Portalkran ein räumliches Gebilde ist, weisen die wesentlichen Kräfte ausschließlich in eine Richtung. Das ist bei dem folgenden Wandkran anders. Dort sind Auflagerkräfte in x- und in y-Richtung zu ermitteln.

Wandkran f. Metzgerei
$a = 2$ m; $h = 2{,}5$ m
$F_0 = 1{,}5$ kN

Aufgabe:
Berechnen Sie die Kräfte, die von den Lagern des Kranes aufgebracht werden müssen, wenn er mit einem Schlachtkörper bestückt ist! Das obere Lager kann nur Kräfte senkrecht zur Wand aufbringen. Das untere Lager vermag Kräften sowohl in positive x- als auch in positive y-Richtung entgegenzuwirken.

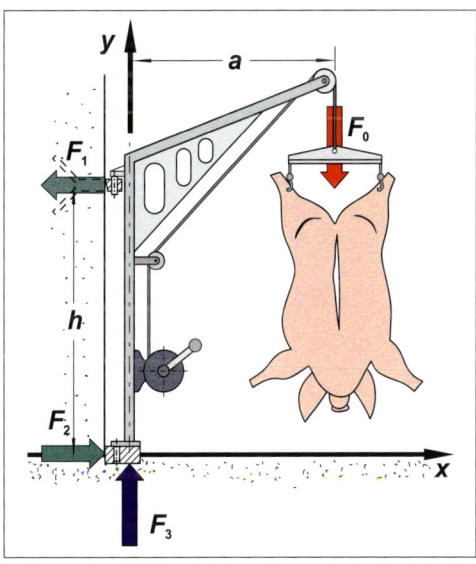

Aufgabe 2.11.3

Bild 2.11.7
Wandkran als Beispiel für Kräfte in zwei Dimensionen

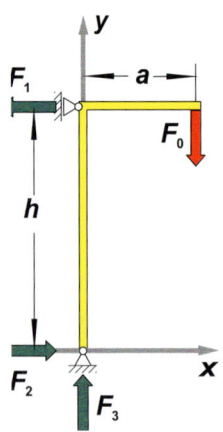

Bild 2.11.8
Vereinfachter Lageplan des Wandkrans

Lösungsvorschlag:

$$\sum_{i=0}^{3} F_{x,i} = F_2 - F_1 = 0, \quad \sum_{i=0}^{3} F_{y,i} = F_3 - F_0 = 0, \quad \sum_{i=0}^{3} M_{z,i} = h \cdot F_1 - a \cdot F = 0$$

$$\left.\begin{array}{ll} \text{I)} & F_2 - F_1 = 0 \\ \text{II)} & F_3 - F_0 = 0 \\ \text{III)} & h \cdot F_1 - a \cdot F_0 = 0 \end{array}\right\} \Rightarrow F_1 = F_2 = \frac{a}{h} F_0 = \underline{\underline{1,2\,\text{kN}}}, \quad F_3 = F_0 = \underline{\underline{1,5\,\text{kN}}}$$

Mit dem Flugzeug im Horizontalflug wurde in *Bild 2.11.5* bereits angedeutet, dass auch Systeme, die sich mit konstanter Geschwindigkeit bewegen, mit den Gesetzen der Statik (*2.11.6*) behandelt werden können. Der Anwendungsbereich dieser Gesetze lässt sich mithilfe der Scheinkräfte (*s. Abschn. 2.8*) auf beschleunigte Koordinatensysteme erweitern. Wenn beispielsweise der junge Fahrgast in *Bild 2.8.1* seine Ente festhalten würde, dann hätten wir in seinem beschleunigten Koordinatensystem den statischen Fall. Die Kraft, die zum Festhalten aufgewendet wird, hält sich mit der Trägheitskraft die Waage. Mit den folgenden beiden Aufgaben soll gezeigt werden, wie mithilfe der hier vorgestellten Systematik relevante mechanische Fragestellungen erfassbar werden.

Aufgabe 2.11.4

Aufgabe:
Ein Motorrad mit $m = 459$ kg (inklusive Fahrer) durchfährt mit maximaler Geschwindigkeit eine Linkskurve mit einem Radius von $r_K = 100$ m. Der Reibungskoeffizient beträgt $\mu = 0,8$. Gehen Sie von einem rotierenden Koordinatensystem aus!
a) Berechnen Sie die Normalkraft, die Zentrifugalkraft sowie die maximal mögliche Geschwindigkeit!
b) Berechnen Sie den Winkel zur Normalen, den der Motorradfahrer einhalten muss!

Beachten Sie, ein loses Blatt zwischen Reifen und Straße und es gilt:
$\mu < 0,8!$

Die Masse kürzt sich heraus!

Die Höhe des Schwerpunktes fällt ebenfalls heraus!

Lösungsvorschlag:

Zu a) $\sum_{(i)} F_{y,i} = F_n - F_g = 0 \Rightarrow F_n = F_g = mg = \underline{\underline{4,5\,\text{kN}}}$

$\sum_{(i)} F_{x,i} = F_r - F_{ZF} = 0 \Rightarrow F_{ZF} = F_r \, ; \, F_{ZF} \approx \mu F_g = \underline{\underline{3,6\,\text{kN}}}$

$F_{ZF} = m\dfrac{v^2}{r_K} \Rightarrow v^2 = \dfrac{\mu \cdot \not{m} g \cdot r_K}{\not{m}} \Rightarrow v = \sqrt{\mu \cdot g \cdot r_K} = \underline{\underline{28\,\text{m/s}}} \, (100\,\text{km/h})$

Zu b) $\sum_{(i)} M_{z,i} = F_{ZF} r_S \cos(\varphi) - F_g r_S \sin(\varphi) = 0 \, \left| + F_g r_S \sin(\varphi) \right| : r_S \left| \dfrac{1}{F_g \cos(\varphi)} \right.$

$\dfrac{\sin(\varphi)}{\cos(\varphi)} = \dfrac{F_{ZF}}{F_g} = \dfrac{\mu \cdot \not{m}g}{\not{m}g} \Rightarrow \varphi = \arctan(\mu) \approx \underline{\underline{39°}}$

In den *Aufgaben 2.11.2* bis *2.11.4* wurde die Richtung der gesuchten Kräfte richtig angenommen. Deshalb kommen in den Rechnungen nur positive Werte heraus. Es kann aber bei komplizierteren Problemen durchaus vorkommen, dass man die

2.11 Drehmoment oder der Nutzen des Kreuzprodukts I

Richtung des Vektors in der Zeichnung verkehrt herum angesetzt hat. Das ist überhaupt kein Problem – in so einem Fall liefert die Rechnung einen negativen Wert. Es sei noch einmal darauf hingewiesen, dass Rechnungen ohne begleitende Zeichnungen nicht sinnvoll sind.

> **Aufgabe:**
> Ein Motorrad wird bei Tempo 100 km/h Geradeausfahrt zu einer Vollbremsung gezwungen. Die Masse beträgt 459 kg inklusive Fahrer, Höhe des Schwerpunktes $r_S \approx 0{,}7$ m, Radstand $w = 1{,}4$ m. Wir gehen wie in *Aufgabe 2.11.4* von einem Reibungskoeffizienten von $\mu = 0{,}8$ aus.
> a) Skizzieren Sie ein vereinfachtes Bild des Fahrzeugs und tragen Sie sämtliche relevante äußere Kräfte, die auf das Motorrad während des Bremsvorgangs einwirken, durch Pfeile ein! Versuchen Sie intuitiv den Pfeilen die richtige Richtung zu geben. Die Längen der Pfeile ergeben sich erst durch Rechnung. In der Planfigur kann man sie optional alle gleich lang zeichnen. Der Nullpunkt des Koordinatensystems soll in Straßenhöhe unterhalb des Schwerpunkts/Massenmittelpunkts liegen.
> b) Berechnen Sie Auflagerkräfte, Bremsverzögerung und Bremsweg.
> c) Diskutieren Sie, weshalb es bei einer Vollbremsung vor allem auf die Vorderradbremsen ankommt.

Aufgabe 2.11.5

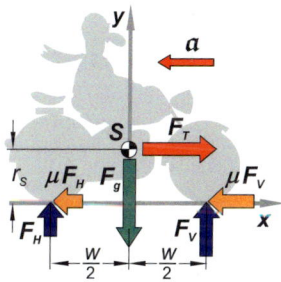

Bild 2.11.9
Kräfte beim Bremsvorgang eines Motorrades

Vorsicht: Die Annahmen der Rechnung sind zu optimistisch! Man muss von einem Bremsweg von 100 m + 30 m (wg. Reaktionsverzögerung) ausgehen.

> **Lösungsvorschlag:**
> Zu a) $\sum_{(i)} F_{x,i} = F_T - \mu F_V - \mu F_H = 0$, $\sum_{(i)} F_{y,i} = F_V + F_H - F_g = 0$
> $\sum_{(i)} M_{z,i} = \frac{w}{2} F_V - \frac{w}{2} F_H - r_S F_T = 0$
>
> Zu b) $\begin{pmatrix} \text{I)} & F_T = \mu(F_V + F_H) \\ \text{II)} & F_V + F_H = F_g \\ \text{III)} & \frac{w}{2}(F_V - F_H) = r_S F_T \end{pmatrix} \Leftrightarrow \begin{pmatrix} \text{II in I)} & F_T = \mu F_g \\ \text{II)} & F_V + F_H = F_g \\ \text{III)} & F_V - F_H = \frac{2}{w} r_S F_T \end{pmatrix} \Leftrightarrow$
>
> $\begin{pmatrix} \text{II in I)} & F_T = \mu F_g \\ \text{II+III)} & F_V = \frac{1}{2} F_g + \frac{r_S}{w} F_T \\ \text{II-III)} & F_H = \frac{1}{2} F_g - \frac{r_S}{w} F_T \end{pmatrix} \Rightarrow \begin{pmatrix} F_T = 3{,}6 \text{ kN} \\ F_V = 4{,}05 \text{ kN} \\ F_H = 0{,}45 \text{ kN} \end{pmatrix}, a = \frac{F_T}{m} = \underline{\underline{8 \text{ m/s}^2}}$
>
> $v(t_B) = v_0 - a t = 0$, $s_B = \frac{1}{2} a t_B^2 \Rightarrow t_B = \frac{v_0}{a}$, $s_B = \frac{1}{2} \frac{v_0^2}{a} \approx \underline{\underline{50 \text{ m}}}$
>
> Zu c) Bei einem Raddurchmesser von $2R = 0{,}6$ m muss die Vorderradbremse ein Drehmoment von $M = R \cdot F_V = 1215$ Nm aufbringen – das ist neun mal soviel wie die Hinterradbremse (135 Nm).

Ausblick: Die Statikaufgaben in diesem Abschnitt sind nur deshalb verhältnismäßig freundlich, weil nur äußere Kräfte und Drehmomente betrachtet wurden. Zur Statik gehören aber auch die inneren Kräfte und Drehmomente! Wer beispielsweise seine Knochen, Gelenke und Muskeln zu starken Belastungen aussetzt, muss in der Orthopädie dafür büßen.

2.12 Drehimpuls, Kreisel und der Nutzen des Kreuzprodukts II

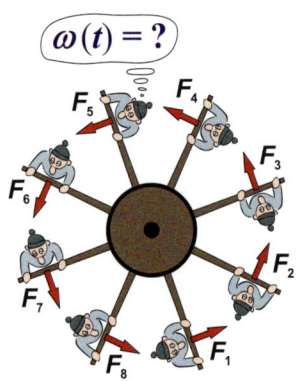

Was bewirkt die Summe aller Drehmomente am Ankerspill?

Wir hatten im letzten Abschnitt gesehen, dass das Adddieren der mittels Kreuzprodukt durchmultiplizierten Bewegungsgleichungen in (*2.11.5*) zumindest zu einem erfolgreichen Konzept zur Bearbeitung statischer oder quasistatischer Probleme führt. Was ist aber, wenn die Summe der äußeren Drehmomente nicht gleich null ist? Das System wird sich drehen, aber wie ist der Verlauf dieser Drehbewegung? Ein Ansatzpunkt könnte sich ergeben, wenn sich die rechte Seite in (*2.11.5*) wie in (*2.10.1*) so umformen ließe, dass dort ebenfalls die zeitliche Ableitung einer Größe steht. Vielleicht lässt sich dem Impulssatz sogar noch ein weiteres additives Bewegungsintegral zur Seite stellen.

(2.12.1)

Das raffinierte Einfügen einer Null heißt im Schuljargon: „Der Trick mit der Null".

$$\frac{\mathrm{d}}{\mathrm{d}t}\vec{r}_i = \vec{v}_i, \ \vec{p}_i = m_i\vec{v}_i \Rightarrow \vec{p}_i \parallel \frac{\mathrm{d}}{\mathrm{d}t}\vec{r}_i \Rightarrow \left(\frac{\mathrm{d}}{\mathrm{d}t}\vec{r}_i\right)\times\vec{p}_i = \vec{0}$$

$$\vec{M}_i = \vec{r}_i\times\frac{\mathrm{d}}{\mathrm{d}t}\vec{p}_i = \vec{0} + \vec{r}_i\times\frac{\mathrm{d}}{\mathrm{d}t}\vec{p}_i = \left(\frac{\mathrm{d}}{\mathrm{d}t}\vec{r}_i\right)\times\vec{p}_i + \vec{r}_i\times\frac{\mathrm{d}}{\mathrm{d}t}\vec{p}_i = \frac{\mathrm{d}}{\mathrm{d}t}(\vec{r}_i\times\vec{p}_i)$$

Teilsystem i: $\vec{L}_i := \vec{r}_i\times\vec{p}_i$ und $\vec{M}_i = \frac{\mathrm{d}}{\mathrm{d}t}\vec{L}_i$

Eine Rechenregel „rückwärts": Der Schlüssel vieler Herleitungen.

Mit der ersten Zeile von (*2.12.1*) soll gezeigt werden, dass der Impuls parallel zur zeitlichen Änderung des Ortsvektors (Geschwindigkeit) ist. Damit ist das Kreuzprodukt zwischen diesen Größen stets null und darf in der zweiten Zeile die „sinnlos" eingefügte Null ersetzen. Nun müssen Sie nur noch erkennen, dass die Produktregel auch „rückwärts" anwendbar ist. Das Ergebnis: Es ergibt sich tatsächlich eine Relation zwischen dem Drehmoment und einer durch ein Kreuzprodukt aus Ortsvektor und Impuls definierten Größe, die schließlich *Drehimpuls* oder auch *Drall* genannt wird. Leider müssen wir konstatieren, dass die Verknüpfung mit einem Ortsvektor beinhaltet, dass diese Größe abhängig von der Wahl des Koordinatenursprungs ist.

Hier ist es wieder: „Das Additionsverfahren".

Die weiteren Überlegungen gleichen denen in Abschnitt 2.10 (s. (*2.10.1*)). Die Relationen zwischen Drehmoment und Drehimpuls der Teilsysteme werden aufsummiert und der Differenzialoperator vor die Summe gezogen. Das Ergebnis ist eine Relation zwischen Gesamtdrehmoment und dem Gesamtdrehimpuls:

(2.12.2)

Eine Bewegungsgleichung extra für Drehbewegungen

$$\begin{pmatrix}\vec{M}_1 = \frac{\mathrm{d}}{\mathrm{d}t}\vec{L}_1 \\ \vec{M}_2 = \frac{\mathrm{d}}{\mathrm{d}t}\vec{L}_2 \\ \dots \\ \vec{M}_n = \frac{\mathrm{d}}{\mathrm{d}t}\vec{L}_n\end{pmatrix} \Rightarrow \begin{cases}\vec{M}_1 + \vec{M}_2 + \dots + \vec{M}_n = \frac{\mathrm{d}}{\mathrm{d}t}\vec{L}_1 + \frac{\mathrm{d}}{\mathrm{d}t}\vec{L}_2 + \dots + \frac{\mathrm{d}}{\mathrm{d}t}\vec{L}_n \\ \underbrace{\vec{M}_1 + \vec{M}_2 + \dots + \vec{M}_n}_{:=\vec{M}} = \frac{\mathrm{d}}{\mathrm{d}t}\underbrace{\left(\frac{\mathrm{d}}{\mathrm{d}t} + \vec{L}_2 + \dots + \vec{L}_n\right)}_{:=\vec{L}} \text{ bzw. } \vec{M} = \frac{\mathrm{d}}{\mathrm{d}t}\vec{L}\end{cases}$$

2.12 Drehimpuls, Kreisel und der Nutzen des Kreuzprodukts II

In einem abgeschlossenen System ist nicht nur die Summe aller Kräfte, sondern auch die Summe aller Drehmomente gleich null. Damit ist auch die zeitliche Änderung der Summe aller Drehimpulse gleich null. Das bedeutet wiederum, dass dann die Summe aller Drehimpulse bzw. der Gesamtdrehimpuls konstant ist. Der Drehimpuls stellt sich damit genau wie der Impuls als Erhaltungsgröße heraus und ist eine Größe, die sich nicht nur auf die klassische Physik beschränkt. Drehimpulserhaltung abgeschlossener Systeme gilt sowohl im Makro- als auch im Mikrokosmos. Die grundlegende Theorie des Mikrokosmos, die sogenannte *Quantenmechanik*, wird im Studentenjargon auch „*Drehimpulsgymnastik*" genannt.

Tatsächlich: Mit dem Drehimpulserhaltungssatz liegt neben dem Impulssatz ein weiteres additives Bewegungsintegral vor.

> **Drehimpuls/Drehimpulssatz:**
> Das Kreuzprodukt aus Ortsvektor (Radiusvektor) und Impuls nennt man *Drehimpuls* oder *Drall* (UK/US: *angular momentum*):
>
> $$\vec{L} = \vec{r} \times \vec{p}, \quad [L] = \text{kg} \cdot \frac{\text{m}^2}{\text{s}} \text{ bzw. J} \cdot \text{s}$$
>
> Das System, auf das sich Ortsvektor und Impuls beziehen, kann entweder ein Gesamt- oder ein Teilsystem sein.
> In einem abgeschlossenen System gilt der sogenannte Drehimpulssatz:
> **In einem abgeschlossenen System bleibt die Summe der Drehimpulse aller Teilsysteme (Gesamtdrehimpuls) konstant.**

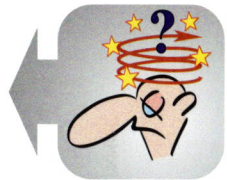

Merksatz 2.12.1

Dass ein Drehmoment eine Drehung in Gang setzt, liegt nahe (*vgl. Bild 2.11.2*). Aber eine Drehung wird nur anschaulich, wenn sie durch Winkel bzw. Winkelgeschwindigkeit beschrieben wird und nicht durch eine abstrakte Rechengröße wie dem Drehimpuls. Benötigt wird ein Zusammenhang zwischen dem Drehimpuls und der eher zugänglichen Winkelgeschwindigkeit!

In (*2.7.10*) wurde der Zusammenhang zwischen der Umfangsgeschwindigkeit v und der Winkelgeschwindigkeit ω hergeleitet: $v = \omega \cdot r$. Diese Beziehung muss zu einer Vektorrelation ausgebaut werden. Dazu betrachten wir die Kreisbahn eines Fahrgastes im Kettenkarussell (*vgl. Abschn. 2.8. Bild 2.8.3, 2.8.7*). Das Koordinatensystem rotiert um die z-Achse, der Koordinatenursprung liegt unterhalb des mit D bezeichneten Mittelpunkts der Kreisbahn. Der Ortsvektor r bezieht sich auf den Massenmittelpunkt des Fahrgastes. Beachten Sie: Der Radius der Kreisbahn heißt hier „ρ", da „r" für den Ortsvektor benötigt wird. Da das Koordinatensystem rotiert, weist der Geschwindigkeitsvektor des rechten Fahrgasts in die Zeichenebene hinein – das ist die positive y-Richtung. Für seine Geschwindigkeit gilt betragsmäßig:

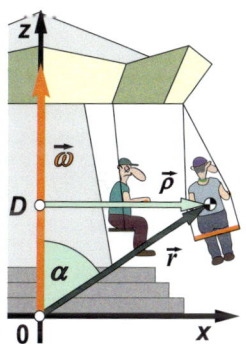

Bild 2.12.1
Umfangsgeschwindigkeit im rotierenden Koordinatensystem

$$|\vec{v}| = |\vec{\omega}||\vec{\rho}| = |\vec{\omega}||\vec{r}|\sin(\alpha), \quad \alpha = \angle(\vec{\omega}, \vec{r}) \implies \underline{|\vec{v}| = |\vec{\omega} \times \vec{r}|}$$

(2.12.3)

Gemäß *Merksatz 2.11.1, Regel 1* stellt sich die Geschwindigkeit als Betrag des Kreuzproduktes zwischen Vektoren ω und r heraus. Zur vollständigen Darstellung als Vektorprodukt muss wegen der Antikommutativität die Reihenfolge der Faktoren bestimmt werden. Prüfen wir zunächst die in (*2.12.3*) verwendete Reihenfolge. Nehmen Sie Ihre rechte Hand und drehen in Gedanken den Vektor ω

wie einen Zeiger auf dem kürzesten Wege zum Ortsvektor *r*! Sie schrauben damit in die Zeichenebene hinein – in Richtung der Geschwindigkeit! Die Reihenfolge der Faktoren ist somit korrekt: erst $\vec{\omega}$ und dann *r*:

(2.12.4)
$$\vec{v} = \vec{\omega} \times \vec{r}$$

Für unseren Fahrgast im Kettenkarussell erhält man damit eine Relation zwischen dem Drehimpuls, Ortsvektor und der Winkelgeschwindigkeit:

(2.12.5)
$$\vec{L} = \vec{r} \times \vec{p} = \vec{r} \times m\vec{v} = m\vec{r} \times (\vec{\omega} \times \vec{r})$$

Wenn man den Ortsvektor zum Massenmittelpunkt als Parameter auffasst, handelt es sich bei (2.12.5) sogar um eine lineare Abbildung:

(2.12.6)
$$\vec{L} : \mathbb{R}^3 \to \mathbb{R}^3, \vec{\omega} \mapsto \vec{L} \quad \text{mit } \vec{L} = m\vec{r} \times (\vec{\omega} \times \vec{r}), \vec{r} \in \mathbb{R}^3$$

Eindeutigkeit und Linearität begründen sich in den Regeln von *Merksatz 2.11.1*. Die Linearität der Funktion leitet sich aus den Regeln 4 und 5 her:

(2.12.7)
$$a, b \in \mathbb{R} : L(a\vec{\omega}_1 + b\vec{\omega}_2) = m\vec{r} \times ((a\vec{\omega}_1 + b\vec{\omega}_2) \times \vec{r}) = m\vec{r} \times (a\vec{\omega}_1 \times \vec{r} + b\vec{\omega}_2 \times \vec{r})$$
$$= a\, m\vec{r} \times (\vec{\omega}_1 \times \vec{r}) + b\, m\vec{r} \times (\vec{\omega}_2 \times \vec{r}) = \underline{\underline{a\, \vec{L}(\vec{\omega}_1) + b\, \vec{L}(\vec{\omega}_2)}}$$

Die freundliche Eigenschaft der Linearität ermöglicht es, Vektorfunktionen der Art (2.12.6) als (Matrix-)Produkt aus einer 3×3-Matrix und dem Argumentvektor $\vec{\omega}$ zu schreiben:

(2.12.8)
$$\vec{L} = \begin{pmatrix} J_{11} & J_{12} & J_{13} \\ J_{21} & J_{22} & J_{23} \\ J_{31} & J_{32} & J_{33} \end{pmatrix} \begin{pmatrix} \omega_1 \\ \omega_2 \\ \omega_3 \end{pmatrix} \text{ bzw. } \begin{pmatrix} J_{xx} & J_{xy} & J_{xz} \\ J_{yx} & J_{yy} & J_{yz} \\ J_{zx} & J_{zy} & J_{zz} \end{pmatrix} \begin{pmatrix} \omega_x \\ \omega_y \\ \omega_z \end{pmatrix} \text{ bzw. } \vec{L} = \boldsymbol{J}\vec{\omega}$$

Wann eine Abbildungsmatrix „Tensor" genannt wird, hängt von der Anwendung ab.

Die spezielle Abbildungsmatrix in (2.12.8) heißt *Trägheitstensor* und die Matrixelemente *Trägheitsmomente*. Für Operationen mit dem Summenzeichen Σ benötigt man eine Zahl als Index. Dann ist es günstiger, die Koordinaten durchzunummerieren. In (2.12.8) sind deshalb alle Alternativen – auch die Kurzschreibweise – aufgeführt. Den Trägheitstensor schreibt man gerne fett oder in einer von der Normalschrift abweichenden Schriftart (US: „funny letters"). Der Aufwand von (2.12.6) bis (2.12.8) wirkt angesichts der kompakten Darstellung in (2.12.5) lächerlich. Dass aber ein Dreifach-Kreuzprodukt sehr unhandlich ist, merkt man spätestens dann, wenn man sich darauf eingelassen hat, es mithilfe von Sarrus zweimal auszumultiplizieren. Zumindest wird mit dem Matrixprodukt erreicht, dass eine gewisse Analogie zwischen der Definition des Impulses und dem Drehimpuls hergestellt ist:

Geht es nur um Zahlenwerte, ist ein Dreifachkreuzprodukt unproblematisch – wenn aber alle Vektorkoordinaten Parameter sind, ergibt sich eine entsetzliche Schreiberei.

(2.12.9)

Impuls: $\vec{p} = m\vec{v}$ (Masse · Geschwindigkeit)

↔ Drehimpuls: $\vec{L} = \boldsymbol{J}\vec{\omega}$ (Trägheitstensor · Winkelgeschwindigkeit)

Aber wie in aller Welt erhält man die Matrixelemente eines Trägheitstensors? Zweimal Sarrus und dann ordnen – das wollen wir uns nicht antun, denn ein Blick

2.12 Drehimpuls, Kreisel und der Nutzen des Kreuzprodukts II

in die Formelsammlung zeigt, dass es für Dreifach-Kreuzprodukte eine alternative Darstellung gibt:

$$\vec{a},\vec{b},\vec{c} \in \mathbb{R}^3: \quad \vec{a} \times (\vec{b} \times \vec{c}) = (\vec{a} \cdot \vec{c})\vec{b} - (\vec{a} \cdot \vec{b})\vec{c}$$

Wir benutzen hier die Gelegenheit, um Vektorrechnung zu üben und leiten anhand der nebenstehenden Planfigur die alternative Darstellung für „unser" spezielles doppeltes Kreuzprodukt in (2.12.5) her ($a = c = r$, $b = \omega$). Die Planfigur ist eine vereinfachte Version von *Bild 2.12.1*: Koordinatensystem und die Vektoren sind gleich, hinzugekommen ist ein Einheitsvektor in Richtung des Ortsvektors r. Der Ortsvektor selber spielt bei den folgenden Überlegungen zunächst keine Rolle. Die Planfigur zeigt die übliche Zerlegung eines Vektors – hier der Winkelgeschwindigkeit – in zwei orthogonale Komponenten mithilfe der „*Parallelogrammregel*". Die Richtung der rechten Komponente soll in Richtung des Einheitsvektors e weisen. Für diese Komponente gilt:

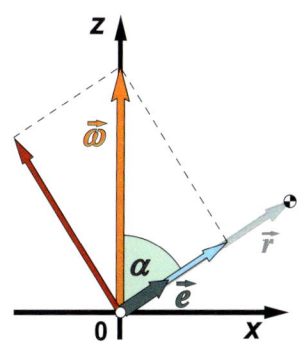

Bild 2.12.2

$$\text{Betrag} = |\vec{\omega}|\cos(\alpha) = \vec{\omega} \cdot \vec{e}, \quad \text{Betrag und Richtung} = (\vec{\omega} \cdot \vec{e})\vec{e} \quad (2.12.10)$$

Für den Betrag der im Bild rot gezeichneten Komponente ist wegen der Orthogonalität $\sin(\alpha)$ zuständig. Die Frage ist nur: Wie erhält man die korrekte Richtung? Jetzt kommen die Kreuzprodukte ins Spiel. Bestätigen Sie mithilfe der „Rechte-Hand-Regel", dass der Produktvektor aus ω und e in die Zeichenebene hineinzeigt – in positive y-Richtung. Die wird zwar noch nicht für die Komponente benötigt, aber man kann mithilfe eines zweiten Kreuzprodukts in die x,z-Ebene zurückgelangen. Bestätigen Sie, dass das Dreifach-Kreuzprodukt die gesuchte „rote" Komponente tatsächlich in Betrag und Richtung wiedergibt:

Es ist keine Schande, wenn Sie mit Ihrer rechten Hand in der Luft schrauben (unterm Tisch geht auch), um Richtungen zu überprüfen.

$$\text{Betrag} = |\vec{\omega}|\sin(\alpha) = |\vec{\omega} \times \vec{e}|, \quad \text{Betrag und Richtung} = \vec{e} \times (\vec{\omega} \times \vec{e}) \quad (2.12.11)$$

Beachten Sie: Nur das innere Kreuzprodukt berechnet den Betrag. Das zweite Kreuzprodukt mit einem orthogonalen Einheitsvektor verändert den Betrag nicht. Aus der Komponentendarstellung des Vektors ω ergibt sich das Dreifach-Kreuzprodukt (2.12.11). Nach Multiplikation mit dem quadrierten Betrag des Ortsvektors erhält man schließlich das Dreifach-Kreuzprodukt in (2.12.5) als handliche Linearkombination aus ω und r:

$$(\vec{\omega} \cdot \vec{e})\vec{e} + \vec{e} \times (\vec{\omega} \times \vec{e}) = \vec{\omega} \;\big|\; -(\vec{\omega} \cdot \vec{e})\vec{e} \Leftrightarrow \vec{e} \times (\vec{\omega} \times \vec{e}) = \vec{\omega} - (\vec{\omega} \cdot \vec{e})\vec{e} \;\big|\; \cdot |\vec{r}|^2 \quad (2.12.12)$$

$$\Rightarrow |\vec{r}| \equiv r: \quad \underline{\underline{\vec{r} \times (\vec{\omega} \times \vec{r}) = r^2 \vec{\omega} - (\vec{\omega} \cdot \vec{r})\vec{r}}}$$

Fügt man schließlich noch die Masse als Faktor hinzu, erhält man den Drehimpuls des Fahrgastes im Kettenkarussell bezüglich des in *Bild 2.12.1* eingezeichneten Koordinatensystems:

$$\vec{L} = m\left(r^2 \vec{\omega} - (\vec{\omega} \cdot \vec{r})\vec{\omega}\right) \quad (2.12.13)$$

Nun soll (2.12.13) als Matrizenprodukt darstellbar sein? Leider ist das nicht offensichtlich. Zunächst ist es nützlich, wenn Sie auch mit durchnummerierten Koordinaten und der Σ-Darstellung von Summen zurechtkommen. Weiterhin müssen Sie sich an die Regeln der *Matrizenmultiplikation* (z. B. *Falksche Regel*) erinnern. Wenn man das Matrixprodukt (*2.12.8*) ausführt, werden die drei Zeilenvektoren skalar mit dem – hier ist es nur einer – Spaltenvektor multipliziert. Für die *i*-te Komponente des Drehimpulses gilt dann:

(2.12.14)
$$i \in \{1; 2; 3\}: \quad L_i = J_{i,1}\omega_1 + J_{i,2}\omega_2 + J_{i,3}\omega_3 \quad \text{bzw.} \quad L_i = \sum_{k=1}^{3} J_{ik}\omega_k$$

Die Strategie steht damit fest, die Komponenten des Drehimpulses in (*2.12.13*) müssen in eine Struktur wie in (*2.12.14*) gebracht werden. Zunächst überführen wir die Vektoren und Skalarprodukte in (*2.12.13*) in die Schreibweise mit durchnummerierten Kooordinaten:

(2.12.15)
$$\vec{r} = \begin{pmatrix} x \\ y \\ z \end{pmatrix} \rightarrow \begin{pmatrix} x_1 \\ x_2 \\ x_3 \end{pmatrix}, \quad \vec{\omega} = \begin{pmatrix} \omega_x \\ \omega_y \\ \omega_z \end{pmatrix} \rightarrow \begin{pmatrix} \omega_1 \\ \omega_2 \\ \omega_3 \end{pmatrix} : \quad \vec{\omega} \bullet \vec{r} = \sum_{k=1}^{3} \omega_k x_k$$

In dieser Schreibweise sieht die *i*-te Komponente des Drehimpulses wie folgt aus. Da in dieser Zeile ausschließlich Skalare vorkommen, erlaubt das Distributivgesetz das Ausmultiplizieren und damit das Auflösen der hinteren Klammer in (*2.12.16*):

(2.12.16)
$$L_i = m\left(r^2 \omega_i - \left(\sum_{k=1}^{3} \omega_k x_k\right) x_i \right) = m\left(r^2 \omega_i - \sum_{k=1}^{3} x_i x_k \omega_k \right)$$

Man sagt auch: Kronecker-Symbol

Leider ist es zunächst nur die hintere Klammer, die sich in die geforderte Summenform bringen lässt. Die komplette Überführung in die Summendarstellung (*2.12.14*) gelingt mithilfe der praktischen *Kronecker-δ-Funktion* (s. Randspalte). Bestätigen Sie, dass die folgende Gleichung allgemeingültig ist:

(2.12.17)
$$r^2 \omega_i = \sum_{k=1}^{3} r^2 \delta_{ik} \omega_k \quad \left(\text{z.B.} \; i = 2: \; r^2 \omega_2 = r^2 \cdot 0 \cdot \omega_1 + r^2 \cdot 1 \cdot \omega_2 + r^2 \cdot 0 \cdot \omega_3 \right)$$

Die Kronecker-δ-Funktion ermöglicht es endlich, die Drehimpulskoordinaten wie in (*2.12.14*) gefordert darzustellen. Zusätzlich ergibt sich für die Elemente dieser Matrix eine kompakte Formel:

(2.12.18)
$$L_i = m\sum_{k=1}^{3}\left(r^2 \delta_{ik}\omega_k - x_i x_k \omega_k\right) = m\sum_{k=1}^{3}\left(r^2 \delta_{ik} - x_i x_k\right)\omega_k \; ; \; \underline{\underline{J_{ik} := m\left(r^2 \delta_{ik} - x_i x_k\right)}}$$

Kronecker-δ

$$\delta : \mathbb{N}^2 \rightarrow \mathbb{N}, \; i,k \mapsto \delta_{ik}$$

$$\text{mit } \delta_{ik} = \begin{cases} 1 \text{ falls } i = k \\ 0 \text{ falls } i \neq k \end{cases}$$

An dieser Stelle ist es wichtig, zu prüfen, ob außer einem gewissen Übungswert im Umgang mit linearen Abbildungen, Matrizen bzw. Tensoren etwas Sinnvolles erreicht wurde. Der Fahrgast, der im Kettenkarussell seine Runden dreht, ist sicher kein überzeugendes Beispiel, denn für die Berechnung von Kreis- und Ellipsenbahnen reicht – wie in den *Abschnitten 2.6/2.7* gezeigt – die normale Bewegungsgleichung. Er diente als „Planfigur" zur Ermittlung des Trägheitstensors, aber keinesfalls als „Anwendungsbeispiel" des Tensorkonzepts. Wenn dagegen sehr viele oder sogar alle Teilsysteme mit ein und derselben Winkelgeschwindigkeit rotieren würden, dann ließen sich die als Matrizenprodukte dargestellten

2.12 Drehimpuls, Kreisel und der Nutzen des Kreuzprodukts II

Drehimpulse zusammenfassen. Da für Matrizen ein Distributivgesetz gilt, wäre es möglich, die gemeinsame Winkelgeschwindigkeit auszuklammern:

$$\vec{L} = \boldsymbol{J}_1\vec{\omega} + \boldsymbol{J}_2\vec{\omega} + \dots \boldsymbol{J}_n\vec{\omega} = \left(\boldsymbol{J}_1 + \boldsymbol{J}_2 + \dots \boldsymbol{J}_n\right)\vec{\omega} := \boldsymbol{J}\,\vec{\omega}$$

(2.12.19)

Die Rechenregeln erlauben, die Trägheitstensoren der Teilsysteme zu einem Tensor zusammenzufassen (Matrizen gleicher Zeilen- und Spaltenzahl werden addiert, in dem man die entsprechenden Matrixelemente addiert). Teilsysteme rotieren nur dann mit derselben Winkelgeschwindigkeit, wenn sie mehr oder weniger starr miteinander verbunden sind – ein sogenannter *„starrer Körper"*. „Starrer Körper" – das heißt nicht, dass alle *Freiheitsgrade* des Systems eingefroren sein müssen. Bewegungen von Größen, die ohnehin von den genauesten Messgeräten (noch) nicht erfasst werden können, sind sinnlos. Der „starre Körper" ist bei nicht „tiefgefrorenen" oder metallisch harten Körpern zumindest als nullte Näherung verwendbar.

Die Matrizen bilden bezüglich der Addition eine Gruppe!

Unter Freiheitsgraden wird die Anzahl voneinander unabhängiger Bewegungsmöglichkeiten verstanden. Eine punktförmige Masse hat 3 Freiheitsgrade.

Leider eignet sich die schöne kompakte Darstellung der Matrixelemente mit dem Kronecker-Symbol in (*2.12.17*) nur bedingt, um so eine Summe darzustellen, denn jetzt sind drei Indizes im Spiel. Um den Indexsalat zu vermeiden, machen wir die Koordinatennummerierung rückgängig und verwenden wieder „*x, y, z*". In der Darstellung der Matrixelemente (*2.12.18*) fallen zwei Indizes fort und es verbleibt nur noch der Index für die Nummer des Teilsystems. Nachteil: Es ist dann nur bedingt möglich, eine einzige kompakte Formel für die Matrixelemente anzugeben. Betrachten wir zunächst die Diagonalelemente des Trägheitstensors in (*2.12.18*)! Aus den quadrierten Ortsvektoren hebt sich – wie im folgenden Beispiel gezeigt – jeweils ein Summand heraus:

Die Nummer des Teilsystems ist hinzugekommen!

In dem Fall muss man doch mit Indizes arbeiten.

$$J_{3,3} := m\left(\left(x_1^2 + x_2^2 + x_3^2\right)\cdot 1 - x_3 x_3\right) = m\left(x_1^2 + x_2^2\right) \quad \text{bzw.} \quad J_{zz} = m\left(x^2 + y^2\right)$$

(2.12.20)

Wegen des Wegfalls je eines quadrierten Summanden, enthalten die Diagonalelemente die quadrierten Abstände der Teilsysteme zu den Koordinatenachsen. In den Nichtdiagonalelementen ist die Kronecker-Funktion gleich null und die Elemente können direkt aus (*2.12.18*) übernommen werden. Für den kompletten Trägheitstensor mit aufsummierten Matrixelementen gilt:

$$\boldsymbol{J} = \begin{pmatrix} \sum_{i=1}^{n} m_i\left(y_i^2 + z_i^2\right) & -\sum_{i=1}^{n} m_i x_i y_i & -\sum_{i=1}^{n} m_i x_i z_i \\ -\sum_{i=1}^{n} m_i x_i y_i & \sum_{i=1}^{n} m_i\left(x_i^2 + z_i^2\right) & -\sum_{i=1}^{n} m_i y_i z_i \\ -\sum_{i=1}^{n} m_i x_i z_i & -\sum_{i=1}^{n} m_i y_i z_i & \sum_{i=1}^{n} m_i\left(x_i^2 + y_i^2\right) \end{pmatrix}$$

(2.12.21)

Der Index i steht für die Nummer des Teilsystems.

Betrachten wir die sechs Nichtdiagonalelemente genauer! Es sind eigentlich nur drei, denn der Tensor ändert sich nicht, wenn seine Elemente an der Diagonalen gespiegelt werden – er ist ein *symmetrischer Tensor*. Im Gegensatz zu den Diagonalelementen stehen in den Nichtdiagonalelementen keine Quadrate. Das heißt, die Summanden sind nicht ausschließlich positiv. Betragsmäßig gleiche Summanden mit unterschiedlichen Vorzeichen können sich bei Summe über die Teil-

Beachten Sie: Trägheitsmomente sind abhängig von der Wahl des Koordinatensystems. Sollte es sich um frei bewegliche Körper – z. B. Moleküle in einem Gas – handeln, bietet sich der Massenmittelpunkt als Koordinatenursprung an.

systeme herausheben. Es könnte möglich sein, durch geschickte Wahl des Koordinatensystems zu erreichen, dass alle Nichtdiagonalelemente herausfallen.

Einfache Beispiele für die Berechnung von Trägheitsmomenten finden wir im Mikrokosmos. Da sich die Masse weitgehend in den Atomkernen konzentriert, können die Atomkerne eines Moleküls – wenn es nur um Trägheitsmomente geht – als „Gerüst" aus punktförmigen Massen angesehen werden. Berechnen wir die Elemente für den Trägheitstensor des Schwefelhexafluorides. Die Fluoridkerne besetzen die Eckpunkte eines Oktaeders, der Schwefelkern liegt im Zentrum. Für den Ursprung des Koordinatensystems bietet sich der Massenmittelpunkt an, die Achsen richten wir entlang der Bindungsachsen Fluor-Schwefel aus. Die Symmetrie des Moleküls erspart die Ermittlung des Massenmittelpunkts – er befindet sich am Ort des Schwefelkerns.

Tabelle 2.12.1
Berechnung des Trägheitstensors des Kerngerüstes von SF_6

pm = Pikometer (10^{-12}m)

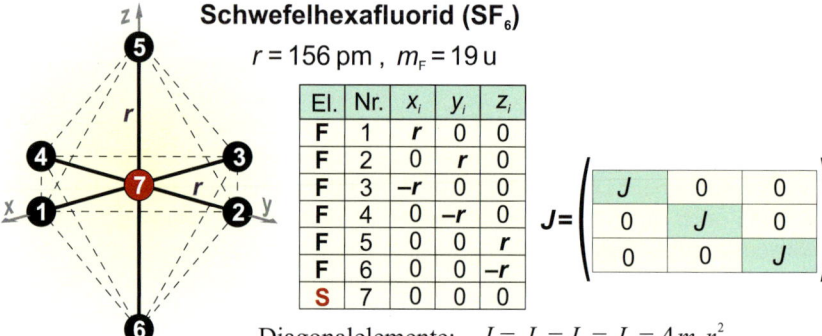

Diagonalelemente: $J = J_{xx} = J_{yy} = J_{zz} = 4 m_F r^2$

Der Trägheitstensor von Schwefelhexafluorid hat dieselbe Gestalt wie der einer Kugel.

Die Wahl des Koordinatensystems stellt sich als außerordentlich günstig heraus: Alle Nichtdiagonalelemente fallen heraus und die Diagonalelemente sind gleich groß. Tatsächlich wäre das auch in jedem anderen Koordinatensystem herausgekommen, deren Ursprung im Massenmittelpunkt liegt. Aufgrund dieses Sonderfalls gestaltet sich der Zusammenhang zwischen Drehimpuls und Winkelgeschwindigkeit (*vgl.* (2.12.19)) besonders einfach:

(2.12.22)
$$\vec{L} = \boldsymbol{J}\vec{\omega} = \begin{pmatrix} J & 0 & 0 \\ 0 & J & 0 \\ 0 & 0 & J \end{pmatrix} \begin{pmatrix} \omega_x \\ \omega_y \\ \omega_z \end{pmatrix} = J \begin{pmatrix} 1 & 0 & 0 \\ 0 & 1 & 0 \\ 0 & 0 & 1 \end{pmatrix} \begin{pmatrix} \omega_x \\ \omega_y \\ \omega_z \end{pmatrix} = J \begin{pmatrix} \omega_x \\ \omega_y \\ \omega_z \end{pmatrix} \Rightarrow \underline{\vec{L} = J\vec{\omega}}$$

Drehimpuls und Winkelgeschwindigkeit sind zueinander proportional.

Perfekte Analogie Impuls – Drehimpuls

Der gemeinsame Wert der Diagonalelemente lässt sich vor die Matrix ziehen, die sich dann zu einer *Einheitsmatrix* – meist mit **E** bezeichnet – vereinfacht. Die Einheitsmatrix ist das neutrale Element der Matrizenmultiplikation. Deshalb wird aus dem Tensorprodukt eine simple Multiplikation eines Skalars mit einem Vektor – hier der Winkelgeschwindigkeit (*S-Multiplikation*). Körper, für die das zutrifft, heißen *sphärische Kreisel* oder auch *Kugelkreisel*. Physikalisch heißt das: Drehimpuls und Winkelgeschwindigkeit sind beim Kugelkreisel zueinander proportional. Da aus dem Tensor ein Skalar wurde, ist beim Kugelkreisel die Analogie zwischen Impuls und Drehimpuls perfekt. Der Geschwindigkeit entspricht die Winkelgeschwindigkeit und der Masse entspricht das Trägheitsmoment.

2.12 Drehimpuls, Kreisel und der Nutzen des Kreuzprodukts II

Im Folgenden untersuchen wir den Trägheitstensor eines Kerngerüstes, das nur über eine einzige Symmetrieachse (90°-Drehsymmetrie) verfügt:

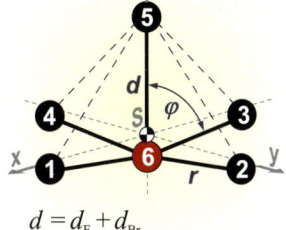

Brompentafluorid (BrF$_5$)

$r = 177{,}4\,\text{pm},\ d = 168{,}9\,\text{pm},\ \varphi = 84{,}8°,\ m_F = 19\,\text{u},\ m_{Br} = 80\,\text{u}$

El.	Nr.	x_i	y_i	z_i
F	1	ρ	0	$-\sigma$
F	2	0	ρ	$-\sigma$
F	3	$-\rho$	0	$-\sigma$
F	4	0	$-\rho$	$-\sigma$
F	5	0	0	d_F
Br	6	0	0	$-d_{Br}$

$$J = \begin{pmatrix} J_\perp & 0 & 0 \\ 0 & J_\perp & 0 \\ 0 & 0 & J \end{pmatrix}$$

Tabelle 2.12.2
Berechnung des Trägheitstensors des Kerngerüstes von BrF$_5$

$d = d_F + d_{Br}$
$d_F = 144\,\text{pm},\ d_{Br} = 25\,\text{pm},\ \rho = r \cdot \sin(\varphi) = 177\,\text{pm},\ \sigma = r \cdot \cos(\varphi) = 16\,\text{pm}$
Diagonalelemente: $J_\perp = J_{xx} = J_{yy} = 2m_F(\rho^2 + 2\sigma^2) + m_F d_F^2 + m_{Br} d_{Br}^2,\ J = J_{zz} = 4m_F \rho^2$

Beim Brompentafluorid sind die im Bild mit φ bezeichneten Bindungswinkel kleiner als 90°. Deshalb liegt der Bromkern unterhalb der unteren vier Fluorkerne. Der Massenmittelpunkt liegt etwas oberhalb des „Fluorquartetts" und aufgrund der Drehsymmetrie auf der z-Achse. Die Berechnung der Matrixelemente des Trägheitstensors ergibt: Die Nichtdiagonalelemente sind (wieder) gleich null, aber nur noch zwei der Diagonalelemente sind gleich. Körper, auf die das zutrifft, heißen *symmetrische Kreisel*. Die Symmetrieachse – hier die z-Achse – kann optional *Figurenachse* genannt werden. Sehen wir uns an, wie es bei symmetrischen Kreiseln um die Relation zwischen Drehimpuls und Winkelgeschwindigkeit steht:

> **Terminologie symm. Kreisel**
> Trägheitsmoment ...
>   um die Figurenachse: J
>   orthogonal zur FA : $J_\perp$
> $J_\perp > J$: gestreckter Kr.
> $J_\perp < J$: abgeplatteter Kr.

$$\vec{L} = \mathbf{J}\vec{\omega} = \begin{pmatrix} J_\perp & 0 & 0 \\ 0 & J_\perp & 0 \\ 0 & 0 & J \end{pmatrix}\begin{pmatrix} \omega_x \\ \omega_y \\ 0 \end{pmatrix} = J_\perp \begin{pmatrix} \omega_x \\ \omega_y \\ 0 \end{pmatrix} \text{ oder } \begin{pmatrix} J_\perp & 0 & 0 \\ 0 & J_\perp & 0 \\ 0 & 0 & J \end{pmatrix}\begin{pmatrix} 0 \\ 0 \\ \omega_z \end{pmatrix} = J\begin{pmatrix} 0 \\ 0 \\ \omega_z \end{pmatrix} \quad (2.12.23)$$

Von einer generellen Proportionalität kann beim symmetrischen Kreisel keine Rede mehr sein. Immerhin, wenn Winkelgeschwindigkeit und Figurenachse zueinander orthogonal oder kollinear sind, besteht eine Proportionalität. Im Folgenden betrachten wir ein Molekül, das nur eine 180°-Drehsymmtrie aufweist:

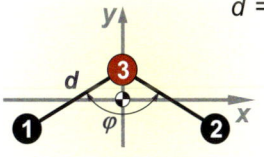

Schwefeldioxid (SO$_2$)

$d = 143\,\text{pm},\ \varphi = 119°,\ m_O = 16\,\text{u},\ m_S = 32\,\text{u}$

El.	Nr.	x_i	y_i	z_i
O	1	$-\rho$	$-\sigma$	0
O	2	ρ	$-\sigma$	0
S	3	0	σ	0

$$J = \begin{pmatrix} J_{xx} & 0 & 0 \\ 0 & J_{yy} & 0 \\ 0 & 0 & J_{zz} \end{pmatrix}$$

Tabelle 2.12.3
Berechnung des Trägheitstensors des Kerngerüstes von SO$_2$

$\rho = d \cdot \sin(\varphi/2) = 123\,\text{pm},\quad \sigma = d/2 \cdot \cos(\varphi/2) = 36\,\text{pm}$
Diagonalelemente: $J_{xx} = 2m_O \sigma^2 + m_S \sigma^2,\ J_{yy} = 2m_O \rho^2,\ J_{zz} = 2m_O(\rho^2 + \sigma^2) + m_S \sigma^2$

Immer daran denken: Die konkrete Berechnung von Schwerpunktkoordinaten aus konkreten Zahlenwerten stellt rechentechnisch kein Problem dar. Das gilt ebenfalls für die Trägheitsmomente.

Zwei Fakten ersparen uns auch hier eine Schwerpunktsberechnung: Die 180°-Drehsymmetrie und die „Übereinstimmung" der Masse des Schwefelkerns (32,07 g/mol) mit der der beiden Sauerstoffkerne (2·15,999 g/mol). Gemäß der Schraubenregel weist die z-Achse auf die Nasenspitze des Betrachters. Rechnen Sie nach! Die Nichtdiagonalelemente sind auch in diesem Fall gleich null. Jetzt sind aber **alle drei** Diagonalelemente unterschiedlich. Körper mit einem derartigen Trägheitstensor heißen *asymmetrische Kreisel*. Sehen wir uns an, ob auch bei asymmetrischen Kreiseln noch Proportionalitäten zwischen Drehimpuls und Winkelgeschwindigkeit bestehen:

(2.12.24)

$$\vec{L} = J\vec{\omega} = \begin{pmatrix} J_{xx} & 0 & 0 \\ 0 & J_{yy} & 0 \\ 0 & 0 & J_{zz} \end{pmatrix} \begin{pmatrix} \omega_x \\ 0 \\ 0 \end{pmatrix} = J_{xx} \begin{pmatrix} \omega_x \\ 0 \\ 0 \end{pmatrix} \text{ oder } \ldots$$

$$\begin{pmatrix} J_{xx} & 0 & 0 \\ 0 & J_{yy} & 0 \\ 0 & 0 & J_{zz} \end{pmatrix} \begin{pmatrix} 0 \\ \omega_y \\ 0 \end{pmatrix} = J_{yy} \begin{pmatrix} 0 \\ \omega_y \\ 0 \end{pmatrix} \text{ oder } \begin{pmatrix} J_{xx} & 0 & 0 \\ 0 & J_{yy} & 0 \\ 0 & 0 & J_{zz} \end{pmatrix} \begin{pmatrix} 0 \\ 0 \\ \omega_z \end{pmatrix} = J_{zz} \begin{pmatrix} 0 \\ 0 \\ \omega_y \end{pmatrix}$$

Beim asymmetrischen Kreisel gibt es genau drei Möglichkeiten für die Proportionalität.

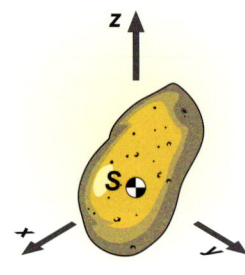

Der Trägheitstensor einer Kartoffel ist ein symmetrischer Tensor aber es handelt sich um einen asymmetrischen Kreisel.

Die Hauptträgheitsachsen schneiden sich immer im Massenmittelpunkt des Körpers.

Wenn man in einem Lehrbuch für organische Chemie blättert, findet man viele Moleküle, deren Kerngerüst zwar typische Strukturen aber keine erkennbaren Symmetrien aufweisen. Für die Ermittlung von Schwerpunkten ist Symmetrie nicht erforderlich – man kommt nur um eine Rechnung nicht herum (s. (2.9.6)). Aber wie soll man die Achsen ausrichten? Es bleibt dann nichts anderes übrig, als die Koordinatenachsen nach Gutdünken festzulegen und gemäß (2.12.20) die Matrixelemente des Trägheitstensors zu berechnen. Jetzt wäre es ein Wunder, wenn die Nichtdiagonalelemente gleich null wären. Es wurde bereits erwähnt, dass der Trägheitstensor ein symmetrischer Tensor ist. Diese „Symmetrie" hat nichts mit der Symmetrie des Körpers zu tun. Selbst der Trägheitstensor einer **Kartoffel** ist ein symmetrischer Tensor! Nun haben symmetrische Tensoren eine überraschende Eigenschaft, die wir hier ohne Beweis verwenden wollen. Man kann immer ein kartesisches Koordinatensystem finden, in dem der Tensor diagonal ist. Das gilt auch für sperrige oder völlig unregelmäßige Körper – wie beispielsweise die besagte Kartoffel. Generell heißen Achsen des Koordinatensystems, in dem Trägheitstensoren diagonal sind, *Hauptträgheitsachsen* oder knapper *Hauptachsen*.

Die Diagonalisierung des „Kartoffeltensors" (die Matrixelemente bezüglich eines Koordinatensystems seien bekannt) beginnt mit dem folgendem Ansatz:

(2.12.25)

$$\text{Ansatz: } \begin{pmatrix} J_{xx} & J_{xy} & J_{xz} \\ J_{yx} & J_{yy} & J_{yz} \\ J_{zx} & J_{zy} & J_{zz} \end{pmatrix} \begin{pmatrix} \omega_x \\ \omega_y \\ \omega_z \end{pmatrix} = J_E \begin{pmatrix} \omega_x \\ \omega_y \\ \omega_z \end{pmatrix} \text{?}$$

In der Matrizenterminologie steht Gleichung (2.12.25) für ein *Eigenwertproblem*. Gesucht sind sogenannte *Eigenvektoren*, bei denen das Tensorprodukt zu einer

2.12 Drehimpuls, Kreisel und der Nutzen des Kreuzprodukts II

Proportionalität schrumpft. Die den Eigenvektoren zugeordneten – ebenfalls gesuchten – Proportionalitätsfaktoren heißen *Eigenwerte*. Aus der S-Multiplikation auf der rechten Seite von (2.12.25) machen wir mithilfe des „Tricks mit der Einheitsmatrix" (s. (2.12.22) *rückwärts*) ein Matrizenprodukt:

$$\begin{pmatrix} J_{xx} & J_{xy} & J_{xz} \\ J_{yx} & J_{yy} & J_{yz} \\ J_{zx} & J_{zy} & J_{zz} \end{pmatrix} \begin{pmatrix} \omega_x \\ \omega_y \\ \omega_z \end{pmatrix} = \begin{pmatrix} J_E & 0 & 0 \\ 0 & J_E & 0 \\ 0 & 0 & J_E \end{pmatrix} \begin{pmatrix} \omega_x \\ \omega_y \\ \omega_z \end{pmatrix} \Bigg| - \begin{pmatrix} J_E & 0 & 0 \\ 0 & J_E & 0 \\ 0 & 0 & J_E \end{pmatrix} \begin{pmatrix} \omega_x \\ \omega_y \\ \omega_z \end{pmatrix} \quad (2.12.26)$$

Wenn wir das Matrizenprodukt auf die linke Seite bringen, den Eigenvektor ausklammern und die Matrizen zusammenfassen, erhalten wir eine homogene Matrizengleichung für die vektorielle Winkelgeschwindigkeit:

$$\begin{pmatrix} J_{xx} - J_E & J_{xy} & J_{xz} \\ J_{xy} & J_{yy} - J_E & J_{yz} \\ J_{xz} & J_{yz} & J_{zz} - J_E \end{pmatrix} \begin{pmatrix} \omega_x \\ \omega_y \\ \omega_z \end{pmatrix} = \begin{pmatrix} 0 \\ 0 \\ 0 \end{pmatrix} \quad (2.12.27)$$

Ausmultipliziert ergäbe sich ein homogenes Gleichungssystem aus drei Gleichungen mit den Variablen ω_x, ω_y, ω_z, aber auch J_E. Drei Gleichungen und vier Variable – hier kein Problem: Zählerdeterminanten homogener Gleichungssysteme verschwinden immer. Sollte die Nennerdeterminante, das ist hier die Koeffizientenmatrix links in (2.12.27), ungleich null sein, ergäbe sich die uninteressante triviale Lösung: der Nullvektor. Nichttriviale Lösungen erhält man nur, wenn die Nennerdeterminante verschwindet. D. h. es müssen für J_E Werte gefunden werden, die diese Bedingung erfüllen. Nach dem Ausmultiplizieren der Nennerdeterminante mithilfe von Sarrus und dem Zusammenfassen erhält man eine Gleichung dritten Grades für die gesuchten Eigenwerte J_E:

Bitte erinnern Sie sich an das Determinanten-Verfahren (Cramersche Regel) zur Lösung von Gleichungssystemen:

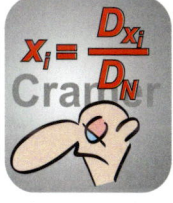

$$\det(\mathbf{J} - \mathbf{E}) = (J_{xx} - J_E)(J_{yy} - J_E)(J_{zz} - J_E)$$
$$- J_{yz}^2 (J_{xx} - J_E) - J_{xz}^2 (J_{yy} - J_E) - J_{xy}^2 (J_{zz} - J_E) + 2 J_{xy} J_{yz} J_{xz} = 0 \quad (2.12.28)$$

Die Lösbarkeit der Gleichung (2.12.28) ist bei symmetrischen Tensoren immer gesichert. Wenn Sie bei der Wahl des Koordinatensystems – und davon gehen wir aus – keine Symmetrien des Körpers übersehen haben, dann hat die Gleichung genau drei unterschiedliche Lösungen. Wäre Ihnen eine 90°-Drehsymmetrie entgangen, wären zwei der Lösungen gleich. Dass Ihnen eine Kugelsymmetrie verborgen geblieben ist, wollen wir nicht glauben – dann wären alle Lösungen gleich. Die mit (2.12.28) gewonnenen drei Eigenwerte setzt man nacheinander in die ausmultiplizierte Gleichung (2.12.27) ein und ermittelt den zugehörigen Eigenvektor. Durch das Ausmultiplizieren entsteht ein homogenes Gleichungssystem (3 Gleichungen/3 Variable), das nach den üblichen Verfahren lösbar ist. Auch wenn Sie nichts rechnen (müssen), dürfte das Ergebnis beeindruckend sein. Die drei Eigenvektoren – und das ist ebenfalls eine Eigenschaft symmetrischer Tensoren – sind zueinander orthogonal. Normiert man die Eigenvektoren, hat man die Richtungen des idealen Koordinatensystems, indem der Tensor Diagonalform hat (Hauptachsen). Auch nach den Diagonalelementen des Trägheitstensors brauchen

Das wollen wir gerne glauben!

Eigenvektoren zu gleichen Eigenwerten bilden einen Untervektorraum, aus denen orthogonale Vektoren ausgewählt werden können.

Unglaublich: Maximal drei Parameter

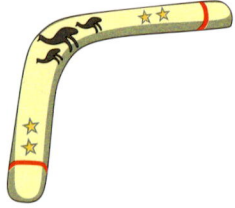

Damit ein Mittagessen erjagen oder zugrunde gehen?

wir nicht zu suchen, das sind die gerade errechneten Eigenwerte. Es ist kaum zu glauben, eine noch so krumme Kartoffel (oder die Erde) lässt sich bezüglich ihres Trägheitsverhaltens durch drei Parameter (beim symmetrischen Kreisel zwei und beim Kugelkreisel nur einer) beschreiben.

Sicherlich ist dieser Abschnitt ein hartes Brot. Doch es lohnt, sich damit zu befassen. Die Natur hat uns bezüglich der Einschätzung von Flug- oder Wurfbahnen von irgendwelchen Objekten gut ausgestattet. Unsere Vorfahren konnten zielgenau mit Speer, Pfeil und Bogen oder anderen Wurfgeschossen umgehen und damit ihr Überleben sichern. Abgesehen von den Ureinwohnern Australiens mit ihrer raffinierten Bumerangtechnik fällt es uns aber schwer, das Verhalten rotierender Körper ohne physikalisch-mathematisches Stützkorsett einzuschätzen. Das ist bereits der Fall, wenn es darum geht, das Drehimpulsverhalten abgeschlossener Systeme zu begreifen.

Wir betrachten im Folgenden starre Körper, die wir sehen und anfassen können. Abgeschlossen ist so ein Körper, wenn auf ihn keine äußeren Kräfte einwirken – dann gelten der Impulssatz und der Drehimpulssatz (s. Merksatz 2.10.1, 2.12.1). Das ist natürlich im schwerelosen Zustand exakt der Fall. Soweit brauchen wir – wie das folgende Bild zeigt – gar nicht zu gehen:

So ein Kreisel lässt sich mit einem Pressluftstrahl auf eine atemberaubende Winkelgeschwindigkeit bringen.

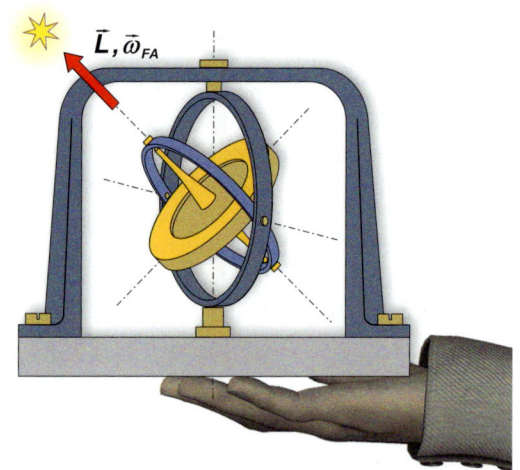

Bild 2.12.3
Kardanisch aufgehängter Kreisel zur Demonstration des Drehimpulssatzes

Die Achse rotationssymmetrischer Körper nennt man auch Figurenachse. Für die z-Richtung körperfester Koordinatensysteme wird gerne die Figurenachse verwendet.

Der „Körper", dessen Hauptträgheitsachse hier so raffiniert zwischen zwei drehbaren Ringen lagert, ist ein symmetrischer Kreisel. Ein Kugelkreisel wäre ebenfalls möglich. Sogar ein asymmetrischer Kreisel könnte eingebaut werden. Dann muss aber dessen Drehachse mit einer seiner drei Hauptträgheitsachsen übereinstimmen. Wenn Sie nun die Drehachse auf Ihren Lieblingsfixstern richten, den Kreisel mit einem Pressluftstrahl auf Touren bringen und dann das System freigeben, bekommen Sie eine eindrucksvolle Demonstration des Drehimpulssatzes. Sie können das Kreiselsystem – so wie im Bild gezeigt – in die Hand nehmen, sich drehen und wenden oder in den Keller gehen und eine Flasche Wein holen. Was Sie auch tun und wo Sie auch sind, die Kreiselachse zeigt immer auf den Fixstern. Die formale Erklärung ist einfach: Das System ist (näherungsweise) abgeschlossen, der Drehimpuls bleibt deswegen in Betrag und Richtung erhalten.

2.12 Drehimpuls, Kreisel und der Nutzen des Kreuzprodukts II

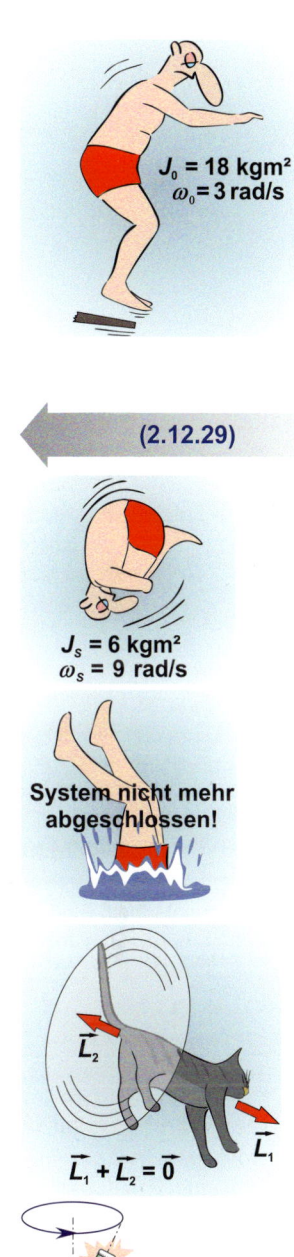

Da Drehimpuls und Winkelgeschwindigkeit gemäß (2.12.22), (2.12.23) oder (2.12.24) zueinander kollinear sind, behält auch die Drehachse ihre Richtung.

Die Konstanz des Drehimpulses im Falle eines abgeschlossenen Systems bedeutet nicht zwangsläuig, dass die Winkelgeschwindigkeit konstant sein muss. Sollte die Drehung um eine der Hauptträgheitsachsen erfolgen, ist das Produkt aus Trägheitsmoment und Winkelgeschwindigkeit konstant. Blättern Sie zurück zum Trägheitstensor (2.12.20)! Wenn der Körper um eine der Hauptträgheitsachsen rotiert, ist nur eines der Diagonalelemente zuständig. Den Wert des Trägheitsmomentes erhält man durch Aufsummieren der Produkte aus Teilmassen mit deren quadriertem Abstand zur Drehachse:

$$\text{System ist abgeschlossen: } \vec{L} = J\,\vec{\omega} = \left(\sum_{i=1}^{n} m_i r_i^2\right)\vec{\omega} = \text{konst.} \qquad (2.12.29)$$

Abgeschlossenes System heißt nur, dass keine äußeren Kräfte und Drehmomente einwirken, innere Kräfte sind durchaus zulässig. Nehmen wir als Beispiel einen Turmspringer. So starr ist sein Körper gar nicht. Er kann, wie im nebenstehenden Bild angedeutet, durchaus die Abstände seiner Teilmassen von der Drehachse (senkrecht zur Zeichenebene) verkleinern. Da die Abstände quadratisch eingehen, kann er, in dem er sich „klein macht", sein Trägheitmoment nahezu dritteln. Damit der Drehimpuls erhalten bleibt, verdreifacht sich die Winkelgeschwindigkeit – der Springer vollführt einen Salto. Kurz vor dem Auftreffen auf die Wasseroberfläche muss der Springer sich wieder strecken. Damit bringt er sein Trägheitsmoment auf den alten Wert, die Winkelgeschwindigkeit vermindert sich und ermöglicht ein kontrolliertes Eintauchen. Nach dem gleichen Prinzip erreichen Eiskunstläuferinnen bei der Pirouette eine „rasende" Winkelgeschwindigkeit.

Über eine spannende Fähigkeit müssten Tiere verfügen, die in der Lage sind, ihren Schwanz in eine kontrollierte Drehung zu versetzen. Nach einem verunglückten Sprung oder Fall könnte so ein „Schwanztier" mit seinem „Achterpropeller" den Drehimpulssatz ausnutzen und seinen Körper in die entgegengesetzte Richtung drehen. Sobald die Füße des Tieres die richtige Auftreffposition erreicht haben, müsste es den Achterpropeller wieder abstellen.

Wenn man einen symmetrischen oder asymmetrischen Kreisel wirft und ihm auch noch einen Drehimpuls in Richtung einer Hauptträgheitsachse auf die Reise gibt, wird sich die Richtung der Drehachse in Richtung des Drehimpulses einstellen. Stimmt aber die Richtung des Drehimpulses nicht mit einer der Hauptträgheitsachsen überein, wird die Bewegung unübersichtlich – die Drehachse „eiert" (s. nebenstehende Kolaflasche). Die theoretische Behandlung dieses Phänomens ist – auch wenn es in der Lehrbuchlitaratur häufig sehr flott abgehandelt wird – nicht einfach. An das Phänomen werden wir uns kühn im nächsten Abschnitt heranwagen.

2.13 Die Bewegungsgleichungen eines fast starren Körpers

Der Springer im vorherigen Abschnitt demonstrierte, dass auch mit Trägheitsmomenten gearbeitet werden kann, wenn der „Körper" nicht ganz starr ist. Wir wollen im Folgenden versuchen, auf der Basis der Erkenntnisse aus dem vorherigen Abschnitt ein bisschen in dem riesigen Bewegungsgleichungssystem realer Körper aufzuräumen (*s. (2.9.2)*). Als Beispiel diene ein Flugzeug, dessen Bewegung unter dem Einfluss äußerer Kräfte und Drehmomente von einem Beobachter, der es sich in einem Inertialsystem bequem gemacht hat, erfasst wird.

Äußere Kräfte:
$F_s \rightarrow$ *Schubkraft (Triebwerk)*
$F_L \rightarrow$ *Luftwiderstandskraft*
$F_g \rightarrow$ *Gewichtskraft*
$F_A \rightarrow$ *Auftriebskraft*

Kräftepaar f. Drehmoment:
$F_{QBb} \rightarrow$ *Querruder Backbord*
$F_{QSt} \rightarrow$ *Querruder Steuerbord*

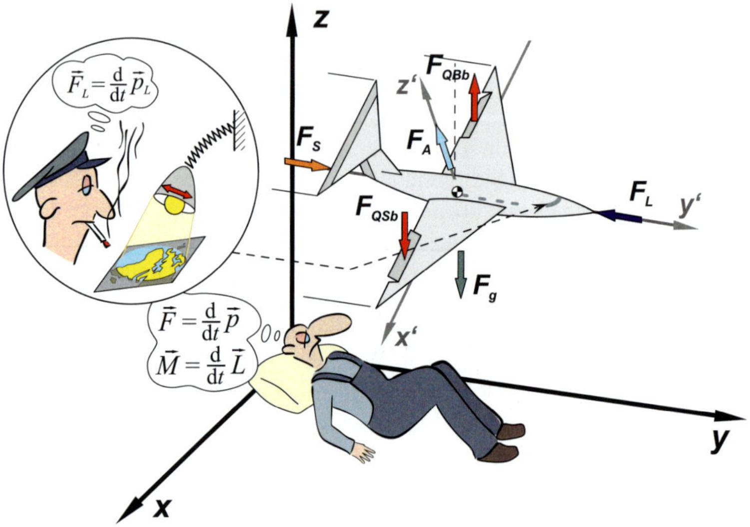

Bild 2.13.1
Bewegung eines quasistarren Körpers unter dem Einfluss äußerer und innerer Kräfte

Ein Ärgernis sind die Benennungen der Koordinatensysteme. Das Koordinatensystem, welches im Mittelpunkt des Interesses steht, wird standardmäßig mit x, y, z benannt. Sollte daneben auch ein transformiertes System im Einsatz sein, kennzeichnet man es optional mit Hochstrichpostfixen – nicht schön, verwechslungsträchtig, aber finden Sie etwas Besseres.

Relevant für die Bewegung des Massenmittelpunktes ist die Relation zwischen der Summe aller äußeren Kräfte und dem Gesamtimpuls (*vgl. (2.10.1)*). Mit der Relation zwischen der Summe aller Drehmomente und dem Gesamtdrehimpuls (*s. (2.12.1)*) wird die Orientierung des Flugzeugs im Raum beschrieben. Mit „Orientierung" sind Winkelgeschwindigkeiten und Winkel der Achsen des mitbewegten Koordinatensystems bez. des Inertialsystems gemeint. Im Flugzeugbeispiel entsteht aufgrund des Querrudereinsatzes ein Drehmoment in positive y-Richtung, welches eine Drehung des Flugzeugs um seine Längsachse verursacht. Das mitbewegte Koordinatensystem orientiere sich an beiden Symmetrieachsen des Flugzeugs (x- und y-Achse) und der dazu orthogonalen Achse (z-Achse). Dieses System ist prädestiniert, um interne Bewegungen im und am Flugzeug – wie z.B. die vibrierende Kartenlampe des Offiziers – zu erfassen. Sollte das mitbewegte System beschleunigen oder rotieren, sind die in *Abschnitt 2.8* beschriebenen Scheinkräfte und eine noch zu erklärende „Drehmomentkorrektur" zu berücksichtigen. Die Kartenlampe ist auch ein Beispiel für ein Teilsystem des Flugzeugs, welches keinen messbaren Einfluss auf die Fluglage des Gesamtsystems hat. Würden dagegen alle Passagiere zugleich zur Toilette rennen, hätte das schon relevante Rückwirkungen auf den Massenmittelpunkt und

2.13 Die Bewegungsgleichungen eines fast starren Körpers

den Trägheitstensor des gesamten Flugzeugs. Damit soll klar werden, dass die Bewegungsgleichungen des Gesamtsystems und der mitbewegten Teilsysteme, die in *Tabelle 2.13.1* zusammengestellt wurden, nur in Sonderfällen unabhängig voneinander sind. Tatsächlich ist diese Trennung in der Praxis Schlüssel zum Erarbeiten brauchbarer Näherungslösungen. Sollten die Systeme richtig schwierig werden, greift man besser auf Methoden der sogenannten *theoretischen Mechanik* zurück.

Als Passagier von Auto, Schiff, Bahn oder Flugzeug ist das mitbewegte Koordinatensystem Ihr System!

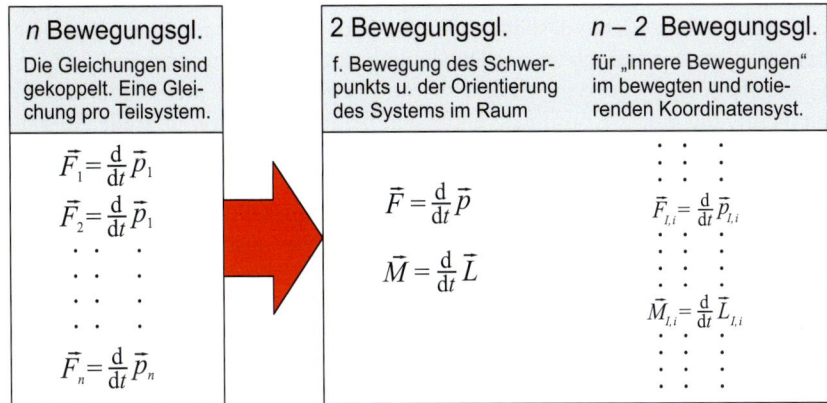

Tabelle 2.13.1
Bewegungsgleichungen eines realen Systems

Jede Gleichung steht für drei Freiheitsgrade des Systems.

Lassen Sie sich nicht täuschen! Bei realen Systemen sind alle Gleichungen mehr oder weniger stark gekoppelt.

Die Integration der Bewegungsgleichung $F = d/dt\, p$ (exakt und numerisch mit Tabellenkalkulation) wurde bereits an vielen Beispielen in vorangegangenen Abschnitten vorgeführt. Es geht jetzt darum, anhand von Beispielen die Bewegungsgleichung für die Rotation $M = d/dt\, L$ mit Leben zu erfüllen. Das nebenstehende Bild zeigt das Pendant zu dem Oszillator mit Schraubenfeder in *Abschnitt 1.7*: ein *Drehpendel* (Unruhe). Der Drehkörper ist ein symmetrischer Kreisel. Für die Bewegungen um die z-Achse ist die rechte Variante von (2.12.23) zuständig. Um die Orientierung des Drehkörpers zu erfassen, reicht demnach eine Variable, der Winkel φ. Er wurde in *Bild 2.13.2* konventionell durch einen Bogen gekennzeichnet. Fasst man ihn als (axialen) Vektor auf, weist er aus der Zeichenebene heraus (z-Richtung). Die Spiralfeder wirkt mit einem Drehmoment in negative z-Richtung der Auslenkung entgegen – das heißt, für dieses System ist nur die z-Richtung relevant. Wir nehmen eine idealisierte Feder an, die Drehmomente proportional zu den Auslenkungswinkeln erzeugt.

Bild 2.13.2
Drehpendel

$$L_z = J\omega_z,\ M_z = \frac{d}{dt}L_z : -D^*\varphi = J\frac{d}{dt}\omega_z,\ \text{mit } \frac{d}{dt}\varphi = \omega_z : \ \underline{\underline{-D^*\varphi = J\frac{d^2}{dt^2}\varphi}} \qquad (2.13.1)$$

Das Ergebnis gleicht der Bewegungsgleichung des linearen Oszillators – wie Parameter und Variablen benannt sind, spielt keine Rolle. Üblicherweise bringen wir (2.13.1) in die normierte Form und verwenden anstelle der Differenzialoperatoren die platzsparende Punktschreibweise (vgl. (1.9.1)):

$$\ddot{\varphi} + \omega^2 \varphi = 0 \quad \text{mit } \omega = \sqrt{\frac{D^*}{J}},\ \text{allgemeine Lösung: } \varphi(t) = \hat{\varphi}\sin(\omega t + \varepsilon_0) \qquad (2.13.2)$$

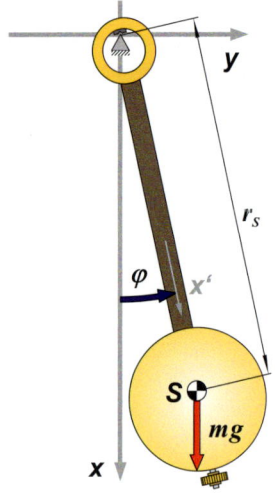

Bild 2.13.3
Uhrenpendel

Selbstverständlich kann das Drehpendel mit Dämpfer und auch mit Erreger ausgestattet werden. Sie brauchen dazu nur die Ergebnisse der *Abschnitte 1.9, 1.10* umzuschreiben. Weil die Bewegungsgleichung des *Uhrenpendels* Ihrer Großeltern mit unerwarteten Tücken aufwartet, soll auch dieses Beispiel angesprochen werden.

Wie das nebenstehende Bild zeigt, liegt der Koordinatenursprung **nicht** im Schwerpunkt des Systems. Der von der Wahl des Koordinatensystems abhängige Trägheitstensor kann deshalb von null verschiedene Deviationsmomente haben. Blättern Sie zurück zu der Darstellung des Trägheitstensors in (2.12.20)! Da das Pendel spiegelsymmetrisch zur x,y-Ebene ist, fallen alle Nichtdiagonalelemente, die eine z-Koordinate enthalten, heraus. Weiterhin lässt die Aufhängung des Pendels nur einen Freiheitsgrad zu. Für die Winkelgeschwindigkeit bzw. deren Änderung verbleibt nur die z-Richtung. Beachten Sie dabei die Richtungen der Axialvektoren „Winkel" und „Winkelgeschwindigkeit". Vektoren, die Drehungen in der x,y-Ebene beschreiben, weisen ausschließlich in positive oder negative z-Richtung. Für derartige Systeme spielt nur ein Diagonalelement des Trägheitstensors eine Rolle – Drehimpuls und Winkelgeschwindigkeit sind proportional:

(2.13.3)

$$\vec{L} = \begin{pmatrix} J_{xx} & J_{xy} & 0 \\ J_{yx} & J_{yy} & 0 \\ 0 & 0 & J_{zz} \end{pmatrix} \begin{pmatrix} \cancel{\omega_x} \\ \cancel{\omega_y} \\ \omega_z \end{pmatrix} = \begin{pmatrix} 0 \\ 0 \\ J_{zz}\omega_z \end{pmatrix} \quad \text{bzw. } L_z = J_{zz}\omega_z$$

$$\text{mit } J_{zz} = \sum_{i=1}^{n} m_i \underbrace{(x_i^2 + y_i^2)}_{r_i^2} = \sum_{i=1}^{n} m_i r_i^2$$

In (2.13.3) wurde darauf verzichtet, die körperfesten Koordinaten mit Hochstrichen zu versehen!

Im Fall einer Bewegung mit nur einem Freiheitsgrad kann man auf Indizes verzichten. Bei den in (2.13.3) mit r_i bezeichneten Größen handelt es sich um die Abstände der Teilmassen m_i von der z-Achse.

Das Drehmoment, das beim Uhrenpendel der Auslenkung entgegenwirkt, wird hier nicht wie beim Drehpendel von einer Feder, sondern von der Schwerkraft erzeugt. Für die Richtungen gelten dieselben Verhältnisse wie beim Drehpendel. Beachten Sie, der Schwerpunkt des Pendels liegt wegen der Massenbeiträge des Stiels und des Aufhängerings nicht im Mittelpunkt des Messingkörpers. Das Drehmoment kann „schulmäßig" durch Ermittlung des effektiven Hebelarms und der Schraubenregel bestimmt werden:

(2.13.4)

$$|M_z| = mgr_S \sin(\varphi) = mgr_S \left(\varphi - \frac{1}{3!}\cdot\varphi^3 + \frac{1}{5!}\cdot\varphi^5 \pm \ldots\right) \approx mgr_S \varphi$$

Das Drehmoment ist wegen des Sinus nicht proportional zum Auslenkungswinkel. Damit ergibt sich keine Schwingungsgleichung der Form (2.13.2) – das Uhrenpendel ist kein harmonischer Oszillator. Nun ist der Sinus kleiner Winkel gleich dem Winkel selber (*vgl. Taylorreihe der Sinusfunktion*). Lässt man nur geringe Winkel-Amplituden zu, verhält sich auch das Uhrenpendel wie ein harmonischer Oszillator:

Ein Uhrenpendel ist nur näherungsweise ein harmonischer Oszillator.

(2.13.5)

$$M_z = -mgr_S\varphi: \quad -mgr_S\varphi = J\frac{d^2}{dt^2}\varphi \quad \text{bzw. } \ddot{\varphi} + \omega^2\varphi = 0 \quad \text{mit } \omega = \sqrt{\frac{mgr_S}{J}}$$

2.13 Die Bewegungsgleichungen eines fast starren Körpers

Wenn man den Pendelstiel durch einen langen dünnen Faden und den Messingkörper durch einen kompakten linsenförmigen Bleikörper ersetzt, ist die Pendelmasse im Wesentlichen am Ende des Fadens (Fadenlänge + ½ Bleikörper = l) konzentriert. Das Pendel heißt dann *mathematisches Pendel* und es gilt:

$$J = ml^2 : \omega = \sqrt{\frac{\cancel{m}gl}{\cancel{m}\cancel{l^2}l}} = \sqrt{\frac{g}{l}}$$

Ein mathematisches Pendel

(2.13.6)

Die Kreisfrequenz und damit die Periodendauer ist unabhängig von der Masse.

> **Eindimensionale Drehbewegung:**
> Sollte eine Drehbewegung durch Lagerung der Achse auf eine Koordinate – beispielsweise die z-Achse – beschränkt sein, spielt zunächst nur das zugehörige Diagonalelement des Trägheitstensors eine Rolle und es gilt:
>
> $M = J \dfrac{\mathrm{d}}{\mathrm{d}t}\omega$ mit $J = \sum_{i=1}^{n} m_i r_i^2$; r_i = Abstand der Teilmasse i von der Drehachse
>
> Von null verschiedene Nichtdiagonalelemente des Trägheitstensors heißen auch *Deviationsmomente* und sind gleichbedeutend mit einer *Unwucht* des rotierenden Körpers. Drehimpuls und Winkelgeschwindigkeit sind nicht kollinear. Der Drehimpulsvektor rotiert um die Drehachse und diese ständige Richtungsänderung des Drehimpulsvektors muss durch ein entsprechendes Drehmoment von den Lagern aufgefangen werden (stark erhöhter Verschleiß).

Merksatz 2.13.1

Das Beseitigen der Nichtdiagonalelemente von Rotationskörpern heißt Auswuchten.

Wenn man einem drehbaren Körper mehr Freiheit (…sgrade) lässt, ergeben sich Bewegungsabläufe, die scheinbar jeder „Logik" trotzen. In verhältnismäßig geordneten Bahnen scheint die Bewegung des folgenden Systems abzulaufen:

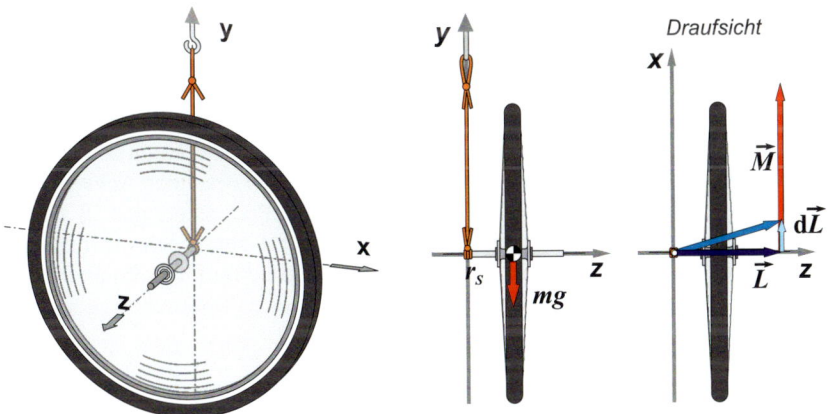

Ein Kreisel – wie hier das Rad – auf den gravitationsbedingt ein Drehmoment einwirkt, heißt „Schwerer Kreisel".

Bild 2.13.4
Versuchsaufbau zur Präzession eines Laufrades

Es handelt sich um ein schlichtes Vorderrad eines Fahrrades (die Achsen können optional mithilfe aufgesteckter Rohre verlängert werden). Eine Person hält das Rad an den Enden der Achsen fest und eine weitere versetzt es in Drehung (ca. 15 rad/s). Anschließend hängt man das Rad an Deckenhaken. Die Besonderheit: Das Band ist nur an einem Achsenende befestigt. Da das Rad somit außerhalb seines Schwerpunktes gelagert ist, entsteht ein Drehmoment – im Bild in

Anstelle der Aufhängung kann man das Achsenende auch auf dem Finger balancieren.

praecedo <lat.: „vorangehen">

positive *x*-Richtung – aufgrund dessen das Rad wohl kippen wird. Sollte man meinen, aber das Rad widersetzt sich und kippt nicht! Stattdessen bleibt die Achse annähernd horizontal und das Rad dreht sich – oder wie man sagt *präzidiert* – um den Aufhängepunkt.

Die Erkärung scheint formal einfach zu sein. Nehmen wir an, das Rad sei perfekt ausgewuchtet und die Winkelgeschwindigkeit des Rades um seine (Figuren-) Achse weise anfangs in positive *x*-Richtung. Das Drehmoment zeigt dann in positive *y*-Richtung. Die *x*-Richtung ist zunächst auch die Richtung des Drehimpulses. Gemäß (*2.12.2*) ändert sich dann der Drehimpuls im Zeitintervall d*t* wie folgt:

(2.13.7)

$$\vec{M} = \frac{d\vec{L}}{dt} \bigg| \cdot dt \Rightarrow d\vec{L} = \vec{M}\,dt \;,\; \vec{L}(t+dt) = \vec{L} + d\vec{L}$$

Für spitzwinklige Dreiecke:
$dL = L\,d\varphi$

Zur Erinnerung:
Das Trägheitsmoment um die Figurenachse schreiben wir indexfrei: *J*.

Die zum verursachenden Drehmoment kollineare Drehimpulsänderung in *x*-Richtung ist gleichbedeutend mit einem Schwenk der Drehachse und somit auch des Drehimpulses des Rades um den Winkel dφ im Zeitintervall d*t*. Das Drehmoment macht diesen Schwenk ebenfalls mit. Damit sind – nur um den Winkel dφ weitergedreht – die gleichen Vorraussetzungen gegeben wie am Anfang. In jedem Zeitintervall d*t* wird sich die Achse um den Winkel dφ weiterdrehen. Neben der Winkelgeschwindigkeit des Rades um die eigene Achse (Figurenachse/*z*-Achse) erhält es eine zusätzliche Winkelgeschwindigkeit dφ/d*t*, die man *Präzession* nennt. Wegen der Orthogonalitäten der beteiligten Vektoren brauchen wir uns bei der Ermittlung der Präzession nur um die Beträge zu kümmern:

(2.13.8)

$$M = mg\,r_s,\; L = J\omega_z,\, dL = L\,d\varphi \,|\,:dt \Rightarrow \frac{dL}{dt} = L\frac{d\varphi}{dt} = L\omega_p$$

$$M = \frac{dL}{dt} \Rightarrow mg\,r_s = J\omega_z\omega_p \Rightarrow \underline{\underline{\omega_p = \frac{mg\,r_S}{J\omega_z}}}\;?$$

Normalrad 28"
$m = 2\,\text{kg},\, J = 0{,}2\,\text{kgm}^2$
$r_S = 0{,}06\,\text{m},\, \omega_{FA} = 15\,\text{rad/s}$
$\omega_p = \dfrac{2\,\text{kg}\cdot 9{,}81\,\text{m/s}^2 \cdot 0{,}06\,\text{m}}{0{,}2\,\text{kgm}^2 \cdot 15\,\text{rad/s}}$
$= \underline{\underline{0{,}4\,\text{rad/s}}}$ (ca. 4 U/min)

nuto <lat.: *schwanken*>

Raten und anschließend überprüfen ist eine legale Option! Man erhält so eine Lösung, aber selten die allgemeine Lösung.

Was würden Sie sagen, sind die Überlegungen in (*2.13.8*) vertrauenswürdig? Ja? Aber widerspricht es nicht jeglicher Erfahrung, dass das Drehmoment es nicht schafft, das Rad nach unten zu kippen? Wenn Sie den Versuch so wie oben beschrieben ausführen, werden Sie nach dem Freigeben des einen Achsenendes beobachten, dass die Achse im Wesentlichen die Präzession gemäß der in (*2.13.8*) „hergeleiteten" Formel ausführt. Es passiert aber noch ein bisschen mehr: Der Präzession ist zusätzlich eine Nickbewegung (auf und ab) überlagert und diese *Nutation* genannte Bewegung wird durch eine Abwärtsbewegung eingeleitet.

Tatsächlich darf (*2.13.8*) nicht überbewertet werden. Die Bewegungsgleichung der Rotation ist eine Vektorgleichung. Hier wurde eine Lösung „erraten" und der Parameter ω_p so angepasst, dass die Gleichung erfüllt wird. Es ist wohl eine Lösung gefunden worden, aber auf der Basis von (*2.13.8*) lässt sich schlecht erkennen, wie das Rad zu starten ist (Anfangsbedingung), damit es sich nutationsfrei bewegt. Es wird lediglich ausgesagt, dass das Rad, wenn es sich einmal nutationsfrei bewegt, die Präzession so fortführen wird. Wir wollen an dieser Stelle nicht anspruchsvoll sein. Mit (*2.13.8*) ist eine spezielle

2.13 Die Bewegungsgleichungen eines fast starren Körpers

Lösung gefunden, die der Realität nahe kommt. Immerhin führen die bisherigen Überlegungen zu einem handlichen Merksatz für das Verhalten symmetrischer Kreisel:

Ein gutes Pferd springt nur so hoch wie es muss!

> **Kreiselregel:**
> Ein Kreisel sucht seine Figurenachse (Drehimpuls) so zu stellen, dass sie mit der Richtung des ihm aufgezwungenen Drehmoments den kleinstmöglichen Winkel bildet und beide Drehungen gleichsinnig werden.

Merksatz 2.13.2

Wir hatten in *Abschnitt 2.8* gezeigt, dass man durch Berücksichtigung von Scheinkräften beschleunigte Koordinatensysteme als bequeme Bezugssysteme verwenden kann (s. *Aufgaben 2.8.1, 2.8.2, 2.8.3, 2.11.4, 2.11.5*). Es ist zu erwarten, dass sich in vielen Fällen die Lösungen der Bewegungsgleichung der Rotation im rotierenden Koordinatensystem einfacher als im Inertialsystem finden lassen. Deshalb muss den Scheinkräften analog ein „*Scheindrehmoment*" zur Seite gestellt werden. Dazu muss unser Fahrgast noch einmal in das Kettenkarussell steigen und für uns von seiner rotierenden Warte, den Drehimpuls des drehmomentfreien Kreisels (s. *Bild 2.12.3*) betrachten:

Die Koordinaten des mitbewegten Systems stehen im Zentrum des Interesses – wir verunzieren sie deshalb nicht mit Hochstrichen!

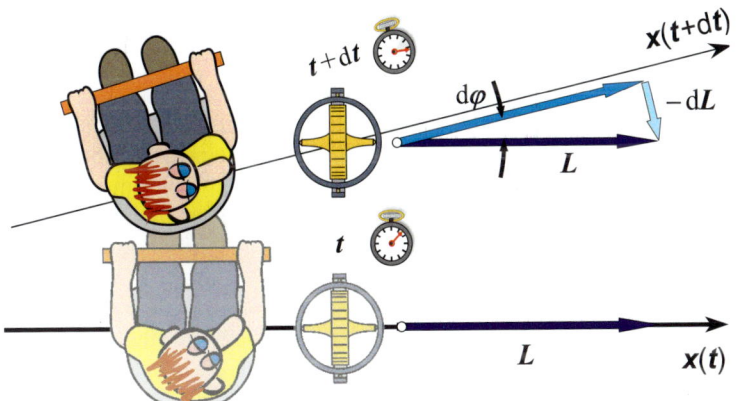

Das Bild ist das Pendant zu Bild 2.8.1. Dort machten Kugellager die Ente zu einem abgeschlossenen System – hier ist es die kardanische Aufhängung.

Bild 2.13.5
Planfigur zur Ermittlung des Kreiselmoments

Der Kreisel ist aufgrund seiner kardanischen Aufhängung ein abgeschlossenes System – es gilt der Drehimpulssatz. Aber aus der Sicht des rotierenden Beobachters bleibt nur der Betrag erhalten. Die Richtung dreht sich im Zeitintervall dt um den Winkel dφ im Uhrzeigersinn. Den im Zeitintervall dt geänderten Drehimpulsvektor können wir mithilfe von *Bild 2.13.5* zusammenbasteln. Beachten Sie, die z-Achse ist Drehachse und zeigt auf Ihre Nasenspitze!

Wichtig: Wir sind im rotierenden System und betrachten die Zeitpunkte t und $t + dt$!

$$\vec{L} = \begin{pmatrix} L \\ 0 \\ 0 \end{pmatrix}, \; d\vec{L} = \begin{pmatrix} 0 \\ -L\,d\varphi \\ 0 \end{pmatrix} \rightarrow \vec{M}_K := \frac{d\vec{L}}{dt} = \begin{pmatrix} 0 \\ -L\omega \\ 0 \end{pmatrix} \; \text{mit} \; \omega := \frac{d\varphi}{dt}$$

(2.13.9)

Sind Drehimpuls und Winkelgeschwindigkeit nicht orthogonal, lässt sich die Verkleinerung der scheinbaren Drehimpulsänderung dL aus der Sicht des rotierenden Beobachters mit dem Sinus des eingeschlossenen Winkels bzw. dem Kreuzprodukt berücksichtigen:

(2.13.10)

$$\alpha := \sphericalangle(\vec{L}, \vec{\omega}): \quad \vec{M}_K = \frac{\mathrm{d}\vec{L}}{\mathrm{d}t} = \begin{pmatrix} 0 \\ -L\omega\sin(\alpha) \\ 0 \end{pmatrix} \rightarrow \underline{\underline{\vec{M}_K = \vec{L} \times \vec{\omega}}}$$

Dieses „*Scheindrehmoment*" heißt *Moment der Kreiselwirkung*, *Deviationswiderstand* oder nur schlicht *Kreiselmoment*. Man kann das Kreiselmoment spüren, wenn man ein rotierendes Vorderrad wie das in *Bild 2.13.4* beherzt an beide Achsenenden fasst und versucht, der Achse eine Winkelgeschwindigkeit aufzuzwingen, die nicht kollinear zum Drehimpuls ist. Das Ergebnis, das Rad reagiert störrisch mit einem kräftigen Kreiselmoment gemäß dem Kreuzprodukt rechts in (2.12.10). In einem mit der Winkelgeschwindigkeit ω rotierenden System muss in der Bewegungsgleichung für die Rotation dem äußeren Drehmomenten das Kreiselmoment hinzugefügt werden:

(2.13.11)

$$\vec{M} + \vec{L} \times \vec{\omega} = \frac{\mathrm{d}\vec{L}}{\mathrm{d}t}$$

Verursacherprinzip: Alle Drehmomente, die eine Drehimpulsänderung verursachen, müssen auf die linke Seite.

Wenn man für den Drehimpuls das Produkt aus Trägheitstensor und Winkelgeschwindigkeit einsetzt, das Kreuzprodukt ausführt und die Vektorgleichung als skalares Gleichungssystem ausschreibt, heißen diese Gleichungen *Eulersche Gleichungen*.

Wir wollen im Folgenden das Verhalten eines Standardspielzeugs Ihrer Urgroßeltern – einem Spielkreisel – mit der veränderten Bewegungsgleichung (2.13.11) untersuchen. Der „Kreisel" wird mit der Schnur einer Peitsche umschlungen (deshalb die Rillen) und durch rasches Abziehen der Schnur in Gang gesetzt. Die Rotation muss durch Peitschenhiebe auf hohem Niveau in Gang gehalten werden. Wird das erreicht, vollführte der Kreisel – ähnlich wie oben das Vorderrad – eine Präzessionsbewegung. Wichtig: Das mitbewegte Koordinatensystem soll nicht mit dem Kreisel um die Figurenachse rotieren, sondern um eine noch zu bestimmende Winkelgeschwindigkeit ω (s. *Bild 2.13.6*)! Für die z-Achse wird die Figurenachse gewählt. Da es sich hier um einen symmetrischen Kreisel handelt, hat man für die zur Figurenachse orthogonale x-Achse freie Wahl. Die Freiheit wollen wir nutzen und legen die x-Achse orthogonal zu der von den Winkelgeschwindigkeiten ω und ω_z aufgespannten Ebene. Damit liegen die Winkelgeschwindigkeiten ω, ω_z und der Eigendrehimpuls (Drehimpuls um die Figurenachse: L_z) des Kreisels immer in der y,z-Ebene:

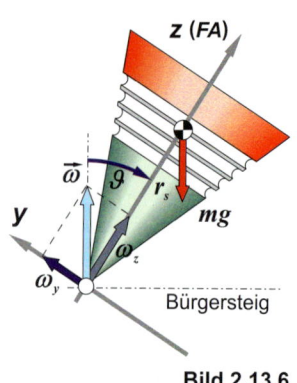

Bild 2.13.6 *Spielkreisel*

(2.13.12)

$$\vec{M} = \begin{pmatrix} mgr_S\sin(\vartheta) \\ 0 \\ 0 \end{pmatrix}, \vec{L} = \begin{pmatrix} L_x \\ L_y \\ L_z \end{pmatrix}, \vec{\omega} = \begin{pmatrix} \omega_x \\ \omega_y \\ \omega_z \end{pmatrix} \quad \begin{array}{l} J_{xx} = J_{yy} := J_\perp, \; J_{zz} := J \\ L_x = J_\perp \omega_x, \; L_y = J_\perp \omega_y, \; \omega_z \ll \omega_{FA} \\ L_z = J(\omega_{FA} + \omega_z) \approx J\omega_{FA}, \; \dot{L}_z = J\dot{\omega}_z \end{array}$$

Um den Formalismus zu testen, schleppen wir alle Komponenten der Winkelgeschwindigkeit mit!

Das Drehmoment ergibt sich „schulmäßig" durch das Produkt aus effektivem Hebelarm zum Massenmittelpunkt und der (Gewichts-)Kraft. Die Richtung liefert die „Rechte-Hand-Regel". Die Drehimpulskomponenten ergeben sich aus dem Tensor des symmetrischen Kreisels mit **allen** Komponenten der Winkelgeschwindigkeit (vgl. (2.12.23)). Das Kreiselmoment ermittelt man mithilfe des Kreuzproduktes unter Zuhilfenahme der Sarrusschen Regel:

2.13 Die Bewegungsgleichungen eines fast starren Körpers

$$\vec{M}_K = \vec{L} \times \vec{\omega} = \begin{vmatrix} \vec{i} & \vec{j} & \vec{k} \\ L_x & L_y & L_z \\ \omega_x & \omega_y & \omega_z \end{vmatrix} = \begin{pmatrix} L_y \omega_z - L_z \omega_y \\ L_z \omega_x - L_x \omega_z \\ L_x \omega_y - L_y \omega_x \end{pmatrix} = \begin{pmatrix} J_\perp \omega_y \omega_z - J \omega_{FA} \omega_y \\ J \omega_{FA} \omega_x - J_\perp \omega_x \omega_z \\ (J_\perp - J_\perp) \omega_x \omega_y \end{pmatrix} \quad (2.13.13)$$

Mit dem nun vorliegenden Kreiselmoment können die Bewegungsgleichungen der Rotation für den Kreisel aufgestellt werden. Beachten Sie, die Koordinaten der Winkelgeschwindigkeit des rotierenden Koordinatensystems (ω_x, ω_y, ω_z) sind die Variablen. Sie sind auch in den Drehimpulskoordinaten enthalten!

$$\vec{M} + \vec{L} \times \vec{\omega} = \frac{\mathrm{d}\vec{L}}{\mathrm{d}t} : \begin{pmatrix} mgr_S \sin(\vartheta) + J_\perp \omega_y \omega_z - J \omega_{FA} \omega_y \\ J \omega_{FA} \omega_x - J_\perp \omega_x \omega_z \\ 0 \end{pmatrix} = \begin{pmatrix} J_\perp \dot{\omega}_x \\ J_\perp \dot{\omega}_y \\ J \dot{\omega}_z \end{pmatrix} \quad (2.13.14)$$

Für eine spezielle Lösung der Differenzialgleichung ist eine Anfangsbedingung erforderlich. Hier ergibt sich eine Möglichkeit, die Überlegungen in (2.13.8) unter die Lupe zu nehmen. Fordern wir, dass sowohl ω_x als auch deren zeitliche Ableitung anfangs gleich null ist. Dann ist $\omega_x(t)$ identisch null und das Gleichungssystem vereinfacht sich drastisch. Dazu drückt man noch alternativ die beiden Koordinaten der Winkelgeschwindigkeiten ω_y und ω_z durch den Betrag von ω und den Sinus bzw. Kosinus des Winkels ϑ aus:

$$\left. \begin{array}{l} mgr_S \sin(\vartheta) + J_\perp \omega^2 \cos(\vartheta)\sin(\vartheta) - J\omega_{FA}\omega \sin(\vartheta) = 0 \; |:\sin(\vartheta) \\ 0 = J_\perp \dot{\omega}_y \Rightarrow \omega_y = \omega \sin(\vartheta) = \text{konst.} \\ 0 = J \dot{\omega}_z \Rightarrow \omega_z = \omega \cos(\vartheta) = \text{konst.} \end{array} \right\} \Rightarrow \omega = \text{konst.}, \; \vartheta = \text{konst.} \quad (2.13.15)$$

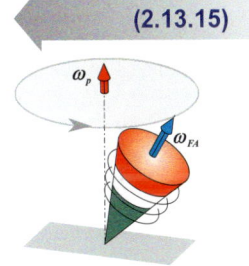

Sowohl die gesuchte Winkelgeschwindigkeit als auch der Neigungswinkel des Kreisels bleiben konstant – wir haben damit die Winkelgeschwindigkeit der Präzession gefunden und können diese fortan mit dem Index p adeln. Geht man von einem sogenannten *schnellen Kreisel* aus, kann oben in (2.13.14) der zweite Summand gegen den dritten vernachlässigt werden und man erhält eine vom Neigungswinkel ϑ unabhängige Formel für die Präzession (s. Bild 2.13.7):

Bild 2.13.7

$$\omega_{FA} := \omega_z, \; \omega_p := \omega : \text{für } \omega_{FA} \gg \omega_p \; (\text{oder } \vartheta = 90°) \text{ gilt: } \underline{\underline{\omega_p = \frac{mgr_S}{J\omega_{FA}}}} \quad (2.13.16)$$

Die etwas mühselige Rechnerei schließt das Vorderradbeispiel (s. Bild 2.13.4) mit ein. Dort ist der Winkel ϑ gleich 90° und der mit dem Kosinus behaftete Summand verschwindet auch beim nicht ganz so schnellen Kreisel. Die in (2.13.8) ermittelte Formel für die Präzession ist tatsächlich **eine** Lösung.

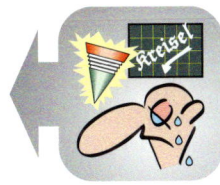

Zahlenbeispiel

$$\omega_{FA} = 400 \, \text{rad/s} \; (64 \, \text{s}^{-1}), \; m = 30 \, \text{g}, \; r_S = 45 \, \text{mm}$$
$$J = 1{,}1 \cdot 10^{-5} \, \text{kgm}^2, \; J_\perp = 6{,}5 \cdot 10^{-5} \, \text{kgm}^2$$
$$\omega_p = \frac{mgr_S}{J\omega_{FA}} \approx 3 \, \text{rad/s} \; (0{,}5 \, \text{s}^{-1}), \text{mit quadrat. Gleichung und } \vartheta = 20°: 3{,}1 \, \text{rad/s}$$

Bitte beachten Sie – auch wenn Ihnen die Sachverhalte längst klar sind – den folgenden Merksatz!

> **Koordinatensysteme für das Arbeiten mit Bewegungsgleichungen:**
> Wählen Sie immer ein Koordinatensystem, in dem sich die Bewegungsgleichungen am einfachsten darstellen, es sei denn Sie müssen ein Problem in voller Allgemeinheit lösen. In der Regel zieht man Systeme vor, die dem normalen Beobachtungsstandort entsprechen. Befindet er sich in einem bewegten System, dann ist das (mitbewegte) System **erste Wahl**.
> Notieren Sie an einer exponierten Stelle Ihrer Aufzeichnungen, welches Koordinatensystem benutzt wird. Vermeiden Sie unbedingt exotische Bezeichnungen und Indizierungen! Eine gute Idee ist es, generell für die Koordinaten der Größen des gewählten Systems x, y, z zu verwenden. Ihre Darlegungen erhalten dann ein vertrautes Bild.

Merksatz 2.13.3

Ein exemplarisches Beispiel ist in der Regel instruktiver als Betrachtungen in voller Allgemeinheit.

Erklärungen der Funktionsweise von Geräten und Phänomenen, in denen Rotationen und Kreiseleffekte eine Rolle spielen, sind alles andere als einfach, da immer räumliches Vorstellungsvermögen erforderlich ist. Versuchen Sie zur Einstimmung, den *Wendezeiger* eines konventionellen Flugzeugs zu erklären:

Aufgabe 2.13.1

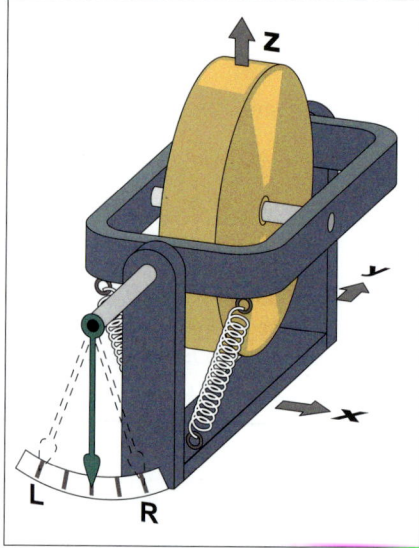

> **Aufgabe:**
> Die y-Achse des fest eingebauten Geräts weist in Fahrtrichtung. Der Drehimpuls des mit hoher Geschwindigkeit rotierenden Kreisels zeigt in negative x-Richtung.
> a) Wie reagiert das Gerät auf eine aufgezwungene Winkelgeschwindigkeit in positive z-Richtung?
> b) Weshalb ist dieses Navigationsgerät für den Blindflug (keine Sicht nach draußen) wichtig?

Bild 2.13.8
Wendezeiger

Es geht natürlich auch ausführlicher!

Erst wenn er von gewaltigen g-Kräften in den Sitz gedrückt wird, merkt er, dass wohl etwas nicht stimmt.

> **Lösungsvorschlag:**
> a) ω in positive z-Richtung → Linkskurve. Koordinatensystem rotiert mit ω. Das Kreiselmoment (positive y-Richtung) arbeitet gegen die Schraubenfedern an und bewirkt einen Zeigerausschlag nach links.
> b) Die g-Kraft ist wegen der Schräglage beim Ausfliegen einer Kurve orthogonal zur Flugzeugebene. Ohne Kontrollblick auf den Kompass oder nach draußen kann der Pilot eine moderate Kurve vom Geradeausflug nicht unterscheiden.

2.13 Die Bewegungsgleichungen eines fast starren Körpers

Als weiteres Beispiel ist der legendäre Anschützsche *Kreiselkompass* zu nennen. Wir werden uns durch nichts beirren lassen und das Gerät nicht wie üblich von einem Inertialsystem aus betrachten. Wir stellen lieber ein Modell des Kreiselkompasses auf eine platte Kuhwiese (N 54°30') und versuchen, von dieser Warte aus dessen Funktionsweise zu verstehen.

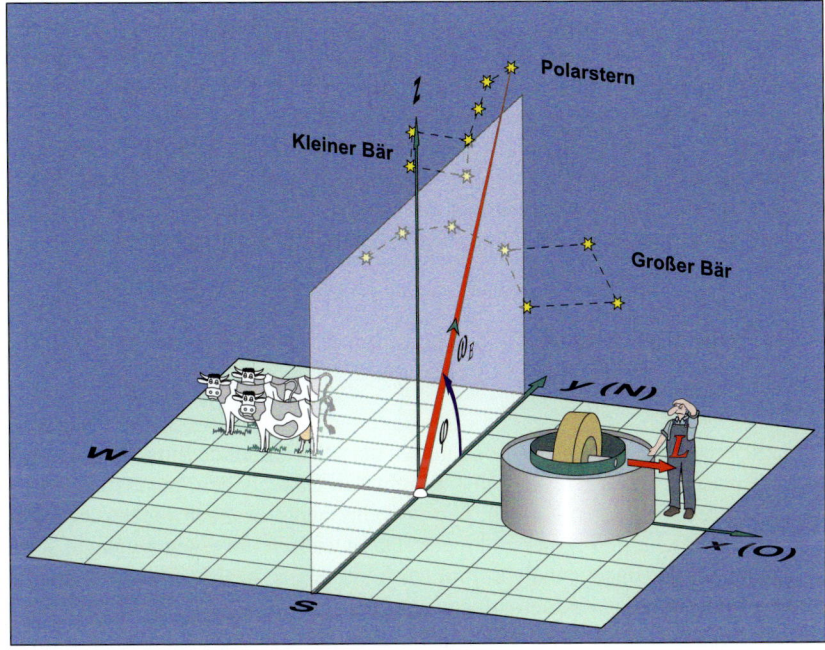

Mondscheinidylle in Nordfriesland mit einer entfremdeten Viehtränke

Bild 2.13.9
Modell eines Kreiselkompasses im rotierenden Koordinatensystem

Betrachten wir sicherheitshalber – auch wenn Ihnen alles längst bekannt ist – unseren irdischen Standort und richten in Gedanken von dort einen Laserstrahl auf den Polarstern. Dazu muss er nordwärts mit einem Erhöhungswinkel, der dem Breitengad entspricht, aufgestellt sein. Der Polarstern liegt (ungefähr) in der Verlängerung der Erdachse. Das bedeutet, dass der Laser, einmal richtig justiert, ständig auf den Polarstern gerichtet bleibt. Die „Bären" dagegen „kreisen" um den Polarstern herum. Nun dürfte Ihnen neu sein, die Erdachse auf einer norddeutschen Kuhwiese zu finden. Hier ist ein Punkt, den man sich immer wieder vor Augen führen muss: Bei den Bewegungsgleichungen der Rotation kommt es „nur" auf Richtungen und deren Änderungen an – nicht aber auf Orte. Wenn der Laserstrahl wegen seiner Position in Norddeutschland und nicht am Nordpol einen „Kreis" mit dem Radius 6366·cos(54,5°) km auf dem Polarstern beschreiben würde, wäre das nicht von Interesse. Die „Anfangspunkte" der für die Rotation relevanten axialen Vektoren – Winkel, Winkelgeschwindigkeiten, Drehimpulse und Drehmomente – sind nicht von Bedeutung. So können Sie den Vektor ω_E (Winkelgeschwindigkeit der Erdrotation), auch wenn sich Ihr gesunder Menschenverstand dagegen sträubt, durchaus in Ihrem Vorgarten platzieren. Illustrationen – wie *Bild 2.13.8* – sind insofern irreführend, weil die Achsen auf Ortskoordinaten hinweisen, aber auch für andere Vektoren verwendet werden. Es könnte weiterhin irritieren, dass die Koordinatenachsen unseres Systems im Weltraum „herum rudern". Die Rotation unserer Koordinatenachsen um die durch den

Ein bisschen Wiederholung kann nicht schaden.

N 54° 30' ungefähr Nordfriesland oder Rügen

Laserstrahl markierte Achse wird in der Bewegungsgleichung (*2.13.11*) durch das Kreiselmoment berücksichtigt. Wir können daher getrost auf der Basis unseres erdgebundenen Koordinatensystems Rotationsvorgänge wie beispielsweise den Kreiselkompass betrachten.

Das Kreiselmodell in *Bild 2.13.8* sei mit allen Antriebsaggregaten in einem stabilen Eimer eingebaut, der wiederum in einem Bottich schwimmt. Aufgrund dieser Konfiguration ist der Kreisel in z-Richtung frei drehbar. Dagen ist die Figurenachse des Kreisels weitgehend an die *x,y*-Ebene gefesselt. Versucht man nämlich, den Eimer mithilfe eines Drehmomentes in Richtung der *x,y*-Ebene etwas zu kippen, so hält der Eimer wegen seines tiefliegenden Schwerpunktes mit einem Drehmoment dagegen. Sehen wir uns nun an, welche Kreiselmomente die Erdrotation verursacht. Anfangs weise der Drehimpuls des Kreisels – so wie im Bild dargestellt – in positive *x*-Richtung (Ost). Dann gilt für das Kreiselmoment:

Frühere Anschütz-Modelle schwammen in Quecksilber.

(2.13.17)

$$\vec{M}_K = \vec{L} \times \vec{\omega}_E = \begin{pmatrix} L \\ 0 \\ 0 \end{pmatrix} \times \begin{pmatrix} 0 \\ \omega_{E,y} \\ \omega_{E,z} \end{pmatrix} = \begin{pmatrix} 0 \\ -L\omega_{E,z} \\ L\omega_{E,y} \end{pmatrix} \text{ mit } L = J\omega_{FA}, \vec{\omega}_E = \begin{pmatrix} 0 \\ \omega_E \cos(\varphi) \\ \omega_E \sin(\varphi) \end{pmatrix}$$

Der z-Komponente des Kreiselmoments hat der schwimmende Eimer kaum etwas entgegenzusetzen, das Kreiselmoment dreht den Eimer – dem positiven Vorzeichen entsprechend – gen Norden. Die y-Komponente des (schwachen) Kreiselmoments versucht, den Eimer zu kippen. Der wird sich um einen winzigen Winkel neigen und so dagegenhalten. Probieren Sie es aus, egal wie der Drehimpuls steht – immer hat das Kreiselmoment eine z-Komponente, die das System nach Norden einschwenken lässt. Sobald der Drehimpuls des Kreisels schließlich die Nordrichtung (y-Richtung) erreicht hat, ergibt sich:

Das schwimmende System des Kreiselkompasses ist um die in z-Richtung weisende Achse nahezu reibungsfrei drehbar.

(2.13.18)

$$\vec{M}_K = \begin{pmatrix} 0 \\ L \\ 0 \end{pmatrix} \times \begin{pmatrix} 0 \\ \omega_{E,y} \\ \omega_{E,z} \end{pmatrix} = \begin{pmatrix} L\omega_{E,z} \\ 0 \\ 0 \end{pmatrix}$$

Das Kreiselmoment hat keine z-Komponente mehr, der Kreisel wird diese Richtung beibehalten. Jetzt versucht nur noch eine schwache *x*-Komponente des Kreiselmoments vergeblich den Eimer zu kippen. Die technische Problematik ist offensichtlich: Das maximale Kreiselmoment beträgt $J\omega_{FA}\omega_E$. Die Winkelgeschwindigkeit der Erde beträgt nur $7{,}3 \cdot 10^{-5}$ rad/s. Um ein hinreichend großes Kreiselmoment zu erzeugen, ist eine enorm hohe Drehzahl des Kreisels notwendig. Aufwendig ist es, so einen Superschnellläufer mit samt Antriebsaggregat und Stromzuführung (nahezu) reibungsfrei zu lagern.

Anschütz hatte für das Problem eine Lösung gefunden.

Dass die Zentrifugalkraft beim Fahren auf einem Zweirad eine stützende Rolle spielt, hatten wir bereits in *Aufgabe 2.11.4* durchgerechnet. Durch das Fahren in „Schlangenlinien" kann man den Drehmomenten, die sich wegen des hoch liegenden Schwerpunktes bei unfreiwilliger Schräglage rasch aufbauen, entgegenwirken. Aber welchen Einfluss haben Kreiselmomente? Versetzen wir uns deshalb noch einmal in den Motorradfahrer (*Aufgabe 2.11.4, 2.11.5*) hinein, d. h.

2.13 Die Bewegungsgleichungen eines fast starren Körpers

wir begleiten ihn in seinem Koordinatensystem. Fahrtrichtung sei die positive y-Richtung, womit zwangsläufig der Drehimpuls der Räder feststeht (negative x-Richtung). Nehmen wir an, aufgrund einer Störung würde dem System eine Winkelgeschwindigkeit in positive y-Richtung aufgezwungen – das könnte zu einem Sturz nach rechts führen. Prüfen Sie es mit der „Rechte-Hand-Regel" nach: Es entsteht ein Kreiselmoment in negative z-Richtung – im Bild ausnahmsweise durch einen gebogenen Pfeil illustriert. Dieses Kreiselmoment bewirkt einen Lenkerausschlag nach rechts und somit das „automatische" Einleiten einer Rechtskurve. Die sich dadurch aufbauende Zentrifugalkraft wirkt der Störung entgegen. Man hat damit genügend Zeit gewonnen, seinen Fahrzustand durch Gewichtsverlagerungen neu zu justieren. Dafür, dass das Kreiselmoment den Lenker nicht verreißen kann, sorgt die Gabelkonstruktion mit ihrem sogenannten *Nachlauf*. Das Kreiselmoment wird mit wachsendem Lenkerausschlag von einem Gegendrehmoment aufgefangen.

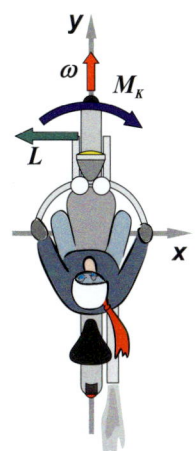

Bild 2.13.10
Der „automatische" Lenkausschlag beim Zweirad im Falle einer Störung

In den vorherigen Beispielen ging es immer darum, wie sich das Kreiselmoment mit den übrigen Momenten die Waage hielt. Die Dynamik – d. h. das zeitliche Verhalten des Drehimpulses – spielte aufgrund der Wahl des Koordinatensystems eine untergeordnete Rolle. Das ist bei dem folgenden System anders. Es handelt sich um eine frevelhaft in die Landschaft geschleuderte Kolaflasche. Solange das System frei fliegt, erlauben wir uns, es (näherungsweise) als abgeschlossen zu betrachten. Die Bewegung des Schwerpunktes wird im Wesentlichen einer Wurfparabel folgen, sodass nur die Rotation von Interesse ist. Am Schluss von *Abschnitt 2.12* wurde bereits angesprochen, dass ein Drehimpuls, der kollinear zu einer der Hauptträgheitsachsen ist, einen stabilen Rotationszustand um diese Achse bewirkt. Beim asymmetrischen Kreisel gilt das nur eingeschränkt: Die freie Rotation um die Hauptträgheitsachse mit dem mittleren Trägheitsmoment ist instabil. Beim symmetrischen Kreisel kann jede zur Figurenachse orthogonale Achse als Hauptträgheitsachse fungieren. Wegen des Drehimpulssatzes sind Drehimpuls und Winkelgeschwindigkeit in Betrag und Richtung konstant. Wir wollen jetzt den Rotationszustand einer Flasche (symmetrischer Kreisel) durchrechnen, der sich einstellt, wenn die Richtung des Drehimpulses weder mit der Figurenachse noch mit einer senkrecht dazu übereinstimmt. Eine zufällig im Flaschenhals eingesperrte Fliege ist wohl kein überzeugender Grund, ein mitbewegtes Koordinatensystem zu wählen. Das mitbewegte System ist einem ruhenden vorzuziehen, weil es ermöglicht, die Koordinatenachsen an den Hauptträgheitsachsen zu orientieren (s. nebenstehendes Bild). Der Trägheitstensor ist dann diagonal.

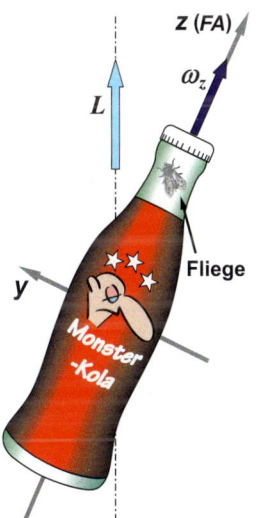

Bild 2.13.11
Ein drehmomentfreier symmetrischer Kreisel

Stellen wir wie beim Spielkreisel in (*2.13.12*) alle Informationen zusammen:

$$\vec{M} = \begin{pmatrix} 0 \\ 0 \\ 0 \end{pmatrix}, \ \vec{L} = \begin{pmatrix} L_x \\ L_y \\ L_z \end{pmatrix}, \ \vec{\omega} = \begin{pmatrix} \omega_x \\ \omega_y \\ \omega_z \end{pmatrix}, \ \begin{matrix} J_{xx} = J_{yy} := J_\perp, J_{zz} := J \\ L_x = J_\perp \omega_x, L_y = J_\perp \omega_y, L_z = J\omega_z \\ \omega_z \equiv \omega_{FA} \end{matrix} \quad (2.13.19)$$

Abweichend vom Spielkreisel ist das System abgeschlossen und daher frei von äußeren Drehmomenten. Der Drehimpuls ist zwar im Inertialsystem konstant, aber wir wissen nicht, wie er im mitbewegten System herumrudert. Es müssen daher alle Drehimpulskoordinaten berücksichtigt werden. Das Kreiselmoment für symmetrische Kreisel wurde bereits in *(2.13.13)* ermittelt. Da anders als beim Spielkreisel kein äußeres Drehmoment vorhanden ist, vereinfachen sich die Bewegungsgleichungen der Rotation *(2.13.14)* und es ergibt sich:

(2.13.20)

$$\text{I)} \quad (J_\perp - J)\omega_y \omega_z = J_\perp \dot{\omega}_x \quad |:J_\perp$$
$$\text{II)} \quad (J - J_\perp)\omega_x \omega_z = J_\perp \dot{\omega}_y \quad |:J_\perp$$
$$\text{III)} \quad 0 = J\dot{\omega}_z \quad \Rightarrow \omega_z = \text{konst.}$$

Die dritte Gleichung liefert bereits eine Lösung für ω_z. Führen wir die Anweisungen aus, die hinter den senkrechten Strichen der ersten beiden Gleichungen vermerkt sind:

(2.13.21)

$$\text{I)} \quad \dot{\omega}_x - \Omega \omega_y = 0 \Rightarrow \ddot{\omega}_x - \Omega \dot{\omega}_y = 0$$
$$\text{II)} \quad \dot{\omega}_y + \Omega \omega_x = 0 \Rightarrow \dot{\omega}_y = -\Omega \omega_x \,|\, \dot{\omega}_y \text{ in (I) einsetzen}$$

$$\text{mit } \Omega := \frac{J_\perp - J}{J_\perp}\omega_z$$

Aus der ersten Gleichung wird nach dem Einsetzen von (II) eine freundliche Schwingungsgleichung (keine Dämpfung) für ω_x, deren Lösung wir hier gleich hinschreiben dürfen *(vgl. Abschn. 1.9)* und nach dem Differenzieren der Lösung bekommen wir ω_y (fast) gratis dazu:

(2.13.22)

$$\ddot{\omega}_x + \Omega^2 \omega_x = 0 \Rightarrow \omega_x = A\sin(\Omega t + \delta), \; \omega_y = A\cos(\Omega t + \delta)$$

Zusammen mit (III) in (2.13.20) ist (2.13.22) die allgemeine Lösung.

Wir haben hier ein konkretes (Kolaflaschen-)Problem, deshalb können wir uns nicht mit einer allgemeinen Lösung begnügen. Für eine spezielle Lösung ist eine Anfangsbedingung erforderlich. Da die Bewegungsgleichung der Rotation im Grunde die Dynamik des Drehimpulses beschreibt, geben wir einen Drehimpuls entsprechend dem in *Bild 2.13.11* dargestellten Zustand vor. Den Winkel zwischen dem Drehimpuls und der Figurenachse benennen wir mit ϑ!

(2.13.23)

$$L_x(0) = 0, \; L_y(0) = L\sin(\vartheta), \; L_z(0) = L\cos(\vartheta) \;\text{ mit } L := |\vec{L}|$$

Aus den Anfangsbedingungen für den Drehimpuls ergeben sich die Parameter A und δ für die Winkelgeschwindigkeiten:

(2.13.24)

$$\left.\begin{array}{l}\dfrac{L_x}{J_\perp} = \omega_x(0) = A\sin(\delta) = 0 \\[1em] \dfrac{L_y}{J_\perp} = \omega_y(0) = \dfrac{L\sin(\vartheta)}{J_\perp} = A\cos(\delta)\end{array}\right\} \Rightarrow \delta = 0, \; A = \frac{L}{J_\perp}\sin(\vartheta)$$

Die fertige Lösung für die Winkelgeschwindigkeit und den Drehimpuls im rotierenden Koordinatensystem lautet:

(2.13.25)

$$\vec{\omega} = \begin{pmatrix} L/J_\perp \sin(\vartheta)\sin(\Omega t) \\ L/J_\perp \sin(\vartheta)\cos(\Omega t) \\ L/J \cos(\vartheta) \end{pmatrix}, \; \vec{L} = \begin{pmatrix} L\sin(\vartheta)\sin(\Omega t) \\ L\sin(\vartheta)\cos(\Omega t) \\ L\cos(\vartheta) \end{pmatrix}$$

2.13 Die Bewegungsgleichungen eines fast starren Körpers

Um das Ergebnis interpretieren zu können, geben wir für alle Systemparameter konkrete Werte an:

> **Daten der Kolaflasche:**
> $m = 0{,}5\,\text{kg},\ J = 0{,}2\cdot 10^{-3}\,\text{kgm}^2, J_\perp = 1\cdot 10^{-3}\,\text{kgm}^2$
> $\vartheta = \sphericalangle(\vec{L},\vec{\omega}_{FA}) = 25°,\ L = 2{,}2\cdot 10^{-3}\,\text{kgm}^2\text{s}^{-1}\,:\ \omega_{FA} = 10\,\text{rad/s},\ \Omega = 8\,\text{rad/s}$

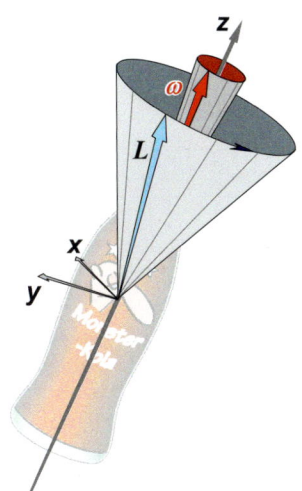

Bild 2.13.12
Illustration der rotierenden Vektoren $\boldsymbol{L}$ und $\boldsymbol{\omega}$ im rotierenden Koordinatensystem

Mit diesen Werten werden die Vektoren für Winkelgeschwindigkeit und Drehimpuls etwas übersichtlicher:

$$\vec{\omega} = \begin{pmatrix} 0{,}93\sin(8t) \\ 0{,}93\cos(8t) \\ 10 \end{pmatrix} \frac{\text{rad}}{\text{s}},\quad \vec{L} = 2{,}2\cdot 10^{-3} \begin{pmatrix} 0{,}42\sin(8t) \\ 0{,}42\cos(8t) \\ 0{,}91 \end{pmatrix} \frac{\text{kg}\cdot\text{m}^2}{\text{s}}$$

Um die Menge der Lösungsvektoren grafisch präsentieren zu können, tragen wir sie am Koordinatenursprung an. Die *x*- und die *y*-Koordinaten sind jeweils Parameterdarstellungen von Kreisen (*vgl.* (2.3.8)). Zusammen mit dem gemeinsamen Anfangspunkt bildet die Menge der Vektoren zwei Schultüten. Der (halbe) Winkel der Drehimpulstüte – hier mit ϑ bezeichnet – ist durch die Anfangsbedingung vorgegeben, der (halbe) Winkel der Winkelgeschwindigkeitstüte ergibt sich geometrisch aus dem Quotienten aus „Radius" und „Höhe" (hier: 5,3°):

$$\tan(\Theta) = \frac{\sqrt{(L/J_\perp \sin(\vartheta)\sin(\Omega t))^2 + (L/J_\perp \sin(\vartheta)\cos(\Omega t))^2}}{L/J \cos(\vartheta)} = \frac{J}{J_\perp}\tan(\vartheta) \qquad (2.13.26)$$

Man sollte nun meinen, dass die Winkelgeschwindigkeit, mit der das Koordinatensystem rotiert, etwas Konkretes darstellt. Schließlich weist sie in Richtung einer „Drehachse". Wenn man aber nicht gerade Karussellkenner ist, wird man sich schwer vorstellen können, dass die Richtung einer nicht sichtbaren Drehachse des Karussells, indem man gerade Platz genommen hat, rotiert – hier mit 8 rad/s. Die Richtungen, mit den man eher etwas anfangen kann, sind die der Winkelgeschwindigkeit des Kreisels/Flasche um die Figurenachse – hier $\boldsymbol{k}\omega_z$ – und des Drehimpulses $\boldsymbol{L}$. Diese beiden Vektoren und die Winkelgeschwindigkeit des Koordinatensystems $\boldsymbol{\omega}$ scheinen immer in einer Ebene zu liegen, d.h. sie sind linear abhängig. Das könnte man wie üblich nachweisen, man könnte auch alternativ versuchen, die Winkelgeschwindigkeit als Linearkombination aus $\boldsymbol{k}\omega_z$ und $\boldsymbol{L}$ darzustellen. Gelingt das, liegen die Vektoren tatsächlich in einer Ebene. Nehmen wir ruhig die Schreiberei auf uns und verlassen uns auf das „Werkzeug" Vektorrechnung:

Unglaublich: Derartige Wackelkarussells existieren tatsächlich. Unsere Identifikationsfliege in der Flasche muss das ertragen.

Beachten Sie, wir scheuen Indexsalat: $\boldsymbol{k}$ ist Einheitsvektor in z-Richtung.

$\vec{\omega} = C_1 \vec{L} + C_2 \boldsymbol{k}\omega_z\ |$ Koordinaten einsetzen und als Gleichungssystem schreiben

I) $L/J_\perp \sin(\vartheta)\sin(\Omega t) = C_1 L\sin(\vartheta)\sin(\Omega t) + C_2 \cdot 0$

II) $L/J_\perp \sin(\vartheta)\cos(\Omega t) = C_1 L\sin(\vartheta)\cos(\Omega t) + C_2 \cdot 0$

III) $L/J \cos(\vartheta) \qquad\quad = C_1 L\cos(\vartheta) \qquad\quad + C_2\, L/J\cos(\vartheta)$

(2.13.27)

Das Gleichungssystem ist sehr zugänglich: C_1 kann den ersten beiden Gleichungen sofort entnommen werden – C_2 ergibt sich durch Einsetzen von C_1 in die dritte Gleichung:

(2.13.28)
$$\text{I, II: } C_1 = \frac{1}{J_\perp}, \quad \text{III: } \frac{L}{J}\cos(\vartheta) = \frac{1}{J_\perp}\cos(\vartheta) + C_2 \frac{L}{J}\cos(\vartheta) \Rightarrow C_2 = \frac{J_\perp - J}{J_\perp}$$

Setzen wir das in die Linearkombination oben in (2.13.27) ein, ergibt sich auf den **zweiten** Blick mithilfe von (2.13.29) der Ansatzpunkt für eine Interpretation:

(2.13.29)
$$\vec{\omega} = \frac{\vec{L}}{J_\perp} + \vec{k}\frac{J_\perp - J}{J_\perp}\omega_z = \frac{\vec{L}}{J_\perp} + \vec{k}\Omega$$

Die Komponente der Winkelgeschwindigkeit in Richtung der Figurenachse (z-Achse) hat den Betrag Ω. Aber das wussten wir auch schon vorher! Nun kommt die Fliege von *Bild 2.13.11* ins Spiel. Die Fliege befindet sich im rotierenden System, aber wir nicht! Wir sind im ortsfesten System. Wider Erwarten ist das kein Problem: Im rotierenden System rotieren Drehimpuls und Winkelgeschwindigkeit ω um die z-Achse (identisch mit der Figurenachse) – im ruhenden System rotieren dann umgekehrt Figurenachse und Winkelgeschwindigkeit ω um die raumfeste Drehimpulsachse (Betrag und Richtung des Drehimpulses sind konstant). Die Winkelgeschwindigkeit dieser *regulären Präzession* oder *Nutation* genannten Bewegung haben wir auch schon – es ist die Komponente von ω in Drehimpulsrichtung (1. Summand in (2.13.29)):

Das „Ringelreihenspiel" der Vektoren: Einer tanzt um den anderen herum.

(2.13.30)
$$\left|\frac{\vec{L}}{J_\perp}\right| := \Omega_{Nut} : \quad \Omega_{Nut} = \frac{L}{J_\perp} \quad (\approx 2,2 \text{ rad/s})$$

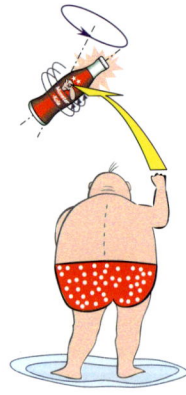

Der Bösewicht im ruhenden Koordinatensystem

Damit ist das Ziel erreicht, wir können die wahrnehmbaren Drehungen unserer Flasche quantitativ beschreiben. Da ist einmal die Drehung der Flasche um ihre Figurenachse ($\omega_{FA} = 10$ rad/s) und zum anderen die Drehung der Figurenachse um die raumfeste Drehimpulsachse ($\vartheta = 25°$, Winkelgeschwindigkeit der Nutation/ regulären Präzession $\Omega_{Nut} = 2,2$ rad/s). Die Winkelgeschwindigkeit ω – in der Kreiselterminologie *Momentangeschwindigkeit* genannt – bleibt mehr oder weniger abstrakt. Hier offenbaren sich wieder die Eigenheiten der Pseudovektoren/ Axiale Vektoren: Sie „gehorchen" den mächtigen Gesetzen eines euklidischen Vektorraums, man kann mit ihnen widerspruchsfrei rechnen und sich auf die Ergebnisse felsenfest verlassen, aber die Anschaulichkeit bleibt vielfach auf der Strecke. Die Kröte hier: Das Veranschaulichen der simplen Linearkombination (2.13.29). Wir denken an das gute Pferdchen, dass nur so hoch springt wie es muss, und verlassen uns auf die Vektorrechnung.

Funktionen mit zwei und mehr Variablen

3.

Die Kapitelüberschrift dürfte verwundern, denn in dem vorherigen Kapitel schienen bereits Funktionen mit mehr als zwei Variablen im Spiel zu sein. Ein oberflächlicher Rückblick täuscht, die Beschreibung von Bewegungszuständen mehr oder weniger komplizierter Systeme im Raum erfordert letzten Endes nur eine einzige unabhängige Variable – die Zeit. Natürlich können durchaus mehrere Variable involviert sein, dann handelt es sich aber um abhängige Variable. Betrachten wir einmal die Funktionen, mit denen sich die Bewegung von Systemen unter dem Einfluss empirischer Kräfte erfassen lassen, als „abgehakt"! Wenn es nun um die Kräfte und deren Entstehung selber geht, reichen Funktionen mit einer unabhängigen Variablen nicht mehr aus. Noch schlimmer: Außer der Gravitationskraft müssen Funktionen, mit denen sich die Kräfte beschreiben lassen, mühsam durch Integral- oder Differenzialgleichungen ermittelt werden. Aus diesem Grund ist es unumgänglich, sich mit der Erweiterung der Differenzial- und Integralrechnung auf Funktionen mit mehreren Variablen – der sogenannten Analysis II – zu befassen.

Newtonsche Bewegungsgleichungen sind gewöhnliche Differenzialgleichungen.

Trotz alledem: Empirische Formeln sind vielfach unverzichtbar.

3.1 Mehrstellige Funktionen und ihre Ableitungen

Was sich hinter den für den Anwender relevanten mehrstelligen Funktionen verbirgt, kann uns – wie zu seiner Zeit Otto Lilienthal – ein gefiederter Funktionsspezialist zeigen – ein *Weißstorch*. Stellen Sie sich vor, Sie sollten ein maximal 4 kg schweres Fluggerät konstruieren, das über Rechenkapazitäten sowohl für komplizierte Flugmanöver und als auch für weiträumige Navigation (ca. 10 000 km) verfügen soll. Weiterhin müssen sowohl der Bordrechner als auch die Fliegerei mit geringsten Energiemengen auskommen. Die Aufgabe wäre ein Alptraum. Ein Storch löst das Energiesparproblem beim Fliegen durch Ausnutzung der Strömungsgeschwindigkeit der Luft. Die Strömungsgeschwindigkeit ist in Betrag und Richtung von Ort zu Ort unterschiedlich und kann auch noch mit der Zeit variieren. Das heißt: Jeder Kombination aus Ortsvektor und Zeit ist genau ein Geschwindigkeitsvektor zugeordnet:

Ein Alptraumprojekt!

Geier und Adler mögen entschuldigen – auch Lilienthal studierte Aerodynamik anhand von Störchen.

$$\vec{v}: \mathbb{R}^3 \times \mathbb{R} \to \mathbb{R}^3, \ \vec{r},t \mapsto \vec{v}(\vec{r},t)$$

(3.1.1)

Es handelt sich also um eine eindeutige Zuordnung – um eine Funktion. Wenn man optional anstelle der Vektoren die Koordinaten ausschreibt, erkennt man, dass die Funktion drei vierstellige (drei Stellen für den Ort, eine für die Zeit) Funktionen involviert. Ein derartiges Funktionskonstrukt nennt man *Vektorfeld*.

"Lebenswichtige" Begriffe: Vektorfeld Feldstärke

Ein Vektorfeld aus konstanten Funktionen heißt homogen.

Barometer

Thermometer

Windsack

Bild 3.1.1
Ein Spezialist für Felder

Das Feld, mit bzw. in dem sich Störche auskennen, heißt dementsprechend *Strömungsfeld*. Die (vektoriellen) Funktionswerte eines Vektorfeldes heißen *Feldstärken*. Üblicherweise werden in Naturwissenschaft und Technik, solange es nicht um grundsätzliche mathematische Betrachtungen geht, für Feldstärke und Funktionen wie in *(3.1.2)* gleiche Bezeichnungen verwendet.

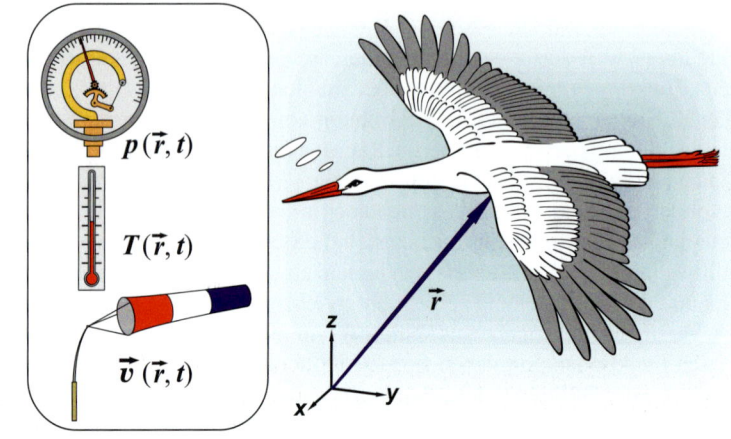

Tatsächlich muss sich unser filigranes Supertier auch noch mit anderen Funktionen auseinandersetzen. Das sind unter anderem Luftdruck und Lufttemperatur. Auch diese Größen sind Funktionen des Ortes und der Zeit. Allerdings handelt es sich bei den Funktionswerten um Skalare – man spricht von *skalaren Feldern*.

(3.1.2)

$$p: \mathbb{R}^3 \times \mathbb{R} \to \mathbb{R},\ \vec{r}, t \mapsto p(\vec{r}, t) \text{ bzw. } T: \mathbb{R}^3 \times \mathbb{R} \to \mathbb{R},\ \vec{r}, t \mapsto T(\vec{r}, t)$$

Die skalaren Felder *(3.1.2)* bestehen jeweils aus einer einzigen vierstelligen Funktion. Da für Naturwissenschaft und Technik sowohl skalare als auch vektorielle Felder eine zentrale Rolle spielen, werden wir überwiegend Funktionen vom „Feldtyp" als Beispiele für den weiteren Ausbau der Differenzial- und Integralrechnung bevorzugen. Die zugehörigen Begriffe sind in dem folgenden Anatomieschild illustriert:

Überaus wichtige Vokabeln!

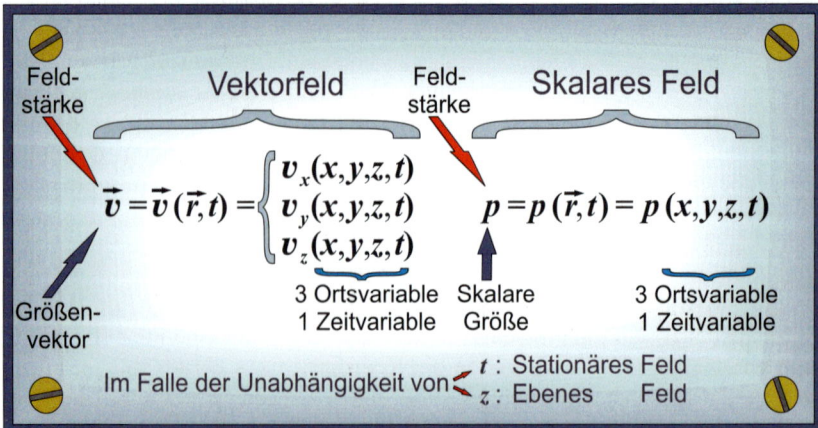

Bild 3.1.2
„Anatomie" von räumlichen Feldern

3.1 Mehrstellige Funktionen und ihre Abteilungen   183

Sollte ein Feld nur von zwei Ortsvariablen abhängen, spricht man von einem ebenen Feld. Ein wichtiger Sonderfall sind Vektorfelder, die lediglich konstante Funktionen enthalten. Derartige Felder heißen *homogen*. Der folgende Merksatz zeigt, was bei Funktionen/Feldern und Relationen unter „...stellig" gemeint ist.

Oft ein nützliches Modell: ein homogenes Vektorfeld

Zur Festigung der Begriffe:

> **Merke:**
> Funktionen sind Spezialfälle der *Relationen*. Eine Relation mit n Koordinaten heißt n-stellig. Handelt es sich bei der Relation um eine *Funktion*, ergibt sich eine Koordinate (*abhängige Variable*) durch eine Zuordnungsvorschrift aus den übrigen (*Argumente, unabhängige Variable*): Die n-stellige Relation wird als ($n-1$)-stellige Funktion angesprochen. Eine zweistellige Funktion ist demnach Spezialfall einer dreistelligen Relation.

Merksatz 3.1.1

Leider ist der oben angesprochene Ausbau der Differenzial- und Integralrechnung mit Schwierigkeiten verbunden. Wir erinnern uns, zweistellige reelle Relationen lassen sich problemlos in der Ebene – einem zweidimensionalen Raum – grafisch darstellen. Bereits grafische Darstellungen dreistelliger Relationen sind problematisch. Sie erfordern einen dreidimensionalen Raum. Steht nur eine Zeichenebene zur Verfügung, müssen mehr oder weniger aufwendige Perspektivtechniken herangezogen werden. Aber für die Darstellung von Feldfunktionen reicht der dreidimensionale Anschauungsraum nicht mehr aus. Die drei für den Storch wichtigen Feldgrößen in *Bild 3.1.1* sind die für die jeweilige Wetterlage relevanten Größen. Damit stellt sich eine Wetterkarte als „plattgebügelte" Darstellung der Felder Druck (mithilfe von Isobaren) und Strömungsgeschwindigkeit (durch gefiederte Fähnchen) heraus. Mathematische Überlegungen lassen sich natürlich auf der Basis populärer Wetterkartentechnik nicht illustrieren.

Gibt die für das Wetter relevanten Felder nur grob wieder: die Wetterkarte

Für das weitere Vorgehen gibt es zwei Möglichkeiten. Entweder verzichtet man vollständig auf grafische Illustrationen. Das liegt nahe, denn die Graphen der Feldrelationen liegen außerhalb des Anschauungsraumes. Man könnte aber auch zunächst in die „Niederungen" zweistelliger Funktionen herabsteigen. Dann liegen die Graphen im Anschauungsraum und man könnte versuchen, die dort gewonnenen Erkenntnisse auf reale Felder zu übertragen. Auch wenn die zweite Möglichkeit sich freundlicher anhört, hat sie doch gewichtige Nachteile. Sie verleitet dazu, sich bei Feldern an Anschauungen zu klammern, wo keine Anschauung (mehr) möglich ist. Wir riskieren trotzdem diesen Weg.

Benutzen Sie die Anschauungsmodelle als Starthilfe in höhere Sphären!

Zunächst betrachten wir anstelle der geneigten ebenen Bergwiese (*s. Bild 2.5.1*) eine gewölbte Bergwiese als Graph einer zweistelligen Funktion mit dem phantasielosen Namen f (*s. Bild 3.1.3*). Der Definitionsbereich sei ein in der x,y-Ebene gelegenes Rechteck.

$$f: \mathbb{D} \subseteq \mathbb{R}^2 \to \mathbb{R}, \quad (x,y) \mapsto z \quad \text{mit} \quad z = -0{,}01(x^2 + y^2) + 0{,}38x + 0{,}32y + 6{,}03$$

(3.1.3)

Gämse und Maulwurf im Bild weisen auf die eindeutige Zuordnung hin: Jedem Koordinatenpaar des Definitionsbereichs (x, y) ist genau eine Höhe z zugeordnet. Um den räumlichen Eindruck besser zu vermitteln, wurden noch sogenannte *Höhenlinien* eingetragen. Höhenlinien sind Graphen zweistelliger Relationen, die sich aus der Funktion ergeben, indem man die abhängige Variable – hier z – zu

f als Feld: eben, skalar, stationär, Feldstärke (Höhe) z

*Höhenlinien:
überaus wichtig!*

(3.1.4)

Parametern degradiert und für sie ein passendes Höhenraster vorgibt. Die Höhenlinien für unser Beispiel ergeben sich aus den folgenden Relationen:

$$H: -0{,}01\left(x^2 + y^2\right) + 0{,}38x + 0{,}32y + 6{,}03 = h, \quad h \in \{3; 4; \ldots; 12\}, \quad (x, y) \in \mathbb{D}$$

Höhenlinien haben den großen Vorteil, dass für sie keine perspektivische Darstellung notwendig ist. Man kann sie ohne Verzerrung in die *x,y*-Ebene einzeichnen. Die Graphen ergeben dann eine Vogelperspektive des Graphen der zweistelligen Funktion. Diese Darstellungstechnik wird auf Wetterkarten für Luftdruckfelder angewendet. Die Relationsgraphen heißen dort *Isobaren*.

*Wichtig:
Die Gämse steht am Punkt
(x, y, z). Da es sich hier bei
der z-Koordinate um die
abhängige Variable handelt,
ist es auch üblich zu sagen:
„Die Gämse steht an der
Stelle (x, y)."*

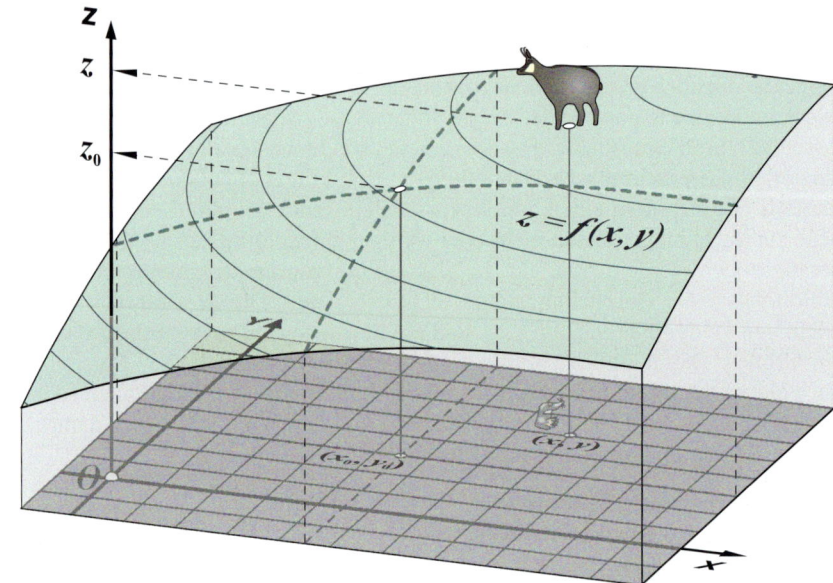

Bild 3.1.3
Bergwiese als Graph einer zweistelligen Funktion

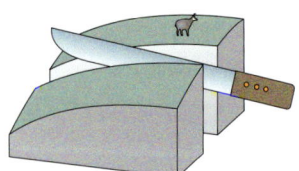

*Schnitt entlang des
Trampelpfades*

(3.1.5)

In der *x,y*-Ebene in *Bild 3.1.3* finden Sie noch einen weiteren mit (x_0, y_0) bezeichneten Punkt. Anders als im Falle des Punktes (x, y) sind dessen Variablen bestimmte Werte zugewiesen (hier: $x_0 := 9$, $y_0 := 6$). Man spricht von *gebundenen Variablen*. (Üblicherweise kennzeichnet man gebundene Variable mit Indizes und lässt sie wieder fort, sobald die Variable in die Freiheit entlassen wird.) Auf der Wiese erkennen Sie zwei (spezielle) Trampelpfade der Gämse. Der eine verläuft in *x*-, der andere in *y*-Richtung – beide enthalten den durch das Wertetripel aus den gebundenen Variablen gebildeten Punkt (x_0, y_0, z_0).

Wir wollen zunächst den unter dem Bergwiesengeviert liegenden Erdblock entlang des in *x*-Richtung verlaufenden Trampelpfades parallel zur *x,z*-Ebene aufschneiden. Keine Sorge, die Gämse steht während des Schnittes außerhalb der Trampelpfade und wird die Prozeduren schadlos überstehen. Das folgende Bild zeigt, dass der Pfad zum Graphen einer ganz gewöhnlichen einstelligen Funktion mit der gebundenen Variable y_0 als Parameter wird:

$$\varphi_{y_0}: \mathbb{R} \dashrightarrow \mathbb{R}, \quad x \mapsto z \quad \text{mit} \quad z = f(x, y_0)$$

3.1 Mehrstellige Funktionen und ihre Abteilungen

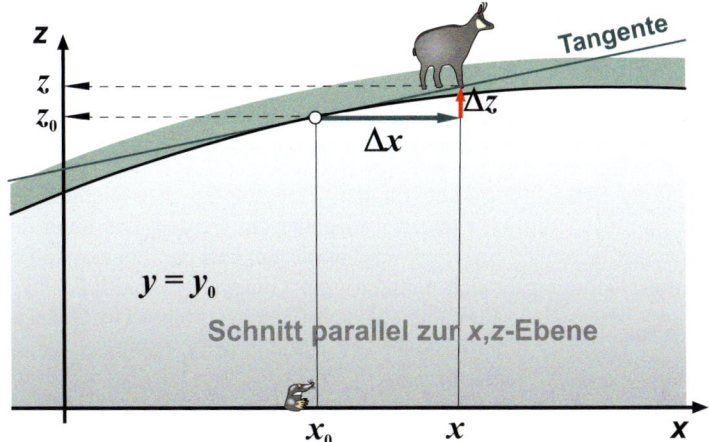

Die Gämse steht jetzt an der Stelle x_0, y_0.

Bild 3.1.4
Schnitt durch das Bergwiesengeviert

In unserem Beispiel ist $y_0 = 6$. Wenn wir das in die konkrete Funktion (3.1.3) einsetzen und die Summanden zusammenfassen, erhalten wir für den Pfad einen harmlosen Parabelbogen:

$$\varphi_6: \mathbb{R} \dashrightarrow \mathbb{R}, \quad x \mapsto z \quad \text{mit} \quad z = -0{,}01x^2 + 0{,}38x + 7{,}59 \qquad (3.1.6)$$

Möglicherweise ärgern Sie sich über den neuen Funktionsnamen φ: Zwar geht die „Pfad-Funktion" (3.1.5) aus der Originalfunktion f hervor, ihre Bezeichnung sollte sich aber wegen der Beschränkung auf eine Variable vom Original unterscheiden – hier wurde „φ" gewählt. Funktionsparameter werden in der Regel als tief gestellter Postfix an den Funktionsnamen gehängt. Die durch die Gämse angedeutete Steigung des Pfades in x-Richtung errechnet sich problemlos aus der Ableitung der Funktion φ_6 *an der Stelle* $x = 9$. In unserem konkreten Beispiel ergibt sich:

Eine gern verwendete Methode, um Verwandtschaften anzudeuten: Gleiche Bezeichnung, aber andere Schriftart (hier gr.)

$$\frac{d\varphi_6(x)}{dx} = -0{,}02x + 0{,}38, \quad \left.\frac{d\varphi_6(x)}{dx}\right|_{x=9} = \underline{\underline{0{,}2}} \qquad (3.1.7)$$

Auch wenn das hier noch nicht einsehbar ist: Die Neudefinition einer einstelligen Pfad-Funktion ist zwar korrekt, aber unpraktisch, denn in der Funktionsgleichung steht ohnehin die Originalfunktion f. Also müssen sich Ableitungen und die Berechnung von Steigungen auch mit der Originalfunktion formulieren lassen:

Links in (3.1.8) steht der ganz normale Differenzialquotient einer einstelligen Funktion!

$$\left.\frac{d\varphi_{y_0}(x)}{dx}\right|_{x_0} = \lim_{\Delta x \to 0} \frac{\Delta z}{\Delta x} = \lim_{\Delta x \to 0} \frac{f(x_0 + \Delta x, y_0) - f(x_0, y_0)}{\Delta x} := \left.\frac{\partial f(x,y)}{\partial x}\right|_{x_0, y_0} \qquad (3.1.8)$$

Die ∂-Symbole für die Darstellung des Differenzialquotienten sind notwendig, um anzuzeigen, dass alle Variablen – außer der im Nenner aufgeführten – bei der Grenzwertbildung lediglich Parameterstatus haben.

Lassen Sie sich nicht von den exotischen Zeichen beeindrucken! Mit ihnen wird lediglich der spezielle Grenzwert des Differenzenquotienten in (3.1.8) formuliert.

Entlässt man die Variablen x_0 und y_0 aus ihrer Bindung – das deutet man an, indem man sie indexfrei schreibt – definiert (3.1.8) eine Ableitungsfunktion: Jedem Punkt der x,y-Ebene wird eindeutig die Steigung eines Pfades in x-Richtung zugeordnet. Bezüglich der Originalfunktion *f* nennt man diese Ableitungsfunktion *partielle Ableitung nach x* (der Zuweisungsvermerk kann entfallen):

(3.1.9)

$$\frac{\partial f(x,y)}{\partial x} \quad \text{oder kurz:} \quad f_x(x,y) \quad \text{oder als Operation:} \quad \frac{\partial}{\partial x} f(x,y)$$

Anstelle des Funktionsnamens kann alternativ der Namen der abhängigen Variablen – hier z – eingesetzt werden.

Eine analoge Betrachtung kann für den Trampelpfad in *y*-Richtung angestellt werden. Es muss lediglich *x* gegen *y* ausgetauscht werden. Der unter dem Bergwiesengeviert liegende Erdblock wird in diesem Fall parallel zur *y,z*-Ebene aufgeschnitten. Dabei ergibt sich qualitativ das Gleiche wie in *Bild 3.1.3*. Auch in *y*-Richtung lässt sich die Steigung aus dem Grenzwert eines Differenzenquotienten bilden. Für die nach der Freigabe der gebundenen Variablen entstandene *partielle Ableitung nach y* schreibt man:

(3.1.10)

$$\frac{\partial f(x,y)}{\partial y} \quad \text{oder kurz:} \quad f_y(x,y) \quad \text{oder als Operation:} \quad \frac{\partial}{\partial y} f(x,y)$$

Das ist der Postfix-Hochstrich: f'(x)

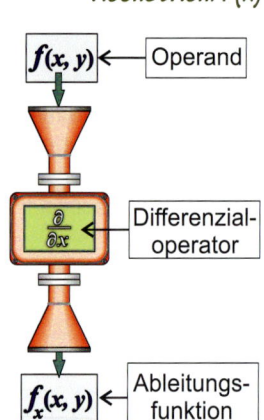

Die Darstellung von Ableitungen mithilfe der d- bzw. ∂-Symbole ist platzraubend. Deshalb begnügt man sich gerne mit kompakten Postfixschreibweisen. Leider kann der Postfixhochstrich bei partiellen Ableitungen nicht benutzt werden, denn es muss zwischen den Ableitungen nach unterschiedlichen Variablen unterschieden werden. Man behilft sich bei partiellen Ableitungen mit tiefgestellten Postfixen. Leider kollidiert diese Schreibweise mit vielen anderen, insbesondere der für Vektorkoordinaten. Sie ist deshalb nur begrenzt einsetzbar. Wie bei einstelligen Funktionen ist es vorteilhaft, das partielle Ableiten als *Operation* aufzufassen. Die abzuleitende Funktion wird zum *Operanden* und die Kombination aus ∂-Symbolen, Bruchstrich und Variable mutiert zum (Differenzial-)*Operator* (s. nebenstehende „Ein-Ausgabe-Maschine": Die Phantasiemaschine schluckt Funktionen und formt daraus die Ableitungsfunktion).

Anfangs mögen Ihnen partielle Ableitungen fremd vorkommen. Da sie aber auf Differenzenquotienten mit einer Variablen basieren, ergeben sich **keine** neuen Ableitungsregeln. Sie müssen lediglich Ihr Befremden unterdrücken, wenn vertraute Variable vorübergehend als Parameter angesehen werden müssen. Für unser Bergwiesenbeispiel ergibt sich:

(3.1.11)

$$f(x,y) = -0{,}01(x^2 + y^2) + 0{,}38x + 0{,}32y + 6{,}03$$

$$\frac{\partial f}{\partial x} = -0{,}02x + 0{,}38 \,, \quad \frac{\partial f}{\partial y} = -0{,}02y + 0{,}32$$

Für das partielle Ableiten sind keine neuen Ableitungsregeln erforderlich!

Die Bildung einer partiellen Ableitung beschränkt sich nicht auf zweistellige Funktionen – die folgende Beispielfunktion ist vierstellig!

(3.1.12)

$$f(x,y,z,t) = 5\sin(314t - 2x - 3y - 7z), \quad \frac{\partial}{\partial y} f = ?$$

3.1 Mehrstellige Funktionen und ihre Abteilungen

Beachten Sie, hier beinhaltet die partielle Ableitung nach der Variablen y, dass die Variablen x, z und t als Parameter angesehen werden müssen. Die Verkettung der ganzrationalen Funktion mit dem Sinus erfordert die Anwendung der *Kettenregel*:

$$\text{Kettenregel } u := 314t - 2x - 3y - 7z: \quad \frac{\partial}{\partial y} f = \frac{\partial f}{\partial u} \cdot \frac{\partial u}{\partial y} = 5\cos(u) \cdot (-3)$$

$$\frac{\partial}{\partial y} f(x,y,z,t) = \underline{\underline{-15\cos(314t - 2x - 3y - 7z)}}$$

(3.1.13)

Die Variable z muss nicht wie im Berghangbeispiel abhängige Variable einer Funktion sein – sie kann durchaus als unabhängige Variable auftreten. Beachten Sie, dass der Differenzialoperator $\partial/\partial y$ beinhaltet, dass während der „Operation" alle Variablen des Operanden außer der Variablen y als Parameter anzusehen sind. Da x normalerweise Standardvariablenname ist, ist es irritierend, wenn die Variable x vorübergehend Parameterstatus hat – Sie müssen das schlucken.

Vorsicht: Die Variable x kann bei partiellen Ableitungen Parameterstatus haben!

Auch das folgende Beispiel enthält Grausamkeiten. Zunächst fallen – wie vorher besprochen – die Summanden, in denen die Variable x nicht vorkommt, heraus. Sobald die Variable mit Parameterstatus – hier ist es y – als Faktor auftritt, muss sie als konstanter Faktor betrachtet werden.

$$f(x,y) = x^2 + 3y^2 - 5xy + 7x + 2y + 51, \quad \frac{\partial}{\partial x} f = ?$$

$$\text{N.R.: } y \text{ ist Parameter, deshalb gilt: } \frac{\partial}{\partial x}(-5xy) = -5y \frac{\partial}{\partial x} x = -5y$$

$$\frac{\partial}{\partial x} f(x,y) = \underline{\underline{2x - 5y + 7}}$$

(3.1.14)

Erfahrungsgemäß wird bereits bei einstelligen ganzrationalen Funktionen gerne vergessen, dass konstante Summanden bei der Ableitung herausfallen. Bei partiellen Ableitungen ist diese Gefahr noch größer. So purzeln bei mehrstelligen ganzrationalen Funktionen Summanden „reihenweise" heraus. Immer daran denken: Variablen können zu Parametern werden und sind dann deshalb bei der Ableitung als konstant anzusehen.

Summanden, die nur Variable mit Parameterstatus haben, fallen gnadenlos heraus!

Formal können partielle Differenzialoperatoren ohne Weiteres mehrfach angewendet werden. Einziges Problem: Sie dürfen sich durch die komplizierter werdenden Schreibweisen nicht beeindrucken lassen. Man schreibt beispielsweise für die zweite partielle Ableitung nach x:

$$\frac{\partial}{\partial x}\left(\frac{\partial}{\partial x} f(x,y)\right) := \frac{\partial^2}{\partial x^2} f(x,y) \text{ oder kurz: } f_{xx}(x,y)$$

(3.1.15)

Selbstverständlich dürfen Sie die Funktion auch auf den Bruchstrich platzieren. Die kompakte Schreibweise der partiellen Ableitungen mit den tiefgestellten Variablen kollidiert mit der Schreibweise für zweistufige Tensoren und ist nur bedingt verwendbar. Während die zweiten partiellen Ableitungen nach derselben Variablen bei unserem Bergwiesenbeispiel als Maß für die Krümmung der Pfade interpretiert werden kann, gibt es bei den sogenannten *gemischten Ableitungen* (nicht nur) Anschauungsprobleme:

Vorsicht mit den tiefgestellten Postfixen! Es gibt lästige Kollisionen mit der Bezeichnung von Vektorkoordinaten und Matrixelementen.

(3.1.16)

Der Graph einer differenzierbaren Funktion hat weder Sprung- noch Knickstellen. Der Graph der Ableitungsfunktion einer „stetig differenzierbaren" Funktion darf Knickstellen, aber keine Sprungstellen aufweisen.

$$\frac{\partial}{\partial x}\left(\frac{\partial}{\partial y} f(x,y)\right) := \frac{\partial^2}{\partial x \partial y} f(x,y) \text{ oder kurz: } f_{xy}(x,y)$$

Die innere Ableitung kann als Steigung in *y*-Richtung angesehen werden. Dann müsste die gemischte Ableitung aussagen, wie sich diese Steigung bei einem infinitesimalen Schritt in *x*-Richtung ändert. Merkwürdigerweise kommt bei vertauschter Reihenfolge nichts Anderes heraus. Voraussetzung ist „nur", dass die Funktion differenzierbar ist und die Ableitungsfunktionen sprungstellenfrei, d. h. stetig, sind. Um das einzusehen, gehen wir auf Differenzenquotienten zurück und benutzen die kurzen Postfixschreibweisen. Weiterhin vermeiden wir den Δ-Salat: Aus Δ*x* wird *h* und aus Δ*y* wird *k*:

(3.1.17)

$$\begin{aligned}
f_{xy}(x,y) &= \lim_{k \to 0} \frac{1}{k}\left(f_x(x, y+k) - f_x(x,y)\right) \\
&= \lim_{k,h \to 0} \frac{1}{k}\left(\frac{f(x+h, y+k) - f(x, y+k)}{h} - \frac{f(x+h, y) - f(x,y)}{h}\right) \\
&= \lim_{h,k \to 0} \frac{1}{h}\left(\frac{f(x+h, y+k) - f(x+h, y)}{k} - \frac{f(x, y+k) - f(x,y)}{k}\right) \\
&= \lim_{h \to 0} \frac{1}{h}\left(f_y(x+h, y) - f_y(x,y)\right) = f_{yx}(x,y)
\end{aligned}$$

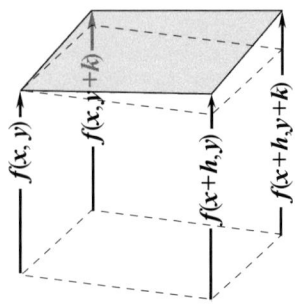

Bild 3.1.5
Planfigur zu (3.1.17)

Die Rechnung *(3.1.17)* setzt frech voraus, dass die Grenzprozesse vertauschbar sind. Dann führen die mithilfe der Bruchrechnung umgeordneten Bruchterme zu der gemischt partiellen Ableitung in umgekehrter Reihenfolge. Auf der Basis des *Mittelwertsatzes der Differenzialrechnung* lässt sich zeigen, dass die Vertauschbarkeit der partiellen Ableitungen dann gegeben ist, wenn die gemischten Ableitungsfunktionen stetig sind (*Satz von Schwarz*). In der Praxis entstehen unstetige Ableitungen in der Regel nur, wenn Funktionen durch Fallunterscheidung zusammengestückelt werden müssen. Außerhalb eventueller Anschlussstellen sind Funktionen der Praxis beliebig oft differenzierbar. Wir brauchen uns deswegen bei gemischten Ableitungen keine Sorgen über die Reihenfolge der Ableitungen zu machen. Sehen wir uns das am Beispiel *(3.1.14)* an. Um die Reihenfolge deutlich zu machen, wurden für die Ableitungsschritte (überflüssige) Klammern gesetzt:

$$f(x,y) = x^2 + 3y^2 - 5xy + 7x + 2y + 51$$

(3.1.18)

$$\left.\begin{array}{l}\frac{\partial}{\partial x} f(x,y) = 2x - 5y + 7, \quad \frac{\partial}{\partial y}\left(\frac{\partial}{\partial x} f(x,y)\right) \\ \frac{\partial}{\partial y} f(x,y) = 6y - 5x + 2, \quad \frac{\partial}{\partial x}\left(\frac{\partial}{\partial y} f(x,y)\right)\end{array}\right\} = \frac{\partial^2}{\partial x \partial y} f(x,y) = -5$$

Wenn die beiden gemischten Ableitungen nicht gleich sind, dann muss mindestens eine der ersten partiellen Ableitungen falsch sein.

Es ist oft erstaunlich: Obwohl die ersten partiellen Ableitungen „völlig verschieden" aussehen, sind die höheren Ableitungen wieder gleich. Man kann die Gleichheit sogar als Probe für die Richtigkeit der vorherigen Ableitungsstufe einsetzen. In dem folgenden Merkkästchen sind alle Schreibweisen partieller Ableitungen zusammengestellt.

3.1 Mehrstellige Funktionen und ihre Abteilungen

Partielle Ableitungen:

Seien $f : \mathbb{R}^n \dashrightarrow \mathbb{R}$, $x_1, x_2, \ldots, x_n \mapsto f(x_1, x_2, \ldots, x_n)$

$\varphi_{\ldots} : \mathbb{R} \dashrightarrow \mathbb{R}$, $x_k \mapsto \varphi_{\ldots}(x_k)$ mit $\varphi_{\ldots}(x_k) = f(\ldots, x_k, \ldots)$

Wichtig: $x_1, \ldots, x_{k-1}, x_{k+1}, \ldots, x_n$ sind bezüglich $\varphi_{\ldots}$ nur Parameter!

Dann heißt die erste Ableitung von $\varphi_{\ldots}$ *partielle Ableitung* von f nach x_k

und anstelle von $\dfrac{\mathrm{d}\varphi_{\ldots}(x_k)}{\mathrm{d}x_k}$ schreibt man: $\dfrac{\partial f(x_1, x_2, \ldots, x_n)}{\partial x_k}$

Alternative Schreibweisen (Variablenpakete sind optional):

Mit z als abhängiger Variable $\left[z = f(x_1, x_2, \ldots, x_n)\right]$: $\dfrac{\partial z}{\partial x_k}$, z_{x_k}

Als Operation mit $\dfrac{\partial}{\partial x_k}$ als Differenzialoperator: $\dfrac{\partial}{\partial x_k} f$, $\dfrac{\partial}{\partial x_k} z$

Höhere und gemischte partielle Ableitungen:

Partielle Differenzialoperatoren können – stetige Differenzierbarkeit vorausgesetzt – beliebig verknüpft werden. Die Reihenfolge ist beliebig

$\dfrac{\partial}{\partial x_{k_r}} \circ \ldots \circ \dfrac{\partial}{\partial x_{k_2}} \circ \dfrac{\partial}{\partial x_{k_1}} f := \dfrac{\partial^r}{\partial x_{k_1} \partial x_{k_2} \ldots \partial x_{k_r}} f \quad \left(\text{oder } \dfrac{\partial^r f}{\partial x_{k_1} \partial x_{k_2} \ldots \partial x_{k_r}} \right)$

Merksatz 3.1.2

Keine Angst, der „Merksatz" sieht nur deswegen so kompliziert aus, weil er Funktionen mit beliebig vielen Variablen einschließen soll.

Die Verknüpfungszeichen ersparen ineinander geschachtelte Klammern.

Aufgabe:

Sei $f : \mathbb{R}^2 \to \mathbb{R}$, $(x, y) \mapsto f(x, y)$ mit $f(x, y) = \ln \sqrt{x^2 + y^2}$

Ermitteln Sie $\dfrac{\partial f}{\partial x}$, $\dfrac{\partial^2 f}{\partial x \partial y}$, $\dfrac{\partial^2 f}{\partial x^2}$!

Aufgabe 3.1.1

Zweimal Kettenregel! Arbeiten Sie mit Nebenrechnungen, wenn Ihnen die Übung fehlt!

$u := \sqrt{x^2 + y^2}$, $F(u) = \ln(u)$

$\dfrac{\partial f}{\partial x} = \dfrac{\partial F}{\partial u} \cdot \dfrac{\partial u}{\partial x} = \dfrac{1}{u} \cdot \dfrac{\partial u}{\partial x}$

$z := x^2 + y^2$, $U(z) = \sqrt{z}$

$\dfrac{\partial u}{\partial x} = \dfrac{\partial U}{\partial z} \cdot \dfrac{\partial z}{\partial x} = \dfrac{1}{2} z^{-1/2} \cdot 2x$

Lösungsvorschlag:

$\dfrac{\partial}{\partial x} \ln \sqrt{x^2 + y^2} = \dfrac{1}{\sqrt{x^2 + y^2}} \cdot \dfrac{1}{2\sqrt{x^2 + y^2}} \cdot 2x = \underline{\underline{\dfrac{x}{x^2 + y^2}}}$

$\dfrac{\partial^2}{\partial x \partial y} \ln \sqrt{x^2 + y^2} = \dfrac{\partial}{\partial y} \dfrac{x}{x^2 + y^2} = \underline{\underline{-\dfrac{2xy}{(x^2 + y^2)^2}}}$

$\dfrac{\partial^2}{\partial x^2} \ln \sqrt{x^2 + y^2} = \dfrac{\partial}{\partial x} \dfrac{x}{x^2 + y^2} = \dfrac{x^2 + y^2 - 2x^2}{(x^2 + y^2)^2} = \underline{\underline{\dfrac{y^2 - x^2}{(x^2 + y^2)^2}}}$

3.2 Von totalen Differenzialen, Hyperebenen und Gradienten

Keineswegs eine lächerliche Trivialität, sondern das absolute Fundament: die Proportionalität

Möglicherweise werden Sie auf das folgende Bild mit Erstaunen reagieren. Es stellt lediglich den Graphen einer Proportionalität in einem Koordinatensystem dar, dessen Achsen mit δx und δy beschriftet sind. Die schemenhaft dargestellte Gämse zeigt, dass wir immer noch das Berghanggeviert betrachten.

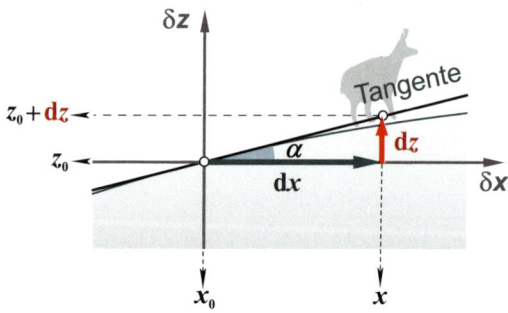

Bild 3.2.1
Tangentengleichung als Proportionalität im verschobenen Koordinatensystem

In dem Bild ist ein kleiner Ausschnitt von *Bild 3.1.3* dargestellt. Das neue Koordinatensystem geht durch eine Verschiebung des ursprünglichen Systems in den Punkt (x_0, z_0) hervor. Die Koordinaten im verschobenen System sind Differenzen bezüglich des Punktes (x_0, z_0) – deshalb wurde hier optional das kleine griechische „d" verwendet:

(3.2.1)

$$\delta x = x - x_0, \quad \delta z = z - z_0$$

Beachten Sie die Sprachregelung für „Stelle": Die abhängige Variable wird nicht erwähnt.

Der Graph der Proportionalität ist eine Tangente an den Graphen der im vorherigen Abschnitt mit φ bezeichneten einstelligen Funktion (*vgl.* (3.1.5)) an den Punkt (x_0, z_0) bzw. den Ursprung des verschobenen Koordinatensystems. Die Steigung der Tangente ist gleich dem Wert der ersten Ableitung von φ an der Stelle x_0. Wenn Sie die Funktion φ als ganz gewöhnliche einstellige Funktion ansehen, dann würden Sie die Gleichung der Tangente in dem verschobenen System (hoffentlich) so schreiben:

(3.2.2)

$$\mathrm{d}z = \varphi'(x_0) \cdot \mathrm{d}x \quad \left(\text{oder} \quad \mathrm{d}z = \frac{\mathrm{d}\varphi}{\mathrm{d}x}\bigg|_{x_0} \cdot \mathrm{d}x \quad \text{oder so:} \quad \mathrm{d}z = \frac{\mathrm{d}}{\mathrm{d}x}\varphi\bigg|_{x_0} \cdot \mathrm{d}x \right)$$

Egal, mit welchem „d" die Koordinate verknüpft ist, „d" steht für „Differenz". Differenzen lassen sich auch als „Änderungen" auffassen.

Die Koordinaten der Tangentenpunkte im verschobenen System heißen *Differenziale* und werden mit dx bzw. dz benannt. Sobald es sich um Koordinaten des Funktionsgraphen handelt, sind die Bezeichnungen Δx bzw. Δz üblich. Da Ableitungen auch als Differenzialquotient geschrieben werden können, wird dieser „Quotient" als Operatorzeichen genutzt. Die Schreibweisen in der großen Klammer in (3.2.2) sehen deshalb „schräge" aus. Zum einen ist dx ein ganz gewöhnliches Funktionsargument und zum anderen ist dx Teil eines Operatorzeichens – wehe dem, der hier etwas „wegkürzt". Je kleiner dx gewählt wird, umso weniger unterscheiden sich Tangente und Originalkurve. Am Ende ist der Unterschied unmessbar klein. Damit wird die Änderung des Funktionswertes durch eine simple

3.2 Von totalen Differenzialen, Hyperebenen und Gradienten

Proportionalität wiedergegeben (die numerische Integration der Bewegungsgleichungen basierte darauf – *vgl. Abschn. 1.3*):

$$\text{Wähle } \Delta x = dx : \quad \Delta z \approx dz = \varphi'(x_0) \cdot dx$$

(3.2.3)

Wie Sie gleich sehen werden, waren diese Vorüberlegungen erforderlich, denn das Approximationsverfahren mittels Tangente soll jetzt auf zweistellige Funktionen erweitert werden.

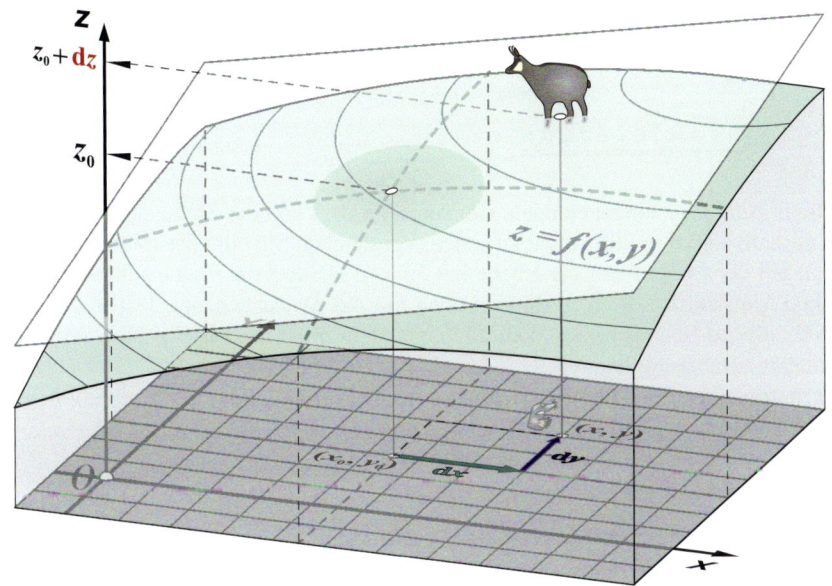

Die Gämse steht auf dem Bergrücken. Ihre Füße versinken unter der Tangentialebene.

An der Stelle (x_0, y_0) sind Bergrücken und Tangentialebene kaum voneinander unterscheidbar.

Der Maulwurf markiert wieder die Stelle (x, y).

Bild 3.2.2
Ein Funktionsgraph wird lokal durch eine Tangentialebene approximiert.

Das Bild zeigt, dass der Bergrücken in der Umgebung der Stelle (x_0, y_0) durch eine *Tangential-Ebene* angenähert werden kann. Damit sind wir auf vertrautem Terrain. Mit der Darstellung von Ebenen im Anschauungsraum haben wir uns bereits in Abschnitt 2.5 befasst. Blättern Sie zurück zu Gleichung (*2.5.11*)! Dort finden Sie die Gleichung der Ebene in expliziter Darstellung. Δx, Δy und Δz sind die Koordinaten eines Punktes der Ebene in einem in den Punkt (x_0, y_0, z_0) verschobenen Koordinatensystem. Die Bedeutung der Faktoren in der Ebenengleichung war bereits geklärt: Es handelt sich um die Steigungen der Ebene in x- bzw. in y-Richtung. Damit die Ebene hier auch wirklich „tangential" zum Bergrücken ist, müssen **beide** Steigungen der Ebene mit denen des Graphen der Originalfunktion f an der Stelle (x_0, y_0) übereinstimmen. Diese Steigungen des Graphen sind nichts weiter als die im vorherigen Abschnitt besprochenen Werte der partiellen Ableitungen. Um die Argumente bezüglich der Tangential-Ebene von denen der Originalfunktion unterscheiden zu können, benutzen wir die Konvention: Tangentialebene dx, dy, dz und Graph der Originalfunktion Δx, Δy, Δz. Damit ergibt sich für die Tangentialebene im verschobenen System:

Die Konvention wird auch bei mehr als zweistelligen Funktionen benutzt: Lineare Approximation „klein d", Originalfunktion „groß Δ".

$$dz = \frac{\partial f}{\partial x} dx + \frac{\partial f}{\partial y} dy \bigg|_{x_0, y_0} \quad \left(\text{oder} \quad dz = f_x(x_0, y_0) dx + f_y(x_0, y_0) dy \right)$$

(3.2.4)

Lebenswichtiger Begriff!

Beachten Sie, in (*3.2.4*) stehen nicht komplette Ableitungsfunktionen, sondern nur die Werte der partiellen Ableitungen an der Stelle (x_0, y_0). Für die Tangential-Ebene gilt ähnlich wie bei der Tangente: Je kleiner dx und dy gewählt werden, umso weniger unterscheiden sich Ebene und Original. Egal wie kompliziert der Funktionsterm von f ist, zur Beschreibung der unmittelbaren Umgebung der Stelle reicht eine simple ganzrationale Funktion 1. Ordnung. Die hier mit dz bezeichnete abhängige Variable heißt *totales Differenzial*. Für unser Bergwiesengeviert gilt:

(3.2.5)
$$f(x,y) = -0{,}01(x^2+y^2) + 0{,}38x + 0{,}32y + 6{,}03$$
$$\left.\frac{\partial f}{\partial x} = -0{,}02x + 0{,}38\right|_{(9;6)} = 0{,}2 \qquad \left.\frac{\partial f}{\partial y} = -0{,}02y + 0{,}32\right|_{(9;6)} = 0{,}2$$
$$\mathrm{d}z = 0{,}2\,\mathrm{d}x + 0{,}2\,\mathrm{d}y$$

Das totale Differenzial ist nur eine lineare Approximation.

Die in *Bild 3.2.2* eingezeichnete Gämse ist zu weit von der Stelle (x_0, y_0) entfernt – deshalb sind ihre Füße nicht zu sehen. Vergleichen Sie bitte das totale Differenzial mit der Darstellung der Ebene in (*2.5.11*)! Da dort die Ebene selbst das Original war, wurden die Koordinaten noch mit Δx, Δy, Δz benannt. Jetzt muss mithilfe der „d-Schreibweise" kenntlich gemacht werden, dass es sich um eine (lineare) Näherung handelt. Um das „totale Differenzial" von (*3.2.5*) zu entzaubern, transformieren wir die Gleichung wieder zurück in das Original-Koordinatensystem:

(3.2.6)
$$\mathrm{d}z = 0{,}2\,\mathrm{d}x + 0{,}2\,\mathrm{d}y, \quad \mathrm{d}x = x-9, \quad \mathrm{d}y = y-6, \quad \mathrm{d}z = z-10{,}2$$
$$z - 10{,}2 = 0{,}2(x-9) + 0{,}2(y-6) \Leftrightarrow \underline{\underline{z = 0{,}2x + 0{,}2y + 7{,}2}}$$

Rückblick:
Aus der Parameterform der Ebene wurde mithilfe des Skalarprodukts die Normalenform.

Sollten Sie zum *Abschnitt 2.5* zurückblättern, werden Sie bemerken, dass wir diese spezielle Ebene bereits benutzt hatten, um die Darstellungsarten einer Ebene im Raum zu besprechen. Man könnte natürlich auch für andere Stellen des Definitionsbereichs totale Differenziale bzw. die Gleichungen der Tangentialebenen ermitteln. Nehmen wir als Beispiel die Stelle, an der sich die Gämse in den *Bildern 3.1.3/3.2.2* befindet:

(3.2.7)
$$x_0 = 14, \quad y_0 = 10, \quad z_0 = f(x_0, y_0) = 11{,}59$$
$$\left.\frac{\partial f}{\partial x}\right|_{(14;10)} = 0{,}1 \;,\quad \left.\frac{\partial f}{\partial y}\right|_{(14;10)} = 0{,}12 \;,\quad \underline{\underline{\mathrm{d}z = 0{,}1\,\mathrm{d}x + 0{,}12\,\mathrm{d}y}}$$
bzw. $\; z - 11{,}59 = 0{,}1(x-14) + 0{,}12(y-10) \Leftrightarrow \underline{\underline{z = 0{,}1x + 0{,}12y + 8{,}99}}$

Wenn Sie möchten, auch Untervektorraum

Sobald Funktionen mit mehr als zwei Variablen betrachtet werden, verlässt man zwangsläufig den Anschauungsraum – es wird abstrakt. In der Vektorrechnung sind wir es gewohnt, mit höher dimensionalen Vektorräumen zu arbeiten. Wenn man die Terminologie der linearen Algebra in der Analysis benutzt, bewegt man sich in vertrautem Terrain. Erinnern wir uns: Eine Teilmenge eines Vektorraums nennt man Unterraum, wenn diese Menge für sich alleine ebenfalls die Vektorraumaxiome erfüllt (was keine Selbstverständlichkeit ist). Ein Vektorraum $\mathbb{V}$ kann

3.2 Von totalen Differenzialen, Hyperebenen und Gradienten

als Menge aller Linearkombinationen einer Basis dargestellt werden. Man sagt, die Basisvektoren *spannen den Raum auf*. Unterdrückt man Basisvektoren, schöpft die Menge der Linearkombinationen aus der Restbasis nur noch einen Unterraum aus. Lässt man einen Basisvektor des dreidimensionalen Anschauungsraums fort, erzeugt die Menge der Linearkombinationen aus den verbliebenen beiden Basisvektoren nur noch komplanare Vektoren. Komplettiert mit einem Ortsvektor ergibt sich eine *Ebene* in Parameterform (s. (2.5.1)). Die Formulierung wird für Vektorräume höherer Dimension übernommen. Lässt man einen Basisvektor fort, spannen die restlichen Vektoren eine – wie man sagt – *Hyperebene* auf. Für eine dreistellige Funktion ist ein vierdimensionaler Raum erforderlich. Die dreidimensionalen „Tangentialebenen" sind dann Hyperebenen des vierdimensionalen Raumes. Versuchen Sie gar nicht erst, sich das vorzustellen, denn eine anschauliche Vorstellung ist überhaupt nicht erforderlich.

Sei $\vec{b}_1, \ldots, \vec{b}_n$ Basis von $\mathbb{V}$:

$$\mathbb{V} = \underbrace{[\vec{b}_1, \vec{b}_2, \ldots, \vec{b}_n]}_{\text{Menge aller Linearkombinationen}}$$

Beispiel:
$\mathbb{R}^3 = [i, j, k]$

$$U : \mathbb{R}^3 \to \mathbb{R},\ u \mapsto U(x, y, z),\ \ du = \frac{\partial U}{\partial x} dx + \frac{\partial U}{\partial y} dy + \frac{\partial U}{\partial z} dz \bigg|_{x_0, y_0, z_0} \qquad (3.2.8)$$

Wenn Sie die Bergwiese in den *Bildern 3.1.2/3.2.2* noch einmal betrachten, erkennen Sie an den Höhenlinien, dass an der Stelle x_0, y_0 weder der Pfad in x-noch in y-Richtung derjenige mit der maximal möglichen Steigung ist.

> **Richtungskonvention:**
> Wenn Sie beispielsweise einen Berg in Ost-Richtung angehen, ergibt sich Ihre jeweilige z-Komponente (Höhe) zwangsläufig durch den Berg. Die Richtungsangabe erfordert daher **keine** Angabe der z-Komponente und kann sich deshalb auf den zweidimensionalen Definitionsbereich beschränken. Diese Festlegung wird für Funktionen mit drei Ortsvariablen (Felder) übernommen: Die vektoriellen Richtungsangaben beziehen sich dann auf den dreidimensionalen Definitionsbereich!

Merksatz 3.2.1

Die Frage nach der Richtung eines Pfades maximaler Steigung auf einer Ebene im Anschauungsraum haben wir bereits in Abschnitt 2.5 (s. *Merksatz 2.5.1*) geklärt: Der aus den beiden Steigungen m_x und m_y gebildete Vektor gibt die Richtung vor. Das gilt natürlich ebenfalls für Tangentialebenen. Dort erhält man die beiden Steigungen aus den Werten der beiden partiellen Ableitungen an der jeweiligen Stelle. Für den Vektor in Richtung der größten Steigung gilt für unser Beispiel an der Stelle (x_0, y_0):

Hier trägt die Beschäftigung mit der „analytischen Geometrie" Früchte.

$$\begin{pmatrix} m_x \\ m_y \end{pmatrix} = \begin{pmatrix} f_x(x_0, y_0) \\ f_y(x_0, y_0) \end{pmatrix} = \begin{pmatrix} 0{,}2 \\ 0{,}2 \end{pmatrix} \text{ für } x_0 = 9, y_0 = 6 \qquad (3.2.9)$$

Die in (3.2.9) beschriebene Richtung wurde bereits im *Merksatz 2.5.1 Gradient* genannt. Einen Eindruck von der Bedeutung des Gradienten-Begriffs kann unser Storch liefern. Der Luftdruck beispielsweise hat drei Ortsvariable. Der Gradient bekommt daher eine Komponente hinzu. „Richtung größter Steigung" passt für dieses Beispiel nicht mehr, denn die abhängige Variable ist keine Ortskoordinate, sondern der Luftdruck. Man könnte aber sagen „Richtung größter Änderung". So wäre der lokale Gradient des Luftdruckfeldes die Richtung größter Luftdruckän-

*Gradient:
Richtung größter Änderung*

Bei großräumigen Luftdruckfeldern bewirkt die Corioliskraft, dass die Luftströmungen nicht allein von den Gradienten abhängen.

derung. Dort hätte ein in Richtung des Luftdruckgradienten fliegender Storch mit dem größtmöglichen Gegenwind zu kämpfen. Mit dem Beispiel ist bereits angedeutet: Der Begriff des Gradienten bezieht sich in der Regel auf skalare Feldfunktionen und die haben drei Ortsvariablen. Der Gradient – also die Richtung größter Änderung – ist daher ein Vektor im $\mathbb{R}^3$.

Das in *Merksatz 2.5.1* vorgestellte Verfahren zur Ermittlung des Gradienten einer zweistelligen linearen Funktion kann jetzt erweitert werden. Aus der Ebene im Raum ist eine Tangentialebene an den Punkt (x_0, y_0) geworden. Die Steigungen werden durch die partiellen Ableitungen an der Stelle (x_0, y_0) ermittelt – somit gilt für den Gradienten an dieser Stelle:

(3.2.10)

$$\mathbf{grad}\, f \big|_{(x_0, y_0)} = \begin{pmatrix} \dfrac{\partial f}{\partial x} \\ \dfrac{\partial f}{\partial y} \end{pmatrix}\Bigg|_{(x_0, y_0)} \quad \text{oder platzsparend:} \quad \left(\dfrac{\partial f}{\partial x},\, \dfrac{\partial f}{\partial y}\right)^{\mathrm{T}} \Bigg|_{(x_0, y_0)}$$

Vertauscht man Zeilen und Spalten einer Matrix, so nennt man das Transponieren. Aus einem als Matrix mit nur einer Zeile aufgefassten Zeilenvektor wird durch Transposition ein Spaltenvektor (Matrix mit nur einer Spalte).

S-Multiplikation: Multiplikation eines Vektors mit einem Skalar

Die Darstellung des Gradienten in *(3.2.10)* mithilfe eines Spaltenvektors ist bereits bei ebenen Feldern wegen des großen Platzbedarfs unpraktisch. Die Darstellung als Zeilenvektor mit Transpositionsanweisung **T** kann auch keinen Schönheitspreis erzielen. Da klar ist, dass sich der Gradient auf eine ganz bestimmte Stelle bezieht, verzichtet man gerne auf den Stellenvermerk (am senkrechten Strich). Es hat sich bewährt, die Gradientenbildung mithilfe von Differenzialoperatoren darzustellen (s. *(3.1.10)* bzw. *Merksatz 3.1.1*). Die drei Differenzialoperatoren werden mithilfe der drei Einheitsvektoren *i*, *j*, *k* zu einem einzigen Operator zusammengefasst und das skalare Feld dahinter gesetzt. Die Platzierung der Einheitsvektoren links von den Differenzialoperatoren ist reine Kosmetik (die Differenzialoperatoren haben dann „freies Schussfeld" nach rechts). Damit wird aus der Operation „Gradientenbildung" eine formale S-Multiplikation eines (formalen) Vektors mit einem skalaren Feld:

(3.2.11)

$$U : \mathbb{R}^3 \to \mathbb{R},\ (x, y, z) \mapsto U \quad \text{mit}\quad U = U(x, y, z)$$

$$\mathbf{grad}\, U = \dfrac{\partial U}{\partial x}\, \mathbf{i} + \dfrac{\partial U}{\partial y}\, \mathbf{j} + \dfrac{\partial U}{\partial z}\, \mathbf{k} \ := \ \left(\mathbf{i}\dfrac{\partial}{\partial x} + \mathbf{j}\dfrac{\partial}{\partial y} + \mathbf{k}\dfrac{\partial}{\partial z}\right) U$$

nabla

Harfenklänge

Ein gewöhnlicher Differenzialoperator – z. B. $\partial/\partial x$ – macht aus einem skalaren Feld wieder eine skalares Feld. Die Anwendung des Gradienten liefert dagegen ein Vektorfeld. Um darauf hinzuweisen wird „grad" gerne fett gedruckt. Für das Operatorkonstrukt rechts unten in *(3.2.11)* wird in der Regel ein – an die Form einer hebräischen Harfe erinnerndes – auf die Spitze gestelltes Dreieck verwendet. Operator und Harfe heißen Nabla. Obwohl nicht erforderlich, setzt man gerne auf das Nabla-Dreieck einen Vektorpfeil. Alternativ wird er auch fett gedruckt. Wer Darstellungen mit den Einheitsvektoren *i*, *j*, *k* nicht leiden kann und viel Platz hat, darf den Operator auch als Spaltenvektor notieren. Man kann einen Spaltenvektor des $\mathbb{R}^3$ auch als Matrix mit drei Zeilen und einer Spalte auffassen. Durch Transposition (Vertauschung von Zeilen und Spalten) wird daraus eine Matrix mit einer Zeile und drei Spalten. Die Darstellung als Zeilenvektor

3.2 Von totalen Differenzialen, Hyperebenen und Gradienten

erfordert keine Einheitsvektoren. Mit einem hochgestellten T als Präfix wird angedeutet, dass der Zeilenvektor zu einem Spaltenvektor transponiert werden soll. Die Kommas als Trennzeichen sind optional. Aber ob Sie anstelle des bewährten Nabla-Operators dem Konstrukt $\partial/\partial \boldsymbol{r}$ den Vorzug geben, bleibt Ihnen überlassen.

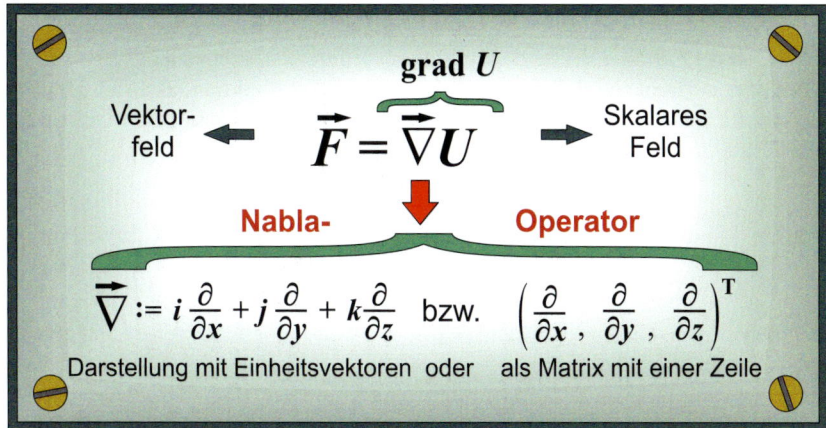

Alternativschreibweisen für Gradienten als Spaltenvektor:

$$\begin{pmatrix} \frac{\partial}{\partial x} \\ \frac{\partial}{\partial y} \\ \frac{\partial}{\partial z} \end{pmatrix} = \left(\frac{\partial}{\partial x}, \frac{\partial}{\partial y}, \frac{\partial}{\partial z} \right)^T$$

Bild 3.2.3
„Anatomie" des Gradienten und des Nabla-Operators

Von seinen Eigenschaften her ist der Nabla-Operator freundlich. In seinen Komponenten stehen lediglich Differenzialoperatoren. Das heißt, die Eigenschaften der Differenzialoperatoren übertragen sich auf den Nabla-Operator. Die wichtigste Eigenschaft, die sich überträgt, ist die *Linearität*. Sie lässt sich kompakt mithilfe einer Linearkombination aus zwei beliebigen skalaren Feldern darstellen. Die wichtigsten Regeln für Gradienten sind in dem folgenden Merkkästchen zusammengestellt:

Freundlich: Der Nabla-Operator ist linear.

Rechenregeln für Gradienten:
Linearität: $\vec{\nabla}(aU_1 + bU_2) = a\vec{\nabla}U_1 + b\vec{\nabla}U_2 \quad \forall a,b \in \mathbb{R}$
Produktregel: $\vec{\nabla}(U_1 \cdot U_2) = U_2\vec{\nabla}U_1 + U_1\vec{\nabla}U_2$
Kettenregel: $\vec{\nabla}(f(U)) = f'(U) \cdot \vec{\nabla}(U)$
Potenzregel: $\vec{\nabla}(U^n) = nU^{n-1}\vec{\nabla}U \quad \forall n \in \mathbb{Q}$

Merksatz 3.2.2

Ein Rückblick zu den Überlegungen an einer geneigten Ebene im Raum zeigt, dass wir Formel (2.5.13), mit der sich die Steigung eines Pfades auf der Ebene in Richtung eines Vektors berechnen ließ, für Tangentialebenen ausbauen können. Die Steigungen liefern die partiellen Ableitungen im Gradienten, das Skalarprodukt mit dem normierten Richtungsvektor bleibt. Nur die Schreibweise für diese Richtungsableitung ist stark gewöhnungsbedürftig:

Ableitung in Richtung des Vektors $\vec{s}$: $\quad \dfrac{\partial U}{\partial \vec{s}} = \vec{\nabla}U \bullet \vec{e}_s \quad \left(\text{bzw.} \quad \vec{\nabla}U \bullet \dfrac{\vec{s}}{|\vec{s}|} \right)$ \hfill (3.2.12)

Die Ableitung ist in Richtung des Gradienten selbst maximal. In *Abschnitt 2.5* zeigte sich, dass der Betrag des Gradienten gleich der größtmöglichen Steigung ist. Allgemein formuliert muss man sagen: Der Betrag des Gradienten liefert die größtmögliche Änderung der Feldstärke bezogen auf die Schrittweite zu einer benachbarten Stelle:

(3.2.13)
$$\text{Speziell für } \vec{s} \parallel \vec{\nabla} U: \quad \frac{\partial U}{\partial s} = \vec{\nabla} U \cdot \frac{\vec{s}}{|\vec{s}|} = \underline{\underline{|\vec{\nabla} U|}}$$

Zwischen dem Gradienten und dem totalen Differenzial gibt es eine Verbindung. Das totale Differenzial der in (*3.2.11*) definierten Feldfunktion lässt sich als Skalarprodukt aus Gradient und dem aus den Differenzialen gebildeten Ortsvektor schreiben:

(3.2.14)
$$dU = \frac{\partial U}{\partial x} dx + \frac{\partial U}{\partial y} dy + \frac{\partial U}{\partial z} dz = \vec{\nabla} U \cdot d\vec{r} \quad \text{mit} \quad d\vec{r} = x\boldsymbol{i} + y\boldsymbol{j} + z\boldsymbol{k} \quad \text{bzw.} \quad \begin{pmatrix} dx \\ dy \\ dz \end{pmatrix}$$

Sie schätzen Einheitsvektoren nicht? Dann verwenden Sie getrost Spaltenvektoren.

Nehmen wir an, ein Luftdruckfeld $p(x, y, z, t)$ wäre möglicherweise auch zeitabhängig, dann muss das totale Differenzial einen zusätzlichen Summanden erhalten, denn eine Druckänderung kann auch aufgrund der zeitlichen Änderung der Wetterlage erfolgen. Für die Druckänderung bei einem infinitesimalen Schritt zu einem benachbarten Punkt/Zeitpunkt gilt:

(3.2.15)
$$dp = \frac{\partial p}{\partial x} dx + \frac{\partial p}{\partial y} dy + \frac{\partial p}{\partial z} dz + \frac{\partial p}{\partial t} dt \quad \text{bzw.} \quad dp = \vec{\nabla} p \cdot d\vec{r} + \frac{\partial p}{\partial t} dt$$

Nehmen wir an, unser Storch würde im Luftraum weiträumig seine Bahnen ziehen und für die Flugbahn des Storches im Raum läge eine Parameterdarstellung vor. Sollten die zeitliche Änderung des Druckes beim Durchfliegen der Flugbahn von Interesse sein, brauchte nur das totale Differenzial durch dt dividiert werden:

(3.2.16)
$$\vec{r}(t) = \begin{pmatrix} x(t) \\ y(t) \\ z(t) \end{pmatrix}: \quad \frac{dp}{dt} = \frac{\partial p}{\partial x} \frac{dx}{dt} + \frac{\partial p}{\partial y} \frac{dy}{dt} + \frac{\partial p}{\partial z} \frac{dz}{dt} + \frac{\partial p}{\partial t} \frac{\cancel{dt}}{\cancel{dt}}$$

Darf auf keinen Fall verwechselt werden!

Was hier dargestellt wurde, ist die *totale Ableitung* des skalaren Feldes – hier der Druck – nach der Zeit. Es ist von großer Bedeutung, dass Sie totale und partielle Ableitung auseinanderhalten können. Ein kantiger Prüfstein ist die totale Ableitung beispielsweise nach x, wenn diese Variable x auch als Parameter für die Flugbahn dient. Für ein stationäres Feld gilt dann:

(3.2.17)
$$\vec{r}(x) = \begin{pmatrix} x \\ y(x) \\ z(x) \end{pmatrix}: \quad \frac{dp}{dx} = \frac{\partial p}{\partial x} \frac{\cancel{dx}}{\cancel{dx}} + \underbrace{\frac{\partial p}{\partial y} \frac{dy}{dx} + \frac{\partial p}{\partial z} \frac{dz}{dx}}_{?}$$

Was in aller Welt hat der Korrektursummand in (*3.2.17*) zu bedeuten? Nehmen wir an, unser Storch würde stur in x-Richtung fliegen. Dann wären $y(x)$ und $z(x)$ konstante Funktionen, deren Ableitungen nach x gleich null wären. In diesem Fall

3.2 Von totalen Differenzialen, Hyperebenen und Gradienten

sind totale und partielle Ableitung gleich. Gehen Sie zurück zur Definition (3.1.8) – genau so wurde die partielle Ableitung definiert. Wird dagegen eine Kurve durchlaufen, ist die Druckänderung auf diesem Weg relevant. Die Variablen y und z dürfen nicht mehr als Parameter angesehen werden und das Differenzial dx ist kein infinitesimales Stückchen des Weges, sondern nur eine Komponente davon. Die totale Ableitung ist dann die Druckänderung bezogen auf die Wegkomponente dx. Ob der Wert von Interesse ist, steht auf einem anderen Blatt. Wegen der überragenden Bedeutung seien das totale Differenzial und die totale Ableitung noch einmal herausgestellt:

Selten!

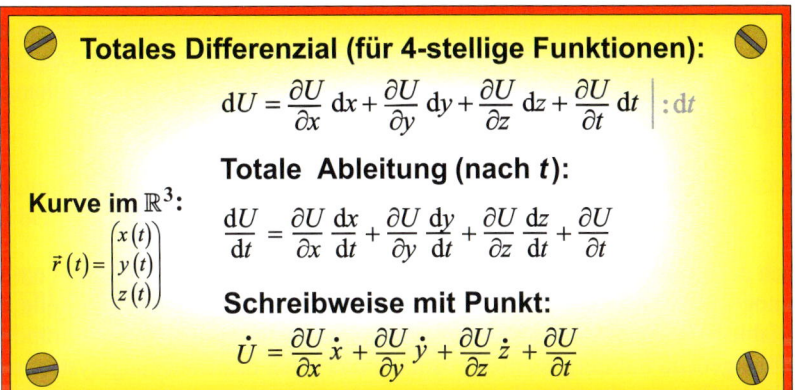

Totales Differenzial (für 4-stellige Funktionen):

$$dU = \frac{\partial U}{\partial x} dx + \frac{\partial U}{\partial y} dy + \frac{\partial U}{\partial z} dz + \frac{\partial U}{\partial t} dt \quad \bigg| : dt$$

Kurve im $\mathbb{R}^3$:

$$\vec{r}(t) = \begin{pmatrix} x(t) \\ y(t) \\ z(t) \end{pmatrix}$$

Totale Ableitung (nach t):

$$\frac{dU}{dt} = \frac{\partial U}{\partial x}\frac{dx}{dt} + \frac{\partial U}{\partial y}\frac{dy}{dt} + \frac{\partial U}{\partial z}\frac{dz}{dt} + \frac{\partial U}{\partial t}$$

Schreibweise mit Punkt:

$$\dot{U} = \frac{\partial U}{\partial x}\dot{x} + \frac{\partial U}{\partial y}\dot{y} + \frac{\partial U}{\partial z}\dot{z} + \frac{\partial U}{\partial t}$$

Bild 3.2.4
Totales Differenzial und totale Ableitung (nach t)

In der Praxis hat man es sehr häufig mit Feldern zu tun, die sich wegen ihrer Symmetrieeigenschaften besser in anderen Koordinaten darstellen lassen. Ein rotationssymmetrisches Feld wird sich beispielsweise einfacher in Zylinder- bzw. in Polarkoordinaten als in kartesischen Koordinaten formulieren lassen. Dann stellt sich allerdings eine Hürde in den Weg. Für Gradienten werden Ableitungen nach kartesischen Koordinaten benötigt – die lassen sich aber erst nach einer (oft mühseligen) Rücktransformation bilden. Leicht zugänglich wären dagegen partielle Ableitungen nach den Variablen, in denen das Feld ausgedrückt wurde. Tatsächlich lassen sich partielle Ableitungen nach kartesischen Koordinaten ohne großen Aufwand aus den leicht zugänglichen partiellen Ableitungen nach den Koordinaten des alternativen Systems errechnen. Formeln dafür finden Sie in Ihrer Formelsammlung. Wir zeigen im Folgenden exemplarisch, wie die Umrechnungsformel für den Gradienten eines ebenen Feldes, welches in Polarkoordinaten dargestellt ist, zustande kommt:

Das Beispiel wird Sie überzeugen:

Polarkoordinaten:
$U(r,\varphi) = r^3 \sin(\varphi)$

Kartesische Koordinaten:
$U(x,y) = \sqrt{(x^2+y^2)^3} \cdot \sin(\ldots)$

$$\ldots = \begin{cases} -\pi & \text{für } x < 0 \wedge y = 0 \\ 2\arctan\left(\dfrac{y}{x+\sqrt{x^2+y^2}}\right) \end{cases}$$

Zugänglich: $\dfrac{\partial U}{\partial r}, \dfrac{\partial U}{\partial \varphi}$, $\underbrace{x = r\cos(\varphi), \; y = r\sin(\varphi)}_{\text{Transformationsgleichungen}}$ Gesucht: $\dfrac{\partial U}{\partial x}, \dfrac{\partial U}{\partial y}$

(3.2.18)

Beachten Sie, aufgrund der beiden Transformationsgleichungen lassen sich die Variablen x und y als zweistellige Funktionen mit den Variablen r und φ auffassen. Damit sind x und y zu abhängigen Variablen degradiert und es gilt:

$$U = U(x(r,\varphi), y(r,\varphi))$$

(3.2.19)

Das Formelzeichen ρ für die Dichtefelder hat Vorrang!

(3.2.29)

Ein Ärgernis ist in der Praxis die Benennung der ersten Zylinderkoordinate, denn „ρ" ist auch vorgeschriebenes Formelzeichen für Dichtefelder. Sie müssen unter Umständen Variable umbenennen oder indizieren. In *Bild 3.2.6a* können Sie den Zusammenhang zwischen der Zylinderkoordinate ρ und dem Betrag des Ortsvektors r ablesen:

$$r = \sqrt{\rho^2 + z^2}$$

Bei dem Kugelkoordinatensystem (*s. Bild 3.2.3 b*) gibt es keine Benennungskonflikte, die erste Koordinate ist wie bei den Polarkoordinaten der Betrag des Ortsvektors **r**. Die anderen beiden Einheitsvektoren weisen in Richtung der Tangenten an die Breiten- und Längenkreise. Für die Basisvektoren ergibt sich:

(3.2.30)

$$\vec{e}_r = \frac{\vec{r}}{r} = \frac{1}{r}\begin{pmatrix} x \\ y \\ z \end{pmatrix} = \begin{pmatrix} \sin\vartheta\cos\varphi \\ \sin\vartheta\sin\varphi \\ \cos\vartheta \end{pmatrix}, \quad \vec{e}_\varphi = \begin{pmatrix} -\sin\varphi \\ \cos\varphi \\ 0 \end{pmatrix}, \quad \vec{e}_\vartheta = \begin{pmatrix} \cos\vartheta\cos\varphi \\ \cos\vartheta\sin\varphi \\ -\sin\vartheta \end{pmatrix}$$

Um nachzuweisen, wie sich Gradienten in Kugelkoordinaten darstellen, müsste man die analoge Rechnung von (3.2.18) bis (3.2.24) mit den drei Transformationsgleichungen Kugelkoordinaten in kartesische Koordinaten durchführen. Wir ersparen uns die Schreiberei und stellen in dem folgenden Merksatz die vier wichtigsten Gradienten-Darstellungen inklusive der in Kugelkoordinaten zusammen:

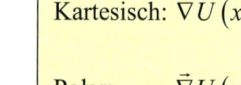

Merksatz 3.2.3

> **Koordinatendarstellungen des Gradienten:**
>
> Kartesisch: $\vec{\nabla} U(x,y,z) = \dfrac{\partial U}{\partial x}\vec{e}_x + \dfrac{\partial U}{\partial y}\vec{e}_y + \dfrac{\partial U}{\partial z}\vec{e}_z$ alternativ mit **i, j, k**
>
> Polar: $\vec{\nabla} U(r,\varphi) = \dfrac{\partial U}{\partial r}\vec{e}_r + \dfrac{1}{r}\dfrac{\partial U}{\partial \varphi}\vec{e}_\varphi$
>
> Zylinder: $\vec{\nabla} U(\rho,\varphi,z) = \dfrac{\partial U}{\partial r}\vec{e}_r + \dfrac{1}{r}\dfrac{\partial U}{\partial \varphi}\vec{e}_\varphi + \dfrac{\partial U}{\partial z}\vec{e}_z$
>
> Kugel: $\vec{\nabla} U(r,\vartheta,\varphi) = \dfrac{\partial U}{\partial r}\vec{e}_r + \dfrac{1}{r}\dfrac{\partial U}{\partial \vartheta}\vec{e}_\vartheta + \dfrac{1}{r\sin\vartheta}\dfrac{\partial U}{\partial \varphi}\vec{e}_\varphi$

Die überaus wichtigen Werkzeuge „totales Differenzial", „totale Ableitung" und „Gradient" stehen nun bereit. Bitte erproben Sie ihre Erkenntnisse anhand der folgenden Übungsaufgaben.

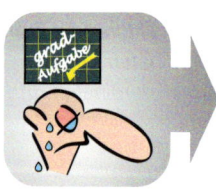

Aufgabe 3.2.1

> **Aufgabe:**
>
> $f : \mathbb{R}^2 \to \mathbb{R}, \ (x,y) \mapsto f$ mit $f(x,y) = 0{,}1(x^3 + y^3 - 3xy)$
>
> a) Ermitteln Sie den Gradienten der Funktion!
> b) Berechnen Sie speziell den Gradienten an der Stelle (0,5; 2) nach Betrag und Richtung.
> c) In den *Bildern 3.3.1* und *3.3.2* finden Sie grafische Darstellungen der Funktion. Überlegen Sie sich, wo der spezielle Gradient einzutragen ist.

3.2 Von totalen Differenzialen, Hyperebenen und Gradienten

Lösungsvorschlag:

a) $\dfrac{\partial f}{\partial x} = 0{,}3\left(x^2 - y\right)$, $\dfrac{\partial f}{\partial y} = 0{,}3\left(y^2 - x\right)$, $\vec{\nabla} f = 0{,}3 \begin{pmatrix} x^2 - y \\ y^2 - x \end{pmatrix}$

b) $\vec{\nabla} f \big|_{\substack{x=0,5 \\ y=2}} = 0{,}3 \begin{pmatrix} 0{,}5^2 - 2 \\ 2^2 - 0{,}5 \end{pmatrix} = 0{,}525 \begin{pmatrix} -1 \\ +2 \end{pmatrix}$, $\left|\vec{\nabla} f \big|_{\substack{x=0,5 \\ y=2}}\right| = 0{,}525 \sqrt{5} \approx 1{,}2$

c) Der Gradient lässt sich in dem Höhenlinienbild 3.3.2 eintragen:

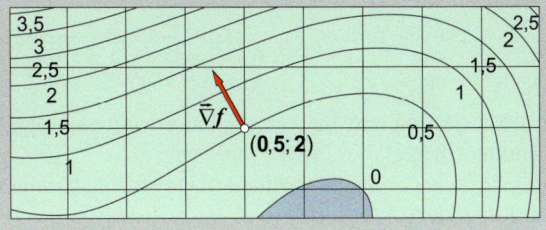

120 % Steigung: Kein Spaziergang!

Die umgekehrte Richtung heißt Falllinie.

Das folgende skalare Feld wird in späteren Abschnitten noch eine große Rolle spielen. Die Größen M und G stehen für die Masse eines Himmelskörpers und die Gravitationskonstante. Beide Größen in der Feldfunktion sind konstante Faktoren und bleiben bei der Ermittlung des Gradienten „draußen vor".

Aufgabe:

$\phi : \mathbb{R}^3 \to \mathbb{R}$, $(x, y, z) \mapsto \phi$ mit $\phi(x, y, z) = -G \dfrac{M}{\sqrt{x^2 + y^2 + z^2}}$

a) Ermitteln Sie den Gradienten der Feldfunktion mithilfe der Kettenregel!
b) Schreiben Sie die Feldfunktion und deren Gradienten durch Verwendung des Ortsvektors um!
c) Stellen Sie das skalare Feld in Kugelkoordinaten dar und berechnen Sie durch Bildung des Gradienten das folgende Vektorfeld:

$$\vec{g} = -\vec{\nabla} \phi$$

Aufgabe 3.2.2

Lassen Sie sich nicht durch Parameter bzw. Naturkonstanten irritieren. Bei anwendungsorientierten Aufgaben gehört dieses „Beiwerk" einfach dazu (auch wenn sie für die Rechnung keine Rolle spielen).

Kettenregel!

Lösungsvorschlag:

a) $U := x^2 + y^2 + z^2$, $F(U) = -GM U^{-\frac{1}{2}}$, $\vec{\nabla} U = 2 \begin{pmatrix} x \\ y \\ z \end{pmatrix}$

$\vec{\nabla} \phi = F'(U) \vec{\nabla} U = \dfrac{GM}{\cancel{2}} U^{-\frac{3}{2}} \cancel{2} \begin{pmatrix} x \\ y \\ z \end{pmatrix} = G \dfrac{M}{\left(\sqrt{x^2 + y^2 + z^2}\right)^3} \begin{pmatrix} x \\ y \\ z \end{pmatrix}$

b) $\begin{pmatrix} x \\ y \\ z \end{pmatrix} = \vec{r}$, $\sqrt{x^2 + y^2 + z^2} = r$: $\vec{\nabla} \phi = G \cdot \dfrac{M}{r^2} \dfrac{\vec{r}}{r}$

c) $\phi(r) = -G \dfrac{M}{r}$: $\vec{g} = -\vec{\nabla} \phi = GM \dfrac{\partial}{\partial r} \dfrac{1}{r} \vec{e}_r = -G \dfrac{M}{r^2} \vec{e}_r$

Siehe Merksatz 3.2.3 unten!

Teil (c) demonstriert drastisch, wie vorteilhaft es sein kann, in einem symmetrieangepassten Koordinatensystem zu rechnen. Man könnte in (a) die Kettenregel für den Gradienten ignorieren und die partiellen Ableitungen separat berechnen und dort die Kettenregel benutzen. Auch das folgende skalare Feld – ein sogenanntes Dipolfeld – wird in späteren Abschnitten eine Rolle spielen. Auch hier füttern wir die Funktion mit Konstanten und Parametern aus. Deren Bedeutung spielt bei der Rechnung überhaupt keine Rolle.

Auch das vorübergehende Ignorieren will geübt werden.

Aufgabe 3.2.3

Das Minuszeichen ist kein Versehen!

Aufgabe:

$\varphi_D : \mathbb{R}^3 \to \mathbb{R}, (x,y,z) \mapsto \varphi$ mit $\varphi_D(x,y,z) = \dfrac{p}{4\pi\varepsilon_0} \dfrac{z}{\sqrt{(x^2+y^2+z^2)^3}}$

a) Überführen Sie das skalare Feld in Zylinder- und in Kugelkoordinaten! Weshalb sind hier Kugelkoordinaten passender?
b) Ermitteln Sie mittels Gradientenbildung in kartesischen und in Kugelkoordinaten das folgende Vektorfeld:

$$\vec{E} = -\vec{\nabla}\varphi_D$$

Lösungsvorschlag:

a) $\rho = \sqrt{x^2+y^2}$, z ist Zylinderkoordinate: $\varphi_D(\rho,z) = \dfrac{p}{4\pi\varepsilon_0} \dfrac{z}{\sqrt{(\rho^2+z^2)^3}}$

$r = \sqrt{x^2+y^2+z^2}$, $z = r\cos\vartheta$: $\varphi_D(\rho,z) = \dfrac{p}{4\pi\varepsilon_0} \dfrac{\cancel{r}\cos\vartheta}{r^{\cancel{3}\,2}} = \dfrac{p}{4\pi\varepsilon_0} \dfrac{\cos\vartheta}{r^2}$

Die Kugelkoordinate r steht unverkettet als quadratische Funktion im Nenner.

Kettenregel!

b) $\dfrac{\partial}{\partial x} \dfrac{z}{\sqrt{(x^2+y^2+z^2)^3}} = \dfrac{\partial}{\partial x} \dfrac{z}{(x^2+y^2+z^2)^{3/2}} = -\dfrac{3}{\cancel{2}} \dfrac{\cancel{2}xz}{(x^2+y^2+z^2)^{5/2}}$

Wenn ein gemeinsamer Nenner nicht erforderlich ist, kann anstelle der Quotientenregel die Produktregel verwendet werden (hier $z \cdot 1/\ldots$).

analog: $\dfrac{\partial}{\partial y} \dfrac{z}{\sqrt{(x^2+y^2+z^2)^3}} = -\dfrac{3yz}{(x^2+y^2+z^2)^{5/2}}$

$\dfrac{\partial}{\partial z} \dfrac{z}{(x^2+y^2+z^2)^{3/2}} = \dfrac{1}{(x^2+y^2+z^2)^{3/2}} - \dfrac{3z^2}{(x^2+y^2+z^2)^{5/2}}$

$\vec{E} = -\vec{\nabla}\varphi_D = \dfrac{p}{4\pi\varepsilon_0} \left(\dfrac{3xz}{r^5}\vec{i} + \dfrac{3yz}{r^5}\vec{j} + \left(\dfrac{3z^2}{r^5} - \dfrac{1}{r^3}\right)\vec{k} \right)$, $r = (x^2+y^2+z^2)^{1/2}$

Das Feld ist nicht von φ abhängig. Die partielle Ableitung nach φ ist gleich null.

$\vec{E} = -\vec{\nabla}\varphi_D = -\left(\dfrac{\partial \varphi_D}{\partial r}\vec{e}_r + \dfrac{1}{r}\dfrac{\partial \varphi_D}{\partial \vartheta}\vec{e}_\vartheta + \cancel{\dfrac{1}{r\sin\vartheta}\dfrac{\partial \varphi_D}{\partial \varphi}\vec{e}_\varphi} \right)$

$= \dfrac{p}{4\pi\varepsilon_0} \left(\dfrac{2\cos\vartheta}{r^3}\vec{e}_r + \dfrac{\sin\vartheta}{r^3}\vec{e}_\vartheta \right)$

3.2 Von totalen Differenzialen, Hyperebenen und Gradienten

Ein „Nebenprodukt" des totalen Differenzials ist das sogenannte *Fehlerfortpflanzungsgesetz*. In der Regel lassen sich Größen messtechnisch nicht direkt erfassen, sondern müssen aus messtechnisch besser zugänglichen Größen errechnet werden. Nun sind Messgrößen immer mit einer mehr oder weniger großen *Unsicherheit* – man sagt auch Fehler – behaftet. Die Einzelfehler der Messgrößen übertragen sich natürlich auf die daraus berechnete Größe – aber wie? Hierfür bietet sich das totale Differenzial an.

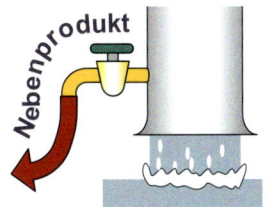

$$f : \mathbb{R}^n \to \mathbb{R}, \ (x_1, x_2, \ldots, x_n) \mapsto w \quad \text{mit} \quad w = f(x_1, x_2, \ldots, x_n)$$

$$\Delta w := \left|\frac{\partial f}{\partial x_1}\right| \Delta x_1 + \left|\frac{\partial f}{\partial x_2}\right| \Delta x_2 + \ldots + \left|\frac{\partial f}{\partial x_n}\right| \Delta x_2 \ \bigg|_{(\bar{x}_1, \bar{x}_2, \ldots, \bar{x}_n)}$$

(3.2.31)

Die Messgrößen der Formel, mit deren Hilfe die gesuchte Größe errechnet werden soll, werden zu Variablen einer mehrstelligen Funktion. Wenn man die Differenziale einfach als Messunsicherheiten auffasst, dann gibt das totale Differenzial an, um wie viel sich der Funktionswert unter diesen Unsicherheiten ändert. Ein Manko muss aber noch beseitigt werden: Fehler sind statistischer Natur und die dürfen sich nicht aufgrund unterschiedlicher Vorzeichen vermindern oder gar aufheben. Das erreicht man, indem man im totalen Differenzial nur mit Beträgen rechnet. Bei den mit Querstrich gekennzeichneten Variablen handelt es sich um die jeweiligen Mittelwerte der Einzelmessungen. Beachten Sie, (*3.2.13*) ist eine (sinnvolle) „Vereinbarung" und kann nicht etwa „hergeleitet" werden. Da die Differenziale durch echte Differenzen ersetzt wurden (deswegen die Deltas), handelt es sich nicht mehr um ein „richtiges" totales Differenzial, sondern ein „Abfallprodukt"!

Beachten Sie, die Unsicherheiten sind positive Größen!

Eine Alternative zu (3.2.31) ist die Wurzel aus der Quadratsumme:

$$\Delta w := \sqrt{\sum_{i=1}^n \left(\frac{\partial f}{\partial x_i} \Delta x_i\right)^2} \ \bigg|_{\bar{x}_n}$$

Aufgabe:

Sei $R = (53 \pm 3)\,\Omega$, $I = (4{,}3 \pm 0{,}1)\,\text{A}$, $P = R \cdot I^2$

a) Ermitteln Sie eine Formel zur Berechnung der Unsicherheit der Leistung P!
b) Berechnen Sie Leistung und Unsicherheit konkret!

Aufgabe 3.2.4

Lösungsvorschlag:

a) $P(R, I) = R \cdot I^2$, $\dfrac{\partial P}{\partial R} = I^2$, $\dfrac{\partial P}{\partial I} = 2RI$

$$\Delta P = I^2 \cdot \Delta R + 2RI \cdot \Delta I \ \big| : P(R, I) \ \Leftrightarrow \ \frac{\Delta P}{P} = \frac{\Delta R}{R} + 2\frac{\Delta I}{I}$$

b) $P = R \cdot I^2 = 53\,\Omega \cdot (4{,}3\,\text{A})^2 = 980\,\text{W}$

$\dfrac{\Delta P}{P}\,[\text{in \%}] = 100 \left(\dfrac{3}{53} + 2\dfrac{0{,}1}{4{,}3}\right) = 10\%$, $\quad P = (980 \pm 100)\,\text{W}$

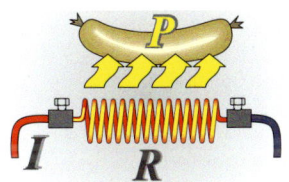

Strom I in A, Verbraucherwiderstand R in Ω und abgegebene Leistung P in W

Natürlich hätte man die Unsicherheit auch ohne durch den Funktionswert zu dividieren errechnen können. Hier wird damit gezeigt, dass sich bei Produkten (auch bei Quotienten) nicht die *absoluten Fehler*, sondern die *relativen Fehler* addieren. In der folgenden Aufgabe geht es um die Einwohnerentwicklung einer boomenden Stadt. Für die Stadtplanung wäre es katastrophal, wenn Vorausabschätzungen um eine oder mehrere Zehnerpotenzen danebenliegen. Unsicherheiten der Größenordnung 10 % sind dagegen vertretbar.

Aufgabe 3.2.5

Aufgabe:

Sei $N = N_0 \exp(\lambda \cdot t)$, $N_0 = 3\,000\,000 \pm 5\%$, $\lambda = 0{,}03\,\tfrac{1}{a} \pm 50\%$, $t = 5\,a$

a) Ermitteln Sie eine Formel zur Berechnung der Unsicherheit der Bevölkerungszahl N nach 5 Jahren!
b) Berechnen Sie Bevölkerungszahl und Unsicherheit konkret!

Lösungsvorschlag:

a) $N(N_0, \lambda) = N_0 \exp(\lambda \cdot t)$, $\dfrac{\partial N}{\partial N_0} = \exp(\lambda \cdot t)$, $\dfrac{\partial P}{\partial \lambda} = N_0 t \exp(\lambda \cdot t)$

$\Delta N = \exp(\lambda \cdot t)\Delta N_0 + N_0 t \exp(\lambda \cdot t)\Delta\lambda \bigm| : N(N_0, \lambda) \Leftrightarrow \dfrac{\Delta N}{N} = \dfrac{\Delta N_0}{N_0} + t \cdot \Delta\lambda$

b) $N = 3 \cdot 10^6 \exp(0{,}03 \cdot 5) = 3{,}5 \cdot 10^6$, $\dfrac{\Delta N}{N}\,[\text{in \%}] = 5 + 100 \cdot 5 \cdot 0{,}015 \approx 13\%$

$N = 3\,500\,000 \pm 13\%$

Unsicherheiten werden nach oben gerundet.

Aufgabe 3.2.6

Aufgabe:

$f: \mathbb{R} \to \mathbb{R}$, $x \mapsto y$ mit $y = C \cdot x^n$

a) Die Funktion $f(x)$ sei eine Potenzfunktion. Wie errechnet sich die Unsicherheit von y, wenn sowohl C mit der Unsicherheit ΔC und x mit der Unsicherheit Δx behaftet sind?
b) Notieren Sie eine handliche Formel für die relativen Unsicherheiten!
c) Wie sieht die Formel aus, wenn man sich beim Fehlerfortpflanzungsgesetz für die Quadratsummenalternative entscheidet?

Lösungsvorschlag:

Zu a) $y(C, x) := C \cdot x^n$, $\dfrac{\partial y}{\partial C} = x^n$, $\dfrac{\partial y}{\partial x} = n \cdot C \cdot x^{n-1}$

$\Delta y = |x|^n \Delta C + |n| \cdot |C| \cdot |x|^{n-1} \Delta x \bigm| : \underbrace{|C| \cdot |x|^n}_{|y|}$

Zu b) $\dfrac{\Delta y}{|y|} = \dfrac{|x|^n \Delta C}{|C| \cdot |x|^n} + \dfrac{|n| \cdot |C| \cdot |x|^{n-1} \Delta x}{|C| \cdot |x|^n}$

$\dfrac{\Delta y}{|y|} = \dfrac{\Delta C}{|C|} + |n|\dfrac{\Delta x}{|x|}$ $\Bigg\{$ Relativer Fehler des Faktors plus dem n-fachen relativen Fehler der Basis

Zu c) $\dfrac{\Delta y}{|y|} = \sqrt{\dfrac{x^{2n}}{C^2 x^{2n}}(\Delta C)^2 + \dfrac{n^2 C^2 x^{2n-2}}{C^2 x^{2n}}(\Delta x)^2} = \sqrt{\left(\dfrac{\Delta C}{C}\right)^2 + n^2\left(\dfrac{\Delta x}{x}\right)^2}$

3.3 Von Bergen, Tälern und Bergsätteln

In der Analysis I wird im Anschluss an die Behandlung der Ableitung üblicherweise die „Kurvendiskussion" vermittelt. Das Bergwiesenbeispiel zeigt, dass aus der Kurvendiskussion eine „Gebirgsuntersuchung" wird, wenn es um Funktionen mit zwei Variablen geht. Da jedoch die wichtigen Feldfunktionen drei Ortsvariable besitzen, erscheint eine Berg-und-Tal-Analyse zweistelliger Funktionen mehr in den Bereich Beschäftigungstherapie zu fallen. Ganz so kritisch muss man es doch nicht sehen. Nehmen wir beispielsweise das Luftdruckfeld. Sobald wir dieses Feld nur in Erdbodennähe betrachten, kann der Druck dort als zweistellige Funktion angesehen werden. Es wird wohl doch sinnvoll sein, sich mit der „Kurvendiskussion" zweistelliger Funktionen zu befassen.

Eigentlich handelt es sich lediglich um die Untersuchung von Funktionsgraphen einstelliger Funktionen.

Hier heißt das: „Untersuchung auf Extremstellen".

Bei der Kurvendiskussion werden lokale Eigenschaften der Funktionen gesucht. Lokal, das heißt, es wird nur eine kleine Umgebung einer bestimmten Stelle betrachtet. Sobald es sich lediglich um (beliebig) kleine Umgebungen handelt, ist die Taylorreihe die geeignete Sonde, denn man kann die Umgebung der „Lokalität" so weit zusammenziehen, dass die Funktion in hinreichender Genauigkeit bereits durch ein *Taylorpolynom* wiedergegeben wird. Die lokalen Eigenschaften der Funktion können somit dem Taylorpolynom entnommen werden. Aber wie erhält man Taylorreihen für zweistellige Funktionen? Hier hilft ein Trick – man kann eine zweistellige Funktion f durch Verkettung mit linearen Funktionen $x(t)$ und $y(t)$ vorübergehend in eine einstellige überführen:

Je enger man die Umgebung zusammenzieht, umso geringer kann der Grad des Taylorpolynoms sein.

$$\varphi(t) := f(x(t), y(t)) \text{ mit } x(t) := x_0 + \Delta x \cdot t \text{ und } y(t) := y_0 + \Delta y \cdot t$$
$$x(0) = x_0, \, y(0) = y_0 : \, \varphi(0) = f(x_0, y_0)$$

(3.3.1)

Wegen der Verkettung verlieren die Variablen x und y ihre Unabhängigkeit. Dabei sind $x_0, y_0, \Delta x$ und Δy (zunächst) als Parameter anzusehen. Die Taylorentwicklung an der Stelle $t = 0$ sieht dann wie folgt aus:

Vorübergehend!

$$\varphi(t) = \varphi(0) + \tfrac{1}{1!}\dot{\varphi}(0)\,t + \tfrac{1}{2!}\ddot{\varphi}(0)\,t^2 + \tfrac{1}{3!}\dddot{\varphi}(0)\,t^2 + \ldots$$

(3.3.2)

Bei der ersten Ableitung handelt es sich um nichts weiter als die im vorherigen Abschnitt besprochene totale Ableitung nach t (vgl. *(Bild 3.2.4)*):

$$\dot{\varphi}(t) = \frac{d\,f(x(t), y(t))}{dt} = f_x(x,y)\frac{dx}{dt} + f_y(x,y)\frac{dy}{dt}$$
$$\frac{dx}{dt} = \dot{x} = \Delta x, \, \frac{dy}{dt} = \dot{y} = \Delta y : \, \underline{\underline{\dot{\varphi}(t) = f_x(x,y)\Delta x + f_y(x,y)\Delta y}}$$

(3.3.3)

Die beiden partiellen Ableitungen in *(3.3.3)* hängen wie $f(x, y)$ explizit von x und y und implizit von t ab. Zur Ermittlung der zweiten Ableitung muss das in *(3.3.3)* doppelt unterstrichene Konstrukt noch einmal total nach t abgeleitet werden:

Beachten Sie bitte die Definition von Δx und Δy in (3.3.1)!

(3.3.4)

$$\ddot{\varphi}(t) = \left(f_{xx}(x,y)\Delta x + f_{yx}(x,y)\Delta y\right)\cdot \dot{x} + \left(f_{xy}(x,y)\Delta x + f_{yy}(x,y)\Delta y\right)\cdot \dot{y}$$
$$= f_{xx}(x,y)\Delta x^2 + 2f_{xy}(x,y)\Delta x \Delta y + f_{yy}(x,y)\Delta y^2 \quad \text{wegen } f_{xy} = f_{yx}$$

Für die Taylorreihe benötigen wir Funktionswert und Ableitungen an der Stelle $t = 0$ (s. (3.3.2)). Da $x(0) = x_0$ und $y(0) = y_0$ (s. (3.3.1)) ergibt sich:

(3.3.5)

$$\varphi(t) = f(x_0,y_0) + \frac{1}{1!}\left(f_x(x_0,y_0)\Delta x + f_y(x_0,y_0)\Delta y\right)t$$
$$+ \frac{1}{2!}\left(f_{xx}(x_0,y_0)\Delta x^2 + 2f_{xy}(x_0,y_0)\Delta x \Delta y + f_{yy}(x_0,y_0)\Delta y^2\right)t^2 + \ldots$$

Das Verfahren lässt sich mithilfe höherer totaler Ableitungen fortsetzen.

Jetzt schöpfen wir den Trick vollends aus! Setzen wir $t = 1$ und entlassen die Parameter $\Delta x \;(= x - x_0)$ und $\Delta y \;(= y - y_0)$ in die Freiheit – d. h., die Parameter werden zu freien Variablen – so haben wir schließlich die Taylorreihe einer zweistelligen Funktion:

(3.3.6)

$$f(x,y) = f(x_0,y_0) + \frac{1}{1!}\left(f_x(x_0,y_0)\Delta x + f_y(x_0,y_0)\Delta y\right)$$
$$+ \frac{1}{2!}\left(f_{xx}(x_0,y_0)\Delta x^2 + 2f_{xy}(x_0,y_0)\Delta x \Delta y + f_{yy}(x_0,y_0)\Delta y^2\right) + \ldots$$

In dem linearen Summand von (3.3.6) erkennt man das totale Differenzial df. Den eingeklammerten Term im folgenden Summanden nennt man *Differenzial 2. Ordnung* und schreibt dafür d^2f. Eine Ersetzung der Deltas durch lateinische d's ist nicht üblich. Die Untersuchungssonde „Taylorreihe" steht nun bereit. Wir suchen „Bergkuppen" und „Talmulden". Ein Blick zurück auf die Bergwiese in *Bild 3.2.2* zeigt, dass die Gämse nur dann auf einer Bergkuppe oder einer Talmulde steht, wenn die Steigungen dort in sämtlichen Richtungen gleich null sind. Das ist nur dann der Fall, wenn der Gradient dort gleich null ist (vgl. (3.2.12)). „Notwendig" für die Existenz einer *Extremstelle* ist daher:

(3.3.7)

$$(x,y) \text{ ist Extremstelle} \;\Rightarrow\; \vec{\nabla}f = 0 \text{ bzw. } f_x(x,y) = 0 \;\wedge\; f_y(x,y) = 0$$

Sammelbegriff für Stellen, die die notwendige Bedingung erfüllen: stationäre Stellen bzw. inklusive z-Koordinate: stationäre Punkte.

Wie bei den einstelligen Funktionen spricht man von relativen Maxima und Minima.

Ein Sattelpunkt ist ebenfalls ein stationärer Punkt.

Für die folgenden lokalen Untersuchungen der Funktion $f(x, y)$ an der Stelle (x, y) können wir Δx und Δy so klein wählen, dass die Funktion dort hinreichend durch das Taylorpolynom 2. Grades beschrieben wird. Nehmen wir nun an, die Stelle (x_0, y_0) würde die „notwendige Bedingung" (3.3.7) erfüllen. Dann muss uns das Differenzial der nächsten Ordnung sagen, welcher Art diese Stelle ist. Wenn das Differenzial 2. Ordnung ebenfalls verschwindet, müssten wir entweder passen oder uns mit dem Differenzial 3. Grades abmühen. Sollte das Differenzial zweiter Ordnung in der „engsten Umgebung" immer positiv sein, heißt das: Unabhängig in welche Richtung man sich wendet, es geht bergauf. Man befindet sich in einer Mulde (*relatives Minimum*). Bedenken Sie, Δx und Δy dürfen – je nach dem in welche Richtung man geht – positiv oder negativ sein. Ist das Differenzial dagegen immer negativ, erfolgt in jeder Richtung ein Abstieg – es liegt ein *relatives Maximum* vor. Sollte es aber sowohl Bergauf-Wege als auch Bergab-Wege geben, das heißt, das Differenzial kann unterschiedliche Vorzeichen aufweisen, muss es sich um einen *Sattelpunkt* handeln.

Bei einstelligen Funktionen war die Sache einfach. Dort gab es nur „Wege" in x-Richtung und das Vorzeichen der zweiten Ableitung sagte bereits aus, ob es in

3.3 Von Bergen, Tälern und Bergsätteln

der Umgebung der fraglichen Stelle bergauf oder bergab geht. Jetzt gibt es viele Pfade, die an der Stelle (x_0, y_0) ihren Ausgangspunkt haben und es muss herausgefunden werden, wie sich das Vorzeichen des Differenzials zweiter Ordnung bei diesen vielen Pfaden verhält. Wenn sowohl f_{xx} als auch f_{yy} gleich null sind, aber f_{xy} nicht verschwindet, ist die Entscheidung einfach. Es gibt Wege bergauf, aber auch welche bergab. An der Stelle (x_0, y_0) liegt ein Sattelpunkt vor. Ist aber mindestens eine der doppelten partiellen Ableitungen ungleich null, ist die Entscheidung leider (wieder) nur mit einem Trick möglich. Zunächst klammert man die von null verschiedene partielle Ableitung aus. Wir nehmen an $f_{xx}(x_0, y_0)$ sei ungleich null (sonst würde f_{yy} ausgeklammert).

Beispiel $f_{xy} > 0$:
$sgn(\Delta x) = sgn(\Delta y)$: bergauf
$sgn(\Delta x) \neq sgn(\Delta y)$: bergab

$$d^2 f = f_{xx}\Delta x^2 + 2f_{xy}\Delta x\Delta y + f_{yy}\Delta y^2 \quad | f_{xx} \text{ ausklammern, null einfügen}$$

$$= f_{xx}\left(\Delta x^2 + 2\frac{f_{xy}}{f_{xx}}\Delta x\Delta y + \frac{f_{yy}}{f_{xx}}\Delta y^2 + 0\right) \quad \Big| \; 0 = \left(\frac{f_{xy}}{f_{xx}}\right)^2 \Delta y^2 - \left(\frac{f_{xy}}{f_{xx}}\right)^2 \Delta y^2$$

(3.3.8)

Das Ausklammern in (3.3.8) müsste Routine sein, aber der „Trick-mit-der-Null" ist es nicht. Das Raffinierte dabei ist, die Null durch eine passende Differenz von Termen zu ersetzen. Der erste Summand des in (3.3.8) bereits vorgegebenen Terms ermöglicht den erfolgreichen Einsatz der 1. binomischen Formel:

Darauf müssen Sie als Einsteiger nicht selber kommen!

$$d^2 f = f_{xx}\left[\left(\Delta x + \frac{f_{xy}}{f_{xx}}\Delta y\right)^2 + \frac{f_{yy}}{f_{xx}}\Delta y^2 - \left(\frac{f_{xy}}{f_{xx}}\right)^2 \Delta y^2\right]$$

(3.3.9)

$$= f_{xx}\left[\left(\Delta x + \frac{f_{xy}}{f_{xx}}\Delta y\right)^2 + \frac{f_{xx}f_{yy} - f_{xy}^2}{f_{xx}^2}\Delta y^2\right] \; , \; D := f_{xx}f_{yy} - f_{xy}^2$$

Quadratische Terme sind immer positiv. Das Vorzeichenverhalten des Differenzials hängt nur noch von der ausgeklammerten partiellen Ableitung $f_{xx}(x_0, y_0)$ sowie dem *Diskriminante* genannten Zähler im zweiten Summanden der eckigen Klammer ab. Im Falle einer positiven Diskriminante ist der komplette Term in der eckigen Klammer durchgängig positiv. Das Vorzeichen von $d^2 f$ hängt einzig von der ausgeklammerten partiellen Ableitung $f_{xx}(x_0, y_0)$ ab. Ist sie positiv, liegt ein Minimum vor, ist sie negativ, hat man es mit einem Maximum zu tun. Sollte die Diskriminante negativ sein, kann der Term [...] je nach Wahl von Δx und Δy positiv, aber eben auch negativ werden. Es liegt ein Sattelpunkt vor. Verschwindet die Diskriminante, ist keine Aussage möglich. Die Überlegungen liefern nur hinreichende Bedingungen – wir werden uns damit begnügen müssen.

$$D = \begin{vmatrix} f_{xx} & f_{xy} \\ f_{xy} & f_{yy} \end{vmatrix}$$

Gut zu merken: Diskriminante in Determinantenform

Extremwerte und Sattelpunkte:

$f : \mathbb{R}^2 \to \mathbb{R}, (x, y) \mapsto z$ mit $z = f(x, y)$

f hat an der Stelle (x_0, y_0) einen Extrem- oder Sattelpunkt, wenn **dort** gilt:

$\underbrace{f_x(x_0, y_0) = 0 \wedge f_y(x_0, y_0) = 0}_{\text{Bedingungen für einen stationären Punkt}} \wedge \begin{cases} D > 0 \wedge (f_{xx} < 0 \vee f_{yy} < 0) & \text{rel. Maximum} \\ D > 0 \wedge (f_{xx} > 0 \vee f_{yy} > 0) & \text{rel. Minimum} \\ D < 0 & \text{Sattelpunkt} \\ D = 0 & \text{(leider) keine Aussage} \end{cases}$

Merksatz 3.3.1

Um eine Kontrolle der ersten Ableitungen zu haben, sollte man beide gemischten Ableitungen erstellen.

Lassen Sie uns unsere Bergwiese als erstes Beispiel nehmen, auch wenn anhand der Bilder die Verhältnisse längst klar sind. Es ist immer gut, wenn man vorher weiß, was herauskommen muss. Im ersten Schritt stellt man immer die partiellen Ableitungen bereit:

$$f(x,y) = -0,01(x^2 + y^2) + 0,38x + 0,32y + 6,03$$

(3.3.10)

Ableitungen: $\begin{cases} f_x(x,y) = -0,02x + 0,38, & f_{xy}(x,y) = 0, & f_{xx}(x,y) = -0,02, \\ f_y(x,y) = -0,02y + 0,32, & f_{yx}(x,y) = 0, & f_{yy}(x,y) = -0,02 \end{cases}$

Im nächsten Schritt sucht man die Stellen, an denen das totale Differenzial gleich null ist (Die Mengenbezeichnung P_0 steht für „**P**artielle Ableitung null"):

(3.3.11)

$\left. \begin{array}{l} f_x(x,y) = 0 \Leftrightarrow -0,02x + 0,38 = 0 \Leftrightarrow x = 19 \\ f_y(x,y) = 0 \Leftrightarrow -0,02y + 0,32 = 0 \Leftrightarrow y = 16 \end{array} \right\} P_0 = \{(19, 16)\}$

Das Gleichungssystem (3.3.11) hat nur eine einzige Lösung. Es gibt daher nur die eine Stelle, an der die beiden ersten partiellen Ableitungen gleich null sind. Die weiteren Eigenschaften stecken in der Diskriminante und der zweiten partiellen Ableitung an dieser Stelle:

(3.3.12)

$$D = f_{xx}f_{yy} - f_{xy}^2 \Big|_{(19;16)} = 0,0004 > 0 \ \land \ f_{xx}(19,16) = -0,02 < 0 \ \Rightarrow \text{Maximum}$$

Zur Ergänzung sollte man noch den Funktionswert an der Stelle errechnen:

(3.3.13)

$$f(19,16) = -0,01(19^2 + 16^2) + 0,38 \cdot 19 + 0,32 \cdot 16 + 6,03 = 12,2$$

Das Maximum hat die Koordinaten $(19, 16, 12{,}2)$

$z = -(x^2 + y^2)$

Üblicherweise ist es das Ziel einer „klassischen Kurvendiskussion", sich über den Verlauf des Funktionsgraphen ein Bild machen zu können. Extremwerte und Wendepunkte helfen dabei, den Bereich des Definitionsbereichs herauszufinden, in dem eine grafische Darstellung sinnvoll ist. Unsere Bergwiese ist eigentlich ein Beispiel für Funktionen, bei denen Extremwert-Untersuchungen unnötig sind. Hätte man ein wenig mit dem Funktionsterm gespielt und ihn in der folgenden Form dargestellt, wäre offensichtlich geworden, dass es sich um einen umgestülpten *Paraboloiden* handelt.

(3.3.14)

$$f(x,y) = 12,2 - 0,01\left((x-19)^2 + (y-16)^2\right)$$

Das folgende Beispiel ist dagegen wesentlich borstiger. Der Funktionsterm hat bereits seine optimale Form und irgendwelche Grafiken stehen auch nicht bereit (es sei denn, Sie „spicken" irgendwo):

$$f(x,y) = 0,1(x^3 + y^3 - 3xy)$$

(3.3.15)

Ableitungen: $\begin{cases} f_x = 0,3(x^2 - y), & f_{xy} = -0,3, & f_{xx} = 0,6x \\ f_y = 0,3(y^2 - x), & f_{yx} = -0,3, & f_{yy} = 0,6y \end{cases}$

3.3 Von Bergen, Tälern und Bergsätteln

Beginnen wir mithilfe der notwendigen Bedingung die fraglichen Stellen, an denen sich Extremwerte oder Sattelpunkte befinden, herauszusuchen. Die notwendige Bedingung produziert ein in der Regel nichtlineares Gleichungssystem – Standard-Lösungsmethode: Einsetzverfahren:

Wir suchen stationäre Stellen!

$$x^2 - y = 0 \wedge y^2 - x = 0 \quad |\text{(I) nach } y \text{ auflösen und in (II) einsetzen}$$
$$\Leftrightarrow \left(y = x^2 \wedge x^3(x-1) = 0\right) \Leftrightarrow \left((x = 0 \wedge y = 0) \vee (x = 1 \wedge y = 1)\right)$$

(3.3.16)

Das Gleichungssystem ist freundlich und liefert zwei Stellen, an denen weitere Untersuchungen gemacht werden müssen:

$$D(0, 0) = -0{,}09 < 0 \qquad \Rightarrow \text{Sattelpunkt } (0, 0, 0)$$
$$\left(D(1, 1) = 0{,}36 - 0{,}09 > 0 \wedge f_{xx}(1, 1) = 0{,}6 > 0\right) \Rightarrow \text{Tiefpunkt } (1, 1, -0{,}1)$$

(3.3.17)

Mithilfe des Funktionsterms berechnet man zu fraglichen Stellen die Funktionswerte und erhält dann „richtige" Punkte (des Anschauungsraums). In unserem Fall ist alles klar: Die Funktion muss in der Umgebung der Stellen (0, 0) und (1, 1) grafisch dargestellt werden. Heutzutage ist das keine Quälerei mehr: Tabellenkalkulationen können das bereits. Teure Spezialprogramme sind nicht erforderlich. Das folgende Bild ist dem nachempfunden, was Excel anbietet:

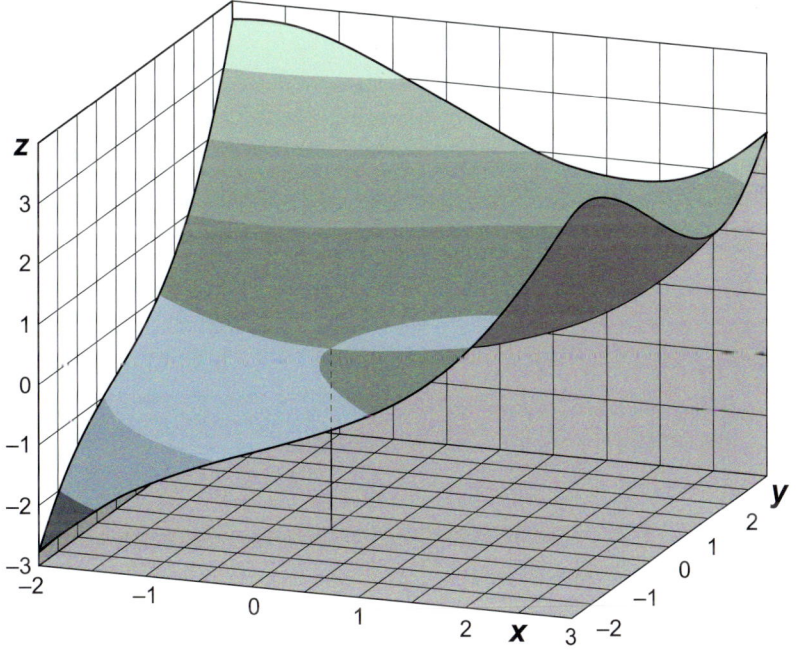

Die Farbgebung ist Geschmacksache!

Bild 3.3.1
Graph einer zweistelligen Funktion in perspektivischer Darstellung

Das Bild zeigt eine Mulde, in der ein Riese bequem Platz nehmen könnte. Er müsste sich aber über einen nassen Hintern ärgern, denn das Minimum liegt in einem flachen „Gebirgssee". Zu erkennen ist auch der Sattelpunkt an der Stelle (0, 0). Hier steilt der Graph nach zwei Seiten auf und fällt nach einer Seite steil ab. Zur anderen Seite geht er in die flache Mulde über. Excel bietet alternativ an, den Funktionsgraphen als Höhenlinienbild darzustellen. Derartige Höhenlinienbilder sind mindestens genauso instruktiv wie perspektivische Bilder. Sie bieten den Vorteil, zumindest die Draufsicht des Graphen verzerrungsfrei wiederzugeben:

Tiefe = 0,1 Einheiten

Ein Höhenlinienbild kommt ohne Farbabstufungen aus. Der blaue See ist (unnötige) Kosmetik!

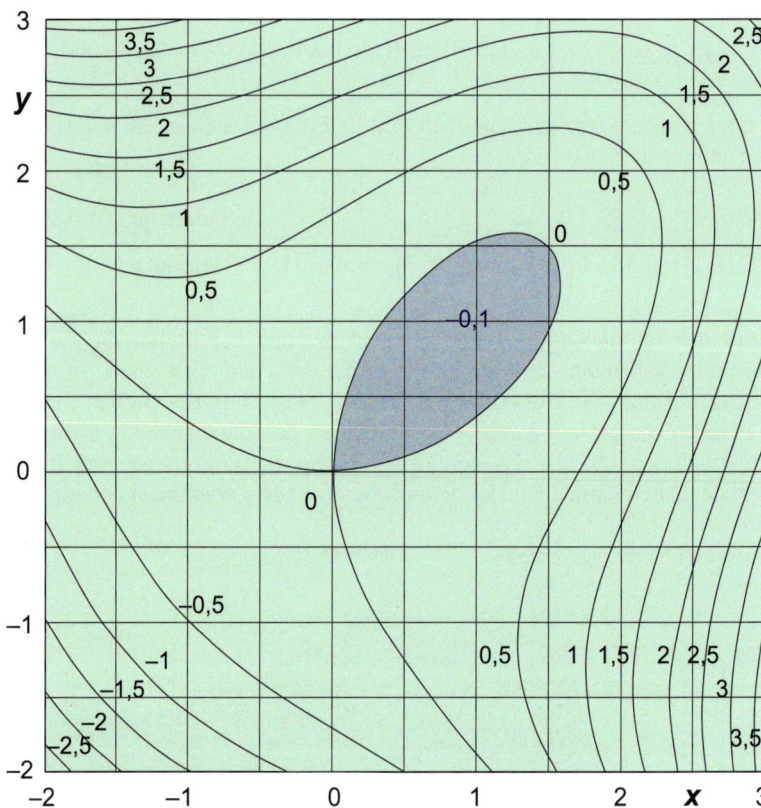

Bild 3.3.2
Höhenlinienbild einer zweistelligen Funktion

Besonders interessant ist die Null-Höhenlinie. Im Sattelpunkt ergibt sich eine „Kreuzung" – wir kommen im nächsten Abschnitt darauf zurück.

Tabelle 3.3.1
Wertematrix für die grafische Darstellung einer zweistelligen Funktion

Wertematrix von $f(x, y)$

B3 f_x =0,1*(x^3+y^3-3*x*y)

	A	B	C	D	E	F
1	y\x	–2,00	–1,90	–1,80	–1,70	–1,60
2	–2,00	–2,80	–2,63	–2,46	–2,31	–2,17
3	–1,90	–2,63	–2,45	–2,30	–2,15	–2,01
4	–1,80	–2,46	–2,30	–2,14	–1,99	–1,86
5	–1,70	–2,31	–2,15	–1,99	–1,85	–1,72
6	–1,60	–2,17	–2,01	–1,86	–1,72	–1,59

Die Tabelle zeigt die obere linke Ecke einer Wertematrix der darzustellenden Funktion, die eine Tabellenkalkulation benötigt, um zweistellige Funktionen grafisch darstellen zu können. Die Zelle A1 bleibt frei oder wird mit „y\x" beschriftet. Die restliche erste Zeile – also ab B2 – nimmt die *x*-Argumente auf. Spalte A ist ab A2 für die y-Argumente vorgesehen. In den Elementen der Wertematrix stehen die Formeln. Sie mögen sich wundern, dass beispielsweise in Zelle B3 nicht etwa „=0,1*(B1^2+A3^2-3*B1*A3)" steht, sondern *x* und *y* als Variable verwendet werden konnten (*s. Bild 3.3.3*). Das ist deshalb möglich, weil nicht nur einzelne Zellen, sondern auch komplette Zeilen oder Spalten umbenannt werden können. Hier wurde Zeile 1 in *x* und Spalte A in *y* umbenannt. Die Formel greift dann immer auf die Argumente in derselben Zeile bzw. Spalte zurück. Im Bild ist $x = -2{,}00$ und $y = -1{,}90$. Die einzelnen Schritte sind in der folgenden Aufgabe enthalten:

Die Umbenennung der ersten Zeile und der ersten Spalte ist optional. Die Unübersichtlichkeit der Formeln wird dadurch etwas abgemildert.

Aufgabe:
Starten Sie Ihre Tabellenkalkulation und führen folgende Operationen durch:
a) Zeile 1: A1→ y\x ⟨Enter⟩, B1→ –2 ⟨Enter⟩, B1→ *Bearbeiten/Füllbereich /Reihe/Zeilen/Inkrement 0,1/Endwert 3* ⟨OK⟩
b) Die 1 der Zeilenbeschriftung anklicken! Menü *Formeln/Definierte Namen/ Namen definieren* → x ⟨OK⟩
c) Spalte A: A2 → –2 ⟨Enter⟩, A2→ *Bearbeiten/Füllbereich/Reihe/Spalten/ Inkrement 0,1/Endwert* 3⟨OK⟩
d) Das A der Spaltenbeschriftung anklicken. Menü *Formeln/Definierte Namen/ Namen definieren* → y ⟨OK⟩
e) B2 → =0,1*(x^3+y^3-3*x*y) ⟨Enter⟩, B2 anklicken und Maus mit gedrückter linker Maustaste nach unten ziehen bis alle Zellen von B2 bis B52 markiert sind, dann ⟨Strg⟩⟨U⟩ drücken.
f) B2 bis B52 markieren und die Maus nach rechts ziehen, bis alle Spalten bis Spalte AZ markiert sind, dann ⟨Strg⟩⟨R⟩ drücken.
g) A1 bis AZ52 markieren. Menü *Einfügen/Diagramme/Andere Diagramme/ Oberfläche/3D-Oberfläche* oder *Oberfläche von oben*.
Den anschließenden „Kampf" mit den vielen Optionen müssen Sie selber bestehen. Wichtig: Klicken Sie in der 3D-Darstellung die Werteachse mit der rechten Maustaste an. Wählen Sie im Kontextmenü *Achse formatieren*! Jetzt haben Sie die Möglichkeit, die Intervalle für die Höhenlinien zu ändern.

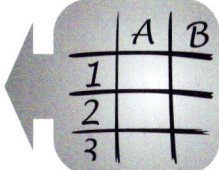

Aufgabe 3.3.1

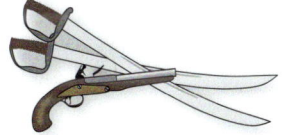

Hilfen für den Kampf mit sehr vielen Optionen:

Wenn Sie es geschafft haben passable Diagramme auf Ihren Bildschirm zu zaubern, sind Sie gerüstet für die nächste Aufgabe:

Aufgabe:
$f : \mathbb{R}^2 \to \mathbb{R}, \ (x,y) \mapsto z$ mit $z = 9x^2 + y^2 - (x^2 + y^2)^2$
a) Erstellen Sie mithilfe einer Tabellenkalkulation eine Wertematrix (Inkrement 0,1) der Funktion sowie deren Graphen als 3D-Oberfläche bzw. als „Oberfläche von oben" (Höhenlinien) : $-3 \leq x \leq 3, -2 \leq y \leq 2$
b) Untersuchen Sie den Graphen der Funktion auf Extremwerte und Sattelpunkte.
c) Welche Besonderheiten weist die Funktion in der Umgebung der Stelle (0, 0) auf?

Kein Damenbekleidungsstück, sondern eine Doppelhügelinsel:

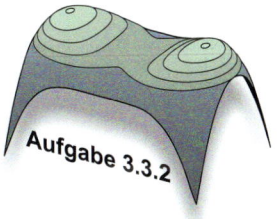

Aufgabe 3.3.2

Eine schöne Badebucht im Norden und eine im Süden

Bild 3.3.3
Excel-Höhenlinienbild einer Doppelhügelinsel

Benötigen Sie Hilfe, hier ist sie:

Beachten Sie bitte die Äquivalenz!

$$u(x,y) \cdot v(x,y) = 0 \Leftrightarrow$$
$$u(x,y) = 0 \vee v(x,y) = 0$$

Diese Junktionen lassen sich „ausmultiplizieren":

$$(\varphi_1 \vee \varphi_2) \wedge (\varphi_3 \vee \varphi_4) =$$
$$(\varphi_1 \wedge \varphi_3) \vee (\varphi_1 \wedge \varphi_4) \vee \ldots$$
$$(\varphi_2 \wedge \varphi_3) \vee (\varphi_2 \wedge \varphi_4)$$

Lösungsvorschlag:

Zu a)

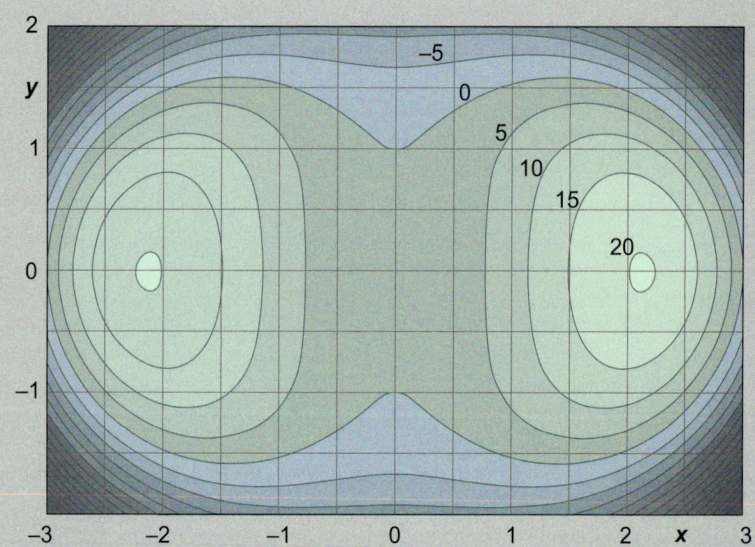

Ableitungen: $\begin{cases} f_x = 18x - 4x(x^2+y^2), \; f_{xy} = -8xy, \; f_{xx} = 18 - 4(3x^2+y^2) \\ f_y = 2y - 4y(x^2+y^2), \; f_{yx} = -8xy, \; f_{yy} = 2 - 4(x^2+3y^2) \end{cases}$

Zu b) f ist bez. beider Koordinatenachsen achsensymmetrisch!

Stat. Pkte. $= \{(x,y) \mid 18x - 4x(x^2+y^2) = 0 \wedge 2y - 4y(x^2+y^2) = 0\} = ?$

$[x = 0 \vee 9 - 2(x^2+y^2) = 0] \wedge [y = 0 \wedge 1 - 2(x^2+y^2) = 0]$

$\Leftrightarrow [x = 0 \wedge y = 0] \vee [x = 0 \wedge 1 - 2(x^2+y^2) = 0] \vee [y = 0 \wedge \ldots$
$9 - 2(x^2+y^2) = 0] \vee [9 - 2(x^2+y^2) = 0 \wedge 1 - 2(x^2+y^2) = 0]$

$\Leftrightarrow [x = 0 \wedge y = 0] \vee [x = 0 \wedge y = \pm \tfrac{1}{\sqrt{2}}] \vee [x = \pm \tfrac{3}{\sqrt{2}} \wedge y = 0] \vee \cancel{9\!\!\!\neq\!\!\!2}$

Untersuchung mittels Diskriminante und f_{xx}:

$D(0,0) = 36 \wedge f_{xx}(0,0) = 18 > 0$: \qquad Minimum $(0, 0, 0)$

$D(\pm \tfrac{3}{\sqrt{2}}, 0) = 36 \cdot 16 \wedge f_{xx}(\pm \tfrac{3}{\sqrt{2}}, 0) = -36 < 0$: Maxima $(\pm \tfrac{3}{\sqrt{2}}, 0, 20\tfrac{1}{4})$

$D(0, \pm \tfrac{1}{\sqrt{2}}) = -64 < 0$: \qquad Sattelpunkte $(0, \pm \tfrac{1}{\sqrt{2}}, \tfrac{1}{4})$

Zu c) Der Funktionsgraph bildet im Punkt (0; 0; 0) eine sehr flache Mulde, die von den beiden Maxima und zwei sehr flachen (Berg-)Sätteln begrenzt wird. Diese schwache Kontur wird von den grafischen Darstellungen nicht wiedergegeben. Da die Mulde die x,y-Ebene berührt, steuert sie für die Null-Höhenlinie einen „isolierten Punkt" bei.

3.3 Von Bergen, Tälern und Bergsätteln

Aufgabe:

$f : [-2, +2]^2 \to \mathbb{R}, \ (x, y) \mapsto z \ \ \text{mit} \ \ z = 0{,}5x^3 - y^2$

a) Untersuchen Sie die Funktion auf Extremwerte und Sattelpunkte!
b) Erstellen Sie mithilfe einer Tabellenkalkulation eine Wertematrix (Inkrement 0,1) der Funktion sowie deren Graphen als 3D-Oberfläche bzw. als „Oberfläche von oben" (Höhenlinien)
c) Welche Besonderheiten weist die Funktion an der Stelle (0, 0) auf?

Aufgabe 3.3.3

Lösungsvorschlag:

Zu a) $f(x, y) = 0{,}5x^3 - y^2$, Ableitungen: $\begin{cases} f_x = 1{,}5x^2, \ f_{xy} = 0, \ f_{xx} = 3x \\ f_y = -2y, \ f_{yx} = 0, \ f_{yy} = -2 \end{cases}$

Stationäre Punkte $= \left\{ (x, y) \ \middle| \ 1{,}5x^2 = 0 \ \wedge \ -2y = 0 \right\} = \underline{\underline{\{(0, 0)\}}}$

Untersuchung mittels Diskriminante:

$$D(0, 0) = f_{xx} f_{yy} - f_{xy}^2 \Big|_{0,0} = 0 \cdot (-2) - 0 = 0$$

Keine Extremwerte! Bei $(0, 0)$ keine Aussage möglich.

Damit muss man rechnen: Die Bedingungen für Extrem- und Wendepunkte sind nur hinreichend. Es kann daher vorkommen, dass sie keine Aussage ermöglichen.

Zu b)

An der Schärenküste lässt sich sicher so ein Felsen finden.

Bild 3.3.4
Ein Funktionsgraph als wasserumspülter Schärenfelsen

Zu c) Anhand der Zeichnung ist zu erkennen, dass der Funktionsgraph an der Stelle (0, 0) lediglich in positive x-Richtung ansteigt. Für einen Sattelpunkt wäre auch ein Anstieg in negative x-Richtung erforderlich gewesen. Man könnte den linken Teil als Ausläufer eines wasserumspülten Felsbuckels interpretieren. Obwohl der „Felsbrocken" weder Ecken noch Kanten aufweist, hat die Null-Höhenlinie eine Spitze.

Kaum zu glauben: Eine Höhenlinie kann eine Spitze haben.

3.4 Von Kurven und Singularitäten

Höhenlinienbilder zweistelliger Funktionen scheinen eine leicht realisierbare Alternative zu perspektivischen Darstellungsweisen zu sein. Mit entsprechender Rechnerunterstützung stimmt das auch. Es kommt aber vor, dass man von einer bestimmten Höhenlinie exakte Informationen benötigt und dann kann es mühselig werden. Eine zweistellige Funktion mutiert zu einer (zweistelligen) Relation, wenn man deren abhängige Variable – beispielsweise mit z benannt – zum Parameter oder gar zur Konstanten degradiert. Um Relationen eine einheitliche Form zu geben, bringt man gerne die zum Parameter herabgestufte Variable auf die rechte Seite. Die Relation wird damit zur Null-Höhenlinie der Funktion $F(x, y) := f(x, y) - C$. Auch von einer weiteren Option macht man gerne Gebrauch: Man fasst die Relation als **zweistellige** Funktion auf, deren Wertebereich aus einem einzigen Element besteht: der Zahl null.

Selbstverständlich muss der Parameter oder die Konstante C aus dem Wertebereich der Funktion f(x, y) stammen!

Die Nullhöhenlinie ist als Wasserlinie interpretierbar.

(3.4.1)

$$F : \mathbb{R}^2 \to \{0\},\ (x, y) \mapsto F(x, y) = 0 \quad \text{mit} \quad F(x, y) := f(x, y) - C,\ C \in \mathbb{R}$$

Um auf die Verwandtschaft „Höhenlinien-Funktion" mit dem Original $f(x, y)$ hinzuweisen, erhält sie optional ein großes F als Funktionsnamen. Die Funktionsterme von f und F unterscheiden sich nur um eine Konstante, deshalb sind ihre partiellen Ableitungen gleich. Da in der Relation $F(x, y) = 0$ nur zwei Variablen im Spiel sind, könnte zwischen den Variablen eine eindeutige Zuordnung möglich sein. Trifft das zu, liegt der Sonderfall einer einstelligen Funktion vor. Leider heißt das noch lange nicht, dass sich für diese Funktion eine explizite Darstellung finden lässt – dazu müsste sie sich nach y oder x auflösen lassen. Nur in diesem Fall ist die „klassische" – Ihnen aus der Schule bekannte – *Kurvendiskussion* anwendbar. Wir werden im Folgenden zeigen, wie sich aber mit dem „Werkzeug" der beiden vorangegangenen Abschnitte eine Methode zur Kurvendiskussion von Höhenlinien-Relationen entwickeln lässt. Da sich alle reellen Relationen der Form $F(x, y) = 0$ als Null-Höhenlinie einer zweistelligen Relation interpretieren lassen, beschränkt sich diese Methode nicht nur auf Höhenlinien. Betrachten wir zunächst anhand der vorliegenden Beispiele, mit welchen Besonderheiten – man spricht von *Singularitäten* – man bei Relationsgraphen rechnen muss.

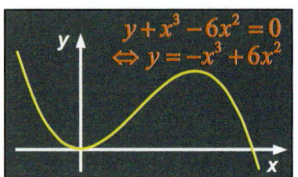

Sonderfall eines Relationsgraphen: Funktionsgraph

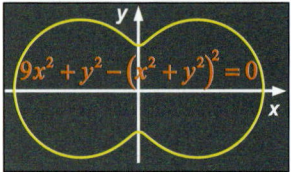

Relationsgraph (Kurve) als Null-Höhenlinie interpretierbar

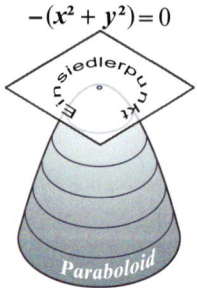

Nehmen wir zunächst unser Bergwiesenbeispiel. Die diesem Beispiel zugrunde liegende Funktion hat sich als Teil eines „umgestülpten" *Paraboloids* herausgestellt. Die Höhenlinien sind konzentrische Kreise, die sich immer mehr zusammenziehen, wenn man sich dem Maximum nähert. In Höhe des Maximums besteht die Höhenlinie nur noch aus einem *isolierten Punkt*. In der alternativen Darstellung unserer Bergwiesenfunktion (*3.3.14*) ist zu erkennen, dass die zugehörige Relation tatsächlich nur von dem Punkt (19, 16) erfüllt werden kann. Bei zweistelligen Relationen darf man sich also nicht wundern, wenn isolierte Punkte (*Einsiedlerpunkte*) auftreten.

3.4 Von Kurven und Singularitäten

Die Null-Höhenlinie des Funktionsbeispiels (3.3.15) ist bekannt unter dem Namen *kartesisches Blatt* (s. Bild 3.3.2). Die Besonderheit ist hier, dass sich die Höhenlinie im Punkt (0, 0) kreuzt. Für die Originalfunktion selber hatten wir herausgefunden, dass sie an dieser Stelle einen Sattelpunkt hat. Der Funktionsgraph ist an dieser Stelle schön gerundet und hat also keine Kanten. Schreitet man deren Null-Höhenlinie, beginnend bei $y = -2$ ab, passiert man den Punkt (0, 0) zweimal in unterschiedlichen Richtungen. Deshalb nennt man diese mögliche Besonderheit der Relationen *Doppelpunkt*.

Kreuzungen: Im täglichen Leben eine Selbstverständlichkeit – mathematisch dagegen eine Besonderheit (Singularität).

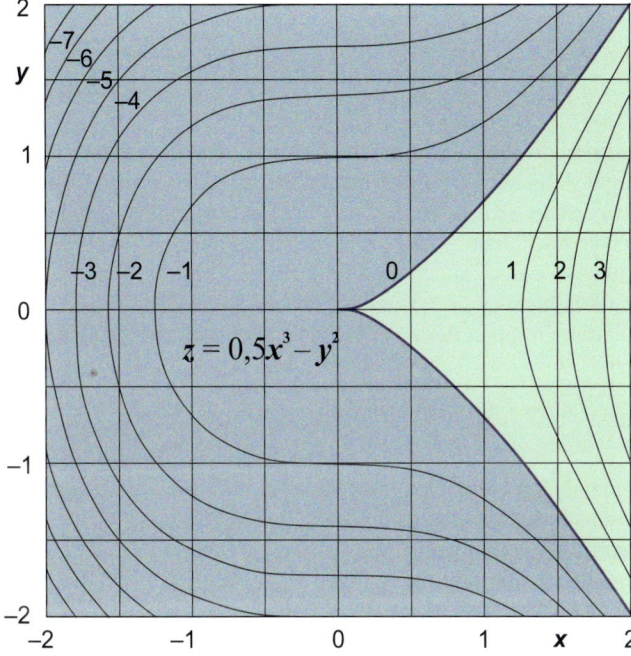

Eine Höhenlinie verleitet leicht dazu, dahinter eine scharfe Kante zu vermuten. Vergleichen Sie Bild 3.4.1 mit 3.3.3! Es handelt sich um einen schön abgerundeten Felsen. Die Höhe der Punkte in der Umgebung der Null-Höhenlinie weichen nur sehr gering von der Höhe null ab.

Bild 3.4.1
Höhenlinienbild mit Neilscher Parabel

Der Graph der Funktion aus *Aufgabe 3.3.3* ist überall „schön" gerundet. Trotzdem hat die Null-Höhenlinie – bekannt als *Neilsche Parabel* – eine „superscharfe" Spitze. Schreitet man ausgehend vom Punkt (2, –2) diese Höhenlinie ab, schwenkt man in einer Linkskurve auf den Punkt (0, 0) ein. Danach wird man aufgrund der scharfen Spitze zu einer 180° Drehung im Uhrzeigersinn gezwungen. Das heißt, man scheint zum Ausgangspunkt zurückkehren zu müssen – der Name dieser Besonderheit: *Rückkehrpunkt*.

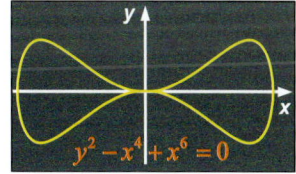

Das Aufspüren von Singularitäten müsste unproblematisch sein: Diejenigen Stellen, die die notwendige Bedingung für die Existenz eines Extremwertes erfüllen, sind singuläre Punkte der Höhenlinien. Damit kann auch die Diskriminante bei der Beurteilung singulärer Punkte ihren Dienst tun. Bei der Originalfunktion weist eine positive Diskriminante auf einen Extremwert hin – im Falle der Relation ist damit klar, dass es sich bei der Singularität um einen isolierten Punkt handelt. Eine negative Diskriminante kennzeichnet einen Sattelpunkt – entsprechend einer Höhenlinie, die einen Punkt in zwei verschiedenen Richtungen durchläuft. In diesem Fall liegt ein Doppelpunkt vor. Sollte die Diskriminante wie bei der Neilschen Parabel verschwinden, handelt es sich wohl um einen Rückkehr-

Kennzeichen eines Rückkehrpunktes ist die Existenz einer gemeinsamen Tangente zweier Kurvenäste. Darunter fällt nicht nur eine Spitze, sondern auch die Berührung zweier Kurvenäste.

punkt. Wegen der engen Verwandschaft der Höhenlinien-Relation/Höhenlinien-Funktion $F(x, y) = 0$ mit ihrer räumlichen „Schwester" $z = f(x, y)$, ist das folgende Regelwerk für singuläre Punkte plausibel:

Merksatz 3.4.1

Singuläre Punkte zweistelliger Relationen:

$F(x,y) = 0$ mit $(x,y) \in \mathbb{R}^2$, $D = F_{xx}F_{yy} - F_{xy}^2$

F besitzt an der Stelle (x_0, y_0) einen singulären Punkt, wenn **dort** gilt:

$\left(F_x(x_0, y_0) = 0 \land F_y(x_0, y_0) = 0 \land F(x_0, y_0) = 0 \right) \land \begin{cases} D > 0 & \text{Isolierter Punkt} \\ D < 0 & \text{Doppelpunkt} \\ D = 0 & \text{Rückkehrpunkt} \end{cases}$

Punkte mit Tangentenstückchen

Beachten Sie, wir wählen hier für die partiellen Ableitungen die Postfixschreibweise!

Für eine „Kurvendiskussion" reicht die Kenntnis der singulären Punkte nicht aus, man benötigt i. Allg. auch Informationen über *reguläre Punkte*. Unter einem regulären Punkt versteht man einen Punkt, in dessen Umgebung sich die Kurve durch ein „Tangentenstückchen" – also eine linearen Funktion – approximieren lässt. Die Gleichung so einer Tangente ergibt sich als Abfallprodukt: Nehmen wir an, der reguläre Punkt sei (x_0, y_0). Dann liefert das totale Differenzial eine Tangentialebene, die den Graphen der zweistelligen Funktion $z = f(x, y)$ an dieser Stelle approximiert:

(3.4.2)

$$dz = f_x(x_0, y_0)\, dx + f_y(x_0, y_0)\, dy \; ; \quad d\vec{r} := \begin{pmatrix} dx \\ dy \end{pmatrix}$$

Die Differenziale sind zunächst freie Variable. Wählen wir aber die beiden Differenziale speziell so, dass der daraus gebildete Vektor d**r** in Richtung der Höhenlinien-Tangente weist, hat das Konsequenzen: Bei einem Pfad entlang einer Höhenlinie ändert sich definitionsgemäß die Höhe nicht: $dz = 0$. Daher gilt:

(3.4.3)

$$0 = F_x(x_0, y_0)dx + F_y(x_0, y_0)dy$$
$$\text{mit } dx = x - x_0, dy = y - y_0: \; 0 = F_x(x_0, y_0)(x - x_0) + F_y(x_0, y_0)(y - y_0)$$

Da die partiellen Ableitungen mit denen der Höhenlinienfunktion übereinstimmen, kann f durch F ersetzt werden. In der zweiten Zeile von (3.4.3) steht die Gleichung der Tangente – sie könnte optional nach y aufgelöst werden. Das machen wir nicht, denn uns interessiert die „Steigung" der Tangente relativ zur x-Achse:

$$0 = F_x\, dx + F_y\, dy \;\big|: dx \Rightarrow 0 = F_x + F_y y' \;\big| -F_y y'\big| :(-F_y)$$

(3.4.4)

$$\text{Für } F_y \neq 0: \; y' = -\frac{F_x}{F_y}\bigg|_{x_0, y_0}$$

Eine Höhenline an der Wandtafel steht hochkant und sanktioniert den Steigungsbegriff.

Der Begriff „Steigung" ist hier missverständlich, denn anschaulich betrachtet befinden wir uns auf einer Höhenlinie, unser „Steigungsdreieck" liegt daher flach in einer horizontalen Ebene. Lassen wir uns nicht irritieren und benutzen getrost die übliche Standardterminologie einstelliger Funktionen. Schließlich kann man eine Höhenlinie auch hochkant betrachten. Zur Beurteilung von Krümmungen ist min-

3.4 Von Kurven und Singularitäten

destens noch die zweite Ableitung erforderlich. Der Quotient $-F_x/F_y$ stellt die erste Ableitung dar. Um die zweite Ableitung zu erhalten, muss man von dieser zweistelligen Funktion die **totale** Ableitung (nach x) bilden (*vgl.* (3.2.17)). Einem Postfixwirrwarr begegnen wir zunächst mithilfe der Differenzial-Operatoren:

$$y'' = \frac{d}{dx}\left(-\frac{F_x}{F_y}\right) = -\frac{\partial}{\partial x}\left(\frac{F_x}{F_y}\right)\frac{dx}{dx} - \frac{\partial}{\partial y}\left(\frac{F_x}{F_y}\right)\frac{dy}{dx} = -\frac{\partial}{\partial x}\left(\frac{F_x}{F_y}\right) - \frac{\partial}{\partial y}\left(\frac{F_x}{F_y}\right)y'$$

$$= -\frac{F_{xx}F_y - F_{yx}F_x}{F_y^2} - \frac{F_{xy}F_y - F_{yy}F_x}{F_y^2}y' = -\frac{F_{xx}F_y - F_{yx}F_x}{F_y^2} + \frac{F_{xy}F_y - F_{yy}F_x}{F_y^2}\frac{F_x}{F_y}$$

$$= -\underline{\underline{\frac{F_{xx}F_y^2 - 2F_{xy}F_xF_y + F_{yy}F_x^2}{F_y^3}}}$$

(3.4.5)

Ebenfalls länglicher wird es, wenn wir die beiden „Steigungen" der Tangenten in einem Doppelpunkt benötigen. Zunächst einmal ist die Steigung in einem singulären Punkt ein unbestimmter Ausdruck („null durch null"), denn dort verschwinden beide partiellen Ableitungen. Es gibt aber die Möglichkeit, mithilfe der *l'Hospitalschen Regel* weiterzukommen:

l'Hospitalsche Regel für unbestimmte Ausdrücke:

$$\lim_{x \to x_0} \frac{u(x)}{v(x)} \to \frac{0}{0} \text{ bzw. } \frac{\infty}{\infty}$$

$$\lim_{x \to x_0} \frac{u(x)}{v(x)} = \lim_{x \to x_0} \frac{u'(x)}{v'(x)}$$

$$y' = \lim_{\substack{x \to x_0 \\ y \to y_0}}\left(-\frac{\frac{d}{dx}F_x}{\frac{d}{dx}F_y}\right) = -\left.\frac{F_{xx} + F_{xy}y'}{F_{yx} + F_{yy}y'}\right|_{x_0, y_0} \cdot (F_{yx} + F_{yy}y')$$

$$\Rightarrow F_{yx}y' + F_{yy}(y')^2 = -F_{xx} - F_{xy}y' \;\big|\; +F_{xx} + F_{xy}y' \;\big|\; : F_{yy}$$

$$\Rightarrow (y')^2 + 2\frac{F_{xy}}{F_{yy}}y' + \frac{F_{xx}}{F_{yy}} = 0$$

(3.4.6)

Die quadratische Gleichung überrascht nicht, denn wir erwarten beim Doppelpunkt zwei unterschiedliche Steigungen:

$$y' = -\frac{F_{xy}}{F_{yy}} \pm \sqrt{\frac{F_{xy}^2}{F_{yy}^2} - \frac{F_{xx}}{F_{yy}}} = -\frac{F_{xy} \pm \sqrt{F_{xy}^2 - F_{xx}F_{yy}}}{F_{yy}} = \underline{\underline{-\frac{F_{xy} \pm \sqrt{-D}}{F_{yy}}}} \left(= -\frac{F_{xx}}{F_{xy} \pm \sqrt{-D}}\right)$$

(3.4.7)

Eine Überraschung und doch wieder keine ist das Auftauchen der Diskriminante. Hier bestätigen sich die in *Merksatz 3.4.1* zusammengefassten Regeln. Wenn D negativ ist, ist die Wurzel reell und es gibt zwei unterschiedliche Steigungen, das Merkmal eines Doppelpunktes. Im Falle einer positiven Diskriminante wird die Wurzel komplex – es gibt keine Steigung. Es liegt ein isolierter Punkt vor. Sollte die Diskriminante gleich null sein, gibt es genau eine Steigung. Es handelt sich um einen Rückkehr- oder möglicherweise um einen Berührungspunkt. Im Falle unserer Neilschen Parabel ist diese Steigung null.

Merksatz 3.4.2

Alle Hilfsmittel: Die Benutzung Ihres Rechners ist damit eingeschlossen.

Kurvendiskussion zweistelliger Relationen:
Bei Relationen ist zunächst keine der beiden Variablen ausgezeichnet. In der Regel wird die Variable x „bevorzugt" und Steigungen auf die x-Achse bezogen. Es ist natürlich genauso möglich, Steigungen auf die y-Achse zu beziehen. In (3.4.4) wird dann alternativ durch dy dividiert. Analog zu (3.4.4/5) erhält man dann x' und x''.
Kurvendiskussionen von Relationen können sehr aufwendig sein – machen Sie tunlichst von **allen** Hilfsmitteln Gebrauch. Oft erspart eine Koordinatentransformation – z. B. in Polarkoordinaten – viel Arbeit. Das ist insbesondere günstig, wenn die Relation dadurch zur einstelligen Funktion wird.
Vorteilhaft ist es auch, wenn für die Relation eine Parameterdarstellung existiert. Auch in diesem Fall hat man es nur mit funktionalen Zusammenhängen zu tun.

Dass selbst die Kurvendiskussion relativ einfach aufgebauter Relationen viel Mühe und Schreiberei erfordert, soll das folgende Beispiel zeigen:

(3.4.8)
$$F(x,y) = (x^2+y^2)^2 - 2(x^2-y^2) = 0$$
$$\text{Ableitungen:} \begin{cases} F_x = 4x(x^2+y^2-1), & F_{xy} = 8xy, & F_{xx} = 4(3x^2+y^2-1) \\ F_y = 4y(x^2+y^2+1), & F_{xy} = 8xy, & F_{yy} = 4(x^2+3y^2+1) \end{cases}$$

Die Relation enthält nur gerade Potenzen, sie ist deshalb achsensymmetrisch bezüglich beider Koordinatenachsen, was die Punktsymmetrie mit einschließt. Die Quadrate der Variablen lassen vermuten, dass eine Transformation in Polarkoordinaten erfolgreich sein könnte:

(3.4.9)
$$(x^2+y^2)^2 - 2(x^2-y^2) = 0, \quad \text{Polarkoordinaten: } x = r\cos(\varphi), y = r\sin(\varphi)$$
$$(r^2\cos^2(\varphi) + r^2\sin^2(\varphi))^2 - 2(r^2\cos^2(\varphi) - r^2\sin^2(\varphi)) = 0$$
$$\Leftrightarrow r^4 - 2r^2\cos(2\varphi) = 0 \Leftrightarrow r = 0 \;\vee\; r = \underline{\sqrt{2|\cos(2\varphi)|}}$$

Es hat sich, wie im Merksatz erwähnt, ein funktioneller Zusammenhang zwischen dem Winkel und dem Betrag des Radiusvektors ergeben. Die Kurve ist durch die unterstrichene Funktion beschrieben, weil $r = 0$ z. B. mit $\varphi = \pi/4$ erreicht wird. Der Relationsgraph entpuppt sich als liegende Acht. Der nächste Schritt bei der Kurvendiskussion wäre die Ermittlung der Schnittpunkte mit den Koordinatenachsen (Nullstellen), die in diesem Beispiel aufgrund von (3.4.9) sofort notiert werden können:

(3.4.10)
$$N = \{(x,0)|\ F(x,0) = 0\} \cup \{(0,y)|\ F(0,y) = 0\} = \{(-\sqrt{2},0), (0,0), (\sqrt{2},0)\}$$

Lassen wir uns, auch wenn die Kurve bereits durch die Darstellung in Polarkoordinaten enttarnt ist, formal im kartesischen System weiter untersuchen. Ermitteln

3.4 Von Kurven und Singularitäten

wir zunächst, um Singularitäten aufzuspüren, die Punkte, an denen die beiden ersten partiellen Ableitungen verschwinden:

$$\{(x,y)\,|\,F_x(x,y)=0 \wedge F_y(x,y)=0 \wedge F(x,y)=0\} = \underline{\underline{\{(0,0)\}}}$$

N.R.: $4x(x^2+y^2-1)=0 \wedge 4y(x^2+y^2+1)=0 \wedge (x^2+y^2)^2 - 2(x^2-y^2)=0$

$\Leftrightarrow (x=0 \wedge y=0) \vee (x=\pm 1 \wedge y=0)$

(3.4.11)

Die beiden Punkte (–1, 0) und (+1, 0) erfüllen die Relation nicht und fallen für die weiteren Betrachtungen heraus. Trotzdem sind diese Punkte keine Leichen, es handelt sich um Extremwerte (Minima) der zugehörigen zweistelligen Funktion $z = F(x, y)$. Wir berechnen noch die Diskriminante und die Steigungen der Kurve am Punkt (0, 0):

Bitte nicht vergessen: Die ermittelten Punkte müssen die Relation $F(x, y) = 0$ erfüllen.

$F_{xy}(0,0) = 0$, $F_{xx} = -4$, $F_{yy} = 4$, $D(0,0) = -16 < 0$, $\underline{\underline{(0,0) \text{ ist Doppelpunkt}}}$

$$y' = \frac{F_{xy} \pm \sqrt{-D}}{F_{yy}} = \frac{0 \pm \sqrt{-(-16)}}{4} = \underline{\underline{\pm 1}}$$

(3.4.12)

Zur Berechnung der y-Extremwerte muss die Menge aller Punkte mit horizontalen Tangenten (Steigung = 0) ermittelt werden. Da die Singularität(en) dabei ausgeschlossen sind, braucht nur nach den Nullstellen der partiellen Ableitungsfunktion $F_x(x, y)$ gesucht werden:

Nur der Zähler ist entscheidend.

$$H = \left\{(x,y)\,\bigg|\, -\frac{F_x(x,y)}{F_y(x,y)} = 0 \wedge F(x,y)=0\right\} = \underline{\underline{\left\{\left(\pm\frac{\sqrt{3}}{2}, \pm\frac{1}{2}\right)\right\}}}$$

N.R.: $4x(x^2+y^2-1) = 0 \Rightarrow x^2+y^2 = 1$ | Einsetzen in $F(x,y) = 0$

$1 - 2(x^2 - (1-x^2)) = 0 \Rightarrow |x| = \frac{\sqrt{3}}{2}$, $\frac{3}{4} + y^2 = 1 \Rightarrow |y| = \frac{1}{2}$

(3.4.13)

Die liegende Acht hat im ersten Quadranten ein Maximum – prüfen wir das mithilfe der zweiten Ableitung. Da am Extremwert die partielle Ableitung nach x verschwindet, vereinfacht sich die sperrige Formel zur Berechnung der zweiten Ableitung beträchtlich.

Der Wert der zweiten Ableitung bestimmt das Vorzeichen der Krümmung an der fraglichen Stelle.

$x = \frac{\sqrt{3}}{2}$, $y = \frac{1}{2}$: $F_{xx} = 6$, $F_x = 0$, $F_y = 4$, $y'' = -\frac{F_{xx}}{F_y} = -\frac{3}{2} < 0$ Maximum

(3.4.14)

In den Extrempunkten ist der Wert der zweiten Ableitung gleich der *Krümmung* der Kurve und mit dem Wert der reziproken Krümmung steht der Radius bereit, um die Kurve in der Umgebung des Extrempunktes durch einen Krümmungskreis („Schmiegekreis") zu approximieren. Im vorliegenden Beispiel beträgt der Krümmungsradius 2/3 der gewählten Einheit.

Eine Kurvendiskussion schließt im Allgemeinen mit einer grafischen Darstellung ab. Das folgende Bild zeigt die *Lemniskate* genannte Kurve als Null-Höhenlinie

Mögliche Wendepunkte können wie bei einstelligen Funktionen mithilfe der zweiten Ableitung (3.4.5) aufgespürt werden.

der ins Räumliche fortgesetzten Funktion. Die in (3.4.11) aufgespürten Punkte (1, 0) und (–1, 0) sind deren Minima. Der Graph erinnert an ein gespanntes Tuch, in dem zwei schwere Kugeln lagern. Weiterhin sind im Bild die Ergebnisse der Kurvendiskussion (rot) eingetragen: Die beiden Tangenten im Doppelpunkt, die Nullstellen, ein Extrempunkt, ein Krümmungskreis. Mithilfe der Symmetrie und diesen Ergebnissen, ist es auch ohne Rechnerunterstützung möglich, eine relativ genaue Skizze des Relationsgraphen herzustellen.

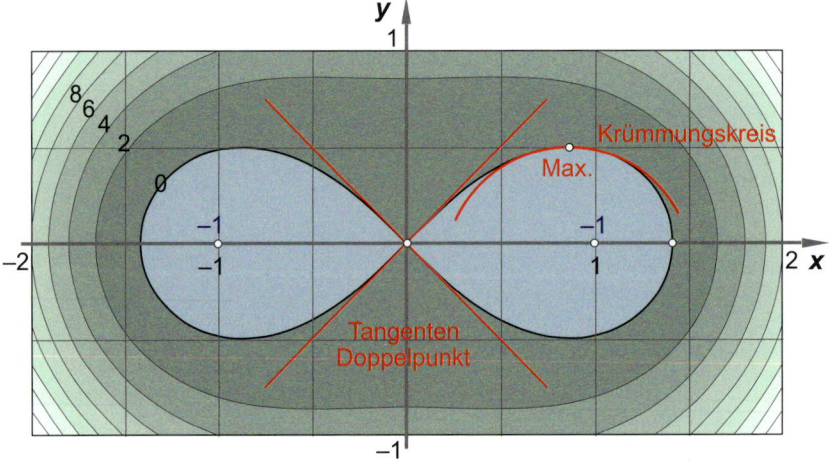

Bild 3.4.2
Höhenlinienbilder mit Lemniskate als Null-Höhenlinie

Mit dem (heimlichen) Wissen um die Beschaffenheit der Doppelhügelinsel aus *Aufgabe 3.3.2* dürfte eine Kurvendiskussion der Wasserlinie kein großes Problem mehr darstellen.

Aufgabe 3.4.1

Aufgabe:

$F : \mathbb{R}^2 \to \{0\}, \ (x,y) \mapsto F(x,y) = 0 \quad \text{mit} \quad F(x,y) = 9x^2 + y^2 - (x^2 + y^2)^2$

a) Ermitteln Sie die Schnittpunkte der Kurve mit den Koordinatenachsen!
b) Zeigen Sie, dass der Koordinatenursprung ein isolierter Punkt ist und keine weiteren Singularitäten existieren.
c) Ermitteln Sie die *y*-Extremwerte!

Lösungsvorschlag:

$F(x,y) = 9x^2 + y^2 - (x^2 + y^2)^2$

Bitte als Probe beide gemischten Ableitungen!

Ableitungen: $\begin{cases} F_x = 18x - 4x(x^2 + y^2), \ F_{xy} = -8xy, \ F_{xx} = 18 - 4(3x^2 + y^2) \\ F_y = 2y - 4y(x^2 + y^2), \ F_{yx} = -8xy, \ F_{yy} = 2 - 4(x^2 + 3y^2) \end{cases}$

Zu a) $N = \{(x,0) \mid F(x,0) = 0\} \cup \{(0,y) \mid F(0,y) = 0\}$

Nullstellen: Manchmal ist es sinnvoll, zusätzlich die Steigungen an diesen Stellen zu ermitteln.

$F(x,0) = 9x^2 - x^4 = 0 \Leftrightarrow x = 0 \lor x = \pm 3$
$F(0,y) = y^2 - y^4 = 0 \Leftrightarrow y = 0 \lor y = \pm 1$ $\Big\}\ N = \{(\pm 3, 0), (0, \pm 1)\}$

3.4 Von Kurven und Singularitäten

Zu b) $SP = \{(x,y) \mid F_x(x,y) = 0 \wedge F_y(x,y) = 0 \wedge F(x,y) = 0\} = \underline{\underline{\{(0,0)\}}}$

Singularitäten aufspüren

N.R.: $18x - 4x(x^2 + y^2) = 0 \wedge 2y - 4y(x^2 + y^2) = 0 \mid$ Faktorisieren!

$\Rightarrow [x = 0 \wedge y = 0] \vee [x = 0 \wedge 1 - 2(x^2 + y^2) = 0] \vee [9 - 2(x^2 \ldots$
$+ y^2 = 0) \wedge y = 0] \vee [9 - 2(x^2 + y^2) = 0 \wedge 1 - 2(x^2 + y^2) = 0]$

$\Rightarrow [x = 0 \wedge y = 0] \vee \underbrace{[x = 0 \wedge y = \pm\tfrac{1}{\sqrt{2}}] \vee [x = \pm\tfrac{3}{\sqrt{2}} \wedge y = 0]}_{\text{Erfüllen die Relationsgleichung nicht}} \vee [9 - 1 \leq 0]$

x bzw. y ausklammern und Junktionen „ausmultiplizieren".

Es bleibt nur noch der Punkt (0, 0) übrig.

$F_{xy} = -8xy$, $F_{xx} = 18 - 4(3x^2 + y^2)$, $F_{yy} = 2 - 4(x^2 + 3y^2)$

$D(0,0) = 18 \cdot 2 > 0$ Isolierter Punkt

Weiter mit der Untersuchung regulärer Punkte:

Zu c) $H = \left\{(x,y) \mid -\dfrac{F_x(x,y)}{F_y(x,y)} = 0 \wedge F(x,y) = 0\right\} = \left\{(0, \pm 1), \left(\pm\sqrt{\tfrac{63}{32}}, \pm\tfrac{9}{4\sqrt{2}}\right)\right\}$

Nur der Zähler spielt eine Rolle.

$18x - 4x(x^2 + y^2) = 0 \Leftrightarrow x = 0 \vee x^2 + y^2 = \tfrac{9}{2}$

Einsetzen in $F(x,y) = 0$:

$F(x,y)\big|_{x=0}$ mit $y \neq 0$: $y^2 - y^4 = 0 \Rightarrow y = \pm 1$

$F(x,y)\big|_{x^2 + y^2 = \tfrac{9}{2}}$: $8x^2 + \tfrac{9}{2} - \tfrac{81}{4} = 0 \Rightarrow x = \pm\sqrt{\tfrac{63}{32}} \approx \pm 1{,}4$

Vier fragliche Stellen

$\tfrac{63}{32} + y^2 = \tfrac{9}{2} \Rightarrow y = \pm\sqrt{\tfrac{81}{32}} = \pm\tfrac{9}{4\sqrt{2}} \approx \pm 1{,}6$

Zweite Ableitung im ersten Quadranten prüfen:

$y''(0, +1) = -\dfrac{F_{xx}(0, +1)}{F_y(0, +1)} = -\dfrac{18 - 4 \cdot 1}{2 - 4} = 7 > 0$ Minimum

Wegen der zweifachen Achsensymmetrie genügt es, das Krümmungsverhalten nur im ersten Quadranten zu prüfen.

$y''\left(\sqrt{\tfrac{63}{32}}, \tfrac{9}{4\sqrt{2}}\right) = -\dfrac{F_{xx}\left(\sqrt{\tfrac{63}{32}}, \tfrac{9}{4\sqrt{2}}\right)}{F_y\left(\sqrt{\tfrac{63}{32}}, \tfrac{9}{4\sqrt{2}}\right)} = -\dfrac{-\tfrac{63}{4}}{-18\sqrt{2}} = -\dfrac{7}{8\sqrt{2}} < 0$ Maximum

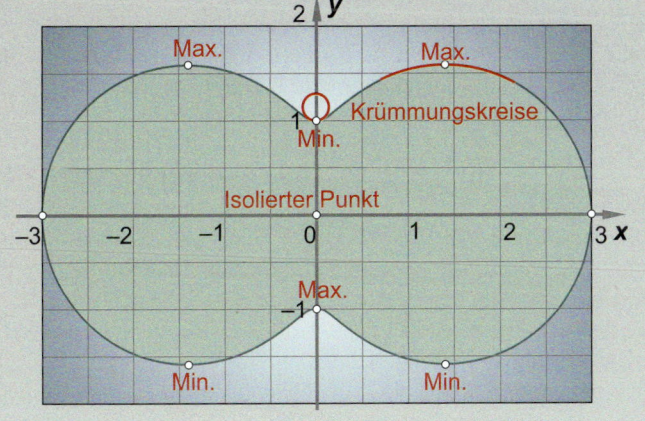

Zusätzlich könnte man mithilfe der zweiten Ableitung den Radius des Krümmungskreises für den Punkt (3, 0) ermitteln.

Bild 3.4.3
Ergebnis der Kurvendiskussion von Aufgabe 3.4.1

Alternativbezeichnung für „Bahnkurve": Trajektorie

Wenn sich zwei Kurven im Punkt (x_0, y_0) orthogonal schneiden, ist damit gemeint, dass beide Tangenten an die Kurven dort zueinander orthogonal sind. Ist die Steigung einer der Kurven in dem Punkt bekannt, lässt sich – wie die folgende Planfigur zeigt – auch die Steigung der anderen Kurve leicht ermitteln:

Beachten Sie, die Differenziale dx und dy beziehen sich auf die Kurve G(x,y)=0!

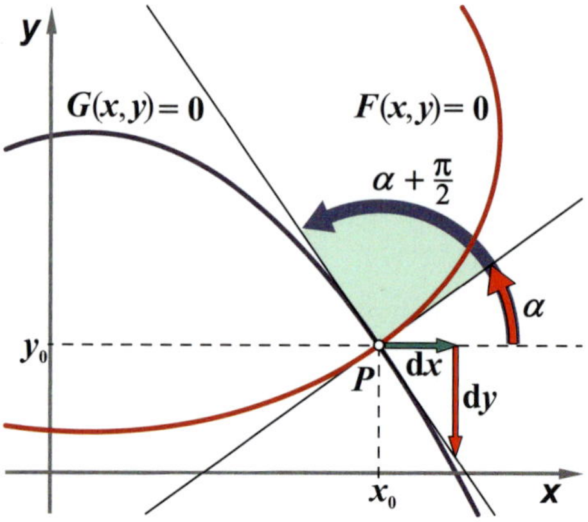

Bild 3.4.4
Planfigur zur Ermittlung von Orthogonaltrajektorien.

Für die Steigungen bzw. für die Steigungswinkel der beiden Kurven entnehmen wir der Planfigur sowie (3.4.4):

(3.4.15)
$$\tan(\alpha) = -\frac{F_x(x_0, y_0)}{F_y(x_0, y_0)}, \quad \tan\left(\alpha + \frac{\pi}{2}\right) = -\frac{G_x(x_0, y_0)}{G_y(x_0, y_0)}$$

Nehmen wir an, für die Relation F soll eine Relation G ermittelt werden, die (3.4.15) erfüllt! Unter Ausnutzung des Additionstheorems für den Tangens lässt für die Differenziale dx und dy, die sich auf die Tangente an den Graphen der Relation G beziehen (s. Bild 3.4.4) folgende Gleichungskette aufstellen:

(3.4.16)
$$\frac{dy}{dx} = -\frac{G_x(x_0, y_0)}{G_y(x_0, y_0)} = \tan\left(\alpha + \frac{\pi}{2}\right) = -\frac{1}{\tan(\alpha)} = \frac{F_y(x_0, y_0)}{F_x(x_0, y_0)}$$

Anfang und Ende dieser Gleichungskette liefern, wenn die Variablen aus ihrer Bindung entlassen werden, eine gewöhnliche Differenzialgleichung erster Ordnung für die unbekannte Kurve G. Sollte die gegebene Kurve F Graph einer Funktion $f(x)$ sein, gilt die eingeklammerte Differenzialgleichung.

Sonderfall:
F(x, y) = y − f(x) = 0

(3.4.17)
$$\frac{dy}{dx} = \frac{F_y(x, y)}{F_x(x, y)} \quad \left(\frac{dy}{dx} = -\frac{1}{f'(x)}\right)$$

Eine Orthogonaltrajektorie: Kurve, die sämtliche Kurven einer Kurvenschar orthogonal schneidet.

Die allgemeine Lösung von (3.4.17) enthält zwangsläufig einen Parameter und liefert somit eine ganze Kurvenschar, die alle die bekannte Kurve orthogonal schneiden. Meist enthält auch die gegebene Relation einen Parameter und bildet eine Kurvenschar. Gesucht ist dann eine Kurvenschar, die alle Kurven der vorgegebenen Kurvenschar orthogonal schneidet. Hat man sie gefunden, werden sie mit einem vornehmen Namen geadelt: *Orthogonaltrajektorien*. Leider täuscht das kompakte Aussehen der Differenzialgleichung (3.4.17). Sobald zu einer inte-

3.4 Von Kurven und Singularitäten

ressanten Kurvenschar die zugehörigen Orthogonaltrajektorien gesucht sind, ergeben sich in der Regel scheußliche nichtlineare Gleichungen.

Als Beispiel suchen wir die Orthogonaltrajektorien einer Ellipsenschar:

$$F(x,y) = x^2 + 2y^2 - C = 0, \text{ Ableitungen: } \begin{cases} F_x = 2x \\ F_y = 4y \end{cases} \text{ (mit } C = 100\text{)}$$

$$\frac{dy}{dx} = \frac{4y}{2x} \Rightarrow \frac{dy}{y} = 2\frac{dx}{x} \bigg| \int \ldots \Rightarrow \int \frac{1}{y} dy = 2\int \frac{1}{x} dx \Rightarrow \ln y = \underbrace{2\ln x + \ln D}_{= \ln(Dx^2)} \bigg| e^{\cdots}$$

$$\Rightarrow \underline{\underline{y = Dx^2}}$$

Es kommt hier nur auf das Prinzip an – wir benötigen hier keine borstigen Beispiele.

(3.4.18)

Da bei den partiellen Ableitungen der Relation $F(x, y) = 0$ der Parameter C herausfällt, ist gesichert, dass die Orthogonalität für alle Ellipsen der Ellipsenschar gilt. Die Orthogonaltrajektorien bestehen aus einer Schar von Parabeln.

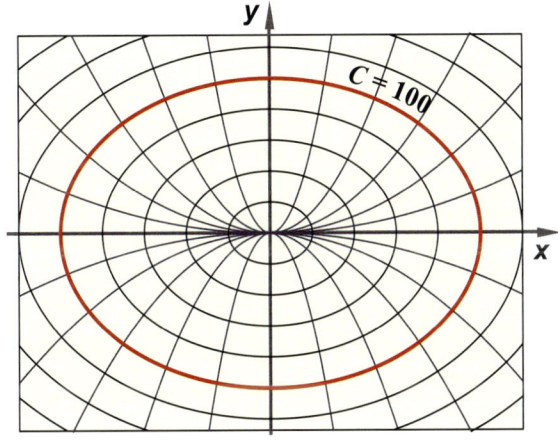

Umgekehrt ist eine Ellipse – beispielsweise die mit C = 100 – Orthogonaltrajektorie der Parabelschar $y = D \cdot x^2$.

Bild 3.4.5
Orthogonaltrajektorien zu einer Ellipsenschar

Als Übungsbeispiel, bei dem auch nicht die Gefahr besteht, dass das Buch krachend gegen die Wand fliegt, mögen die Orthogonaltrajektorien der Astroiden dienen.

Aufgabe:
Ermitteln Sie die Orthogonaltrajektorien zu einer Astroidenschar:

$$A(x,y) = x^{\frac{2}{3}} + y^{\frac{2}{3}} = C$$

Lösungsvorschlag:

$$A_x = \frac{2}{3} x^{-\frac{1}{3}}, \; A_y = \frac{2}{3} y^{-\frac{1}{3}}, \; \frac{dy}{dx} = \frac{y^{-\frac{1}{3}}}{x^{-\frac{1}{3}}} = \frac{x^{\frac{1}{3}}}{y^{\frac{1}{3}}}$$

$$\Rightarrow \int y^{\frac{1}{3}} dy = \int x^{\frac{1}{3}} dx \Rightarrow \underline{\underline{y^{\frac{4}{3}} - x^{\frac{4}{3}} = D}}$$

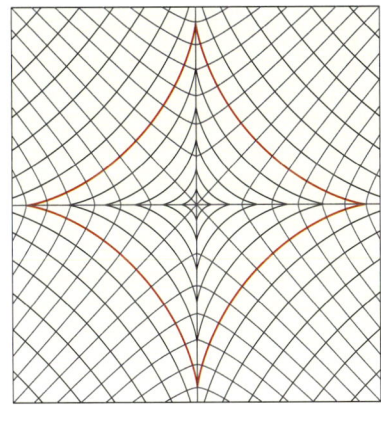

Aufgabe 3.4.2

Bild 3.4.6
Orthogonaltrajektorien zu einer Astroidenschar

3.5 Extremwerte mit Nebenbedingungen

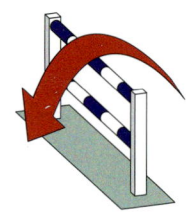

Die schwierige Anfangshürde

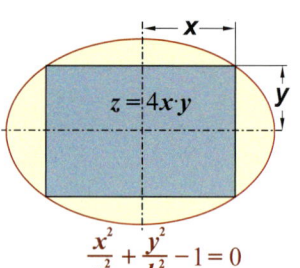

Bild 3.5.1
Planfigur zur Extremwertaufgabe

In der Schule sind sie gefürchtet: Sachaufgaben, in denen Extremwerte zu berechnen sind – sogenannte *Extremwertaufgaben*. Die Schwierigkeit der Schüler besteht in der Überwindung einer Anfangshürde: Die Schüler müssen ein ihnen fremdes Sachproblem mit Funktionen und Relationen beschreiben. Wir wollen hier eine entschärfte Schulaufgabe dazu benutzen, um die elegante *Lagrangesche Multiplikatorenmethode* zu verstehen.

> **Extremwertaufgabe:**
> In einem elliptischen Areal soll ein rechteckiges Feld maximalen Flächeninhalts abgesteckt werden. Bestimmen Sie diesen Flächeninhalt!
> Große Halbachse a = 3 E, kleine Halbachse b = 2 E, 1 E = 10 m
> a) Zeichnen Sie eine Planfigur und stellen Sie eine Zielfunktion der Form $z = f(x, y)$ auf! Formulieren Sie die Nebenbedingung als Relation in der Form $F(x, y) = 0$!
> b) Lösen Sie die Relation nach y auf und substituieren Sie damit die Variable y in der Zielfunktion!
> c) Bestimmen Sie den Extremwert der substituierten Zielfunktion und berechnen Sie den Flächeninhalt konkret!

Wegen der Symmetrie des Problems kann man sich bei der Nebenbedingung (Ellipsenbogen) auf den ersten Quadranten beschränken:

(3.5.1)

$$\left. \begin{array}{l} \text{Zielfunktion:} \quad z = f(x,y) = 4xy \quad | \; y \text{ Substituieren !} \\ \text{Nebenbedingung:} \; \dfrac{x^2}{3^2} + \dfrac{y^2}{2^2} - 1 = 0 \Rightarrow y = 2\sqrt{1 - \dfrac{x^2}{3^2}}, \; x \in [0,3] \end{array} \right\} \underbrace{z = 8x\sqrt{1 - \dfrac{x^2}{3^2}}}_{\text{Maximum suchen!}}$$

Deshalb ist die folgende alternative Methode von Bedeutung:

Die Methode könnte versagen, wenn es sich bei der Nebenbedingung um eine Relation handelt, die sich **nicht** nach y (oder x) auflösen ließe. Bei der im Folgenden vorgestellten Methode bleibt die Relation unangetastet.

Ein Riesenvorteil: Zielfunktion und Nebenbedingung in einem Bild!

Sicherheitshalber den Winzer fragen – es könnte sonst Ärger geben.

Sobald Zielfunktion und Nebenbedingung gefunden sind, kann das Sachproblem zunächst in den Hintergrund treten. Deshalb ist es erlaubt, den Graphen der Zielfunktion vorübergehend als räumliches Gebilde anzusehen. Davon machen wir Gebrauch und stellen mit *Bild 3.5.2* ein Höhenlinienbild der Zielfunktion für die Extremwertaufgabe im ersten Quadranten bereit. Die Kurve der Ellipsenrelation als Nebenbedingung lässt sich – das ist der Vorteil der Höhenlinienbilder – ebenfalls mit eintragen. Weinfreunde würden den Graphen sicherlich als Südwesthang eines Weinberges deuten. Das Achsenkreuz ist Null-Höhenlinie mit dem Koordinatenursprung als Sattelpunkt. Lassen Sie uns das Extremwertproblem in dieser freundlichen Umgebung studieren! Wir könnten mit einem GPS systematisch die Höhenlinien der Zielfunktion begehen, die jeweiligen Koordinaten messen und auf dem Taschenrechner überprüfen, ob das Koordinatenpaar die Relation der Nebenbedingung erfüllt.

3.5 Extremwerte mit Nebenbedingungen

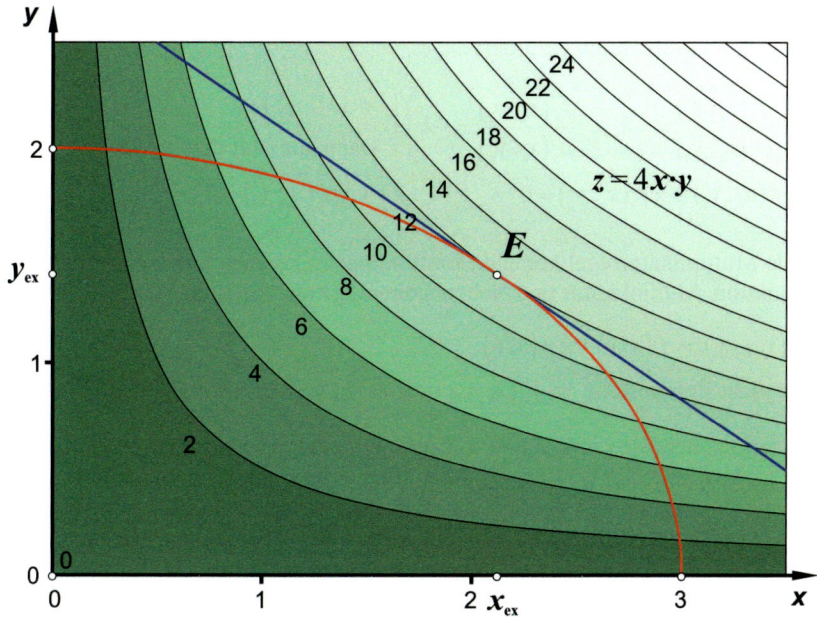

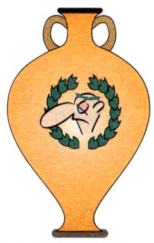

Könnte der Süd-West-Hang eines Weinbergs sein.

Badenweiler Römerberg

Bild 3.5.2
Höhenlinienbild der Zielfunktion inklusive Relationsgraph

Beim Ablaufen der Höhenlinie „8" ergeben sich beispielsweise zwei Stellen, bei denen die Nebenbedingung erfüllt ist. Damit ist aber die Begehung nicht beendet, denn die Stelle soll so hoch wie möglich liegen. Also muss man weiter den Berg hinauf und eine höher gelegene Höhenlinie prüfen. Findet sich dort überhaupt keine Stelle, die die Nebenbedingung erfüllt, ist man bereits zu hoch und muss eine etwas tiefer gelegene Höhenlinie abschreiten. Wir können dem Bild entnehmen, dass die Stelle maximaler Höhe gefunden ist, wenn auf der Höhenlinie lediglich **eine** Stelle die Nebenbedingung erfüllt. Jetzt zahlt sich das Höhenlinienbild aus: An der gesuchten Extremstelle berühren sich der Relationsgraph der Nebenbedingung und die Höhenlinie der Zielfunktion. Das heißt wiederum, sie müssen dort eine gemeinsame Tangente haben. Dieser Sachverhalt ist die Grundlage der *Multiplikatorregel von Lagrange*. Wegen eines drohenden Benennungskonflikts müssen wir die Relation der Nebenbedingung nicht wie vorher mit F, sondern schweren Herzens mit φ bezeichnen:

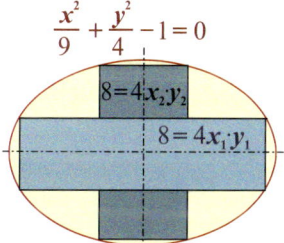

Die beiden „Schnittpunkte" für $z = 8$

$$(x_e, y_e) \text{ ist Extremstelle} \Rightarrow y' = -\frac{f_x(x_e, y_e)}{f_y(x_e, y_e)} = -\frac{\varphi_x(x_e, y_e)}{\varphi_y(x_e, y_e)}$$

$$\Rightarrow \frac{f_x(x_e, y_e)}{\varphi_x(x_e, y_e)} = \frac{f_y(x_e, y_e)}{\varphi_y(x_e, y_e)} := -\lambda \text{ (L.Multiplikator)}$$

(3.5.2)

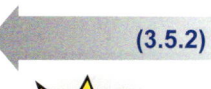

Leider unvermeidlich: Benennungskonflikte erzwingen Umbenennungen.

Leider liefert (3.5.2) nur eine notwendige Bedingung. Da einer Extremwertaufgabe in der Regel ein Sachproblem zugrunde liegt, lässt sich meistens auf der Basis des Problems entscheiden, ob die gefundene Stelle tatsächlich die gesuchte ist. Sollte unglücklicherweise die Relation ausgerechnet an der Extremstelle einen singulären Punkt haben, versagt die Multiplikatorregel. Wir schließen das aus, multiplizieren die Gleichungskette wie in (3.5.3) angedeutet und können dann die Multiplikatorregel für zweistellige Zielfunktionen aufstellen. Auch wenn es

3.6 Die Gaußsche Methode der kleinsten Quadrate

US/UK:
Least Square Method

regressus <lat.„Rückzug">

Die *Methode der kleinsten Quadrate* ist eine berühmte und im gewissen Sinne auch verblüffende „Anwendung" von „Extremwertaufgaben". Sie werden mit dieser Methode in der Regel nur indirekt in Berührung kommen, denn die Methode ist längst Bestandteil vieler Computer-Anwendungen und sogar Taschenrechner. Trotzdem ist es gut zu wissen, was dahinter steht.

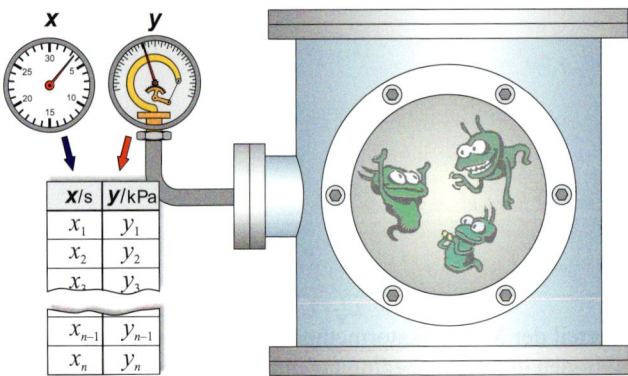

Bild 3.6.1
Messtechnische Überprüfung des funktionellen Zusammenhangs zwischen x und y

Streuende Wertepaare mit Regressionsgerade (auch Ausgleichsgerade genannt) und einem „Ausreißer":

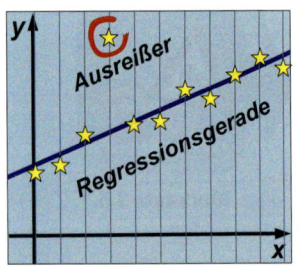

Messpunkte – (Mess-)Wertepaare:

Betrachten Sie bitte – stellvertretend für viele Experimentier- und Messanordnungen – die Versuchsanordnung eines hoffnungsvollen Forschers: Er hat eine neue Tierart entdeckt, drei Exemplare erwischt und in eine Unterdruckkammer gesperrt. Zunächst möchte er mögliche Ausdünstungen der Tiere bei Luftdruckbedingungen, wie sie auf dem Mt. Everest herrschen, studieren. Dazu misst er in einem vorgegebenen Zeitraster x_i die zugehörigen Kammerdrücke y_i. Das Ergebnis ist – wie in *Bild 3.6.1* angedeutet – eine Wertetabelle, die je nach Messsystem aufgeschrieben oder auf Datenträgern zur weiteren Auswertung gespeichert wird. In der Regel kann die Streuung der vorgegebenen Größe – hier des Zeitrasters x_i – relativ zur Streuung der zugeordneten (Mess-)Werte vernachlässigbar gering gehalten werden. Die Ursachen der Streuung der Messwerte können vielfältig sein. Sie können durch die Messwerterfassung entstehen oder Eigenheiten der Messobjekte sein. Wir nehmen im Folgenden an, dass sich der Zusammenhang zwischen den vorgegebenen Größen und den Messgrößen näherungsweise durch eine Funktion – auch *Regressionsfunktion* genannt – darstellen lässt, auch wenn die Streuungen der Messwerte eher eine „Zick-Zack-Funktion" nahelegen. Das simpelste Verfahren, eine so getarnte Näherungsfunktion „aufzudecken", könnte Ihnen noch von der Schule her geläufig sein. Man trägt die Wertepaare der Messtabelle in ein Diagramm ein und versucht, eine glatte Kurve (oder eine Gerade) durch den „Sternenhimmel" der Messpunkte zu legen. Ideal wäre, wenn alle „Sterne" – ein paar einzelne *Ausreißer* ausgenommen – dieser Kurve möglichst nahe kommen.

Angenommen, man hätte eine konkrete Funktion – sagen wir $y = f(x)$ – erraten und wollte ohne Verwendung grafischer Methoden prüfen, ob sie als Näherungs-

3.6 Die Gaußsche Methode der kleinsten Quadrate

funktion geeignet ist. Dazu bietet es sich an, die Zahlenwerte der linken Spalte der (Mess-)Wertetabelle (*s. Bild 3.6.1*) als Argumente zu benutzen, daraus Funktionswerte zu errechnen und diese mit den Messwerten (rechte Spalte) zu vergleichen. Sollten diese nur wenig von den errechneten abweichen, wäre die angenommene Funktion $y = f(x)$ als Näherung geeignet. Statt die Abweichungen einzeln zu betrachten, wäre es praktischer, die Summe **aller** Abweichungen als Maß für die Güte der Näherung zu verwenden. Allerdings dürften nur die Beträge der Abweichungen aufsummiert werden, sonst könnten sich positive und negative Abweichungen gleich welchen Betrages vermindern oder sogar aufheben. Leider hat die Betragsfunktion ein Manko: Sie ist in (0, 0) nicht differenzierbar. Es gibt aber eine Alternative: Man beseitigt die Vorzeichen durch Quadrieren und summiert die „Abweichungsquadrate" auf:

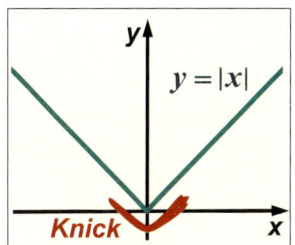

$$\text{Summe der Abweichungsquadrate:} \quad Q := \sum_{i=1}^{n} \left(f(x_i) - y_i \right)^2 \qquad (3.6.1)$$

Stehen mehrere Funktionen zur Auswahl, dann ist diejenige, bei der die Summe der Abweichungsquadrate am kleinsten ist, die geeignetste Regressionsfunktion (der Auswahl). Bleibt die Frage, aus welcher Funktionsmenge sollte man seine Auswahl treffen. Sicherlich kommen nur Funktionen infrage, deren Graphen „glatte Kurven" ausbilden. Glatte Kurven lassen sich i. Allg. gut durch die „Mütter aller Funktionen" – die *ganzrationalen Funktionen/Polynomfunktionen* – erfassen. Dieser Funktionstyp ist deshalb die erste Wahl:

Zur Erinnerung: Mithilfe von Taylorpolynomen lassen sich innerhalb begrenzter Intervalle (sogar) transzendente Funktionen approximieren.

$$\text{Annahme: } y = f(x) = a_0 + a_1 x + a_2 x^2 + \ldots + a_m x^m$$
$$Q(a_0, a_1, a_2, \ldots, a_m) := \sum_{i=1}^{n} \left(a_0 + a_1 x_i + a_2 x_i^2 + \ldots + a_m x_i^m - y_i \right)^2 \qquad (3.6.2)$$

Polynomfunktionen haben einen Nachteil: Sie enthalten $m + 1$ unbekannte Koeffizienten. Aus der Summe der Abweichungsquadrate in (3.6.2) wird eine $(m + 1)$-stellige Funktion und aus der Suche nach den kleinsten Abweichungsquadraten ein Extremwertproblem. Ganz ohne Probieren oder Vorinformationen über das Messobjekt geht es aber nicht. Der Grad der Polynomfunktion muss vorab festgelegt werden.

Beachten Sie unbedingt: x_i und y_i sind konkrete Werte aus der Messtabelle – keinesfalls Variable! Die Variablen heißen hier: $a_0, a_1, \ldots, a_m$.

Der einfachste funktionelle Zusammenhang wäre, wenn den Messwerten nur eine konstante Funktion zugrunde liegen würde. Dann ist $m = 0$ und die Summe der Abweichungsquadrate lediglich eine einstellige Funktion:

Verachten Sie die „konstante Funktion" nicht!

$$\text{Annahme: } m = 0, \ f(x) \equiv a_0, \ Q(a_0) := \sum_{i=1}^{n} (a_0 - y_i)^2 \qquad (3.6.3)$$

Es kann nicht schwierig sein, das Minimum der Funktion Q zu ermitteln. Die zweite Ableitung ist nicht einmal erforderlich. Sämtliche Summanden von Q sind positiv und nach oben unbeschränkt. Ein Maximum kann es somit nicht geben. Wenn die notwendige Bedingung lediglich eine Lösung produziert, dann kann es sich nur um ein Minimum handeln:

Nur ein Minimum ist möglich.

(3.6.4)

$$\frac{d}{da_0}Q = 2\sum_{i=1}^{n}(a_0 - y_i) = 0$$

$$\Leftrightarrow \sum_{i=1}^{n}a_0 - \sum_{i=1}^{n}y_i = 0 \Rightarrow a_0 \underbrace{\sum_{i=1}^{n}1}_{=n} = \sum_{i=1}^{n}y_i \Rightarrow a_0 = \frac{\sum_{i=1}^{n}y_i}{n} \quad (:= \bar{a}_0)$$

Arithmetische Mittel kennzeichnet man mit einem Querstrich. Lies „anullquer"!

Es gibt tatsächlich nur eine „Stelle", an der die Ableitung verschwindet. Das Ergebnis hätten Sie sicher auch so vorhersagen können: Der gesuchte Koeffizient a_0 ist gleich dem *arithmetischen Mittel* der Messwerte. Möglicherweise kommt Ihnen auch ein „Abfallprodukt" dieser Extremwertaufgabe bekannt vor:

(3.6.5)

$$\text{Empirische Standardabweichung: } s := \sqrt{\frac{Q(\bar{a}_0)}{n-1}} \quad \text{bzw.} \quad \sqrt{\frac{1}{n-1}\sum_{i=1}^{n}(\bar{a}_0 - y_i)^2}$$

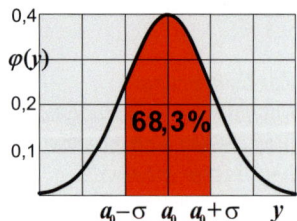

$\varphi \rightarrow$ Dichtefunktion

Die empirische *Standardabweichung* liefert ein Maß für die Streuung der Messwerte. Die empirische Standardabweichung ist nur eine Abschätzung der wahren Standardabweichung σ. Im Falle einer Normalverteilung lägen die Messwerte zu 68,3 % in dem Intervall $[a_0 - \sigma, a_0 + \sigma]$.

Kehren wir zu der Versuchsanordnung des hoffnungsvollen Forschers zurück. Es könnte sein, dass der Innendruck nicht um einen konstanten Wert pendelt, sondern „läuft". Vielleicht produzieren die Tierchen Gase, die den Druck ansteigen lassen. Eine andere Möglichkeit wäre eine Undichtigkeit der Unterdruckkammer. Die Methode der kleinsten Quadrate „funktioniert" auch in diesem Fall: Wir erhöhen den Grad der Polynomfunktion um eins:

(3.6.6)

$$m=1: \quad f(x) = a_0 + a_1 x, \quad Q(a_0, a_1) := \sum_{i=1}^{n}(a_0 + a_1 x_i - y_i)^2$$

Einfachster Funktionstyp, der zeitliche Änderungen berücksichtigt: die lineare Funktion

Die Abweichungsfunktion ist nun zweistellig geworden und wir können deren Extremwerte gemäß *Abschnitt 3.3* suchen. Stellen wir die ersten partiellen Ableitungen bereit und schauen nach, an welcher Stelle (a_0, a_1) diese minimal sind:

(3.6.7)

$$\frac{\partial S}{\partial a_0} = \sum_{i=1}^{n}2(a_0 + a_1 x_i - y_i) = 0 \Leftrightarrow a_0\sum_{i=1}^{n}1 + a_1\sum_{i=1}^{n}x_i = \sum_{i=1}^{n}y_i$$

$$\frac{\partial S}{\partial a_1} = \sum_{i=1}^{n}2x_i(a_0 + a_1 x_i - y_i) = 0 \Leftrightarrow a_0\sum_{i=1}^{n}x_i + a_1\sum_{i=1}^{n}x_i^2 = \sum_{i=1}^{n}x_i y_i$$

Andernfalls müssten Summen in Klammern eigeschlossen werden.

Ein bisschen Kosmetik ist auch in der Mathematik erlaubt.

Lassen Sie sich nicht von den ungewohnten Bezeichnungen irritieren. In (3.6.7) stehen die Variablen a_0 und a_1 vor den Koeffizienten des Gleichungssystems. Sie errechnen sich durch entsprechende Summation der Messwerte. Lassen Sie uns das Gleichungssystem lieber als *erweiterte Koeffizientenmatrix* darstellen. Um ein Bildungsgesetz erahnen zu können, wurden die Einsen rechts oben als Potenzen mit dem Exponenten null geschrieben.

(3.6.8)

$$(A|b) = \begin{pmatrix} \sum x_i^0 & \sum x_i^1 & | & \sum x_i^0 y_i \\ \sum x_i^1 & \sum x_i^2 & | & \sum x_i^1 y_i \end{pmatrix}, \quad \text{Gleichungssystem: } A\begin{pmatrix} a_0 \\ a_1 \end{pmatrix} = b$$

3.6 Die Gaußsche Methode der kleinsten Quadrate

Die notwendige Bedingung ist gleichwertig mit einem inhomogenen System aus zwei Gleichungen, das man beispielsweise mithilfe der Cramerschen Regel lösen könnte. Sollte das System genau eine Lösung haben, liegt ein Minimum vor. Das ist der Fall, wenn sicher ist, dass die Nennerdeterminante ungleich null ist:

$$D = \left(\sum_{i=1}^n 1\right) \cdot \left(\sum_{i=1}^n x_i^2\right) - \left(\sum_{i=1}^n x_i\right)^2 = n\left(x_1^2 + x_2^2 + \ldots\right) - \left(x_1 + x_2 + \ldots\right)^2 \neq 0$$

Auch wenn man nicht mit Cramer rechnet: Das Determinanten-Kriterium ist unverzichtbar.

(3.6.9)

Mit einer sinnvollen Wertetabelle kann ($n > 1$, $x_i \neq x_j$) die Nennerdeterminante nie null werden. Es gibt daher genau eine Lösung und das ist ein Minimum. Ein linearer Verlauf kann sicher nur in einem begrenzten Zeitintervall eine gute Näherung sein. Erhöhen wir den Grad des Polynoms abermals um eins, könnten auch Krümmungen erfasst werden. Die dazugehörige Rechnung ersparen wir uns, denn das Bildungsgesetz deutete sich in *(3.6.8)* bereits an:

Auch Krümmungstendenzen lassen sich erfassen.

$$m = 2: \quad f(x) = a_2 x^2 + a_1 x + a_0, \quad Q(a_0, a_1) := \sum_{i=1}^n \left(\left(a_2 x_i^2 + a_1 x_i + a_0\right) - y_i\right)^2$$

$$(A|b) = \begin{pmatrix} \sum x_i^0 & \sum x_i^1 & \sum x_i^2 & \bigm| & \sum x_i^0 y_i \\ \sum x_i^1 & \sum x_i^2 & \sum x_i^3 & \bigm| & \sum x_i^1 y_i \\ \sum x_i^2 & \sum x_i^3 & \sum x_i^4 & \bigm| & \sum x_i^2 y_i \end{pmatrix}, \quad \text{Gleichungssystem: } A \begin{pmatrix} a_0 \\ a_1 \\ a_2 \end{pmatrix} = b$$

(3.6.10)

In der Praxis werden Sie kaum Regressionsfunktionen selber ermitteln – das werden geeignete Programme oder Taschenrechner für Sie erledigen. Wichtig ist, insbesondere wenn Sie noch höhergradige Polynomfunktionen als Näherungsfunktion zugrunde legen, dass Messwerte in ausreichender Zahl und Qualität zur Verfügung stehen – je mehr desto besser. Eine aus einem unkorrelierten Sternenhimmel ermittelte Funktion ist unbrauchbar.

$$s = \sqrt{\frac{Q(a_0, a_1, \ldots, a_m)}{n - 1 - m}}$$

Abschätzung der Streuung für Werte der Näherungsfunktion (Polynom vom Grad m)

Häufig kennt man den funktionellen Zusammenhang zwischen den Messgrößen bereits aus der Theorie. Die Gaußsche Methode der kleinsten Quadrate ist problemlos anwendbar – geeignete Datenmengen vorausgesetzt – wenn sich die Funktion als Linearkombination parameterfreier linear unabhängiger einstelliger Funktionen darstellen lässt. Dann führt die Suche nach den kleinsten Quadraten auf ein lineares Gleichungssystem für die Koeffizienten. Wenn wir beispielsweise wissen, dass es sich bei der Funktion um eine Hyperbel zweiter Ordnung handelt, der noch ein konstanter Untergrund beigemischt sein kann, führt folgender Ansatz zum Erfolg:

Es müssen nicht nur Polynomfunktionen sein.

$$f(x) = a_{-2} x^{-2} + a_0, \quad Q(a_{-2}, a_0) := \sum_{i=1}^n \left(a_{-2} x_i^{-2} + a_0 - y_i\right)^2$$

$$(A|b) = \begin{pmatrix} \sum x_i^{-2} & \sum x_i^0 & \bigm| & \sum x_i^{-2} y_i \\ \sum x_i^{-4} & \sum x_i^{-2} & \bigm| & \sum x_i^0 y_i \end{pmatrix}, \quad \text{Gleichungssystem: } A \begin{pmatrix} a_{-2} \\ a_0 \end{pmatrix} = b$$

(3.6.11)

Die Methode scheint zu versagen, wenn transzendente Funktionen – beispielsweise die e-Funktion – im Spiel sind. Funktionen dieser Art werden von Parametern geformt, die mit der Funktion verkettet sind. Aber auch in dem Fall muss man nicht aufgeben. Sobald die Funktion in dem Intervall, in dem die Messwerte lie-

Es ergibt sich dann kein lineares Gleichungssystem mehr.

Eine reine e-Funktion braucht lediglich zwei Parameter.

(3.6.12)

gen, umkehrbar ist, kann durch Umskalieren mithilfe der Umkehrfunktion aus der transzendenten eine rationale Funktion werden. Sehen wir uns das am Beispiel einer einzelnen e-Funktion an. Es könnte sein, dass man sicher ist, einen exponentiellen Wachstumsprozess durchzumessen. Eine e-Funktion ließe sich zwar durch eine Polynomfunktion approximieren, aber bei entsprechendem Wissensstand ist das – wie wir gleich sehen werden – unnötig:

$$f(x) = C \exp(a_1 x) = \exp(a_0 + a_1 x) \text{ mit } a_0 = \ln(C)$$

$$\ln(f(x)) = a_0 + a_1 x, \quad Q(a_0, a_1) := \sum_{i=1}^{n} \left((a_0 + a_1 x_i) - \ln y_i\right)^2$$

Ob Gauß das gefallen hätte? Labordeutsch: „Least Square Fit", „Messwerte anfitten"

Die e-Funktion ist generell umkehrbar und die Umkehrfunktion ist der natürliche Logarithmus. Durch „logarithmisches Umskalieren" wird aus der e-Funktion eine lineare Funktion! Man braucht nur die zweispaltige Wertetabelle durch eine dritte Spalte mit logarithmierten Werten ergänzen und mit diesen die Koeffizienten *(3.6.8)* ermitteln. Aber auch dieses werden Sie in der Praxis nicht selber machen müssen. Die üblichen „Fit-Programme" bieten die wichtigsten transzendenten Funktionen als Option mit an.

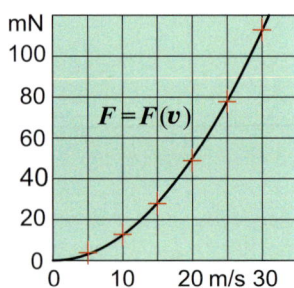
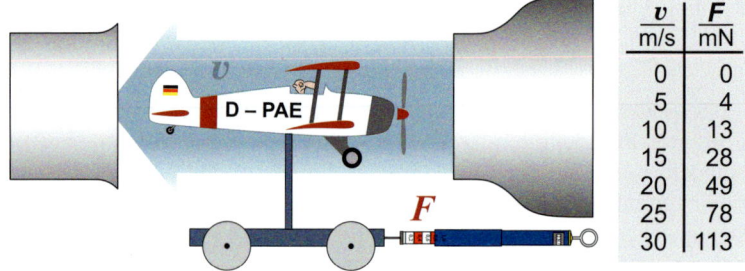

Bild 3.6.2
Luftwiderstands-Messung an einem Modellflugzeug

Sehen wir uns ein Beispiel an. In einem Windkanal wird der Luftwiderstand eines Flugzeugs in Abhängigkeit von der Geschwindigkeit gemessen. Es stellt sich die Frage nach einer empirischen Formel für diese Kraft. Da auch ohne Kenntnisse der Hydrodynamik klar ist, dass die Formel wohl durch ein Polynom 2. Grades mit $a_0 = 0$ wiedergegeben wird, magert das Gleichungssystem *(3.6.10)* für diesen Ansatz ab:

$$m = 2: \; f(x) = a_2 x^2 + a_1 x, \quad Q(a_1, a_2) := \sum_{i=1}^{n} \left((a_2 x_i^2 + a_1 x_i) - y_i\right)^2$$

(3.6.13)

$$(A|b) = \begin{pmatrix} \sum x_i^2 & \sum x_i^3 & \sum x_i^1 y_i \\ \sum x_i^3 & \sum x_i^4 & \sum x_i^2 y_i \end{pmatrix} = \begin{pmatrix} 2275 & 55125 & 6890 \\ 55125 & 1421875 & 177750 \end{pmatrix} \quad \begin{matrix} a_1 = -0{,}009 \\ a_2 = 0{,}125 \end{matrix}$$

Unsere empirische Formel:
$F = 0{,}125 \cdot v^2$
F in mN
v in m/s

Im Rahmen der Messdaten dieses Beispiels würde man ausschließen, dass ein linearer Summand eine Rolle spielt. Für genauere Aussagen sind natürlich viel mehr Messwerte erforderlich.

Integrale mehrstelliger Funktionen

4.

Fragte man erfahrene Praktiker(innen) aus Industrie oder Wissenschaft, wann sie das letzte Mal ein Integral gelöst haben, erlebte man eine Überraschung. Das könnte nämlich sehr lange her sein, es sei denn, sie mussten zu Hause ihren Kindern oder Enkelkindern helfen. Wenn Sie aber daraus den Schluss ziehen, dass es sich bei der Integralrechnung mehr oder weniger um gymnastische Übungen für Auszubildende handelt, dann ist das ein Trugschluss. Integrale sind – wie Differenzialquotienten und partielle Ableitungen auch – wichtig, um komplizierte Relationen in Naturwissenschaft und Technik formulieren zu können. Deshalb muss man Relationen, die Integrale enthalten, unbedingt „lesen" können. In den Entwicklungs- und Forschungsabteilungen besteht die schwierigste Arbeit in der Regel darin, Problemstellungen zu analysieren und zu formulieren. Erst in aufbereiteter Form ist das Problem kommunikationsfähig und kann von größeren Mitarbeiterstäben erfolgreich weiter bearbeitet werden. Sollten dabei Integrale zur konkreten Berechnung anstehen, ist das ein Nebenproblem, und es werden sich Mittel und Wege finden sie zu berechnen. Wir sollten das im Auge behalten und der Interpretation der Integrale in unterschiedlichen Sachgebieten die größte Bedeutung einräumen.

Integrale: (viel) mehr als nur Rechenübungen

Differenzial- und Integralrechnung: unentbehrlich bei der Formulierung komplizierter Relationen in Naturwissenschaft und Technik

4.1 Bereichsintegrale

Wir haben im vorangegangenen Kapitel gesehen, dass Ableitungen bzw. Ableitungsfunktionen auch bei mehrstelligen Funktionen letzten Endes auf Differenzenquotienten bzw. deren Grenzwert fußen. Die Integralrechnung bei einstelligen Funktionen beruht im Wesentlichen auf dem Aufsummieren von infinitesimalen Beiträgen. Das ist zwar auch bei mehrstelligen Funktionen so, aber wegen der vielen „Summier-Möglichkeiten" besteht die Gefahr, das Grundprinzip aus dem Auge zu verlieren. Unser Berghang mit der Gämse aus *Abschnitt 3.2* eignet sich nur bedingt als Einstiegsbeispiel für Integrale – es könnte zu Missverständnissen führen. Wir kehren lieber wieder zurück zu dem Feldspezialisten der Lüfte – dem Storch (*s. Bild 3.1.1*).

Das Aufsummieren infinitesimaler Beiträge bleibt weiterhin Grundprinzip.

Stellen Sie sich vor, Sie sollten die Masse eines großen Quaders Luft ermitteln. Sicher würden Sie sagen, das ist eine Schulaufgabe: *„Masse und Volumen homogener Körper sind zueinander proportional. Der Proportionalitätsfaktor heißt Dichte und gibt an, welche Masse in einem m³ (oder cm³) konzentriert ist. Wir suchen in einem Tabellenbuch die Dichte der Luft heraus und multiplizieren sie mit dem Volumen des Luftquaders."* Nun ist atmosphärische Luft wegen unterschiedlicher Druckverhältnisse großräumig nie homogen. Die Rechnung kann deshalb nur richtig sein, wenn mit ρ ein Mittelwert gemeint ist. Ein großräumiger

"Lokale" Werte für die Dichte der Luft lassen sich über die Gasgleichung aus Temperatur- und Druck errechnen:

Mittelwert steht sicherlich nicht zur Verfügung. "Lokale" Werte der Dichte lassen sich dagegen aus messtechnisch leicht erfassbaren lokalen Druck- und Temperaturverhältnissen errechnen. Mit genügend vielen Werten, kann daraus eine kontinuierliche Näherungs-Funktion "gestrickt" werden. Damit steht – und davon gehen wir bei den folgenden Überlegungen aus – trotz des Teilchencharakters der Luft eine stetige Funktion "Dichte als Funktion des Ortes" bereit.

Gasgleichung:
$pV = mRT \mid :V$
$\Rightarrow p = \rho RT \mid :RT$
$\Rightarrow \rho = \frac{p}{T}R$

$p \to$ Druck, $R \to$ Gaskonstante
$T \to$ absolute Temparatur

Der Storch fliegt gen Norden.

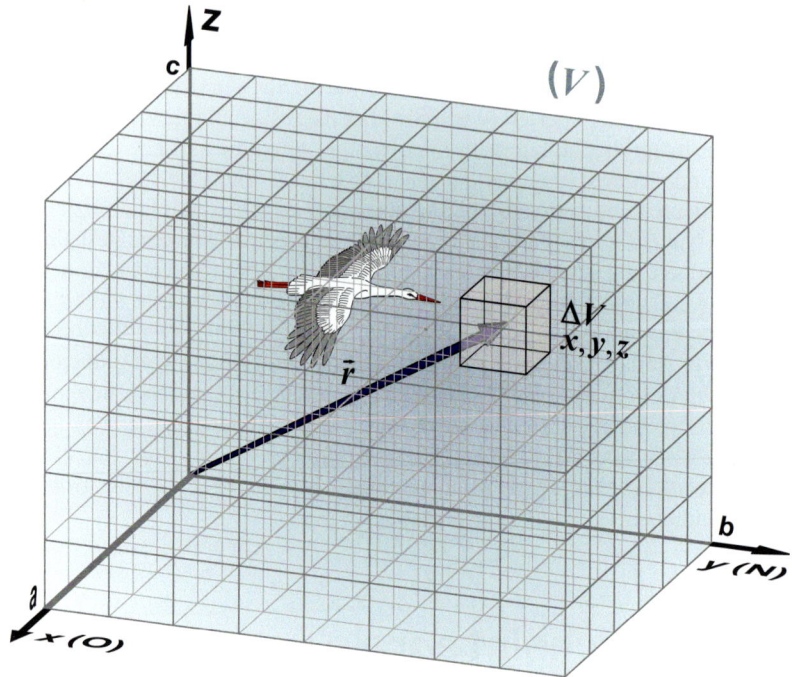

Bild 4.1.1
Planfigur zur Ermittlung der Masse eines Luftquaders

Zum Abgleich mit der üblichen Nomenklatur benennen wir die "Dichte als Funktion des Ortes" mit "f":

$\rho = f(\vec{r})$ bzw. $f(x, y, z)$

Um – gestützt auf die Funktion "Dichte als Funktion des Ortes" – die Masse des Luftquaders errechnen zu können, muss dieser in Volumenelemente zerlegt werden. Wir wählen – wie im Bild angedeutet – eine Zerlegung in N (zunächst) gleich große Würfel. Die mittlere Dichte der Volumenelemente kennen wir nicht. Aber Funktionswerte aus der Mitte des jeweiligen Volumenelements können näherungsweise diese Rolle übernehmen. Die Beschaffung von Funktionswerten ist kein Problem: Die Funktion ermöglicht die Berechnung der Dichte für jeden Ort des Definitionsbereichs.

(4.1.1)

n-tes Volumenelement: $\Delta m_n \approx f(\vec{r}_n)\Delta V_n$, Gesamtmasse: $m \approx \sum_{n=1}^{N} f(\vec{r}_n)\Delta V_n$

Damit steigt die Anzahl der Volumenelemente.

Im Falle eines dreidimensionalen Integrationsbereichs sagt man auch Volumenintegral.

Sollte die Genauigkeit nicht ausreichen, besteht die Möglichkeit, eine feinere Zerlegung des Volumens zu wählen. Für eine numerische Berechnung mittels Computer ist der zeitliche Mehraufwand dafür unerheblich. Irgendwann wird sich trotz Verkleinerung keine Genauigkeitsverbesserung mehr ergeben – man hat den "Grenzwert" der Summe erreicht. Dieser Genauigkeitserhöhungsprozess wird durch den Limes und der Grenzwert durch ein sogenanntes *Bereichsintegral* ausgedrückt. Im Falle eines Volumendifferenzials sagt man auch *Raumintegral*. Das

4.1 Bereichsintegrale

„(V)" unter dem Integralzeichen weist auf den Integrationsbereich hin und steht in unserem Fall für den in *Bild 4.1.1* illustrierten Luftquader.

$$m = \lim_{N \to \infty} \sum_{n=1}^{N} f(\vec{r}_n) \Delta V_n := \int_{(V)} f(\vec{r}) \, dV$$

Die Klammer ist nur Kosmetik und kann fortgelassen werden.

(4.1.2)

Leider bietet die Integraldarstellung des Grenzwertes in *(4.1.2)* keinen Ansatzpunkt für dessen exakte Ermittlung, denn es handelt sich nicht um ein *gewöhnliches Integral*. Dazu müsste die Variable im Integranden mit der im Differenzial übereinstimmen. Das „Integral" *(4.1.2)* ist deshalb nur symbolisch zu verstehen, bietet aber eine kompakte Darstellung des Zusammenhangs zwischen Dichte und Masse innerhalb eines Bereichs.

Gewöhnliches Integral:
$$\int_a^b f(x) \, dx$$
auch mit Parametern:
$$\int_a^b f_{p_v, p_y, \ldots}(x) \, dx$$

Wenden wir uns wieder der Summe *(4.1.1)* zu und stellen die Würfel des Gitternetzes als Produkt ihrer Kantenlängen dar. Möglicherweise lässt sich dann mithilfe des Assoziativgesetzes (der Addition) System in die Summe bringen:

$$N = N_x \cdot N_y \cdot N_z : \ m \approx \sum_{n=1}^{N} f(\vec{r}_n) \Delta V_n = \sum_{k=1}^{N_z} \left(\sum_{j=1}^{N_y} \left(\sum_{i=1}^{N_x} f(x_i, y_j, z_k) \Delta x_i \Delta y_j \Delta z_k \right) \right)$$

$\Delta V = \Delta x \cdot \Delta y \cdot \Delta z$

(4.1.3)

In der inneren Summe kann man optional zunächst nur den x-Koordinaten Werte zuweisen und die anderen beiden zunächst als **Parameter** behandeln. Es ergibt sich dadurch die Masse einer Würfelreihe in x-Richtung aber nicht konkret, sondern in Abhängigkeit von y und z. Vor dem mittleren Summationsschritt werden nur den y-Koordinaten einer Würfelreihe Werte zugewiesen und z bleibt noch freier Parameter. Nach der Addition aller Würfelreihen in y-Richtung erhält man die Masse einer horizontalen Würfel-Scheibe, aber wieder nicht konkret, sondern in Abhängigkeit von z. Vor der abschließenden Summation bekommen endlich auch die z-Koordinaten Werte. Nach der Addition aller übereinanderliegenden Scheiben ergibt sich schließlich die gesuchte Gesamtmasse. Für eine numerische Näherung ist mit dieser Überlegung gegenüber *(4.1.1) / (4.1.2)* nichts gewonnen – aber das war auch nicht beabsichtigt. Dafür ergibt sich – und das wird der nächste Schritt deutlich machen – eine Möglichkeit, den Grenzwert mithilfe gewöhnlicher Integrale berechnen zu können. Unter Ausnutzung des Distributivgesetzes dürfen die Faktoren Δx, Δy, Δz in *(4.1.3)* alternativ auf die Summanden verteilt werden:

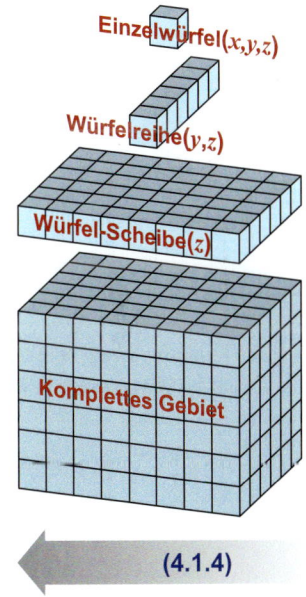

$$\sum_{k=1}^{N_z} \left(\sum_{j=1}^{N_y} \left(\sum_{i=1}^{N_x} f(x_i, y_j, z_k) \Delta x_i \Delta y_j \Delta z_k \right) \right) = \sum_{k=1}^{N_z} \left(\sum_{j=1}^{N_y} \left(\sum_{i=1}^{N_x} f(x_i, y_j, z_k) \Delta x_i \right) \Delta y_j \right) \Delta z_k$$

(4.1.4)

Für die Illustrationen der Zerlegung sind Würfel praktisch, aber die bisherigen Überlegungen bleiben gültig, wenn der Integrationsbereich in Quader – d. h. $\Delta x \neq \Delta y \neq \Delta z$ – unterteilt ist. Die Verwendung von Quadern wiederum ermöglicht, die Kantenlängen der Volumenelemente nicht kollektiv, sondern nacheinander zu verfeinern. Denkbar ist, dass sich die sukzessiven Verkleinerungen der Elementkanten so weit treiben lassen, bis keine Genauigkeitssteigerungen mehr feststellbar sind. Stellt man diese Verfeinerungsprozesse mithilfe des Limes dar,

Zerlegung in Würfel? Für Illustrationen praktisch – ansonsten zerlegt man in quaderförmige Volumenelemente.

ergeben sich drei ineinander geschachtelte gewöhnliche Integrale – ein sogenanntes *Dreifachintegral*:

(4.1.5)

$$m = \lim_{N_z \to \infty} \sum_{k=1}^{N_z} \left(\lim_{N_y \to \infty} \sum_{j=1}^{N_y} \left(\lim_{N_x \to \infty} \sum_{i=1}^{N_x} f(x_i, y_j, z_k) \Delta x_i \right) \Delta y_j \right) \Delta z_k$$

$$= \int_0^c \left(\int_0^b \left(\int_0^a f(x,y,z)\,dx \right) dy \right) dz \quad \text{auch ohne (...):} \quad \int_0^c \int_0^b \int_0^a f(x,y,z)\,dx\,dy\,dz$$

Für numerische Lösungen von Integralen sind parameterfreie Integranden erforderlich.

So ganz gewöhnlich sind die beiden inneren Integrale allerdings doch nicht, denn deren Integranden enthalten Parameter. Im innersten Integral haben die Variablen *y* und *z* „nur" Parameterstatus. Bei der anschließenden Integration über *y* ist *z* noch Parameter. Erst der Integrand der äußeren Integration ist parameterfrei. Es fragt sich an dieser Stelle, ob das über Stammfunktionen berechnete Dreifachintegral tatsächlich Grenzwert der Summe (4.1.1) ist. Tatsächlich – und das teilen wir hier ohne Beweis mit – ist das der Fall, wenn der Integrand – hier $f(x, y, z)$ genannt – im Integrationsgebiet stetig ist.

Merksatz 4.1.1

> **Schreibweisen:**
> Generell bestimmt die Anzahl der Differenziale in einem Integral – auch wenn sie nur symbolisch zu verstehen sind – die Anzahl der Integralzeichen. Die Dimension des Integrationsbereichs ist unerheblich.
>
> Beispiel: Regelgerecht: $\int_{(V)} \rho\,dV$. Wenn Sie mögen trotzdem so: $\iiint_{(V)} \rho\,dV$.

Das Mehrfachintegral dürfte klarer werden, wenn wir die Masse des Luftquaders konkret berechnen. Dazu denken wir uns einfach eine Funktion aus:

(4.1.6)

$$\rho = f(x,y,z) := 120\left(10^4 + y^2 - 0{,}1x^2\right)\cdot \exp(-0{,}12z)\,;\quad x,y,z \text{ in km},\quad \rho \text{ in t/km}^3$$

Die Funktion f(x, y, z) gilt nur für das Gebiet (V).

Im Norden (positive *y*-Richtung) des Integrationsgebiets befindet sich eine Hochdruckfront → Term in (4.1.6): $+y^2$. Wegen eines schwachen Tiefdruckausläufers fällt die Dichte der Luft nach Osten (und Westen) leicht ab → Term in (4.1.6): $-0{,}1 \cdot x^2$. Die Abnahme der Luftdichte nach oben (positive *z*-Richtung) wird näherungsweise – der barometrischen Höhenformel entsprechend – durch eine e-Funktion beschrieben. Dadurch kann, anders als das in *Bild 4.1.1* dargestellt, die Integrationsgrenze für *z* in den Weltraum reichen ($c = \infty$). Unser Dreifachintegral sieht dann wie folgt aus:

a = 6, b = 8, c = ∞

(4.1.7)

$$m = \int_0^\infty \left(\int_0^8 \left(\int_0^6 120\left(10^4 + y^2 - 0{,}1x^2\right) e^{-0{,}12z}\,dx \right) dy \right) dz = \ldots$$

$f(x,y,z) = u(x,y)\cdot v(z) \Rightarrow$
$\int_{(V)} f\,dV = \int_{(z)} v\,dz \cdot \iint_{(x,y)} u\,dx\,dy$

Beachten Sie, für die Integration gelten die normalen Integrationsregeln. So werden konstante Faktoren „ausgeklammert", d. h. vor die Integralzeichen gesetzt. Man kann sogar ein komplettes Teilintegral abspalten, wenn der Integrand einen Faktor enthält, der von den übrigen Teilintegralen nicht berührt wird. Im vorliegenden Fall gilt das für die e-Funktion:

4.1 Bereichsintegrale

$$m = 120 \int_0^\infty e^{-0,12z}\, dz \cdot \int_0^8 \left(\int_0^6 \left(10^4 + y^2 - 0,1x^2\right) dx \right) dy = \ldots \quad (4.1.8)$$

Integrale sind durch das stilisierte S und das Differenzial als abgeschlossene Terme erkennbar und müssen deshalb nicht in Klammern eingeschlossen werden. Das abgespaltene Integral über die Variable z berechnen wir in einer Nebenrechnung:

Muss nicht, aber kann.

$$\text{N.R.:} \int_0^\infty e^{-0,12z}\, dz = -\frac{1}{0,12} \int_0^{-\infty} e^u\, du = -\frac{1}{0,12} e^u \Big|_0^{-\infty} = \frac{1}{0,12} \quad (4.1.9)$$

Substitution: $u := -0,12z \Rightarrow dz = -\frac{1}{0,12} du$, Neue Grenzen: 0 bis $-\infty$

Setzt man (4.1.9) in (4.1.8) ein, verbleibt ein *Doppelintegral* …

$$m = 10^3 \int_0^8 \left(\int_0^6 \left(10^4 + y^2 - 0,1x^2\right) dx \right) dy = \ldots \quad (4.1.10)$$

… von dem wir zunächst das innere Integral ausführen. Die Variable y ist dabei nur Parameter. Mit der Integration über y ergibt sich endlich der gesuchte Wert:

$$m = 10^3 \int_0^8 \left(10^4 x + y^2 x - \frac{0,1}{3} x^3\right)\Big|_0^6 dy = 10^3 \int_0^8 \left(6\cdot 10^4 + 6y^2 - 7,2\right) dy$$

$$= 10^3 \left(6\cdot 10^4 y + 2y^3 - 7,2y\right)\Big|_0^8 = 10^3 \cdot \left(48\cdot 10^4 + 2\cdot 8^3 - 57,6\right) = \underline{\underline{480\,966\,400\,\text{t}}} \quad (4.1.11)$$

Zugegeben – viel Schreiberei und das bei so einfachen Integranden. Werfen wir noch einmal einen Blick auf den Beginn der Überlegungen (ab (4.1.3)), die zu dem Dreifachintegral führten. Da die Addition nicht nur assoziativ, sondern auch kommutativ ist, hätte man als innere Summation alternativ die Würfel in y-Richtung addieren können, um aus diesen anschließend Scheiben in z-Richtung zusammenzufügen. Alle Scheiben zusammen erfassen ebenfalls den kompletten Integrationsbereich. Kurzum, die Summen lassen sich auch in anderen Reihenfolgen zusammenstellen. Es fragt sich nur ob die Grenzwerte – ermittelt mithilfe der Stammfunktionen – derartige Vertauschungen mitmachen. Schließlich tauschen die Variablen ihren Status. So könnte beispielsweise anders als in (4.1.10) x zunächst nur Parameter sein, um dann im nächsten Schritt zur Integrationsvariable zu mutieren. Es stellt sich heraus, dass die Integrationsreihenfolge bei Bereichsintegralen vertauschbar ist, wenn die Integrationsgrenzen Konstante sind und die Integranden aus stetigen Funktionen bestehen. Üblicherweise können deshalb die Klammerschachtelungen der Integrale fortgelassen werden.

Ein Lichtblick im Falle stetiger Integranden: Die Integrationsreihenfolge ist im Falle fester Grenzen vertauschbar.

Eine Funktion $f(x, y, z) \equiv 1$ in (4.1.2) würde bedeuten, dass lediglich Volumenelemente summiert werden:

$$V = \int_{(V)} dV \quad \left(\text{oder lieber doch so:} \iiint_{(V)} dV \right) \quad (4.1.12)$$

Zurück auf die Bergwiese!

Das Ergebnis wäre das Volumen des Integrationsbereichs. In dem in *Bild 4.1.1* dargestellten Fall wäre $V = a \cdot b \cdot c$. Das ist natürlich nicht spannend, aber aus unserem Bergwiesenbeispiel lässt sich ein instruktives Beispiel konstruieren. Betrachten Sie das folgende Dreifachintegral:

(4.1.13)

$$V = \int_{-4}^{16} \left(\int_{-2}^{22} \left(\int_{0}^{f(x,y)} 1 \cdot dz \right) dx \right) dy$$

f(x, y): Siehe (3.1.3)!

f(x, y) hat die Bedeutung der jeweiligen Höhe der Bergwiese.

In *(4.1.13)* wurde davon Gebrauch gemacht, dass die Reihenfolge der Integrationen vertauschbar ist – hier wurde die Integration über z vorgezogen. Wirklich erstaunen sollte, dass eine Funktion als Integrationsgrenze fungiert. Das ist möglich, weil die Variablen dieser Funktion im ersten Integrationsschritt noch Parameterstatus haben. Die damit errechneten Funktionswerte müssen somit als ganz gewöhnliche Zahlenwerte angesehen werden. Nach dem ersten Integrationsschritt reduziert sich das Dreifachintegral zu einem Doppelintegral mit konstanten Grenzen und die Funktion in der oberen Grenze wird zu dessen Integranden:

(4.1.14)

$$\int_{-4}^{16} \left(\int_{-2}^{22} \left(z \Big|_0^{f(x,y)} \right) dx \right) dy = \int_{-4}^{16} \left(\int_{-2}^{22} (f(x,y) - 0) \, dx \right) dy = \int_{-4}^{16} \int_{-2}^{22} f(x,y) \, dx \, dy = \ldots$$

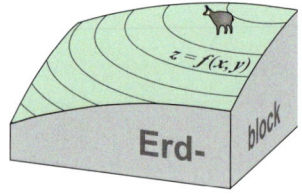

Bei dem Integrationsbereich, auf den sich das Dreifachintegral *(4.1.13)* bezieht, handelt es sich um den Erdblock zwischen der x,y-Ebene und der Bergwiese. Das zu einem Doppelintegral reduzierte Dreifachintegral ist ebenfalls ein Gebietsintegral. Integrationsbereich ist hier die in der x,y-Ebene gelegene rechteckige Grundfläche des Erdblocks.

(4.1.15)

$$\ldots = \int_{-4}^{16} \int_{-2}^{22} \left(-0{,}01(x^2 + y^2) + 0{,}38x + 0{,}32y + 6{,}03 \right) dx \, dy$$

$$= \int_{-4}^{16} \left(-\frac{0{,}01}{3} x^3 - 0{,}01 y^2 x + 0{,}19 x^2 + 0{,}32 yx + 6{,}03 x \right) \Big|_{-2}^{22} dy$$

$$= \int_{-4}^{16} \left(-35{,}52 - 0{,}24 y^2 + 91{,}2 + 7{,}68 y + 144{,}72 \right) dy$$

$$= 200{,}4 y - 0{,}08 y^3 + 3{,}84 y^2 \Big|_{-4}^{16} = \underline{\underline{4596{,}8}} \text{ Volumeneinheiten}$$

Erschweren Bereichsintegrale beträchtlich: Funktionen in den Integrationsgrenzen.

Vertauschbarkeit nur nach Neubestimmung der Grenzen!

Funktionen in den oberen oder unteren Grenzen eines Bereichsintegrals werden notwendig, wenn der Integrationsbereich nicht durch feste Koordinatenintervalle ausgedrückt werden kann. Im vorliegenden Beispiel waren es die von x und y abhängigen Werte der gewölbten Bergwiese, die oberen Grenzen der Integration über die Variable z bildeten. Sobald Funktionen in den Grenzen stehen, ist die Reihenfolge der Integrationen nur dann vertauschbar, wenn gleichzeitig dazu die Grenzen neu bestimmt werden. Prüfen Sie Ihr Verständnis mithilfe der folgenden Übungsaufgabe, in der die Bergwiese zum letzten Mal eine Rolle spielt.

4.1 Bereichsintegrale

Aufgabe:

Gegeben ist das folgende Doppelintegral. Bei dem Funktionsgraphen des Integranden handelt es sich um die „Bergwiese" aus Abschnitt 3.1. Die beiden Funktionen $u(x)$ und $v(x)$ sollen als obere und untere Grenze für das innere Integral dienen:

$$\int_{16-\sqrt{20}}^{16+\sqrt{20}} \left(\int_{u(y)}^{v(y)} f(x,y) \mathrm{d}x \right) \mathrm{d}y = ? \quad \text{mit } f(x,y) = 12{,}2 - 0{,}01\left((x-19)^2 + (y-16)^2\right)$$

mit $u(y) = 19 - \sqrt{20-(y-16)^2}$, $v(y) = 19 + \sqrt{20-(y-16)^2}$

a) Zeigen Sie durch Ausmultiplizieren und anschließendem Zusammenfassen, dass die Funktion gleichwertig mit der in (3.1.3) ist.
b) Weisen Sie nach, dass die Relation $x = u(y) \vee x = v(y)$ Relation eines Kreises ist. Geben Sie Mittelpunkt und Radius an!
c) Finden Sie die geometrische Bedeutung des Doppelintegrals heraus! Den Wert des Integrals brauchen Sie dabei nicht konkret berechnen.

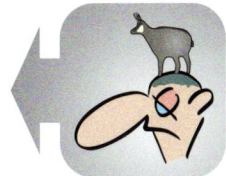

Aufgabe 4.1.1

Lösungsvorschlag:

Zu a) $f(x,y) = 12{,}2 - 0{,}01\left((x-19)^2 + (y-16)^2\right)$

$\qquad 12{,}2 - 0{,}01(x^2 + y^2) + 0{,}38x + 0{,}32y - 6{,}17 = \ldots + 6{,}03$

Zu b) $x = 19 - \sqrt{20-(y-16)^2} \vee x = 19 + \sqrt{20-(y-16)^2} \quad |-19 \mid \text{hoch } 2$

$\qquad (x-19)^2 = 20 - (y-16)^2 \quad \text{bzw.} \quad (x-19)^2 + (y-16)^2 = \left(\sqrt{20}\right)^2$

Mittelpunkt $M(19,16)$, Radius $r = \sqrt{20}$, u und v ergänzen sich zu K

Zu c) Einsetzen der Kreisrelation K in $f(x,y)$:

$$z = f(x_K, y_K) = 12{,}2 - 0{,}01\left(\sqrt{20}\right)^2 = 12{,}2 - 0{,}2 = 12$$

Der Graph von K ist die $z = 12$ Höhenlinie des Integranden.
Das Doppelintegral berechnet das Volumen des Kerns eines Hohlbohrers entlang der $z = 12$ Höhenlinie bis herunter zur xy-Ebene.

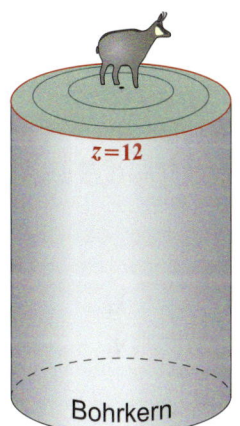

Die Lösung von *Aufgabe 4.1.1* wirkt kompakt, weil auf die Berechnung des Bereichsintegrals verzichtet wurde. Eine konkrete Berechnung ähnelt zunächst den ersten beiden Zeilen von (4.1.15) – unterschiedlich sind „nur" die Grenzen:

$$\int_{16-\sqrt{20}}^{16+\sqrt{20}} \left(-\frac{0{,}01}{3} x^3 - 0{,}01 y^2 x + 0{,}19 x^2 + 0{,}32 yx + 6{,}03 y \right) \Bigg|_{u(y)}^{v(y)} \mathrm{d}y = \ldots$$

(4.1.16)

Im nächsten Schritt müssen die Grenzen für das innere Integral eingesetzt werden:

(4.1.17)
$$\int_{16-\sqrt{20}}^{16+\sqrt{20}} \left(-\frac{0,01}{3}\left(v^3 - u^3\right) + \left(0,32y - 0,01y^2\right)(v-u) + 0,19\left(v^2 - u^2\right) + 6,03y \right) dy = \ldots$$

Im falschen Film ungünstigen Koordinatensystem ...

Setzt man weiter die Grenzen $u(y)$ und $v(y)$ ein, ergäbe sich ein mühseliges Ausmultiplizieren. Auch ein anschließendes Zusammenfassen lieferte keinen kompakten Integranden. Offensichtlich verkompliziert der kreisförmige Integrationsbereich in einem kartesischen Koordinatensystem die Rechnung. Man ist sozusagen im „falschen System". Mögliche Auswege könnten Transformationen in alternative Koordinatensysteme bieten. Die beiden am häufigsten verwendeten Alternativsysteme werden im nächsten Abschnitt behandelt.

In dem folgenden Merksatzfeld sind die wichtigsten Eigenschaften der Gebietsintegrale zusammengefasst.

Merksatz 4.1.2

Bereichs- bzw. Volumenintegrale:

$B \subseteq \mathbb{R}^n$, $n \geq 2$:

$f : B \to \mathbb{R}$, $(x_1, x_2, \ldots, x_n) \mapsto z$, $z = f(x_1, x_2, \ldots, x_n)$, f stetig auf B

$\Delta B_1, \Delta B_2, \ldots, \Delta B_N$ sei eine Zerlegung von B in N disjunkte Teilmengen:

Dann gilt: $\lim\limits_{N \to \infty} \sum\limits_{i=1}^{N} f(x_1, x_2, \ldots, x_n) \Delta B_i = \int\limits_{(B)} f(x_1, x_2, \ldots, x_n) \, dB$

Der Grenzwert heißt *Bereichsintegral*. Handelt es sich bei dB speziell um Volumendifferenziale, spricht man auch von *Raumintegralen* ($n = 3$). Mit $f(x_1, x_2, x_3) \equiv 1$ wird das Raumintegral zum *Volumenintegral*. Bereichsintegrale lassen sich auf mehrfache gewöhnliche Integrale zurückführen. Deren Abarbeitung erfolgt von innen nach außen:

$$\int\limits_{(B)} f(x_1, x_2, \ldots, x_n) \, dB = \int\limits_{u_n}^{v_n} \left(\ldots \left(\int\limits_{u_2}^{v_2} \left(\int\limits_{u_1}^{v_1} f(x_1, x_2, \ldots, x_n) dx_1 \right) dx_2 \right) \ldots \right) dx_n$$

Teilintegrale mit konstanten Grenzen sind mit anderen Integralen vertauschbar. Die Klammern sind deshalb nur optional. Die Grenzen dürfen Funktionen der jeweiligen als Parameter betrachteten Variablen sein:

$u_1 = u_1(x_2, x_3, \ldots, x_n)$, $\quad v_1 = v_1(x_2, x_3, \ldots, x_n)$
$u_2 = u_2(x_3, \ldots, x_n)$, $\quad v_2 = v_2(x_3, \ldots, x_n)$
$\quad\vdots \quad\quad\quad\quad\quad\quad\quad\quad\quad \vdots$
$u_{n-1} = u_{n-1}(x_n)$, $\quad v_{n-1} = v_{n-1}(x_n)$
$u_n = u_0$, $\quad\quad\quad\quad\quad v_n = v_0 \quad$ (konstante Grenzen)

4.2 Bereichsintegrale in Zylinderkoordinaten

Auch wenn sich ein Bereichsintegral auf mehrfache gewöhnliche Integrale zurückführen lässt, bleibt das Finden von Stammfunktionen ein leidiges Problem. Kommt man in kartesischen Koordinaten nicht weiter, sollte eine Koordinatentransformation ins Auge gefasst werden. Handelt es sich um einen zweistelligen Integranden bietet sich im Falle einer Rotationssymmetrie die Transformation in Polarkoordinaten an. Im dreistelligen Fall erwägt man eine Transformation des Integranden in Zylinder- oder Kugelkoordinaten. Für den Übergang von der Summe zum Grenzwert (vgl. (4.1.5)) muss auch die Zerlegung des Integrationsbereichs dem geänderten Koordinatensystem angepasst werden:

Nicht nur der Integrand, sondern zusätzlich Funktionen in den Grenzen erschweren die Berechnung des Integrals..

Kugelkoordinaten heißen auch sphärische Polarkoordinaten.

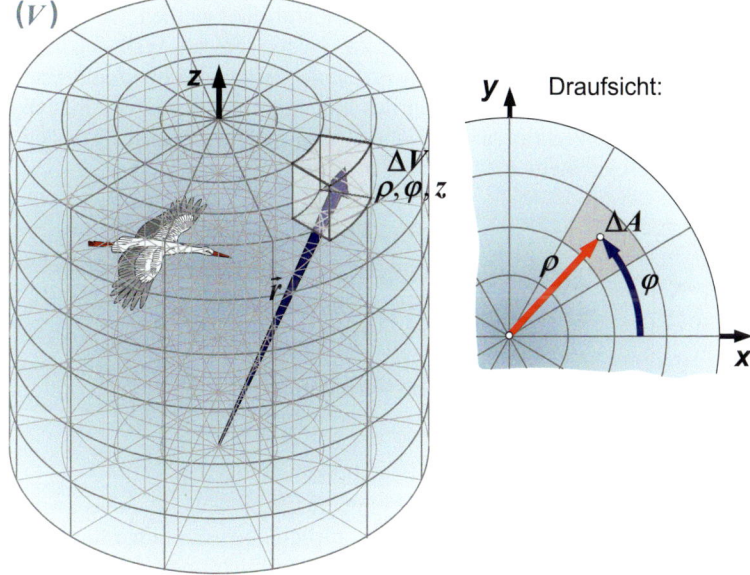

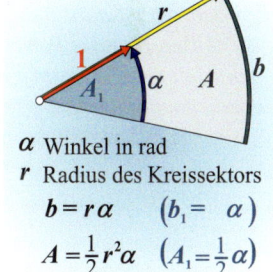

Formeln für Kreissektoren:

α Winkel in rad
r Radius des Kreissektors
$b = r\alpha \quad (b_1 = \alpha)$
$A = \frac{1}{2} r^2 \alpha \quad (A_1 = \frac{1}{2}\alpha)$

Bild 4.2.1
Zerlegung zylindrischer Integrationsbereiche in Volumenelemente

Die Draufsicht in *Bild 4.2.1* zeigt, wie ein Punkt in einem zylindrischen System (vgl. Abschn. 3.2) festgelegt ist: Die erste Zylinderkoordinate ergibt sich durch den Betrag der Projektion des Ortsvektors r auf die x,y-Ebene. Die zweite Koordinate ist der Winkel, den diese Projektion mit der x-Achse einschließt. Als dritte Koordinate fungiert die unveränderte z-Koordinate. Wir gehen zunächst – wie in *Bild 4.2.1* dargestellt – von einem zylindrischen Integrationsbereich aus. Die Grundfläche des Zylinders wird in einheitliche Kreissektoren mit dem Winkel $\Delta\varphi$ eingeteilt. Zusätzlich wird noch eine radiale „Zielscheiben-Teilung" in Ringe der Breite $\Delta\rho$ vorgenommen. Übernimmt man diese Grundflächenteilung für den kompletten Zylinder ergeben sich radial unterteilte Tortenstücke. Die Zerlegung des Zylinders ist komplett, wenn man alles noch in gleich dicke Scheiben der Höhe Δz unterteilt. Wie vorher sollen die Elemente so klein gewählt sein, dass der Integrand dort näherungsweise als konstant anzusehen ist. Anstelle des Mittelwertes nehmen wir ersatzweise wie in (4.1.3) den Funktionswert eines Punktes in

Die Projektion ist gleichzeitig der Abstand des Punktes von der z-Achse.

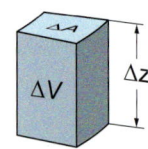

Das Volumenelement ist fast ein Quader.

der Mitte des Elements – jetzt beschrieben durch die Zylinderkoordinaten ρ, φ, z. Die Art der Zerlegung hat zur Folge, dass die Volumina der Elemente abhängig von der Zylinderkoordinate ρ sind. Das Volumen eines Elements errechnet sich schlicht aus „Grundfläche mal Höhe", und die Grundfläche ergibt sich aus der Differenz der Kreissektor-Flächen:

(4.2.1)

$$\Delta A = \tfrac{1}{2}\left(\rho + \tfrac{\Delta\rho}{2}\right)^2 \Delta\varphi - \tfrac{1}{2}\left(\rho - \tfrac{\Delta\rho}{2}\right)^2 \Delta\varphi = \tfrac{1}{2}\left(\text{s. N.R.}\right)\Delta\varphi = \ldots$$

$$\text{N.R.:} \left(\rho + \tfrac{\Delta\rho}{2}\right)^2 - \left(\rho - \tfrac{\Delta\rho}{2}\right)^2 = \cancel{\rho^2} + \rho\Delta\rho + \cancel{\tfrac{1}{4}\Delta\rho^2} - \cancel{\rho^2} + \rho\Delta\rho - \cancel{\tfrac{1}{4}\Delta\rho^2} = \underline{2\rho\Delta\rho}$$

$$\ldots = \tfrac{1}{2}(2\rho\Delta\rho)\Delta\varphi = \rho\Delta\rho\Delta\varphi\,, \quad \Delta V = \Delta A \cdot \Delta z = \underline{\rho \cdot \Delta\rho \cdot \Delta\varphi \cdot \Delta z}$$

Transformation in Zylinderkoordinaten:
$x(\rho, \varphi) = \rho\cos(\varphi)$
$y(\rho, \varphi) = \rho\sin(\varphi)$
z unverändert

Entfällt die z-Koordinate, so heißen ρ und φ Polarkoordinaten. Alternativbezeichnung für die erste Polarkoordinate: r

(4.2.2)

Sollte der Integrand nicht schon in Zylinderkoordinaten gegeben sein, muss er mittels der nebenstehenden Beziehungen transformiert werden. Das heißt, die Variablen x und y werden durch $\rho\cos(\varphi)$ bzw. $\rho\sin(\varphi)$ ersetzt. Weil sich dadurch der Funktionsterm (nicht der Funktionswert) ändert, muss der Integrand einen anderen Namen bekommen. Wir deuten das hier mit einer dezenten „Schlange" an. Analog zu (4.1.4) zerfällt das Bereichsintegral nach dem Grenzübergang in drei ineinander geschachtelte gewöhnliche Integrale:

$$\tilde{f}(\rho, \varphi, z) := f(x(\rho, \varphi), y(\rho, \varphi), z)$$

$$\lim_{N_z \to \infty} \sum_{k=1}^{N_z} \left(\lim_{N_\varphi \to \infty} \sum_{j=1}^{N_\varphi} \left(\lim_{N_\rho \to \infty} \sum_{i=1}^{N_\rho} \tilde{f}(\rho_i, \varphi_j, z_k)\rho_i\,\Delta\rho_i \right) \Delta\varphi_j \right) \Delta z_k$$

$$= \int_0^c \int_0^{2\pi} \int_0^R \tilde{f}(\rho, \varphi, z)\,\rho\,\mathrm{d}\rho\,\mathrm{d}\varphi\,\mathrm{d}z \quad (\text{Reihenfolge bzw. Klammern optional})$$

Nicht vergessen: Volumenintegrale sind Bereichsintegrale.

Die Rotationssymmetrie entfällt, sobald die Robbe auf der Sandbank ruht!

Die Aussagen in *Merksatz 4.1.1* gelten abgesehen von dem geänderten Differenzial auch für Volumenintegrale in Zylinderkoordinaten. Im Falle zweistelliger Integranden entfällt die Variable z und natürlich auch die Integration über diese Variable. Bezüglich des Auffindens der Stammfunktionen gilt auch nach der Transformation in Zylinder- oder Polarkoordinaten das Prinzip „Hoffnung". Wenn aber Integrand und Integrationsbereich rotationssymmetrisch sind, stehen die Chancen nicht schlecht. Als Beispiel soll eine Kegelrobbe herhalten: Wir wollen mithilfe von Raumintegralen die Masse, den Schwerpunkt und das Trägheitsmoment um die z-Achse berechnen:

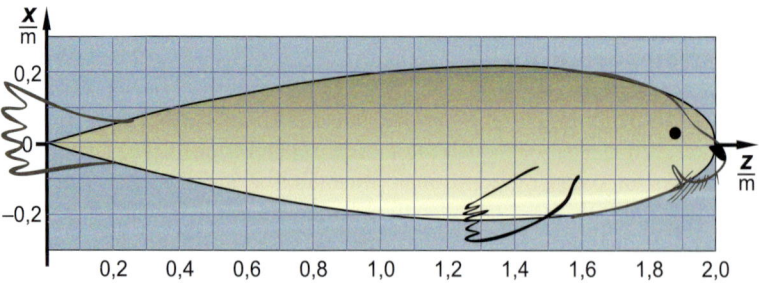

Bild 4.2.2
Ein Robbenkörper als Beispiel für Raumintegrale in Zylinderkoordinaten

4.2 Bereichsintegrale in Zylinderkoordinaten

Wie Sie sehen, hat die Robbe – abgesehen von ein paar unabdingbaren Kompromissen – einen stromlinienförmigen Körper. Der Körper ist im Wasser nahezu rotationssymmetrisch und er lässt sich deshalb vorteilhaft in Zylinderkoordinaten ausdrücken. Da der Ortsvektor *r* bei den folgenden Überlegungen nicht ausdrücklich vorkommt, können wir die Zylinderkoordinate ρ getrost mit dem lateinischen *r* benennen. Der Vorteil: Das griechische ρ steht (wieder) als normgerechtes Formelzeichen für die Dichte zur Verfügung. Mit der folgenden Formel wird die Zylinderkoordinate ρ – jetzt in *r* umbenannt – einer 2 m langen Kegelrobbe in Abhängigkeit von z beschrieben:

Beachten Sie den Bennungskonflikt!
Radius(-vektor) $\vec{r}$
Zylinderkoordinate ρ
Dichte der Materie ρ

Eine „körperbetonte" Funktion:

$$r(z) \approx 0{,}2z\sqrt{2-z}, \ 0 \leq z \leq 2, \ r, z \text{ in m} \qquad (4.2.3)$$

Für die folgenden Schwerpunkt- und Trägheitsmomentberechnung müssen wir auf die Überlegungen in *Abschnitt 2.9* zurückgreifen. Dort wurden „nur" Schwerpunkte und Trägheitsmomente von Systemen aus Atomkernen behandelt. Für die Berechnung der Robbe ist die Teilchenstruktur des Mikrokosmos irrelevant. Wir können – wie im vorherigen Abschnitt die atmosphärische Luft – die Körperteile der Robbe getrost zum Kontinuum „verschmieren". Bedenken Sie: Ein Volumenelement mit einer Kantenlänge von 1 µm enthält größenordnungsmäßig 1 Billion Atomkerne. Die auf ein so geringes Volumen bezogene mittlere Dichte ist sicher ein gutes Maß für die „lokale" Dichte fester und flüssiger Körper. Damit wird auch eine, aus diesen Werten ermittelte kontinuierliche Funktion für die Dichte, Verteilung der Massen bestens beschrieben. Da nun für die Dichte eine stetige Funktion zur Verfügung steht, hat die folgende Zeile – wenn es sich nicht gerade um den Mikrokosmos handelt – einen Sinn:

Die Teilchenstruktur des Mikrokosmos verhindert zunächst den Grenzübergang zum Integral!

Aus vielen lokalen Werten lässt sich eine kontinuierliche Näherungsfunktion für die Dichte ermitteln.

$$\text{Mikrokosmos: } m = \sum_{(V)} m_i, \ \text{Kontinuum: } m = \int_{(V)} \rho(\vec{r}) dV \qquad (4.2.4)$$

Links in (4.2.4) werden korrekt die Massen aller Teilchen, die sich in einem Bereich (V) befinden addiert. Obwohl es sich rechts um eine Näherung handelt, wurde auf das „≈"-Zeichen verzichtet. Die prozentuale Abweichung liegt außerhalb des Stellenbereichs üblicher Rechner. Formal erhält man die Integralformeln für Größen, die die Masse bzw. deren Verteilung beschreiben, indem man die Summenzeichen durch Volumenintegrale und …

Im Anschauungsraum können Sie in der Regel Materie getrost als „Kontinuum" betrachten.

$$\ldots m_i \text{ oder } \Delta m_i \text{ durch } \rho \, dV \text{ bzw. } dm \text{ ersetzt.} \qquad (4.2.5)$$

Ärgerlich für Berechnung biologischer Systeme ist, dass deren „Innereien" so inhomogen sind, dass sich kaum eine handliche Formel für die Dichte so eines Körpers finden lässt. Bitte akzeptieren Sie deshalb, wenn wir hier die Dichte des Robbenkörpers konstant mit 1 t/m³ abschätzen. Dann gilt $\rho = f(r) \equiv 1$.

1 t/m³ = 1 g/cm³ (Dichte von Wasser)

$$m = \int_{(V)} \rho(\vec{r}) dV = \int_0^2 \int_0^{2\pi} \int_0^{r(z)} 1 \cdot r \, dr \, d\varphi \, dz = 2\pi \int_0^2 \frac{r^2}{2} \Big|_0^{r(z)} dz = \pi \int_0^2 0{,}04 z^2 (2-z) dz$$

$$= 0{,}04\pi \left(2\frac{z^3}{3} - \frac{z^4}{4} \right)\Big|_0^2 = \frac{0{,}16}{3}\pi \approx 0{,}17 \, t = \underline{\underline{170 \, kg}}$$

(4.2.6)

Deutschlands größtes Raubtier: Badegäste stehen nicht auf seinem Speiseplan.

Dort können Sie Kegelrobben beobachten:

Helgoland

170 kg sind für eine 2-Meter-Kegelrobbe durchaus realistisch. Beachten Sie wieder die Vertauschbarkeit der Teilintegrale. Da der Integrand unabhängig von φ ist, sollte man – um das Integralwirrwarr vorzeitig abzubauen – das Teilintegral über φ vorziehen. Sein Beitrag besteht lediglich aus dem Faktor 2π.

Geht es lediglich um das Volumen eines Körpers, ist $\rho = f(r) \equiv 1$ ohnehin erfüllt. Volumenintegrale speziell für zylindersymmetrische Körper (Rotationskörper) könnten Ihnen noch aus der Schule bekannt sein. Die obere Grenze des Teilintegrals über z ist wegen der Symmetrie nicht von der Zylinderkoordinate φ abhängig und es ergibt sich:

(4.2.7)

$$V = \int_{(V)} dV = \int_a^b \int_0^{2\pi} \int_0^{r(z)} r\,dr\,d\varphi\,dz = 2\pi \int_a^b \left[\frac{r^2}{2}\right]_0^{r(z)} dz = \pi \int_a^b \left[r(z)\right]^2 dz \quad \left(\text{bzw. } \pi \int_a^b y^2\,dx\right)$$

Rotationskörper aus einstelligen Funktionen: Lassen Sie in Gedanken den Funktionsgraphen wie ein Springtau um eine Achse kreisen.

Im Falle der Zylindersymmetrie lässt sich das Volumen ohne Umweg als gewöhnliches Integral formulieren. Die Differenziale sind dann die Volumina infinitesimaler Scheibchen der Dicke dz und dem Radius $r(z)$. Da nur noch eine Koordinate im Spiel ist, kann die Zylinderkoordinate z in x umbenannt werden. Die Radiusfunktion kann dann mit der vertrauten Benennung $f(x)$ oder $y(x)$ versehen werden.

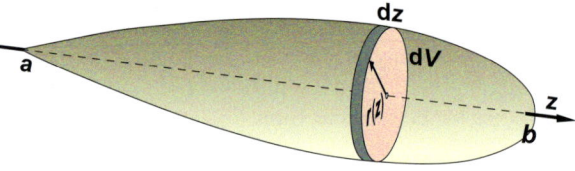

Bild 4.2.3
Ein infinitesimales Scheibchen als Volumendifferenzial

Gemäß der Konvention „Differenzial nach hinten" wurde anders als in (2.9.6) die Koordinate des Massendifferenzials vorangestellt..

Auch die Berechnung von Schwerpunkten führt bei kontinuierlicher Massenverteilung auf Volumenintegrale. Aufgrund der „Rotationssymmetrie" des Robbenkörpers liegt der Schwerpunkt auf der z-Achse ($x_S = y_S = 0$). Es verbleibt die Berechnung der z-Koordinate. In (2.9.6) wurde eine Formel zur Berechnung des Schwerpunktes eines Systems aus punktförmigen Massen bereitgestellt. Die Formel wandeln wir mithilfe von (4.2.5) in eine Integralformel um. Beachten Sie, wir benötigen nur die z-Koordinate des Schwerpunktes!

(4.2.8)

$$z_S = \frac{\sum_{i=1}^n m_i z_i}{\sum_{i=1}^n m_i} \rightarrow z_S = \frac{\int_{(m)} z\,dm}{\int_{(m)} dm} = \frac{\int_{(V)} z\rho(x,y,z)\,dV}{\int_{(V)} \rho(x,y,z)\,dV}$$

Der Nenner wurde bereits in (4.2.6) bestimmt, es verbleibt nur noch die Bearbeitung des Volumenintegrals im Zähler. Dank der Symmetrie der Robbe und der Transformation in Zylinderkoordinaten ist das kein großes Problem:

(4.2.9)

$$z_S = \frac{1}{m} \int_{(V)} z\rho(x,y,z)\,dV = \frac{1}{m} \int_0^2 \int_0^{2\pi} \int_0^{r(z)} z \cdot 1 \cdot r\,dr\,d\varphi\,dz \quad \text{mit } r(z) = 0{,}2z\sqrt{2-z}$$

Beachten Sie die obere Grenze des Teilintegrals über z! Mit der Funktion $r(z)$ in der oberen Grenze wird berücksichtigt, dass es sich beim Integrationsbereich

4.2 Bereichsintegrale in Zylinderkoordinaten

nicht um einen Zylinder, sondern um einen Stromlinienkörper handelt. Da z im ersten Integrationsschritt nur Parameterstatus hat, ist der Integrand wie in (*4.2.6*) proportional zu „*r*". Wie vorher ergibt sich eine freundliche Stammfunktion, die lästige Wurzeln beseitigt. Die Integration über φ ziehen wir ebenfalls vor:

$$\int_0^{2\pi}\int_0^2\int_0^{r(z)} zr\,\mathrm{d}r\,\mathrm{d}z\,\mathrm{d}\varphi = 2\pi\int_0^2 z\frac{r^2}{2}\Big|_0^{r(z)}\mathrm{d}z = \pi\int_0^2 z\left(0{,}2z\sqrt{2-z}\right)^2\mathrm{d}z$$

$$= 0{,}04\pi\int_0^2 z^3(2-z)\,\mathrm{d}z = 0{,}04\pi\left(2\frac{z^4}{4}-\frac{z^5}{5}\right)\Big|_0^2 = \underline{\underline{0{,}064\pi}}$$

(4.2.10)

Mit (*4.2.6*) ergibt sich schließlich für die *z*-Koordinate des Schwerpunkts:

$$z_S = \frac{0{,}064\pi\cdot 3}{0{,}16\pi} = \underline{\underline{1{,}2\,\mathrm{m}}}$$

(4.2.11)

Der Stromlinienkörper hat seinen größten Radius bei $z = 1\frac{1}{3}$ m. Der Schwerpunkt liegt also vom Kopf aus gesehen kurz dahinter.

Beachten Sie die Umbenennung! Die erste Zylinderkoordinate heißt hier r.

Obwohl der Robbe ihr Trägheitsmoment um die *z*-Achse ziemlich egal sein dürfte, kann uns dessen Ermittlung als zusätzliches Beispiel für die Anwendung von Bereichsintegralen dienen. Zunächst müssen wir uns um eine passende Integralformel kümmern. Im Abschnitt 2.12 wurde eine Formel für den Trägheitstensor von Massenpunkten (*s.* (*2.12.20*)) hergeleitet. Da die Achsen des Koordinatensystems für unsere Robbe gleichzeitig Hauptträgheitsachsen sind, ist der Trägheitstensor diagonal und von diesen Diagonalelementen interessiert das Trägheitsmoment J_{zz}:

$$J_{zz} = \sum_{i=1}^n m_i\left(x_i^2+y_i^2\right) \rightarrow J_{zz} = \int_{(m)}\left(x^2+y^2\right)\mathrm{d}m = \int_{(V)}\left(x^2+y^2\right)\rho\,\mathrm{d}V$$

(4.2.12)

Das Zylindersystem ist prädestiniert für die Berechnung von Trägheitsmomenten rotationssymmetrischer Massenverteilungen, denn es ergibt sich im Integranden keine Abhängigkeit von φ. Weiterhin handelt es sich bei dem Faktor (x^2+y^2) um das Quadrat der Zylinderkoordinate r (bzw. ρ). Damit ergibt sich für das Trägheitsmoment das folgende Bereichsintegral in Zylinderkoordinaten:

$$J_{zz} = \int_0^2\int_0^{2\pi}\int_0^{r(z)} \rho\cdot r^2\cdot r\,\mathrm{d}r\,\mathrm{d}\varphi\,\mathrm{d}z = \dots$$

(4.2.13)

Die Berechnung ähnelt dem Bereichsintegral (*4.2.6*) und mit $\rho\equiv 1$ ergibt sich:

$$\dots = \int_0^{2\pi}\int_0^2\int_0^{r(z)} r^3\,\mathrm{d}r\,\mathrm{d}z\,\mathrm{d}\varphi = 2\pi\int_0^2 \frac{r^4}{4}\Big|_0^{r(z)}\mathrm{d}z = \frac{\pi}{2}\int_0^2\left(0{,}2z\sqrt{2-z}\right)^4\mathrm{d}z$$

$$= 8\cdot 10^{-4}\pi\int_0^2 z^4(2-z)^2\,\mathrm{d}z = 8\cdot 10^{-4}\pi\left(4\frac{z^5}{5}-4\frac{z^6}{6}+\frac{z^7}{7}\right)\Big|_0^2 = \underline{\underline{\frac{2^{10}\cdot 10^{-4}}{105}\pi}}$$

(4.2.14)

Da wir bei der Dichte mit der (exotischen) Einheit t/m³ rechnen, ergibt sich für das Trägheitsmoment die Einheit t·m². Der Wert ist – solange man damit nicht

Wir nehmen die z-Achse als Symmetrieachse an.

(4.2.15)

$$J_{zz} = \begin{pmatrix} \text{irgendein} \\ \text{Faktor} \end{pmatrix} \cdot mr^2, \quad m \to \text{Gesamtmasse}, \ r \to \text{Maximaler Radius}$$

Der maximale Radius der Robbe ergibt sich durch Berechnung des Maximums der Funktion $r(z)$. Zusammen mit der in (4.2.6) berechneten Masse ergibt sich dann für das Trägheitsmoment der Robbe im Formelsammlungsformat:

(4.2.16)

$$r = 0{,}2\sqrt{\frac{32}{27}} \approx 0{,}22\,\text{m}: \quad \frac{J_{zz}}{mr^2} = \frac{27}{70} \to J_{zz} = \frac{27}{70}mr^2 \ (\approx 0{,}39\,mr^2)$$

Ein Vergleich mit Trägheitsmomenten geometrischer Körper dürfte die Robbe beleidigen: Ihr Trägheitsmoment um die Symmetrieachse ist nur unwesentlich kleiner als das einer Kugel mit gleichem Radius ($J = 0{,}4\,mr^2$).

Wann immer ein Trägheitsmoment zur Berechnung ansteht, der erste Schritt ist keine Rechnung, sondern der Griff zu einer guten Formelsammlung. Da Trägheitsmomente additiv sind, kann der zu berechnende Körper in der Regel aus den Trägheitsmomenten von Standardkörpern zusammengesetzt werden. Es reicht, Trägheitsmomente um eine durch den Schwerpunkt verlaufende Achse anzugeben. Denn sollte der Körper um eine dazu parallele Achse „eiern", liefert der *Satz von Steiner* einen supereinfachen Korrektursummanden. Er besteht aus dem Produkt aus Masse und Quadrat des Achsabstands:

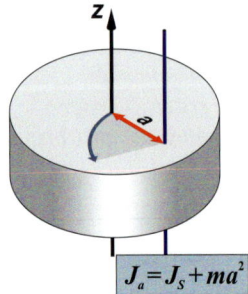

Bild 4.2.4
Exzentrische Rotation und der Satz von Steiner

(4.2.17)

$$\text{Bekannt: } J_S = \int_{(m)} r^2\, dm, \ \vec{r} := \begin{pmatrix} x \\ y \\ 0 \end{pmatrix}, \quad \text{Gesucht: } J_a = \int_{(m)} (\vec{r} + \vec{a})^2\, dm$$

$$J_a = \int_{(m)} (r^2 + 2\vec{r}\cdot\vec{a} + a^2)\, dm = \underbrace{\int_{(m)} r^2\, dm}_{=J_S} + 2\vec{a}\cdot\underbrace{\int_{(m)} \vec{r}\, dm}_{=\vec{0}} + a^2\underbrace{\int_{(m)} dm}_{=m} = J_S + ma^2$$

Der freundliche Steinersche Satz ergibt sich, weil man r und a als komplanare Vektoren betrachten kann. Das Quadrat ihrer Summe lässt sich mithilfe des Skalarprodukts ausmultiplizieren. Danach zerfällt das Integral zunächst in drei Summanden. Das mittlere Integral berechnet die x- und die y-Koordinate des Schwerpunkts/Massenmittelpunkts (multipliziert mit der Masse) und beide sind nach Voraussetzung gleich null (*vgl.* (2.9.6)). Damit verbleiben nur noch zwei Summanden, und es zeigt sich, dass eine Parallelverschiebung der (Schwerpunkts-)Achse durch das simple Produkt aus Masse und dem quadrierten Achsabstand berücksichtigt werden kann. Für das Trägheitsmoment des in *Bild 4.2.4* abgebildeten exzentrisch rotierenden Zylinders gilt beispielsweise:

Trägheitsmomente berechnen? Immer nur um eine Schwerpunktsachse – den Rest macht Steiner.

r ist hier Außenradius!

(4.2.18)

$$m = 2\,\text{kg},\ r = 50\,\text{mm},\ a = 35{,}3\,\text{mm}, \text{Formelsammlung: } J_S = \tfrac{1}{2}mr^2$$

$$J_S = 2{,}5\cdot 10^{-3}\,\text{kgm}^2,\ J_a = J_S + ma^2 = J_S + 2\cdot 0{,}0353^2\,\text{kgm}^2 = \underline{\underline{5{,}0\cdot 10^{-3}\,\text{kgm}^2}}$$

4.3 Bereichsintegrale in Kugelkoordinaten

Für Systeme, die der Kugelsymmetrie nahekommen, bieten sich Kugelkoordinaten/sphärische Polarkoordinaten an. Da Ihnen diese Koordinaten aus der Erdkunde vertraut sind, liegt es nahe, die Zerlegung einer Kugel anhand eines Ausschnitts der Erde zu veranschaulichen:

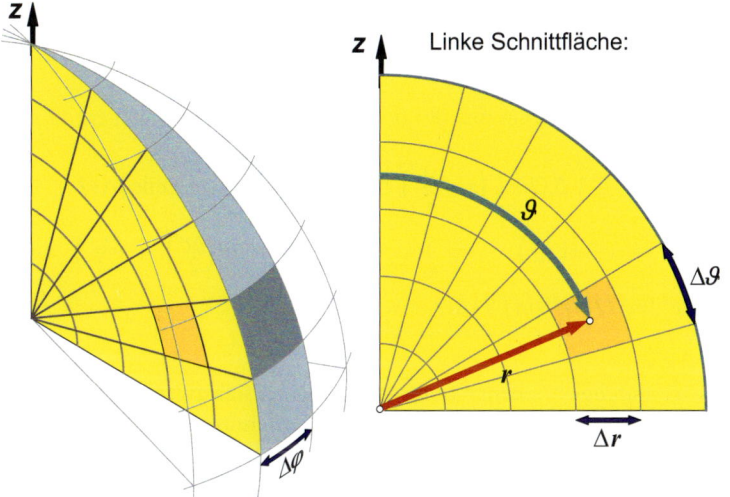

Beachten Sie: In Naturwissenschaft und Technik sind alle Kugelkoordinaten positiv. Die Breite wird auf die z-Achse und die Länge auf die x-Achse bezogen. Es gilt: $0 \leq \vartheta \leq \pi$ und $0 \leq \varphi \leq 2\pi$.

Bild 4.3.1
Zerlegung eines kugelsymmetrischen Integrationsbereichs

Bild 4.3.1 zeigt die drei Kugelkoordinaten. Bei der ersten Koordinate handelt es sich um den Betrag des Radiusvektors/Ortsvektors. Der Winkel zwischen der z-Achse und dem Radiusvektor dient als zweite Kugelkoordinate. Die dritte Kugelkoordinate wird von dem Winkel zwischen der Projektion des Radiusvektors auf die x,y-Ebene und der x-Achse gebildet. Zwei Breitenkreise und zwei Längenkreise bilden ein Viereck. Verbindet man die Ecken mit dem Kugelmittelpunkt, entsteht ein *Kugelsektor*. Ein Volumenelement der Zerlegung entsteht durch zwiebelschalenartige Unterteilung dieses Sektors. Rechnerisch ergibt sich dessen Volumen als Differenz der Volumina benachbarter Kugelsektoren. Dazu nutzen wir die Gelegenheit, um en passant auf die praktischen *Raumwinkel* hinzuweisen und damit zu arbeiten:

Übliche Reihenfolge der Kugelkoordinaten:
1. *Betrag des Radiusvektors r*
2. *Breite ϑ*
3. *Länge φ*

Raumwinkel: abstrakt, aber praktisch.

> **Merke:**
> Ein Winkel im Bogenmaß ist definiert als **Bogenlänge** des Kreissektors eines **Einheitskreises** – bzw. als Bogenlänge eines beliebigen Kreissektors – dann aber unter Verwendung des Radius als Einheit (rad). Ein Raumwinkel ist definiert als **Kappen**-Fläche des Kugelsektors einer **Einheitskugel** – bzw. als Kugelkappenfläche eines beliebigen Kugelsektors – dann aber unter Verwendung des **quadrierten** Radius als Einheit. Die Einheit heißt Steradiant (sr). Der volle Raumwinkel – das ist beispielsweise der Raumwinkel in den eine kugelsymmetrische Strahlungsquelle sendet – beträgt 4π sr.

Merksatz 4.3.1

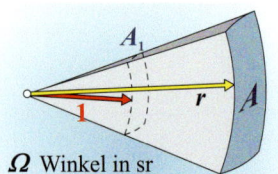

Ω Winkel in sr
r Radius des Kugelsektors
$A = r^2 \Omega$ $(A_1 = \Omega)$
$V = \frac{1}{3} r^3 \Omega$ $(V_1 = \frac{1}{3} \Omega)$

(4.3.1)

Das Raumwinkelkonzept ermöglicht eine Berechnung der Volumenelemente analog zu (4.2.1). Zunächst ist der Raumwinkel des Kugelsegments zu bestimmen. Dazu betrachten wir einen Globus als Einheitskugel! Der gesuchte Raumwinkel stellt sich darauf als Viereck aus zwei benachbarten Breitenkreisen (Differenz $\Delta\vartheta$) und Längenkreisen (Differenz $\Delta\varphi$) dar. In Äquatornähe ($\vartheta \approx \pi/2$) ist die Fläche nahezu rechteckig und Fläche bzw. Raumwinkel sind gleich $\Delta\vartheta \cdot \Delta\varphi$. Weiter nördlich oder südlich muss berücksichtigt werden, dass die Vierecke (streng Trapeze) schmäler werden. Da die Radien der Breitenkreise einer Einheitskugel gleich $\sin(\vartheta)$ sind, vermindert sich die Bogenlänge $\Delta\varphi$ und damit Breite des Vierecks mit diesem Faktor:

$$\Delta\Omega = \Delta\vartheta \cdot (\Delta\varphi \cdot \sin(\vartheta)) = \underline{\sin(\vartheta)\Delta\vartheta\Delta\varphi}$$

Für die Differenz der Volumina der benachbarten Kugelsektoren ergibt sich:

(4.3.2)

$$\Delta V = \tfrac{1}{3}\left(r + \tfrac{\Delta r}{2}\right)^3 \Delta\Omega - \tfrac{1}{3}\left(r - \tfrac{\Delta r}{2}\right)^3 \Delta\Omega = \tfrac{1}{3}(\text{ s. nächste Zeile})\Delta\Omega$$

$$\cancel{r^3} + 3r^2 \tfrac{\Delta r}{2} + 3r\left(\tfrac{\Delta r}{2}\right)^2 + \cancel{\left(\tfrac{\Delta r}{2}\right)^3} - \cancel{r^3} + 3r^2 \tfrac{\Delta r}{2} - 3r\left(\tfrac{\Delta r}{2}\right)^2 + \cancel{\left(\tfrac{\Delta r}{2}\right)^3} = \underline{3r^2 \Delta r}$$

$$\Delta V = r^2 \Delta r \Delta\Omega = \underline{\underline{r^2 \sin(\vartheta) \Delta r \Delta\vartheta \Delta\varphi}}$$

Ein Volumenelement in perspektivischer Ansicht.

Transformation in Kugelkoordinaten:
$x(r, \vartheta, \varphi) = r \sin(\vartheta) \cos(\varphi)$
$y(r, \vartheta, \varphi) = r \sin(\vartheta) \sin(\varphi)$
$z(r, \vartheta) \quad = r \cos(\vartheta)$

(4.3.3)

Die doppelt durchgestrichenen Summanden heben sich zwar nicht weg, sind aber vernachlässigbar, da wir von sehr geringen Differenzen ausgehen. Damit steht das Volumen eines Elements der Zerlegung fest. Die Transformation des Integranden in Kugelkoordinaten erfolgt nach dem gleichen Muster wie bei den Zylinderkoordinaten beschrieben. Die Variablen x, y und z werden durch die Terme $r \cdot \sin(\vartheta) \cdot \cos(\varphi)$, $r \cdot \sin(\vartheta) \cdot \sin(\varphi)$ bzw. $r \cdot \cos(\vartheta)$ substituiert. Nach den Grenzübergängen stellt sich das Volumenintegral in Kugelkoordinaten wir folgt dar:

$$\tilde{f}(r, \vartheta, \varphi) := f\left(x(r, \vartheta, \varphi), y(r, \vartheta, \varphi), z(r, \vartheta)\right)$$

$$\lim_{N_\vartheta \to \infty} \sum_{k=1}^{N_\vartheta} \left(\lim_{N_\varphi \to \infty} \sum_{j=1}^{N_\varphi} \left(\lim_{N_r \to \infty} \sum_{i=1}^{N_r} \tilde{f}(r_i, \vartheta_j, \varphi_k) r_i^2 \sin(\vartheta_j) \Delta r_i \right) \Delta\varphi_j \right) \Delta\vartheta_k =$$

$$\underline{\underline{\int_0^\pi \int_0^{2\pi} \int_0^R \tilde{f}(r, \vartheta, \varphi) r^2 \sin(\vartheta) \mathrm{d}r \, \mathrm{d}\varphi \, \mathrm{d}\vartheta}} \quad \text{(Reihenfolge bzw. Klammern optional)}$$

Wir bleiben in Erdnähe und berechnen als Beispiel für die Anwendung der Volumenintegrale in Kugelkoordinaten die komplette Masse der Erdatmosphäre. Angesichts der vielen Hoch- und Tiefdruckgebiete scheint das ein Unding zu sein. Wenn wir uns allerdings mit einer 10-prozentigen Genauigkeit zufrieden geben, dann können wir für die Dichte der Luft folgende Abschätzung verwenden:

(4.3.4)

$$\rho(r, \vartheta, \varphi) = \rho_0 \exp\left(-\frac{g(r - r_0)}{RT_0}\right) \quad \text{mit } r - r_0 = \text{Höhe über NN}$$

4.3 Bereichsintegrale in Kugelkoordinaten

In (4.3.4) wird von einer Erdkugel ausgegangen, bei der Dichte und Temperatur auf der Erdoberfläche konstant sind. Für die höhenmäßige Schichtung der Atmosphäre wird die Gültigkeit der barometrischen Höhenformel vorausgesetzt. Um nicht zu viele Parameter mitschleppen zu müssen, räumen wir mit den Parametern etwas auf:

Barometrische Höhenformel: brauchbar, wenn lediglich Größenordnungen interessieren

$$\rho(r,\vartheta,\varphi) = \rho_0 \exp\left(-\frac{r-r_0}{h_e}\right) \text{ mit } \rho_0 = 1{,}3 \cdot 10^6 \text{ t/km}^3, \ h_e := \frac{RT_0}{g} = 8{,}0 \text{ km} \qquad (4.3.5)$$

Damit ergibt sich für die Masse der Erdatmosphäre das folgende Volumenintegral:

$$m = \int_0^{2\pi}\int_0^{\pi}\int_{r_0}^{\infty} \rho_0 \, e^{-\frac{r-r_0}{h_e}} r^2 \sin(\vartheta) \, dr \, d\vartheta \, d\varphi = \ldots \qquad (4.3.6)$$

Die Integration des radialen Teils beginnt an der Erdoberfläche (untere Grenze r_0) und endet im Unendlichen (obere Grenze ∞). Grundsätzlich gilt für die Bearbeitung von (Mehrfach-)Integralen: Einfaches sofort, Mühsames an den Schluss. Zu den Selbstverständlichkeiten gehört: Konstante Faktoren vor das Integral! Der Integrand von (4.3.6) hängt nicht von φ ab, die Integration über diese Variable wird vorgezogen und produziert den Faktor 2π. Die Integration über ϑ ist ebenfalls problemlos, weil diese Variable lediglich in dem Faktor $\sin(\vartheta)$ vorkommt. Das Teilintegral liefert einen Faktor 2. Schreiberei ergibt sich erst bei der Integration des radialen Teils des Integranden:

Folge der angenommenen Kugelsymmetrie der Erdatmosphäre

$$\ldots = 2\pi\rho_0 \int_0^{\pi}\sin(\vartheta) d\vartheta \int_{r_0}^{\infty} e^{-\frac{r-r_0}{h_e}} r^2 \, dr = 2\pi\rho_0 \left(-\cos(\vartheta)\right)\Big|_0^{\pi} \int_{r_0}^{\infty} e^{-\frac{r-r_0}{h_e}} r^2 \, dr = 4\pi\rho_0 \int_{r_0}^{\infty}\ldots \qquad (4.3.7)$$

Kümmern wir uns in einer Nebenrechnung um das radiale Teilintegral. Die Abspaltung eines konstanten Faktors sowie eine Substitution ermöglicht die Benutzung der Integraltabellen einer Formelsammlung:

Die Integraltabellen gehören zu den am meisten aufgesuchten Seiten einer Formelsammlung.

$$\int_{r_0}^{\infty} e^{-\frac{r-r_0}{h_e}} r^2 \, dr = e^{\frac{r_0}{h_e}} \int_{r_0}^{\infty} r^2 \, e^{-\frac{r}{h_e}} \, dr = \ldots$$

Subst.: $u := \frac{r}{h_e} \Rightarrow dr = h_e du, \ r = h_e u, \ \text{neue Grenzen: } g_u = \frac{r_0}{h_e}, \ g_o = \frac{\infty}{h_e} = \infty \qquad (4.3.8)$

$$\ldots = h_e^3 \, e^{\frac{r_0}{h_e}} \int_{r_0/h_e}^{\infty} u^2 \, e^{-u} \, du = h_e^3 \, e^{\frac{r_0}{h_e}} \left[e^{-u}\left(-u^2 - 2u - 2\right)\right]\Big|_{r_0/h_e}^{\infty} = h_e \left(r_0^2 + 2h_e r_0 + 2h_e^2\right)$$

Anpassen an tabellierte Funktionen der Integraltabellen mithilfe der Substitutionsregel

Kehren wir zurück zur Berechnung der Atmosphärenmasse!

$$m = 4\pi\rho_0 h_e \left(r_0^2 + 2h_e r_0 + 2h_e^2\right) \approx \underline{\underline{5{,}3 \cdot 10^{15} \text{ t}}} \ \left(\text{ca. } 10^{-4} \% \text{ der Erdmasse}\right) \qquad (4.3.9)$$

Es fehlt noch ein Bereichsintegral, bei dem aufgrund der Symmetrieverhältnisse nicht sofort Klarheit darüber besteht, ob und in welches System transformiert werden soll. Sie müssen noch einmal das Funktionsbeispiel (3.3.15) / Bild 3.3.1

Perspektivisches Bild der Mulde: s. Logo von Aufgabe 4.3.1!

betrachten. In *Abschnitt 3.3* wurden Extremstellen und Sattelpunkte der zweistelligen Funktion ermittelt und der Funktionsgraph perspektivisch und als Höhenlinienbild illustriert. Hier soll jetzt das Volumen der „Mulde", die von der „0 – Höhenlinie" begrenzt wird, berechnet werden:

(4.3.10)
$$V = \int\limits_{(V)} dV = \iint\limits_{(A)} \int\limits_0^{f(x,y)} dz\, dx\, dy = \iint\limits_{(A)} f(x,y) dx\, dy \text{ mit } f(x,y) = 0{,}1(x^3 + y^3 - 3xy)$$

Die Werte von f(x, y) sind im Bereich der Mulde negativ – das Volumenintegral wird deshalb negativ.

Die Integration über z wird vorgezogen und es ergibt sich wie in *(4.1.10)* ein Zweifachintegral. Ein Problem wird erst offenbar, wenn man daran geht, dessen Grenzen – in *(4.3.10)* mit (A) bezeichnet – zu bestimmen. Die 0-Höhenlinie der Funktion $z = f(x, y)$ ist Graph der Relation $f(x, y) = 0$ und die sperrt sich hartnäckig gegen die unbedingt notwendige Aufteilung in zwei „Funktionshälften" (vgl. *Aufgabe 4.1.1*). Da in kartesischen Koordinaten ein Weiterkommen unmöglich zu sein scheint, kann man prüfen, ob die Relation nach einer Transformation in Polarkoordinaten handlicher wird.

(4.3.11)
$$0{,}1(x^3 + y^3 - 3xy) = 0 \mid : 0{,}1, \ x = r\cos(\varphi), \ y = r\sin(\varphi)$$
$$\Leftrightarrow r^3(\cos^3(\varphi) + \sin^3(\varphi)) - 3r^2 \cos(\varphi)\sin(\varphi) = 0 \mid : r^2$$
$$\Leftrightarrow r = 0 \lor r(\cos^3(\varphi) + \sin^3(\varphi)) - 3\cos(\varphi)\sin(\varphi) = 0$$
$$\Rightarrow r(\varphi) = \frac{3\cos(\varphi)\sin(\varphi)}{\cos^3(\varphi) + \sin^3(\varphi)}$$

Aus der Relation ist eine Funktion geworden.

Keine Problem mit den Grenzen mehr

Aus der sperrigen Relation ist ein funktioneller Zusammenhang zwischen den Polarkoordinaten geworden. Mit dessen Hilfe wäre es beispielsweise problemlos möglich, Werte für den Graph der Höhenlinie zu errechnen. Zusätzlich löst die Transformation das Problem, Grenzen zu finden. In *Bild 3.3.2* ist ersichtlich, dass die Zylinderkoordinate φ lediglich von 0 bis $\pi/2$ reichen muss, um den Rand der Mulde zu erfassen.

(4.3.12)
$$V = \int\limits_0^{\pi/2} \int\limits_0^{r(\varphi)} f(x(r,\varphi), y(r,\varphi)) \, r\, dr\, d\varphi$$

Es ist empfehlenswert, das Integral im Rahmen einer Übungsaufgabe weiter zu bearbeiten:

Aufgabe 4.3.1

> **Aufgabe:**
> Berechnen Sie mithilfe des Doppelintegrals *(4.3.10)* das „Volumen" der unterhalb der 0-Höhenlinie befindlichen Mulde!
> a) Transformieren Sie das Doppelintegral in Polarkoordinaten.
> b) Führen Sie die Integration über die Variable r aus und fassen den Integranden zusammen!
> c) Berechnen Sie das verbleibende bestimmte Integral numerisch (z. B. mit dem Simpson-Integral-Modus eines Taschenrechners).

4.3 Bereichsintegrale in Kugelkoordinaten

Lösungsvorschlag:

Zu a) $V = 0,1 \int_0^{\pi/2} \int_0^{r(\varphi)} \left[r^3 \left(\cos^3(\varphi) + \sin^3(\varphi)\right) - 3r^2 \cos(\varphi)\sin(\varphi) \right] r \, dr \, d\varphi$ *Transformieren!*

$= 0,1 \int_0^{\pi/2} \int_0^{r(\varphi)} \left[r^4 \left(\cos^3(\varphi) + \sin^3(\varphi)\right) - 3r^3 \cos(\varphi)\sin(\varphi) \right] dr \, d\varphi$ *Zusammenfassen!*

Zu b) $= 0,1 \int_0^{\pi/2} \left[\frac{r^5}{5} \left(\cos^3(\varphi) + \sin^3(\varphi)\right) - 3\frac{r^4}{4} \cos(\varphi)\sin(\varphi) \right]_0^{r(\varphi)} d\varphi$ *Integration über r*

$= 0,1 \int_0^{\pi/2} \left[\frac{3^5}{5} \frac{\cos^5(\varphi)\sin^5(\varphi)}{\left(\cos^3(\varphi) + \sin^3(\varphi)\right)^4} - \frac{3^5}{4} \frac{\cos^5(\varphi)\sin^5(\varphi)}{\left(\cos^3(\varphi) + \sin^3(\varphi)\right)^4} \right] d\varphi$ *Stammfunktion an der oberen Grenze minus Stammfunktion an der unteren Grenze.*

Zu c) $= -0,1 \frac{3^5}{20} \int_0^{\pi/2} \frac{\cos^5(\varphi)\sin^5(\varphi)}{\left(\cos^3(\varphi) + \sin^3(\varphi)\right)^4} d\varphi = -2 \cdot 0,1 \frac{3^5}{20} \int_0^{\pi/4} \ldots d\varphi$ *Zusammenfassen – Additionstheoreme bringen keine Vereinfachung.*

$= -2,43 \int_0^{\pi/4} \ldots d\varphi \approx \underline{\underline{-0,0675}}$

Numerische Berechnung reicht aus und schont die Nerven.

Merke:
Vergessen Sie nicht, im Falle einer Koordinatentransformation das Bereichs-
differenzial (Flächen-/Volumendifferenzial) sowie die Integrationsgrenze dem
geänderten Koordinatensystem anzupassen:
In Polarkoordinaten:

$\int_{(A)} f(x,y) dA = \int_{(\varphi)} \int_{(r)} f(x(r,\varphi), y(r,\varphi)) r \, dr \, d\varphi$

In Zylinderkoordinaten:

$\int_{(V)} f(x,y,z) dV = \int_{(z)} \int_{(\varphi)} \int_{(r)} f(x(r,\varphi), y(r,\varphi), z) r \, dr \, d\varphi \, dz$

In Kugelkoordinaten:

$\int_{(V)} f(x,y,z) dV = \int_{(\varphi)} \int_{(\vartheta)} \int_{(r)} f(x(r,\vartheta,\varphi), y(r,\vartheta,\varphi), z(r,\vartheta,\varphi)) r \sin\vartheta \, dr \, d\vartheta \, d\varphi$

Merksatz 4.3.2

4.4 Kurven- oder Linienintegrale

Das nebenstehende Bild signalisiert: Es geht um ein Tunnelprojekt. Wie bei jedem Tunnelbau muss auch ein Maulwurf Erdreich nach draußen befördern. Diesen Aushub türmt er – sehr zum Ärger der Gartenbesitzer – zu einem Hügel auf. Die Masse des Maulwurfhügels ist somit gleich der Masse des Erdreiches, welches ursprünglich die Röhre füllte, und diese lässt sich im Prinzip wie in *(4.1.2)* durch ein Bereichs/Volumen-Integral ausdrücken. Deren Integrationsgrenzen wären allerdings so kompliziert, dass sie sich nicht mit vertretbarem Aufwand mathematisch erfassen lassen. Man muss davon ausgehen, dass die Dichten des Erdreichs längs der Mittellinie der Röhre, im Folgenden *Kurve* (C) genannt, variieren. Dagegen werden sich die Dichten über den jeweiligen Röhrenquerschnitten wohl nur unwesentlich von denen ihrer jeweiligen Querschnittmitten unterscheiden. Mit dieser Betrachtungsweise ist es möglich, die Volumenelemente an die Kurve zu binden. Für die Masse eines durch zwei benachbarte Kurvenpunkte festgelegtes Röhrenelement gilt dann:

Ein Element der Röhre

(4.4.1)
$$\Delta m_i = \rho(\vec{r}_i^*) A \Delta s_i \quad \text{mit} \quad \vec{r}_i^* = \tfrac{1}{2}(\vec{r}_{i+1} + \vec{r}_i), \quad \Delta s_i := |\vec{r}_{i+1} - \vec{r}_i|$$

Anstelle der mittleren Dichte wird die Dichte am Ort zwischen zwei benachbarten Kurvenpunkten verwendet. Zur Ermittlung der kompletten Masse zerlegt man die Kurve in disjunkte Teilelemente und addiert die Teilmassen der zugehörigen Röhrenelemente. Es scheint sich sogar ein gewöhnliches Integral zu ergeben, wenn man die Längen der Kurvenelemente gegen null streben lässt:

(4.4.2)
$$m = \lim_{N \to \infty} \sum_{i=1}^{N} A \rho(\vec{r}_i^*) \Delta s_i := A \int_{(C)} \rho(\vec{r}) \, ds$$

Die als konstant angenommene Querschnittfläche lässt sich ausklammern und nach dem Grenzübergang vor das Integral ziehen. Das Integral selber nennt man *Kurvenintegral* (auch *Linienintegral*) *erster Art*. Tatsächlich ist das Kurvenintegral in der Darstellung *(4.4.2)* wie vorher beim Bereichsintegral *(4.1.2)* nur symbolisch zu verstehen. Allerdings ist der Weg zu einem gewöhnlichen Integral nicht mehr weit: Kurven im Raum hatten wir im *Abschnitt 2.3* am Beispiel von Bahnkurven „fliegender" Objekte betrachtet. Nehmen wir an, dass für die Kurve (Mittellinie der Tunnelröhre, die unser Tierchen gegraben hat) eine Parameterdarstellung existiert (*vgl. (2.3.7)*).

Kurvenintegrale erster Art: fast schon gewöhnliche Integrale

(4.4.3)
$$C: \vec{r}(t) = \begin{pmatrix} x(t) \\ y(t) \\ z(t) \end{pmatrix} \; ; \; \frac{dx}{dt} = \dot{x}, \frac{dy}{dt} = \dot{y}, \frac{dz}{dt} = \dot{z} \;\Rightarrow\; d\vec{s} = \begin{pmatrix} dx \\ dy \\ dz \end{pmatrix} = \begin{pmatrix} \dot{x}(t) \\ \dot{y}(t) \\ \dot{z}(t) \end{pmatrix} dt$$
(oder $d\vec{r}$)

Eine kosmetische Angelegenheit: dr oder ds. Wir werden hier ds bevorzugen.

Jetzt werden die drei Koordinaten des Ortsvektors durch drei einstellige reelle Funktionen – Variable *t* – beschrieben. Mithilfe dieser Funktionen beziehungsweise deren Ableitungen lässt sich das Weg-Differenzial in *(4.4.2)* für Kurven in Parameterdarstellung ausdrücken:

4.4 Kurven- oder Linienintegrale

$$ds = |d\vec{s}| = \sqrt{dx^2 + dy^2 + dz^2} = \underline{\sqrt{\dot{x}^2 + \dot{y}^2 + \dot{z}^2} \cdot dt} \quad (4.4.4)$$

Verwendet man die Parameterdarstellung der Kurve und setzt man (4.4.4) in das Kurvenintegral ein, ergibt sich tatsächlich ein gewöhnliches Integral. Allerdings lässt die Wurzel im Integranden Komplikationen beim Aufsuchen von Stammfunktionen erahnen. Um von dem speziellen Beispiel loszukommen, ersetzen wir im Folgenden ρ durch die Standardbenennung $f(x, y, z)$. Beachten Sie x, y und z sind, sobald es sich um die Koordinaten einer Kurve handelt, abhängige Variable der Funktionen $x(t)$, $y(t)$ und $z(t)$! Um Formeln kompakter darzustellen, werden die Argumente der Funktionen – hier t – gerne fortgelassen:

Für numerische Integrationsverfahren stellt die Wurzel kein Problem dar.

$$\int_{(C)} f(x,y,z)\,ds = \int_a^b f(x,y,z) \cdot \sqrt{\dot{x}^2 + \dot{y}^2 + \dot{z}^2} \cdot dt \quad (4.4.5)$$

Sollte es sich bei $f(x, y, z)$ lediglich um eine konstante Funktion handeln, lässt sich diese Konstante vor das Integral schreiben. Bei dem verbleibenden Integral handelt es sich um die Länge der Kurve zwischen den Parameterwerten a und b. Ein bekannter Sonderfall ergibt sich, wenn es sich bei der Kurve um den Graphen einer einstelligen Funktion handelt. Dann kann die Variable x als Parameter betrachtet werden und das „Längen-Integral" in (4.4.5) vereinfacht sich:

$$\dot{x} \equiv 1,\ \dot{y} \equiv y' :\ s_{ab} = \int_a^b \sqrt{1 + y'^2} \cdot dx \quad (4.4.6)$$

Auch wenn sich ein Maulwurf nicht vorschreiben lässt, welcher Kurve seine Röhre folgen soll, nehmen wir an, er habe doch eine Röhre gegraben, deren Mittellinie sich durch eine Parameterdarstellung beschreiben lässt:

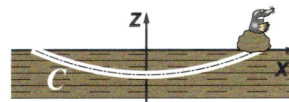

Aufgabe:
Ein Maulwurf habe entlang der Kurve C eine Röhre mit einer Querschnittfläche von durchgehend $A = 7 \cdot 10^{-4}$ m² (7 cm²) gegraben. Das Erdreich habe eine (konstante) Dichte von $\rho = 1{,}5$ t/m³.

$$C: x(t) = 5 \cdot t,\ y(t) \equiv 0,\ z(t) = -1 + t^2$$

a) Ermitteln Sie Ein- und Ausgang der Röhre!
b) Berechnen Sie mithilfe des Kurvenintegrals die Masse des Aushubs!

Aufgabe 4.4.1

Lösungsvorschlag:
Zu a) Nullstellen von $z(t)$: $-1 + t^2 = 0 \Leftrightarrow t = -1 \vee t = 1$
$x(-1) = -5,\ x(1) = 5$; Eingang: $(-5; 0; 0)$, Ausgang: $(5; 0; 0)$
Zu b) $\dot{x} = 5,\ \dot{z} = 2t$: $m = \rho A \int_{-1}^{1} \sqrt{25 + 4t^2}\, dt = \frac{1}{2}\rho A \int_{-2}^{2} \sqrt{25 + \tau^2}\, d\tau =$
$\frac{1}{2}\rho A \left(\frac{\tau}{2}\sqrt{25+\tau^2} + \frac{25}{2}\operatorname{ar\,sinh}\left(\frac{\tau}{5}\right) \right)\Big|_{-2}^{2} \approx 0{,}011\ \text{t} = \underline{\underline{11\ \text{kg}}}$

Substitution: $\tau := 2t$

Benutzen Sie die Integraltabellen einer Formelsammlung!

Die Beispielfunktion (4.4.10) ist dem in *Bild 4.4.1* dargestellten Strömungsverhältnissen angepasst. Als (Beispiel-)Kurve verwenden wir den dort eingezeichneten Viertel-Ellipsenbogen.

(4.4.11)
$$C: x(t) = 2,5 - 2,2\cos(t), \; y(t) = 1,5\sin(t), \; 0 \le t \le \tfrac{\pi}{2}$$

Das Kurvenintegral berechnet die Energie, die der Vogel aufgrund der Luftbewegung gratis erhält oder aufbringen muss:

(4.4.12)
$$\int_{(C)} \vec{F} \cdot d\vec{s} = \int_0^{\pi/2} \left[F_x\big(x(t), y(t)\big)\dot{x}(t) + F_y\big(x(t), y(t)\big)\dot{y}(t) \right] dt = \ldots$$

Die Integrationsgrenzen entsprechen der Flugrichtung entlang des Ellipsenviertels. Soll verdeutlicht werden, was genau in den Integranden des Kurvenintegrals einzusetzen ist, muss ein entsetzlicher Klammersalat in Kauf genommen werden. Führen wir die Einsetzungen durch:

(4.4.13)
$$\ldots = \int_0^{\pi/2} \Big\{ \big[2\cdot 1,5\sin t - (2,5 - 2,2\cos t) + 4\big] 2,2\sin t + \ldots$$
$$\ldots \big[1,5\sin t - 6(2,5 - 2,2\cos t) + 24\big] 1,5\cos t \Big\} dt \approx \underline{\underline{41,1}}$$

Der Wert des Kurvenintegrals ist positiv. Der Vogel gewinnt Energie aus dem Feld. Er kann auf einen Frosch verzichten.

Im Allgemeinen lohnt sich die Mühe nicht, bestimmte Integrale – wie dieses hier – exakt zu berechnen. Benutzen Sie die *Simpsonsche Näherung* (Taschenrechner oder Excel). Um herauszubekommen, wie sich das Linienintegral ändert, wenn der Vogel den Bogen in Gegenrichtung durchfliegt, brauchen nur die Integrationsgrenzen in (4.4.13) vertauscht zu werden. Gemäß den Rechenregeln für bestimmte Integrale kehrt sich das Vorzeichen um. Auch dieser Sachverhalt ist im Einklang mit dem Beispiel. Der Vogel arbeitet auf diesem Wege vorwiegend gegen den Wind an und muss dafür Energie aufbringen. Arbeit, die einem System zugeführt werden muss, zählt negativ.

Der Storch hätte auch den kürzesten Weg von *A* nach *B* wählen können (*s. Bild 4.4.1*). Es stellt sich die Frage, ob er dadurch mehr oder weniger Energie aus dem Strömungsfeld gewinnt. Klären wir das im Rahmen einer Übungsaufgabe:

Aufgabe 4.4.2

Aufgabe:
a) Ermitteln Sie die Parameterdarstellung einer Geraden durch die Punkte *A*(0,3; 0) und *B*(2,5; 1,5) (*vgl. Abschn. 2.4*)!
b) Verwenden Sie die Gerade als „Kurve" und berechnen Sie das Linienintegral von *A* nach *B*!

Die Differenz der Ortsvektoren liefert den Richtungsvektor. Der Ortsvektor zum Punkt A wird als Anfangspunkt verwendet.

Lösungsvorschlag:

Zu a) $g: \vec{r} = \vec{r}_A + t\vec{w}, \; \vec{w} = \vec{r}_B - \vec{r}_A = \begin{pmatrix} 2,2 \\ 1,5 \end{pmatrix}$

$x(t) = 0,3 + 2,2t, \; y(t) = 1,5t, \; \dot{x}(t) = 2,2, \; \dot{y}(t) = 1,5$

Zu b) $W = \int_0^1 \Big\{ \big[2\cdot 1,5t - (0,3 + 2,2t) + 4\big] 2,2 + \big[1,5t - 6(0,3 + 2,2t) + 24\big] 1,5 \Big\} dt$

$\approx \underline{\underline{33,5}}$

4.5 Flächen- bzw. Oberflächenintegrale

Der Wert des Linienintegrals ist etwas geringer als der beim Ellipsenbogen. Beachten Sie bitte, dass wir keinesfalls den Geheimnissen des Vogelflugs auf der Spur sind – das (Beispiel-)Kraftfeld ist nur ein Phantasieprodukt. Trotzdem ist es plausibel, dass der Storch auf dem Ellipsenbogenweg mehr Energie gewinnt aus auf dem direkten Weg. Die Luftströmung könnte Teil eines Wirbels sein. Je näher der Vogel dieser Strömung folgt, umso größer ist sein Energiegewinn. Wir werden später auch Felder kennenlernen, indem der Wert des Kurvenintegrals unabhängig von dem Verlauf des Weges (von A nach B) ist. Aber zunächst fahren wir in diesem Kapitel fort, weitere Spielarten von Integralen mehrstelliger Funktionen kennenzulernen.

Die Eigenschaften des (Beispiel-) Kraftfelds werden in Kap. 5 im Rahmen einer Aufgabe (Aufgabe 5.4.1) näher untersucht.

4.5 Flächen- bzw. Oberflächenintegrale

Auf Datenblättern oder Verpackungen von Düngemitteln empfehlen die Hersteller dieser Produkte wie viel kg auf einen Quadratmeter ausgebracht werden sollte. Nach der Ausbringung kann man sagen: Die *Flächendichte* beträgt so und so viel kg Düngemittel pro m². In der Praxis gelingt es nicht immer, eine konstante Flächendichte zu erzielen. So eine Flächendichte ist wie die Volumendichte eine Funktion. In der E-Lehre gibt es die sogenannte *Flächenladungsdichte* (Formelzeichen σ). Bei metallischen elektrisch geladenen Körpern verteilen sich die freien Ladungen über die Oberfläche. Die Flächendichte ist somit auch hier eine sinnvolle Beschreibung. Nehmen wir an, auf unserer Bergwiese in *Bild 3.1.2* sei Düngemittel ausgebracht worden. Die Gesamtmenge sei unbekannt – dafür läge die Flächendichte in Form einer bekannten Funktion vor (könnte mithilfe von Bodenproben ermittelt worden sein). Um auf die gesamte ausgebrachte Düngermenge zurückrechnen zu können, zerlegen wir die Wiese in disjunkte Teilflächen. Die Zerlegung sei so fein, dass die Flächendichte auf den Teilflächen als konstant gelten kann. Für die insgesamt ausgebrachte Masse ergibt sich analog zu (4.1.2) ein *Flächenintegral* 1. Art:

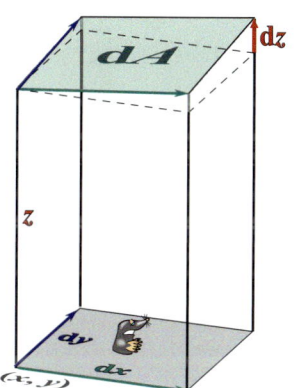

Bild 4.5.1
Ausschnitt aus Bild 3.2.2

$$\sigma = f(\vec{r}): \quad m = \lim_{N \to \infty} \sum_{i=1}^{N} f(\vec{r}_i) \Delta A_i := \int_{(A)} f(\vec{r}) \mathrm{d}A \quad \left(\text{oder so:} \iint_{(A)} f(\vec{r}) \mathrm{d}A \right) \qquad (4.5.1)$$

Die Ortsvektoren in (4.5.1) führen zu den jeweiligen Flächenelementen. Mit dem „(A)" unter dem (symbolischen) Integral ist die komplette in *Bild 3.1.2* grün eingefärbte Fläche gemeint. Um das Integral in ein gewöhnliches oder zumindest in ein Bereichsintegral umzuwandeln, müssen wir uns um die Flächenelemente kümmern. Eine Fläche im Raum lässt sich, so wie in *Bild 3.2.2* illustriert, lokal durch Tangentialebenen approximieren. Da wir ohnehin nur Minielemente betrachten, können unsere Überlegungen problemlos an einer Tangentialebene durchgeführt werden. *Bild 4.5.1* zeigt, dass die Funktionswerte der Ecken eines Rechtecks in der *x,y*-Ebene ein Parallelogramm auf der Tangentialeben bilden. Dieses Parallelogramm bietet sich als Flächenelement für (4.5.1) an. Die Koordi-

Beachten Sie im Integrand eines Flächenintegrals steht anders als beim zweidimensionalen Bereichsintegral eine dreistellige Funktion.

naten des vom Punkt (x, y, z) ausgehenden Diagonalenvektors sind dx, dy und dz. Da wir uns auf einer Tangentialebene befinden, ergibt sich dz aus dem totalen Differenzial:

(4.5.2)

Beachten Sie: Die z-Koordinaten der Ortsvektoren zu den Punkten der Fläche werden hier durch eine zweistellige Funktion z(x,y) beschrieben.

$$\vec{r}(x,y) = \begin{pmatrix} x \\ y \\ z(x,y) \end{pmatrix}, \quad d\vec{r} = \begin{pmatrix} dx \\ dy \\ dz \end{pmatrix} = \begin{pmatrix} dx \\ dy \\ z_x dx + z_y dy \end{pmatrix} = \begin{pmatrix} 1 \\ 0 \\ z_x \end{pmatrix} dx + \begin{pmatrix} 0 \\ 1 \\ z_y \end{pmatrix} dy$$

Nach der Zerlegung des Diagonalenvektors in zwei Komponenten erhalten wir die in Bild 4.5.1 grün und blau gefärbten Kanten-Vektoren des Parallelogramms. Der Betrag dieses Kreuzprodukts liefert das gesuchte Flächenelement dA.

(4.5.3)

$$\left(d\vec{A} :=\right) \begin{vmatrix} \vec{i} & \vec{j} & \vec{k} \\ dx & 0 & z_x dx \\ 0 & dy & z_y dy \end{vmatrix} = \begin{pmatrix} -z_x \\ -z_y \\ +1 \end{pmatrix} dxdy, \quad dA = \sqrt{1 + z_x^2 + z_y^2} \cdot dxdy$$

Der Integrand ist zweistellig geworden!

Durch Einsetzen des differenziellen Flächenelements in (4.5.1) wird aus dem Flächenintegral 1. Art ein zweidimensionales Bereichsintegral (s. Abschn. 4.1, Merksatz 4.1.2):

(4.5.4)

$$m = \int_{a_2}^{b_2} \int_{a_1}^{b_1} f(x, y, z(x,y)) \sqrt{1 + z_x^2 + z_y^2} \cdot dxdy$$

Man könnte nun meinen, es wäre zumindest für das Bergwiesenbeispiel von Bild 3.1.2 kein großer Aufwand, so ein Doppelintegral zu lösen. Nehmen wir an, es soll ein mineralischer Dünger mit $\sigma = f(x, y, z(x,y)) \equiv 25$ g/m² ausgebracht werden und die dazu erforderliche Menge ermittelt werden! Setzt man alles ein, ergibt sich ($z(x, y)$ s. (3.1.3)):

$$z_x = -0,02x + 0,38, \quad z_y = -0,02y + 0,32$$

(4.5.5)

$$m = \int_{-4}^{16} \int_{-2}^{22} 25 \sqrt{1 + (-0,02x + 0,38)^2 + (-0,02y + 0,32)^2} \cdot dx\,dy$$

Der (überflüssige) Malpunkt in (4.5.5) dient als Trennzeichen.

Ein Teilintegral ist exakt lösbar, da (nach Substitution) eine passende Stammfunktion in den Integraltabellen den üblichen Formelsammlungen aufgeführt ist. Der verbleibende Integrand ist zwar „sperrig", aber es handelt sich nur noch um ein bestimmtes gewöhnliches Integral ohne Parameter und kann numerisch gelöst werden. Da unsere Bergwiese mit Gämse keinen Dünger benötigt, können wir uns die mühselige Arbeit ersparen. Bevor wir zeigen, wie sich Flächenintegrale in anderen Koordinatensystemen darstellen, ist es sinnvoll sich zuvor mit Flächenintegralen 2. Art zu befassen.

Sie vermissen Flächenintegrale in Zylinder- oder Kugelkoordinaten? Wir werden am Ende dieses Abschnitts darauf zurückkommen.

Wie Kurvenintegrale 2. Art sind auch Flächenintegrale 2. Art bei der Formulierung der theoretischen Grundlagen technisch-naturwissenschaftlicher Fächer unverzichtbare Ausdrucksmittel. Der Zusatz „2. Art" wird deshalb gerne fortgelassen. Ein Beispiel liefert wieder der Storch in seinem Strömungsfeld. Allerdings steht jetzt nicht der Vogel selbst im Mittelpunkt, sondern drei lose Federn, die nach dem Verlust im Raum schweben. Diese bewegen sich nicht mit der Fluggeschwindigkeit unseres Vogels, sondern werden von der wesentlich geringeren Strömungsgeschwindigkeit der Luft mitgenommen. Nehmen wir an, die drei Federn schweben zum Zeitpunkt $t + dt$ durch eine gedachte Fläche mit dem Flächeninhalt q. Dann passierten sie zuvor (Zeit t) eine um die Strecke $v \cdot dt$ nach links versetzte Fläche. Beide Flächen zusammen definieren einen im Bild gestrichelt gezeichneten Körper mit dem Volumen $v \cdot q \cdot dt$.

Keine Angst, er bekommt keinen kalten Po – Ersatzfedern stehen schon bereit.

q steht für Querschnittsfläche.

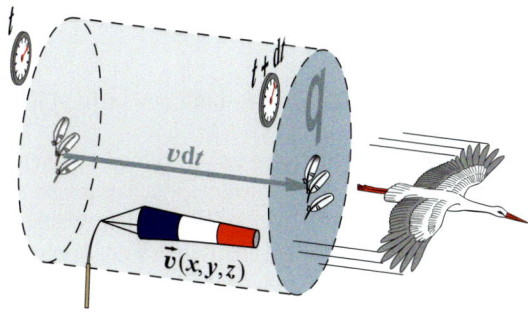

Bild 4.5.2
Ein Volumenelement des Strömungsfeldes

Alle Luftmoleküle, die dieser Körper beinhaltet, haben zum Zeitpunkt $t + dt$ die gedachte Fläche passiert. Erfasst man die Luftmoleküle durch das von ihnen eingenommene Volumen, spricht man von einem *Volumendurchfluss*. Bezogen auf die Zeit dt gilt für diesen *Fluss*:

Das „Volumen" eines Gases ist eine Zustandsgröße!

$$\Phi = \frac{dV}{dt} = v \cdot q \quad \left(\text{Einheit: m}^3/s, \text{ alternative Formelzeichen: } q_V, \dot{V}\right) \quad (4.5.6)$$

Fragen wir, wie sich der Fluss ändert, wenn die Luft bzw. die Federn eine „schräg gestellte" Fläche passieren würden.

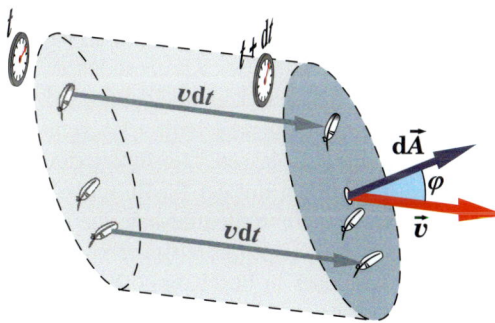

Bild 4.5.3
Ein schräg angeschnittenes Volumenelement

Verfolgt man den Weg der Federn wie oben zurück, wird ein schiefer Zylinder ersichtlich. Bei gleicher Querschnittfläche und gleich langer Mantellinie sind schiefe und gerade Prismen und Zylinder volumengleich. Das heißt, bei gleicher Querschnittfläche bleibt der Volumendurchfluss unverändert – (4.5.6) gilt weiterhin. Allerdings ist die Formel unhandlich, besser wäre eine Formel, die anstelle der Querschnittsfläche die Parameter der schräg gestellten Fläche einbezieht. Das ist elegant mithilfe des Skalarprodukts und eines Tricks möglich. Wie man aus zwei in einer Ebene gelegenen linear unabhängigen Richtungsvektoren mittels

Kreuzprodukt einen Normalenvektor ermitteln kann, wurde in *Abschnitt 2.5* besprochen. Da Beträge von Normalenvektoren keine Rolle spielten, könnte man sie nach Belieben verlängern oder verkürzen. Gerne werden beispielsweise Einheitsvektoren gewählt. Im Falle begrenzter Flächen könnte man die Maßzahl der Flächeninhalte für den Betrag des Normalenvektors heranziehen. Aus dem Normalenvektor wird dann ein „*Flächenvektor*" (in *Bild 4.5.3* bereits eingezeichnet). Nun reduziert der Kosinus des Winkels zwischen Normale und Geschwindigkeit die durch Schrägschnitt vergrößerte Schnittfläche zur Querschnittfläche. Mithilfe dieser „*Blutwurst-Relation*" kann der Volumendurchfluss mit einem handlichen skalaren Produkt ausgedrückt werden:

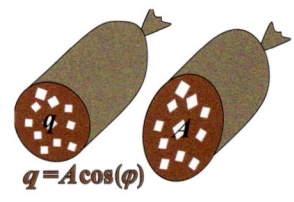

(4.5.7)

$$\Phi = vq = vA\cos(\varphi) = \vec{v} \cdot \vec{A} \quad \left(\text{mit } \varphi = \left|\measuredangle(\vec{v}, \vec{A})\right|\right)$$

Routine dürfte mittlerweile der Übergang zu gewölbten Flächen und inhomogenen Vektorfeldern sein (s. *Bild 4.5.4*). Gewölbte Flächen lassen sich in Parallelogramme und Dreiecke zerlegen. Die lassen sich so klein wählen, dass die Feldstärken über die Miniflächen als konstant anzusehen sind. Analog zu (*4.5.1*) ergibt sich schließlich das *Flächenintegral 2. Art*:

(4.5.8)

$$\vec{v} = \vec{v}(\vec{r}): \quad \Phi = \lim_{N\to\infty} \sum_{i=1}^{N} \vec{v}(\vec{r}_i)\Delta\vec{A}_i := \int_{(A)} \vec{v}(\vec{r}) \cdot d\vec{A} \quad \left(\text{oder so: } \iint_{(A)} \vec{v}(\vec{r}) \cdot d\vec{A}\right)$$

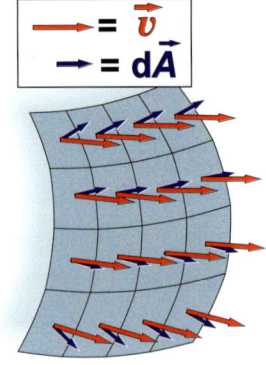

Bild 4.5.4
Fluss durch eine gewölbte Fläche

In (*4.5.8*) steht ***v*** für ein beliebiges Vektorfeld bzw. dessen Funktionswerte (Feldstärken). Vergleichen Sie das Flächenintegral 2. Art mit dem entsprechenden Kurvenintegral: In beiden werden Skalarprodukte aufsummiert. Natürlich ist das Flächenintegral auch wieder nur symbolisch zu verstehen.

Das nächste Ziel wird sein, auch das Flächenintegral 2. Art in ein (zweidimensionales) Bereichsintegral umzuwandeln. Das ist noch relativ einfach, wenn die Fläche A in expliziter Form beschreibbar ist. Für diesen Fall hatten wir das vektorielle Flächendifferenzial bereits mithilfe des Kreuzproduktes in (*4.5.3*) ermittelt. Die nächsten Schritte: d***A*** in (*4.5.8*) einsetzen und danach das Skalarprodukt ausführen. Dabei gilt es, sich durch den in Abschnitt 3.1 bereits angekündigten Benennungskonflikt nicht verwirren zu lassen. Die Indizierung der Komponenten des Vektorfeldes v_x, v_y, v_z kollidieren mit der Postfixschreibweise der partiellen Ableitungen – hier mit z_x und z_y. Wir stellen deshalb die partiellen Ableitungen mithilfe der Differenzialoperatoren (*vgl.* (*3.1.10*)) dar und nehmen den Platzverbrauch in Kauf. Beachten Sie, dass in den Komponenten des Vektorfeldes die Koordinaten der (gewölbten) Fläche stehen müssen – deshalb ***v***(x, y, z(x, y)).

(4.5.9)

$$\int_{(A)} \vec{v}(\vec{r}) \cdot d\vec{A} = \iint_{(B)} \begin{pmatrix} v_x(x,y,z(x,y)) \\ v_y(x,y,z(x,y)) \\ v_z(x,y,z(x,y)) \end{pmatrix} \cdot \begin{pmatrix} -\frac{\partial}{\partial x}z(x,y) \\ -\frac{\partial}{\partial y}z(x,y) \\ +1 \end{pmatrix} dxdy$$

Multiplizieren wir das Skalarprodukt aus, liegt das Flächenintegral 2. Art als zweidimensionales Bereichsintegral vor. Es ist das Pendant zum Flächenintegral

4.5 Flächen- bzw. Oberflächenintegrale

1. Art in (4.4.4). Beachten Sie, die Variablenpostfixe wurden in (4.4.10) aus kosmetischen Gründen nicht mitgeschrieben.

$$\int_{(A)} \vec{v}(\vec{r}) \cdot d\vec{A} = \iint_{(B)} \left(-v_x \tfrac{\partial}{\partial x} z - v_y \tfrac{\partial}{\partial y} z + v_z\right) dx dy \qquad (4.5.10)$$

Nehmen wir an, die Fläche im Raum muss mithilfe einer Parameterdarstellung erfasst werden. Die Suche nach dem vektoriellen Flächenelement für (4.5.7) knüpft an die Überlegungen an, die zu (4.5.2) führten. Wir suchen wieder die vektorielle Diagonale des Parallelogramms. Da jetzt alle drei Koordinaten durch zweistellige Funktionen ermittelt werden, müssen alle Differenziale durch totale Differenziale ausgedrückt werden:

Bitte beachten Sie, dass Sie bei der Wahl der Parameterbezeichnungen freie Hand haben! Leider sind Benennungskonflikte nicht immer vermeidbar.

$$\vec{r}(s,t) = \begin{pmatrix} x(s,t) \\ y(s,t) \\ z(s,t) \end{pmatrix}; \quad d\vec{r} = \begin{pmatrix} dx \\ dy \\ dz \end{pmatrix} = \begin{pmatrix} x_s ds + x_t dt \\ y_s ds + y_t dt \\ z_s ds + z_t dt \end{pmatrix} = \begin{pmatrix} x_s \\ y_s \\ z_s \end{pmatrix} ds + \begin{pmatrix} x_t \\ y_t \\ z_t \end{pmatrix} dt \qquad (4.5.11)$$

Wie vorher lässt sich der Diagonalenvektor in zwei Summanden zerlegen und wieder spannen diese das Parallelogramm auf, das als Flächenelement dienen wird. Das vektorielle Flächenelement ergibt sich aus dem Kreuzprodukt der beiden Summanden. (Die skalaren Differenziale ds und dt lassen sich aus der Determinante herausziehen):

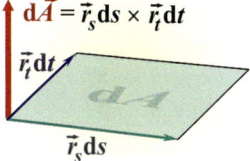

$$d\vec{A} = \begin{vmatrix} \vec{i} & \vec{j} & \vec{k} \\ x_s & y_s & z_s \\ x_t & y_t & z_t \end{vmatrix} ds\, dt = \left(\vec{i} \begin{vmatrix} y_s & z_s \\ y_t & z_t \end{vmatrix} - \vec{j} \begin{vmatrix} x_s & z_s \\ x_t & z_t \end{vmatrix} + \vec{k} \begin{vmatrix} x_s & y_s \\ x_t & y_t \end{vmatrix} \right) ds\, dt \qquad (4.5.12)$$

Für die aus den partiellen Ableitungen der Funktionen der Parameterdarstellung aufgebauten sogenannten *Funktionaldeterminanten* in (4.5.12) müssen Sie sich mit einer Alternativschreibweise abfinden:

Bitte keine „Abstoßungsreaktion", die Schreibweise ist wirklich praktisch.

$$\begin{vmatrix} y_s & z_s \\ y_t & z_t \end{vmatrix} := \frac{\partial(y,z)}{\partial(s,t)}, \quad \begin{vmatrix} x_s & z_s \\ x_t & z_t \end{vmatrix} := \frac{\partial(x,z)}{\partial(s,t)}, \quad \begin{vmatrix} x_s & y_s \\ x_t & y_t \end{vmatrix} := \frac{\partial(x,y)}{\partial(s,t)} \qquad (4.5.13)$$

Das negative Vorzeichen kann optional durch Vertauschung der Spalten in die (mittlere) Funktionaldeterminante eingebaut werden. Unter Verwendung dieser Schreibweise stellt sich das Flächenintegral wie folgt dar (beachten Sie, dass die Argumentpostfixe (s, t) nicht mitgeschrieben wurden):

$$\int_{(A)} \vec{v}(\vec{r}) \cdot d\vec{A} = \iint_{(B)} \left(v_x \frac{\partial(y,z)}{\partial(s,t)} - v_y \frac{\partial(x,z)}{\partial(s,t)} + v_z \frac{\partial(x,y)}{\partial(s,t)} \right) ds\, dt \qquad (4.5.14)$$

Leider warten Flächenintegrale, wenn man denn wirklich eines exakt berechnen muss, mit unangenehmen Fallstricken auf. Da sind zunächst einmal Flächen im Raum. Wir müssen hier davon ausgehen, dass es sich nicht um tückisch verwundene – wie z. B. das Möbiusband – möglicherweise durchlöcherte oder an den Rändern zerzauste Flächen handelt. Die partiellen Ableitungen in (4.5.14) signalisieren, dass stetig differenzierbare Funktionen erforderlich sind.

Wie benennen Sie die Seiten Ihres Hemdes: innen/außen oder rechts/links? Ein Flächenintegral fordert eindeutig unterscheidbare Seiten!

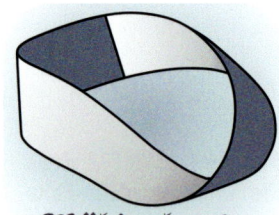

Möbiusband

Merksatz 4.5.1

Der Einfachheit halber verwenden wir hier das Strömungsfeld (4.4.10).

(4.5.15)

Leider ist das selten so einfach.

(4.5.16)

Beachten Sie das Vorzeichen der y-Komponente!

(4.5.17)

(4.5.18)

Ein weiteres Problem ist die sogenannte Orientierung der Fläche. Ein Normalenvektor einer Fläche bleibt auch dann noch Normalenvektor, wenn man seinen Richtungssinn umkehrt. Beim Flächenvektor muss dagegen die Orientierung beachtet werden, denn bei der Berechnung von Flüssen bestimmt der Kosinus des eingeschlossenen Winkels das Vorzeichen des Flusses (s. (4.4.7)). Üblicherweise orientiert man die Flächen an der „Hauptströmungsrichtung" des Vektorfeldes. Da im vorliegenden Fall die Flächen durch Kreuzprodukte bestimmt werden, muss man sich für eine Reihenfolge der Faktoren entscheiden.

> **Flächenintegrale:**
> Beim Flächenintegral 1. Art werden Produkte aus Werten einer auf einer Fläche im $\mathbb{R}^3$ definierten Funktion – wir hatten exemplarisch mit Flächendichten gearbeitet – mit den Beträgen der Flächenelemente aufsummiert.
> Beim Flächenintegral 2. Art werden skalare Produkte aus Funktionswerten eines dreidimensionalen Vektorfeldes (Feldstärken) – exemplarisch ein Strömungsfeld – mit vektoriellen Flächenelementen summiert.

Als Beispiel rechnen wir den Fluss des in *Bild 4.4.1* dargestellten Strömungsfeldes durch eine hochkant gestellte Fläche, die sich diagonal (von links oben bis rechts unten) über das Feld hinzieht:

$$A : \vec{r} = \begin{pmatrix} 2,5 \\ 0 \\ 0 \end{pmatrix} + s \begin{pmatrix} -2,5 \\ 1,8 \\ 0 \end{pmatrix} + t \begin{pmatrix} 0 \\ 0 \\ 1 \end{pmatrix} \text{ bzw. } \begin{pmatrix} x(s,t) = 2,5 - 2,5s \\ y(s,t) = 1,8s \\ z(s,t) = t \end{pmatrix} \quad s \in [0,1], t \in [0,1]$$

Berechnet man die Funktionaldeterminanten und setzt diese in (4.5.12) ein, ergeben sich sehr einfache Flächendifferenziale:

$$\frac{\partial(y,z)}{\partial(s,t)} = 1,8; \quad \frac{\partial(x,z)}{\partial(s,t)} = -2,5; \quad \frac{\partial(x,y)}{\partial(s,t)} = 0; \quad d\vec{A} = 1,8\,\boldsymbol{i} + 2,5\,\boldsymbol{j} + 0\,\boldsymbol{k}$$

Kombiniert man das vektorielle Flächendifferenzial mit dem Phantasie-Vektorfeld (4.4.10), so ergibt sich folgendes Flächenintegral:

$$\int_0^1 \int_0^1 \left[(2 \cdot 1,8s - (2,5 - 2,5s) + 4) \cdot 1,8 + (1,8s - 6(2,5 - 2,5s) + 24) \cdot 2,5 \right] ds\,dt = \underline{\underline{51{,}69}}$$

Notieren wir der Vollständigkeit halber auch, wie sich das Flächenintegral 1. Art darstellt, wenn eine Fläche in Parameterdarstellung vorliegt. Im Integranden muss die skalare Flächendichte mit dem Betrag des vektoriellen Differenzials (4.5.12) multipliziert werden:

$$m = \iint_{(B)} f(x,y,z) \sqrt{\left(\frac{\partial(y,z)}{\partial(s,t)}\right)^2 + \left(\frac{\partial(x,z)}{\partial(s,t)}\right)^2 + \left(\frac{\partial(x,y)}{\partial(s,t)}\right)^2} \cdot ds\,dt$$

Die Schreibweise mit den Funktionaldeterminanten in (4.5.18) verschleiert, dass sich nach dem Ausmultiplizieren ein fürchterliches Gewirr von Produkten aus

4.5 Flächen- bzw. Oberflächenintegrale

partiellen Ableitungen ergibt. Eine gewisse Arbeitserleichterung verschaffen die *Gaußschen Fundamentalgrößen 1. Ordnung* (s. Formelsammlung).

In der Praxis benutzt man üblicherweise die Integraltabellen einer Formelsammlung, um eine Stammfunktion zu finden. Dabei muss das Integral in der Regel erst umgeformt werden, um es mit den in den Tabellen aufgeführten Stammfunktionen abzugleichen. Dazu wird die Variable mithilfe einer Hilfsfunktion $s = g(x)$ umskaliert. Diese Funktion muss innerhalb der Integrationsgrenzen umkehrbar sein. Nach dem *Substituieren* der Variable durch die Umkehrfunktion erhält man möglicherweise ein nachschlagbares Integral:

Eine Achse des Koordinatensystems wird geändert – man könnte das Umskalieren auch Koordinatentransformation nennen.

$$x = g^{-1}(s), \, dx = \frac{dg^{-1}}{ds} ds : \int_{(I)} f(x) dx = \int_{(J)} f\left(g^{-1}(s)\right) \frac{dg^{-1}}{ds} ds \qquad (4.5.19)$$

Für Anfänger sieht die Substitutionsregel in der Form (*4.5.19*) eher nach Verkomplizierung aus, und das ist sie im Falle einer unglücklichen Substitution auch wirklich. Eine Umbenennung der Hilfsfunktion in $x = x(s)$ verbessert zwar nicht die Verständlichkeit, schafft aber einen „*Induktionsanfang*" für die Erweiterung der Substitutionsregel auf mehrdimensionale Bereichsintegrale:

Ein Beweis durch „vollständige Induktion" erfordert einen (bewiesenen) Induktionsanfang!

$$x := x(s): \int_{(I)} f(x) dx = \int_{(J)} f\left(x(s)\right) \frac{dx}{ds} ds \qquad (4.5.20)$$

Im Falle von Kurven- und Flächenintegral ist durch die Parameterdarstellung der Kurve bzw. der Fläche im Raum das Koordinatensystem zunächst vorgegeben. Bei Bereichsintegralen kann man entscheiden, ob man das Koordinatensystem wechseln soll oder nicht. Beispiele sind die in den *Abschnitten 4.2/4.3* besprochenen Koordinatentransformationen in Polar-, Zylinder- und Kugelkoordinaten. Die Variablen des Integranden und des Differenzials wurden mittels der Transformationsgleichungen ersetzt – man kann auch sagen substituiert. Die Differenziale ergaben sich aus geometrischen Überlegungen. Oft kommt man – ähnlich wie bei der Substitution gewöhnlicher Integrale – nur weiter, wenn man selber Transformationsgleichungen erfindet. Wir suchen also das Pendant zu (*4.5.19*) für Bereichsintegrale. Wie bei der Substitution gewöhnlicher Integrale gibt es keine allgemeingültige Regel, wie solche Transformationsgleichungen zu ermitteln sind. Aber hat man sich entschieden, gibt es zumindest eine Regel, wie das Differenzial nach der Transformation aussehen muss.

Eine „Regel" gibt es doch: Zeitig aufhören, wenn klar wird, dass sich das Integral nicht vereinfacht und einen Neuansatz versuchen!

Beginnen wir mit einem zweistelligen Bereichsintegral und denken, dass eine Substitution der Variablen mit $x = x(s, t)$ und $y = y(s, t)$ hilfreich sein könnte. Dann können wir an (*4.5.10*) anknüpfen und schauen, wie sich d**r** darstellt:

$$T: \vec{r}(s,t) = \begin{pmatrix} x(s,t) \\ y(s,t) \end{pmatrix}; \, d\vec{r} = \begin{pmatrix} dx \\ dy \end{pmatrix} = \begin{pmatrix} x_s ds + x_t dt \\ y_s ds + y_t dt \end{pmatrix} = \begin{pmatrix} x_s \\ y_s \end{pmatrix} ds + \begin{pmatrix} x_t \\ y_t \end{pmatrix} dt \qquad (4.5.21)$$

Das vektorielle Differenzial besteht aus zwei Komponenten, die ein Parallelogramm aufspannen. Der Flächeninhalt dieses Parallelogramms ist bereits das neue Differenzial. Flächeninhalte von Parallelogrammen in der Ebene lassen sich durch die Determinante aus den beiden Vektorkomponenten bestimmen:

(4.5.22)
$$dB = \left\| \begin{matrix} x_s & y_s \\ x_t & y_t \end{matrix} \right\| = \left| \frac{\partial(x,y)}{\partial(s,t)} \right| ds\, dt$$

Beim dreidimensionalen Bereichsintegral (Volumenintegral) kommt noch eine dritte Koordinate hinzu. Die drei Komponenten spannen dann einen sogenannten Spat auf. Dessen Volumen bestimmt man mit dem *Spatprodukt*:

(4.5.23)
$$dV = \left(\begin{pmatrix} x_s \\ y_s \\ z_s \end{pmatrix} ds \times \begin{pmatrix} x_t \\ y_t \\ z_t \end{pmatrix} dt \right) \cdot \begin{pmatrix} x_u \\ y_u \\ z_u \end{pmatrix} du = \left\| \begin{matrix} x_s & y_s & z_s \\ x_t & y_t & z_t \\ x_u & y_u & z_u \end{matrix} \right\| ds\, dt\, du = \left| \frac{\partial(x,y,z)}{\partial(s,t,u)} \right| ds\, dt\, du$$

Das Bildungsgesetz wird damit auch für Bereichsintegrale höherer Dimension erkenntlich. Wir notieren exemplarisch die Substitutionsregel für dreidimensionale Bereichsintegrale:

(4.5.24)
$$\iiint\limits_{(V)} f(x,y,z) dx\, dy\, dz = \iiint\limits_{(W)} f\bigl(x(s,t,u), y(s,t,u), z(s,t,u)\bigr) \left| \frac{\partial(x,y,z)}{\partial(s,t,u)} \right| ds\, dt\, du$$

Auch wenn in den *Abschnitten 4.2/4.3* nicht von Substitution die Rede ist, können sämtliche dort durchgerechnete Beispiele exemplarisch für die Anwendung der Substitutionsregel stehen. An dieser Stelle verbleibt noch zu zeigen, dass die dort geometrisch gefundenen Differenziale einer Nachprüfung mittels Funktionaldeterminanten standhalten. Wir überprüfen hier das Differenzial für Kugelkoordinaten und stellen Ihnen die Prüfung für Polarkoordinaten anheim:

Ergebnis: dA = r·dr·dφ

Kugelkoordinaten: $x = r\sin(\vartheta)\cos(\varphi)$, $y = r\sin(\vartheta)\sin(\varphi)$, $z = r\cos(\vartheta)$

(4.5.25)
Partielle Ableitungen für die Funktionaldeterminante:

$x_r = \sin(\vartheta)\cos(\varphi)$, $y_r = \sin(\vartheta)\sin(\varphi)$, $z_r = \cos(\vartheta)$

$x_\vartheta = r\cos(\vartheta)\cos(\varphi)$, $y_\vartheta = r\cos(\vartheta)\sin(\varphi)$, $z_\vartheta = -r\sin(\vartheta)$

$x_\varphi = -r\sin(\vartheta)\sin(\varphi)$, $y_\varphi = r\sin(\vartheta)\cos(\varphi)$, $z_\varphi = 0$

Funktionaldeterminante (Betrag):

Determinante ausmultiplizieren und zusammenfassen!

$$\left| \frac{\partial(x,y,z)}{\partial(r,\vartheta,\varphi)} \right| = \left\| \begin{matrix} \sin(\vartheta)\cos(\varphi) & \sin(\vartheta)\sin(\varphi) & \cos(\vartheta) \\ r\cos(\vartheta)\cos(\varphi) & r\cos(\vartheta)\sin(\varphi) & -r\sin(\vartheta) \\ -r\sin(\vartheta)\sin(\varphi) & r\sin(\vartheta)\cos(\varphi) & 0 \end{matrix} \right\|$$

Übereinstimmung mit (4.3.2).

$$= r^2\sin^3(\vartheta) + r^2\cos^2(\vartheta)\sin(\vartheta) = r^2\left(\sin^3(\vartheta) + \left(1 - \sin^2(\vartheta)\right)\sin(\vartheta)\right)$$

$$= r^2\left(\cancel{\sin^3(\vartheta)} + \sin(\vartheta) - \cancel{\sin^3(\vartheta)}\right) = r^2\sin(\vartheta), \quad dV = r^2\sin(\vartheta)\, dr\, d\vartheta\, d\varphi$$

Einstieg in die Vektoranalysis

5.

Unter diesem Begriff Vektoranalysis wird i. Allg. die weiterführende Analysis der Vektorfelder verstanden. Anschauliche Beispiele wären Strömungsfelder von Wasser oder Luft. Da reale Strömungsfelder – die Forelle auf Ihrem Teller hätte Ihnen davon erzählen können – unglaublich kompliziert sein können, wird hier zunächst auf idealisierte Strömungsfelder zurückgegriffen. Anhand dieser Felder wird gezeigt, wie Vektorfelder mittels Feldlinien dargestellt werden können. Darauf aufbauend können bereits grundlegende Eigenschaften realer Vektorfelder diskutiert werden. Darunter sind die sogenannten konservativen Vektorfelder (Potenzialfelder), die zu dem mächtigen Energiekonzept führen. So ist dieses Kapitel denn auch der Ort, in dem der siebente additive Erhaltungssatz – der sogenannte *Energiesatz* – erklärt werden kann. Mit dem Energiekonzept ist die Mechanik ausbaufähig (s. Abschn. 5.5), für die Wärmelehre/Thermodynamik sogar unabdingbar. Selbst der schwierige Weg in die sehr abstrakte Quantenmechanik wird durch das Energiekonzept (etwas) geebnet.

Die Abschnitte über Kurven- und Flächenintegrale kann man bereits zur Vektoranalysis zählen.

Das firmiert dann unter „Theoretische Mechanik".

Die Welt der Atome und Moleküle ist nur mithilfe der Quantenmechanik fassbar.

5.1 Ebene Strömungsfelder und ihre Darstellung

Der Konzeption dieses Buches folgend, streben wir an, die grundlegenden Felder der klassischen Physik (s. Bild 1.2.2) zu verstehen. Es handelt sich um das elektrische Feld (E-Feld), das magnetische Feld (B-Feld) und das Gravitationsfeld (g-Feld). Alle drei Felder sind Vektorfelder. Obwohl sehr grundlegend, hat uns die Natur nicht mit Sensoren zu deren direkter Erfassung ausgestattet. Deshalb, und das ist ein Ärgernis, sind diese Felder nicht leicht zugänglich. Wir müssen deshalb ins kalte Wasser steigen, um uns zunächst mit strömenden Gewässern zu beschäftigen, denn die kann man spüren, wie der Wattwanderer im nebenstehenden Bild demonstriert. Weil reale Strömungsfelder unglaublich kompliziert sein können, begnügen wir uns in diesem Abschnitt mit modellhaften Strömungsfeldern. Deren Feldstärken sollen völlig realitätsfern unabhängig von der Wassertiefe sein. Da dann keine z-Abhängigkeit besteht, handelt es sich mathematisch um *ebene Vektorfelder*. „Eben" das klingt nach Pfütze, das ist langweilig – unsere Modell-Fließgewässer sollten in unserer Vorstellung schon eine nennenswerte Tiefe aufweisen.

Bild 5.1.1
Wattwanderer in einem Wattenstrom (Pril) beim „Buttpedden"

War bereits bei skalaren Feldern deren grafische Darstellung ein Problem, so gilt das erst recht für Vektorfelder. Einzelne Funktionswerte/Feldstärken eines Vektorfeldes lassen sich durch Vektorpfeile darstellen. Im Falle einer Wetterkarte werden gefiederte Windfähnchen verwendet. Dort steht die Anzahl der Fiedern

NW-Wind mit 7 Bf

Windfähnchen einer Wetterkarte.

Im Zweidimensionalen erscheinen Stromröhren als Schichten – man spricht von laminarer Strömung.

Als Farbstoff eignet sich beispielsweise rote Tinte (Eosin). Für strömende Gase eignet sich Rauch.

Bild 5.1.2
Laminare Strömung mit gefärbten Stromröhren

Voraussetzung: Keine Zu- oder Abflüsse dazwischen

Nicht vergessen: Die Feldstärken der Strömungsfelder sind die lokalen Strömungsgeschwindigkeiten.

Feldlinienbilder: Nicht sehr präzise, aber dafür sehr gut „lesbar" – sogar für Laien!

für den Betrag der Windgeschwindigkeit und zwar 1/2 Fieder pro Beaufort oder – wenn auf der Karte vermerkt – 2,5 Knoten. Wenn es aber darum geht, ein größeres Feld darzustellen, wird das Gewimmel von Pfeilen (oder Fähnchen) unübersichtlich. In Naturwissenschaft und Technik verwendet man in der Regel ein sogenanntes *Feldlinienbild*. Für diese Darstellungsmethode standen, wie das folgende Bild eines wasserdurchströmten Rohres mit einer Verengung zeigt, Strömungsfelder Pate. Es ist nämlich so, dass bei niedrigen Strömungsgeschwindigkeiten und glatten Wandungen das Medium – im Bild sei es Wasser – in einem Bündel virtueller *Stromröhren* zu fließen scheint. Obwohl die *Stromröhren* keine Wände haben, findet zwischen benachbarten Röhren („fast") kein Austausch statt. Eine Stromröhre lässt sich sichtbar machen, indem man an einer Stelle vorsichtig Farbstoff einleitet.

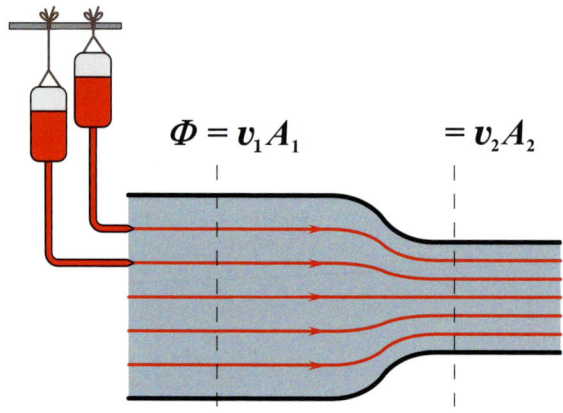

$$\Phi = v_1 A_1 \qquad = v_2 A_2$$

Die Mitte einer Stromröhre heißt Stromlinie oder allgemeiner *Feldlinie* (des Strömungsfeldes). Die Stromlinie zeigt demnach den Richtungsverlauf der Stromröhre an. Über den Verlauf der Beträge der Strömungsgeschwindigkeit sagt eine einzelne Stromlinie nichts aus. Auch hier hilft die Natur: Wenn man – so wie in *Bild 5.1.2* – Wasser in ein Rohr mit einer Verengung einleitet, muss hinten aus dem Rohr genau so viel herausfließen, wie hineinströmt. Anders gesprochen: Der Fluss (*s. Abschn. 4.5*) muss an jeder Rohrschnittstelle gleich sein. Ein unveränderter Fluss in der Engstelle ist nur möglich, wenn sich dort die Strömungsgeschwindigkeit erhöht. In diesem Fall bleibt das Produkt aus (erhöhter) Strömungsgeschwindigkeit und (verminderter) Querschnittsfläche gleich. Färbt man mehrere Stromröhren an, ist zu erkennen, dass sich diese im Gebiet höherer Strömungsgeschwindigkeit zusammendrängen. Somit kann die Feldliniendichte als Maß für den Betrag der jeweiligen Strömungsgeschwindigkeit fungieren. Informationen über die Richtung der Strömungsgeschwindigkeit zwischen den gefärbten Linien lassen sich nur abschätzen. Man nimmt das gewichtete Mittel der Richtungen aus den benachbarten angefärbten Linien. Auch für Vektorfelder, die nicht an Materie gebunden sind, eignet sich die Darstellungsmethode durch Feldlinien. Leider ist es mit dieser Methode nur möglich, ebene Vektorfelder darzustellen. Wir notieren zunächst einmal in einem Merksatz, wie ein gegebenes Feldlinienbild zu interpretieren ist:

5.1 Ebene Strömungsfelder und ihre Darstellung

Eigenschaften von Feldlinienbildern:
Ebene Vektorfelder lassen sich mithilfe sogenannter Feldlinien grafisch darstellen. Dabei gilt:
1. An jedem Punkt der Feldlinie gibt die Richtung der Tangente die Richtung der Feldstärke wieder. Zwischen zwei Feldlinien muss die Feldstärkerichtung durch das gewichtete Mittel aus den beiden benachbarten – durch Feldlinien ermittelten – Richtungen abgeschätzt werden.
2. Die Feldliniendichte (Anzahl der Feldlinien pro cm) ist ein Maß für die Beträge der Feldstärken.
3. Unterschiedliche Feldlinien haben weder Schnitt- noch Berührungspunkte! Unterlassen Sie bei den klassischen Kraftfeldern (*E*-, *B*- oder *g*-Feld) modellhafte Interpretation der Feldlinien durch (rote) Gummibänder.

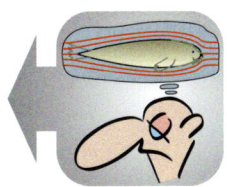

Merksatz 5.1.1

Gummibänder: Nur für Unterbekleidung sinnvoll!

Punkt (1) und (2) lassen den Eindruck entstehen, als ob Feldlinienbilder auf Abschätzungen beruhen. Das ist nicht der Fall – Feldlinien eines ebenen Vektorfeldes lassen sich berechnen und mithilfe einer Tabellenkalkulation (z. B. EXCEL) grafisch darstellen. Wir wollen zeigen, wie sich zu einem ebenen Strömungsfeld $\vec{v}$ ein Feldlinienbild ermitteln lässt. Ein Feldlinienbild könnte an die Darstellung einer zweistelligen Funktion durch Höhenlinien erinnern. Und das ist auch der Ansatzpunkt: Gesucht ist eine zweistellige skalare Funktion – sie heißt dann *Stromfunktion* Ψ – deren Höhenlinien das Feldlinienbild liefern.

Die Höhenlinien der Stromfunktion Ψ bilden das Feldlinienbild des ebenen Vektorfeldes v.

$$\vec{v}: \mathbb{R}^2 \to \mathbb{R}^2, (x,y) \mapsto \begin{pmatrix} v_x(x,y) \\ v_y(x,y) \end{pmatrix}, \quad \Psi: \mathbb{R}^2 \to \mathbb{R}, (x,y) \mapsto \Psi(x,y)$$

(5.1.1)

Wenn wir dem Wertebereich der Stromfunktion den Wert *C* entnehmen, dann stellt der Graph der Relation $\Psi(x,y) = C$ eine Höhenlinie dar (*s. Abschn. 3.1*). Längs einer Höhenlinie ändert sich definitionsgemäß der Funktionswert der Stromfunktion nicht, also muss für Linienelemente dieser Höhenlinie – hier mit dr benannt – das totale Differenzial gleich null sein:

C wird dem Wertebereich der Stromfunktion entnommen und spielt dann die Rolle einer Konstanten.

$$d\vec{r} := \boldsymbol{i}\,dx + \boldsymbol{j}\,dy: \quad d\Psi = \frac{\partial \Psi}{\partial x}dx + \frac{\partial \Psi}{\partial y}dy = 0 \quad \left(\text{bzw. } \vec{\nabla}\Psi \cdot d\vec{r} = 0\right)$$

(5.1.2)

Punkt (1) aus *Merksatz 5.1.1* lässt sich leicht mithilfe eines Kreuzproduktes darstellen. Für ein Linienelement einer Stromlinie muss deshalb gelten:

Das Kreuzprodukt aus kollinearen Vektoren ist gleich null!

$$\vec{v} \times d\vec{r} = 0 \Leftrightarrow \begin{vmatrix} \boldsymbol{i} & \boldsymbol{j} & \boldsymbol{k} \\ v_x & v_y & 0 \\ dx & dy & 0 \end{vmatrix} = \boldsymbol{k}(v_x\,dy - v_y\,dx) = 0 \Leftrightarrow \underline{-v_y\,dx + v_x\,dy = 0}$$

(5.1.3)

Damit die Höhenlinie der Stromfunktion wirklich zu einer Stromlinie wird, müssen (*5.1.2*) und (*5.1.3*) simultan gelten und das ist der Fall wenn:

$$\text{I)} \ \frac{\partial \Psi}{\partial x} = -v_y \quad \wedge \quad \text{II)} \ \frac{\partial \Psi}{\partial y} = v_x$$

(5.1.4)

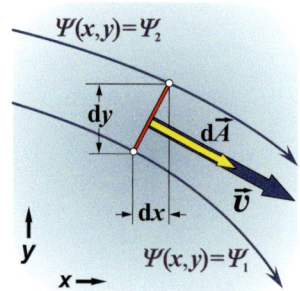

Bild 5.1.3
Fluss zwischen zwei Stromlinien

Oberkante als Vektor:
$$d\vec{b} = \boldsymbol{i}\,dx + \boldsymbol{j}\,dy$$

(5.1.5)

(5.1.6)

Breite der Oberkante:
$$db = \sqrt{dx^2 + dy^2}$$

(5.1.7)

Eigentlich selbstverständlich: die Wahl eines äquidistanten Rasters von Werten aus dem Wertebereich der Stromfunktion. Damit ist $\Delta\psi$ konstant.

Mit den beiden Gleichungen müsste sich für ein gegebenes Strömungsfeld eine Stromfunktion finden lassen. Es ergeben sich sofort Irritationen: Wenn die Funktion Ψ das System erfüllt, dann gilt das auch für $\Psi^* = -\Psi$. Tatsächlich erzeugen beide Funktionen dasselbe Höhenlinienbild. Sie haben also die Wahl. Ganz einfach dürfte das Gleichungssystem im Allgemeinen nicht sein – immerhin handelt es sich um zwei partielle inhomogene Differenzialgleichungen. Gehen wir zunächst einmal davon aus, dass für das Differenzialgleichungssystem eine Lösung existiert. In diesem Fall könnte, wie in Abschnitt 3.3 (*Aufgabe 3.3.1*) beschrieben, ein Höhenlinienbild gezeichnet werden. Das Höhenlinienbild ist aber nur dann auch Feldlinienbild, wenn Punkt (2) von *Merksatz 5.1.1* erfüllt ist: Die Liniendichten müssen Maße für die Feldstärken sein. Im nebenstehenden Bild sind dazu zwei Höhenlinien gezeichnet. Die Differenz der Funktionswerte der Stromfunktion sei $\Delta\Psi = \Psi_2 - \Psi_1$. Stellen wir uns vor, es handele sich um ein Fließgewässer und nehmen kühn an, dass die Strömungsverhältnisse auch in tieferen Wasserschichten gleich bleiben. Wir untersuchen im Folgenden den Fluss (s. (4.5.6)) durch eine hochkant stehende Fläche (Höhe h) zwischen zwei Höhenlinien. *Bild 5.1.3* zeigt die Oberkante der Fläche sowie den dazu konstruierten orthogonalen Flächenvektor dA.

$$d\phi = \vec{v} \cdot d\vec{A} = (\boldsymbol{i}v_x + \boldsymbol{j}v_y) \cdot (\boldsymbol{i}\,dy - \boldsymbol{j}\,dx)h = (v_x\,dy - v_y\,dx)h$$

Nun kommt die Stromfunktion ins Spiel. Die Gültigkeit der beiden Gleichungen (5.1.4) erlauben, die Geschwindigkeitskomponenten durch die partiellen Ableitungen der Stromfunktion zu ersetzen:

$$d\phi = \left(\frac{\partial \Psi}{\partial y}\,dy + \frac{\partial \Psi}{\partial x}\,dx\right)h = d\Psi \cdot h$$

Das totale Differenzial der Stromfunktion ist folglich gleich der auf die Tiefe bezogenen Durchflussmenge. Da in *Bild 5.1.3* die Fläche so gestellt wurde, dass Flächenvektor und Feldstärke kollinear sind, darf man schreiben:

$$d\phi = |\vec{v}| \cdot db \cdot h = d\Psi \cdot h \;\Rightarrow\; |\vec{v}| = \frac{d\Psi}{db} \approx \frac{\Delta\Psi}{\Delta b} \quad \text{d.h.} \quad \underline{\underline{|\vec{v}| \propto \frac{1}{\Delta b}}}$$

Der Abstand der Höhenlinien – gleichzeitig Breite der Oberkante der Fläche – wurde in (5.1.7) mit db benannt. Damit ergibt sich der Zusammenhang der Feldstärke mit der Differenz der Konstanten und dem Abstand der Höhenlinien. Wenn für das Höhenlinienbild äquidistante Werte der Stromfunktion gewählt werden, sind Feldstärke und Linienabstand umgekehrt proportional. Damit ist auch die zweite Forderung in *Merksatz 5.1.1* erfüllt. Da Feldlinien Höhenlinienbilder der Stromfunktion sind, würde ein Berühren oder Schneiden verschiedener Feldlinien bedeuten, dass die Werte der Stromfunktion von einem Wert zu einem anderen auf Nulldistanz springen würden. Für die angewandte Wissenschaft sind unstetige Feld- und Stromfunktionen irrelevant. Damit ist auch die dritte Forderung erfüllt. Höhenlinienbilder der Stromfunktion sind wirklich vernünftige Darstellungen eines ebenen Vektorfeldes. Damit Sie zumindest für einfache Felder selbständig Feldlinienbilder erstellen können, versuchen wir, die beiden partiellen Differenzialgleichungen (5.1.4) in eine integrale Form zu bringen. Steigen wir dazu auf das

5.1 Ebene Strömungsfelder und ihre Darstellung

Fundament der Analysis II herab (s. (3.1.8)): Partielle Ableitung heißt, alle Variablen bis auf die, nach der abgeleitet wird, gelten vorübergehend als Parameter. Das bedeutet für die linke Differenzialgleichung in (5.1.4), dass Ψ Stammfunktion von $(-v_y)$ sein muss. Eine Stammfunktion ist nur bis auf eine Konstante eindeutig. Es muss daher noch eine Konstante berücksichtigt werden. Ganz konstant ist diese hier aber nicht, denn sie kann noch den „Parameter" y enthalten. Wenn x als Parameter aufgefasst wird, ist analog Ψ auch Stammfunktion von v_x (s. rechts in (5.1.4)). Schreiben wir die Stammfunktionen als unbestimmte Integrale, erhalten wir ein alternatives Gleichungssystem für die gesuchte Stromfunktion:

Nicht den Boden unter den Füßen verlieren. Dass Variable vorübergehend zu Parametern werden, gehört zum absoluten Fundament der Analysis II.

$$\text{I)}\ \Psi = -\int v_y \, dx + C(y) \quad \wedge \quad \text{II)}\ \Psi = \int v_x \, dy + D(x) \tag{5.1.8}$$

Wenn Wasser zu einem Eisblock gefroren ist, und auf eine rotierende Töpferscheibe gelegt wird, kann – auch wenn hier nichts strömt – dem Eisblock ein Vektorfeld zugeordnet werden: Jedem Ort des rotierenden Eisblocks ist eindeutig eine Geschwindigkeit zugeordnet (s. (2.12.4)). Wenn die vektorielle Winkelgeschwindigkeit in positive z-Richtung weist, gilt für das Geschwindigkeitsfeld:

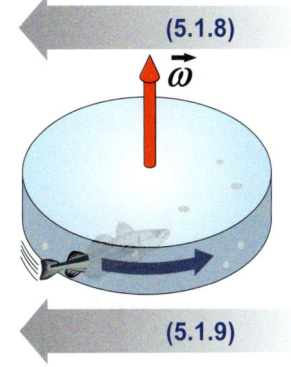

$$\vec{v} = \vec{\omega} \times \vec{r} = \begin{pmatrix} 0 \\ 0 \\ \omega \end{pmatrix} \times \begin{pmatrix} x \\ y \\ 0 \end{pmatrix} = \begin{pmatrix} -\omega y \\ +\omega x \\ 0 \end{pmatrix},\ v_x = -\omega y,\ v_y = \omega x,\ v_z = 0 \tag{5.1.9}$$

Um für dieses Geschwindigkeitsfeld die Stromfunktion zu erhalten, müssen Komponenten des Feldes in die Integralgleichungen (5.1.8) eingesetzt werden. Den Parameter ω brauchen wir hier nicht und setzen: $\omega := 2$ rad/s.

Wir machen hier von der Option Gebrauch und wählen die Lösung mit dem umgekehrten Vorzeichen.

$$\begin{aligned}
&\text{I)}\ \Psi = 2\int x \, dx + C(y) \quad \text{und} \quad \text{II)}\ \Psi = 2\int y \, dy + D(x) \\
&\left.\begin{array}{l}\text{I)}\ \Psi = x^2 + C(y) \\ \text{II)}\ \Psi = y^2 + D(x)\end{array}\right\}\ C(y) := y^2,\ D(x) := x^2 \ \Rightarrow\ \underline{\underline{\Psi = x^2 + y^2}}
\end{aligned} \tag{5.1.10}$$

Lassen Sie sich nicht irritieren, beim Integrieren ist oft ein „Rateprozess" mit im Spiel. Durch die Wahl von $C(y)$ und $D(x)$ liefern (I) und (II) dieselbe Funktion, die dann auch die gesuchte Stromfunktion darstellt. „Echte" Konstanten sind unnötig, da sie das Höhenlinienbild nicht beeinflussen. Zur Darstellung der Höhenlinien – jetzt Stromlinien – ist es nicht einmal erforderlich, den Rechner hochzufahren, denn bei der Stromfunktion handelt es sich um einen Paraboloiden (vgl. Abschn. 3.3). Die Höhenlinien/Stromlinien von *Paraboloiden* – egal ob umgestülpt oder nicht – sind konzentrische Kreise. Die kreisförmigen Stromlinien sind in diesem Fall natürlich keine Überraschung – das hätte man auch ohne Stromfunktion sagen können. Nicht unbedingt vorhersehbar sind jedoch die Radien dieser Stromlinien. Für die äquidistanten Werte der Stromfunktion bieten sich die natürlichen Zahlen (inklusive Null) an. Damit ergibt sich:

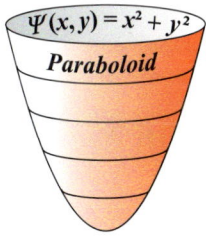

$$x^2 + y^2 = \Psi_i,\ \text{wähle}\ \Psi_i := i,\ i \in \mathbb{N}_0:\ r = \sqrt{x^2 + y^2} = \sqrt{i} \tag{5.1.11}$$

Wie das Bild zeigt, drängen sich die Feldlinien nach außen immer mehr zusammen und signalisieren so, dass sich mit zunehmendem Radius die Feldstärken

Die Höhenlinien der Stromfunktion haben noch keine Richtung.

erhöhen. Das Feld könnte man als *radialsymmetrisches Wirbelfeld* bezeichnen. Die Richtungspfeile sind zusätzlich und müssen an die Richtung der Feldstärken angepasst werden.

Wie sich die Feldlinien zusammendrängen, ist ohne Rechnung nicht voraussehbar.

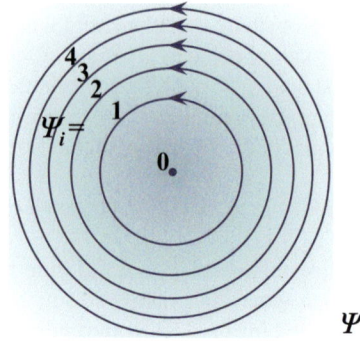

$$\Psi = x^2 + y^2$$

Bild 5.1.4
Feldlinienbild eines Wirbels

Erzeugung eines Wirbels mittels Quirl und Bohrmaschine

Nun lassen wir das Wasser schmelzen und erzeugen ein Wirbelfeld, in dem wir einen Küchen-Quirl in eine Bohrmaschine spannen und im Wasser rotieren lassen. Der Quirl wird das Wasser in seiner Umgebung in Rotation versetzen. Keine Frage: Wenn wir das am Strand der Helgoländer Düne machen, wird das keine Ente an der englischen Ostküste beunruhigen. Wir müssen davon ausgehen, dass die Strömungsgeschwindigkeit mit der Entfernung zur Drehachse des Quirls abnimmt. Nehmen wir die einfachste monoton fallende Beziehung an: Strömungsgeschwindigkeit und Abstand sind zueinander antiproportional. Das Feld erhalten wir durch Abwandlung der Funktion (5.1.9): Wir multiplizieren sie mit R^2/r^2 (R = Radius des Quirls, r = Abstand von der Drehachse).

(5.1.12)
$$\vec{v} = \frac{R^2}{r^2}\vec{\omega}\times\vec{r} = \frac{R^2}{r^2}\begin{pmatrix}-\omega y\\ +\omega x\\ 0\end{pmatrix}, \quad v_x = -\frac{y}{x^2+y^2},\quad v_y = \frac{x}{x^2+y^2} \quad (\text{für } R^2\omega := 2)$$

Der Faktor R^2 sorgt dafür, dass die Strömungsgeschwindigkeit am Quirl gleich der Umfangsgeschwindigkeit dieses Gerätes ist. Man könnte meinen, dass in (5.1.12) keine Antiproportionalität, sondern eine $1/r^2$-Abhängigkeit entstanden ist. Klarheit darüber erlangt man durch Betrachtung der Beträge in (5.1.13):

(5.1.13)
$$\vec{\omega}\perp\vec{r}:\ |\vec{v}|\propto\frac{1}{r^2}|\vec{\omega}\times\vec{r}| = \frac{1}{r^2}\omega r\sin(90°) = \frac{\omega}{r}\propto\underline{\underline{\frac{1}{r}}}$$

Suchen wir also für dieses Wirbelfeld die Stromfunktion. Die Parameter ω und R schleppen wir nicht weiter mit, sondern setzen wie oben $\omega = 2$ rad/s. Für den Radius wählen wir $R = 1$ „Längeneinheit":

(5.1.14)
$$\text{I)}\ \Psi = 2\int\frac{x}{x^2+y^2}dx + C(y) \quad \text{und} \quad \text{II)}\ \Psi = 2\int\frac{y}{x^2+y^2}dy + D(x)$$

$$\left.\begin{array}{l}\text{I)}\ \Psi = \ln(x^2+y^2) + C(y)\\ \text{II)}\ \Psi = \ln(x^2+y^2) + D(x)\end{array}\right\}\ C(y):=D(x):=0\ \Rightarrow\ \underline{\underline{\Psi = \ln(x^2+y^2)}}$$

5.1 Ebene Strömungsfelder und ihre Darstellung

Da wir aus Symmetriegründen wissen, dass es sich bei den Feldlinien nur um konzentrische Kreise handeln kann, brauchen wir uns nur darum kümmern, wie sich deren Radien bei der Vorgabe äquidistanter Stromfunktionswerte verhalten.

$$\ln(x^2+y^2)=\Psi_i \quad \text{wähle } \Psi_i := i \ (i \in \mathbb{N}_0): \quad x^2+y^2=r^2=\exp(i) \Rightarrow \underline{\underline{r=\exp\left(\frac{i}{2}\right)}}$$

(5.1.15)

Hätten Sie gedacht, dass die Radien exponentiell anwachsen müssen, um das Feldlinienbild dieses Wirbels darzustellen? Wir wählen für die Funktionswerte wieder die natürlichen Zahlen inklusive Null. Dieses Wirbelfeld ist ein Beispiel für einen sogenannten *Potenzialwirbel*.

Verlernen Sie nicht, sich zu wundern!

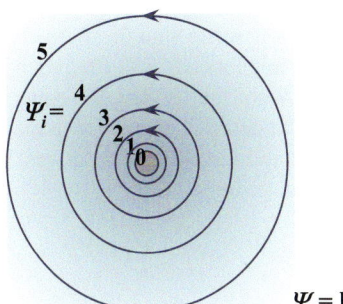

$\Psi = \ln(x^2+y^2)$

Nehmen Sie hier die Bezeichnung Potenzialwirbel erst einmal nur zur Kenntnis.

Bild 5.1.5
Feldlinienbild eines Potenzialwirbels

Wer eine „punktförmige" *Quelle* simulieren will, braucht nur einen Gartenschlauch mit einem Spezialdüsenkopf ins Wasser zu halten. Der Düsenkopf muss mit sehr vielen radial angeordneten Bohrungen ausgestattet sein. Dementsprechend müssten die Feldstärken des Strömungsfeldes radial von der Quelle weisen. Natürlich wird sich die Strömungsgeschwindigkeit mit zunehmendem Abstand verlieren. Wir nehmen – wie beim Potenzialwirbel – eine Antiproportionalität an. Der Einfachheit halber setzen wir $v_0 R := 1$.

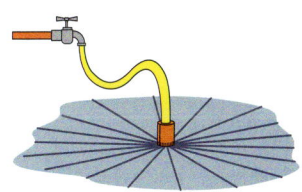

$$\vec{v} = v_0 \frac{R}{r^2}\vec{r}, \quad v_x = \frac{x}{x^2+y^2}, \quad v_y = \frac{y}{x^2+y^2} \quad \left(|\vec{v}| \propto \frac{|\vec{r}|}{r^2} \propto \frac{1}{r}\right)$$

(5.1.16)

Die Antiproportionalität wird anhand der Gleichung der Beträge deutlich. R ist der Radius des Düsenkopfes. Für $r=R$ ist $v=v_0$. Der Parameter R und v_0 entledigen wir uns indem wir sie gleich 1 setzen. Eingesetzt in *(5.1.8)* ergibt sich:

$$\text{I) } \Psi = -\int \frac{y}{x^2+y^2}\,dx+C(y) \quad \text{und} \quad \text{II) } \Psi = \int \frac{x}{x^2+y^2}\,dy+D(x)$$

$$\left.\begin{array}{l}\text{I) } \Psi = -\arctan\left(\frac{x}{y}\right)+C(y) \\ \text{II) } \Psi = \arctan\left(\frac{y}{x}\right)+D(x)\end{array}\right\} \ C(y):=\frac{\pi}{2},\ D(x):=0 \ \Rightarrow \ \underline{\underline{\Psi = \arctan\left(\frac{y}{x}\right)}}$$

(5.1.17)

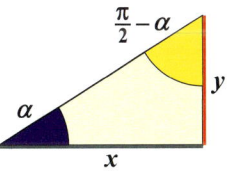

Auf dem ersten Blick erscheinen die Ergebnisse von (I) und (II) unvereinbar. Im Falle von Winkelfunktionen lohnt sich immer ein Blick auf die Additionstheoreme – im vorliegenden Fall reicht sogar nur ein rechtwinkliges Dreieck als Planfigur (Gegenkathete zu α: y, Ankathete zu α: x):

(5.1.18)
$$\tan\alpha := \frac{y}{x},\ \tan\left(\frac{\pi}{2}-\alpha\right)=\frac{x}{y} \Rightarrow \arctan\left(\frac{y}{x}\right)=\frac{\pi}{2}-\arctan\left(\frac{x}{y}\right)$$

Durch die entsprechende Wahl der „Konstanten" ist auch hier die Stromfunktion gefunden. Hier allerdings hätte man das vollständige Feldlinienbild auch ohne Rechnung zeichnen können:

(5.1.19)
$$\arctan\left(\frac{y}{x}\right)=\Psi_i,\ \text{wähle}\ \Psi_i=\frac{\pi}{6}\left(i+\frac{1}{2}\right), i\in\{0,1,\ldots,5\}:\ y=\tan\left(\frac{\pi}{6}\left(i+\frac{1}{2}\right)\right)\cdot x$$

Bei den Feldlinien handelt es sich um Geraden durch den Koordinatenursprung. Aufgrund der äquidistanten Funktionswerte sind die Winkel zwischen den Geraden gleich groß (im Bild: π/6). Im folgenden *Bild 5.1.6* finden links Sie das erwartete Feldlinienbild einer Quelle. Wenn durch den Düsenkopf nicht Wasser aus strömt, sondern angesaugt wird, handelt es sich um – wie man sagt – eine *Senke*. In diesem Fall bekommt das Strömungsfeld ein negatives Vorzeichen und die Pfeile im Feldlinienbild werden umgedreht.

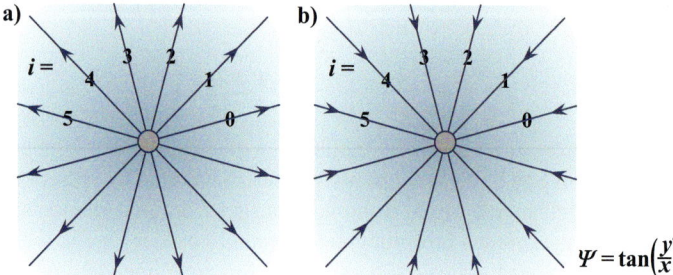

Bild 5.1.6
Feldlinienbilder einer Quelle und einer Senke

Nicht gering schätzen sollte man das *homogene Vektorfeld*, dessen Komponenten lediglich konstante Funktionen sind.

(5.1.20)
$$\vec{v}=\begin{pmatrix}v_{x0}\\v_{y0}\end{pmatrix},\ v_x=v_{x0},\ v_y=v_{y0}$$

Für modellhafte Betrachtungen unersetzlich: homogene Felder

Das Feldlinienbild ergibt sich bereits aus *Merksatz 5.1.1*: Weil die Feldstärke überall konstant ist und ausschließlich in eine Richtung weist, muss das Feldlinienbild eine äquidistante Parallelenschar sein. Das sind aber die Höhenlinien einer linearen Funktion (Ebene) im Raum (s. *Bild 2.5.1*).

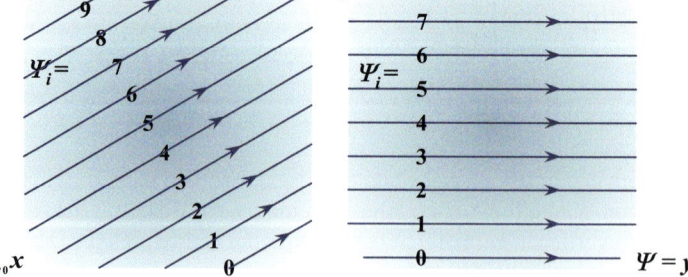

Bild 5.1.7
Feldlinienbilder homogener Felder

$\Psi = v_{x0}y - v_{y0}x$

5.1 Ebene Strömungsfelder und ihre Darstellung

Die Vektorfelder und Stromfunktionen der Wirbel und Quellen wurden bezüglich Koordinatensysteme angegeben, deren Ursprünge in den Symmetriezentren liegen. Bei Bedarf kann das Koordinatensystem mithilfe der folgenden Koordinatentransformation verschoben werden:

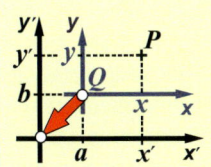

Verschiebung des Koordinatensystems:
Für die Koordinaten eines Punktes P im verschobenen System (mit Hochstrichpostfixen gekennzeichnet) gilt:
$$x = x' - a$$
$$y = y' - b$$

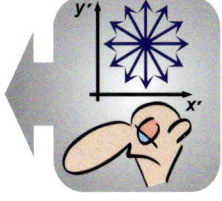

Merksatz 5.1.2

Im folgenden Beispiel wird das Zentrum einer punktförmigen Quelle vom Koordinatenursprung in den Punkt (a, b) eines gestrichenen Koordinatensystems verlagert:

$$\vec{v} = \frac{1}{x^2 + y^2}\begin{pmatrix} x \\ y \end{pmatrix} = \frac{1}{(x'-a)^2 + (y'-b)^2}\begin{pmatrix} x'-a \\ y'-b \end{pmatrix}, \quad \Psi = \arctan\left(\frac{y'-b}{x'-a}\right) \qquad (5.1.21)$$

Lassen Sie unbedingt die Postfixhochstriche wieder fort, wenn diese ihre Schuldigkeit getan haben.

Aufgabe:
$$\vec{v}(x, y) = \begin{pmatrix} v_x(x,y) \\ v_y(x,y) \end{pmatrix} = \begin{pmatrix} 2y - x + 4 \\ y - 6x + 24 \end{pmatrix}, \quad \begin{array}{l} x \in [0; 2{,}5] \\ y \in [0; 1{,}8] \end{array}, \quad \text{Einheiten willkürlich!}$$

a) Ermitteln Sie die Stromfunktion des Feldes, das der Storch in *Bild 4.3.1* durchfliegt. Anders als in *Abschnitt 4.3* werten wir hier das Vektorfeld als Strömungsfeld.

b) Erstellen Sie mittels Ihrer Tabellenkalkulation (z. B. Excel) – so wie in *Aufgabe 3.3.1* beschrieben – ein Höhenliniendiagramm. Zeile 1: Reihe ab B von 0 bis 2,5 / Inkrement 0,05. Spalte ab A2 von 0 bis 1,8 / Inkrement 0,05. Die Werteachse (z-Achse) soll wie folgt formatiert werden: $0 \leq z \leq 60$, Hauptintervall = 5.

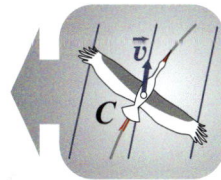

Aufgabe 5.1.1

Lösungsvorschlag:

I) $\Psi = -\int v_y \, dx + C(y) \quad \vee \quad$ II) $\Psi = \int v_x \, dy + D(x)$

I) $\Psi = -\int (y - 6x + 24)\,dx + C(y) = -xy + 3x^2 - 24x + C(y)$

II) $\Psi = \quad \int (2y - x + 4)\,dy + D(x) = y^2 - xy + 4y + D(x)$

Setze $C(y) = y^2 + 4y + 48, \quad D(x) = 3x^2 - 24x + 48$

$\Psi = -xy + 3x^2 - 24x + y^2 + 4y + 48 = \underline{\underline{3(x-4)^2 - (x-4)y + y^2}}$

Das Feldlinienbild zum Vergleichen finden Sie in Bild 4.4.1.

5.2 Superposition ebener Strömungsfelder

Vektorfelder die der Realität nahe kommen, sind in der Regel Lösungen von einer partiellen Differenzialgleichungen oder einem ganzen System davon. Mögen diese Gleichungen auch noch so kompliziert sein, sie haben in der Regel eine gemeinsame Eigenschaft: Sie sind linear. Das bedeutet, die Lösungsmengen sind Vektorräume und für die Lösungen gelten die freundlichen Vektorraumaxiome. Die wichtigste Eigenschaft: Hat man den Gleichungen mit Müh und Not zwei (oder) mehr Lösungen abgerungen, dann ist auch jede Linearkombination davon eine Lösung. Dieses lineare Kombinieren von Vektorfeldern wird auch vornehm *Superpositionsprinzip* genannt. Da die Stromfunktion durch lineare Gleichungen mit den Feldfunktionen verbunden sind, gilt das Superpositionsprinzip auch für die zugehörigen Stromfunktionen.

Der Knüller: Das Superpositionsprinzip gilt auch für die Stromfunktionen!

(5.2.1)
$$\mathbb{F} = \{\vec{v} \mid \mathcal{L}(\vec{v}) = \vec{0}\}; a,b \in \mathbb{R}$$
$$\vec{v}_1, \vec{v}_2 \in \mathbb{F} \Rightarrow \vec{v} = a \cdot \vec{v}_1 + b \cdot \vec{v}_2 \in \mathbb{F}; \text{ für ebene Felder gilt: } \Psi = a \cdot \Psi_1 + b \cdot \Psi_1$$

Es liegt daher nahe, die Felder des vorangegangenen Abschnitts linear zu kombinieren. Es besteht somit die Chance, Stromfunktionen realitätsnäherer Felder fast gratis zu erhalten. Sehen wir uns das Vektorfeld an, das eine Kombination aus Quelle und Senke erzeugt. Die Quelle soll am Punkt (0, +1) sprudeln und in der Senke am Punkt (0, −1) soll alles wieder verschwinden. Die geänderten Funktionsterme, das Vektorfeld und die Stromfunktion ergeben sich mithilfe von *Merksatz 5.1.2* bzw. *(5.1.21)*.

(5.2.2)
$$\vec{v} = \underbrace{\left[\frac{1}{x^2 + (y-1)^2} \begin{pmatrix} x \\ y-1 \end{pmatrix}\right]}_{\text{Quelle}} + \underbrace{\left[-\frac{1}{x^2 + (y+1)^2} \begin{pmatrix} x \\ y+1 \end{pmatrix}\right]}_{\text{Senke}}$$

Das folgende Bild zeigt die Feldlinien dieses Kombinationsfeldes.

In der Elektrizitätslehre heißt ein System aus Quelle und Senke (beide punktförmig) Dipol.

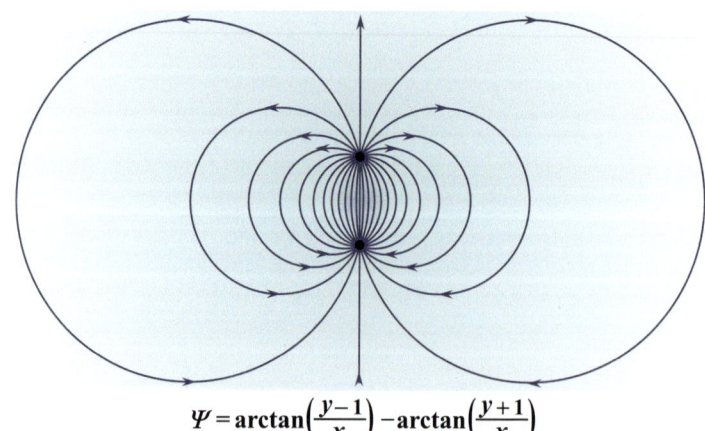

Bild 5.2.1
Feldlinienbild einer Quelle-Senkekombination

$$\Psi = \arctan\left(\frac{y-1}{x}\right) - \arctan\left(\frac{y+1}{x}\right)$$

5.2 Superposition ebener Strömungsfelder

Bemerkenswert ist dabei, dass sich Quelle und Senke nicht einfach aufheben. Zwar ist die Feldstärke zwischen den Zentren besonders hoch, aber das Feld greift trotzdem in den Raum hinein. Im elektrischen Fall nennt man ein derartiges Feld ein *Dipolfeld*.

Die Funktion arctan(y/x) ist eigentlich nur im ersten Quadranten definiert. Wenn alle Quadranten einbezogen werden sollen, verwendet man die Funktion arg($\underline{z}$). Das ist die Funktion, die jeder komplexen Zahl $\underline{z}$ ihren Polarwinkel zuordnet. Im folgenden Merksatz wird gezeigt, wie man die Funktion mit lediglich zwei Fallunterscheidungen darstellen kann.

Vom komplexen Argument wird hier nicht Gebrauch gemacht. Die arg-Funktion kann als reellwertige zweistellige Funktion angesehen werden.

Die Funktion arg($\underline{z}$):

$$\arg\underbrace{(x+\mathrm{j}\,y)}_{\underline{z}} = \begin{cases} \pi & \text{falls } x < 0 \wedge y = 0 \\ 2\cdot\arctan\left(\dfrac{y}{x+\sqrt{x^2+y^2}}\right) \bmod 2\pi \end{cases}$$

Als EXCEL-Formel: WENN(UND(x<0;y=0);PI();REST(2*…
                                     … ARCTAN(y/(x+WURZEL(x^2+y^2)));2*PI()))

Merksatz 5.2.1

Bei der Darstellung von Feldern, in denen Quellen und Senken vorkommen, verwendet man besser die arg-Funktion. Wegen der Verlagerungen von Quelle und Senke werden die Koordinaten gemäß *Merksatz 5.1.2* geändert. Damit das Feldlinienbild keine Symmetrien einbüßt, ist es wichtig, ein Inkrement der Form $2\pi/n$ ($n \in \mathbb{N}$) zu wählen.

Beachten Sie: Ihr Taschenrechner kennt die arg-Funktion. Näheres entnehmen Sie bitte der Bedienungsanleitung!

Man könnte sich fragen, wie man das Feldlinienbild eines *Strudels* erzeugen könnte. Sehr einfach: Man superponiere eine Senke mit einem Wirbel bzw. deren Stromfunktionen. Deren Höhenlinienbild müsste den Strudel liefern:

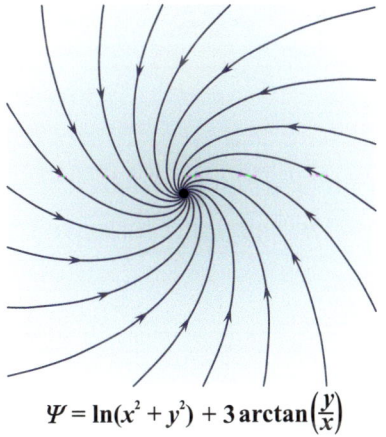

$$\Psi = \ln(x^2 + y^2) + 3\arctan\left(\frac{y}{x}\right)$$

Bild 5.2.2
Feldlinienbild eines Strudels

Spielen wir weiter mit unserem Strömungsfeldbaukasten! Man könnte sich einmal ansehen, was passiert, wenn man die oben beschriebene Gartenschlauchquelle in ein homogen fließendes Gewässer halten würde:

Oberhalb (und unterhalb) der Nase verdichten sich die Feldlinien.

Vor der Nase ist die Feldstärke gleich null.

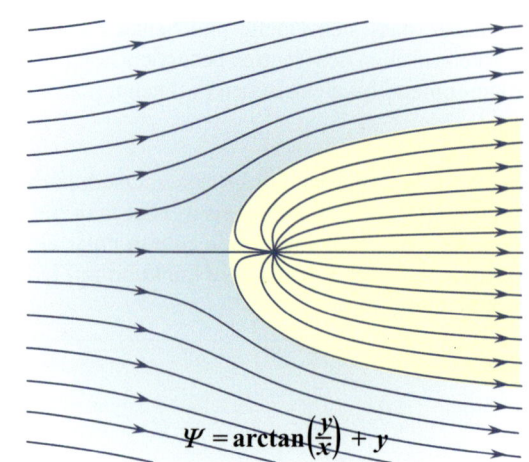

Bild 5.2.3
Feldlinienbild einer Kombination aus Quelle und homogenen Feld

Die Ablenkung der Feldlinien der Quelle in Richtung der homogenen Strömung ist plausibel. *Bild 5.2.3* birgt aber zusätzlich noch eine Überraschung, die dort durch eine hellgelbe Einfärbung hervorgehoben wurde. Es zeigt sich außerhalb der gelb eingezeichneten Fläche das Feldlinienbild eines *Stromlinienkörpers* im homogenen Feld. Leider nur die Nase, aber man kann von unserem Strömungsfeldbaukasten nicht zu viel erwarten. In *Bild 5.2.3* ist zu erkennen, dass sich die Feldstärke (Strömungsgeschwindigkeit) über und unter der Nase des Stromlinienkörpers etwas erhöht. Man könnte versuchen, die Symmetrie der Strömung zu stören und die Quelle durch einen rotierenden aufgerauten Drehkörper zu ersetzen:

Nicht vergessen, es handelt sich lediglich um Superpositionierungs-Spiele.

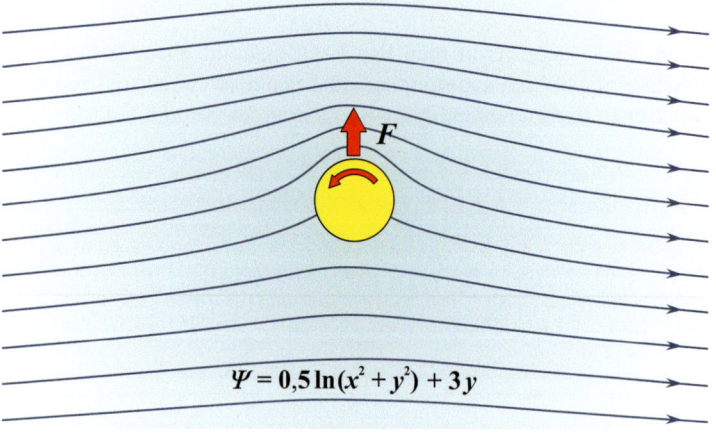

Es könnte sich um einen Tennisball mit Unterschnitt (Schupf) handeln.

Bild 5.2.4
Feldlinienbild einer Kombination aus Potenzialwirbel und homogenen Feld

Immerhin eine korrekte Illustration – aber leider keine physikalische Erklärung!

Hier wird sogar ein physikalisches Phänomen, der sogenannten *Magnus-Effekt*, illustriert: Ein derartiges Feld „produziert" eine Kraft. Man ist damit sogar der dynamischen Auftriebskraft von Tragflügeln auf der Spur. Tatsächlich gibt es keine flotte Erklärung des Phänomens. Grundlage für eine theoretische Behandlung ist ein System aus gekoppelten Newtonschen Bewegungsgleichungen. Jedes beteiligte Teilsystem steuert eine Vektorgleichung bei. Neben dem rotierenden Körper ist im Prinzip jedes Molekül des strömenden Mediums zu berücksichtigen.

5.3 Von Strömen, Flüssen und Dichten

Wenn im normalen Sprachgebrauch von der Größe „Strom" die Rede ist, kann man nur dem Kontext entnehmen, was damit gemeint ist. Es könnte sich beispielsweise um einen elektrischen Strom, einen Wasserstrom oder einen Luftstrom handeln. Und dann ist da auch noch die Größe „Fluss"! Die enge Verwandtschaft zwischen den beiden Begriffen „Strom" und „Fluss" macht es erforderlich, auf Unterschiede hinzuweisen. Die Größe „Strom" (Formelzeichen I) wird angewandt, wenn beschrieben werden soll, wie viel von einer bestimmten „Quantität" bezogen auf die Zeit an einer wohldefinierten Stelle „vorbeiströmt". Ob hinter dem „Strom" ein (sinnvolles) Vektorfeld steht, ist sekundär.

Wann nennen Sie einen Strom Fluss oder einen Fluss Strom?

$$I = \frac{dQ}{dt} \quad \text{(Beispiele für „}Q\text{": Volumen, Masse, Wärme, Energie, el. Ladung)} \quad (5.3.1)$$

Die Größe „Fluss" bezieht sich auf Vektorfelder und ist definiert durch Flächenintegrale 2. Art (s. (4.5.8)). Sollte das Vektorfeld den Transport irgendeiner Quantität beschreiben, darf „Strom" als Alternativbezeichnung für „Fluss" verwendet werden. Steht in diesem Fall das Feld im Vordergrund sagt man Fluss – geht es mehr um den Transport, sagt man eher Strom. Ganz konsequent ist man dabei aber nicht, denn man spricht beispielsweise im Falle einer Flüssigkeitsströmung vom *„Volumendurchfluss"*.

Physik, Technik:
flux <US/UK, „Fluss">
current <US/UK, „Strom">

Betrachtet man den Fluss eines Strömungsfeldes (oder eines anderen Vektorfeldes) durch ein infinitesimales Flächenstück, dessen Flächenvektor in Richtung der Feldstärke weist (s. (4.5.7)), ist der Kosinus des eingeschlossenen Winkels gleich eins und es ergibt sich:

$$\vec{v} \parallel d\vec{A}: \quad d\phi = v\,dA \;\bigg|: dA \;\Rightarrow\; \frac{d\phi}{dA} = v \quad (5.3.2)$$

Das heißt, die Feldstärke v könnte *Flussdichte*, aber auch *(Volumen-)Stromdichte* genannt werden. Da das Strömungsfeld den Transport einer Quantität beinhaltet, müsste der Begriff Stromdichte Vorrang haben. Optional kann man die Flächenbezogenheit durch die Einheit ausdrücken:

$$[v] = \frac{\text{m}}{\text{s}} = \left[\frac{d\phi}{dA}\right] = \frac{\text{m}^3/\text{s}}{\text{m}^2} \quad (5.3.3)$$

In der älteren Lehrbuchliteratur heißen beispielsweise die Feldstärken eines B-Feldes nicht *magnetische Feldstärke B*, sondern *magnetische Flussdichte*. Man kann sich dem anschließen – oder auch nicht. Bei den klassischen Feldern (E, B und g) verbietet sich die Verwendung von „Stromdichte", denn sie transportieren keine Quantitäten. Auch der Begriff „Dichte" erfordert Aufmerksamkeit – bitte beachten Sie dazu die folgenden Anmerkungen.

Vorsicht, es gibt auch ein H-Feld! Relevant für die Kraft auf eine bewegte Ladung ist die magnetische Feldstärke B.

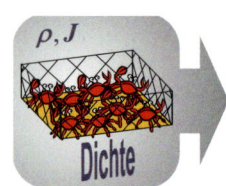

Merksatz 5.3.1

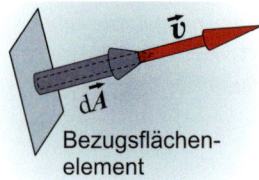

Bezugsflächenelement

Dichte:
Unter der skalaren Größe Dichte wird i.Allg. ein Maß verstanden, mit dem die Konzentration einer Quantität bezogen auf ein (Einheits-)Volumen- oder ein (Einheits-)Flächenelement erfasst wird. Wegen möglicher Orts- und Zeitabhängigkeiten können Dichten Feldstärken skalarer Felder sein.
Beispiele für skalare Dichten: (Massen-)Dichte, Raumladungsdichte (beide Formelzeichen ρ), Flächenladungsdichte (Formelzeichen σ).
(Fluss- und) Stromdichten sind immer auf Flächenelemente bezogene vektorielle Flüsse bzw. Ströme (s. (5.3.2)). Der Flächenvektor des Bezugsflächenelements und die Richtung der (Fluss- bzw.) Stromdichte sind kollinear.
Beispiele für Stromdichten: elektrische Stromdichte (Formelzeichen $\boldsymbol{J}$), Energiestromdichte (Formelzeichen $\boldsymbol{S}$), Volumenstromdichte.

Da Flüssigkeiten inkompressibel sind, und sich ihre Dichten bei Temperaturschwankungen nur wenig ändern, ist die Größe Volumendurchfluss zur Beschreibung des Materietransports geeignet. Wenn es sich aber um ein Medium handelt, das Schwankungen der (Massen-)Dichte ausgesetzt ist – beispielsweise Gase – muss die Dichte zur Beschreibung des Materietransports einbezogen werden. Das gelingt durch Kombination des Strömungsfeldes mit dem skalaren (Masse-)Dichtefeld:

(5.3.4)

$$\vec{J} := \rho(\vec{r}) \cdot \vec{v}(\vec{r}), \quad \dot{m} = \int_{(A)} \vec{J} \bullet \mathrm{d}\vec{A} \quad \left[\frac{\mathrm{kg}}{\mathrm{m}^3} \cdot \frac{\mathrm{m}}{\mathrm{s}} \cdot \mathrm{m}^2 = \frac{\mathrm{kg}}{\mathrm{s}}\right]$$

Das Formelzeichen für Massenstromdichten gleicht leider dem des elektrischen Stromes. Wir benennen hier deshalb sowohl die Massenstromdichte als auch die elektrische Stromdichte mit J.

Das Flussintegral liefert, wie die Analyse der Einheiten zeigt, einen Massenstrom. Demnach muss die Feldstärke *Massenstromdichte* heißen. Anstelle Geschwindigkeiten von Gas- oder Flüssigkeitsteilchen zu betrachten, könnten auch Geschwindigkeiten elektrisch geladener Teilchen von Interesse sein, und auch diese lassen sich durch Vektorfelder beschreiben. Wie bei der Massendichte von Gasen kann die *elektrische Ladungsdichte* stark schwanken und muss bei der Beschreibung des Transportes elektrischer Ladungen berücksichtigt werden. Das Produkt aus Ladungsdichte und Geschwindigkeit heißt *Stromdichte*. Der Fluss eines elektrischen Stromdichtefeldes ist nichts weiter als der (elektrische) Strom (Einheit Ampere, Formelzeichen: I oder (klein) i).

(5.3.5)

$$\vec{J} := \rho(\vec{r}) \cdot \vec{v}_Q(\vec{r}), \quad I = \int_{(A)} \vec{J} \bullet \mathrm{d}\vec{A} \quad \left[\frac{\mathrm{C}}{\mathrm{m}^3} \cdot \frac{\mathrm{m}}{\mathrm{s}} \cdot \mathrm{m}^2 = \frac{\mathrm{C}}{\mathrm{s}} := \mathrm{A}\right]$$

Bitte beachten Sie, dass es sich bei der Geschwindigkeit elektrischer Ladungen (Driftgeschwindigkeit) nicht um die Signalgeschwindigkeit handelt. Eine Glühlampe beispielsweise bekommt die Information „Stromkreis geschlossen" nahezu in Lichtgeschwindigkeit.

5.4 Kurvenintegrale in Kraftfeldern

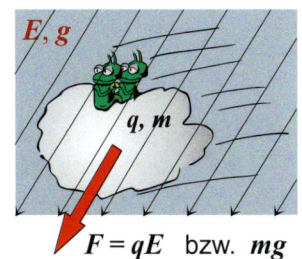

Bild 5.4.1
Körper in einem Kraftfeld

Reale Vektorfelder zeichnen sich dadurch aus, dass sie auf Körper, die sich in diesen Feldern befinden, einen Einfluss ausüben. Das könnte eine Kraft sein. Vektorfelder, auf die das zutrifft und diese Kraft auch noch proportional zur Feldstärke ist, heißen *Kraftfelder*. Für Strömungsfelder trifft die Proportionalität nicht zu (*vgl. (2.1.2)*). Die Zusammenhänge zwischen Strömungsgeschwindigkeit und Kraft sind kompliziert und nur näherungsweise mithilfe empirischer vielparametriger Formeln erfassbar. Dagegen sind elektrische und Gravitationsfelder echte Kraftfelder und es gelten die folgenden exakten Proportionalitäten:

$$E\text{-Feld}: \vec{F}_E = q\vec{E}, \quad g\text{-Feld}: \vec{F}_g = m\vec{g} \quad (5.4.1)$$

Elektrische Ladung und Masse – die Masse könnte wegen der Analogie auch als *Gravitationsladung* angesprochen werden – sind Eigenschaften eines Körpers. Diese Größen stellen die skalaren Proportionalitätsfaktoren in den Kraftbeziehungen dar. Streng genommen bezieht sich (5.4.1) auf „punktförmige" Körper. Ladung und Masse müssten eigentlich als differenzielle Größen dq und dm geschrieben werden (*vgl. Abschn. 4.1*). Die Gesamtkraft auf den Körper ergibt sich dann durch Aufsummieren bzw. Integrieren.

Deshalb stehen sie üblicherweise an erster Stelle.

$$\vec{F}_E = \int_Q \vec{E}\,\mathrm{d}q \quad \text{bzw.} \quad \vec{F}_g = \int_M \vec{g}\,\mathrm{d}m \quad (5.4.2)$$

Kraftfelder sind auch deshalb von herausragender Bedeutung, weil sich grundlegende physikalische Größen nur mithilfe von Kurvenintegralen definieren lassen (*vgl. Abschn. 4.4*).

Vielleicht so?

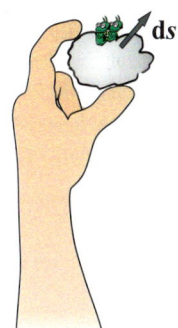

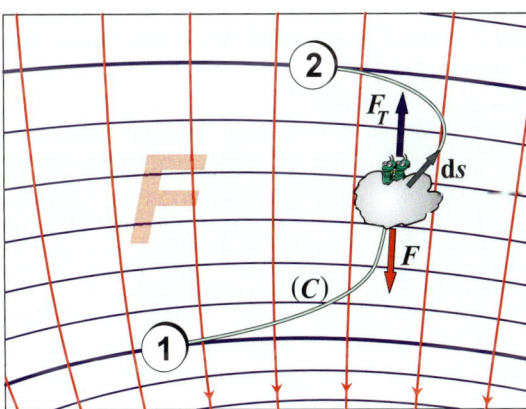

Bild 5.4.2
Transport eines Körpers durch ein Kraftfeld

Das Bild zeigt, wie der obigen Körper aus dem vorherigen Bild längs des mit C bezeichneten Wegs von (1) nach (2) transportiert werden soll. Wie aus dem Bild ersichtlich muss die Feldkraft F dazu ständig durch eine irgendwie geartete Transportkraft F_T überwunden werden. Für das Kurvenintegral „physikalische Arbeit" ist immer diejenige Kraft relevant, aufgrund derer der Weg durchlaufen wird. Das ist hier die Transportkraft F_T und es gilt daher gemäß (4.4.8):

(5.4.3)
$$W_{1,2} = \int_{(C)} \vec{F}_T \cdot d\vec{s}$$

Die Summe der Kräfte ist dann gleich null.

Um das Gegenfeld überwinden zu können, müssen Transportkraft F_T und Feldkraft F längs des Weges ständig entgegengesetzt gleich sein. Deshalb kann in dem Kurvenintegral (5.4.3) die Transportkraft alternativ durch die mit einem negativen Vorzeichen versehene Feldkraft ersetzt werden:

(5.4.4)
$$W_{1,2} = -\int_{(C)} \vec{F} \cdot d\vec{s}$$

Leider eine „Kröte", die geschluckt werden muss!

Natürlich schreibt man das Minuszeichen vor das Kurvenintegral. Da, wie in *Bild 5.4.2* ersichtlich, die skalaren Produkte aus Feldkraft und Wegelementen im Integranden (überwiegend) negativ sind, sorgt das Minuszeichen in (5.4.4) für eine positive physikalische Arbeit $W_{1,2}$. Sollte der Körper in umgekehrter Richtung transportiert werden, übernimmt die Feldkraft die Rolle der Transportkraft. Die Wegelemente in *Bild 5.4.2* weisen in entgegengesetzte Richtung. Jetzt sind die skalaren Produkte im Integranden überwiegend positiv und das Vorzeichen vor dem Integral sorgt für eine negativ zählende physikalische Arbeit. Wir kommen auf das Vorzeichenproblem zurück.

Das abstrakte Kurvenintegral rechts in (5.4.4) birgt Überraschungen. Um diese zu enttarnen, muss das skalare Produkt im Integranden ausgeführt werden:

(5.4.5)
$$\vec{F} \cdot d\vec{s} = F_x \, dx + F_y \, dy + F_z \, dz$$

Es stellt sich nicht nur die Frage nach der Existenz einer derartigen Funktion, sondern auch nach deren Relevanz.

Der ausmultiplizierte Integrand könnte an ein totales Differenzial erinnern (vgl. 3.2.8). Tatsächlich handelt es sich hier bei den tiefgestellten Indizes **nicht** um die Präfixschreibweise für partielle Ableitungen, sondern um Kennzeichnungen der Komponenten des Vektorfeldes. Nun kann auch Trügerisches weiterhelfen: Es gibt doch eine Möglichkeit, den Integranden in ein totales Differenzial umzuformen, nämlich wenn F_x, F_y und F_z gemäß (3.2.8) für die partiellen Ableitungen einer dreistelligen skalaren Funktion – also einem skalares Feld – stehen. Nehmen wir an, eine derartige skalare Funktion würde existieren (bitte beachten Sie das Minuszeichen noch nicht), d.h. folgende Gleichungen wären erfüllt:

(5.4.6)
$$\frac{\partial \phi}{\partial x} = -F_x, \quad \frac{\partial \phi}{\partial y} = -F_y, \quad \frac{\partial \phi}{\partial z} = -F_z$$

Unter Einbeziehung des (lästigen) Minuszeichens wird aus den Integranden des Kurvenintegrals das totale Differenzial einer skalaren Funktion $\phi(x, y, z)$:

(5.4.7)
$$-\vec{F} \cdot d\vec{s} = \frac{\partial \phi}{\partial x} \cdot dx + \frac{\partial \phi}{\partial y} \cdot dy + \frac{\partial \phi}{\partial z} \cdot dz = d\phi$$

Phantastisch: Das Kurvenintegral würde entschärft!

Damit wird aus dem – unter Umständen schwierigen – Kurvenintegral nichts weiter als eine Summe infinitesimaler Änderungen. Die Berechnung einer Summe aus Änderungen von Funktionswerten ist denkbar einfach: Sie ist gleich der Differenz der Funktionswerte am Ende und am Beginn des Weges (C):

$$-\int_{(C)} \vec{F} \bullet d\vec{s} = \int_1^2 d\phi = \phi(x_2, y_2, z_2) - \phi(x_1, y_1, z_1) := \phi_{1,2}$$

 (5.4.8)

Nun ist natürlich (5.4.6) eine einschneidende Bedingung, aber die Natur kommt zur Hilfe: Sowohl für stationäre elektrische als auch für stationäre Gravitationsfelder existiert immer ein skalares Feld, das diese Bedingung erfüllt. Die dem Vektorfeld in (5.4.6) zugeordnete skalare Funktion ϕ ist also kein irrelevantes Gebilde. Ein Vektorfeld, dem eine derartige skalare Funktion zugeordnet werden kann, heißt *Potenzialfeld* und die zugeordnete skalare Funktion *Potenzialfunktion*. Funktionswerte der Potenzialfunktion nennt man kurz *Potenziale* (des Vektorfeldes). Da das Kurvenintegral (5.4.8) nur noch von der Differenz der Potenziale an den Integrationsgrenzen abhängt, spielt der Verlauf des Weges dazwischen keine Rolle. Man hätte in *Bild 5.2.1* durchaus eine verschnörkelte Schlangenlinie von (1) nach (2) wählen können, der Wert des Kurvenintegrals bliebe gleich. Allgemein heißen Vektorfelder, in denen die Kurvenintegrale für **jeden** beliebigen Integrationsweg nur vom Anfangs- und Endpunkt abhängen, *konservativ*. Ein konservatives Feld ist immer auch ein Potenzialfeld und umgekehrt.

Eine Potenzialfunktion ist eine Stammfunktion des zugehörigen Vektorfeldes.

Leider missverständlich: Beim Potenzialfeld handelt es sich um ein Vektorfeld, dem ein skalares Feld – eine Potenzialfunktion zugeordnet werden kann.

Die Verwendung des Nablaoperators (3.2.11) bzw. des Gradienten ermöglicht elegantere, aber auch abstraktere Formulierungen. Gemäß (3.2.14) kann das totale Differenzial (5.4.7) umgeschrieben werden:

Eleganz erkauft mit höherem Abstraktionsgrad

$$d\phi = \frac{\partial \phi}{\partial x} dx + \frac{\partial \phi}{\partial y} dy + \frac{\partial \phi}{\partial z} dz = \vec{\nabla}\phi \bullet d\vec{r} \quad (\text{bzw. } \operatorname{grad}\phi \bullet d\vec{r})$$

(5.4.9)

Der Zusammenhang zwischen dem Vektorfeld und seiner zugehörigen Potenzialfunktion schreibt sich dann (das Minuszeichen wird aus kosmetischen Gründen der rechten Seite zugeschlagen):

$$\vec{F} = -\vec{\nabla}\phi \quad \text{bzw.} \quad \vec{F} = -\operatorname{grad}\phi$$

(5.4.10)

Die Kurzschreibweise liefert gleichzeitig die Begründung, ein Potenzialfeld alternativ *Gradientenfeld* zu nennen. Sie müssen leider damit leben: drei Bezeichnungen für ein und dasselbe Vektorfeld.

Möglicherweise sind Sie misstrauisch geworden: Aus einem Kurvenintegral im dreidimensionalen Raum wird eine simple Differenz zweier Funktionswerte – da muss doch noch eine Leiche im Keller liegen. Bedauerlicherweise stimmt das: Auch wenn man weiß, dass eine Potenzialfunktion existiert, ist sie noch lange nicht gefunden. Immerhin handelt es sich bei der Forderung (5.4.10) um ein System aus drei inhomogenen partiellen Differenzialgleichungen. Wann immer es möglich ist, wird man versuchen, eine Potenzialfunktion zu erraten oder einer Formelsammlung zu entnehmen. Tröstlich mag dagegen sein, dass die Prüfung, ob ein vorgegebenes Vektorfeld ein Gradientenfeld ist, meist keine Probleme bereitet. Dazu benutzt man die Vertauschbarkeit gemischter partieller Ableitungen (*s. Merksatz 3.1.2*) sowie (5.2.4):

Potenzialfunktionen: Leider nicht immer leicht zugänglich.

(5.4.11)

Schwarzsche Bedingung

$$\frac{\partial^2 \phi}{\partial y \partial z} = \frac{\partial^2 \phi}{\partial z \partial y}, \quad \frac{\partial^2 \phi}{\partial z \partial x} = \frac{\partial^2 \phi}{\partial x \partial z}, \quad \frac{\partial^2 \phi}{\partial x \partial y} = \frac{\partial^2 \phi}{\partial y \partial x}$$

$$\Leftrightarrow \text{ I) } \frac{\partial F_z}{\partial y} = \frac{\partial F_y}{\partial z} \quad \text{II) } \frac{\partial F_x}{\partial z} = \frac{\partial F_z}{\partial x} \quad \text{III) } \frac{\partial F_y}{\partial x} = \frac{\partial F_x}{\partial y}$$

Ein Trost: Die Bedingung ist leicht zu handhaben.

Die unterstrichenen Gleichungen sind sogar notwendige und hinreichende Bedingungen für die Existenz einer Potenzialfunktion ϕ zu dem Vektorfeld F. Sie heißen *Integrabilitätsbedingungen* bzw. *Schwarzsche Bedingung*.

Als erstes Beispiel prüfen wir mithilfe der Integrabilitätsbedingungen (5.4.11), ob das Strömungsfeld der Quelle (5.1.16) ein Potenzialfeld ist. Die Parameter setzen wir gleich eins.

(5.4.12)
$$\vec{v} = \frac{\vec{r}}{r^2}, \quad v_x = \frac{x}{x^2 + y^2}, \quad v_y = \frac{y}{x^2 + y^2}, \quad v_z = 0$$

Für ebene Felder ist nur eine einzige Bedingung erforderlich.

Da das ebene Feld weder eine z-Komponente noch ein Variable z aufweist, sind Bedingung (I) und (II) mit „null = null" bereits erfüllt. Wir prüfen die dritte Bedingung:

(5.4.13)
$$\frac{\partial}{\partial x} v_y = -\frac{2xy}{(x^2 + y^2)^2}, \quad \frac{\partial}{\partial y} v_x = -\frac{2xy}{(x^2 + y^2)^2} : \text{ III) } \frac{\partial}{\partial x} v_y = \frac{\partial}{\partial y} v_x$$

Das Feld einer (ebenen) Quelle ist demnach ein Potenzialfeld. Schauen wir nach, ob das Geschwindigkeitsfeld des rotierenden Eisblocks (5.1.9) ebenfalls diese Eigenschaft hat. Da es sich wieder um ein ebenes Feld handelt, sind die ersten beiden Bedingungen erfüllt. Die dritte Bedingung ist schnell geprüft:

(5.4.14)
$$v_x = -\omega y, \; v_y = \omega x, \; v_z = 0 : \frac{\partial v_y}{\partial x} = +\omega, \; \frac{\partial v_x}{\partial y} = -\omega : \text{ III) } \frac{\partial v_y}{\partial x} \neq \frac{\partial v_x}{\partial y}$$

Bei diesem wirbelartigen Geschwindigkeitsfeld handelt es sich demnach nicht um ein Potenzialfeld. Dass es auch Potenzialwirbel gibt, zeigt das mit einem Quirl erzeugte Wirbelfeld (5.1.15):

Küchen-Quirl

$$v_x = \frac{-y}{x^2 + y^2}, \quad v_y = \frac{x}{x^2 + y^2}, \quad v_z = 0 :$$

(5.4.15)
$$\frac{\partial}{\partial x} v_y = -\frac{(x^2 + y^2) - 2x^2}{(x^2 + y^2)^2} = \frac{x^2 - y^2}{(x^2 + y^2)^2}, \quad \frac{\partial}{\partial y} v_x = \frac{(x^2 + y^2) - 2y^2}{(x^2 + y^2)^2} = \frac{x^2 - y^2}{(x^2 + y^2)^2}$$

$$\text{III) } \frac{\partial}{\partial x} v_y = \frac{\partial}{\partial y} v_x$$

Potenzialwirbel

Bedingung (III) ist erfüllt und die Bezeichnung Potenzialwirbel in (5.1.15) bzw. *Bild 5.1.5* ist damit gerechtfertigt.

5.4 Kurvenintegrale in Kraftfeldern

Zugegeben, es wäre schon unerhört, wenn Sie als Einsteiger auf die Idee kämen, die drei Gleichungen der Schwarzschen Integrabilitätsbedingung in eine Vektorgleichung zu zwängen, um die Linearkombination als Kreuzprodukt des Nablaoperators mit dem Vektorfeld darzustellen:

$$\underbrace{i\left(\frac{\partial F_z}{\partial y}-\frac{\partial F_y}{\partial z}\right)+j\left(\frac{\partial F_x}{\partial z}-\frac{\partial F_z}{\partial x}\right)+k\left(\frac{\partial F_y}{\partial x}-\frac{\partial F_x}{\partial y}\right)}_{=\vec{\nabla}\times\vec{F}}=\vec{0}$$

(5.4.16)

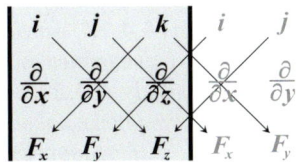

"Determinante" für $\vec{\nabla}\times\vec{F}$

Der Operator „Nabla kreuz ..." in (5.4.16) wird alternativ „Rotation ..." gelesen. Man könnte ahnen, was es mit der merkwürdigen Bezeichnung für den exotischen Operator auf sich hat, wenn man ihn auf das Geschwindigkeitsfeld des rotierenden Eisblocks (5.1.8) anwendet. Scheuen Sie sich dabei nicht, die bewährte „Determinante" einzusetzen!

$$\vec{\nabla}\times\vec{v}=\omega\begin{vmatrix}i & j & k\\ \frac{\partial}{\partial x} & \frac{\partial}{\partial y} & \frac{\partial}{\partial z}\\ -y & x & 0\end{vmatrix}=k\omega\left(1-(-1)\right)=2\omega k \quad \text{bzw.} \quad \underline{\vec{\nabla}\times\vec{v}=2\vec{\omega}}$$

(5.4.17)

Das Ergebnis ist kollinear zur Winkelgeschwindigkeit. Dass es sich bei der Operation „Nabla kreuz Vektorfeld" um weit mehr als nur um eine abkürzende Schreibweise handelt, werden wir uns im nächsten Kapitel ansehen. Bitte beachten Sie den folgenden Merksatz!

Bitte zerbrechen Sie sich nicht den Kopf wegen des Faktors 2!

Potenzialfelder/Gradientenfelder/konservative Felder – Potenziale:

$\vec{F}\colon\mathbb{R}^3\to\mathbb{R}^3,\ (x,y,z)\mapsto\vec{F}(x,y,z),\ \phi\colon\mathbb{R}^3\to\mathbb{R},\ (x,y,z)\mapsto\phi(x,y,z)$

Ein Vektorfeld ist genau dann ein Potenzialfeld (Gradientenfeld, konservatives Feld), wenn ein skalares Feld – genannt Potenzial(-Funktion) – existiert, für das gilt (Minuszeichen s. Bemerkung):

$\vec{F}=-\vec{\nabla}\phi \quad \left(\text{bzw. } \vec{F}=-\operatorname{grad}\phi\right)$

Die folgenden Bedingungen erlauben, auch ohne Kenntnis einer Potenzialfunktion, zu überprüfen, ob eine Potenzialfunktion existiert:

$\frac{\partial}{\partial y}F_z=\frac{\partial}{\partial z}F_y \wedge \frac{\partial}{\partial z}F_x=\frac{\partial}{\partial x}F_z \wedge \frac{\partial}{\partial x}F_y=\frac{\partial}{\partial y}F_x \quad \text{bzw.} \quad \vec{\nabla}\times\vec{F}=\vec{0}$

$\int_{(C)}\vec{F}\cdot d\vec{s}$ ist unabhängig vom Weg

Bemerkung:
Das Minuszeichen in der Definition der Potenzialfunktion ist optional. Man wählt diese Form für **Kraftfelder**. Bei Feldern, deren Feldstärken Kräfte verursachen, die streng monoton steigend mit den Feldstärken zusammenhängen, ist diese Form ebenfalls zu erwägen.

Merksatz 5.4.1

Integrabilitätsbedingungen

Potenziale müssen nicht unbedingt energiebasierte Größen sein. So heißen Potenziale konservativer Strömungsfelder Geschwindigkeitspotenziale.

Prüfen Sie im Rahmen der folgenden Aufgabe, welcher Art das Strömungsfeld ist, in welchem der Storch in *Bild 4.3.1* seinen Bogen durchfliegt!

Aufgabe 5.4.1

Aufgabe:
$v_x = 2y - x + 4, \ v_y = y - 6x + 24, \ v_z = 0$

a) Prüfen Sie das Vektorfeld (4.4.10) mithilfe der Integrabilitätsbedingung!
b) Weiten Sie das Feldlinienbild von *Aufgabe 5.1.1* aus, und diskutieren Sie das Ergebnis! Vorschlag: $-1 \leq x \leq 9$, $-5 \leq y \leq 5$. Hauptintervall 10.
c) Zeigen Sie, dass der Potenzialwirbel (5.4.12) einen Sonderfall unter den kreissymmetrischen Wirbelfeldern darstellt.

In (4.4.13) wurde zusammen mit Aufgabe 4.4.2 eine Wegabhängigkeit festgestellt.

Lösungsvorschlag:

Zu a) $\dfrac{\partial v_y}{\partial x} = -6, \ \dfrac{\partial v_x}{\partial y} = 2$: III) $\dfrac{\partial v_y}{\partial x} \neq \dfrac{\partial v_x}{\partial y}$, $\vec{v}$ ist kein Potenzialfeld

Zu b)

Der Ausschnitt zeigt das in Bild 4.4.1 dargestellte Feld allerdings in einem etwas gröberen Feldlinienraster.

Bild 5.4.3
Wirbelförmiges Strömungsfeld

Es handelt sich offensichtlich um einen elliptischen Wirbel. Da in den Nennern der Feldfunktionen kein Abstand vorkommt, nimmt die Feldstärke nach außen hin zu. Es drängt sich ein Vergleich mit (5.4.14) auf.

Wir prüfen andere Exponenten im Nenner des Vektorfeldes.

Zu c) $v_x = \dfrac{-y}{r^n}, \ v_y = \dfrac{x}{r^n}$ mit $\sqrt{x^2 + y^2} = r$

$$\dfrac{\partial}{\partial x} v_y = \dfrac{r^n - n r^{n-1} \cdot \frac{1}{2} r^{-1} \cdot 2x^2}{r^{2n}} = \dfrac{r^n - n r^{n-2} x^2}{r^{2n}}, \ \dfrac{\partial}{\partial y} v_x = -\dfrac{r^n - n r^{n-2} y^2}{r^{2n}}$$

$$\dfrac{\partial v_y}{\partial x} - \dfrac{\partial v_x}{\partial y} = \dfrac{r^n - n r^{n-2} x^2 + r^n - n r^{n-2} y^2}{r^{2n}} = \dfrac{2 r^n - n r^{n-2}(x^2 + y^2)}{r^{2n}}$$

$$= \dfrac{2 r^n - n r^{n-2} r^2}{r^{2n}} = \dfrac{2 - n}{r^n} = 0 \text{ nur für } n = 2$$

Der Potenzialwirbel ist offensichtlich ein Sonderfall.

5.5 Energieerhaltung in Potenzialfeldern

Selbst ein ausgesprochener Technikfeind kommt um den Energiebegriff nicht herum.

Die weitreichende Bedeutung der Potenzialfunktionen wird deutlicher, wenn man sie mit den Bewegungsgleichungen in Verbindung bringt. Kehren wir zurück zu dem Körper in dem Kraftfeld (*Bild 5.4.1*). Jetzt soll untersucht werden, wie sich der Körper unter dem Einfluss der Feld-Kraft F bewegt, wenn es sich um ein konservatives Feld handelt. Der Bewegungsablauf wird, wie bereits in Kap. 1 und 2 gezeigt, mithilfe der Newtonschen Bewegungsgleichungen (in vektorieller Form) beschrieben (*s. links in (5.5.1)*):

$$\vec{F} = m\frac{d\vec{v}}{dt} \quad \Big|\cdot d\vec{s}\;\Big|\int_1^2 \ldots \;\Rightarrow\; \int_1^2 \vec{F}\cdot d\vec{s} = m\int_1^2 \frac{d\vec{v}}{dt}\cdot d\vec{s} \;\Rightarrow\; \phi_1 - \phi_2 = \ldots \tag{5.5.1}$$

In (5.5.1) geht es „ausnahmsweise" nicht um die Lösung der Differenzialgleichung. Stattdessen soll geprüft werden, ob die Existenz einer Potenzialfunktion von Nutzen sein kann. Dazu multiplizieren wir die Gleichung versuchsweise skalar mit dem vektoriellen Wegelement ds und summieren danach die skalaren Produkte längs eines Weges von (1) bis (2) auf. Auf beiden Seiten entstehen so Kurvenintegrale 2. Art. Das Integral auf der linken Seite ist gemäß (5.4.8) gleich der Potenzialdifferenz $\phi_1 - \phi_2$. Auch auf der rechten Seite ermöglicht eine „Umformungsgymnastik", das dortige Kurvenintegral ebenfalls zu einer Differenz zweier Terme zu vereinfachen:

Wie bedeutsam ist die Existenz einer Potenzialfunktion?

Achten Sie unbedingt auf das Vorzeichen! Ohne negatives Vorzeichen hieße es: $\phi_2 - \phi_1$.

$$\ldots = m\int_1^2 \frac{d\vec{v}}{dt}\cdot d\vec{s} = m\int_1^2 d\vec{v}\cdot\frac{d\vec{s}}{dt} = m\int_1^2 \vec{v}\cdot d\vec{v} = m\left(\int_1^2 v_x dv_x + \int_1^2 v_y dv_y + \int_1^2 v_z dv_z\right) =$$
$$m\left(\frac{1}{2}v_x^2 + \frac{1}{2}v_y^2 + \frac{1}{2}v_z^2\right)\Big|_1^2 = \frac{1}{2}m\cdot(v^2)\Big|_1^2 = \frac{1}{2}mv_2^2 - \frac{1}{2}mv_1^2 \tag{5.5.2}$$

In (5.5.2) wurde wieder davon Gebrauch gemacht, dass man mit Differenzialen so wie mit normalen Größen rechnen kann. Fügt man die Ergebnisse von (5.5.1) und (5.5.2) zusammen, lässt sich durch Umordnen der Terme eine – für Anfänger in ihrer Bedeutung kaum fassbare – Gleichung aufstellen:

Wir arbeiten nur mit stetig differenzierbaren Funktionen!

$$\phi_1 - \phi_2 = \frac{1}{2}mv_2^2 - \frac{1}{2}mv_1^2 \;\Leftrightarrow\; \underline{\underline{\frac{1}{2}mv_1^2 + \phi_1 = \frac{1}{2}mv_2^2 + \phi_2}} \quad (:=W_{ges}) \tag{5.5.3}$$

Das Fortlassen der Argumente und die Verwendung von Indizes in den Integrationsgrenzen ermöglicht zwar eine kompakte Darstellung der Gleichungen, fordert aber bei der Verständlichkeit Tribut. Geschwindigkeit und Ort des Körpers sind Funktionen der Zeit. Damit ist auch das Potenzial implizit von der Zeit abhängig. Die Indizes (1) und (2) stehen letzten Endes für zwei (beliebige) Zeitpunkte. Die Gleichung rechts in (5.5.3) sagt demnach aus, dass zwei Terme gefunden wurden, deren Summe für alle Zeiten gleich bleibt – ein neuer Erhaltungssatz ist entstanden. Die Erhaltungsgröße nennt man (*Gesamt-*)*Energie* des Systems, die Werte Potenzialfunktion heißen *potenzielle Energien* (Formelzeichen: W_p) und der von

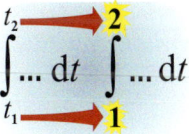

Der macht deutlich, weshalb Potenzialfelder konservative Felder genannt werden.

(5.5.4)

Ohne Konflikte geht es nicht!

der Masse und dem Betragsquadrat der Momentangeschwindigkeit abhängige Term hat den Namen *Bewegungsenergie* oder *kinetische Energie* (Formelzeichen: W_k). Da (1) und (2) für beliebige Zeitpunkte stehen, sind Indizes überflüssig und der Energieerhaltungssatz für das exemplarische System sieht wie folgt aus:

$$W_k + W_p = W_{ges} \;(= \text{konst.}) \quad \left(\text{ausführlich: } \frac{1}{2}m|\vec{v}(t)|^2 + \phi(\vec{r}(t)) = W_{ges}\right)$$

Die Summe aus kinetischer und potenzieller Energie bleibt konstant. Wenn ein Körper von einem höheren auf ein niedrigeres Potenzial „fällt", muss sich – damit die Gesamtenergie erhalten bleibt – seine kinetische Energie erhöhen. Umgekehrt wird kinetische Energie aufgezehrt, wenn sich das Potenzial des Körpers erhöht. Das gilt natürlich nur, solange keine zusätzlichen Kräfte wirksam werden – das System muss abgeschlossen sein. Die Energie verhält sich ähnlich wie eine auf zwei Reservoirs aufgeteilte Flüssigkeit. Ein Austausch zwischen den Reservoirs ist möglich – die Gesamtmenge bleibt gleich.

Irritieren könnte die enge Verwandtschaft der kinetischen Energie mit dem Betrag des Impulses. Beide Größen sind proportional zur Masse und beide steigen streng monoton mit dem Betrag der Momentangeschwindigkeit. Sagt man beispielsweise umgangssprachlich „mit voller Wucht", dann könnte das sowohl für einen (betragsmäßig) großen Impuls als auch für eine hohe kinetische Energie stehen. Auch der von der Integration in (5.5.2) herrührende Faktor ½ könnte verwirren. Mit diesen kosmetischen Unreinheiten muss man leben – für einen Erhaltungssatz nimmt man klaglos derartige Widrigkeiten in Kauf.

Verfolgen wir noch einmal den Rechenweg ab (5.5.1) – diesmal mit speziellen Wegen. Sollten die Wegelemente eines Weges immer nur orthogonal zu der jeweiligen Feldstärke verlaufen, ist das Kurvenintegral gleich null – das Potenzial des Körpers ändert sich nicht. Damit ändert sich auch seine kinetische Energie nicht. Alle Punkte der sogenannten *Äquipotenzialfläche* sind energetisch gleichwertig. Man spricht von einem *Energieniveau*. In einem zweidimensionalen Feldlinienbild – wie das in *Bild 5.4.2* – werden aus Äquipotenzialflächen (Höhen-) Linien (im Bild blau eingezeichnet) der Potenzialfunktion.

Rechts in (5.5.3) stehen keine Potenzialdifferenzen mehr, sondern Funktionswerte der Potenzialfunktion. Nun ist aber die Potenzialfunktion als Lösung partieller Differenzialgleichungen nur bis auf eine additive Konstante eindeutig bestimmt. Erst mithilfe einer Anfangsbedingung erhält man eine eindeutige Lösung. In der Regel wählt man die Anfangsbedingung so, dass die Potenzialfunktion an einem bestimmten Ort bzw. auf einer bestimmten Äquipotenzialfläche gleich null ist. Beim lokalen Gravitationsfeld der Erde ist beispielsweise die Meeresspiegelhöhe (Normalnull NN) erste Wahl.

Näherungsweise eine Äquipotenzialfläche: ein spiegelglatter gefrorener See

Für elektrische Potenziale wird die Erdoberfläche gerne als Nullpotenzial gewählt.

Anstelle der Differenzialgleichungen (5.4.6) kann auch das Kurvenintegral (5.4.8) zur Definition der Potenzialfunktion konservativer Vektorfelder herangezogen werden. Die obere Grenze ist dann ein beliebiger Punkt im Raum und die untere Grenze die oben erwähnte „Anfangsbedingung" (s. (5.5.5)). Im Falle einfacher konservativer Vektorfelder lässt sich sogar deren zugeordnete Potenzialfunktion durch geschickte Wahl des (beliebigen) Integrationsweges mithilfe der Integralform ermitteln.

$$\phi(x,y,z) := -\int_{x_0,y_0,z_0}^{x,y,z} \vec{F} \cdot \mathrm{d}\vec{s}$$

(5.5.5)

Bei den beiden wichtigsten konservativen Kraftfeldern – dem Gravitationsfeld und dem elektrostatischen Feld – sind die Feldstärken auf eine Masse von 1 kg bzw. eine Ladung 1 C normierte Kräfte (s. (5.4.1)). Diese Normierung gilt auch für deren zugeordneten Potenzialfunktionen. Zahlenwertmäßig handelt es sich dann bei den Potenzialdifferenzen um die Arbeit, die für den Weg (C) eines Körpers der Masse 1 kg bzw. der Ladung 1 C (Coulomb) aufgebracht werden muss. Sobald man die Arbeit für davon abweichende Massen bzw. Ladungen benötigt, müssen die Faktoren m bzw. q hinzugefügt werden:

Elektrische Ladung von $6{,}2415\ldots\cdot 10^{18}$ Elektronen = 1 C(oulomb)

$$g\text{-Feld}: W_{1,2} = m \cdot \phi_{1,2} \qquad E\text{-Feld}: W_{1,2} = q \cdot \varphi_{1,2}$$

(5.5.6)

Elektrische Potenzialdifferenzen $\varphi_{1,2}$ heißen auch schlicht *Spannung* (Formelzeichen U) und erhalten die *SI-Einheit Volt*. Aufgrund von (5.5.6) lassen sich damit Alternativeinheiten für Energie (Ws, kWh) und Leistung (W) aufbauen (Näheres entnehmen Sie bitte der nebenstehenden Tafel).

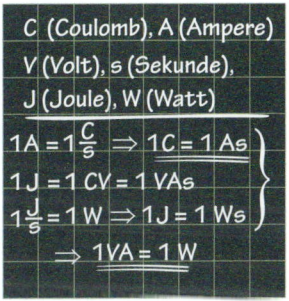

Bewegungen in elektrischen Feldern sind zwar allgegenwärtig, können aber in der Regel nur indirekt wahrgenommen werden. Schmerzhaft anschaulich können dagegen Bewegungen im Gravitationsfeld sein. Im Bereich eines Dorfes kann dieses Feld als homogen angesehen werden. Im Folgenden sollen anhand so eines dörflichen Gravitationsfeldes einige wichtige Begriffe und Sprechweisen im Zusammenhang mit konservativen Feldern veranschaulicht werden.

Schmerzhaft anschaulich: Ein Bauchklatscher bei einem missglückten Sprung vom Sprungturm.

Bitte beachten Sie: Im Falle des g-Feldes verzichten wir auf ein gesondertes Formelzeichen für dessen Potenzial.

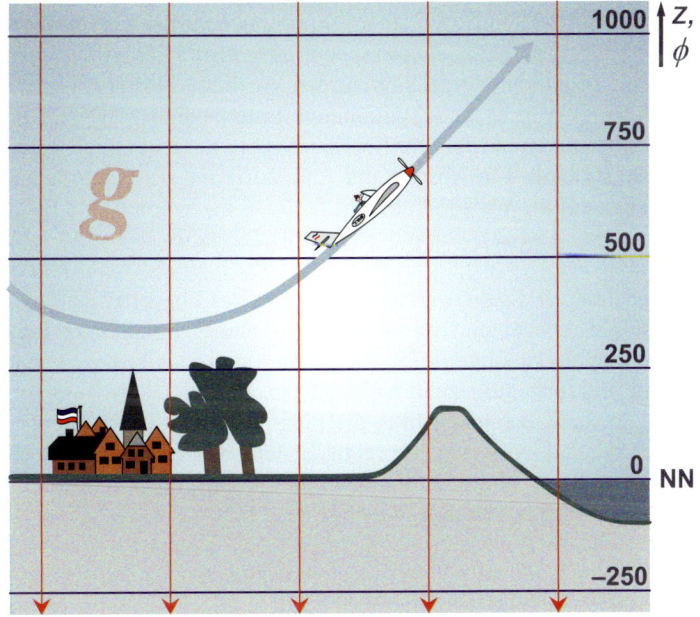

Bild 5.5.1
Lokales Gravitationsfeld der Erde mit Feld- und Äquipotenziallinien

Für das in *Bild 5.5.1* dargestellte homogene Gravitationsfeld gilt (näherungsweise):

(5.5.7)
$$\vec{g}(x,y,z) = \begin{pmatrix} 0 \\ 0 \\ -g \end{pmatrix} \quad \text{mit} \quad g = 9{,}81 \frac{\text{N}}{\text{kg}}$$

Das Nullpotenzial wird auf „Normalnull" gesetzt. Gemäß (5.5.5) ergibt sich für das Potenzial:

(5.5.8)
$$\phi(x,y,z) = -\int_{x_0,y_0,z_0}^{x,y,z} \vec{g} \cdot d\vec{s} = -\int_0^z (-g)\,dz = \underline{\underline{g \cdot z}}$$

Beachten Sie bitte die Vorzeichen!

Das Potenzial des lokalen Gravitationsfeldes ist proportional zur Höhe über NN. Das simple Beispiel bestätigt, dass die Vorzeichenregelung für Kraftfelder (s. Minuszeichen in (5.4.4)) vernünftig ist. Eine große *Höhe* ist gleichbedeutend mit einem hohen Potenzial. Den Begriff Höhe übernimmt man (mit Einschränkungen) ebenfalls gerne für andere konservative Vektorfelder. Befindet sich ein geladener Körper auf einem (betragsmäßig) hohen elektrischen Potenzial, sagt man: „Der Körper liegt hoch." Auch beim Segeln wird der Höhenbegriff für ein höheres Potenzial im Strömungsfeld der Luft benutzt.

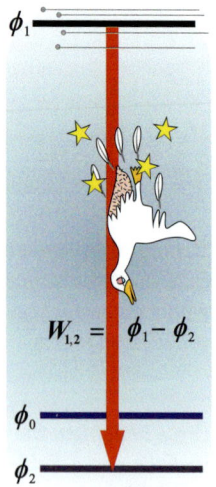

Bild 5.5.2
Potenzialänderung einer Ente

Im Gravitationsfeld ist das *Fallen* oder sogar *Abstürzen* gleichbedeutend mit einem mehr oder weniger raschen Übergang auf ein niedrigeres Potenzial. Ist das System abgeschlossen, ist damit gemäß dem Energiesatz eine Erhöhung der kinetischen Energie und damit der Geschwindigkeit verbunden. Ein Flieger kann also nicht so ohne Weiteres zum Landen die Nase herunternehmen und nach unten fliegen. Er muss dafür sorgen, dass die frei werdende Energie abgeführt wird: „Gas weg, Landeklappen und (zuletzt) Fahrwerk raus". Auch bei *E*-Feldern nennt man den Übergang zu einem (betragsmäßig) niedrigeren Potenzial „Fallen" oder sogar „Abstürzen". Segler im Strömungsfeld der Luft nennen Manöver, bei denen sich das Potenzial vermindert, „Abfallen". Für Irritationen können Potenziale mit negativen Vorzeichen sorgen. So hätte beispielsweise eine bei Niedrigwasser auf dem Meer schwimmende Ente bezüglich NN ein negatives Potenzial. Zu bedenken ist, dass für Energieumsätze ausschließlich Potenzialdifferenzen relevant sind. Ein Absturz der Ente aufgrund der Schrotladung eines Jägers von +8 m auf die Wasseroberfläche (z. B. –2 m), würden eine Potenzialänderung von 9,81·(+8 – (–2)) = +98,1 J/kg zur Folge haben.

Bild 5.5.1 macht auch deutlich, dass „die Freiheit des Fliegens" eine Illusion ist. Steigflug ist gleichbedeutend mit Potenzialzunahme. Beim Segelflugzeug ist Steigflug nur möglich, solange ein Überschuss an kinetischer Energie („Schwung") vorhanden ist, der noch aufgezehrt werden kann. Ist kein Überschuss vorhanden, muss ein Motor bzw. beim Vogelflug die Flugmuskulatur diese Energie liefern. Steigflug und bergauf laufen sind energetisch gleichwertig. Rennen Sie einen Hügel hoch und Sie haben einen Eindruck von den Mühen einer Wildgans, nach einem ausgiebigen Mahl Höhe zu gewinnen.

Die Gratisenergie der Vogelwelt und der Segelflieger: Aufwinde

Während sich die Wahl von NN als Referenzpotenzial im Falle eines lokalen Gravitationsfeldes anbietet, wird die Wahl bei dem folgenden Beispiel möglicherweise erstaunen.

5.5 Energieerhaltung in Potenzialfeldern

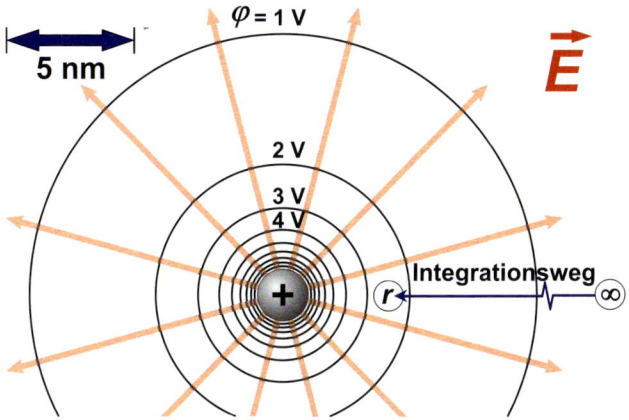

Bild 5.5.3
Feld- und Äquipotenziallinien einer positiven kugelsymmetrischen Ladung

φ ist vorgeschriebenes Formelzeichen für elektrische Potenziale.

Dargestellt ist das elektrische Feld einer kugelsymmetrischen Ladung (näherungsweise das E-Feld des Kerns eines Stickstoffatoms). Bitte nehmen Sie vorläufig hin, dass dieses Feld – sieht man einmal von den konstanten Faktoren inklusive Vorzeichen ab – dem Gravitationsfeld (*Bild 1.2.2*) gleicht. Da die Feldstärke im Unendlichen gleich null ist, würde eine dort befindliche Ladung nicht beeinflusst. Es bietet sich somit an, das Potenzial im Unendlichen null zu setzen. Den Integrationsweg lassen wir entlang der x-Achse von $+\infty$ bis herunter zum Abstand r verlaufen. Der Rest ist dann Routine:

$$\vec{E}(\vec{r}) = \frac{Q_+}{4\pi\varepsilon_0 r^2} \cdot \frac{\vec{r}}{r}, \quad \mathrm{d}\vec{s} := \begin{pmatrix} \mathrm{d}x \\ 0 \\ 0 \end{pmatrix}, \quad \varphi(r,0,0) = -\int_\infty^r \vec{E} \bullet \mathrm{d}\vec{s}$$

$$\varphi(r,0,0) = -\int_\infty^r \frac{Q_+}{4\pi\varepsilon_0} \cdot \frac{1}{x^2} \cdot \mathrm{d}x = -\frac{Q_+}{4\pi\varepsilon_0} \cdot \int_\infty^r \frac{1}{x^2}\mathrm{d}x = -\frac{Q_+}{4\pi\varepsilon_0} \cdot \left(-\frac{1}{x}\right)\Big|_\infty^r$$

$$= -\frac{Q_+}{4\pi\varepsilon_0} \cdot \left(-\frac{1}{r} - \left(-\frac{1}{\infty}\right)\right) = \underline{\underline{\frac{Q_+}{4\pi\varepsilon_0} \cdot \frac{1}{r}}}, \quad r = \sqrt{x^2 + y^2 + z^2}$$

(5.5.9)

Die Integrationsrichtung wird durch die Grenzen festgelegt.

Bei derartigen Rechnungen ist es immer von Vorteil zu prüfen, ob man sich nicht mit den Vorzeichen verheddert hat. Um eine positive Ladung aus dem Unendlichen in Richtung eines positiven Kernes zu transportieren, muss gegen das E-Feld gearbeitet werden (Schule: gleichnamige Ladungen stoßen sich ab). Das Potenzial muss deshalb von null auf positive Werte ansteigen und genau das liefert die kompakte Formel für das Potenzial in (5.5.9). Da die Äquipotenzialflächen aus Symmetriegründen Kugelschalen sind, kann r für alle Punkte einer Kugeloberfläche stehen. Ein Drama müsste sich demnach für eine negative Ladung abspielen. Für sie drehen sich Hoch und Tief um. Die Ladung würde in den Kern stürzen.

Beachten Sie die Einheiten in Bild 5.5.3: Elektrische Potenziale werden in Volt angegeben!

5.6 Der Energiesatz in der Mechanik

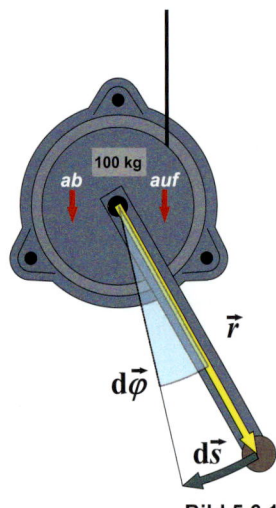

Bild 5.6.1
Handwinde zur Herleitung des Arbeitsintegrals

Sollten Sie in die Situation versetzt werden, eine störrisches Kuh in einen Anhänger zu verfrachten, nützt Ihnen die Information nichts, dass hier neben der Gravitationskraft ein kompliziertes Zusammenspiel elektromagnetischer Kräfte wirksam wird. Schließlich bestehen Sie und die Kuh aus elektrisch geladenen Teilchen. Ein derartiger Bewegungsablauf ist – wenn überhaupt – nur dann quantitativ erfassbar, wenn man sich nicht in die Welt der Moleküle begeben muss, sondern für die beteiligten Systeme empirische Kraftformeln zur Verfügung stehen. Bei einem Ringkampf mit der Kuh sind nicht nur Kräfte, sondern auch Drehmomente erforderlich, die bei der insgesamt geleisteten physikalische Arbeit ebenfalls berücksichtigt werden müssen. Zur Herleitung der physikalischen Arbeit verwenden wir anstelle des muskelbewehrten Kuhkopfes lieber die Kurbel der nebenstehenden Handwinde. Die x,y-Ebene sei Zeichenebene, dann weisen im Falle der Drehung im Uhrzeigersinn („auf") Drehwinkel und Drehmoment in die Zeichenebene hinein – in negative z-Richtung. Beim Drehen um den Weg ds ergibt sich ein Kreissektor, wie wir ihn bereits in *Bild 2.7.3* bzw. *(2.7.10)* behandelt hatten. Das Kreuzprodukt links in *(5.6.1)* basteln wir mithilfe der rechten-Hand-Regel zusammen (*vgl. Bild 2.8.7, (2.8.9), (2.8.11)*).

(5.6.1)
$$d\vec{s} = d\vec{\varphi} \times \vec{r} : \quad W = \int_1^2 \vec{F} \bullet d\vec{s} = \int_1^2 \vec{F} \bullet (d\vec{\varphi} \times \vec{r}) = \int_1^2 (\vec{r} \times \vec{F}) \bullet d\vec{\varphi} = \int_1^2 \vec{M} \bullet d\vec{\varphi}$$

vertauschen **Spatprodukt**
$$\vec{F} \bullet (d\vec{\varphi} \times \vec{r}) = (d\vec{\varphi} \times \vec{r}) \bullet \vec{F} =$$
2 mal zyklisch vertauschen
$$[d\vec{\varphi}, \vec{r}, \vec{F}] = [\vec{F}, d\vec{\varphi}, \vec{r}] =$$
$$[\vec{r}, \vec{F}, d\vec{\varphi}] = (\vec{r} \times \vec{F}) \bullet d\vec{\varphi}$$

Nach dem Ersetzen von ds ergibt sich ein gemischtes Produkt (*Spatprodukt*), dessen Faktoren *zyklisch vertauscht* werden dürfen. Auf diese Weise wird das Drehmoment zum Integranden. Auch wenn die Variablen eine andere Bedeutung haben, ist dieses Integral ebenfalls ein Kurvenintegral 2. Art. Da auch die Bewegungsgleichung für die Rotation starrer Körper um eine Haupträgheitsachse der Bewegungsgleichung für die Translation gleicht, können die Überlegungen aus *(5.5.1)* bis *(5.5.3)* übernommen werden. Es müssen nur Masse durch Trägheitsmoment, Weg durch Winkel und Geschwindigkeit durch Winkelgeschwindigkeit ausgetauscht werden. So ergibt sich für die kintische Energie eines starren Körpers:

(5.6.2)
$$T = \frac{1}{2}mv^2 \rightarrow T_{rot} = \frac{1}{2}J\omega^2$$

Wir sparen das tiefgestellte k (für „kinetisch") und verwenden das Formelzeichen T:
$$\cancel{W}_k^T \cancel{W}_{k,rot}^{T_{rot}}$$

Es fragt sich, ob die Aufstellung eines Energiesatzes bei Systemen möglich ist, bei denen Kräfte und Drehmomente nur durch empirische Formeln beschrieben werden können. Probieren wir das mit dem Feder-Masse-System aus *Bild 1.7.1* mit der Bewegungsgleichung *(1.7.10)* (ohne Dämpfung) aus. Bei dem System handelt es sich um einen *harmonischen Oszillator*.

(5.6.3)
$$-Dy = m\ddot{y}, \quad \text{Eigenfrequenz } \omega = \sqrt{\frac{D}{m}}$$

5.6 Der Energiesatz in der Mechanik

Einen harmonischen Oszillator erkennt man an der Struktur der Bewegungsgleichung (s. (1.7.10)). Bedeutung und Benennung der Parameter und Variablen spielt keine Rolle. Die Parameter D und m stehen in (5.6.3) für irgendwelche konstante Faktoren, y für eine zeitabhängige Größe und v für deren zeitliche Ableitung.

$$-Dy = m\ddot{y} \mid \cdot dy \mid \int \ldots \Rightarrow -\int_{y_0}^{y} Dy\,dy = \int_{y_0}^{y} m\frac{dv}{dt}\,dy = m\int_{v_0}^{v} \frac{dy}{dt}\,dv = m\int_{v_0}^{v} v\,dv$$

$$\Rightarrow -\frac{1}{2}Dy^2 + \frac{1}{2}Dy_0^2 = \frac{1}{2}mv^2 - \frac{1}{2}mv_0^2 \Rightarrow \frac{1}{2}mv^2 + \frac{1}{2}Dy^2 = \frac{1}{2}mv_0^2 + \frac{1}{2}Dy_0^2$$

$$\Rightarrow \underline{\underline{\frac{1}{2}mv^2 + \frac{1}{2}Dy^2 = W_{\text{ges}}}}$$

(5.6.4)

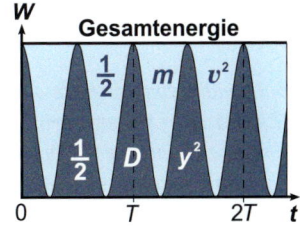

Das zeitliche Wechselspiel von potenzieller und kinetischer Energie

Das System erfüllt tatsächlich einen Energiesatz. Der Term für die potenzielle Energie gibt hier an, wie viel Energie in der Schraubenfeder bei der jeweiligen Auslenkung gespeichert ist. Das Drehpendel aus *Bild 2.13.2* mit der Bewegungsgleichung *(2.13.1)* ist ebenfalls ein harmonischer Oszillator. Sinnvolle Variable für die Auslenkung ist der Auslenkungswinkel. Die Rechnung (5.6.4) kann übernommen werden, es müssen lediglich die entsprechenden Parameter und Variablen ausgetauscht werden:

$$-D^*\varphi = J\ddot{\varphi} \Rightarrow \ldots \Rightarrow \underline{\underline{\frac{1}{2}J\omega^2 + \frac{1}{2}D^*\varphi^2 = W_{\text{ges}}}}$$

(5.6.5)

Ein harmonischer Oszillator kann alternativ anhand seines Energiesatzes identifiziert werden. Da der Funktionsterm für die potenzielle Energie Stammfunktion zu dem der Kraft ist, muss die potenzielle Energie proportional zum Quadrat der Auslenkung sein. Das Quadrat der Eigenfrequenz ergibt sich aus dem Quotient der Vorfaktoren:

$$\omega^2 = \frac{\text{Faktor vor } \frac{1}{2}(\text{Auslenkung})^2}{\text{Faktor vor } \frac{1}{2}(\text{zeitl. Änderung der A.})^2} \quad \left(\text{z.B.: } \omega^2 = \frac{D}{m} \text{ bzw. } \frac{D^*}{J}\right)$$

(5.6.6)

In den *Abschnitten 2.10* und *2.12* wurde gezeigt, dass man bei Systemen, die aus vielen Teilsystemen zusammengesetzt sind, durch Aufsummieren der Bewegungsgleichungen zu brauchbaren Aussagen über das Verhalten des Gesamtsystems kommen kann. Dazu gehören die Bewegungsgleichung des Massenmittelpunkts, die Rotation des Gesamtsystems (*vgl. Tabelle 2.13.1*), der Impulserhaltungssatz und der Drehimpulserhaltungssatz.

Mit dem Wissen der letzten beiden Abschnitte bietet es sich an, sämtliche Bewegungsgleichungen eines realen Systems (s. *Tab. 2.13.1*) nach dem in (5.5.1/2) gezeigten Verfahren umzuformen, und die sich daraus ergebenden Gleichungen aufzusummieren. Nach dem Umordnen der Summanden müsste sich ein (Energie-)Erhaltungssatz – jetzt aber für das Gesamtsystem – ergeben. Der könnte dann wie folgt aussehen:

Für ein reales abgeschlossenes System existieren mit dem Impulssatz (1 Vektorgleichung), dem Drehimpulssatz (1 Vektorgleichung) und dem Energiesatz (1 skalare Gleichung) sieben additive Bewegungsintegrale.

(5.6.7)

$$\underbrace{\frac{1}{2}m_1v_1^2 + \frac{1}{2}m_2v_2^2 + \ldots}_{\text{kinet. Energie (Translation)}} + \underbrace{\frac{1}{2}J_1\omega_1^2 + \frac{1}{2}J_2\omega_2^2 \ldots}_{\text{kinet. Energie (Rotation)}} + \underbrace{\phi_1 + \phi_2 + \ldots}_{\substack{\text{potentielle} \\ \text{Energie}}} = \underbrace{W_{ges}}_{\substack{\text{Gesamt-} \\ \text{energie}}}$$

Die Summe der potenziellen Energien enthält auch Wechselwirkungsenergien zwischen den Teilsystemen.

Im Allgemeinen sind Bewegungsgleichungen der Teilsysteme nicht unabhängig voneinander, sondern gekoppelt. Energetisch bedeutet Kopplung Energieaustausch – man spricht von *Wechselwirkungen*. Natürlich kann man mit dem Energiesatz nur dann etwas berechnen, wenn exakte oder empirische Formeln für die potenziellen Energien der Teilsysteme mitsamt den zugehörigen Kopplungen zur Verfügung stehen. Formeln sehr einfacher Systeme sind Teil üblicher (physikalischer) Formelsammlungen.

Sehr mühselig: Mithilfe des „Einsetzverfahrens" erhält man eine lineare Differenzialgleichung sechsten Grades. So etwas rechnet man nur, wenn man dafür bezahlt wird.

Als Beispiel sollen drei durch „weiche" Schraubenfedern gekoppelte mathematische Pendel dienen (*Mathematisches Pendel: s. Bild 2.13.2*). Um das Weg-Zeit-Verhalten der Teilsysteme zu ermitteln, müsste ein System von drei gekoppelten Differenzialgleichungen 2. Grades gelöst werden. Obwohl dabei wegen der Linearität der Gleichungen keine grundsätzlichen Schwierigkeiten zu erwarten sind, ist die Rechnung mühselig. Wir wollen uns hier ansehen, welche Erkenntnisse auf der Basis des Energiesatzes möglich sind.

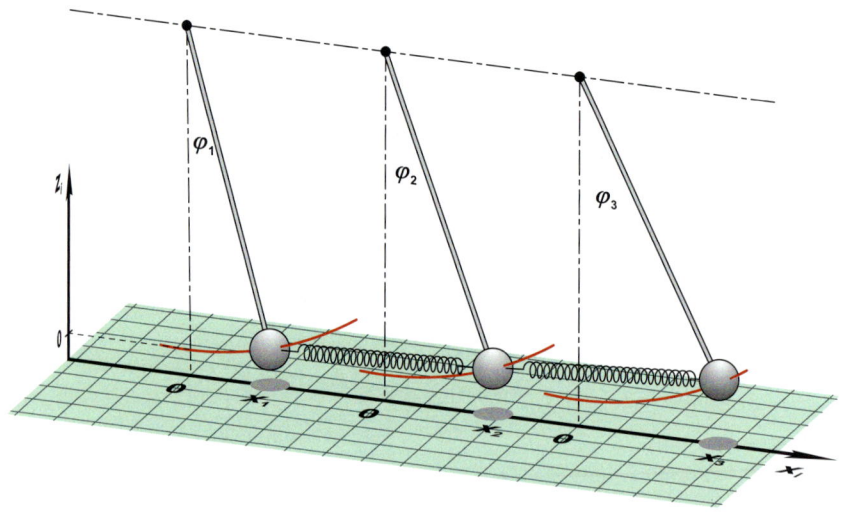

Bild 5.6.2
Koppelschwingung mit mathematischen Pendeln

Die ausgelenkten Pendelkörper sind gegenüber ihrer Ruhelage angehoben und erhalten dadurch aufgrund des Gravitationsfeldes potenzielle Energie – auch *Lageenergie* genannt. Einen zusätzlichen Beitrag zur potenziellen Energie des Systems liefern die beiden Kopplungsfedern:

(5.6.8)

$$\phi_{ges} = mgz_1 + mgz_2 + mgz_3 + \frac{1}{2}D(x_2 - x_1)^2 + \frac{1}{2}D(x_3 - x_2)^2$$

Würden alle Pendel parallel schwingen, wären die Kopplungsfedern weder gestaucht noch gespannt und somit wirkungslos. Erst eine Differenz der Auslenkungen benachbarter Pendel bewirkt, eine Dehnung oder Stauchung der Federn, die dann entsprechend (5.6.8) Energie aufnehmen. Die jeweiligen z-Koordinaten sind

5.6 Der Energiesatz in der Mechanik

die Höhen der Pendelkörper über der Ruhelage. Diese Koordinaten sind nicht unabhängig. *Bild 5.6.3* zeigt den geometrischen Zusammenhang dieser Höhen mit den auf die *x,y-E*bene projizierten Auslenkungen x_i. Die Anwendung des Satzes von Pythagoras liefert zusammen mit der Annahme kleiner Auslenkungen einen quadratischen Zusammenhang:

$$x_i^2 + (l - z_i)^2 = l^2 \Leftrightarrow x_i^2 + l^2 - 2lz_i + z_i^2 = l^2 \Leftrightarrow z_i = \frac{1}{2l}\left(x_i^2 + z_i^2\right)$$

$$z_i \ll x_i: \quad z_i \approx \frac{1}{2l} x_i^2$$

(5.6.9)

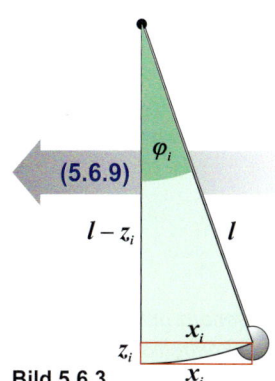

Bild 5.6.3
Planfigur zu (5.6.9)

Da hier nur kleine Auslenkungen betrachtet werden, braucht nicht zwischen der zeitabhängigen Umfangsgeschwindigkeit und der Geschwindigkeit der Projektionen unterschieden werden. Für den kompletten Energiesatz des Systems aus drei Pendeln gilt schließlich:

$$l \cdot \dot\varphi_i(t) \approx \dot x_i(t) = v_i(t): \quad \sum_{i=1}^{3}\left(\frac{1}{2}mv_i^2 + \frac{1}{2}\frac{mg}{l}x_i^2\right) + \sum_{i=1}^{2}\frac{1}{2}D(x_{i+1}-x_i)^2 = W_{ges}$$

(5.6.10)

In der Fassung *(5.6.10)* wird der Einfluss der Wechselwirkungsenergien auf die drei Oszillatoren deutlich. Die Wechselwirkungen bewirken, dass die Oszillatoren untereinander Energie austauschen und somit nicht (mehr) harmonisch schwingen können. Sollten sich aber alle drei Pendel synchron bewegen, ist die Wechselwirkungsenergie gleich null und der Energiesatz nimmt die Struktur eines harmonischen Oszillators an (*vgl.* (5.6.3)):

$$x_1 = x_2 = x_3 := x, v_1 = v_2 = v_3 := v: \quad \frac{1}{2}3mv^2 + \frac{1}{2}3\frac{mg}{l}x^2 = W_{ges}, \quad \omega^2 = \frac{g}{l}$$

(5.6.11)

Die Eigenfrequenz kann gemäß *(5.6.6)* ermittelt werden – der Faktor „3" kürzt sich heraus. Es fragt sich, ob es noch andere Möglichkeiten gibt, dass der Energiesatz die Struktur eines einzelnen harmonischen Oszillators annimmt. Probieren wir, was passiert, wenn man die beiden äußeren Pendel gegenphasig mit gleicher Amplitude schwingen lässt und das mittlere Pendel in Ruhe bleibt:

$$x_1 = -x_3 := x, \ v_1 = -v_3 := v, \ x_2 = 0, \ v_2 = 0:$$

$$\frac{1}{2}2mv^2 + \frac{1}{2}2\left(\frac{mg}{l}+D\right)x^2 = W_{ges}, \quad \omega^2 = \frac{g}{l} + \frac{D}{m}$$

(5.6.12)

Es gibt noch eine Möglichkeit, aber die ist ohne Zusatzinformation schwerer zu erraten:

$$x_1 = x_3 := x, \ x_2 = -2x, \ v_1 = v_3 := v, \ , v_2 = -2v:$$

$$\frac{1}{2}6mv^2 + \frac{1}{2}\left(6\frac{mg}{l}+18D\right)x^2 = W_{ges}, \quad \omega^2 = \frac{g}{l} + \frac{3D}{m}$$

(5.6.13)

Die beiden äußeren Pendel schwingen in Phase mit gleicher Amplitude und das mittlere Pendel schwingt dazu in Gegenphase mit doppelter Amplitude.

*Nicht vergessen:
Für die Lösung einer
Differenzialgleichung bzw.
eines Differenzial-
gleichungssystems sagt
man auch Integral.*

Rückblickend zeigt sich, dass der Energiesatz tatsächlich wichtige Informationen über ein System liefern kann. Das aufwendige Lösen von Differenzialgleichungen ist nicht immer erforderlich – der Energiesatz ist ja bereits ein Integral der Bewegungsgleichungen. Als Zusatzergebnis wird hier deutlich, was eine Eigenschwingung eines aus mehreren gekoppelten Oszillatoren bestehenden Systems ausmacht: Alle Teilsysteme schwingen mit gleicher Frequenz und zwar entweder gleich- oder gegenphasig. Ihre Energien bleiben lokal erhalten (*vgl. Abschn. 1.11*). Die Kopplung der Oszillatoren bewirkt eine Aufspaltung der Eigenfrequenzen (*vgl. Bild 1.11.6*). Im Experiment ist das Anfachen einer Eigenschwingung eine Geduldsprobe. Einfacher geht es, wenn man mit einem regelbaren Motor an den Pendelaufhängungen rüttelt. Sobald man die richtige Frequenz erwischt hat, ordnen sich die Pendelbewegungen auf „wundersame" Weise zu einer Eigenschwingung.

*Resonanz gibt es auch bei
gekoppelten Systemen!*

Bitte testen Sie Ihr Verständnis des Energiesatzes anhand der folgenden klassischen Schulaufgabe!

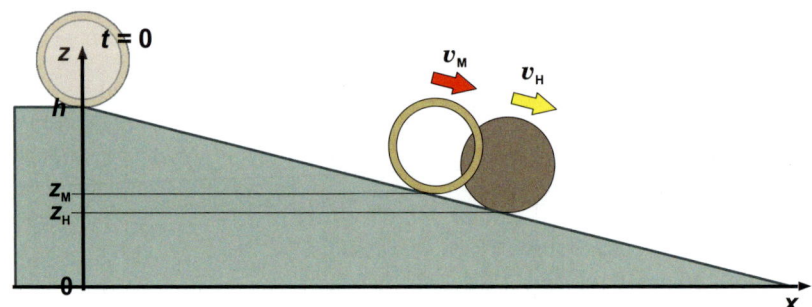

Bild 5.4.4
*Versuchsanordnung zum
Verdeutlichen des Einflusses
der Rotationsenergie*

Aufgabe 5.4.1

Aufgabe:
Ein dünnwandiges Messingrohr und ein Vollzylinder aus Holz gleicher Masse und gleichen Außendurchmessers D werden gleichzeitig aus der Höhe h eine Rampe heruntergestoßen. Zeigen Sie mithilfe des Energiesatzes, dass der Holzzylinder eine höhere Geschwindigkeit als das Messingrohr erreicht!

Lösungsvorschlag:

*Ein Luftkissenschlitten
(keine Rotationsenergie)
würde eine ca. 41 % höhere
Maximalgeschwindigkeit
als das Rohr erreichen.*

$$z = h: \quad mgh = W_{ges}$$
$$h > z > 0: \quad \tfrac{1}{2}mv^2 + \tfrac{1}{2}J\omega^2 + mgz = W_{ges}$$
$$z = 0: \quad \tfrac{1}{2}mv_{max}^2 + \tfrac{1}{2}J\omega_{max}^2 = W_{ges}$$

$$\Rightarrow mgh = \tfrac{1}{2}mv_{max}^2 + \tfrac{1}{2}J\omega_{max}^2$$
$$\omega = \frac{v}{r}: \quad mgh = \tfrac{1}{2}\left(m + \frac{J}{r^2}\right)v_{max}^2$$

Messingrohr: $J = mr^2$, $\underline{v_{max} = \sqrt{gh}}$ Holzzylinder: $J = \tfrac{1}{2}mr^2$, $\underline{\underline{v_{max} = \sqrt{\tfrac{4}{3}gh}}}$

Der Holzzylinder erreicht am Rampenende eine ca. 15 % höhere Geschwindigkeit als das Messingrohr.

Von Quellen, Senken und Wirbeln

6.

Die Überschrift zeigt, dass wir uns wieder mithilfe von Strömungsfeldern weiter in die Vektoranalysis vortasten werden. Natürlich wagen wir uns dabei nicht in turbulente Gefilde, sondern bleiben im Laminaren. Bei den drei anschaulichen Begriffen der Kapitelüberschrift handelt es sich um markante Eigenschaften eines Strömungsfeldes. Befindet man sich selbst in einem Strömungsfeld (Luft oder Wasser), wird man *Wirbel*, *Quellen* oder *Senken* wohl irgendwie bemerken – aber wie erkennt man diese Eigenschaften an einem durch Funktionsterme gegebenen Vektorfeld? Das Ziel dieses Kapitels ist es, die Eigenschaften mithilfe der Analysis aufzuspüren. Natürlich lassen wir dabei nur stetig differenzierbare Funktionen zu. Endziel wird sein, Ihr Repertoire an mathematischen Werkzeugen zum Verständnis grundlegender Mechanismen von Natur und Technik zu erweitern.

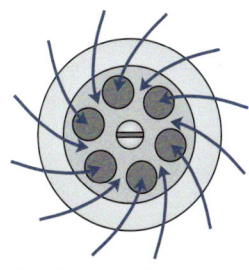

Ein Ausguss bzw. ein Wasserhahn lässt sich nur dann als Senke bzw. Quelle betrachten, wenn deren Ab- bzw. Zufluss ignoriert wird.

6.1 Quellen, Senken und Divergenzen

Das folgende Bild zeigt einen Taucher, der sich mithilfe eines schützenden Käfigs in die Tiefe begeben hat, um dort gefahrlos Haie zu beobachten. Der Käfig befinde sich in einem schwachen (inhomogenen) Strömungsfeld – im Bild durch Feldlinien grob angedeutet. Feinheiten aufgrund von Verwirbelungen durch die Käfigstäbe und den Taucher seien vorhanden, aber nicht eingezeichnet.

Der Hai will nur spielen, denn Neopren schmeckt eklig!

Bild 6.1.1
Fluss in bzw. aus einer geschlossenen Hülle

Flächennormalen einer geschlossenen Hülle weisen nach außen!

Hüllen (=Randfläche) eines Gebiets mit dem Volumen V werden hier mit ∂V benannt.

Durch einige Gitterquadrate des Käfigs strömt Wasser hinein, durch andere hinaus. Jetzt kann das Flussintegral (4.5.8) ins Spiel kommen. Dazu wählen wir die „Hülle" des durch die Käfigstäbe begrenzten Gebiets als Integrationsfläche. Die Form des Käfigs spielt keine Rolle – er könnte genauso gut zylindrisch, kugelförmig oder verbeult sein. Anstelle der Gitterquadrate teilen wir die Hülle des Käfiggebiets in infinitesimale Flächenelemente ein. Um einströmende und ausströmende Flüsse durch Vorzeichen unterscheidbar zu machen, wird für Hüllen eine besondere Richtungskonvention erforderlich: Sämtliche Flächenvektoren sollen nach außen weisen. Das Skalarprodukt in der Fluss-Definition (s. (4.5.7), (4.5.8)) sorgt dann dafür, dass ausströmende Flüsse positiv und einströmende negativ zählen. Das Flächenintegral über die Käfighülle – man spricht von einem *Hüllenintegral* – liefert die Summe aller infinitesimalen Teilflüsse durch die Flächenelemente:

(6.1.1)

$$\phi = \oint_{(\partial V)} \vec{v} \cdot d\vec{A} \quad \left(\text{wenn Sie mögen auch so: } \oiint_{(\partial V)} \vec{v} \cdot d\vec{A} \right)$$

Der Begriff „negative Quelle" macht den Begriff „Senke" überflüssig. Der Begriff „Quellen" schließt dann die Senken mit ein.

Ist das Hüllenintegral gleich null, fließt genau so viel Wasser hinein wie hinaus. Sollte diese Summe jedoch ungleich null sein, muss im Inneren Wasser produziert oder vernichtet werden. Die „Produzenten" heißen *Quellen*, die „Vernichter" *Senken* oder auch *negative Quellen*. Im positiven Fall überwiegen die *Quellen* – im negativen die *Senken*. Das Flussintegral berechnet die Wassermenge, die das Gebiet insgesamt pro Sekunde liefert oder schluckt (je nach Vorzeichen). Sie heißt Gesamt-*Ergiebigkeit* des Quellgebiets (Einheit l/s oder m³/s).

Wir tun hier so, als ob im Falle einer Quelle Flüssigkeit aus dem „Nichts" entsteht bzw. im Falle einer Senke ins „Nichts" verschwindet. Phantasie ist erlaubt!

Um sicher zu gehen, dass sich höchstens eine Quelle (oder Senke) im Gebiet befindet, muss es auf infinitesimale Größe schrumpfen. Wir wählen der Einfachheit halber einen Mini-Quader im Inneren des Käfigs mit den Kantenlängen dx, dy und dz (s. Bild 6.1.2). Die Koordinaten einer Quaderecke sei x_0, y_0 und z_0. Mit dem Index Null wird angedeutet, dass die Koordinaten vorübergehend als gebundene Variable anzusehen sind.

Die grauen Ebenen seien parallel zur y,z-Ebene.

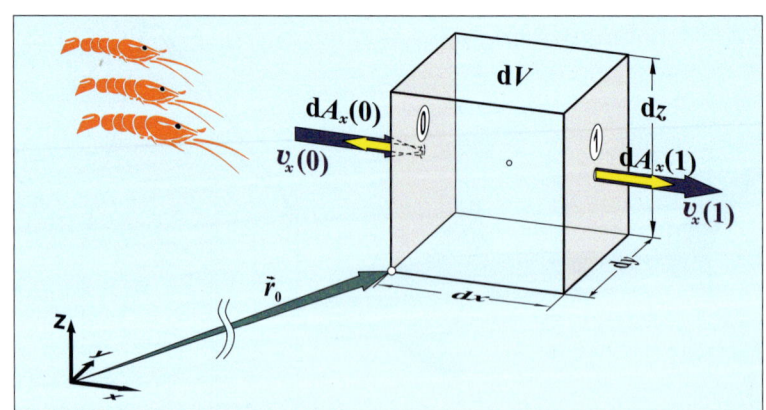

Bild 6.1.2
Fluss in bzw. aus einem infinitesimalen Quader

Gesucht ist die Ergiebigkeit des Miniquaders. Dazu ist die Summe der Flüsse durch die drei Flächenpaare des Quaders zu ermitteln. Wir konzentrieren uns zunächst auf die beiden Flüsse (*vgl.* (4.5.7)) durch die im Bild grau gezeichneten Mini-Flächen. Wegen der infinitesimalen Größe der Flächen kann die jeweilige

6.1 Quellen, Senken und Divergenzen

Strömungsgeschwindigkeitskomponente an den Flächenmitten als repräsentativ für die ganze Fläche angesehen werden. Für Flüsse und Flächenelemente gilt dann:

$$dA_x(0) = -dy\,dz,\ dA_x(1) = dy\,dz,\ d\phi_x(0) = v_x(0)\cdot dA_x(0),\ d\phi_x(1) = v_x(1)\cdot dA_x(1)$$
$$d\phi_x = d\phi_x(0) + d\phi_x(1) = (v_x(1) - v_x(0))dy\,dz = \underline{\underline{dv_x\,dy\,dz}}$$

(6.1.2)

Beachten Sie die Richtungskonvention der Flächenvektoren!

Die Summe der beiden Flüsse (*s. unten rechts in (6.1.2)*) weist eine Differenz von Funktionswerten dicht zusammenliegender Argumente auf. Die Differenz der Argumente beträgt dx. Eine derartige Differenz benachbarter Funktionswerte erfasst man mithilfe des totalen Differenzials:

$$dv_x = \frac{\partial v_x}{\partial x}\cdot dx + \frac{\partial v_x}{\partial y}\cdot dy + \frac{\partial v_x}{\partial z}\cdot dz \quad \text{für}\ dy = dz = 0$$

(6.1.3)

Eingesetzt in das Ergebnis von (*6.1.2*) ergänzt der hinzugekommene Faktor dx das Flächenelement zu einem Volumenelement. So erhält man schließlich für die Summe der Flüsse in x-Richtung:

$$d\phi_x = \frac{\partial v_x}{\partial x}dx\,dy\,dz \quad \text{bzw.}\quad d\phi_x = \frac{\partial v_x}{\partial x}dV$$

(6.1.4)

Für die Flüsse durch die übrigen beiden Flächenpaare gilt Analoges – es brauchen lediglich die Indizes ausgetauscht werden. Damit ergibt sich für den gesamten Fluss in bzw. aus dem Mini-Quader ein Ausdruck von kaum fassbarer Kompaktheit:

Wundersame Kompaktheit!

$$d\phi = \frac{\partial v_x}{\partial x}dV + \frac{\partial v_y}{\partial y}dV + \frac{\partial v_z}{\partial z}dV = \left(\frac{\partial v_x}{\partial x} + \frac{\partial v_y}{\partial y} + \frac{\partial v_z}{\partial z}\right)dV$$

(6.1.5)

Die Summe der partiellen Ableitungen der Komponenten des Vektorfeldes hat also eine konkrete Bedeutung. Bezieht man den Fluss auf das infinitesimale Volumen dV, handelt es sich um die *Quelldichte* des Strömungsfeldes an einer bestimmten Stelle – im Falle einer Senke ist die Quelldichte negativ. Der Nablaoperator ermöglicht es, die Quelldichte elegant durch ein *formales* Skalarprodukt auszudrücken:

Statt „Dichte der Ergiebigkeit" sagt man lieber Quelldichte.

$$\frac{d\phi}{dV} = \frac{\partial v_x}{\partial x} + \frac{\partial v_y}{\partial y} + \frac{\partial v_z}{\partial z} = \left(\boldsymbol{i}\frac{\partial}{\partial x} + \boldsymbol{j}\frac{\partial}{\partial y} + \boldsymbol{k}\frac{\partial}{\partial z}\right)\bullet(v_x\boldsymbol{i} + v_y\boldsymbol{j} + v_z\boldsymbol{k}) = \underline{\underline{\vec{\nabla}\bullet\vec{v}}}$$

(6.1.6)

Die Operation „Nabla punkt Vektorfeld" nennt man *Divergenz* des Vektorfeldes und schreibt alternativ div $\boldsymbol{v}$. Im Falle der Divergenz eines Strömungsfeldes wird damit eine exotische Größe formuliert: „Volumen-Quelldichte". Damit wird ausgedrückt, wie viel Liter oder Kubikmeter pro Sekunde bezogen auf das jeweilige Volumenelement aussprudelt oder verschwindet (je nach Vorzeichen):

Wir verzichten auf ein Formelzeichen.

$$(\text{Volumen-) Quelldichte}\left[\text{in}\ \frac{\text{m}^3/\text{s}}{\text{m}^3}\right] = \vec{\nabla}\bullet\vec{v} \quad \text{bzw.}\ \text{div}\,\vec{v}$$

(6.1.7)

6.2 Vektorfelder mit Quellen und Senken

Klammern Sie sich nie an Denkmodelle. Werfen Sie sie gnadenlos über Bord, wenn sie ihre Schuldigkeit getan haben!

Sie haben sicherlich schon gemerkt, dass man das Beispiel mit dem Taucher im Käfig nicht überstrapazieren darf. Es ist zwar verlockend, einen verängstigten Taucher zur „Quelle" werden zu lassen, er verkompliziert aber weitere Überlegungen unnütz. Wir lassen deshalb den Taucher fort und sehen das Meerwasser als ideale inkompressible Flüssigkeit an. Unter diesen Voraussetzungen kann sich in einem Unterwassergebiet weder Quelle noch Senke befinden. Es ist nun einmal nicht möglich, dass Wasser aus dem Nichts entstehen bzw. ins Nichts verschwinden kann. Unter Wasser gilt daher für die Quelldichten durchweg die folgende homogene *partielle Differenzialgleichung*:

(6.2.1)
$$\vec{\nabla} \cdot \vec{v} = 0 \quad (\text{bzw. div}\,\vec{v} = 0)$$

Sehen wir uns an, was für Konsequenzen diese Gleichung im Falle des wasserdurchströmten Rohres nach sich zieht (*vgl. Abschnitt 5.1*).

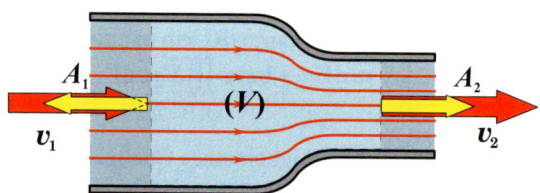

Bild 6.2.1
Planfigur zur Herleitung der Kontinuitätsgleichung

Wir teilen ein (Integrations-)Gebiet (V) vor und nach der Engstelle ab und nehmen an, dass es sich um eine wirbelfreie Strömung handelt. Die Anwendung des Gaußschen Integralsatzes liefert dann die Konstanz des Produktes aus Strömungsgeschwindigkeit und Querschnittsfläche (*Kontinuitätsgleichung*):

(6.2.2)
$$\int_{(V)} \vec{\nabla} \cdot \vec{v}\, dV = \oint_{\partial V} \vec{v} \cdot d\vec{A} = -\overline{v}_1 A_1 + \underbrace{0}_{\text{Rohrinnenwand}} + \overline{v}_2 A_2 = 0 \;\Rightarrow\; \underline{\underline{\overline{v}_1 A_1 = \overline{v}_2 A_2}}$$

Integrationen über die beiden Querschnittflächen kann man sich sparen, wenn man mit den mittleren Strömungsgeschwindigkeiten in Hauptstromrichtung arbeitet. Die Erhöhung der Strömungsgeschwindigkeit bei Verringerung der Querschnittsfläche wurde bereits in *Abschnitt 5.1* angesprochen.

Geheimnisumwittert: elektrische Quellen und Senken

Sehen wir uns einmal eine „elektrische Quelle" an. Der Zusammenhang zwischen Quelle und Vektorfeld wird im stationären Fall durch die ersten beiden *Maxwellschen Gleichungen* beschrieben:

(6.2.3)
$$\text{I: } \vec{\nabla} \cdot \vec{E} = \frac{1}{\varepsilon_0} \rho \quad \text{II: } \vec{\nabla} \times \vec{E} = 0$$

Wenn doch: www.PTB.de

Die zweite Gleichung ist nichts weiter als die in eine Vektorgleichung gezwängte Integrabilitätsbedingung (5.4.11) und sichert hier, dass stationäre E-Felder immer Potenzialfelder sind (s. (5.4.16)). Legen Sie bitte keine Geheimnisse in die Feld-

6.2 Vektorfelder mit Quellen und Senken

konstante ε_0! Zahlenwert und Einheiten dieser Konstanten sorgen dafür, dass die erste Maxwellsche Gleichung SI-konform ist. Zwar muss die Feldkonstante für konkrete Rechnungen mitgeschleppt werden, erfordert aber ansonsten **keine** Aufmerksamkeit. Mit dem Wissen um die Divergenz wirkt Maxwell I vertraut, denn ein Rückblick auf (6.1.7) zeigt: Abgesehen von der Feldkonstante beschreibt auch Maxwell I lediglich den Zusammenhang zwischen einem Vektorfeld (hier das E-Feld) und der felderzeugenden Quelldichte. Die Quelldichte heißt hier Raumladungsdichte (Formelzeichen ρ). Es mag irritieren, die Raumladungsdichte in Form einer kontinuierlichen (skalaren) Funktion vorzufinden. Da die Anzahl elektrischer Ladungen i. Allg. riesig ist, kann deren Verteilung problemlos zu einer kontinuierlichen Funktion „verschmiert" werden. Das Vektorfeld E beschreibt keinen Materietransport, trotzdem können die anschaulichen Begriffe wie Quelle, Senke (negative Quellen) und Fluss mit Einschränkung weiterverwendet werden. Anders als bei der Wasserströmung ist es beim E-Feld tatsächlich so, als ob etwas aus dem Nichts entsteht (Quellen → positive Ladungen) und ohne Abflüsse wieder im Nichts verschwindet (Senken/negative Quellen → negative Ladungen). Und dann kommt noch etwas: Maxwell I ist exakt – wir bewegen uns anders als in Kapitel 5 auf gesichertem Terrain.

Es ist nicht einmal erforderlich, die Feldkonstante in der Formelsammlung nachzuschlagen. Selbst in Taschenrechnern mittlerer Preisklassen sind die wichtigsten Naturkonstanten abgespeichert.

Ein Vektorfeld kann, aber muss nicht einen Materietransport beinhalten.

Es gibt doch „echte" Quellen und Senken!

Probieren wir aus, was sich mit dem Gaußschen Integralsatz erreichen lässt. Dazu multiplizieren wir die Gleichung mit dV und integrieren über ein beliebiges Gebiet (V):

$$\int\limits_{(V)} \vec{\nabla} \cdot \vec{E} \, dV = \frac{1}{\varepsilon_0} \int\limits_{(V)} \rho \, dV \qquad (6.2.4)$$

Jetzt erlaubt der Gaußsche Integralsatz, die Umwandlung der linken Seite in ein Hüllenintegral. Die rechte Seite hat eine anschauliche Bedeutung: Es handelt sich um die Summe aller felderzeugenden Ladungen (Quellen, positiv und negativ), die sich im Inneren des Integrationsgebiets befinden und erhält das Formelzeichen Q (Eselsbrücke: **Q**uelle):

$$\int\limits_{\partial V} \vec{E} \cdot d\vec{A} = \frac{1}{\varepsilon_0} Q_{(V)} \quad \text{mit} \quad Q_{(V)} = \int\limits_{(V)} \rho \, dV \qquad (6.2.5)$$

In der Elektrizitätslehre wird eine Senke ebenfalls als Quelle (mit negativem Vorzeichen) angesprochen.

Das Hüllenintegral auf der linken Seite entspricht der Quellergiebigkeit (6.1.1) der Strömungsfelder. Mit Gleichung (6.2.5) steht eine Integralform der ersten Maxwellschen Gleichung als Alternative zur Differenzialgleichung (6.2.3) zur Verfügung. Sie erlaubt sogar eine populäre Formulierung dieser Gleichung:

Zur Erinnerung: Mit ∂V ist die Hülle des Integrationsgebiets gemeint.

Die Quellen des elektrischen Feldes sind die Ladungen.

Die Integralform (6.2.5) ermöglicht eine problemlose Ermittlung von E-Feldern einfacher Ladungsverteilungen. Das wichtigste Beispiel ist das E-Feld einer im Koordinatenursprung konzentrierten Ladung – man spricht von einer „punktförmigen" Ladung. Als Integrationsfläche für das Hüllenintegral wählen wir die Oberfläche einer Kugel mit dem Radius r. Aufgrund der Kugelsymmetrie der felderzeugenden Ladung müssen die Feldstärken überall auf der Kugeloberfläche gleich und zusätzlich kollinear zu deren infinitesimalen Flächenvektoren (s. Bild 6.2.2) sein. Dass die Rechnung nur den Betrag der Feldstärke liefert, kann man

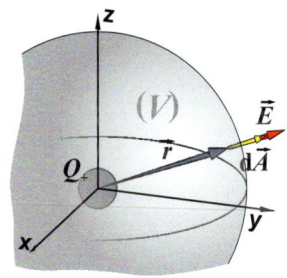

Bild 6.2.2
Planfigur zu (6.2.6)

= Richtung des Ortsvektors r

verschmerzen. Die jeweiligen Feldstärkevektoren weisen in Richtung des Ortsvektors. In (6.2.6) wurde deshalb der Einheitsvektor in Richtung der Kugelkoordinate r (vgl. *Bild 3.2.6 b*) hinzugefügt:

(6.2.6)

$$\int_{\partial V} \vec{E} \cdot d\vec{A} = E \cdot 4\pi r^2 = \frac{1}{\varepsilon_0} Q \;\Rightarrow\; E = \frac{Q}{4\pi\varepsilon_0 r^2} \vec{e}_r \;\text{bzw.}\; \underline{\underline{\vec{E} = \frac{1}{4\pi\varepsilon_0} \frac{Q}{r^2} \cdot \frac{\vec{r}}{r}}}$$

Gesichert: Der Exponent im Nenner eines Coulombfeldes ist exakt gleich 2.

(6.2.7)

Wenn man in das Feld der Ladung Q im Abstand r eine zweite Ladung q platziert, ergibt sich gemäß (5.4.1) je nach Vorzeichen der Ladungen eine Anziehungs- oder Abstoßungskraft:

$$\vec{F} = q\vec{E}:\; \vec{F} = \frac{1}{4\pi\varepsilon_0} \frac{q \cdot Q}{r^2} \cdot \frac{\vec{r}}{r}$$

Pardon Monsieur Coulomb, wir wollten Sie nicht mit der Abfallwirtschaft in Verbindung bringen.

Diese hier als „Abfallprodukt" entstandene Kraftformel heißt traditionell *Coulombsches Gesetz*. Das E-Feld einer punktförmigen Ladung firmiert auch unter *Coulombfeld*. Natürlich darf man genauso wie in Abschnitt 5.2 beschrieben auch elektrische Felder superponieren. Wenn man das Coulombfeld einer positiven und einer negativen Ladung überlagert, ergibt sich ein räumliches Dipolfeld vergleichbar mit dem in *Bild 5.2.1*.

Bilden wir probeweise die Divergenz des Coulombfeldes. Da es sich um ein kugelsymmetrisches Feld handelt, können wir bequem den Divergenzoperator in Kugelkoordinaten (s. *Merksatz 6.1.2*) einsetzen:

(6.2.8)

$$\frac{\vec{r}}{r} = \vec{e}_r,\; E_r = \frac{1}{4\pi\varepsilon_0}\frac{Q}{r^2}:\; \vec{\nabla}\cdot\vec{E}(r) = \frac{1}{r^2}\frac{\partial(r^2\cdot E_r)}{\partial r} = \frac{1}{4\pi\varepsilon_0}\frac{\partial}{\partial r}\left(\cancel{r^2}\frac{Q}{\cancel{r^2}}\right) \equiv 0$$

Hier stimmt etwas nicht!

Das klingt kurios: Die Quelldichte einer Quelle ist „überall" gleich null. Trotzdem liefert der Gaußsche Integralsatz in (6.2.5) eine Quelle. Der Widerspruch lässt sich Gott sei Dank aufklären: Die Divergenz gibt die lokale Quelldichte an – in Volumenelementen, in denen sich keine Quellen befinden – und das ist für $r > 0$ der Fall – muss die Divergenz gleich null sein, (6.2.8) ist korrekt.

Natürlich kann sich eine reale Quelle nicht in einem mathematischen Punkt konzentrieren. Innerhalb des Raumes, in dem sich die Quelle befindet, herrscht kein Coulombfeld. Die Hülle für das Oberflächenintegral links in (6.2.5) besteht deshalb aus der Oberfläche einer Kugel mit einem Hohlraum, in dem sich die Ladung befindet. Auch wenn es befremdlich klingt, für das Integrationsgebiet ist der Hohlraum ebenfalls „außen". Gemäß der Konvention zeigen dort die Flächenvektoren zum Kugelmittelpunkt und sind somit antiparallel zu den Feldstärkevektoren. Damit lässt sich das Hüllenintegral über die Kugel mit ausgespartem Hohlraum in zwei Summanden aufteilen. Da jeder Summand für sich dieselbe Ladung umfasst, sind beide Beträge gleich. Die unterschiedlich orientierten Flächenvektoren sorgen für unterschiedliche Vorzeichen. Das Hüllenintegral ist somit tatsächlich gleich null.

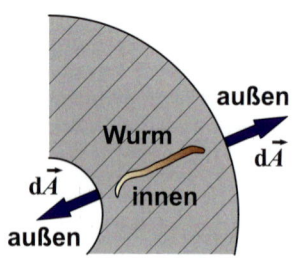

Innen/außen: für den Wurm keine Frage

(6.2.9)

$$\int_{\partial V} \vec{E} \cdot d\vec{A} = \underbrace{-\int \vec{E} \cdot d\vec{A}}_{\text{Innen}} + \underbrace{\int \vec{E} \cdot d\vec{A}}_{\text{Außen}} = -\frac{1}{\varepsilon_0}Q + \frac{1}{\varepsilon_0}Q = 0$$

6.2 Vektorfelder mit Quellen und Senken

Gehen wir einfach davon aus, dass das Feld von einer homogenen kugelsymmetrischen Ladungsverteilung erzeugt wird. Um die Feldstärke in deren Inneren zu ermitteln, benutzen wir den Gaußschen Integralsatz:

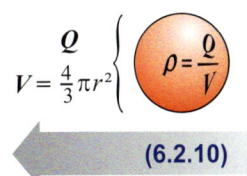

$$r < R, \; \rho = \frac{Q}{\frac{4}{3}\pi R^3} : \oint_{\partial V} \vec{E} \cdot d\vec{A} = E \cdot 4\pi r^2 = \frac{\rho}{\varepsilon_0} \int_{(V)} dV = \frac{\rho}{\varepsilon_0} \cdot \frac{4}{3}\pi r^3 \Rightarrow \vec{E} = \frac{\rho}{3\varepsilon_0} r \cdot \frac{\vec{r}}{r}$$ (6.2.10)

Das Hüllenintegral links ist das gleiche wie in (6.2.6). Die felderzeugende Ladung auf der rechten Seite hängt wegen der Konstanz der Raumladungsdichte nur vom (Kugel-)Volumen der Hülle ab. Die Feldstärke am Ort r, die sich nach Auflösung der Gleichung nach E ergibt, ist proportional zum Abstand des Ortes vom Mittelpunkt. Schauen wir, ob die Divergenz dieses Feldes Rätsel aufgibt:

Trotz Ladung rund herum: Im Kugelmittelpunkt ist die Feldstärke gleich null.

$$\frac{\vec{r}}{r} = \vec{e}_r, \; E_r = \frac{\rho}{3\varepsilon_0} r : \; \vec{\nabla} \cdot \vec{E}(r) = \frac{1}{r^2}\frac{\partial (r^2 \cdot E_r)}{\partial r} = \frac{1}{r^2} \frac{\rho}{3\varepsilon_0} \frac{\partial}{\partial r}(r^2 \cdot r) = \frac{\rho}{\varepsilon_0}$$ (6.2.11)

Die Divergenz liefert „ordnungsgemäß" die felderzeugende Ladungsdichte zurück – und nicht wie in (6.2.8) eine Null – wir sind beruhigt und konstatieren: Elektrische Ladungen sind **echte** Quellen bzw. Senken des E-Feldes.

Ein weiteres wichtiges felderzeugendes System ist der sogenannte *Plattenkondensator*. Hier stehen sich zwei entgegengesetzt geladene metallische Platten (Fläche A, Abstand d) gegenüber. Wie *Bild 6.2.3* zeigt, handelt es sich nicht mehr um ein einfach zu beschreibendes Feld. (Beachten Sie die Richtung der Feldlinien: immer von der Quelle zur Senke – von „plus nach minus".) Eine einfache Berechnung des Feldes wie in (6.2.7) ist nur möglich, wenn man annimmt, dass sich die Platten sehr dicht gegenüberstehen – sehr viel kleiner als im Bild gezeichnet. In diesem Fall kann das E-Feld in guter Näherung zwischen den Platten als homogen und außerhalb der Platten als verschwindend klein angesehen werden. Als Integrationsfläche wählen wir – im Bild gestrichelt angedeutet – eine Hülle um die positiv geladene Platte. Dann sind die Verhältnisse denkbar einfach: Zwischen den Platten liegt ein homogenes Feld in negative z-Richtung vor, die relevanten Flächenvektoren der Hülle weisen in die gleiche Richtung. Damit ergibt sich mithilfe des Gaußschen Integralsatzes:

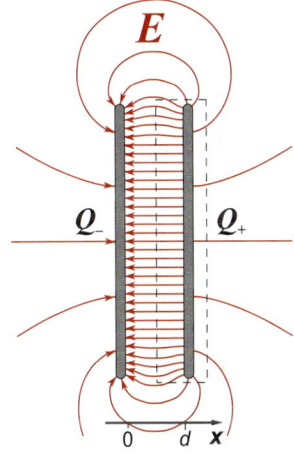

Bild 6.2.3
E-Feld eines Plattenkondensators

$$\oint_{\partial V} \vec{E} \cdot d\vec{A} \approx EA = \frac{1}{\varepsilon_0} Q_+ \Rightarrow E = \frac{1}{\varepsilon_0}\frac{Q_+}{A}, \; \vec{E} = -\frac{1}{\varepsilon_0}\frac{Q_+}{A}\vec{e}_x$$ (6.2.12)

Für das Potenzial gilt das Gleiche wie für das lokale Gravitationsfeld der Erde (s. (5.5.8)). Es wächst in Feldrichtung proportional zur jeweiligen Koordinate.

$$\varphi(x,y,z) = -\int_{x_0,y_0,z_0}^{x,y,z} \vec{E} \cdot d\vec{s} = -\int_0^x \left(-\frac{1}{\varepsilon_0}\frac{Q_+}{A}\right) dx = \frac{1}{\varepsilon_0}\frac{Q_+}{A} \cdot x$$ (6.2.13)

Die Potenzialdifferenz/Spannung zwischen den beiden Platten erhält man durch einsetzen des Plattenabstandes d. Eine wichtige Kenngröße eines felderzeugenden Systems ist die felderzeugende Ladung bezogen auf die Spannung – sie heißt *Kapazität* (des felderzeugenden Systems). Für dieses System ergibt sich:

(6.2.14)

$$U = \varphi(d,0,0) - \varphi(0,0,0): \quad U = \frac{1}{\varepsilon_0}\frac{Q_+}{A}\cdot d \;\Rightarrow\; C = \frac{Q_+}{U} = \underline{\underline{\varepsilon_0 \frac{A}{d}}}$$

Einheit für Kapazitäten:

$$[C] = \frac{[Q]}{[U]} = \frac{C}{V} = F(\text{arad})$$

(6.2.15)

Eine Kapazität lässt sich ebenfalls für eine geladene Kugel ermitteln. Die Potenzialdifferenz zwischen der positiv geladenen Kugeloberfläche und den im Unendlichen befindlichen Ladungen liefert (5.5.9) – man braucht nur unter r den Kugelradius zu verstehen.

$$U = \frac{Q_+}{4\pi\varepsilon_0}\cdot\frac{1}{r} \;\Leftrightarrow\; C = \frac{Q_+}{U} = \underline{\underline{4\pi\varepsilon_0 r}}$$

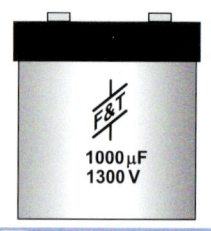

Um zwischen materiellen Körpern ein E-Feld aufzubauen ist Energie erforderlich. Im „ungeladenen" Zustand enthalten die Körper gleich viel positive und negative Ladungen. Löst man aus einem Körper eine positive Ladung dQ heraus und schafft Sie zu dem anderen Körper, ist der positiv aufgeladen. In dem Gegenstück fehlt eine positive Ladung und die negativen überwiegen. Der Körper ist negativ geladen. Gleichzeitig hat sich eine Spannung aufgebaut, die für weitere Transporte überwunden werden muss und sich nach jedem Transport weiter erhöht. Zur Ermittlung der Energie gilt daher nicht (5.5.6), sondern es müssen infinitesimale Energiebeiträge aufsummiert werden:

(6.2.16)

$$U(Q) = \frac{Q}{C}: \quad W(Q) = \int_0^Q U(Q)\mathrm{d}Q = \frac{1}{C}\int_0^Q Q\,\mathrm{d}Q = \frac{1}{2}\frac{Q^2}{C} = \underline{\underline{\frac{1}{2}CU^2}}$$

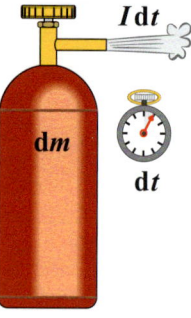

Fahndet man in einem Katalog für elektronische Bauelemente nach Systemen mit besonders hohen Kapazitäten, findet man sogenannte Kondensatoren der Größenordnung 1000 µF, die eine Spannung von 1300 V vertragen (Beispiel: Energy-Cap-Serie von F&T). Die Energie, die so ein System speichern kann beträgt 845 Joule. Das reicht gerade einmal, um 100 ml Wasser um 2 °C zu erwärmen. Das Besondere an diesen Bauteilen ist nicht die Höhe der Energie, sondern die rasant kurze Zeit, in der diese Energie abrufbar ist. Das ist auch beim Abbau eines atmosphärischen E-Feldes in Form eines Blitzes der Fall. Es entwickeln sich gewaltige Energieströme, die allerdings nur den Bruchteil einer Millisekunde währen.

Bild 6.2.4
Gasflasche mit geöffnetem Ventil

Das Rüstzeug aus Abschnitt 6.1 und eine Gasflasche (s. Bild 6.2.4) ermöglichen, die verallgemeinerte *Kontinuitätsgleichung* zu verstehen. Sobald das Ventil etwas geöffnet wird, strömt im Zeitintervall dt eine Gasmenge $I\cdot \mathrm{d}t$ aus. I ist dabei der Massenstrom in kg/s. Im Flascheninneren vermindert sich die Masse um dm.

(6.2.17)

$$I\mathrm{d}t = -\mathrm{d}m = -\frac{\partial m}{\partial t}\mathrm{d}t \quad \text{bzw.} \quad \underline{\underline{I = -\frac{\partial m}{\partial t}}}$$

Gemäß (5.3.5) lässt sich der Massenstrom als Hüllenintegral über die Stromdichte **J** schreiben. Da hier die Ausströmöffnung die einzige Fläche ist, durch die etwas strömen kann, reduziert sich in diesem speziellen Beispiel die Hülle auf diese kleine Fläche. Die Massenverminderung – gleichbedeutend mit einer Abnahme der Dichte – kann als Volumenintegral ausgedrückt werden:

6.2 Vektorfelder mit Quellen und Senken

$$I\,dt = \left(\int_{(\partial V)} \vec{J} \cdot d\vec{A}\right) dt = -\frac{\partial}{\partial t}\left(\int_{(V)} \rho\,dV\right) dt = -\left(\int_{(V)} \frac{\partial \rho}{\partial t} dV\right) dt \bigg| : dt \qquad (6.2.18)$$

Der Gaußsche Integralsatz erlaubt, das Hüllenintegral in ein Volumenintegral umzuformen. Eine Gleichheit der beiden Volumenintegrale in (6.2.19) für **alle** möglichen Integrationsgebiete (V) ist dann und nur dann möglich, wenn deren Integranden gleich sind. Die oben Kontinuitätsgleichung genannte Relation (s. rechts in (6.2.2)) galt nur für die laminare Strömung inkompressibler Medien, jetzt liegt eine Kontinuitätsgleichung vor, die ohne derartige einschneidende Voraussetzungen auskommt. Die kompakte Darstellung dieser Gleichung tarnt deren Borsten: Es handelt sich um eine vierstellige partielle Differenzialgleichung.

$$\int_{(\partial V)} \vec{J} \cdot d\vec{A} = \int_{(V)} \nabla \cdot \vec{J}\,dV = -\int_{(V)} \frac{\partial \rho}{\partial t} dV \;\Leftrightarrow\; \underline{\underline{\vec{\nabla} \cdot \vec{J} = -\frac{\partial \rho}{\partial t}}} \qquad (6.2.19)$$

Da die Dichte als skalares Feld auch vom Ort abhängig sein kann, muss die zeitliche Dichteänderung durch eine partielle Ableitung ausgedrückt werden. Die Kontinuitätsgleichung besagt, dass keine Masse verschwinden oder aus dem Nichts entstehen kann. Sobald Gas ausströmt, verringert sich die Dichte im Inneren der „Hülle". Beim Füllen der Flasche erhöht sich die Dichte. Wäre die Flasche mit einem inkompressiblen Medium gefüllt – wie beispielsweise mit Wasser, ergäbe sich bei Öffnung des Ventils keine nennenswerte Dichteänderung. Die Kontinuitätsgleichung geht dann in Gleichung (6.2.1) über. Die Kontinuitätsgleichung gilt ebenfalls streng für elektrische Ladungen. Aus der Massenstromdichte wird die (elektrische) Stromdichte und aus der (Massen-)Dichte die Raumladungsdichte.

> **Aufgabe:**
> Ermitteln Sie mithilfe des Gaußschen Integralsatzes das elektrische Feld und die Kapazität des in Bild 6.2.4 dargestellten Koaxialsystems ($L \gg R_2$). Gehen Sie von einem idealen radialsymmetrischen Feld aus. Das „Streu-Feld" außerhalb des Systems können Sie vernachlässigen.

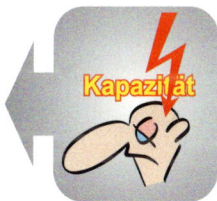

Aufgabe 6.2.1

> **Lösungsvorschlag:**
> Die Integrationsfläche ∂V sei die Oberfläche eines Zylinders der Länge L und mit dem Radius r ($R_1 \le r \le R_2$). Das E-Feld hat nur radiale Komponenten.
>
> $$\int_{\partial V} \vec{E} \cdot d\vec{A} \approx E \cdot 2\pi r L = \frac{1}{\varepsilon_0} Q_+ \;\Rightarrow\; E(r) = \frac{1}{2\pi L \varepsilon_0}\frac{Q_+}{r}$$
>
> $$\varphi(r) = -\int_{R_2}^{r} E \cdot dr = -\frac{Q_+}{2\pi L \varepsilon_0}\int_{R_2}^{r}\frac{dr}{r} = \frac{Q_+}{2\pi L \varepsilon_0}\ln\left(\frac{R_2}{r}\right)$$
>
> $$U = \varphi(R_1): \quad C = \frac{Q_+}{U} = \underline{\underline{\frac{2\pi L \varepsilon_0}{\ln(R_2/R_1)}}}$$

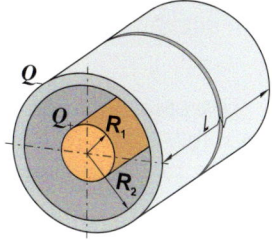

Bild 6.2.5
Querschnitt eines Koaxialsystems

6.3 Von Potenzialen, Monopolen und Multipolen

Stationäres E-Feld (auch elektrostatisches Feld): Die felderzeugenden Ladungen sind „festgenagelt" und kein Störenfried rüttelt daran.

Mit der zweiten Maxwellschen Gleichung in (6.2.3) ist gesichert, dass stationäre (statische) elektrische Felder immer Potenzialfelder sind. Das heißt, zu einem E-Feld existiert immer eine Potenzialfunktion φ, aus deren Gradienten sich wiederum das Vektorfeld ergibt. Daher reduziert sich gemäß (6.1.8) die Suche nach den drei Komponenten des E-Feldes (**drei** dreistelligen Funktionen) auf die nach einer einzigen skalaren Funktion – der Potenzialfunktion.

(6.3.1)
$$\vec{E} = -\vec{\nabla}\varphi \;\Rightarrow\; \vec{\nabla}\cdot\vec{E} = -\vec{\nabla}\cdot\vec{\nabla}\varphi = -\Delta\varphi: \;\; \vec{\nabla}\cdot\vec{E} = \frac{1}{\varepsilon_0}\rho \;\Leftrightarrow\; \underline{\underline{\Delta\varphi = -\frac{1}{\varepsilon_0}\rho}}$$

In der E-Lehre sind Potenzialdifferenzen (Spannungen) leichter messbar als Feldstärken.

Die unterstrichene Gleichung heißt *Poisson-Gleichung*. Da es in der Praxis häufig „nur" um Energiedifferenzen geht, sind Potenziale hilfreicher als die zugehörigen Vektorfelder. Die Gleichung spielt deshalb in der Elektrostatik eine zentrale Rolle. Natürlich darf der kompakte Laplace-Operator nicht täuschen. Man hat weiterhin mit partiellen Differenzialgleichungen zu tun – jetzt nur mit einer, aber zweiter Ordnung. Lassen Sie uns zumindest den einfachsten Fall – nämlich das Potenzial einer kugelförmigen homogenen Raumladung – durchrechnen.

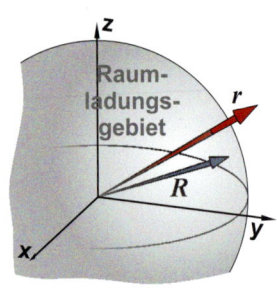

Außerhalb des Raumladungsgebiets ist die Raumladungsdichte gleich null. Aus der (inhomogenen) Poisson-Gleichung wird eine homogene Gleichung, die dann traditionell *Laplace-Gleichung* heißt. Wegen der Kugelsymmetrie verbleibt in unserem Spezialfall r als einzige Variable. Deswegen vereinfacht sich der Laplace-Operator in Kugelkoordinaten (s. Merksatz 6.1.3) drastisch. Man erhält eine freundliche gewöhnliche Differenzialgleichung:

(6.3.2)
$$r > R: \; \frac{1}{r^2}\frac{\mathrm{d}}{\mathrm{d}r}\left(r^2\frac{\mathrm{d}\varphi}{\mathrm{d}r}\right) = 0$$

Um die Gleichung zu erfüllen, muss der in der Klammer stehende Ausdruck konstant sein. Benennen wir die Konstante mit K:

(6.3.3)
$$r^2\frac{\mathrm{d}\varphi}{\mathrm{d}r} = K \;\bigg|:r^2 \;\Rightarrow\; \frac{\mathrm{d}\varphi}{\mathrm{d}r} = \frac{K}{r^2} \;\bigg|\int\ldots\mathrm{d}r \;\Rightarrow\; \varphi = -\frac{K}{r} + D, \;\; \varphi(\infty):=0 \Rightarrow D = 0$$

Die Lösung des homogenen Teils ist mit (6.3.3) bereits gefunden.

Die zweite Integrationskonstante ist gleich null, wenn das Potenzial im Unendlichen verschwinden soll. Damit ergibt sich schon einmal die $1/r$-Abhängigkeit des Potenzials. Innerhalb des Raumladungsgebiets ($0 < r \leq R$) liegt eine inhomogene Differenzialgleichung vor – wir suchen dazu ein Partikulärintegral:

(6.3.4)
$$0 < r \leq R: \begin{cases} \dfrac{1}{r^2}\dfrac{\mathrm{d}}{\mathrm{d}r}\left(r^2\dfrac{\mathrm{d}\varphi}{\mathrm{d}r}\right) = -\dfrac{\rho}{\varepsilon_0} \;\bigg|\cdot r^2 \;\Rightarrow\; \dfrac{\mathrm{d}}{\mathrm{d}r}\left(r^2\dfrac{\mathrm{d}\varphi}{\mathrm{d}r}\right) = -\dfrac{\rho}{\varepsilon_0}r^2 \;\bigg|\int\ldots\mathrm{d}r \\[2ex] r^2\dfrac{\mathrm{d}\varphi}{\mathrm{d}r} = -\dfrac{\rho}{3\varepsilon_0}r^3 \;\bigg|:r^2 \;\Rightarrow\; \dfrac{\mathrm{d}\varphi}{\mathrm{d}r} = -\dfrac{\rho}{3\varepsilon_0}r \end{cases}$$

6.3 Von Potenzialen, Monopolen und Multipolen

An der Kugeloberfläche müssen die Feldstärken ($E = -d\varphi/dr$) innen (s. (6.3.4)) und außen (s. 2. Gleichung in (6.3.3)) gleich sein. Damit eröffnet sich endlich die Möglichkeit, die fehlende Integrationskonstante K festzulegen:

$$\rho = \frac{Q}{V} = \frac{Q}{\frac{4}{3}\pi R^3} : \quad \left.\frac{d\varphi}{dr}\right|_R = -\frac{\rho}{3\varepsilon_0}R = -\frac{Q}{\frac{4}{3}\pi R^3 \, 3\varepsilon_0}R = \frac{K}{R^2} \;\Rightarrow\; K = -\frac{Q}{4\pi\varepsilon_0}$$ (6.3.5)

Setzen wir schließlich die Integrationskonstante K in die Lösung des homogenen Teils (6.3.3) ein, ergibt sich das Potenzial einer kugelsymmetrischen räumlich begrenzten Raumladung (*Coulombpotenzial*) (vgl. (5.5.9)):

$$\varphi(r) = \frac{1}{4\pi\varepsilon_0}\frac{Q}{r} \quad \text{bzw.} \quad \varphi(\vec{r}) = \frac{1}{4\pi\varepsilon_0}\frac{Q}{|\vec{r}|} \quad \text{mit} \; |\vec{r}| = \sqrt{\vec{r}\cdot\vec{r}} = \sqrt{x^2+y^2+z^2}$$ (6.3.6)

Erstaunlich: Eine begrenzte kugelsymmetrische Raumladung erzeugt dasselbe Potenzial wie eine Punktladung (vgl. (6.2.6)).

Tatsächlich ist nicht die Homogenität der Raumladung, sondern die Kugelsymmetrie entscheidend.

Das Erstellen grafischer Darstellungen von Potenzialfunktionen gleicht den in *Abschnitt 3.3* beschriebenen Verfahren. Die *Höhenlinien* haben hier die Bedeutung von *Äquipotenziallinien*. Da nur die Darstellung ebener Felder möglich ist, muss eine Variable zum Parameter degradiert werden. Das folgende Bild zeigt die räumliche Darstellung des Coulomb-Potenzials, so wie sie beispielsweise von Excel für $z = 0$ angeboten wird.

Willkommene Arbeitserleichterung: Zur grafischen Darstellung skalarer Felder ist keine Stromfunktion erforderlich.

Beachten Sie den Kletterer!

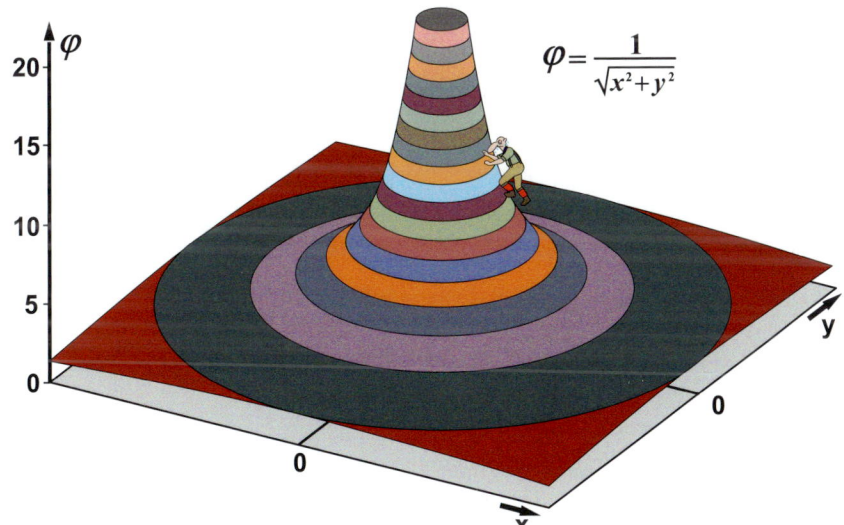

Bild 6.3.1
Potenzial einer punktförmigen positiven Ladung (Excel mag es bunt)

Der „Kletterer" – stellvertretend für einen positiv geladener Körper – erhöht sein Potenzial und soll den Zusammenhang zwischen Potenzial und Vektorfeld zeigen. Die Feldstärke weist in Richtung des negativen Gradienten, d. h. der Kletterer arbeitet sich in Gegenfeldrichtung nach „oben". Aufwendige perspektivische Darstellungen von Potenzialen vermeidet man möglichst und verschafft sich anhand der Äquipotenziallinien einen Überblick über die Potenzialverhältnisse. In Abschnitt 3.2 konnten die Höhenlinienbilder (z. B. Bild 3.3.2) einen guten Ein-

Ein mühseliges „Gegenan"

druck vermitteln. Wegen der Existenz von Polstellen ist das bei Potenzialfunktionen punktförmiger Ladungen anders. Wegen der hohen Liniendichteunterschiede der Äquipotenziallinien werden quantitativ korrekte Darstellungen erschwert.

Die verkehrte Welt der Elektrizität: Der negativ geladene Körper stürzt in negative Feldrichtung den Potenzialberg hinauf.

Die Polstelle: Für negative Ladungen ein Schlund – für positive Ladungen eine unbezwingbare Erhebung

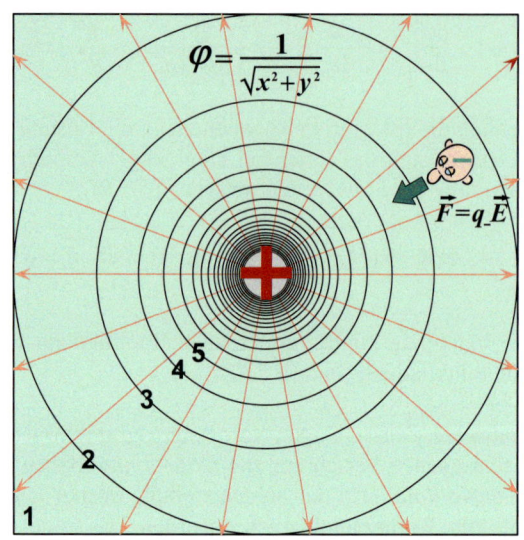

Bild 6.3.2
Äquipotenziallinien mit untergelegtem Feldlinienbild in der Umgebung einer Polstelle

Die Feldstärke ergibt sich aus dem (negativen) Gradienten des Potenzials. An einem bestimmten Ort auf einer Äquipotenziallinie (φ = konst.) gilt dort für ein Linienelement dr der Äquipotenziallinie:

(6.3.7)

$$\left(\varphi = \text{konst.} \Leftrightarrow \mathrm{d}\varphi = \frac{\partial \varphi}{\partial x}\mathrm{d}x + \frac{\partial \varphi}{\partial y}\mathrm{d}y = \underbrace{\vec{\nabla}\varphi}_{=-\vec{E}}\cdot \mathrm{d}\vec{r} = 0\right) \Rightarrow \vec{E}\cdot \mathrm{d}\vec{r} = 0 \Leftrightarrow \underline{\underline{\vec{E} \perp \mathrm{d}\vec{r}}}$$

Zur Erinnerung: Feldlinien sind Höhenlinien der zugehörigen Stromfunktion Ψ.

Feldstärkevektor und Linienelement der Äquipotenziallinie sind zueinander orthogonal. Da Feldstärkevektor und das Linienelemente der zugehörigen Feldlinie d$\vec{r}_F$ kollinear sind, gelten folgenden Orthogonalitäten:

(6.3.8)

$$\left.\begin{array}{ll}\text{Feldlinie:} & \vec{\nabla}\Psi \cdot \mathrm{d}\vec{r}_F = 0 \Rightarrow \vec{\nabla}\Psi \perp \mathrm{d}\vec{r}_F \\ \text{Äquipot.linie:} & \vec{\nabla}\varphi \cdot \mathrm{d}\vec{r} = 0 \Rightarrow \vec{\nabla}\varphi \perp \mathrm{d}\vec{r}_{\ddot{A}}\end{array}\right\} \mathrm{d}\vec{r}_F \perp \mathrm{d}\vec{r} \Rightarrow \underline{\underline{\vec{\nabla}\Psi \cdot \vec{\nabla}\varphi = 0}}$$

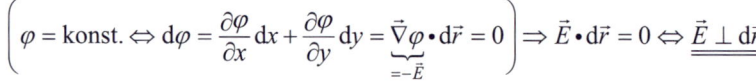

Führt man das skalare Produkt der Gradienten aus, so ist zu erkennen, dass der Zusammenhang der Stromfunktion mit der Potenzialfunktion durch ein System aus zwei partiellen Differenzialgleichungen beschrieben werden kann:

(6.3.9)

$$\left(\vec{e}_x \frac{\partial \varphi}{\partial x} + \vec{e}_y \frac{\partial \varphi}{\partial y}\right) \cdot \left(\vec{e}_x \frac{\partial \Psi}{\partial x} + \vec{e}_y \frac{\partial \Psi}{\partial y}\right) = \frac{\partial \varphi}{\partial x} \cdot \frac{\partial \Psi}{\partial x} + \frac{\partial \varphi}{\partial y} \cdot \frac{\partial \Psi}{\partial y} = 0 \Leftarrow \begin{cases} \dfrac{\partial \varphi}{\partial x} = \dfrac{\partial \Psi}{\partial y} \\ \wedge\ \dfrac{\partial \varphi}{\partial y} = -\dfrac{\partial \Psi}{\partial x}\end{cases}$$

Gehören eigentlich in die Funktionentheorie (Analysis III)

Die beiden Gleichungen heißen *Cauchy-Riemannsche Differenzialgleichungen* und tauchen an dieser Stelle unvermutet auf. Sie ermöglichen hier, aus einer Potenzialfunktion die Stromfunktion zur Darstellung eines ebenen Feldlinienbildes zu finden.

6.3 Von Potenzialen, Monopolen und Multipolen

Wenn bei der Poisson-Gleichung (s. (6.3.1)) aufgrund fehlender Symmetrien der Raumladung mehr als nur eine Variable ins Spiel kommt, kann die Ermittlung der zugehörigen Potenzialfunktion aufwendig werden. Da die Poisson-Gleichung linear ist, gilt das Superpositionsprinzip ebenfalls für Potenzialfunktionen. Das werden wir ausnutzen, um uns weitere Potenzialfunktionen durch die „Hintertür" zu verschaffen.

Eine Freundlichkeit der Natur: lineare Gleichungen

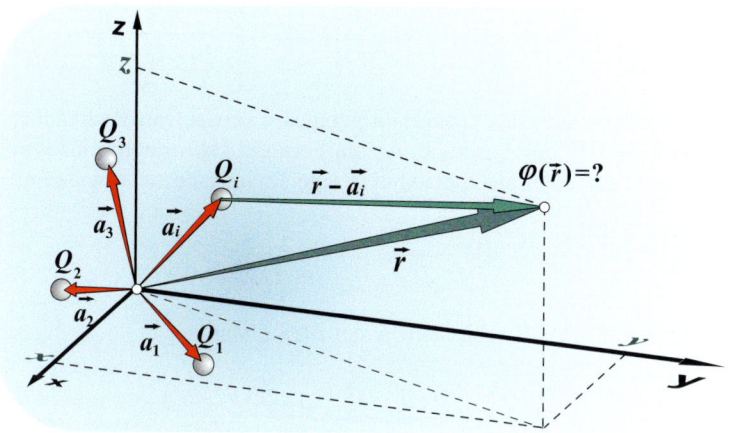

Die punktförmigen Ladungen sind hier wieder durch Kugeln illustriert.

Bild 6.3.3
Planfigur zur Ermittlung des Potenzials mehrerer punktförmiger Ladungen

In *Bild 6.3.3* produzieren exemplarisch vier punktförmige Ladungen ein *E*-Feld. Wir suchen nicht die Feldstärke, sondern das Potenzial dieses Ensembles am Ort (x, y, z). Der Koordinatenursprung sei so gewählt, dass er mit dem Ladungsschwerpunkt des Ensembles zusammenfällt. Ladungsschwerpunkte sind genauso definiert wie Massenschwerpunkte, es muss lediglich die Körpereigenschaft „Masse" durch „elektrische Ladung" ausgetauscht werden (*vgl.* (2.11.8)):

Es gibt drei Ladungsschwerpunkte!

$$\text{Gesamt: } \vec{r}_s = \frac{\sum_{i=1}^{n} Q_i \vec{r}_i}{\sum_{i=1}^{n} Q_i}, \text{ positiv: } \vec{r}_s^+ = \frac{\sum_{i=1}^{m+} Q_i^+ \vec{r}_i}{\sum_{i=1}^{m+} Q_i^+}, \text{ neagtiv: } \vec{r}_s^- = \frac{\sum_{i=1}^{m-} Q_i^- \vec{r}_i}{\sum_{i=1}^{m-} Q_i^-}$$

(6.3.10)

Von Interesse ist hier der Ladungsschwerpunkt aller felderzeugenden Ladungen: Alle Ladungen müssen mit Vorzeichen eingesetzt werden. In *Bild 6.3.1* ist $r_s = 0$. Für viele Betrachtungen sind auch die separaten Ladungsschwerpunkte der positiven oder der negativen Ladungen nützlich.

Jetzt überlagern wir Potenziale mehrerer Punktladungen (6.3.6). Wie man Funktionen vom Koordinatenursprung auslagert, wurde bereits in *Merksatz 5.1.2* und am Beispiel der Stromfunktion behandelt.

$$\varphi(\vec{r}) = \frac{1}{4\pi\varepsilon_0} \left(\frac{Q_1}{|\vec{r} - \vec{a}_1|} + \frac{Q_2}{|\vec{r} - \vec{a}_2|} + \cdots + \frac{Q_i}{|\vec{r} - \vec{a}_i|} + \cdots + \frac{Q_n}{|\vec{r} - \vec{a}_n|} \right)$$

(6.3.11)

In unmittelbarer Nähe einer der felderzeugenden Ladungen, dürfte nur das Feld dieser Ladung maßgeblich sein. Die anderen haben wegen der größeren Abstände nur einen untergeordneten Einfluss. Der andere Grenzfall ist das *Fernfeld* des

„a" steht für Abstand vom Koordinatenursprung.

kompletten Ensembles. Unter Fernfeld versteht man i. Allg. das Feld, welches in einem Bereich vorherrscht, in dem die Abstände (= Betrag des Ortsvektors) groß im Vergleich zu denen der felderzeugenden Ladungen untereinander sind. Um herauszufinden, ob sich das Fernfeld von (6.3.11) durch handlichere Näherungsfelder erfassen lässt, kümmern wir uns zunächst nur um das Einzelfeld der *i*-ten Ladung (die konstanten Faktoren bleiben „draußen vor"):

Für das Fernfeld können sinnvolle Näherungen möglich sein.

(6.3.12)

$$\frac{Q_i}{|\vec{r}-\vec{a}_i|} = \frac{Q_i}{\sqrt{(\vec{r}-\vec{a}_i)\cdot(\vec{r}-\vec{a}_i)}} = \frac{Q_i}{\sqrt{\vec{r}^2 - 2\vec{r}\cdot\vec{a}_i + a_i^2}} = \frac{Q_i}{r}\frac{1}{\sqrt{1-(2\vec{r}\cdot\vec{a}_i - a_i^2)/r^2}}$$

Nach dem Ausklammern des Ortsvektorbetrages *r* entsteht im Radikanden der Wurzel neben der „1" ein Ausdruck, der im Fernfeld klein gegen eins wird. Es könnte sinnvoll sein, das Einzelpotenzial in eine Taylorreihe zu entwickeln:

Taylorreihe: Immer ein erwägenswertes Werkzeug

(6.3.13)

$$x := \frac{2\vec{r}\cdot\vec{a}_i - a_i^2}{r^2} \ll 1: \quad \frac{1}{\sqrt{1-x}} = 1 + \frac{1}{2}x + \frac{3}{8}x^2 + \frac{5}{16}x^3 + \ldots$$

Damit ergibt sich für das Einzelpotenzial der *i*-ten Ladung:

(6.3.14)

$$\frac{Q_i}{|\vec{r}-\vec{a}_i|} = \frac{Q_i}{r}\left(1 + \frac{1}{2}\frac{2\vec{r}\cdot\vec{a}_i - a_i^2}{r^2} + \frac{3}{8}\frac{(2\vec{r}\cdot\vec{a}_i - a_i^2)^2}{r^4} + \ldots\right)$$

Möglicherweise lassen sich im Fernfeld Summanden vernachlässigen.

Durch Ersetzen der Summanden in (6.3.9) durch (6.3.14) ergibt sich zwar eine unendliche Summe, man könnte aber im Hinblick auf das Fernfeld versuchen, deren Summanden umzuordnen. Als Ordnungskriterium bietet sich die Potenz der Beträge der im Nenner der Summanden an.

(6.3.15)

$$\varphi(\vec{r}) = \frac{1}{4\pi\varepsilon_0}\left(\underbrace{\frac{\sum_i Q_i}{r}}_{\text{Monopol}} + \underbrace{\frac{1}{2}\frac{\sum_i Q_i 2\vec{r}\cdot\vec{a}_i}{r^3}}_{\text{Dipolterm}} \underbrace{- \frac{1}{2}\frac{\sum_i Q_i a_i^2}{r^3} + \frac{3}{8}\frac{\sum_i Q_i (2\vec{r}\cdot\vec{a}_i)^2}{r^5}}_{\text{Quadrupolterm}} + \ldots\right)$$

Die Darstellung ist unübersichtlich und muss ins „Kosmetikstudio"! Der erste Summand in der Klammer gleicht (zusammen mit dem Vorfaktor) dem Coulomb-Potenzial einer punktförmigen Ladung – wir können ihn hier optional *Monopolterm* nennen. Die Ladung („*Monopolmoment*") ist gleich der Summe der Einzel-Ladungen des Ensembles. Im nächsten Term – er heißt *Dipolterm* – kürzt sich in Zähler und Nenner ein „*r*" heraus, wenn man den Ortsvektor als Produkt aus Betrag und Einheitsvektor darstellt. Dann wird deutlich, dass der Dipolterm nicht mit $1/r^3$, sondern nur mit $1/r^2$ abnimmt. Wegen der Linearität des Skalarprodukts lässt sich der Einheitsvektor ausklammern. Damit ergibt sich für das *Dipolpotenzial*:

Immer möglich:
$\vec{r} = r\vec{e}$ mit $r = |\vec{r}|$

(6.3.16)

$$\varphi_{\text{Dipol}}(\vec{r}) = \frac{1}{4\pi\varepsilon_0}\frac{(\sum_i Q_i \vec{a}_i)\cdot\vec{e}}{r^2} \quad \text{bzw.} \quad \frac{1}{4\pi\varepsilon_0}\frac{\vec{p}\cdot\vec{e}}{r^2} \quad \text{mit } \vec{p} = \sum_i Q_i \vec{a}_i \text{ und } \vec{e} = \frac{\vec{r}}{r}$$

Die Summe der Produkte aus den Ladungen und Abstandsvektoren heißt *Dipolmoment*. Im nächsten Summand in der Klammer von (6.3.15) wurden alle Terme, die nach dem Kürzen eine $1/r^3$-Abhängigkeit aufweisen, zusammengefasst. Das Konglomerat heißt *Quadrupolterm*. Noch stärker abfallende Summanden werden

6.3 Von Potenzialen, Monopolen und Multipolen

weiter gereicht. Leider lässt sich eine kompakte Darstellung des $1/r^3$-Terms nur an der Haaren herbeiziehen: Das „Monopolmoment" ist gleich der Ladungssumme und somit ein Skalar. Das Dipolmoment lässt sich wie jeder Vektor als Tensor 1. Stufe auffassen. Vielleicht wäre es möglich, für den Quadrupolterm einen Tensor 2. Stufe zusammenzubasteln.

Die Potenz des Ortsvektors im Nenner bestimmt die Zugehörigkeiten der Summanden – aber nicht deren ursprüngliche Position in der Taylorreihe.

$$\frac{3}{8}\frac{\sum_i Q_i (2\vec{r}\cdot\vec{a}_i)^2}{r^5} - \frac{1}{2}\frac{\sum_i Q_i a_i^2}{r^3} = \frac{1}{2}\frac{\sum_i Q_i \left(3(\vec{e}\cdot\vec{a}_i)^2 - a_i^2\right)}{r^3} := \frac{\vec{e}^{\mathrm{T}} \mathcal{Q} \vec{e}}{r^3}$$

(6.3.17)

Das kompakte Dreierprodukt rechts in (6.3.17) bestehend aus Zeilenvektor, Matrix und Spaltenvektor beruht auf der Möglichkeit, quadrierte Summen – wie hier beispielsweise das quadrierte ausmultiplizierte Skalarprodukt – als Matrixprodukt darzustellen:

Funktioniert genauso mit drei Summanden.

$$(\vec{e}\cdot\vec{a})^2 = (e_x a_x + e_y a_y)^2 = (e_x, e_y)\begin{pmatrix} a_x^2 & a_x a_y \\ a_y a_x & a_y^2 \end{pmatrix}\begin{pmatrix} e_x \\ e_y \end{pmatrix} := \vec{e}^{\mathrm{T}}\mathcal{A}\vec{e} \text{ mit } \mathcal{A}_{\alpha\beta} := a_\alpha a_\beta$$

(6.3.18)

Die in (6.3.18) mit $\mathcal{A}$ benannte Matrix ist wegen der Kommutativität des Produkts reeller Zahlen symmetrisch. Die Berücksichtigung des Summanden $(-a^2)$ in (6.3.17) gelingt, da ein konstanter Summand mithilfe der Einheitsmatrix E ebenfalls als Dreierprodukt darstellbar ist. Die zugehörigen Matrixelemente lassen sich elegant mithilfe der Kronecker δ-Funktion (s. (2.12.17)) formulieren:

$$c \in \mathbb{R}: cE = \begin{pmatrix} c & 0 & 0 & \cdots \\ 0 & c & 0 & \cdots \\ 0 & 0 & c & \\ \vdots & \vdots & & \ddots \end{pmatrix}$$

$$\vec{e}^{\mathrm{T}}\vec{e} = 1, \vec{e}^{\mathrm{T}} E \vec{e} = 1 \Rightarrow \vec{e}^{\mathrm{T}}(a^2 E)\vec{e} = a^2$$
$$3(\vec{e}\cdot\vec{a})^2 - a^2 = \vec{e}^{\mathrm{T}}(3\mathcal{A} - a^2 E)\vec{e} \text{ mit } (\cdots)_{\alpha\beta} = 3 a_\alpha a_\beta - \delta_{\alpha\beta} a^2$$

(6.3.19)

Zur Konstruktion des Tensors des kompletten Ladungsensembles werden die Matrixelemente in (6.3.19) mit Indizes (a_i) und Faktoren (Q_i) ausgefüttert und aufsummiert. Für die (Matrix-)Elemente des Quadrupoltensors ergibt sich dann:

Leider ein Benennungskonflikt: Ladung Q, Quadrupoltensor $\mathcal{Q}$, dessen Elemente $\mathcal{Q}_{\alpha\beta}$.

$$\mathcal{Q}_{\alpha\beta} = \frac{1}{2}\sum_i Q_i \left(3 a_{\alpha,i} a_{\beta,i} - a_i^2 \delta_{\alpha\beta}\right) \text{ mit } \vec{a}_i = \begin{pmatrix} a_{x,i} \\ a_{y,i} \\ a_{z,i} \end{pmatrix}, a_i^2 = |\vec{a}_i|^2, \alpha,\beta \in \{x,y,z\}$$

(6.3.20)

Tatsächlich besitzt der Quadrupoltensor $\mathcal{Q}$ nur fünf unabhängige Matrixelemente. Drei Unabhängigkeiten fallen wegen der Symmetrie heraus. Da die *Spur der Matrix* verschwindet, ist eines der Diagonalelemente durch die anderen beiden ausdrückbar. Zusammengefasst erhält das Ergebnis der Multipolentwicklung eine ansprechende und einprägsame Form und sanktioniert so die für Einsteiger befremdliche „Matrizengymnastik".

Spur einer Matrix = Summe der Hauptdiagonalelemente

$$\varphi(\vec{r}) = \frac{1}{4\pi\varepsilon_0}\left(\frac{Q}{r} + \frac{\vec{p}\cdot\vec{e}}{r^2} + \frac{\vec{e}^{\mathrm{T}}\mathcal{Q}\vec{e}}{r^3} + \ldots\right) \text{ mit } \vec{e} = \frac{\vec{r}}{r}$$

(6.3.21)

Terme mit höheren Potenzen im Nenner spielen wegen ihrer geringen Reichweiten nur eine Rolle, wenn alle Vorgänger gleich null sind.

Allgemein spricht man von Multipolen.

Multipolmomente von Atomen und Molekülen lassen sich unter Umständen empirisch ermitteln.

An dieser Stelle ließe sich kritisch anmerken, dass es in Wirklichkeit keine punktförmigen Ladungen gibt und deshalb die hier hergeleiteten Potenzialterme irrelevant sind. Tatsächlich lassen sich Multipolentwicklungen auch bei realen Systemen durchführen und die Ergebnisse sehen den in diesem Abschnitt behandelten Feldern der Punktladungssysteme sehr ähnlich. Somit können idealisierte Multipolfelder punktförmiger Ladungen als Modelle dienen. So lässt sich beispielsweise das Fernfeld eines Wassermoleküls näherungsweise als Dipolfeld zweier Punktladungen betrachten.

Im Folgenden soll zumindest angedeutet werden, wie sich formal die Potenziale realer Systeme errechnen lassen. Eine kontinuierliche Raumladung wird in differenzielle Ladungen aufgeteilt. Die differenziellen Ladungen wiederum können als Punktladungen aufgefasst werden. Das Gesamtpotenzial setzt sich dann wie in (6.3.11) aus der „unendlichen Summe" der Potenziale der Punktladungen zusammen:

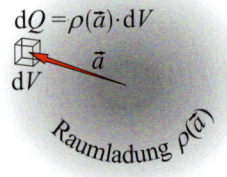

(6.3.22)

$$dQ(\vec{a}) = \rho(\vec{a})dV : \varphi(\vec{r}) = \frac{1}{4\pi\varepsilon_0} \int_{(V)} \frac{\rho(\vec{a})}{|\vec{r}-\vec{a}|} dV \quad \text{mit} \quad dV = da_x \cdot da_y \cdot da_z$$

Die Vektoren *a* sind nach wie vor Ortsvektoren, sie weisen hier auf die Orte der jeweiligen infinitesimalen „Punktladungen". Aus der Summe wird ein Volumenintegral über das Raumladungsgebiet. Beachten Sie, die Koordinaten der mit *a* bezeichneten Ortsvektoren sind hier Integrationsvariablen. Der Ortsvektor *r* ist derjenige Ort, an dem das Potenzial gesucht wird. Bezüglich der Integration ist *r* nur Parameter. Die durch das Volumenintegral definierte Potenzialfunktion ist sogar ein *Partikulärintegral* der Poisson-Gleichung (6.3.1). Man könnte anschließend die in diesem Abschnitt beschriebene Multipolentwicklung anstelle der endlichen Summe (6.3.11) mit der „unendlichen Summe" (6.3.22) durchführen. Ob die Integrale in einem vernünftigen Zeitrahmen lösbar sind, steht auf einem anderen Blatt.

Vom Partikulärintegral bis zur konkreten Lösung – ein dorniger und sehr weiter Weg.

Merksatz 6.3.1

Potenziale:
In vielen Problemstellungen, in denen Felder realer Ladungsverteilungen eine Rolle spielen, reichen Fernfeldbetrachtungen völlig aus. Diese Fernfelder lassen sich in der Regel in guter Genauigkeit durch Linearkombinationen aus Potenzialfunktionen der Multipole (Monopol-, Dipol-, Quadrupol-, ...) approximieren.

$$\varphi_{\text{Monopol}}(\vec{r}) = \frac{1}{4\pi\varepsilon_0} \frac{Q}{r}, \quad \varphi_{\text{Dipol}}(\vec{r}) = \frac{1}{4\pi\varepsilon_0} \frac{\vec{p}\cdot\vec{e}}{r^2}, \quad \varphi_{\text{Quadrupol}}(\vec{r}) = \frac{1}{4\pi\varepsilon_0} \frac{\vec{e}_r^T \mathbf{Q} \vec{e}}{r^3} \quad ; \quad \vec{e} = \frac{\vec{r}}{r}$$

Sollte ein Anteil dominieren – wie beispielsweise beim Wassermolekül der Dipolterm – dient diese Dominanz der Klassifizierung des felderzeugenden Systems (Beispiel: Wassermolekül → Dipol).
Punktladungssysteme können als Modelle für reale Systeme dienen. Die Parameter der Multipolmomente dieser Systeme (Ladungen und Abstände: Q_i, a_{xi}, a_{yi}, a_{zi}) können variiert werden, um das jeweilige Potenzial an das reale System anzupassen.

6.4 Dipole und Quadrupole konkret

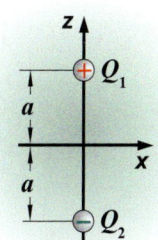

Das Potenzial eines Monopols wurde bereits am Anfang des vorherigen Abschnitts behandelt. Sehen wir uns an, wie das Potenzial eines Dipols aus zwei punktförmigen Ladungen, die längs der z-Achse aufgereiht sind, aussieht. Beide Ladungen seien betragsmäßig gleich, aber mit unterschiedlichem Vorzeichen. Für das Dipolmoment des Systems gilt gemäß (6.3.16):

$$Q_1 = -Q_2 := Q, \; \vec{a}_1 = a\boldsymbol{k}, \vec{a}_2 = -a\boldsymbol{k}; \; \vec{p} = Qa\boldsymbol{k} + (-Q)(-a\boldsymbol{k}) = Q2a\boldsymbol{k} = \underline{\underline{Qd\boldsymbol{k}}}$$ (6.4.1)

Parameterwechsel:
$d := 2a$

Da die Gesamtladung gleich null ist, fällt der Monopolterm fort. Wegen des ausschließlichen Verlaufs der Abstandvektoren in z-Richtung, könnte der Quadrupoltensor bestenfalls ein von null verschiedenes Element besitzen: Q_{zz}. Das besteht nur aus zwei Summanden, die sich wegen unterschiedlicher Vorzeichen, aber gleicher Beträge, aufheben. Wir haben daher ein „reines" Dipolpotenzial:

$$\varphi_{\text{Dipol}} = \frac{1}{4\pi\varepsilon_0} \frac{\vec{p}\cdot\vec{e}}{r^2} = \frac{Qd}{4\pi\varepsilon_0} \frac{\boldsymbol{k}\cdot\vec{e}}{r^2} = \underline{\underline{\frac{Qd}{4\pi\varepsilon_0} \frac{\cos\vartheta}{r^2}}} \; \text{bzw.} \; \underline{\underline{\frac{Qd}{4\pi\varepsilon_0} \frac{z}{r^3}}}$$ (6.4.2)

Die Tabellenkalkulation wäre überfordert.

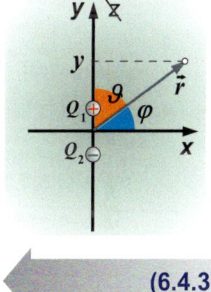

Die Dichte der Äquipotenziallinien ist in der Umgebung der Polstelle für Illustrationszwecke recht hoch. Es ist wohl besser, sich in den zweidimensionalen Raum zu begeben, um dort die Potenzialfunktion eines längs der y-Achse orientierten Phantasie-Dipols zu ermitteln. Dazu müsste allerdings die komplette Rechnung ab (6.3.2) für den zweidimensionalen Fall noch einmal durchgeführt werden. Arbeitssparender wäre es, die Potenzialfunktion des Phantasie-Dipols zu erraten. Erster Versuch: Übernehmen der Potenzialfunktion (6.4.2) und Herabsetzen der Exponenten im Nenner um eins. Parameter und Konstanten sind für Illustrationszwecke nicht erforderlich. Die Lage des Dipols in der x,y-Ebene macht noch Umbenennungen erforderlich (s. Marginalbild):

$$\varphi_{\text{Dipol}} \stackrel{?}{=} \frac{\cos\vartheta}{r} = \frac{\sin\varphi}{r} \; \text{bzw.} \; \frac{y}{r^2} = \frac{y}{x^2+y^2}$$ (6.4.3)

Erst wenn das „plattgebügelte" Dipolpotenzial der Form (6.4.3) die zweidimensionale Laplace-Gleichung tatsächlich erfüllt, ist die Rate-Methode erfolgreich. Machen wir die Probe. Wir verwenden den Laplace-Operator in Polarkoordinaten (s. Merksatz 6.1.3 „Polarkoordinaten"):

$$\frac{1}{r}\frac{\partial}{\partial r}\left(r\frac{\partial \varphi_{\text{Dipol}}}{\partial r}\right) + \frac{1}{r^2}\frac{\partial^2 \varphi_{\text{Dipol}}}{\partial \varphi^2} = \frac{\sin\varphi}{r^3} - \frac{\sin\varphi}{r^3} = 0$$ (6.4.4)

Die Laplace-Gleichung wird erfüllt – (6.4.4) kann getrost zur Illustration eines Dipolfeldes verwendet werden.

Bilder, die qualitativ richtige Aussagen liefern, sind nicht zu verachten.

Das folgende Bild zeigt, die Äquipotenziallinien des Dipols im Zweidimensionalen. Das zugehörige Feldlinienbild wurde unterlegt. Beachten Sie bitte: Die grafischen Darstellungen stimmen wegen der unterschiedlichen Exponenten nicht mit dem Potenzial des Dipols im Raum (*6.4.2*) für z = 0 überein. Aber immerhin erlauben die ebenen Bilder auch für den räumlichen Fall qualitativ richtige Aussagen.

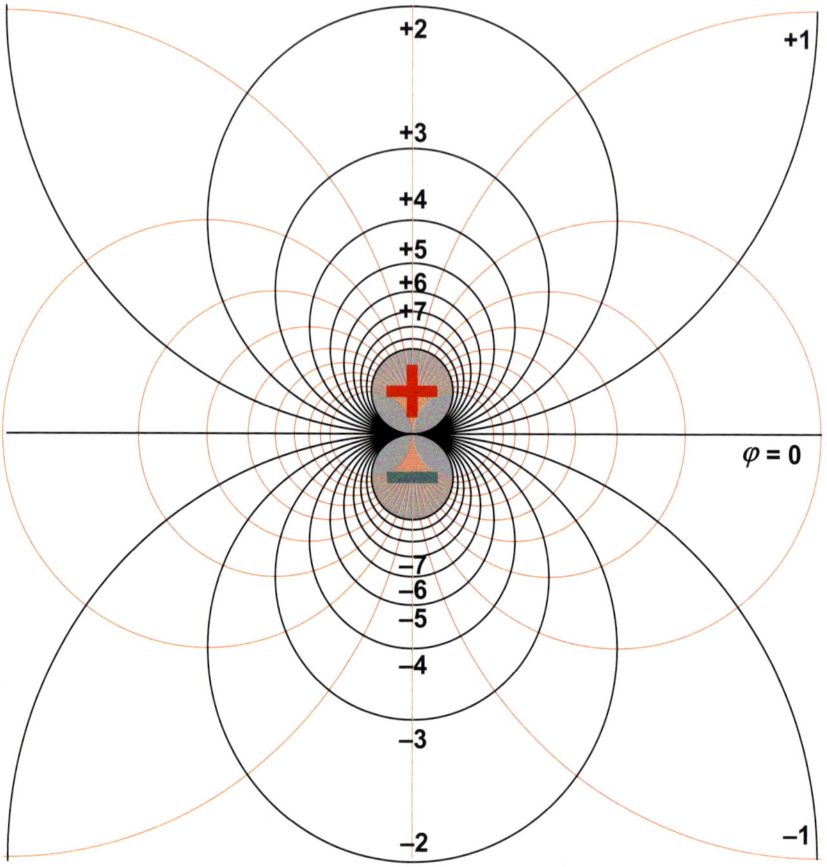

Bild 6.4.1
Äquipotenzial- und Feldlinien eines ebenen Dipols

Am Ursprung des Koordinatensystems befindet sich eine Polstelle mit Vorzeichenwechsel. Es konnten deshalb nur Linien für Potenziale von −10 bis +10 dargestellt werden.

Probeladungen erhalten im Gegensatz zu felderzeugenden Ladungen nur ein kleines „q" als Formelzeichen.

In der E-Lehre gilt streng: „Schuld sind immer die anderen." Eine Ladung wirkt mit ihrem eigenen Feld nicht auf sich selbst.

Lassen Sie uns Gedankenexperimente machen und setzen dazu – wie schon in *Bild 6.3.2* – geladene Körper – in der Physik spricht man von *Probeladungen* – in das Dipolfeld. Eine negative Probeladung würde aufgrund der Kraft $\vec{F} = q \cdot \vec{E}$ – wie beim Monopol – in die positive Dipolseite „stürzen". Das Gleiche würde einer positiven Probeladung auf der Gegenseite passieren. Sie würde in die negative Dipolseite fallen. Man könnte auch einen „Probedipol" in das Feld setzen. Wie das Marginalbild zeigt, würde ein Drehmoment entstehen und den Dipol in Feldrichtung ausrichten. Da aufgrund der Inhomogenität die Kraft auf den Körper, der dem Pol näher ist, größer als die entgegengesetzte Kraft auf den umgekehrt geladenen Körper ist, wird der Probedipol von dem felderzeugenden Dipol angezogen. Man kann auch die Rollen vertauschen. Der Probedipol erzeugt sei-

6.4 Dipole und Quadrupole konkret

nerseits ein Feld, aufgrund dessen er den anderen Dipol anzieht. Mit diesem Wissen können Sie sogar dem lieben Gott etwas in die Karten schauen. Bei Wassermolekülen – ohne deren phantastische Eigenschaften kein Leben möglich wäre – ist der Ladungsschwerpunkt der (negativ geladenen) Elektronen zum Sauerstoffkern verschoben. Dadurch erhalten Wassermoleküle ein starkes Dipolmoment und zwischen den Molekülen wirken relativ starke Anziehungskräfte, das Wasser ist fest oder flüssig. Um Wassermoleküle aus dieser Fesselung zu befreien und in die Gasphase zu entlassen, muss viel Energie zugeführt werden. Der Siedepunkt beträgt 373 Kelvin (100 °C). In der Gasphase sind die Moleküle schließlich so weit voneinander entfernt, dass die geringe Reichweite der Kräfte zum Tragen kommt. Die Moleküle können sich frei bewegen. Vergleicht man dagegen Wasser mit Methan (Erdgas), dann ist das Molekül mit tetraederförmigem Kerngerüst und entsprechender Symmetrie der Elektronenhülle kein Dipol, sondern ein höherer Multipol. Die Kräfte zwischen den Molekülen sind wesentlich geringer: Methan geht bereits bei 94 Kelvin (–182,5 °C) von der Flüssigkeitsphase in die Gasphase über.

Wurde früher als Phänomen angesehen: Trotz Neutralität (Anzahl der Elektronen ist gleich der Anzahl der Protonen im Kern) können Anziehungskräfte zwischen Molekülen bestehen. Kräfte zwischen neutralen Molekülen aufgrund ihrer Multipolfelder heißen traditionell Van-der-Waals-Kräfte.

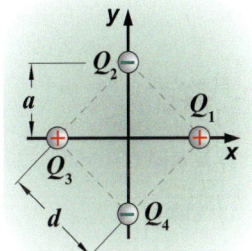

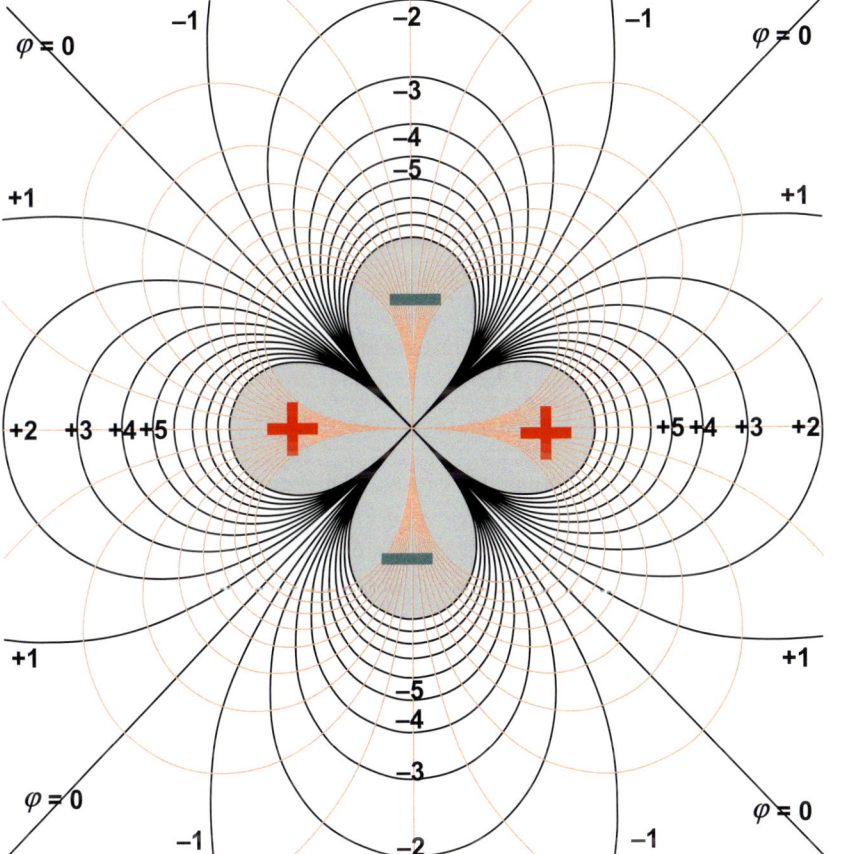

Die rot dargestellten Liniensysteme hier und im vorherigen Bild entstanden durch eine π/4-Drehung der Äquipotenziallinien. Offensichtlich schneiden sich beide Liniensysteme orthogonal. Bei den roten Liniensystemen muss es sich folglich um Feldlinienbilder handeln.

Bild 6.4.2
Äquipotenziallinien eines ebenen Quadrupols

Im Bild sind Äquipotenzial- und Feldlinien eines idealisierten ebenen Quadrupols dargestellt. Versuchen wir herauszufinden, mit welchen Funktionen die Tabellenkalkulation gefüttert werden muss, um dieses Bild zu erzeugen. Wir gehen von zwei antiparallelen Dipolen aus. Ladungen und Abstände seien betragsmäßig gleich:

(6.4.5)
$$Q_1 = Q_3 := +Q, \quad Q_2 = Q_4 := -Q; \quad \vec{a}_1 = a\,\vec{i}, \quad \vec{a}_2 = a\,\vec{j}, \quad \vec{a}_3 = -a\,\vec{i}, \quad \vec{a}_4 = -a\,\vec{j}$$

Schauen wir zunächst nach, ob ein derartiges Ladungsensemble ein Dipolmoment haben kann. Gemäß (6.3.16) ergibt sich:

(6.4.6)
$$\vec{p} = +Qa\,\vec{i} - Qa\,\vec{j} + Q(-a\,\vec{i}) - Q(-a\,\vec{j}) = \vec{0}$$

Erwartungsgemäß verschwindet das Dipolmoment. Das Zusammenstellen des Quadrupoltensors ist sogar für einfache Systeme mühsam:

(6.4.7)
$$Q_{xx} = -Q_{yy} = \frac{1}{2}\left(Q(3a^2 - a^2) + Q(3a^2 - a^2)\right) = 2Qa^2 := Qd^2, \quad Q_{zz} = 0$$
$$Q_{xy} = Q_{yx} = \frac{1}{2}(Q3a\cdot 0 - Q3(-a)\cdot 0) = 0, \quad Q_{xz} = Q_{zy} = Q_{yz} = Q_{zy} = 0$$

Parameterwechsel: $d := a\sqrt{2}$

Damit gilt für den Zähler des Quadrupolpotenzials:

(6.4.8)
$$(e_x, e_y, e_z)\begin{pmatrix} Qd^2 & 0 & 0 \\ 0 & -Qd^2 & 0 \\ 0 & 0 & 0 \end{pmatrix}\begin{pmatrix} e_x \\ e_y \\ e_z \end{pmatrix} = Qd^2(e_x, e_y, e_z)\begin{pmatrix} e_x \\ -e_y \\ 0 \end{pmatrix} = \underline{Qd^2(e_x^2 - e_y^2)}$$

Für das Quadrupolpotenzial gilt dann gemäß (6.3.20):

(6.4.9)
$$\varphi_{\text{Quadrupol}}(x,y,z) = \frac{Qd^2}{4\pi\varepsilon_0}\frac{(x/r)^2 - (y/r)^2}{r^3} = \underline{\frac{Qd^2}{4\pi\varepsilon_0}\frac{x^2 - y^2}{r^5}}$$

Beachten Sie, in kartesischen Koordinaten gilt:
$e_x = \dfrac{x}{r}, \quad e_z = \dfrac{y}{r}, \quad e_z = \dfrac{z}{r}$

Transformiert man das Quadrupolpotenzial in Kugelkoordinaten, beseitigt ein freundliches Additionstheorem nach dem Ausklammern des quadrierten Sinus die lästige Differenz:

(6.4.10)
$$\varphi_{\text{Quadrupol}}(r,\vartheta,\varphi) = \frac{Qd^2}{4\pi\varepsilon_0}\frac{\sin^2\vartheta\cos^2\varphi - \sin^2\vartheta\sin^2\varphi}{r^3} = \underline{\frac{Qd^2}{4\pi\varepsilon_0}\frac{\sin^2\vartheta\cos 2\varphi}{r^3}}$$

Beachten Sie, in Kugelkoordinaten gilt:
$e_x = \sin\vartheta\cdot\cos\varphi$
$e_y = \sin\vartheta\cdot\sin\varphi$
$e_y = \cos\vartheta$

Zur Illustration des Quadrupolpotenzials muss wieder versucht werden, die Linendichte durch Projektion in die x,y-Ebene zu vermindern. Dazu wenden wir wieder die Rate-Methode an. Setzen wir ϑ auf $\pi/2$ und vermindern wie beim „plattgebügelten" Dipol den Exponent um eins. Konstanten und Parameter brauchen wir nicht:

(6.4.11)
$$\varphi_{\text{Quadrupol}} \stackrel{?}{=} \frac{\cos 2\varphi}{r^2} \quad \text{bzw.} \quad \frac{x^2 - y^2}{r^4}$$

Auch dieses Potenzial erfüllt die Laplace-Gleichung und sanktioniert so die Verwendung dieser Funktion zur Illustration des Quadrupolpotenzials mittels Tabellenkalkulation in *Bild 6.4.2*.

6.5 Wirbel und Rotoren

Im *Abschnitt 5.4* wurde gezeigt, dass im Falle eines konservativen Vektorfeldes ein Kurvenintegral nur von den Anfangs- und Endpunkten abhängig sind. Alle Kurvenintegrale längs der in *Bild 6.5.1* von (1) nach (2) dargestellten „Hinwege" sind demnach gleichwertig. Betrachtet man irgendeinen Integrationsweg von (1) nach (2) als „Hinweg", kann ein anderer Weg von (2) nach (1) als Rückweg angesehen werden. Beide Wege zusammen ergeben eine *geschlossene Kurve*:

Schreckensszenarien sind nicht gemeint!

① steht für: $\vec{r}_1, \begin{pmatrix} x_1 \\ y_1 \\ z_1 \end{pmatrix}$

② steht für: $\vec{r}_2, \begin{pmatrix} x_2 \\ y_2 \\ z_2 \end{pmatrix}$

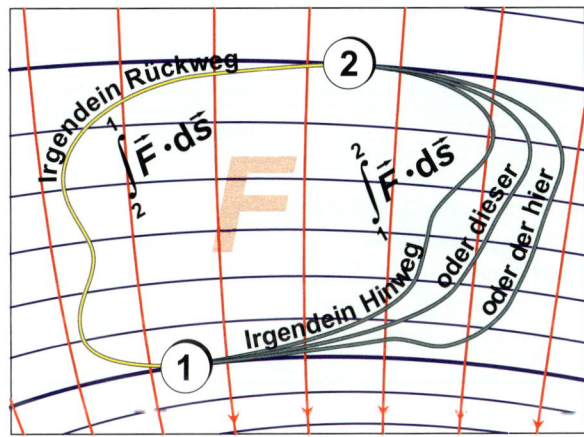

Bild 6.5.1
Mögliche Integrationswege für ein Kurvenintegral

Da Kurvenintegrale beim Vertauschen des Durchlaufsinns nur das Vorzeichen wechseln, ist das Kurvenintegral über den Rückweg gleich dem über alle denkbaren Hinwege mit umgekehrten Vorzeichen. Das Integral über die aus Hin- und Rückweg gebildete (geschlossene) Kurve – auch *Ringintegral* genannt – ist daher gleich null.

„Integral-ringsherum"

$$\underbrace{\int_1^2 \vec{F} \cdot d\vec{s}}_{\substack{\text{irgendein}\\\text{Hinweg}}} = -\underbrace{\int_2^1 \vec{F} \cdot d\vec{s}}_{\substack{\text{irgendein}\\\text{Rückweg}}} \Leftrightarrow \underbrace{\int_1^2 \vec{F} \cdot d\vec{s}}_{\substack{\text{irgendein}\\\text{Hinweg}}} + \underbrace{\int_2^1 \vec{F} \cdot d\vec{s}}_{\substack{\text{irgendein}\\\text{Rückweg}}} = 0 \Leftrightarrow \underbrace{\oint_{(C)} \vec{F} \cdot d\vec{s}}_{\substack{\text{geschlossene}\\\text{Kurve}}} = 0 \qquad (6.5.1)$$

Wir hatten in *Abschn. 5.2* (ohne Beweis) konstatiert, dass die Wegunabhängigkeit des Kurvenintegrals nicht nur notwendig, sondern auch hinreichend für die Konservativität eines Vektorfeldes ist. Jetzt ist zu erkennen, dass noch ein alternatives Kriterium zur Verfügung steht: Ein Vektorfeld ist genau dann konservativ, wenn das Kurvenintegral über **jede geschlossene** Kurve gleich null ist.

Das Kriterium dürfte zumindest norddeutschen Küstenbewohnern plausibel sein. Wenn man mit dem Fahrrad bei frischem Wind eine große Runde abfährt, kann man hoffen, dass die anstrengende Gegenwind-Strampelei irgendwann in einen komfortablen Rückenwind übergeht. Sollte beispielsweise der Rückenwind schwächer ausfallen, könnte man darauf schließen, dass der Wind insgesamt ab-

Ein frischer Wind ist kein Lüftchen: 10 m/s bzw. 5 Beaufort

die Winkelgeschwindigkeiten in *x*- und in *y*-Richtung. Alle drei zusammen stellen dann die Komponenten der Winkelgeschwindigkeit der Raumdiagonalen des Volumenelements dar:

(6.5.6)

$$\vec{\omega} = \omega_x \mathbf{i} + \omega_y \mathbf{j} + \omega_z \mathbf{k} = \frac{1}{2} \underbrace{\left(\left(\frac{\partial v_z}{\partial y} - \frac{\partial v_y}{\partial z} \right) \mathbf{i} + \left(\frac{\partial v_x}{\partial z} - \frac{\partial v_z}{\partial x} \right) \mathbf{j} + \left(\frac{\partial v_y}{\partial x} - \frac{\partial v_x}{\partial y} \right) \mathbf{k} \right)}_{\vec{\nabla} \times \vec{v}}$$

Strömungsfelder sind begriffsbildend für alle Vektorfelder.

Wenn wir eingangs das Ergebnis nicht angekündigt hätten, wäre (6.5.6) eine Überraschung. Die Differenzialoperationen lassen sich als Kreuzprodukt des Nabla-Operators mit dem Geschwindigkeitsfeld darstellen – die Winkelgeschwindigkeit der Raumdiagonale eines Volumenelements ist – abgesehen von dem „Mittelwert-Faktor ½" aus (6.5.5) – gleich dem Rotor. Der Name „Rotation" hat (bei Strömungsfeldern) somit durchaus seine Berechtigung.

Auch der Rotor ist ein linearer Operator!

An dieser Stelle stellen wir zunächst die beiden wichtigsten Rechenregeln für den Rotor zusammen (Linearität und Regel für Produkte aus skalaren – und Vektorfeldern). In das Merkkästchen wurden zwei spezielle erst in späteren Abschnitten verwendete Identitäten dazugestellt.

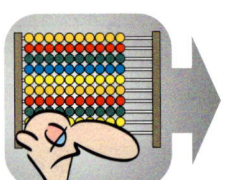

Merksatz 6.5.1

Rechenregeln für Rotationen:

Linearität: $\vec{\nabla} \times (a\vec{F}_1 + b\vec{F}_2) = a\vec{\nabla} \times \vec{F}_1 + b\vec{\nabla} \times \vec{F}_2 \quad \forall a,b \in \mathbb{R}$

Produktregel: $\vec{\nabla} \times (U \cdot \vec{F}) = U\vec{\nabla} \times \vec{F} + \vec{\nabla} U \times \vec{F}$

Zweifachrotor: $\vec{\nabla} \times (\vec{\nabla} \times \vec{F}) = \vec{\nabla}(\vec{\nabla} \bullet \vec{F}) - \Delta \vec{F}$

Rotor-Kreuz: $(\vec{\nabla} \times \vec{F}) \times \vec{F} = (\vec{F} \bullet \vec{\nabla})\vec{F} - \tfrac{1}{2}\vec{\nabla}(\vec{F} \bullet \vec{F})$

Der Vollständigkeit halber geben wir hier auch noch die Darstellungen in den drei wichtigsten alternativen Koordinatensystemen an.

Merksatz 6.5.2

Zugegeben, die Darstellungen sehen entsetzlich aus. Sie sind aber – entsprechende Symmetrien der Vektorfelder vorausgesetzt – ein Segen.

Koordinatendarstellungen der Rotationen:

Polar-: $\vec{\nabla} \times \vec{F}(r,\varphi) = \left(\frac{1}{r} \frac{\partial (r \cdot F_r)}{\partial r} - \frac{1}{r} \frac{\partial F_\varphi}{\partial \varphi} \right) \vec{e}_z$

Zyl.-: $\vec{\nabla} \times \vec{F}(\rho,\varphi,z) = \left(\frac{1}{\rho} \frac{\partial F_z}{\partial \varphi} - \frac{\partial F_\varphi}{\partial z} \right) \vec{e}_r + \left(\frac{\partial F_\rho}{\partial z} - \frac{\partial F_z}{\partial \rho} \right) \vec{e}_\varphi$

$\qquad + \left(\frac{1}{\rho} \frac{\partial \rho F_\varphi}{\partial \rho} - \frac{1}{\rho} \frac{\partial F_\rho}{\partial \varphi} \right) \vec{e}_z$

Kugel-: $\vec{\nabla} \times \vec{F}(r,\vartheta,\varphi) = \frac{1}{r \sin \vartheta} \left(\frac{\partial (F_\varphi \sin \vartheta)}{\partial \vartheta} - \frac{\partial F_\vartheta}{\partial \varphi} \right) \vec{e}_r$

$\qquad + \left(\frac{1}{r \sin \vartheta} \frac{\partial F_r}{\partial \varphi} - \frac{1}{r} \frac{\partial (rF_\varphi)}{\partial r} \right) \vec{e}_\vartheta + \left(\frac{1}{r} \frac{\partial (rF_\vartheta)}{\partial r} - \frac{1}{r} \frac{\partial F_r}{\partial \vartheta} \right) \vec{e}_\varphi$

6.5 Wirbel und Rotoren

Mit dem Rotor steht gewissermaßen eine Sonde zur Verfügung, mit der man ein Strömungsfeld auf lokale Verwirbelungen untersuchen kann. Es fehlt aber der Zusammenhang der lokalen Rotationen infinitesimaler Volumenelemente mit der Wirbelstärke eines größeren Bereiches – wie beispielsweise die Zirkulation des Strömungsfelds um den Tragflügel in *Bild 6.3.2*. Möglicherweise lässt sich die Zirkulation aus den Zirkulationen infinitesimaler geschlossener Kurven zusammensetzen. Begeben wir uns ins Reich der Nordsee-Garnelen und prüfen, was sich für so eine Mini-Zirkulation ergibt. Als „Kurve" wählen wir den Umfang eines infinitesimalen Rechtecks (*vgl. Bild 6.1.2*) und durchlaufen ihn im Gegenuhrzeigersinn. Für die Koordinaten stehen wieder stellvertretend die Indizes.

Der Rotor: „nur" eine lokale Wirbelsonde

Zugegeben: Eine Rechteckkurve ist schon sehr speziell. Es hat aber keinen Sinn, sich am Anfang den Durchblick mit verallgemeinerten Kurven zu verbauen.

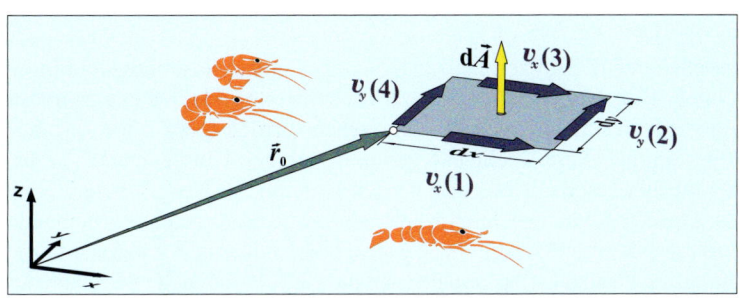

Bild 6.5.4
Planfigur zur Berechnung einer lokalen Zirkulation

Für die Zirkulation um das infinitesimale Rechteck gilt dann:

$$ds_x(1) = dx, \; ds_y(2) = dy, \; ds_x(3) = -dx, \; ds_y(4) = -dy$$
$$d\Gamma = v_x(1)\,dx + v_y(2)\,dy - v_x(3)\,dx - v_y(2)\,dy$$
$$= \big(v_y(2) - v_y(4)\big)\,dy - \big(v_x(3) - v_x(1)\big)\,dx$$

(6.5.7)

Wichtig ist, sich daran zu erinnern, dass die Geschwindigkeitskomponenten $v_y(4)$ und $v_y(2)$ Funktionswerte einer dreistelligen skalaren Funktion sind, deren Argumente sich in der x-Koordinate um dx unterscheiden. Die Geschwindigkeitskomponenten $v_x(3)$ und $v_x(1)$ unterscheiden sich in der y-Koordinate um dy. Damit lassen sich die Differenzen benachbarter Geschwindigkeitskomponenten ähnlich wie in (*6.1.3*) bzw. (*6.5.3*) mithilfe partieller Ableitungen umschreiben:

$$v_y(4) - v_y(2) \approx \frac{\partial v_y}{\partial x} \cdot dx, \quad v_x(3) - v_x(1) \approx \frac{\partial v_x}{\partial y} \cdot dy$$

(6.5.8)

Nach dem Einsetzen in (*6.5.7*) ergibt sich erstaunlicherweise eine Querverbindung zum Rotor. Die lokale Zirkulation ist gleich dem Produkt aus der z-Komponente des Rotors und dem Betrag der Fläche des Flächenelements:

$$d\Gamma = \frac{\partial v_y}{\partial x}\,dx\,dy - \frac{\partial v_x}{\partial y}\,dx\,dy = \left(\frac{\partial v_y}{\partial x} - \frac{\partial v_x}{\partial y}\right)dA$$

(6.5.9)

Betrachtet man die Fläche unseres Rechtecks vektoriell, dann weist unser Flächenelement in z-Richtung. Damit können wir (6.5.9) kühn als Skalarprodukt des vollständigen Rotors mit dem Flächenvektor darstellen:

Das ist natürlich eine Frechheit, aber Sie müssen hier die Mathematik nicht neu erfinden.

(6.5.10)

$$\mathrm{d}\Gamma = \vec{\nabla} \times \vec{v} \cdot \mathrm{d}\vec{A} \quad \left(\text{bzw.} \ \operatorname{rot}\vec{v} \cdot \mathrm{d}\vec{A}\right)$$

Die Klammer um den Rotor in (6.5.10) ist nicht erforderlich. Ein versehentliches Skalarprodukt aus Geschwindigkeit und Flächenelement würde in der folgenden Operation bemerkt werden: „Nabla kreuz Skalar" ergibt keinen Sinn. Es stellt sich die Frage, ob (6.5.10) auch für beliebig im Raum gelegene infinitesimale Flächenstücke gilt. Das ließe sich tatsächlich auf 2 eng geschriebenen DIN A4-Seiten zeigen. Wir schieben diesen Beweis in Ihre späteren Mathematikvorlesungen und konstatieren hier: Die Funktionswerte des „Rotors" sind im Falle des Geschwindigkeitsfeldes auf die Flächen bezogene lokale Zirkulationen – man spricht von *Wirbeldichten*.

Eselsbrücke: Kreuz vor Punkt

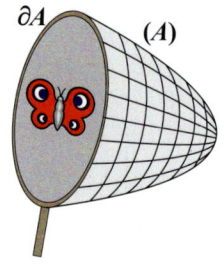

Das nebenstehende Bild zeigt einen Kescher in einem Strömungsfeld (nicht eingezeichnet). Bei eng genug gewählter Maschenweiten des Netzes können die Maschen als infinitesimale Rechtecke angesehen werden und für die Zirkulationen der Strömung um diese Rechtecke gelten die obigen Überlegungen. In der Ausschnittvergrößerung des Netzes ist der Umlaufsinn der Kurvenintegrale mit grünen Ringpfeilen gekennzeichnet. Immer dort, wo die Rechtecke aufeinander stoßen sind die Integrationswege – wie exemplarisch durch ein Pfeilpaar angedeutet – gegenläufig. Das bedeutet: Sobald man die Zirkulationen der Maschen des Netzes addiert, heben sich die inneren Kurvenintegrale auf und es verbleiben die Kurvenintegrale über die Randstückchen. Die wiederum ergeben zusammen das Kurvenintegral über den Rand der mehr oder weniger gewölbten Fläche. Der Rand ist eine geschlossene Kurve und das Kurvenintegral über diesen Weg ist gleich der Zirkulation des Strömungsfeldes um diese Kurve. „Abfallprodukt" dieser Überlegung ist die folgende Gleichungskette:

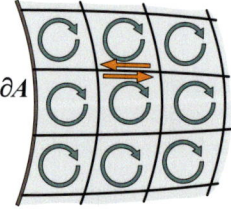

Das ∂-Zeichen dient hier wieder zur Kennzeichnung des Randes (hier einer Fläche).

(6.5.11)

$$\Gamma = \oint_{(\partial A)} \vec{v} \cdot \mathrm{d}\vec{s} = \int_{(A)} \mathrm{d}\Gamma = \int_{(A)} \vec{\nabla} \times \vec{v} \cdot \mathrm{d}\vec{A}$$

Da in (6.2.11) Wegdifferenziale zu Flächendifferenzialen mutierten, wird aus der „Summe" der lokalen Zirkulationen ein Flächenintegral (2. Art – wegen des Skalarprodukts). Genau das ist die Aussage des *Stokesschen Integralsatzes*. Der Satz sagt aus, dass ein Kurvenintegral in einem Vektorfeld über eine geschlossene Kurve in ein Flächenintegral 2. Art überführbar ist:

Merksatz 6.5.3

Orientierte Randkurve: Fahren Sie die Kurve mit dem Zeigefinger der rechten Hand ab! Ihr Daumen muss dabei zur Fläche zeigen.

> **Stokesscher Integralsatz (für Vektorfelder):**
>
> $\vec{F}: \mathbb{R}^3 \to \mathbb{R}^3, \vec{r} \mapsto \vec{F}(\vec{r})$, stetig differenzierbar
>
> Dem Vektorfeld sei eine beliebige kompakte Fläche zugeordnet:
>
> (A) Fläche im $\mathbb{R}^3$, (∂A) orientierte Randkurve von (A),
> $\mathrm{d}\vec{A}$ infinitesimaler Flächenvektor von (A)
>
> Dann sind die folgenden Integrale gleichwertig:
>
> $$\oint_{(\partial A)} \vec{F} \cdot \mathrm{d}\vec{s} = \int_{(A)} \vec{\nabla} \times \vec{F} \cdot \mathrm{d}\vec{A} \quad \left(\text{wenn Sie mögen auch so:} \ \oint_{(\partial A)} \vec{F} \cdot \mathrm{d}\vec{s} = \iint_{(A)} \vec{\nabla} \times \vec{F} \cdot \mathrm{d}\vec{A}\right)$$

6.6 Vektorfelder mit Quellen, Senken und Wirbeln

Die Werkzeuge zum „Rotor" und der Integralsatz von Stokes eröffnen die Möglichkeit, Vektorfelder, die Wirbel enthalten, zu analysieren. Leider sind die aufregenden Strömungsfelder um Tragflügel und Propeller zu kompliziert. Dagegen bieten sich die Vektorfelder der Elektrizitätslehre an. Hier ergeben sich genügend Beispiele, an denen sich auch Einsteiger erproben können. Dazu werfen wir wieder einmal einen Blick auf die Maxwellgleichungen in *Bild 1.2.2*. Sobald man es lediglich mit stationären Feldern zu tun hat, sind die E-Felder und B-Felder unabhängig voneinander. Magnetfelder werden ausschließlich durch die Gleichung III und IV bestimmt:

Sie studieren gar nicht E-Lehre? Das mathematische Rüstzeug der Elektrodynamik ist auch Rüstzeug Ihrer Fachgebiete.

$$\text{III:} \quad \vec{\nabla} \cdot \vec{B} = 0 \qquad \text{IV:} \quad \vec{\nabla} \times \vec{B} = \frac{1}{\varepsilon_0 c^2} \vec{J}$$

(6.6.1)

Die dritte Maxwellgleichung sagt aus, dass stationäre Magnetfelder nie Quellen oder Senken haben – also reine Wirbelfelder sind. Das gibt es beispielsweise bei Strömungsfeldern nicht. Die können Quellen, Senken aber auch Wirbel enthalten. Irritierenderweise gibt es daher weder magnetische Ladungen noch „Pole". In Maxwell IV steht, was diese reinen Wirbel anfacht – es sind bewegte Ladungen – beschrieben durch Stromdichtefelder – einfacher gesagt elektrische Ströme. Diese Aussagen könnten Sie dazu bringen, an Ihren Vorkenntnissen zu zweifeln. Wo fließt beispielsweise der Strom bei dem Permanentmagneten, mit dem Sie möglicherweise einen Merkzettel an die Kühlschranktür geheftet haben? Und hießen nicht die beiden Enden des rot-grün bemalten Hufeisenmagneten aus der Schule Nord- und Südpol? Tatsächlich wird in Falle eines Permanentmagneten kein Strom durch eine externe Stromquelle erzeugt. Aber wenn man im Mikrokosmos der Materie sucht, wird man feststellen, dass die Teilchen des Mikrokosmos durchaus Drehimpulse (Spin) haben können. Was es mit den Magnetpolen für eine Bewandtnis hat, werden wir noch sehen.

Quellen und Senken bei Strömungsfeldern: s. Anmerkungen in Abschn. 6.2!

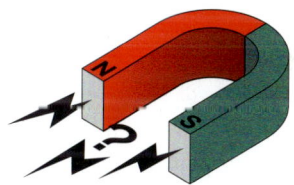

Ein Gruß aus der Schule

Wie in Abschnitt 6.2 der Gaußsche Integralsatz, kommt hier jetzt das Stokessche Pendant ins Spiel. Anders als in (6.2.4) wird Maxwell IV skalar mit d$\vec{A}$ und nicht mit dV multipliziert:

$$\int\limits_{(A)} \vec{\nabla} \times \vec{B} \cdot d\vec{A} = \frac{1}{\varepsilon_0 c^2} \int\limits_{(A)} \vec{J} \cdot d\vec{A}$$

(6.6.2)

Nach der Anwendung des Stokesschen Integralsatzes wird aus der linken Seite der Gleichung ein Ringintegral – die Zirkulation des B-Feldes. Das Aufsummieren der Stromdichten über eine Fläche liefert den elektrischen Strom, der **durch** die Fläche fließt.

$$\oint\limits_{(\partial A)} \vec{B} \cdot d\vec{s} = \frac{1}{\varepsilon_0 c^2} I_{(A)} \quad \text{mit} \quad I_{(A)} = \int\limits_{(A)} \vec{J} \cdot d\vec{A}$$

(6.6.3)

Die Integralform der 4. Maxwellschen Gleichung (für stationäre Felder) ermöglicht zusammen mit der 3. Gleichung eine populäre Formulierung:

Ein (stationäres) magnetisches Feld ist immer ein Wirbelfeld und wird durch bewegte Ladungen angefacht.

Um konkrete Magnetfelder zu berechnen, gehen wir ähnlich wie in Abschnitt 6.2 vor (vgl. (6.2.6)). Dort betrachteten wir eine kugelsymmetrische Raumladung – jetzt betrachten wir ein zylindersymmetrisches Stromdichtefeld.

Ein zylindersymmetrisches Stromdichtefeld ist leicht realisierbar: Man braucht nur durch einen (sehr) langen, geraden Draht mit kreisförmiger Querschnittsfläche einen Gleichstrom zu schicken. Der Strom fließe in positive z-Richtung. Die Zylindersymmetrie des felderzeugenden Drahtes überträgt sich auf das B-Feld. Die Feldlinien sind somit konzentrische Kreise und die Richtung des Wirbels liefert die Schraubenregel. Der Strom fließe in positive z-Richtung. Eine Schraube (oder Mutter) müsste, um sich in diese Richtung zu bewegen, im Gegenuhrzeigersinn gedreht werden – das ist dann auch der Drehsinn des Wirbelfeldes. Mit der Integralform von Maxwell IV für stationäre Felder ergibt sich:

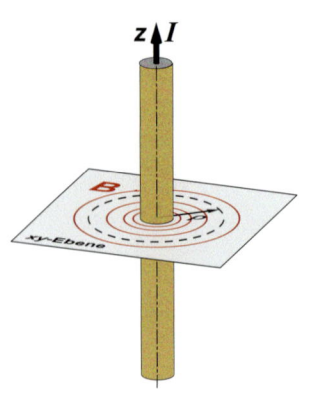

Bild 6.6.1
Stromdurchflossener Draht

(6.6.4)

$$\oint_{(\partial A)} \vec{B} \cdot d\vec{s} = B 2\pi\rho = \frac{1}{\varepsilon_0 c^2} I \;\Rightarrow\; \vec{B} = \frac{1}{2\pi\varepsilon_0 c^2} \frac{I}{\rho} \vec{e}_\varphi \quad \text{bzw.} \quad \vec{B} = \frac{1}{2\pi\varepsilon_0 c^2} \frac{I}{\rho^2} \begin{pmatrix} -y \\ x \\ 0 \end{pmatrix}$$

Dabei wurde der Integrationsweg (gestrichelter Kreis) im Gegenuhrzeigersinn gewählt. Da die Feldstärke längs dieses Weges konstant ist und weiterhin in Richtung der Wegelemente weist, wird aus dem Ringintegral das simple Produkt aus Feldstärke und Kreisumfang. Die vektorielle Form lässt sich Bild 6.6.2 entnehmen. Die Feldstärken weisen in Richtung des der Zylinderkoordinate φ zugehörigen Richtungsvektors $\vec{e}_\varphi$. An den Feldstärkenbetrag wurde deshalb dieser Vektor angehängt. Beachten Sie, dass der zusätzliche Faktor ρ im Nenner nicht etwa eine $1/\rho^2$-Abhängigkeit bedeutet, sondern als Folge des Umschreibens in kartesischen Koordinaten entsteht. Das Vektorfeld (6.6.4) kennen wir bereits aus Abschnitt 5.1: Abgesehen von den (hier unwichtigen) skalaren Konstanten, handelt es sich um einen Potenzialwirbel. Für einen derartigen Wirbel steht mit (5.1.13) bereits eine Stromfunktion zur Verfügung.

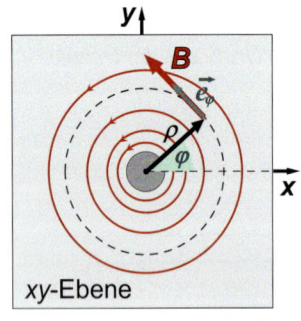

Bild 6.6.2
Draufsicht des stromdurchflossenen Drahtes

Wenn man nun probeweise den Rotor dieses Feldes berechnet, könnte man in Verzweiflung geraten. Da das Feld nicht von z abhängt, hat der Rotor nur eine z-Komponente:

(6.6.5)

$$\vec{\nabla} \times \vec{B} = \vec{e}_z \left(\frac{\partial B_y}{\partial x} - \frac{\partial B_x}{\partial y} \right), \; B_y = \ldots \frac{x}{x^2+y^2}, \; B_x = -\ldots \frac{y}{x^2+y^2}$$

$$\frac{\partial B_y}{\partial x} = \ldots \frac{(x^2+y^2) - 2x^2}{(x^2+y^2)^2} = \ldots \frac{y^2-x^2}{(x^2+y^2)^2} = \frac{\partial B_x}{\partial y} \;\Rightarrow\; \vec{\nabla} \times \vec{B} = \vec{0}$$

Der Rotor ist „überall" gleich null. „Überall" kann nicht sein, wissen wir doch mit Sicherheit, dass die Zirkulation des Feldes ungleich null ist – aber wo ist der

Fehler? Der „Fehler" liegt darin, dass nur das Feld außerhalb des Drahtes berechnet wurde. Man darf aber das Innere des Drahtes nicht aussparen. Wenn wir eine konstante Stromdichte voraussetzen, dann verringert sich im Drahtinneren (Radius des Drahtes: R) der durch die jeweilige Fläche hindurchtretende Strom:

Beachten Sie, ρ steht hier nicht für eine Raumladungsdichte, sondern für die Zylinderkoordinate!

$$\rho \leq R : \begin{cases} \oint\limits_{(\partial A)} \vec{B} \cdot d\vec{s} = B 2\pi\rho, \quad I_{(A)} = \int\limits_{(A)} \vec{J} \cdot d\vec{A} = \frac{I}{R^2 \pi} \rho^2 \pi \\ \vec{B} = \frac{1}{2\pi\varepsilon_0 c^2} \frac{I}{R^2} \rho \, \vec{e}_\varphi \quad \text{bzw.} \quad \vec{B} = \frac{1}{2\pi\varepsilon_0 c^2} \frac{I}{R^2} \begin{pmatrix} -y \\ x \\ 0 \end{pmatrix} \end{cases}$$

(6.6.6)

Die Rotation eines vergleichbaren Vektorfeldes wurde bereits in (5.4.17) durchgerechnet. Der konstante Faktor entspricht der Winkelgeschwindigkeit ω dieses Feldes. Die Rotation des Feldes im Inneren des Drahtes kann damit sofort notiert werden (*vgl.* (6.4.6)). Der Quotient aus Strom und Querschnittsfläche ist gleich dem Betrag der konstanten Stromdichte im Draht.

$$\vec{\nabla} \times \vec{B} = 2 \frac{1}{2\pi\varepsilon_0 c^2} \frac{I}{R^2} \vec{e}_z = \frac{1}{\varepsilon_0 c^2} \left(\frac{I}{\pi R^2} \vec{e}_z \right) = \underline{\underline{\frac{1}{\varepsilon_0 c^2} \vec{J}}}$$

(6.6.7)

Damit verschwindet der Rotor doch nicht für das komplette Feld. Im Falle eines reinen Potenzialfeldes müsste der Rotor überall gleich null sein. Mit (6.6.7) reproduziert sich die 4. Maxwellsche Gleichung (für den stationären Fall).

Da das Vektorfeld (6.6.4) unabhängig von der z-Koordinate ist, stellt ein mithilfe der Stromfunktion (5.1.3) dargestelltes Feldlinienbild das Feld korrekt dar, (*s. Bild 5.1.5*). Eine gesonderte Überlegung für den zweidimensionalen Fall wie in *Abschnitt 6.4* ist nicht erforderlich.

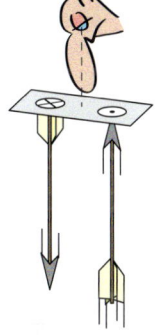

Bild 6.6.3
Richtungskonvention mithilfe von Pfeilen

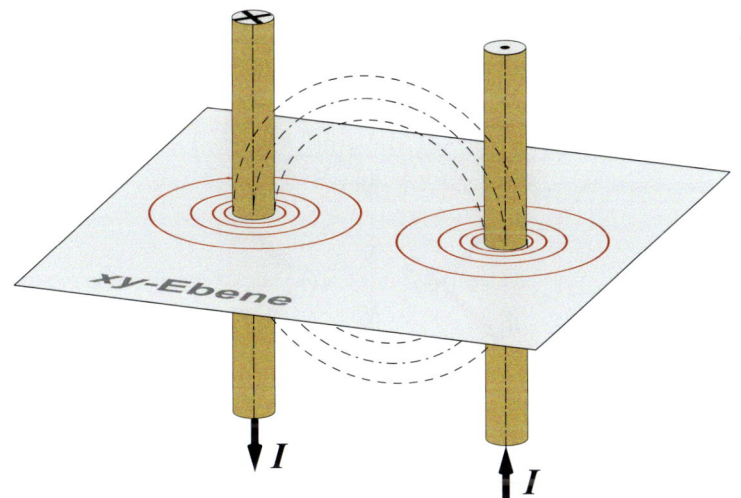

Bild 6.6.4
Zwei antiparallel durchflossene Drähte

Wir könnten die Stromfunktionen verwenden, um Feldlinienbilder mehrerer in z-Richtung verlaufender stromdurchflossener Drähte mithilfe des Superpositionsprinzips zu ermitteln. Leider sind die Stromfunktionen nicht mehr gültig, wenn der

Draht Krümmungen aufweisen würde und zwar auch dann nicht, wenn Stromdichte und x,y-Ebene orthogonal zueinander sind. Die in (6.6.6) vorausgesetzte Zylindersymmetrie der Stromdichte wäre nicht mehr gegeben. Von besonderem Interesse wäre das Feld, wenn der Draht wie in *Bild 6.6.4* angedeutet einen Ring (= Spule mit einer Windung) bilden würde. Leider ähnelt das Feld zweier paralleler Ströme dem eines stromdurchflossenen Ringes lediglich qualitativ. Da sich aber mit qualitativ richtigen Feldlinienbildern schon etwas anfangen lässt, werden wir uns mit den superponierten Feldern stromdurchflossener Drähte begnügen:

Wir werden im Folgenden auch einen Ring Spule nennen.

Stromfunktion dazu:

$$\Psi = \ln\left((x-1)^2 + y^2\right) - \ln\left((x+1)^2 + y^2\right)$$

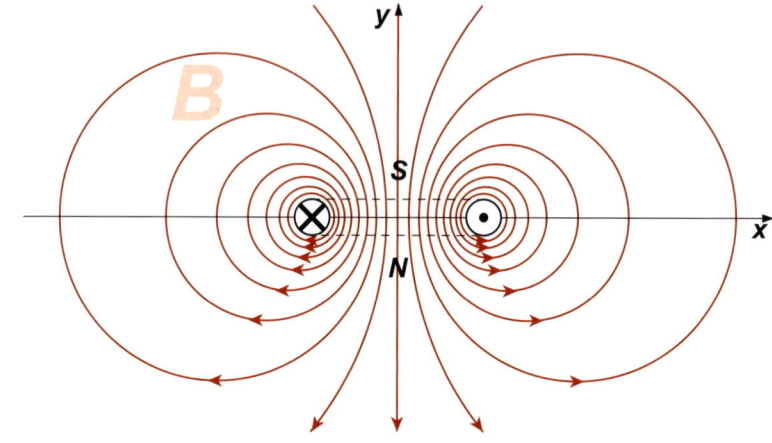

Bild 6.6.5
B-Feld zweier antiparallel durchflossener Drähte

Obwohl die Feldlinien in *Bild 6.6.5* geschlossen sind, erinnert das dargestellte Feldlinienbild an ein Dipolfeld. Mehr noch, das Fernfeld dürfte von dem Dipolfeld in *Bild 6.4.1* nicht zu unterscheiden sein. So liegt es nahe, den beiden „Polen" Namen zu geben: *Nord-* und *Südpol*.

Pole, die gar keine sind

Der Vorteil, den „Polen" Namen zu geben, wird ersichtlich, wenn man der felderzeugenden Spule eine zweite stromdurchflossene „Probespule" gegenüberstellt:

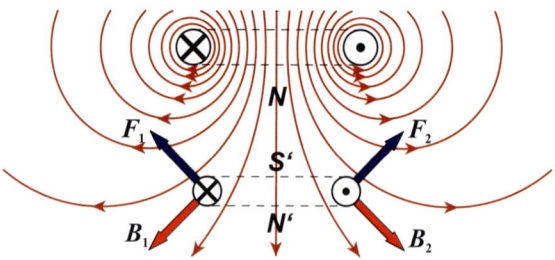

Bild 6.6.6
Kraft auf eine stromdurchflossene Spule (mit einer Windung) im inhomogenen B-Feld

Auch wenn E-Feld und B-Feld abgesehen von skalaren Konstanten gleichen Funktionen gehorchen (können), die Formeln für ihre Kraftwirkung auf elektrische Ladungen unterscheiden sich fundamental. Auf einen geladenen Körper (Ladung q) mit der Geschwindigkeit $\vec{v}$ wirkt aufgrund eines Magnetfeldes gemäß den Kraftgesetzen der klassischen Physik (s. *Bild 1.2.2*) die sogenannte *Lorentzkraft*:

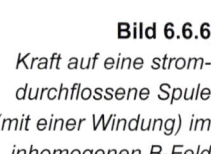

$$\vec{F}_\mathrm{L} = q\,\vec{v} \times \vec{B}$$

6.6 Vektorfelder mit Quellen, Senken und Wirbeln

Die Lorentzkraft ist wie die elektrische Kraft proportional zur Ladung des Körpers. Hinzu kommt aber eine Abhängigkeit von der Geschwindigkeit über das Kreuzprodukt (s. Merksatz 2.11.1). Ist die Geschwindigkeit gleich null oder weist in Feldrichtung, so verschwindet die Lorentzkraft. Ansonsten ist die Kraft immer orthogonal zu der von dem Geschwindigkeitsvektor und dem jeweiligen Feldstärkevektor aufgespannten Ebene. Aus der Sicht einer bewegten Ladung kommt die Lorentzkraft immer von der Seite („ständiger Seitenwind"). Damit kann die Lorentzkraft lediglich die Richtung nicht aber den Betrag der Geschwindigkeit ändern. Wenn Sie sich die Pfeile aus *Bild 6.6.3* gemäß der Richtungskonvention in *Bild 6.6.6* aufpflanzen, können Sie mithilfe der Rechte-Hand-Regel (s. *Merksatz 2.11.1*) die Richtung der in *Bild 6.6.6* bereits eingetragenen Kraftpfeile bestimmen. Die Summe beider Kräfte weist in Richtung des Nordpols der felderzeugenden Spule. Zwar erzeugt die „Probespule" ein eigenes Feld, es geht aber nicht in die Lorentzkraft ein. Trotzdem kann man mit derselben Konvention die „Pole" der Probespule mit Nord- und Südpol benennen. Dann stehen sich „ungleichnamige" Pole gegenüber. Hier ist die Begründung der altbekannten Kraftregel: Ungleichnamige Pole ziehen sich an – gleichnamige Pole stoßen sich ab. Dreht man die Stromrichtung der „Probespule" um, wirken die Kräfte in Gegenrichtung. Die Summe der Kräfte weist von Nordpol weg. Auch das „ … ziehen sich an" geht in Ordnung. Die bewegten Ladungen der „felderzeugende" Spule befinden sich im Feld der „Probespule" und damit haben wir dann die Gegenkräfte. Im homogenen Teil des Feldes wirken die Kräfte gegeneinander und heben sich auf.

Geladene Hochgeschwindigkeitsteilchen aus dem Weltall werden in Polnähe kaum durch die Lorentzkraft abgelenkt → Polarlicht

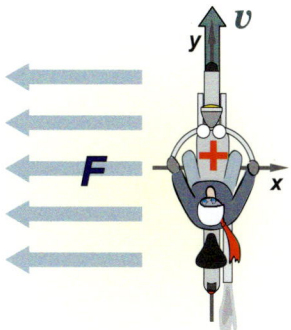

B in z-Richtung: ständig „Seitenwind"

Da für stromdurchflossene Drähte relativ einfache Stromfunktionen zur Verfügung stehen, können wir damit herumspielen und ohne aufwendige Differenzialgleichungen zu lösen, Informationen über Magnetfelder erhalten.

Stromfunktion für 4 Paare antiparallel durchflossener Drähte:

$$\Psi = \ln\left((x+1{,}5)^2 + (y-1)^2\right)$$
$$- \ln\left((x+1{,}5)^2 + (y+1)^2\right)$$
$$+ \ln\left((x+0{,}5)^2 + (y-1)^2\right)$$
$$- \ln\left((x+0{,}5)^2 + (y+1)^2\right)$$
$$+ \ln\left((x-0{,}5)^2 + (y-1)^2\right)$$
$$- \ln\left((x-0{,}5)^2 + (y+1)^2\right)$$
$$+ \ln\left((x-1{,}5)^2 + (y-1)^2\right)$$
$$- \ln\left((x-1{,}5)^2 + (y+1)^2\right)$$

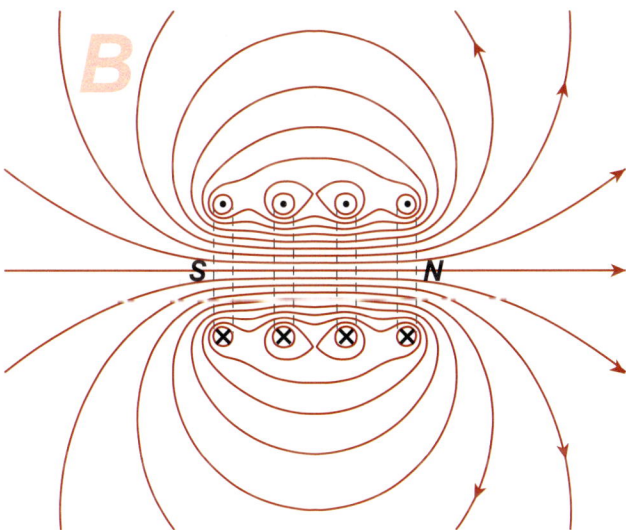

Bild 6.6.7
B-Feld von 4 Paaren antiparallel durchflossener Drähte

In *Bild 6.6.7* wird versucht, eine Vorstellung von dem Feld einer stromdurchflossenen Spule mit 4 Windungen zu erhalten. Dazu wurden vier Paare antiparallel durchflossene Drähte gegenüber gestellt. Die Stromfunktion (s. Randspalte) ist zwar „länglich", stellt für Ihre Tabellenkalkulation aber kein Problem dar. Das

Feldlinienbild macht deutlich, dass sich im Inneren des Systems die Feldstärke erhöht. Im Rahmen der Genauigkeit der Tabellenkalkulation erscheint das Feld im Inneren sogar homogen. Außerhalb des Systems kommen keine nennenswerten Feldstärken zustande.

Eine Erklärung für die Bündelung des Feldes im Inneren der Spule liefert das Superpositionsprinzip.

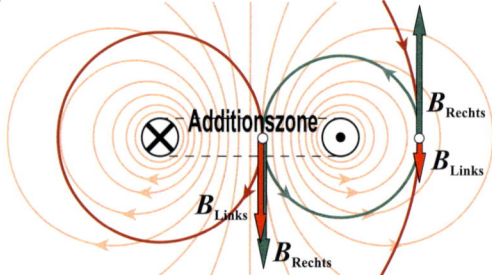

Bild 6.6.8
Bildung einer Additionszone im Inneren einer Spule

Im Bild sind drei kreisförmige Feldlinien eingezeichnet. Die grüne stammt von dem rechten Draht, die beiden roten stammen von dem linken Draht. Den Umlaufsinn liefert die Schraubenregel. Zwischen den Drähten addieren sich die Feldstärken, es bildet sich dort eine Additionszone. Außerhalb sind die Feldstärken gegenläufig und subtrahieren sich. Ist die Entfernung groß im Vergleich zu den Drahtabständen, heben sich die Feldstärken sogar auf. *Bild 6.6.7* zeigt, dass sich diese Zonenbildung durch erhöhte Windungszahlen verstärken lässt:

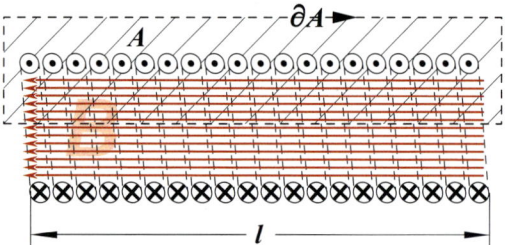

Bild 6.6.9
Idealisiertes B-Feld einer Spule mit Integrationsweg

Ist die Spule sehr lang und hat auch noch sehr viele Windungen, kann das Feld im Spuleninneren näherungsweise als homogen angesehen werden. Außerhalb der Spule kann man davon ausgehen, dass sich die Feldbeiträge der Drähte weitgehend aufheben, sodass das Feld dort vernachlässigbar klein ist. Diese Näherungsbetrachtung ermöglicht, endlich eine konkrete Formel für das B-Feld einer **räumlichen** Spule angeben zu können. Dazu benutzen wir die mithilfe des Stokesschen Integralsatzes ermittelte Integralform der 4. Maxwellschen Gleichung (6.6.3). Der Rand des in *Bild 6.6.9* (schraffiert) eingezeichneten Rechtecks soll als Integrationsweg dienen:

(6.6.9)
$$\oint_{(\partial A)} \vec{B} \cdot \mathrm{d}\vec{s} = \frac{1}{\varepsilon_0 c^2} I_{(A)} \quad \text{mit} \quad I_{(A)} = NI \; (= \Theta)$$

Klingt exotisch, ist aber durchaus üblich: die Durchflutung.

Da es sich um eine aus einem Draht gewickelte Spule handelt, ist der Strom überall gleich groß. Durch die N-fache Wicklung „durchflutet" der N-fache Strom die Fläche. Auf der linken Seite von (6.6.9) liefert praktisch nur der im Inneren der

6.6 Vektorfelder mit Quellen, Senken und Wirbeln

Spule gelegene Weg der Länge l einen Beitrag zum Kurvenintegral. Da dieser Weg durch ein „homogenes" Feld führt, gilt:

$$B \cdot l = \frac{1}{\varepsilon_0 c^2} NI \Rightarrow \underline{\underline{B = \frac{1}{\varepsilon_0 c^2} \frac{NI}{l}}} \text{ bzw. } B = \frac{1}{\varepsilon_0 c^2} \frac{\Theta}{l}$$

(6.6.10)

Natürlich zeichnet sich Formel (6.6.10) nicht durch hohe Präzision aus – schließlich endet das B-Feld im Inneren der Spule nicht an einer scharfen Kante und die Feldstärken außerhalb der Spule sind nicht gleich null, sondern lediglich klein gegenüber der im Spuleninneren. Trotzdem sollten Sie die Formel nicht gering schätzen – sie leistet als Abschätzungsformel wertvolle Dienste. Das elektrische Pendant zu (6.6.10) ist Formel (6.2.12). Leider sind die B-Felder der Systeme „Langer gerader Draht" und „Lange Spule mit hoher Wicklungsdichte" die einzigen, für die sich einfache Formeln ermitteln lassen. Traditionell stellt man die Formel lieber mithilfe der *magnetischen Feldkonstanten* dar:

Eine überaus wertvolle Abschätzungsformel

$$\mu_0 = \frac{1}{\varepsilon_0 c^2} = 4\pi \cdot 10^{-7} \frac{\text{Vs}}{\text{Am}}$$

$$\mu_0 := \frac{1}{\varepsilon_0 c^2}: \; B = \mu_0 \frac{NI}{l} \text{ bzw. } B = \mu_0 \frac{\Theta}{l}$$

(6.6.11)

Man sollte meinen, dass es der Wirbelcharakter magnetischer Felder unmöglich macht, anders als mit „Unendlich-Spulen" großräumige homogene B-Felder zu erzeugen. Tatsächlich gibt es einen Trick sogar mit einem Paar aus gleichsinnig durchflossenen Ringspulen, ein großräumiges nahezu homogenes Feld zu erzeugen. Die zusätzliche Besonderheit ist, dass das Feld zugänglich und nicht durch viel Draht verbaut ist. Das folgende Bild zeigt, wie sich die Feldlinien im Inneren des Spulenpaares zu einem weitgehend homogenen Feld „zurechtbiegen". Das Bild ist wie *Bild 6.6.7* eine Superposition der Stromfunktionen von vier geraden, antiparallel stromdurchflossenen Drähten. Der Abstand des Spulenpaares ist gleich deren Radius (Helmholtz-Bedingung). Zur Berechnung der Feldstärke im Inneren der sogenannten *Helmholtz-Spulen* muss der ringförmig geführte Strom berücksichtigt werden (s. nebenstehende Formel).

Das B-Feld in Richtung der Spulenachse zwingt den Elektronenstrahl auf eine Kreisbahn.

So etwas ist im homogenen Bereich eines Helmholtz-Spulenpaares möglich.

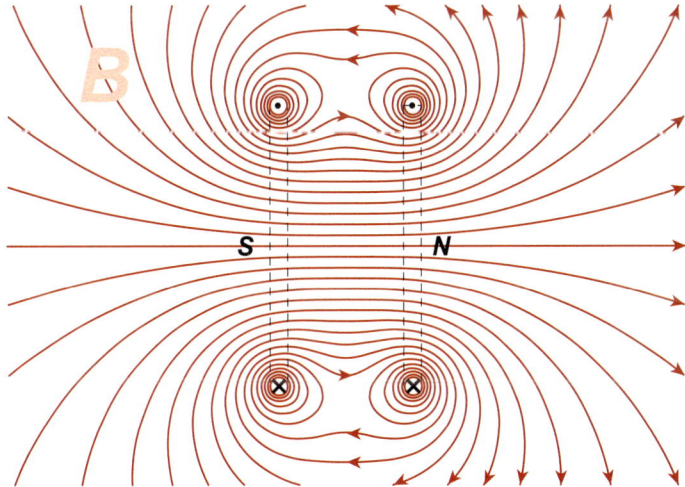

$$B \approx 0{,}72 \mu_0 \frac{I}{R}$$

Bild 6.6.10
Erzeugung eines nahezu homogenen B-Feldes mit Helmholtz-Spulen

6.7 Der Trick mit dem Vektorpotenzial

Elektrische Potenzialfunktionen: Hilfsfunktionen mit physikalischer Bedeutung

Die Berechnung elektrischer Felder ist im Allgemeinen über das elektrische Potenzial einfacher. Zudem ist das elektrische Potenzial keine abstrakte Hilfsfunktion, sondern hat eine konkrete physikalische Bedeutung. Die Berechnung von magnetischen Feldern ist dornenreicher. Möglicherweise ergeben sich auch bei der Berechnung von Magnetfeldern durch Definition einer Hilfsfunktion Rechenvorteile. Das ist, wie wir gleich sehen werden, tatsächlich der Fall.

Die dritte Maxwellsche Gleichung sagt aus, dass ein Magnetfeld keine Quellen hat. Wenn man irgendein Vektorfeld – nennen wir es $A(x, y, z)$ – heranzieht und darauf den Rotationsoperator anwendet, ergibt sich wieder ein Vektorfeld. Dieses Feld hat dann aber eine Besonderheit, es ist quellenfrei. Der Rotationsoperator fischt sozusagen die Wirbel heraus. Da die 3. Maxwellsche Gleichung B-Felder als reine Wirbelfelder ausweist, könnte man sie als Rotor aus einer *Vektorpotenzial* genannten Hilfsfunktion auffassen:

Vektorpotenzial: Ein abstraktes Vektorfeld soll als Hilfsfunktion dienen.

(6.7.1)

$$\text{Vektorpotenzial}: \vec{B} \mapsto \vec{A} \quad \text{mit} \quad \vec{B} = \vec{\nabla} \times \vec{A}$$

Setzt man das als Rotor des Vektorpotenzials dargestellte B-Feld in die 4. Maxwellsche Gleichung ein, und schreibt sie mithilfe der in *Merksatz 6.5.1* aufgeführten Identität um, ergibt sich:

(6.7.2)

$$\text{IV}: \vec{\nabla} \times (\vec{\nabla} \times \vec{A}) = \frac{1}{\varepsilon_0 c^2} \vec{J} \Leftrightarrow \vec{\nabla}(\vec{\nabla} \cdot \vec{A}) - \Delta \vec{A} = \frac{1}{\varepsilon_0 c^2} \vec{J}$$

"Plattfuss"

Symbole für el. Nullpotenziale "Masse"

Das Potenzial eines E-Feldes ist nur bis auf eine Konstante eindeutig. Damit lässt sich gut leben, denn man hat so die Freiheit, dem Potenzial einen Anfangswert zuzuweisen: z.B. $\varphi(\infty) = 0$. Im Falle des Vektorpotenzials gibt es, und das ist irritierend, eine weitergehende Mehrdeutigkeit. Sollte nämlich das Vektorpotenzial Potenzialfunktionsanteile enthalten, so würden diese Anteile nach Anwendung des Rotationsoperators verschwinden. Sie spielen daher für das B-Feld keine Rolle. Das Vektorpotenzial ist deshalb nicht nur bis auf eine Konstante, sondern bis auf eine Potenzialfunktion eindeutig. Das wiederum gibt einem die Freiheit, das Vektorpotenzial quellenfrei anzusetzen:

(6.7.3)

$$\text{Mit } \vec{\nabla} \cdot \vec{A} := 0: \quad \Delta \vec{A} = -\frac{1}{\varepsilon_0 c^2} \vec{J} \quad \text{ausführlich:} \begin{cases} \Delta A_x = -\frac{1}{\varepsilon_0 c^2} J_x \\ \Delta A_y = -\frac{1}{\varepsilon_0 c^2} J_y \\ \Delta A_z = -\frac{1}{\varepsilon_0 c^2} J_z \end{cases}$$

Poisson-Typ, aber leider ein System aus drei Gleichungen.

Der Erfolg ist offensichtlich: Es ergibt sich für jede Komponente des Vektorpotenzials eine Differenzialgleichung vom Poisson-Typ (*vgl.* (6.3.1)). Für die Lösungsmengen von Differenzialgleichungen spielen die physikalischen Bedeutungen der beteiligten Größen keine Rolle. Trotzdem ist es überraschend, dass sich

6.7 Der Trick mit dem Vektorpotenzial

Vektorpotenziale trotz unterschiedlichen Gesetzesfundaments (Maxwell 3 und 4 und nicht 1 und 2) mit demselben Gleichungstyp wie elektrische Potenziale berechnen lassen.

Als Beispiel diene der lange gerade zylindrische Draht in positive z-Richtung aus *Bild 6.6.1*. Da die Stromdichte nur eine z-Komponente aufweist, ist gemäß *(6.7.3)* nur die Lösung der dritten Poisson-Gleichung zu ermitteln. Das Problem ist mit der Berechnung des elektrischen Potenzials einer zylindrischen Raumladung mit gleichen Abmaßen vergleichbar. Mit Q_l ist die Ladung bezogen auf die Länge gemeint:

Fantastisch: Es besteht die Möglichkeit, dass sich das System aus drei Gleichungen auf eine reduziert.

$$\left.\begin{array}{ll} \rho = \dfrac{Q_l}{R^2\pi} & J_z = \dfrac{I}{R^2\pi} \\ \Delta\varphi = \dfrac{1}{\pi\varepsilon_0}\dfrac{Q_l}{R^2} & \Delta A_z = \dfrac{1}{\pi\varepsilon_0}\dfrac{I}{c^2 R^2} \end{array}\right\} \quad \begin{array}{l} Q_l \triangleq \dfrac{I}{c^2} \\ \varphi \triangleq A_z \end{array} \qquad (6.7.4)$$

Wir können das elektrische Potenzial berechnen und dann gemäß den Entsprechungen in *(6.7.4)* das Vektorpotenzial notieren oder umgekehrt. Wegen der Zylindersymmetrie der Raumladung bzw. der Stromdichte bietet es sich an, bequem im Zylindersystem zu rechnen (Laplace-Operator im Zylindersystem: s. *Merksatz 6.1.3*). Da keine z-Abhängigkeiten vorhanden sind, ergibt sich sogar eine gewöhnliche Differenzialgleichung. Achtung: Wir benennen trotz des Benennungskonflikts mit der Raumladung die Zylinderkoordinate mit ρ! Das Vektorpotenzial außerhalb des Drahtes ergibt sich mithilfe der Laplace-Gleichung:

Nochmal eine Erleichterung: nur noch eine gewöhnliche Differenzialgleichung

$$\rho > R : \begin{cases} \dfrac{1}{\rho}\dfrac{\mathrm{d}}{\mathrm{d}\rho}\left(\rho\dfrac{\mathrm{d}}{\mathrm{d}\rho}A_z\right) = 0 \;\Rightarrow\; \rho\dfrac{\mathrm{d}}{\mathrm{d}\rho}A_z = K \;\Rightarrow\; \dfrac{\mathrm{d}}{\mathrm{d}\rho}A_z = \dfrac{K}{\rho}\bigg|\int\ldots \\ A_z = K\ln\rho + D,\; A_z(R) := 0 \;\Rightarrow\; D = -K\ln R,\; A_z = K\ln\left(\dfrac{\rho}{R}\right) \end{cases} \quad (6.7.5)$$

Die Integrationskonstanten heißt hier K und D.

Wegen der Eigenheiten der Logarithmusfunktion ist es nicht möglich das Vektorpotenzial so zu normieren, dass es im Unendlichen verschwindet. Ausweg: Man setzt das Potenzial an der Drahtoberfläche gleich null.

Die Logarithmusfunktion hat ihre Tücken.

Die Integrationskonstante K muss an das Partikulärintegral der Poisson-Gleichung angepasst werden:

$$\rho \leq R : \begin{cases} \dfrac{1}{\rho}\dfrac{\mathrm{d}}{\mathrm{d}\rho}\left(\rho\dfrac{\mathrm{d}}{\mathrm{d}\rho}A_z\right) = -\dfrac{1}{\pi\varepsilon_0}\dfrac{I}{c^2 R^2}\bigg|\cdot\rho\bigg|\int\ldots \Rightarrow \rho\dfrac{\mathrm{d}}{\mathrm{d}\rho}A_z = -\dfrac{1}{2\pi\varepsilon_0}\dfrac{I}{c^2 R^2}\rho^2 \\ \dfrac{\mathrm{d}A_z}{\mathrm{d}\rho} = -\dfrac{1}{2\pi\varepsilon_0}\dfrac{I}{c^2 R^2}\rho,\; \dfrac{\mathrm{d}A_z}{\mathrm{d}\rho}\bigg|_R = -\dfrac{1}{2\pi\varepsilon_0}\dfrac{I}{c^2 R} = \dfrac{K}{R} \;\Rightarrow\; \underline{K = -\dfrac{I}{2\pi\varepsilon_0 c^2}} \end{cases} \quad (6.7.6)$$

Mit der nun festgelegten Konstante ergibt sich das Vektorpotenzial und en passant mithilfe von *(6.7.4)* auch das Potenzial für die elektrostatische Problemstellung:

$$A_z = \dfrac{I}{2\pi\varepsilon_0 c^2}\ln\left(\dfrac{R}{\rho}\right) \quad \text{bzw.} \quad \varphi = \dfrac{Q_l}{2\pi\varepsilon_0}\ln\left(\dfrac{R}{\rho}\right) \qquad (6.7.7)$$

Nutzen Sie unbedingt die Symmetrieverhältnisse der zu berechnenden Systeme aus!

Während man sich nach einer Potenzialberechnung im elektrischen Fall meist zurücklehnen kann, muss im Falle des abstrakten Vektorpotenzials noch über den Rotor das B-Feld ermittelt werden. Das vorliegende Beispiel ist insofern untypisch, da das Vektorpotenzial nur eine z-Komponente aufweist. Wegen der Zylindersymmetrie können wir den Rotor in Zylinderkoordinaten (s. *Merksatz 6.5.2*) arbeitssparend verwenden:

(6.7.8)
$$\vec{B}_\varphi = -\frac{\partial A_z}{\partial \rho}\vec{e}_\varphi = -\frac{I}{2\pi\varepsilon_0 c^2}\frac{d}{d\rho}\ln\left(\frac{R}{\rho}\right)\vec{e}_\varphi = \frac{I}{2\pi\varepsilon_0 c^2}\frac{1}{\rho}\vec{e}_\varphi \text{ oder } \frac{I}{2\pi\varepsilon_0 c^2}\frac{1}{\rho^2}\begin{pmatrix}-y\\x\\0\end{pmatrix}$$

Das vorliegende Beispiel kann sicherlich nicht überzeugen, denn das Feld (6.7.8) wurde bereits in *Abschnitt 6.6* (s. (6.6.4)) mithilfe des Stokesschen Integralsatz ohne viel Aufhebens ermittelt. Tatsächlich beschränken sich B-Feld-Berechnungen mittels Stokes nur auf wenige Sonderfälle. Der normale Rechenweg führt

Toll: Mogeln als seriöse Arbeitsmethode

über das Vektorpotenzial und die (drei) Poisson-Gleichungen (6.7.3). Da die Berechnung von elektrischen Potenzialen ebenfalls über eine Differenzialgleichung vom Poisson-Typ führt, kann man dort „spicken" und Berechnungen elektrischer Potenziale für Vektorpotenziale „abschreiben". Eine derartige „Mogelaktion" wird mit dem folgenden Bild vorbereitet:

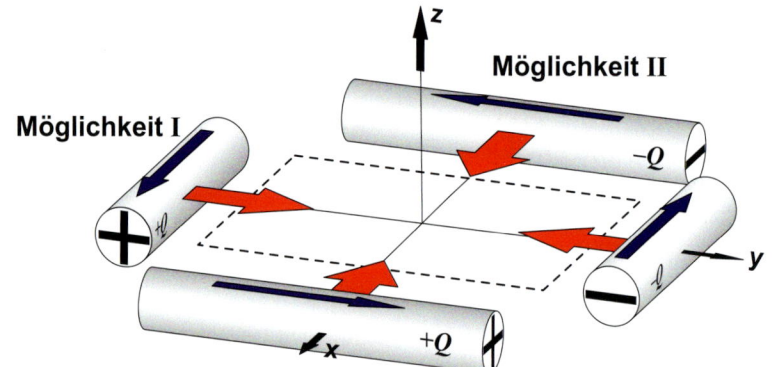

Bild 6.7.1
Dipole aus zylindrischen Raumladungen

Ein elektrischer Dipol muss nicht aus punktförmigen Ladungen zusammengesetzt sein. Es könnten sich auch zylindrische Ladungsverteilungen gegenüberstehen. Zumindest das Fernfeld dieser Anordnung wird sich nicht von dem „Zweipunktdipol" unterscheiden. Im Bild sind zwei Möglichkeiten, einen Dipol der x,y-Ebene zu bilden, eingezeichnet. Gemäß (6.3.16) gilt für deren Dipolmomente:

(6.7.9)
$$\vec{p}_\text{I} = \left(Q_l a\left(-\frac{b}{2}\right)+(-Qa)\frac{b}{2}\right)\vec{j} = \underline{-Q_l ab\,\vec{j}}, \quad \vec{p}_\text{II} = \left(-Q_l b\left(-\frac{a}{2}\right)+Q_l b\frac{a}{2}\right)\vec{i} = \underline{Q_l ab\,\vec{i}}$$

Mit Q_l ist wieder die auf die Länge bezogene Ladung gemeint. Eingesetzt in (6.3.16) ergibt sich nach Ausführung der Skalarprodukte für die elektrischen Potenziale der beiden Dipole:

(6.7.10)
$$\varphi_\text{I} = -\frac{Q_l ab}{4\pi\varepsilon_0}\frac{y}{r^3} \quad \text{bzw.} \quad \varphi_\text{II} = \frac{Q_l ab}{4\pi\varepsilon_0}\frac{x}{r^3}$$

6.7 Der Trick mit dem Vektorpotenzial

Wenn es sich um antiparallel stromdurchflossene Zylinderstückchen handelte, können wir gemäß (6.7.4) Q_l durch I/c^2 austauschen und erhalten gratis die Vektorpotenziale (bzw. deren Komponenten) beider Pärchen.

$$\text{I:}\ A_x = -\frac{Iab}{4\pi\varepsilon_0 c^2}\frac{y}{r^3}\ \text{bzw.}\ \text{II:}\ A_y = \frac{Iab}{4\pi\varepsilon_0 c^2}\frac{x}{r^3}$$

(6.7.11)

Beide Pärchen könnten zusammen einen Stromkreis mit rechteckigem Querschnitt bilden. Prüfen wir das nach: Das Vektorpotenzial eines stromdurchflossenen Drahtes weist gemäß (6.7.7) in Stromrichtung. Im Falle der Möglichkeit I (s. Bild 6.7.1) weisen die Zylinder und somit die Ströme in x-Richtung. Es muss sich daher um die x-Komponenten eines Vektorpotenzials handeln. Entsprechend liefert das andere Pärchen die y-Komponenten. Es muss noch weiter geprüft werden, ob die Vektorpotenziale wirklich von einem Stromkreis herrühren. Im Falle einer negativen y-Koordinate ist A_x positiv und müsste von einem Strom in positive x-Richtung verursacht worden sein. Dem müsste sich für $x > 0$ ein positives Vektorpotenzial getrieben von einem Strom in positive y-Richtung anschließen. Da sich bei umgekehrten Vorzeichen der Koordinaten alle Richtungen umkehren, liegen mit (6.7.11) tatsächlich die Komponenten des Vektorpotenzials (Fernfeld) einer Stromschleife vor. Die z-Komponente des Vektorpotenzials ist gleich null.

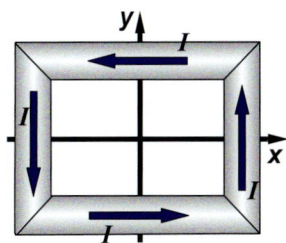

Rechteckige stromdurchflossene Leiterschleife

Vollständig ist eine Feldermittlung erst durch Angabe des B-Feldes. Dazu muss gemäß (6.7.1) der Rotor berechnet werden. Symmetrien sollte man immer ausnutzen. Da im Nenner nur eine Potenzfunktion der Kugelkoordinate r mit ganzzahligem Exponenten steht, bietet es sich an, das Vektorpotenzial in Kugelkoordinaten zu transformieren. Die Basisvektoren des Kugelkoordinatensystems finden Sie in (3.2.26). Da es sich um ein Orthonormalsystem handelt, können die Koeffizienten der Linearkombination bequem mithilfe von skalaren Produkten berechnet werden:

$$\vec{A} = A_r\vec{e}_r + A_\vartheta\vec{e}_\vartheta + A_\varphi\vec{e}_\varphi\ |\bullet\vec{e}_r\ |\bullet\vec{e}_\vartheta\ |\bullet\vec{e}_\varphi \Rightarrow \vec{A}\bullet\vec{e}_r = A_r,\ \vec{A}\bullet\vec{e}_\vartheta = A_\vartheta,\ \vec{A}\bullet\vec{e}_\varphi = A_\varphi:$$

$$A_r = A_\vartheta = 0,\ A_\varphi = \frac{Iab}{4\pi\varepsilon_0 c^2}\frac{1}{r^2}\begin{pmatrix}-\sin\vartheta\sin\varphi\\ \sin\vartheta\cos\varphi\\ 0\end{pmatrix}\bullet\begin{pmatrix}-\sin\varphi\\ \cos\varphi\\ 0\end{pmatrix} = \underline{\frac{Iab}{4\pi\varepsilon_0 c^2}\frac{\sin\vartheta}{r^2}}$$

(6.7.12)

Das Vektorpotenzial hat bezüglich Kugelkoordinaten nur eine Komponente. Mithilfe des *Merksatzes 6.5.2* lässt sich der Rotor ohne mühseliges Kreuzprodukt direkt in Kugelkoordinaten berechnen:

$$\vec{B} = \vec{\nabla}\times\vec{A} = \frac{Iab}{4\pi\varepsilon_0 c^2}\left(\frac{1}{r\sin\vartheta}\left(\frac{\partial}{\partial\vartheta}\frac{\sin\vartheta}{r^2}\sin\vartheta\right) + \left(-\frac{1}{r}\frac{\partial}{\partial r}r\frac{\sin\vartheta}{r^2}\right)\vec{e}_\vartheta\right)$$

$$= \underline{\underline{\frac{\mu}{4\pi\varepsilon_0 c^2}\left(\frac{2\cos\vartheta}{r^3}\vec{e}_r + \frac{\sin\vartheta}{r^3}\vec{e}_\vartheta\right)}}\ \text{mit}\ \mu := Iab$$

(6.7.13)

Ein Vergleich der Feldlinien in *Bild 6.6.5* mit denen des Fernfeldes eines elektrischen Dipols zeigt Ähnlichkeiten. Möglicherweise sind die Feldlinienbilder gleich, wenn die beiden antiparallel durchflossenen Drähte zusammenrücken. Das elektrische Feld eines Dipols erhalten wir über den Gradienten. Wir transformieren ebenfalls in Kugelkoordinaten und benutzen die entsprechende Darstellung des Gradienten (s. *Merksatz 3.2.3*).

(6.7.14)

$$\varphi_D = \frac{p}{4\pi\varepsilon_0}\frac{z}{r^3} = \frac{p}{4\pi\varepsilon_0}\frac{\cos\vartheta}{r^2}, \quad \vec{E}_D = -\vec{\nabla}U = \frac{p}{4\pi\varepsilon_0}\left(\frac{2\cos\vartheta}{r^3}\vec{e}_r + \frac{\sin\vartheta}{r^3}\vec{e}_\vartheta\right)$$

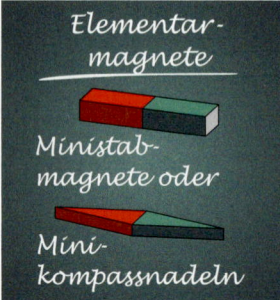

Die zugehörige Berechnung des Gradienten wurde im Rahmen der Übungsaufgabe 3.2.3 vorgerechnet. Das Ergebnis ist erstaunlich. Beide Felder sind „gleich" und rechtfertigen deshalb, von einem magnetischen Dipol (Schule: „*Elementarmagnet*") zu sprechen und das, obwohl das Feld eines magnetischen Dipols ein Wirbelfeld ist und keine echten Pole hat. Noch erstaunlicher ist, dass die handliche Kraftregel aus der Schule „Gleichnamige Pole stoßen sich ab – und ungleichnamige ziehen sich an" für beide Dipolarten gilt (s. *Bild 6.6.6*). Die Regel gilt natürlich nur für elektrische Dipole bzw. magnetische Dipole untereinander.

Dass es sich beim Vektorpotenzial um eine sehr abstrakte Rechengröße handelt, soll die folgende Übungsaufgabe zeigen:

Aufgabe 6.7.1

Aufgabe:
Ermitteln Sie das Vektorpotenzial des in z-Richtung stromdurchflossenen Drahtes aus dem mittels Stokes ermittelten B-Feld (s. *Bild 6.6.1*, (6.6.4)) und vergleichen Sie Ihre Lösung mit der Formel rechts in (6.7.7)!

Vergleiche (5.1.12)/ (5.1.14)!

$-\frac{1}{2}\ln(x^2+y^2) =$
$-\ln\sqrt{x^2+y^2} =$
$\ln\frac{1}{\sqrt{x^2+y^2}}$

Logarithmus-Gymnastik

Lösungsvorschlag:

Zylindersymmetrie: $A_x = A_y = 0 \Rightarrow \vec{\nabla}\times\vec{A} = \begin{vmatrix} \vec{i} & \vec{j} & \vec{k} \\ \frac{\partial}{\partial x} & \frac{\partial}{\partial y} & \frac{\partial}{\partial z} \\ 0 & 0 & A_z \end{vmatrix} = \begin{pmatrix} \frac{\partial}{\partial y}A_z \\ -\frac{\partial}{\partial x}A_z \\ 0 \end{pmatrix}$

$B_x = \frac{I}{2\pi\varepsilon_0 c^2}\frac{-y}{x^2+y^2} = \frac{\partial A_z}{\partial y}, \quad B_y = \frac{I}{2\pi\varepsilon_0 c^2}\frac{x}{x^2+y^2} = -\frac{\partial A_z}{\partial x}$

$A_z = -\ldots\int\frac{y}{x^2+y^2}\,dy + C(x), \quad A_z = -\ldots\int\frac{x}{x^2+y^2}\,dx + D(y)$

$A_z = -\ldots\frac{1}{2}\ln(x^2+y^2) + C(x), \quad A_z = -\ldots\frac{1}{2}\ln(x^2+y^2) + D(y)$

$C(x) = D(y) := \ldots\ln R : A_z = \frac{I}{2\pi\varepsilon_0 c^2}\ln\frac{R}{\sqrt{x^2+y^2}}$

$\vec{A} = \vec{k}\frac{I}{2\pi\varepsilon_0 c^2}\ln\frac{R}{\sqrt{x^2+y^2}} \quad \text{bzw.} \quad \vec{k}\frac{I}{2\pi\varepsilon_0 c^2}\ln\frac{R}{\rho}$

6.8 Influenz – der Einfluss der Materie

Möglicherweise haben Sie sich einmal besorgt gefragt, ob das Vieltelefonieren mit Handys schädlich sein könnte. Schließlich halten Sie dabei ein Gerät an den Kopf, welches elektromagnetische Felder erzeugt. Da geladene Teilchen wesentliche Bausteine der Körpermaterie sind, zerren diese beiden Felder mit den ihnen eigenen Kräften an **Ihren** Bausteinen.

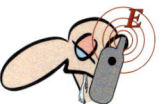

Möglich, aber nicht wahrscheinlich

$$\vec{F} = q\left(\vec{E} + \vec{v} \times \vec{B}\right); \; E\text{-Feld-Komponente} = q\vec{E}, \; B\text{-Feld-Komponente} = q\vec{v} \times \vec{B}$$

(6.8.1)

Ein Einfluss ist somit prinzipiell nicht auszuschließen. Sie nehmen freiwillig an einem Langzeittest teil – vielleicht werden Sie in 40 Jahren wie eine Dogge sabbern – man weiß es nicht. Diese scherzhafte Betrachtung lässt eine komplizierte Wechselbeziehung der Felder mit Materie erahnen. Schaut man in ältere Physikbücher, fällt auf, dass wegen der Wechselbeziehung mit Materie möglicherweise noch zwei zusätzliche Felder (*D*-Feld, *H*-Feld) mit einzubeziehen sind. Mit diesem Abschnitt soll Ihnen die Möglichkeit geboten werden, die Bedeutung der Zusatzfelder zu relativieren. Leider ist dafür ein unschöner Formalismus notwendig. Bevor Sie das Buch angewidert gegen die Wand werfen, sei gesagt, dass Sie diesen Abschnitt diagonal lesen dürfen.

Betrachten Sie bitte das nebenstehende Bild. Links befinde sich ein Körper im schwerelosen Zustand. Der Schwerpunkt des Knochengerüsts stimmt in etwa mit dem der Weichteile überein. Sobald sich der Körper in einem Gravitationsfeld befindet, verschieben zwei antiparallele Kräfte (Gewichtskraft und deren Reaktion) beide Teilsysteme. Dieser Kraft müssen Muskeln und Bindegewebe entgegenwirken. Die Schwerpunkte der beiden Teilsysteme werden soweit voneinander getrennt, bis die gedehnten Muskeln und Gewebestrukturen eine gleich große Gegenkraft aufgebaut haben.

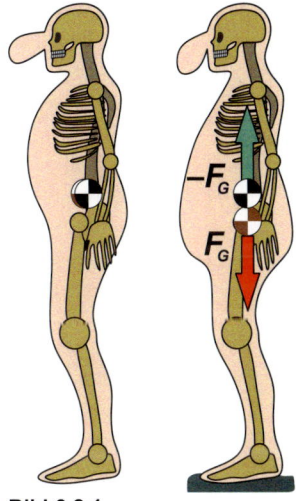

Bild 6.8.1
Trennung von Massenschwerpunkten im Gravitationsfeld

Die Situation des Körpers im Gravitationsfeld ähnelt dem eines einzelnen Moleküls im elektrischen Feld. Dem Skelett entspricht das Kerngerüst und die Weichteile sind mit der Elektronenhülle vergleichbar. Befindet sich ein Molekül in einem elektrischen Feld, wird der positive Ladungsschwerpunkt in Feldrichtung und der der Elektronenhülle in Gegenfeldrichtung gezerrt. Das Molekül wird zum Dipol – es wird wie man sagt polarisiert. Die molekularen Kräfte, die dagegen halten, sind leider nicht einfacher als die der Muskeln und des Bindegewebes. Während die verschobenen Gravitationsladungen eines Speckbauches wohl kaum das Gravitationsfeld der Erde deformieren, sind bei elektrischen Systemen die Größenordnungen anders. **Alle** Ladungen eines Systems – auch die in den Molekülen – sind am aktuellen Feld beteiligt. Jede Störung der Position einer der Ladungen beeinflusst aufgrund geänderter Feldkräfte alle anderen und ändert deren Positionen. Das wiederum wirkt auf das Feld zurück, es ändert sich. Derartige Ladungsverschiebungen müssen mit Bewegungsgleichungen, in der die Feldkräfte und die dagegen haltenden innermolekularen Kräfte stehen, erfasst werden. Zur Berechnung eines elektrischen oder magne-

Normalerweise ist das Molekül neutral.

Letzten Endes ebenfalls molekulare Kräfte

Alle Ladungen sind beteiligt!

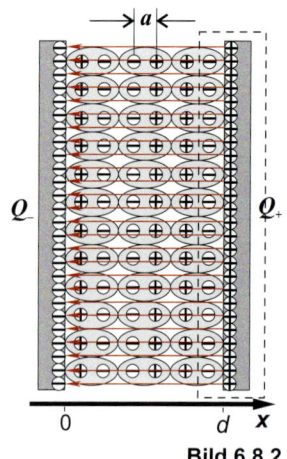

Bild 6.8.2
Plattenkondensator mit Dielektrikum

tischen Feldes unter dem unvermeidlichen Beisein von Materie, muss ein riesiges System gekoppelter Differenzialgleichungen bestehend aus Maxwellgleichungen und (für jede der beteiligen Ladungen drei!) Bewegungsgleichungen gelöst werden. Lediglich wenn man die felderzeugenden Ladungen als „eingefroren" ansehen kann, reichen die ohnehin schon schwierigen Maxwellgleichungen aus, um die Felder bekannter Raumladungen und Stromdichten zu ermitteln.

Wir benutzen den Plattenkondensator (*Bild 6.8.2 und 6.2.3*) als Modell. Zwischen den geladenen Platten befinde sich jetzt ein isolierendes Material – ein sogenanntes Dielektrikum. Die Ladungsschwerpunkte der Moleküle seien aufgrund der Kraft im elektrischen Feld auseinander gezogen, d. h. die Moleküle sind polarisiert. Die Summe aller Dipolfelder formt ein sogenanntes Polarisationsfeld. Deren Quelldichtefeld wird aus der aus den Polarisationsladungen ρ_{pol} gebildet. Mit dem Aufbau eines Polarisationsfeldes in der Materie schwächt sich das E-Feld selbst. Ohne Dielektrikum wären deshalb Feldstärken gleicher Plattenladungen höher. Für die erste Maxwellgleichung mit Dielektrikum gilt:

(6.8.2)

$$\vec{\nabla} \bullet \vec{E} = \frac{1}{\varepsilon_0}\left(\rho + \rho_{pol}\right) \text{ mit } \rho_{pol} = -\vec{\nabla} \bullet \vec{P} \;\Rightarrow\; \vec{\nabla} \bullet \left(\vec{E} + \frac{1}{\varepsilon_0}\vec{P}\right) = \frac{1}{\varepsilon_0}\rho$$

Oft heißt nicht immer! Der Proportionalitätsfaktor heißt elektrische Suszeptibilität.

Die Polarisation wird sicherlich mit der Feldstärke E monoton steigen. Aus Experimenten ist bekannt, dass oft ein Taylorpolynom erster Ordnung ausreicht, den Zusammenhang für viele Materialien einigermaßen zu erfassen. Wenn keine permanenten Dipole vorhanden sind gilt $P(0) = 0$:

(6.8.3)

$$\vec{P}(E) = \chi \varepsilon_0 \vec{E} : \vec{E} + \frac{1}{\varepsilon_0}\vec{P} = \vec{E} + \chi \vec{E} = \underbrace{\varepsilon_0 (1+\chi)}_{\varepsilon}\vec{E} = \varepsilon \vec{E}$$

Die Kapazität des Systems mit Dielektrikum erhöht sich!

Mit diesem empirischen Ansatz wird die Maxwellgleichung lediglich mit der *relativen Permitivität* ε ausgefüttert und für E-Feld und Kapazität des Plattenkondensators mit Dielektrikum könnten analog zu (6.2.12) mithilfe des Gaußschen Integralsatzes Feldstärke und Kapazität berechnet werden:

(6.8.4)

$$\vec{\nabla} \bullet \vec{E} = \frac{1}{\varepsilon \varepsilon_0}\rho : \; E = \frac{1}{\varepsilon \varepsilon_0}\frac{Q_+}{A}, \; C = \varepsilon \varepsilon_0 \frac{A}{d}$$

Substitutionen können zweckmäßig sein – hier wurde traditionell der Klammerausdruck aus E-Feld und Polarisation substituiert. Der Substituent ist ein Vektorfeld und heißt *Verschiebungsdichte* (Formelzeichen: D):

(6.8.5)

$$\vec{D} := \varepsilon_0 \left(\vec{E} + \frac{1}{\varepsilon_0}\vec{P}\right); \text{ mit } \vec{P} \approx \chi \varepsilon_0 \vec{E} \text{ ergibt sich}: \underline{\underline{\vec{D} = \varepsilon \varepsilon_0 \vec{E}}}$$

Alternativbezeichnung für D: $D := \varepsilon_O \cdot E_O$ (o steht für „ohne Materie")

Durch Einsetzen des Substituenten in die Maxwellgleichung wird offenbar, wie das D-Feld zu interpretieren ist: Die Quellen des D-Feldes bestehen aus den Ladungen, die **nicht** durch Polarisation zustande gekommen sind. Das Einsparen der Feldkonstante ist nur ein kosmetischer Vorteil. Mithilfe des Gaußschen Integralsatzes ergibt sich für den Plattenkondensator:

6.8 Influenz – der Einfluss der Materie

$\vec{\nabla} \cdot \vec{D} = \rho$, Lösung für den Plattenkondensator: $D = \frac{Q_+}{d}$, $E = \frac{D}{\varepsilon \varepsilon_0} = \frac{1}{\varepsilon \varepsilon_0} \frac{Q_+}{d}$ (6.8.6)

Auch ein *B*-Feld enthält Anteile, die aufgrund der Rückwirkung der Materie entstehen. Moleküle oder Atome könnten durch ein *B*-Feld zu magnetischen Dipolen werden (*Diamagnetismus*) oder, falls sie bereits diese Eigenschaft permanent haben, sich geordnet ausrichten (*Paramagnetismus*). Die Summe der magnetischen Dipolfelder erzeugt ein Feld, welches *Magnetisierung* genannt wird. Der Rotor dieses Feldes liefert den Beitrag der Materie zur Stromdichte. Für die 4. Maxwellsche Gleichung gilt mit Materie:

Die Unordnung stiftende Wärmebewegung muss überwunden werden.

$$\vec{\nabla} \times \vec{B} = \frac{1}{\varepsilon_0 c^2}\left(\vec{j} + \vec{j}_{\text{pol}}\right) \text{ mit } \vec{j}_{\text{pol}} = \vec{\nabla} \times \vec{M} \Rightarrow \vec{\nabla} \times \left(\vec{B} - \frac{1}{\varepsilon_0 c^2}\vec{M}\right) = \frac{1}{\varepsilon_0 c^2}\vec{j}$$ (6.8.7)

Ähnlich wie in (6.8.5) kann man durch Substitution zu einem Hilfsfeld kommen, deren Feldstärken „*magnetische Feldstärken*" heißen:

Sagen Sie bitte: „Magnetische Feldstärke H"!

$$\vec{H} := \varepsilon_0 c^2 \left(\vec{B} - \frac{1}{\varepsilon_0 c^2}\vec{M}\right) \text{ bzw. } \vec{H} := \frac{1}{\mu_0}\vec{B} - \vec{M}$$ (6.8.8)

Setzt man das Hilfsfeld in die 4. Maxwellgleichung ein, ergibt sich eine Gleichung für ein magnetisches Feld, das sich ausbilden würde, wenn nur die Spulenströme wirken würden. Wie in (6.8.6) ist die Feldkonstante fortdefiniert. Die Lösung ergibt sich wie in (6.6.9), (6.6.10) mithilfe des Stokesschen Integralsatzes:

Alternativbezeichnung für H:
$B_O := \mu_O \cdot H$
(o steht für „ohne Materie")

$\vec{\nabla} \times \vec{H} = \vec{j}$, Lösung für die Spule: $H = \frac{NI}{l}$ bzw. $H = \frac{\Theta}{l}$ (6.8.9)

Es verbleibt das (Riesen-)Problem den Zusammenhang zwischen der Magnetisierung und dem Feld zu erfassen. Traditionell wählt man einen anderen Ansatz als in (6.8.3). *M* wird nicht proportional zu *B*, sondern zu *H* angesetzt:

Der Faktor χ heißt relative Suszeptibilität.

$$\vec{M} := \chi_m \vec{H} : \vec{H} := \frac{1}{\mu_0}\vec{B} - \chi_m \vec{H} \Rightarrow \vec{B} = \mu \mu_0 \vec{H}$$ (6.8.10)

Ersetzt man *H* in (6.8.9) durch $B/\mu\mu_0$ und bringt die „Konstanten" auf die rechte Seite ergibt sich wie in (6.6.9), (6.6.10):

Der Faktor μ heißt relative Permeabilität.

$\vec{\nabla} \times \vec{B} = \mu \mu_0 \vec{j}$: Spulenfeld $B = \mu \mu_0 \frac{NI}{l}$, $H = \frac{NI}{l}$ (6.8.11)

Für das *B*-Feld der Spule ergibt sich eine handliche Form, die sich für Abschätzungen bewährt hat.

Leider sind die Zusammenhänge zwischen den Feldern *E*, *B* und den Substituenten *D*, *H* in (6.8.2) und (6.8.7) äußerst verwirrend: Sie suggerieren dem Studierenden, dass das *D*-Feld mit dem *B*-Feld vergleichbar wäre. Das ist, wie Sie hoffentlich bemerkt haben, falsch. Die höchste Bedeutung kommt den Feldern zu, die für die Kraft auf geladene Körper verantwortlich sind und das sind das *E*-Feld und

Vorsicht Verwechslungsgefahr!
B-Feld: Sagen Sie „magnetische Feldstärke B" oder „magnetische Flussdichte".

Das Bad ist bereitet!

Man sagt, die Elektronen (nicht alle!) sind quasifrei.

das B-Feld. Mit einer gewissen Berechtigung könnte man die vier Felder in eine Ursache-Folge-Relation bringen: Das D-Feld verursacht das E-Feld und das H-Feld ist die Ursache des B-Feldes. Für das eigentliche Problem bringt der Formalismus nichts bzw. nicht viel: Es muss der Zusammenhang zwischen der Polarisierung bzw. der Magnetisierung und den Feldern erfasst werden und das ist im Rahmen der klassischen Elektrizitätslehre nicht möglich. Die elektrischen und magnetischen Suszeptibilitäten sind im Allgemeinen keine Konstanten. Die Kollinearität von P bzw. M zu den Feldstärken ist nicht gesichert und bei ferromagnetischer Materie kann nicht einmal von einem funktionalen Zusammenhang zwischen Magnetisierung und Feldstärke gesprochen werden.

Einfacher gestaltet sich die Materialgleichung für den Einfluss des E-Feldes auf die Ladungen leitender Materie. In Metallen verhalten sich einige der Elektronen so wie Jugendliche um die 18 zu ihrem Elternhaus. Die Bindung ist schwach und sie können bereits durch geringe Einflüsse (Kräfte) abdriften. Befindet sich ein Leiter im E-Feld, reichen schon geringe Feldstärken, um Elektronen „driften" zu lassen. In einem Leiter hinterlässt ein abgedriftetes Elektron keine Lücke, denn die wird von benachbarten Elektronen, auf die im Feld die gleiche Kraft wirkt, aufgefüllt. Es findet sozusagen ein gerichteter Platzwechsel statt. Für eine derartige Bewegung ist Newton II zuständig. Die driftenden Elektronen stoßen mit den Molekülrümpfen zusammen. Wir können modellhaft die Stöße als geschwindigkeitsproportionale Gegenkraft ansetzen:

(6.8.12)
$$F = -q_e E + cv = m_e \frac{dv}{dt}; \text{ nach Ende der Beschleunigung: } q_e E - c v_D = 0$$

Die Elektronen werden in kurzer Zeit die Beschleunigungsphase abgeschlossen haben und sich dann mit (konstanter) Driftgeschwindigkeit durch die Materie bewegen. Anstelle des Parameters c schreibt man lieber $1/b$ und nennt den Parameter „Beweglichkeit". Dabei bedeuten „$b = 0$" „festgenagelt" und „$b = \infty$" völlig frei. Die Driftgeschwindigkeit lässt sich gemäß (5.3.5) durch die Stromdichte ausdrücken. Die Dichte ist eine spezielle Raumladungsdichte. Sie bezieht sich nur auf die beweglichen Ladungen.

Die Beziehung rechts in (6.8.13) könnte man Ohmsches Gesetz nennen.

(6.8.13)
$$\vec{J} = \rho_e \vec{v}_D : q_e \vec{E} - \frac{1}{b} \vec{v}_D = 0 \Rightarrow \vec{v}_D = q_e b \vec{E} v \Rightarrow \vec{J} = \underbrace{q_e \rho_e b}_{:= \sigma} \cdot \vec{E} \text{ bzw. } \underline{\underline{\vec{J} = \sigma \vec{E}}}$$

Traditionseselsbrücke aus der Schweiz: der Kanton Uri

Wir haben damit die dritte Materialgleichung, mit der die Stromdichte errechnet werden kann, die von einem E-Feld getrieben wird. Der „Proportionalitätsfaktor" σ heißt *spezifische Leitfähigkeit*. Auch hier handelt es sich **nur** um einen Ansatz. Sowohl die Raumladungsdichte als auch die Beweglichkeit können abhängig von der Feldstärke sein.

Für den Anwender ist besonders der Strom von Interesse, der von einem elektrischen Feld durch einen „Draht" homogener Materialzusammensetzung und konstanter Querschnittsfläche getrieben wird. Wir gehen von einem Potenzialfeld aus, bilden Kurvenintegrale und erhalten schließlich das Ihnen aus der Schule bekannte *Ohmsche Gesetz* ($U = R \cdot I$):

6.8 Influenz – der Einfluss der Materie

$$\vec{J} \parallel d\vec{s},\ J = \frac{I}{A}:\ \int_1^2 \vec{J} \cdot d\vec{s} = \sigma \int_1^2 \vec{E} \cdot d\vec{s} \Rightarrow \frac{I}{A}l = \sigma U \Rightarrow U = \frac{1}{\sigma}\frac{l}{A} \cdot I \text{ bzw. } \underline{U = R \cdot I}$$ (6.8.14)

Die Potenzialdifferenz zwischen zwei Punkten ist nichts weiter als die Spannung zwischen diesen Punkten. Die Wegunabhängigkeit des Kurvenintegrals bewirkt hier, dass der Strom sich nicht ändert, wenn man den Draht, der die Punkte verbindet, verbiegt. Es ist damit aber auch klar, dass dieses streng nur für stationäre E-Felder gültig ist.

Die Einfachheit der Modelle „lange, dichtgewickelte Spule" und „Plattenkondensator" begründet sich darin, dass zylindrische Räume mit homogenen Feldern ausgefüllt sind und die Feldstärken außerhalb des Raumes keine Rolle spielen. Sobald diese Annahmen nicht mehr gelten, erschweren Grenzflächen zwischen Materie unterschiedlicher Eigenschaften oder Inhomogenitäten der Felder deren Berechnung. Sogar die Berechnung des elektrischen Feldes zwischen geladenen Metallkugeln macht Probleme. Die Felder lassen keine kugelsymmetrischen Raumladungen zu, sondern die Felder drängen die Ladungen an die Oberfläche der Kugeln. Im Inneren sind die Kugeln dann feldfrei. Nun würden gleichmäßig verteilte Ladungen auf einer Kugeloberfläche außerhalb der Kugel dasselbe Feld wie kugelsymmetrische Raumladungen erzeugen. Die Superposition derartiger Felder weist, wie das nebenstehende Bild zeigt, Tangentialkomponenten der Felder auf. Diese würden auf den Kugeloberflächen die Oberflächenladungen solange in Richtung der (gedachten) Verbindungsachse der Kugeln treiben bis das E-Feld an den Grenzflächen lediglich Normalkomponenten aufweist. Im stationären Zustand ist die Flächenladungsdichte in der Nähe der Verbindungsachse erhöht. Die Feldstärke zwischen den Kugeln ist im stationären Zustand höher als in dem nebenstehenden Feldlinienbild angedeutet. Für die Feld-Berechnung mittels Poisson-Gleichung ist somit eine, wie man sagt, *Randbedingung* zu berücksichtigen. Wegen der Orthogonalität der Feldstärkevektoren zu den Oberflächenelementen der Kugeln, avancieren diese zu *Äquipotenzialflächen*. Es reicht also nicht die Lösungsmenge der Poisson-Gleichung (6.3.1) zu finden, sondern man muss noch in dieser Menge nach einer Lösung suchen, die die Randbedingung erfüllt. Sobald es sich nicht um ideale Leiter, sondern um Feldsysteme mit Dielektrika handelt, ist das Innere der beteiligten Körper nicht feldfrei und die Feldlinien „brechen" sich an den Grenzflächen.

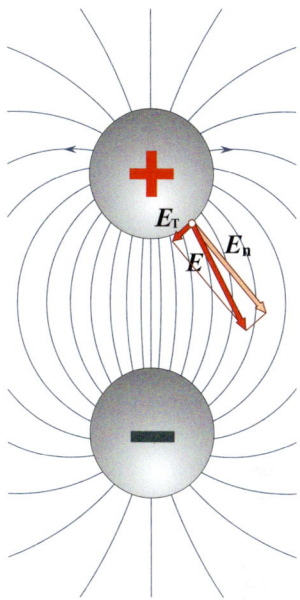

Bild 6.8.3
Geladene Metallkugeln mit gleichmäßiger Oberflächenladung sind nicht im stationären Zustand.

Berechnungen magnetischer Felder sind eher noch aufwendiger. Eine besondere Bedeutung haben aber Felder mit ferromagnetischen Materialien – man sagt meist schlicht „Eisen", auch wenn es sich um Legierungen oder Sintermaterialien handelt. Eisen enthält bereits magnetische Dipole (Elementarmagnete). Sobald ein B-Feld darauf einwirkt, ordnen sich diese und verstärken das Feld. Der Effekt ist so stark, dass man Streufelder außerhalb des Eisens vernachlässigen kann. Das Feldlinienbild eines B-Feldes mit Eisen sieht aus wie das Strömungsfeld von Wasser in einem geschlossenen Kanalsystem. Diese Eigenschaften gestatten eine Berechnung, die denen von Gleichstromkreisen ähnelt.

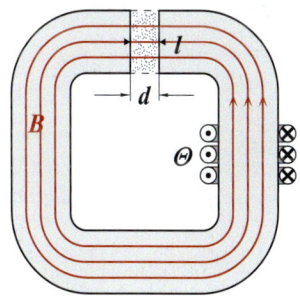

Bild 6.8.4
Spule mit Eisenkern und Luftspalt

Als Beispiel nehmen wir das in *Bild 6.8.4* dargestellte System. Es handele sich um einen Eisenkern mit Luftspalt. Das *B*-Feld werde durch eine Spule mit der Durchflutung Θ erzeugt. Auch wenn wir dabei Genauigkeit einbüßen, vernachlässigen wir die Streuung des Feldes am Luftspalt. Nun kommt die dritte Maxwellsche Gleichung ins Spiel, die mithilfe des Gaußschen Integralsatzes in die Integralform gebracht wurde. Dazu betrachten wir die – im nebenstehenden Bild gestrichelt angedeutete – Hülle eines quaderförmigen Volumens:

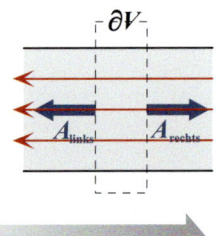

(6.8.15)

$$\nabla \cdot \vec{B} = 0 : \oint_{\partial V} \vec{B} \cdot \mathrm{d}A = 0 = B_{\text{links}} A_{\text{links}} - B_{\text{rechts}} A_{\text{rechts}} = \Phi_{\text{links}} - \Phi_{\text{rechts}} \Rightarrow \Phi = \text{konst.}$$

Natürlich nur näherungsweise!

Da der Fluss des *B*-Feldes die „Kanalwände" nicht durchdringen kann, spielt nur der Fluss durch die Querschnittflächen eine Rolle. Da das *B*-Feld quellenfrei ist, müssen die Flüsse gleich sein (*vgl. (6.3.1), (6.3.2)*). Da man diese Überlegung überall im Eisen-Luftspalt-System anstellen kann, muss der Fluss des B-Feldes überall gleich sein. Der Fluss verhält sich offenbar so wie der Strom in einem Stromkreis. Getrieben wird dieser Fluss durch die stromdurchflossene Spule. Es lässt sich so bereits erahnen, dass deren Durchflutung die Rolle der Spannung übernehmen wird. Wenn sich auch noch ein „magnetischer Widerstand" finden lässt, wäre das „*Ohmsche Gesetz des Magnetismus*" perfekt. Den liefert die Integralform der 4. Maxwellschen Gleichung. Wir verwenden für das Kurvenintegral die mittlere Feldlinie (*s. Bild 6.8.4*) und benutzen dabei wegen der Materie das Konzept mit dem *H*-Feld. Das Kurvenintegral geht aus (6.8.9) durch Anwendung des Stokesschen Integralsatzes hervor. Für die Umrechnung in die *B*-Feldstärken wird (6.8.10) verwendet:

Ohmsches Gesetz des Magnetismus: Die Durchflutung treibt einen magnetischen Fluss durch den Kreis und überwindet dabei die magnetischen Widerstände.

(6.8.16)

$$\oint_{\substack{\text{Feld} \\ \text{linie}}} \vec{H} \cdot \mathrm{d}\vec{s} = H_{\text{Fe}} l + H_{\text{Luft}} d = \frac{B_{\text{Fe}}}{\mu_{\text{Fe}}\mu_0} l + \frac{B_L}{\mu_L \mu_0} d = \frac{1}{\mu_{\text{Fe}}\mu_0} \frac{l}{A_L} \Phi + \frac{1}{\mu_L \mu_0} \frac{d}{A_L} \Phi$$

$$= \left(\frac{1}{\mu_{\text{Fe}}\mu_0} \frac{l}{A_{\text{Fe}}} + \frac{1}{\mu_L \mu_0} \frac{d}{A_L} \right) \Phi = \overbrace{(R_{m\text{Fe}} + R_{m L})}^{R_m} \Phi = \Theta : \quad \underline{\underline{\Theta = R_m \Phi}}$$

Zahlenbeispiel:
$A = 6{,}25 \cdot 10^{-4}\,\text{m}^2$
$l = 0{,}35\,\text{m}, \ d = 0{,}01\,\text{m}$
$N = 500, \quad I = 1\,\text{A}$
$\mu_{\text{Fe}} \approx 1000, \ \mu_{\text{Luft}} = 1$

Luftspalte bedeuten immer sehr große magnetische Widerstände.

Es ergibt sich tatsächlich ein „Flusskreis", für den ein magnetisches Ohmsches Gesetz gilt. Im Beispiel sind zwei „Verbraucher" hintereinander geschaltet: eine Eisenstrecke und ein Luftspalt. Die Analogie mit Gleichstromkreisen ist vollständig – es gelten für Verzweigungen dieselben Gesetze. Die magnetische Permeabilität von Luft kann man gleich eins setzen. Ein Ärgernis gibt es aber doch: Die Permeabilität von Eisen ist keine Konstante, sondern sehr stark abhängig von der Feldstärke (*Hysterese*).

(6.8.17)

Die Feldstärke B ist im Kreis wegen gleicher Querschnittflächen überall gleich.

$$\text{Luft:} \ R_m = \frac{1}{4\pi \cdot 10^{-7}} \frac{0{,}01}{6{,}25 \cdot 10^{-4}} \frac{\text{A}\,\cancel{\text{m}}}{\text{Vs}} \frac{\cancel{\text{m}}}{\cancel{\text{m}^2}} = \underline{12\,700\,\text{k H}^{-1}}$$

$$\text{Eisen:} \ R_m = \frac{1}{1000 \cdot 4\pi \cdot 10^{-7}} \frac{0{,}35}{6{,}25 \cdot 10^{-4}} \frac{\text{A}\,\cancel{\text{m}}}{\text{Vs}} \frac{\cancel{\text{m}}}{\cancel{\text{m}^2}} = \underline{446\,\text{k H}^{-1}}$$

$$\Phi = \Theta / R_m = 500\,\text{A} / (12\,700\,\text{k H}^{-1} + 446\,\text{k H}^{-1}) = \underline{\underline{38\,\mu\text{Wb}}}, \ B = \Phi/A = \underline{\underline{60\,\text{mT}}}$$

6.9 Induktion – nichtstationäre Vektorfelder

Üblicherweise vermeidet man, einem Lernenden ein kompliziertes Naturgesetz an den Kopf zu schmeißen. Vielmehr versucht man den Lernprozess mit passenden Experimenten zu unterstützen. Sie dürften, wenn Sie sich in dem Buch bis hierher vorgekämpft haben, in der Lage sein, die vollständige 2. Maxwellgleichung – auch *Faradaysches Gesetz* genannt – „lesen" zu können. Mit „lesen können" ist gemeint, dass Sie Zusammenhänge zwischen typischen Phänomenen und dem mathematisch formulierten Gesetz erkennen können. Probieren wir das aus – hier ist zunächst die 2. Maxwellgleichung:

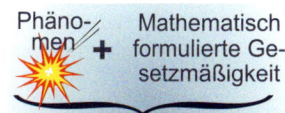

Das Gesetz wird „lesbar" und das Phänomen interpretierbar.

Die Zeit kommt als explizite Variable hinzu!

$$\vec{\nabla} \times \vec{E} = -\frac{\partial}{\partial t}\vec{B} \quad \text{bzw.} \quad \vec{\nabla} \times \vec{E}(x,y,z,t) = -\frac{\partial}{\partial t}\vec{B}(x,y,z,t)$$

 (6.9.1)

Durch das Fortlassen der Argumente links erscheint die Gleichung simpel – aber das ist sie überhaupt nicht! Zunächst muss man sich aus der Welt der stationären Felder verabschieden. Zeitlich veränderliche Ströme sind allgegenwärtig. Man braucht nur einen Schalter zu betätigen, um einen Strom ein oder auszuschalten. Wegen der 50 Hz Netzspannung sind Wechselströme eher ein Normalfall. Gemäß der 4. Maxwellschen Gleichung erzeugen diese Ströme explizit zeitabhängige B-Felder und deren partielle Ableitungen tauchen nun auf der rechten Seite des Faradayschen Gesetzes auf. Das muss eine Reihe von Konsequenzen nach sich ziehen: Der Rotor des E-Feldes ist nicht mehr gleich null. Das Feld ist kein Potenzialfeld mehr – es hat Wirbelanteile. Nun könnte man bemerken: „Nichts Aufregendes – ein B-Feld hat schließlich auch Wirbel". Sehen Sie sich einen klassischen Versuch an, der die Bedeutung der Wirbelanteile demonstriert:

Volksmund: Elektrosmog

Die Entstehung von elektrischen Wirbeln aufgrund zeitlicher Änderungen der B-Felder fällt unter den Begriff Induktion.

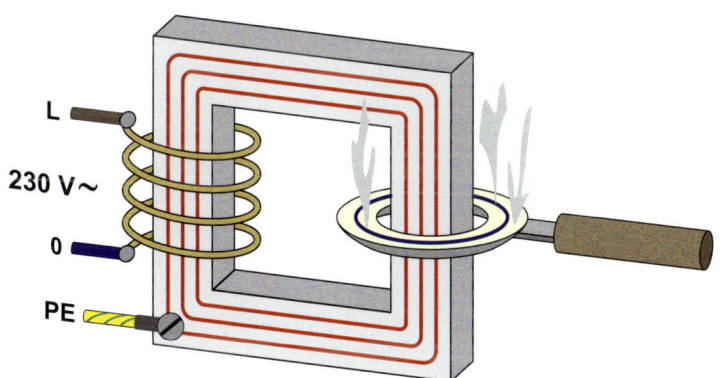

Vorsicht, schematische Zeichnung! Die Spule ist auf einen wärmeresistenten Isolierkörper gewickelt. Die Spule darf keine leitende Verbindung zum Eisenkern haben!

Bild 6.9.1
Demonstrationsversuch zur Induktion

Eine Spule mit 600 Windungen umschließt einen Eisenkern und wird über einen Ein/Aus-Schalter an das Netz angeschlossen. Auf der anderen Seite umschließt eine ringförmige Aluminiumwanne **berührungslos** den Eisenkern. In der Wanne liegen Zinn-Blei-Lot-Stückchen. Nach dem Einschalten des Stromes wird der Aluminiumring in kurzer Zeit so heiß, dass das Zinn-Blei-Lot schmilzt. Das ist aber nicht das einzige Phänomen. Die Spule, aus dickem Kupferdraht gewickelt,

Die Aluminiumwanne hat einen Isoliergriff.

Im Gleichstromfall (ohne Sicherung) würden fast 19 kW umgesetzt. Die Spule wäre nur noch ein Kupferklumpen.

hat einen ohmschen Widerstand von nur 2,8 Ω. Das würde nach dem Ohmschen Gesetz einen Strom von $I = 230\,V/2{,}8\,\Omega \approx 82$ A zur Folge haben – tatsächlich fließen nur 8 Ampere und keine Sicherung fliegt heraus.

Beginnen wir von links nach rechts: Die Netzspannung treibt einen Wechselstrom und der wiederum verursacht wegen des geringen magnetischen Widerstandes ein starkes *B*-Feld. Das Feld ist, wie im letzten Abschnitt erwähnt, im Eisen kanalisiert. Wir können sogar für die Feldstärke *B* eine Näherungsformel (vgl. (6.8.11)) und deren partielle Ableitung nach der Zeit angeben:

(6.9.2)
$$B = \mu\mu_0 \frac{N}{l} \hat{i} \cos(\omega t), \quad -\frac{\partial}{\partial t} B = \mu\mu_0 \frac{N\omega}{l} \hat{i} \sin(\omega t)$$

Hier bewährt sich die Benennung der komplexen Einheit mit j. Formelzeichen für zeitabhängige Ströme ist das kleine i.

Mit der Ableitung erhalten wir die Wirbelstärke des *E*-Feldes. Die Frage ist nur, wie dieses *E*-Feld aussieht. Die Antwort verschafft uns (wieder) der Stokessche Integralsatz. Die Integralform der 2. Maxwellschen Gleichung sieht danach wie folgt aus (∂K steht für den blauen Kreis in der Aluminiumwanne, *K* für die Fläche des blauen Kreises):

(6.9.3)
$$\oint_{\partial K} \vec{E} \cdot d\vec{s} = -\int_{(K)} \left(\frac{\partial}{\partial t} \vec{B}\right) \cdot d\vec{A} \quad \left(= \mu\mu_0 \frac{NA}{l} \hat{i} \omega \sin(\omega t)\right)$$

Da die Kreisfläche im vorliegenden Fall sich in Größe und Richtung zeitlich nicht ändert, kann der Differenzialoperator mit dem Integral vertauscht werden:

(6.9.4)
$$\oint_{\partial K} \vec{E} \cdot d\vec{s} = -\frac{\partial}{\partial t} \Phi$$

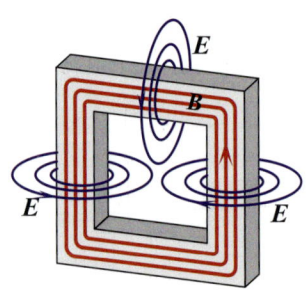

Bild 6.9.2
Eisenkern mit elektrischem Wirbelfeld

Damit wird klar, was in der Aluminiumwanne vor sich geht. Ein elektrischer Wirbel dessen Feldstärke proportional zur zeitlichen Änderung des hindurchtretenden magnetischen Flusses ist, treibt einen (Wechsel-)Strom durch die Ringwanne. Dessen Stromwärme lässt das Zinn-Blei-Lot in kurzer Zeit schmelzen. Der in dem Eisenkern konzentrierte magnetische Fluss umgibt sich mit einem elektrischen Wirbelfeld. Das Wirbelfeld setzt sich auch im Inneren des Eisenkerns fort. Es wird zwar schwächer, weil dann nicht mehr der volle magnetische Fluss umfasst wird, aber es treibt auch im Eisenkern Wirbelströme. Der Eisenkern wird nur deshalb kaum warm, weil er aus voneinander isolierten Lamellen zusammengesetzt ist. Die Existenz der elektrischen Wirbel erklärt auch, weshalb der Strom durch die Spule nicht auf die vom Ohmschen Gesetz vorausgesagte Größe steigt. Der gesamte magnetische Fluss umgibt sich mit einem elektrischen Wirbeln – auch dort wo sich die Spule befindet. Ein Kurvenintegral längs der Spulenwindungen liefert die Spannung, die die Spule der aufgezwungenen äußeren Spannung entgegensetzt und somit den Spulenstrom begrenzt. Mithilfe der Näherungsformeln lassen sich sogar Strom und Spannung zu einer handlichen Beziehung verknüpfen:

(6.9.5)
$$-U_{ind} = \oint_{N\cdot\partial K} \vec{E} \cdot d\vec{s} : \; U_{ind} = N \frac{\partial}{\partial t} \Phi \approx \underbrace{\mu\mu_0 \frac{N^2 A}{l}}_{L} \underbrace{\hat{i} \omega \sin(\omega t)}_{-\dot{i}(t)} = -L \frac{d}{dt} i(t)$$

6.9 Induktion – nichtstationäre Vektorfelder

Die Rückwirkung des Wirbelfeldes auf die felderzeugende Spule heißt *Selbstinduktion* – der abgespaltene Faktor *Induktivität* (Formelzeichen: L, Einheit: Vs/A = Henry) der Spule mit Eisenkern. Bekanntlich wird das System zu einem Transformator, wenn man die Aluminiumwanne durch eine Spule ersetzt. Die Spannung an den Spulenenden erfasst man wie in (6.9.5) mit dem Kurvenintegral. Je höher die Windungszahl, umso höher ist auch die induzierte Spannung.

Sollten Sie in einer Formelsammlung unter „Induktionsgesetz" nachschlagen, werden Sie anstelle der partiellen Ableitung die totale Ableitung (*s. Abschn. 3.2*) des Flusses nach der Zeit vorfinden. Nun ist das nicht die Aussage der zweiten Maxwellgleichung – es muss wohl ein weiteres Gesetz eingearbeitet worden sein. Das ist es in der Tat. Eine zeitliche Flussänderung wäre auch realisierbar, wenn das B-Feld konstant bliebe, aber dafür die Fläche – in (6.9.5) mit (A) benannt – zeitlichen Änderungen unterworfen wird. Das wäre beispielsweise der Fall, wenn eine Spule im konstanten Magnetfeld rotieren würde. In diesem Fall sorgt die Lorentzkraft für eine Ladungstrennung im Draht der rotierenden Spule, sodass an deren Enden eine Spannung anliegt. Das durch die totale zeitliche Ableitung ausgebaute Induktionsgesetz heißt *Faradaysches Induktionsgesetz* oder auch nur kurz *Flussregel* (US/UK: fluxrule) und lautet:

Vorsicht, der Induktionsbegriff wird nicht einheitlich gehandhabt!

$$U_{ind} = -N\frac{d}{dt}\Phi \quad \text{bzw.} \quad U_{ind} = -N\dot{\Phi} \qquad (6.9.6)$$

Die Alternativbezeichnung „…regel" signalisiert, dass es sich nicht um ein allgemeingültiges „Gesetz" handelt – es lassen sich Ausnahmen konstruieren. Seien Sie unbesorgt: Für die wichtigen drahtgeführten Anwendungen ist die Regel korrekt.

Ausnahmslos exakt: Maxwell II und Lorentzkraft (als separate Gesetze)

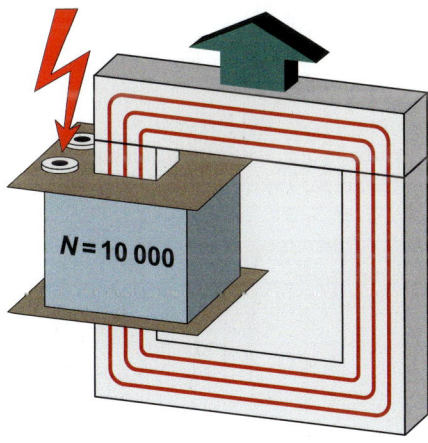

Vorsicht: Den Versuch dürfen nur hartgesottene Personen durchführen!

Bild 6.9.3
Induktionsversuch zu Aufgabe 6.9.1

An dem im Bild dargestellten System können Sie sich testen, ob Sie die Sachverhalte dieses und des vorherigen Abschnittes verstanden haben. Auf einen U-förmigen Eisenkern, der mit einem abnehmbaren Joch zu einem geschlossenen Kern wird, ist eine Spule mit 10^4 Windungen gesteckt. Schließt man die Spule an ein kindersicheres Gleichspannungs-Netzgerät an ($U \leq 24$ V) lässt der hohe Widerstand der vielen Windungen nur einen Strom der Größenordnung Milliampere zu. Der reicht aber wegen der vielen Windungen aus, um im Eisenkern ein starkes

Für elektrische Spielzeug-Eisenbahnen zugelassen.

Magnetfeld aufzubauen. Wegen der Anziehung zwischen ausgerichteten magnetischen Dipolen, „klebt" das Joch unlösbar auf den Schenkeln des U-Kernes. Wenn man die Spannung langsam herunter regelt und dann das System von Netzgerät trennt, bleibt – und das ist eine Besonderheit ferromagnetischer Materie – ein Restfeld (*Remanenz*) bestehen. Im Mikrokosmos der Eisenmaterie wird ein gewisser Ordnungszustand der magnetischen Dipole aufrecht erhalten. Das Joch klebt weiterhin auf dem „U". Wer jetzt das Joch mutig mit Brachialgewalt abreißen will, muss man sich wohl oder übel an der Spule abstützen und kommt zwangläufig mit den Kontakten der Spule in Berührung.

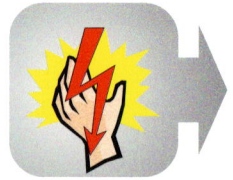

Aufgabe 6.9.1

Induktionsaufgabe:
Weshalb bricht das B-Feld nach dem Abreißen des Jochs zusammen?
Wieso liegt an der Spule kurzfristig eine Hochspannung (> 1000 V) an, obwohl die Spule vorher nur mit 20 V betrieben wurde?

Lösungsvorschlag:
Durch das Abreißen des Jochs entsteht ein großer Luftspalt zwischen den Schenkeln des U-Kerns. Der magnetische Widerstand erhöht sich drastisch und der magnetische Fluss bricht, da er auch nicht mehr von einem Feld gestützt wird, vollständig zusammen.
Die rasche zeitliche Änderung des B-Feldes verursacht kurzfristig ein elektrisches Wirbelfeld. Der den 10000 Spulen-Windungen folgende sehr lange Integrationsweg lässt das Kurvenintegral auf einen beträchtlichen Spannungswert anwachsen.

Aufgabe 6.9.2

Induktionsaufgabe:
Zeigen Sie, dass für die Sekundärspannung im Leerlauf gilt:
$$U_S = -\frac{N_S}{N_P} U_P$$

Weshalb steigt der Primärstrom, wenn sekundärseitig ein Verbraucher angeschlossen wird (nur qualitative Erklärung)?

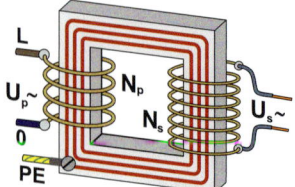

Bild 6.9.4
Transformator
(zu Aufgabe 6.9.2)

Lösungsvorschlag:
Zu a) $\left.\begin{array}{l} U_P + U_{ind} = 0 \Rightarrow U_P = -U_{ind} = N_P \dot{\Phi} \\ U_S = \phantom{-U_{ind} = } -N_S \dot{\Phi} \end{array}\right\} \Rightarrow \underline{\underline{U_S = -\frac{N_S}{N_P} U_P}}$

Ein sekundärseitig angeschlossener Verbraucher zieht einen Sekundärstrom, der wiederum einen dem Leerfluss entgegen gerichteten Fluss verursacht. Der Primärspannung würde damit eine verminderte induzierte Spannung entgegenstehen. Eine Erhöhung des Primärstromes schafft den Ausgleich.

6.10 Nabla-Gymnastik: Maxwells neuer Summand

Die historische Namensgebung Gaußsches Gesetz für Maxwell I und Faradaysches Gesetz für Maxwell II zeigt, dass diese Gesetzmäßigkeiten nicht Maxwells Erkenntnisse waren. Auch die Tatsache, dass Magnetfelder Wirbelfelder sind und durch Ströme angefacht werden, war nicht Maxwells Entdeckung. Auf Maxwell geht die Formulierung der nach ihm benannten Gleichungen als System partieller Differenzialgleichungen zurück. Seine Entdeckung ist „nur" ein winziger Summand in Maxwell IV:

Ehre wem Ehre gebührt: Lassen Sie sich nicht durch die Namensvielfalt verwirren! Hier interessieren die mathematischen Grundlagen.

$$\text{IV)} \quad \vec{\nabla} \times \vec{B} = \frac{1}{\varepsilon_0 c^2} \vec{J} + \frac{1}{c^2} \frac{\partial}{\partial t} \vec{E} \quad \bigg| \vec{\nabla} \bullet \ldots$$

(6.10.1)

Ohne Ströme stünde dort eine Art umgekehrtes Induktionsgesetz. Ein zeitlich veränderliches elektrisches Feld facht ein B-Feld an und die partielle Ableitung ist die jeweilige Wirbelstärke. Vorher wurde empfohlen, solange nichts gerechnet wird, die Feld- und Naturkonstanten zu ignorieren. Hier macht ein Blick auf die konstanten Faktoren deutlich, weshalb Maxwells „neuer" Summand nur schwer experimentell darstellbar ist. Vor der partiellen Ableitung lauert der Faktor $1/c^2$ ($\approx 10^{-17}$) und der lässt sich nur mit extrem kurzzeitigen Änderungen der Feldstärke überwinden. Es gibt aber – wie die Abschnittsüberschrift zeigt – noch die Möglichkeit Maxwells Summand mit Nabla-Gymnastik auf die Spur zu kommen. Dazu multiplizieren wir Maxwell IV – so wie in (6.10.1) bereits angedeutet – skalar mit dem Nabla-Operator, d. h. wir bilden die Divergenz:

Periodische Änderungen im exotischen Petahertz-Bereich (10^{15} Hz) könnten nennenswerte B-Felder generieren.

$$\vec{\nabla} \bullet (\vec{\nabla} \times \vec{B}) = \frac{1}{\varepsilon_0 c^2} \vec{\nabla} \bullet \vec{J} + \frac{1}{c^2} \vec{\nabla} \bullet \left(\frac{\partial}{\partial t} \vec{E} \right) = \frac{1}{\varepsilon_0 c^2} \vec{\nabla} \bullet \vec{J} + \frac{1}{c^2} \frac{\partial}{\partial t} \vec{\nabla} \bullet \vec{E} \quad \bigg| \cdot \varepsilon_0 c^2$$

$$\Rightarrow \vec{\nabla} \bullet \vec{J} + \varepsilon_0 \frac{\partial}{\partial t} \vec{\nabla} \bullet \vec{E} = 0 \quad \text{ohne Maxwells Summand:} \quad \vec{\nabla} \bullet \vec{J} = 0$$

(6.10.2)

Die Quelldichte eines Rotors ist natürlich gleich null. Wenn nun Maxwells neuer Summand fehlte, wäre das Stromdichtefeld frei von irgendwelchen Quellen. Das steht im Widerspruch zur allgemein anerkannten Kontinuitätsgleichung (6.2.18)! Nun macht Maxwell I eine Aussage über die Divergenz des E-Feldes. Setzen wir also Maxwell I in (6.10.2) ein:

Phantastisch: Maxwells „neuer" Summand lässt sich ohne (teure) Experimente „nachrechnen".

$$\text{Einsetzen } \vec{\nabla} \bullet \vec{E} = \frac{1}{\varepsilon_0} \rho : \quad \vec{\nabla} \bullet \vec{J} + \frac{\partial}{\partial t} \rho = 0$$

(6.10.3)

Die Feldkonstante kürzt sich heraus und als Ergebnis erhält man die Kontinuitätsgleichung für elektrische Ladungen. Ohne Maxwells Summanden stünden die Maxwellschen Gleichungen im Widerspruch zur Kontinuitätsgleichung.

Dass stationäre Felder im materiefreien Raum existieren können, hatten wir bereits konstatiert. Allerdings gehen die Feldstärken mit zunehmenden Abständen von den Quellen und Wirbelzentren rasch auf null zurück. Machen wir uns klar, im nichtstationären Fall sind *E*- und *B*-Feld nicht unabhängig voneinander und erst durch vier **gekoppelte** partielle Differenzialgleichungen bestimmt. Im materiefreien Raum wird die Kopplung der beiden Felder in Maxwell II und IV besonders deutlich:

(6.10.4)
$$\text{II) } \vec{\nabla} \times \vec{E} = -\frac{\partial \vec{B}}{\partial t} \ \wedge \ \text{IV) } c^2 \vec{\nabla} \times \vec{B} = \frac{\partial \vec{E}}{\partial t} \ \wedge \ \left(\vec{\nabla} \cdot \vec{E} = 0 \wedge \vec{\nabla} \cdot \vec{B} = 0\right)$$

Handelt es sich vielleicht um eine elektromagnetische Welle? Wir gehen im nächsten Kapitel näher darauf ein.

Nehmen wir an, der Strom in einem Draht wird plötzlich abgeschaltet. Damit bricht sein *B*-Feld zusammen. Das wiederum induziert gemäß Maxwell II ein nichtstationäres elektrisches Wirbelfeld. Nach Maxwell IV ruft das *E*-Feld wieder ein nichtstationäres *B*-Feld hervor. Es ergibt sich eine „Endlosschleife": ein – wie man sagt – *elektromagnetisches Feld*. Die folgende schematische Darstellung darf man zwar nicht allzu ernst nehmen – sie gibt aber einen Hinweis, dass sich die Felder als periodische Folge im materiefreien Raum fortpflanzen könnten.

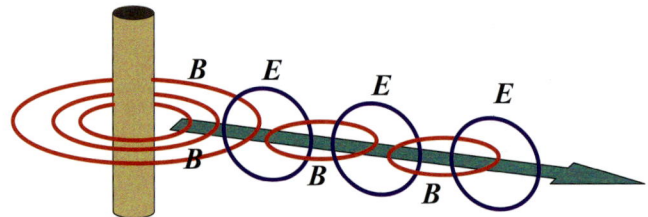

Bild 6.10.1
Spekulative Darstellung eines elektromagnetischen Feldes

Um ein Gleichungssystem zu lösen, versucht man immer die Anzahl der Gleichungen zu reduzieren. Ein naheliegendes Verfahren kennen Sie bereits aus der Schule: das „Einsetzverfahren". Um das vorzubereiten bilden wir auf beiden Seiten von Maxwell II den Rotor:

(6.10.5)
$$\vec{\nabla} \times \left(\vec{\nabla} \times \vec{E}\right) = \vec{\nabla} \times \left(-\frac{\partial \vec{B}}{\partial t}\right) = -\frac{\partial}{\partial t} \vec{\nabla} \times \vec{B}$$

Die Differenzialoperatoren lassen sich vertauschen und wir erinnern uns an die Rechenregel für den Zweifachrotor aus *Merksatz 6.5.1*:

(6.10.6)
$$\vec{\nabla} \times \left(\vec{\nabla} \times \vec{E}\right) = \vec{\nabla} \left(\vec{\nabla} \cdot \vec{E}\right) - \Delta \vec{E}$$

Im materiefreien Raum gibt es keine Quellen des *E*-Feldes, also verschwindet die Divergenz. Der Rotor des *B*-Feldes kann durch Maxwells neuen Summanden ersetzt werden. Damit wird aus (*6.10.5*):

(6.10.7)
$$-\Delta \vec{E} = -\frac{\partial}{\partial t}\left(\frac{\partial}{\partial t} \vec{E}\right) \ \Leftrightarrow \ \Delta \vec{E} - \frac{1}{c^2} \frac{\partial^2 \vec{E}}{\partial t^2} = 0$$

Man hätte genauso gut auf beiden Seiten von Maxwell IV den Rotor bilden können um dann den Rotor des *E*-Feldes zu ersetzen. Das führt zu einer analogen (Vektor-)Gleichung für das *B*-Feld:

6.10 Nabla-Gymnastik: Maxwells neuer Summand

$$\Delta \vec{B} - \frac{1}{c^2} \frac{\partial^2 \vec{B}}{\partial t^2} = 0$$

(6.10.8)

Offenbar ist hier ein Gleichungstyp entstanden, hinter dem sich das Geheimnis des fortschreitenden elektromagnetischen Feldes verbirgt. Die Gleichungen können entweder ausgeschrieben werden oder als superkurze Operatorgleichung dargestellt werden. Der exotische Name des Operators: *Quabla*.

„Quabla" ist kein Scherz!

$$\left(\Delta - \frac{1}{c^2} \frac{\partial^2}{\partial t^2}\right)\vec{E} = 0 \quad \text{oder} \quad \Box \vec{E} = 0 \quad \text{oder} \quad \frac{\partial^2 \vec{E}}{\partial x^2} + \frac{\partial^2 \vec{E}}{\partial y^2} + \frac{\partial^2 \vec{E}}{\partial z^2} - \frac{1}{c^2} \frac{\partial^2 \vec{E}}{\partial t^2} = 0$$

(6.10.9)

Erstaunlich ist, dass dieser Differenzialgleichungstyp auch an einer ganz normalen Wäscheleine, die zwischen zwei Pfählen aufgespannt wurde wieder auftaucht. Nehmen wir an, ein Vogel beendet zum Zeitpunkt $t = 0$ seine Ruhepause auf der Leine. Danach wird die Leine noch eine Weile herumzappeln und wir versuchen, die Leinenbewegung durch die Newtonsche Bewegungsgleichung zu erfassen.

Parameter der Leine:

Spannkraft zwischen den Pfählen: F
Querschnittsfläche: A
Dichte des Seiles: ρ

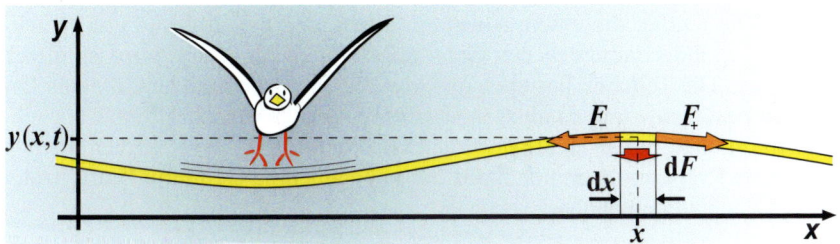

Bild 6.10.2
„Herleitung" der Bewegungsgleichung einer Wäscheleine

Ist das Seil in Ruhe, d. h. nicht gekrümmt, ziehen an jedem Seilelement je eine Kraft in positive *x*-Richtung und eine gleich große in negative *x*-Richtung. Sobald das Seil aus seiner Ruhelage gebracht wird, folgen die Kraftvektoren den Seiltangenten und bilden aufgrund des Knicks Rückstellkräfte dF. *Bild 6.10.3* zeigt, dass die Rückstellkraft am Ort *x* (bei kleinen Auslenkungen) proportional zur Differenz der Steigungswinkel (hier mit α benannt) der Tangenten sein muss. Winkeländerungen von Kurventangenten erfasst man durch die Krümmung:

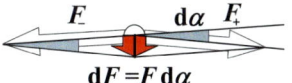

Bild 6.10.3
Kräfteparallelogramm mit „Miniwinkel".

$$k = \frac{\partial \alpha}{\partial x} = \frac{y_{xx}}{(1+y_x^2)^{3/2}} \approx \frac{\partial^2 y}{\partial x^2}\bigg|_{|y_x|\ll 1}, \quad d\alpha = k \cdot dx: \quad dF = F \frac{\partial^2 y}{\partial x^2} dx$$

(6.10.10)

In der Momentaufnahme in *Bild 6.10.2* ist die Krümmung am Ort *x* negativ und die Rückstellkraft ebenfalls. Etwas weiter links sorgt eine positive Krümmung für eine Rückstellkraft in positive *y*-Richtung. Für das Seilelement der Masse d*m* können wir schließlich die Bewegungsgleichung (Newton II) aufstellen:

Achtung:
Die Seilkurve ist Graph einer zweistelligen Funktion (Variablen: x, t) – deshalb partielle Ableitungen!

$$F \frac{\partial^2 y}{\partial x^2} dx = dm \cdot \frac{\partial^2 y}{\partial t^2} = \rho A \frac{\partial^2 y}{\partial t^2} dx \Rightarrow \underline{\frac{\partial^2 y}{\partial x^2} - \frac{1}{c^2} \frac{\partial^2 y}{\partial t^2} = 0} \quad \text{mit} \quad |c| = \sqrt{\frac{F}{\rho A}}$$

(6.10.11)

Die Bewegung des Seils (ohne Dämpfung) wird tatsächlich durch eine Gleichung vom selben Typ wie (*6.10.9*) beschrieben.

6.11 Mehr Nabla-Gymnastik: Das Bernoullische Prinzip

Schafft unglaubliche 70 km/h!

Treibstoffsparende Bugkonstruktion

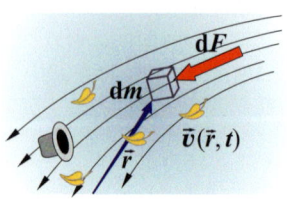

Bild 6.11.1
Volumenelement unter dem Einfluss von Kräften

Hört man unvoreingenommen von einem Fachgebiet „Hydromechanik", denkt man vielleicht daran, wie sich raffiniert konstruierte Schiffsrümpfe oder pfeilschnelle Thunfische durch das Wasser bewegen, aber nicht an Luftfahrzeuge. Tatsächlich verhalten sich Gase, wenn deren Kompressibilität von untergeordneter Bedeutung ist, wie Flüssigkeiten. Man muss sich deshalb nicht wundern, wenn für Gase und Flüssigkeiten ähnliche oder „gleiche" Gesetzmäßigkeiten feststellbar sind. Wir wollen im Folgenden versuchen, ob sich mithilfe der Nabla-Gymnastik etwas über Geschwindigkeitsfelder ermitteln lässt.

Teilen wir dazu ein Medium (beispielsweise Luft) in Volumenelemente ein und betrachten die Bewegung eines Teilchens unter dem Einfluss der einwirkenden Kräfte – damit sind wir wieder bei der Newtonschen Bewegungsgleichung. Die Kräfte, die einem sofort einfallen, sind die aufgrund von Druckgradienten und Gradienten des Gravitationspotenzials. Dann wird es gleich schwierig. Die Teilchen bestehen aus Molekülen – also Teilchen, die aus Ladungen bestehen – und es müssen sicher Wechselwirkungskräfte mit benachbarten Teilchen berücksichtigt werden (*s. Abschn. 6.3*). Wir vernachlässigen hier diese Kräfte und nehmen dafür das unangenehme Gefühl in Kauf, irrelevantes Zeug zu berechnen.

(6.11.1)
$$d\vec{F} = -\vec{\nabla}p\,dV - \vec{\nabla}\varphi\,dm + \cancel{\vec{\mathscr{X}}} = dm\frac{d}{dt}\vec{v} \;\Big|\;:dV \;\Rightarrow\; \underline{\underline{-\vec{\nabla}p - \rho\vec{\nabla}\varphi = \rho\frac{d\vec{v}}{dt}}}$$

Welch eine freundliche Gleichung könnte man ausrufen. Das wird sich gleich ändern, wenn wir die rechte Seite von *(6.11.1)* betrachten. Dort steht die totale Ableitung nach der Zeit. Da die Geschwindigkeit vom Ort und von der Zeit abhängig sein kann, müssen wir gemäß *Merksatz 3.2.4* mit totalen Differenzialen – für jede der Geschwindigkeitskomponenten eines – arbeiten:

(6.11.2)
$$\frac{d\vec{v}}{dt} = \frac{\partial \vec{v}}{\partial x}\cdot\frac{dx}{dt} + \frac{\partial \vec{v}}{\partial y}\cdot\frac{dy}{dt} + \frac{\partial \vec{v}}{\partial z}\cdot\frac{dz}{dt} + \frac{\partial \vec{v}}{\partial t} = \frac{\partial \vec{v}}{\partial x}v_x + \frac{\partial \vec{v}}{\partial y}v_y + \frac{\partial \vec{v}}{\partial z}v_z + \frac{\partial \vec{v}}{\partial t}$$

x, y, z sind hier Indizes!

Kneift man die Augen zusammen, könnte *(6.11.2)* eventuell an ein Skalarprodukt erinnern. Hier soll, aber die vektorielle Beschleunigung dargestellt werden. Vielleicht lässt sich etwas vereinfachen, wenn wir die partiellen Ableitungen mit den Geschwindigkeitskomponenten vertauschen und den Geschwindigkeitsvektor „ausklammern". Durch das Skalarprodukt aus Geschwindigkeit und Nabla-Operator ergibt sich ein formaler auf die Geschwindigkeit wirkender Operator:

(6.11.3)
$$v_x\frac{\partial \vec{v}}{\partial x} + v_y\frac{\partial \vec{v}}{\partial y} + v_z\frac{\partial \vec{v}}{\partial z} = \left(v_x\frac{\partial}{\partial x} + v_y\frac{\partial}{\partial y} + v_z\frac{\partial}{\partial z}\right)\vec{v} = \left(\vec{v}\cdot\vec{\nabla}\right)\vec{v}$$

Es ist immer eine gute Idee, in Formelsammlungen zu stöbern. Auch hier gibt es eine interessante Relation, die den gerade ermittelten formalen Operator invol-

6.11 Mehr Nabla-Gymnastik: Das Bernoullische Prinzip

viert (*s. Formelsammlung oder Merksatz 6.5.1*). Wir schreiben ab und verwenden die hier relevanten Größen:

$$(\vec{\nabla} \times \vec{v}) \times \vec{v} = (\vec{v} \bullet \vec{\nabla}) \vec{v} - \tfrac{1}{2} \vec{\nabla}(\vec{v} \bullet \vec{v}) \Rightarrow (\vec{v} \bullet \vec{\nabla}) \vec{v} = (\vec{\nabla} \times \vec{v}) \times \vec{v} + \tfrac{1}{2} \vec{\nabla}(\vec{v} \bullet \vec{v})$$ (6.11.4)

Was nach unnötiger Verkomplizierung aussieht, entpuppt sich als Erfolg. Hier taucht mit dem Rotor der Geschwindigkeit die Wirbeldichte des Strömungsfeldes auf. Das skalare Produkt der Geschwindigkeit mit sich selbst könnte an das Geschwindigkeitsprodukt in der kinetischen Energie erinnern. Setzen wir also die merkwürdige Summe rechts in (*6.11.4*) in die Bewegungsgleichung ein!

$$-\vec{\nabla} p - \rho \vec{\nabla} \varphi = \rho \left[(\vec{\nabla} \times \vec{v}) \times \vec{v} + \tfrac{1}{2} \vec{\nabla}(\vec{v} \bullet \vec{v}) \right] + \frac{\partial \vec{v}}{\partial t}$$ (6.11.5)

Sollte es sich nur um ein stationäres Strömungsfeld handeln, ist die partielle Ableitung der Geschwindigkeit nach der Zeit gleich null. Stationär heißt nicht, dass das Wasser eingefroren ist, sondern dass das Feld keinen zeitabhängigen Schwankungen ausgesetzt ist. Wir betrachten im Folgenden nur den stationären Fall und bringen alle Summanden auf die linke Seite. Da wir „Hydromechanik" betreiben, betrachten wir das Medium als inkompressibel. Die Dichte kann deshalb als Konstante angesehen werden.

Gezeitenströmungen sind nicht stationär!

$$\rho (\vec{\nabla} \times \vec{v}) \times \vec{v} + \tfrac{1}{2} \rho \vec{\nabla}(\vec{v} \bullet \vec{v}) + \vec{\nabla} p + \rho \vec{\nabla} \varphi = 0$$ (6.11.6)

Die endgültige Fassung erhält die Gleichung wenn wir die Linearität des Nablaoperators ausnutzen (*s. Merksatz 3.2.2*) und ihn bei den hinteren drei Summanden „ausklammern". Für das Skalarprodukt der Geschwindigkeit mit sich selbst schreiben wir üblicherweise v^2:

$$\rho (\vec{\nabla} \times \vec{v}) \times \vec{v} + \vec{\nabla} \left(\tfrac{1}{2} \rho v^2 + p + \rho \varphi \right) = 0 \; \Big| \bullet \, d\vec{r}$$ (6.11.7)

Trotz aller Vereinfachungen ist das Differenzialgleichungssystem – es handelt sich um ein System aus drei gekoppelten Gleichungen – hoffnungslos schwierig. In *Abschnitt 5.3* wurde eine Bewegungsgleichung skalar mit dem Wegelement multipliziert. Das führte auf ein Bewegungsintegral – dem Energiesatz. Möglicherweise lässt sich auch hier durch eine skalare Multiplikation zumindest ein Bewegungsintegral „abstauben". Da Wegelement und Geschwindigkeit kollinear sind, ist das Skalarprodukt aus Wegelement und Kreuzprodukt gleich null:

Kaum zu glauben: Wir empfehlen hier das „Abstauben", aber der Erfolg heiligt die Mittel.

$$\vec{v} = \frac{d\vec{r}}{dt} \Rightarrow \vec{v} \parallel d\vec{r} \Rightarrow \left[(\vec{\nabla} \times \vec{v}) \times \vec{v} \right] \bullet d\vec{r} = 0$$ (6.11.8)

Zumindest auf diese Weise ergibt sich etwas Überschaubares:

$$\vec{\nabla} \left(\tfrac{1}{2} \rho v^2 + p + \rho \varphi \right) \bullet d\vec{r} = 0 \Rightarrow d\left(\tfrac{1}{2} \rho v^2 + p + \rho \varphi \right) = 0$$ (6.11.9)

In (*6.11.9*) wird der Gradient eines skalaren Feldes skalar mit dem Wegelement multipliziert. Das ist laut (*3.2.14*) eine Kurzschreibweise des totalen Differenzials dieser Feldfunktion. Die Gleichung sagt aus, dass dieses totale Differenzial gleich null sein muss. Das wiederum ist nur erfüllbar, wenn die skalare Funktion längs des Weges und damit längs einer Stromlinie konstant ist:

(6.11.10) Längs einer Stromlinie gilt: $\frac{1}{2}\rho v^2 + p + \rho \varphi = \text{konst.}$

Der erste Summand steht für die auf das Volumenelement bezogene kinetische Energie und die restlichen Summanden für die potenziellen Energien. Alle Summanden haben die Dimension von Drücken. Wenn man davon ausgeht, dass keine nennenswerten Potenzialänderungen im Spiel sind, fällt der letzte Summand in (6.11.10) heraus und es verbleibt:

(6.11.11) Bernoullische Gleichung: $\frac{1}{2}\rho v^2 + p = p_0$

Der erste Summand heißt *Staudruck*, der zweite ist der aktuelle Druck und die jetzt p_0 genannte Konstante steht für den längs einer Stromlinie konstanten Gesamtdruck. Das Phänomen, das hier zum Vorschein kommt, ist die Absenkung des Druckes p, an den Orten der Stromlinie mit erhöhter Strömungsgeschwindigkeit. Man spricht vom Bernoullischen Prinzip. In *Bild 6.11.2* strömt Wasser durch eine Verengung, die Steigröhrchen zeigen die jeweiligen Drücke an.

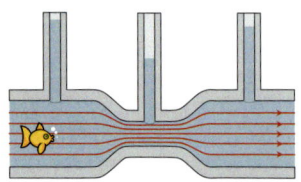

Bild 6.11.2
Experimentelle Darstellung des Bernoullischen Prinzips sowie der Druckverluste durch Reibung

Man könnte meinen, mit dem Bernoullischen Prinzip dem Geheimnis der Auftriebskraft eines Tragflügels auf der Spur zu sein: Da die Strömungsgeschwindigkeit an der Flügeloberseite höher ist als an der Unterseite, besteht eine „tragende" Druckdifferenz. Die Erklärung setzt die Existenz eines entsprechenden unsymmetrischen Strömungsfeldes voraus. Da sich mit der Bernoullischen Gleichung kein Strömungsfeld berechnen lässt, kann sie auch nicht Fundament einer Tragflügeltheorie sein.

Aufgabe 6.11.1

$v = 0$, $p_0 = 1000\,\text{hPa}$

$v = 40\,\frac{\text{m}}{\text{s}}$, $p = 990\,\text{hPa}$

Bernoulli-Aufgabe:
a) Zeigen Sie, dass die Bernoullische Gleichung im Falle einer laminaren Strömung im ganzen Feld und nicht nur längs einer Stromlinie gilt.
b) Berechnen Sie den Staudruck sowie den aktuellen Druck im Falle einer Strömungsgeschwindigkeit von 40 m/s (144 km/h). Der Gesamtdruck betrage 1000 hPa.

Lösungsvorschlag:

Zu a) Laminare Strömung liegt vor, wenn das Strömungsfeld überall wirbelfrei ist. Damit kann der Rotationsterm in (6.11.7) gestrichen werden. Wenn wir wie oben von einem weitgehend konstanten Potenzial ausgehen gilt:

$\Rightarrow \cancel{\rho(\vec{\nabla}\times\vec{v})\times\vec{v}} + \vec{\nabla}\left(\frac{1}{2}\rho v^2 + p + \cancel{\rho\varphi}\right) = 0$

$\Rightarrow \frac{1}{2}\rho v^2 + p = \text{konst.}$ bzw. $\underline{\frac{1}{2}\rho v^2 + p = p_0}$

Zu b) $\frac{1}{2}\rho v^2 = \frac{1}{2}1{,}2 \cdot 40^2 \,\frac{\text{kg} \cdot \text{m}^2}{\text{m}^3 \text{s}^2} = 960\,\frac{\text{N}}{\text{m}^2} \approx \underline{10\,\text{hPa}}$, $p \approx \underline{990\,\text{hPa}}$

Schwingungen, Wellen und zwei Franzosen

7.

Funkturm

Hinter der umgangssprachlichen Vokabel „Welle" kann sich viel verbergen. Es könnte sich um die Eigenschaft einer Haarfrisur, elektromagnetische Signale oder Zustände der Meeresoberfläche handeln. Um die überragende Bedeutung von Schwingungen und Wellen in allen Teilgebieten der Naturwissenschaft und Technik herauszustellen, bedarf es keiner spektakulären Beispiele. Dieses Kapitel soll Ihnen ein mathematisches Fundament zur Beherrschung der Wellenphänomene vermitteln. Wir werden uns nicht scheuen, Sie dabei tief abzuholen. Man sollte meinen, die Wellen problemlos an den der Anschauung leicht zugänglichen Wasserwellen studieren zu können. Leider sträuben sich nicht nur Monsterwellen, sondern auch „normale" Wasserwellen gegen eine präzise mathematische Darstellung, zumal wenn man brechende Wellenkämme und Schaumkronen mit einbezieht. Schwingungen gehören, wie wir noch sehen werden, unbedingt dazu, denn Wellen müssen „Träger" haben: Oszillatoren.

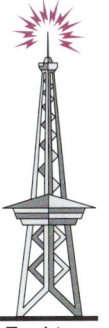
Wasserwellen

7.1 Viele gekoppelte Oszillatoren

Das folgende Bild zeigt den Ausschnitt einer sehr langen Kette gekoppelter Oszillatoren, die sich am leichtesten mit Pendeln realisieren lässt. Die Kopplung erfolgt über Schraubenfedern mit sehr geringen Federkonstanten („weiche Federn"). Anders als in *Bild 5.6.2* (Koppelschwingung) liegen die Schwingungsebenen hier parallel zur *y,z*-Ebene.

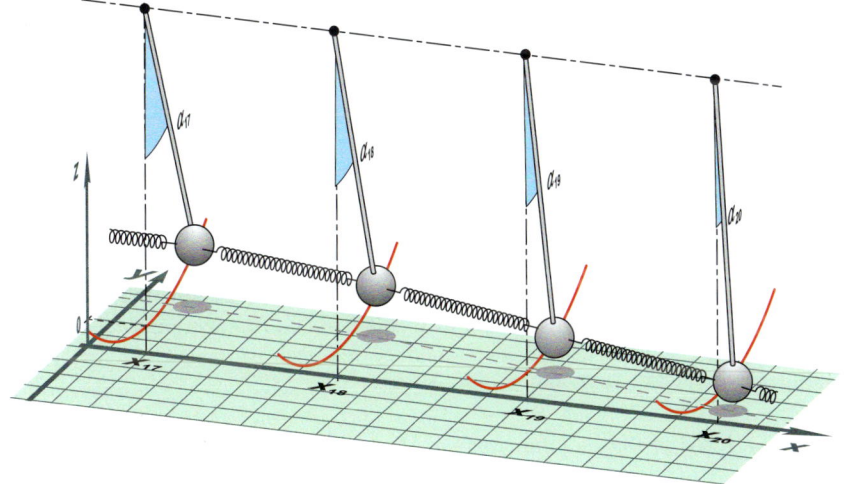

Hier interessiert lediglich die Projektion der Pendelkörper auf die x,y-Ebene!

Bild 7.1.1
Kette gekoppelter Pendel

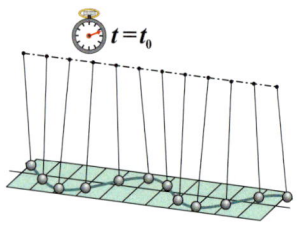

Momentaufnahme der Pendelkette

Wenn man das erste Pendel der Kette auslenkt und behutsam mit Motorunterstützung dafür sorgt, dass die Schwingung aufrecht erhalten bleibt, vollführt die Pendelkette eine fortschreitende Schlängelbewegung – genauso gut könnte man auch Wellenbewegung sagen. Sobald der „Wellenkopf" das Ende erreicht hat, gibt es aber ein Durcheinander, denn es scheint eine Reflexion stattzufinden. Mit einigem Geschick lässt sich doch eine geordnete Bewegung des Ensembles erreichen: Man rüstet das letzte Pendel mit einer Dämpfung aus und reguliert diese so ein, dass die eingangs zugeführte Energie wieder absorbiert wird. Ist das gelungen, scheint das Anfangssystem ständig Wellenberge bzw. -täler zu produzieren, die sich mit konstanter Geschwindigkeit durch das System bewegen, um am Ender der Kette geschluckt zu werden.

Der Transport von Bergen und Tälern ist, wie wir wissen, eine Illusion, denn alle Oszillatoren können ihren Ort nicht verlassen. Richten wir unser Augenmerk nur auf Pendel 17 bis 20! Diese Teilsysteme bewegen sich für sich völlig unspektakulär: Alle vollführen eine Schwingung gleicher Frequenz und gleicher Amplitude. Die einzige Besonderheit: Sie hinken mit ihrem Bewegungsablauf dem jeweiligen Vorgängerpendel geringfügig hinterher. Das ist plausibel, denn das Folgesystem bezieht seine Energie über eine weiche Feder vom Vorgänger und dieser Transfer benötigt seine Zeit.

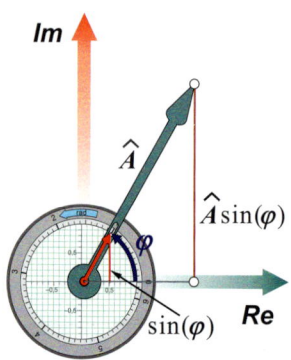

Bild 7.1.2
Zeiger in der Gaußschen Zahlenebene

Man kann sich, wie sie wissen, die zeitlichen Momentanwerte der Auslenkung harmonischer Oszillatoren mithilfe der Projektion rotierender Zeiger erzeugen. Sicherheitshalber stellen wir dazu die nebenstehende Planfigur bereit. Die einem Winkel zugeordneten Werte der Sinusfunktion sind als Lote (mit Vorzeichen) eines rotierenden Zeigers der Länge eins am Einheitskreis definiert. Verlängert (oder verkürzt) man den Zeiger, ergibt sich das veränderte Zeigerlot mithilfe des 2. Strahlensatzes. Lässt man den Zeiger mit der Winkelgeschwindigkeit ω rotieren, erhält man die Auslenkung eines Oszillators in Abhängigkeit von der Zeit:

(7.1.1)
$$\varphi := \omega t : \quad A(t) = \hat{A}\sin(\omega t + \varphi_0)$$

Da die Auslenkung irgendeine Größe sein darf, wurde sie hier nicht mit y(t), sondern mit A(t) benannt.

$A(t)$ steht dabei für Auslenkung, „A-Dach" für die Amplitude und ω für die *Kennkreisfrequenz* (in Radiant pro Sekunde) des Oszillators. Das Argument der Winkelfunktion heißt *Phasenwinkel* oder nur kurz *Phase* und bekommt standardmäßig das Formelzeichen φ. Um zu berücksichtigen, dass der die Auslenkung repräsentierende Zeiger bei $t=0$ nicht notwendig den Phasenwinkel null haben muss, wurde im Argument der Winkelfunktion eine Anfangsphase hinzugefügt. Da die Spitze des Zeigers in *Bild 7.1.2* eindeutig die jeweilige Auslenkung des Oszillators repräsentiert, kann man sich die „Mühe" sparen, das Lot auf die horizontale Achse zu fällen. Man betrachtet dazu die Zeichenebene als *Gaußsche Zahlenebene* (horizontale Achse = reelle Achse, vertikale Achse = imaginäre Achse). Die jeweilige Position der Zeigerspitze wird durch diese Betrachtungsweise durch eine komplexe Zahl beschrieben. Besonders praktisch ist dabei die Darstellung mithilfe der *komplexen Exponentialfunktion*.

(7.1.2)
$$\underline{A}(t) = \hat{A}\cos(\omega t + \varphi_0) + j\hat{A}\sin(\omega t + \varphi_0) = \hat{A}\,e^{j(\omega t + \varphi_0)} \text{ bzw. } \hat{A}\exp(j(\omega t + \varphi_0))$$

7.1 Viele gekoppelte Oszillatoren

Der Unterstrich weist A als komplexen Wert aus. Das Problem mit der Lesbarkeit miniaturisierter Exponenten lässt sich durch Verwendung der Präfix-Schreibweise umgehen. Man könnte optional, die Anfangsphase in die Amplitude stecken. Die Amplitude wird dann komplex – abstrakt, aber praktisch.

Raffiniert:
Komplexe Amplituden

$$\underline{A}(t) = \hat{A}\,\mathrm{e}^{\mathrm{j}\varphi_0}\,\mathrm{e}^{\mathrm{j}\omega t} = \underline{\hat{A}}\,\mathrm{e}^{\mathrm{j}\omega t} \;\;\text{bzw.}\;\; \underline{\hat{A}}\exp(\mathrm{j}\omega t)$$ (7.1.3)

Sollten reelle Werte der Auslenkung benötigt werden, projiziert man den komplexen Wert auf die imaginäre Achse.

Die Zeigerdarstellung unterstützt ebenfalls die Betrachtung der gekoppelten Oszillatoren. Jeder Oszillator erhält seinen eignen Zeiger. Da alle Oszillatoren mit derselben Frequenz schwingen, rotieren die Zeiger synchron mit derselben Kreisfrequenz ω. Um das zeitliche „Hinterherhinken" des Nachfolgers gegenüber seinem Vorgänger darzustellen, dreht man dessen Phasenwinkel um einen konstanten Wert – sagen wir δ – zurück. Im folgenden Bild konzentrieren wir uns auf die Zeiger der Oszillatoren 17 bis 20:

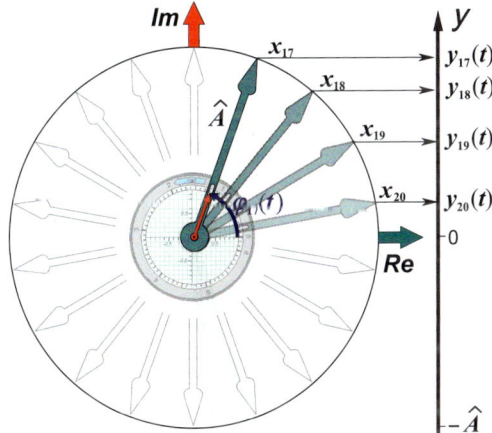

Zu den tatsächlichen momentanen Auslenkungen gelangt man durch Projektion der Zeigerspitze auf die Im-Achse bzw. y-Achse.

Bild 7.1.3
Zeiger gekoppelter Oszillatoren in der Gaußschen Zahlenebene

Da unsere Oszillatoren auf der x-Achse eines kartesischen Koordinatensystems äquidistant verteilt sind (Abstand = d), gilt für die Phasendifferenz eines Oszillators zu dem Oszillator am Anfang der Kette:

$$\frac{|\Delta\varphi|}{\delta} = \frac{x}{d} \;\Rightarrow\; |\Delta\varphi| = \frac{\delta}{d}x \;\;\text{bzw. mit}\;\; k := \frac{\delta}{d}:\;\; \underline{\underline{\Delta\varphi = -kx}}$$ (7.1.4)

Später sagen wir schlicht:
Wellenvektor

Dabei steht d für den Abstand unmittelbar benachbarter Oszillatoren und δ für deren Phasendifferenz. Die auf den Abstand bezogene Phasendifferenz benachbarter Systeme heißt *Kreiswellenzahl* oder auch *Kreisrepetenz* (Formelzeichen: k, Einheit: rad/m). Das negative Vorzeichen berücksichtigt das „Hinterherhinken" des Oszillators gegenüber dem am Anfang der Kette.

Mit (*7.1.4*) kennen wir den Phasenwinkel, der in den Exponenten von (*7.1.3*) korrigierend eingefügt werden muss, wenn statt des Oszillators an der Stelle $x = 0$ die Auslenkung des Oszillators an der Stelle x zu erfasst werden soll:

(7.1.5)
$$\underline{A}(x,t) = \hat{\underline{A}}\,e^{j(\omega t - kx)} \quad \text{bzw.} \quad \hat{A}\,e^{j(\omega t - kx + \varphi_0)}$$

In den *Bildern 7.1.1* und *7.1.2* wurde $\varphi_0 = \pi/2$ gewählt. Es könnte sein, dass Ihnen anfangs die Darstellung im Komplexen zu abgehoben erscheint. Keine Sorge: Die freundliche *Im-Funktion* bringt Sie immer sicher in die „Realität" zurück:

$$\text{Im}: \mathbb{C} \to \mathbb{R},\ \underline{z} \mapsto y \quad \text{mit} \quad \underline{z} = x + j\,y$$

(7.1.6)
$$A(x,t) = \text{Im}\left(\hat{A}\,e^{j(\omega t - kx + \varphi_0)}\right) = \text{Im}\left(\underbrace{\hat{A}\cos(\omega t - kx + \varphi_0)}_{x} + j\underbrace{\hat{A}\sin(\omega t - kx + \varphi_0)}_{y}\right)$$

$$= \underline{\underline{\hat{A}\sin(\omega t - kx + \varphi_0)}}$$

Die Phase eines Oszillators zum Zeitpunkt *t* am Ort *x* beträgt jetzt:

(7.1.7)
$$\varphi(x,t) = \omega t - kx + \varphi_0$$

Die Position eines Zeigers in der Gaußschen Zahlenebene ist nur bis auf ein ganzzahliges Vielfaches von 2π eindeutig. Deshalb geben wir im Folgenden, wenn nicht anders vermerkt, Phasenwinkel immer modulo 2π an.

Lässt man das vorherige Pendelgewirr beiseite und betrachtet nur die Funktion (*7.1.6*), so stellt man fest, dass eine zweistellige Funktion entstanden ist. Zwar ist die Ortsvariable nur für ganzzahlige Vielfache von *d* definiert, aber das soll uns nicht stören. Schließlich könnte es sich um Mini-Oszillatoren mit infinitesimalen Abständen handeln – dann könnten wir vielleicht eine reelle Definitionsmenge zulassen. Da es sich hier bei den Argumenten nicht um zwei Ortsvariablen handelt, sind räumliche grafische Darstellungen – wie die in Kapitel 3 (Bergwiese) – ungeeignet. Wir versuchen eine grafische Darstellung, in der die Variable Zeit zu einem Parameter degradiert wird:

Moleküle sind schwingfähige Systeme.

Daten der Oszillatorenkette:
$d = 0{,}1$ m
$\delta = 20°$ bzw. $2\pi/18$ rad
$k = 2\pi/1{,}8$ m^{-1}
$\omega = 2\pi/1{,}8$ rads^{-1}

Bild 7.1.4
Links: Auslenkungen von Pendel 16 im 0,1-Sekunden-Raster, Rechts: Auslenkungen der Pendel zu den Zeitpunkten $t = 0$, $t = 0{,}1$ s, $t = 0{,}2$ s und $t = 0{,}3$ s.

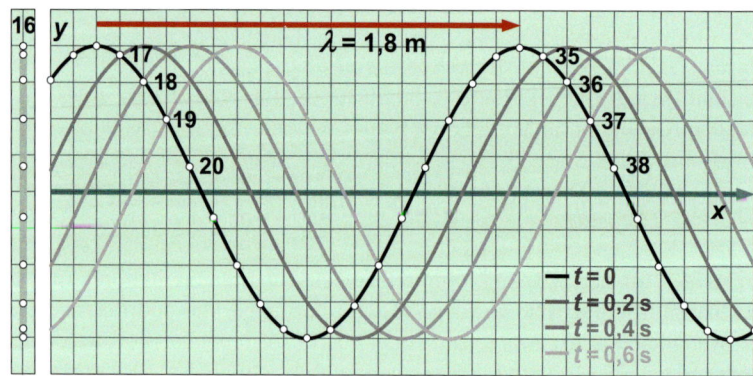

Möglicherweise werden sie gequält sagen: „Sinuskurven – die sind nun wirklich ausgereizt!". Tatsächlich bedarf es doch einiger Konzentration, die Bilder der Pendelkette (*Bild 7.1.1*) und die Zeiger in der Gaußschen Zahlenebene (*Bild 7.1.3*) mit den Sinuskurven in Verbindung zu bringen. Zunächst ist es wichtig zu

7.1 Viele gekoppelte Oszillatoren

erwähnen, dass $t = 0$ nicht etwa der Beginn des Anfachens der Pendelkette ist, sondern der Start einer virtuellen Stoppuhr nachdem das komplette Ensemble in eine geordnete Wellenbewegung übergegangen ist. *Bild 7.1.1* zeigt eine Momentaufnahme der Pendel Nr. 17 bis Nr. 20. Die kleinen Kreise auf der schwarz ausgezogenen Sinuskurve rechts in *Bild 7.1.4* zeigen die Projektionen der Pendelkörper Nr. 14 bis Nr. 43 alle zum Zeitpunkt $t = 0$ auf die x,y-Ebene. Links im Bild sind die Auslenkungen des Vorgängers von Pendel Nr. 17 für $0 \leq t \leq 0{,}9$ s im 0,1-Sekunden-Raster dargestellt. Zum Zeitpunkt $t = 0$ hat Pendel Nr. 16 seine größte Auslenkung gleichbedeutend einem Phasenwinkel (modulo 2π) von $\pi/2$.

Ein System benötigt eine Einschwingzeit, um eine Wellenbewegung ausbilden zu können.

Das eigentlich „Spektakuläre" des Verhaltens der Oszillatorenkette wird erst deutlich, wenn man die Auslenkungen zu einem etwas späteren Zeitpunkt – im Bild sind es $t = 0{,}2$ s – betrachtet. Die Phasen aller Zeiger haben sich dann um $\omega \cdot t = 40°$ (im Gegenuhrzeigersinn) weitergedreht. Damit beträgt die Phase von Pendel Nr. 18 $\pi/2$. Zum Zeitpunkt $t = 0$ hatte Pendel Nr. 16 noch dieses „Privileg". Noch einmal 0,2 s später, haben sich alle Zeiger noch einmal um 40° weiter gedreht. Dann ist die Phase $\pi/2$ zu Pendel Nr. 20 fortgeschritten. Das bedeutet: In 0,2 Sekunden hat sich die Phase um 0,2 m in positive x-Richtung bewegt. Man nennt die Geschwindigkeit, mit der sich eine bestimmte Phase (z. B. $\pi/2$) durch das System arbeitet *Phasengeschwindigkeit* (Formelzeichen c). In unserem Beispiel beträgt die Phasengeschwindigkeit 1 m/s. Allgemein gilt:

Durch eine Wellenbewegung wird keine Materie durch das System transportiert!

Wieso das Formelzeichen c? celeritas <lat., „Eile">

$$\underbrace{\text{konst.}}_{\text{z.B. }\pi/2} = \omega t - kx + \varphi_0 \ \bigg| \ \frac{\mathrm{d}}{\mathrm{d}t} \ \Rightarrow \ 0 = \omega - k\dot{x}, \ c := \dot{x} \ \Rightarrow \ \underline{\underline{c = \frac{\omega}{k}}} \quad (7.1.8)$$

In *Bild 7.1.5* demonstriert eine ehrgeizige Ente die Bedeutung der Phasengeschwindigkeit einer Wasserwelle. Nehmen wir an, sie möchte gerne wegen der besseren Aussicht auf dem Wellenberg bleiben. Da die Phase der Welle mit der Phasengeschwindigkeit c weiterläuft, muss unser Vogel diese Geschwindigkeit aufbringen, um oben zu bleiben. In der Regel hat eine Ente an so einem Kraftakt wenig Interesse, aber Sie müssen sich unbedingt darüber im Klaren sein, dass durch eine laufende Welle **keine** Materie in x-Richtung transportiert wird. Es ist eine bestimmte Phase, die mit Phasengeschwindigkeit läuft.

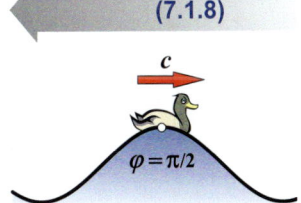

Bild 7.1.5
Ente beim Versuch, auf der Phase $\pi/2$ zu schwimmen

Neben der Phasengeschwindigkeit ist die sogenannte *Wellenlänge* von Interesse. In *Bild 7.1.4* ist zu erkennen, dass Oszillatoren-Paare, die 1,8 m voneinander entfernt sind, mit einer Phasendifferenz von 2π schwingen. Das heißt, sie schwingen synchron und deren Abstand heißt Wellenlänge. Für den Zusammenhang zwischen der Kreisrepetenz k und der Wellenlänge λ gilt:

$$\Delta\varphi_{mn} = 2\pi = (\omega t - kx_n + \varphi_0) - (\omega t - kx_m + \varphi_0) = k\Delta x, \ \lambda := \Delta x \ \Rightarrow \ \underline{\underline{k = \frac{2\pi}{\lambda}}} \quad (7.1.9)$$

Im Zusammenhang mit Wellen spricht man auch von Wellenbergen, Wellentälern und Nulldurchgängen. Die Wellenlänge ist dann der Abstand von Wellenberg zu Wellenberg, Wellental zu Wellental oder zwischen zwei gleichsinnigen Nulldurchgängen.

Da Wellenlänge und Frequenz in Hertz Größen sind, die der Anschauung zugänglicher sind, formuliert man die Relation (*7.1.8*) gerne mit diesen Größen:

(7.1.10)
$$\omega = 2\pi\nu,\ k = \frac{2\pi}{\lambda},\ c = \frac{\omega}{k} = 2\!\!\!/\!\pi\nu \cdot \frac{\lambda}{2\!\!\!/\!\pi} : \ \underline{\underline{c = \lambda \cdot \nu}}$$

Die folgende Darstellung, die anstelle von Kreisfrequenz und Kreiswellenzahl Wellenlänge und Frequenz verwendet, sollten Sie nur verwenden, wenn Ihnen Daumenschrauben und Streckbank angedroht werden!

(7.1.11)
$$\omega = 2\pi\nu,\ k = 2\pi/\lambda : \ A(x,t) = \hat{A}\sin\left[2\pi\left(\nu t - x/\lambda\right) + \varphi_0\right]$$

Eine vernünftige Alternative ist dagegen, wenn Sie in der Phase die Kreiswellenzahl durch Kreisfrequenz und Phasengeschwindigkeit ausdrücken:

(7.1.12)
$$k = \frac{\omega}{c} : \ \varphi(x,t) = \omega\left(t - \frac{x}{c}\right) + \varphi_0$$

Vermeiden Sie bitte die Bezeichnung „Wellengleichung" für Funktionen vom Typ (*7.1.5*), (*7.1.6*). Die Bezeichnung ist für eine spezielle partielle Differenzialgleichung reserviert – wir kommen im folgenden Abschnitt darauf zurück.

Man hätte die Pendel auch anders anfachen können und zwar wie in *Bild 5.6.2* in *x*-Richtung – die Auslenkungen müssen natürlich so klein bleiben, dass die Pendel nicht zusammenstoßen. Es bildet sich dann keine Schlängelbewegung aus, sondern das Ergebnis ist eine laufende Welle von Verdichtungen und Verdünnungen der Pendelkörper durch die Kette. In diesem Fall sind die Schwingungsrichtungen parallel (oder antiparallel) zur Richtung der Phasengeschwindigkeit. Man spricht von einer *longitudinalen Welle*. Die vorher besprochene Welle heißt *transversale Welle*.

Verdichtungen und Verdünnungen der Luft → Schall

Schallwellen sind longitudinal.

Orte gleicher Phase bilden eine Fläche im Raum – eine sogenannte Wellenfront. Wellenfronten ebener Wellen sind unendliche Ebenen im Raum.

Bisher dienten Pendelketten zur Veranschaulichung der Wellenphänomene. Trotzdem wurde gerne von Oszillatoren gesprochen. Der Grund: Jedes System gekoppelter (gleichartiger) Oszillatoren kann als Träger einer Welle fungieren. Dabei ist es gleich, welcher Art die „Auslenkung" ist. Es könnte – wie bei einer Schallwelle – der Luftdruck sein. Es könnte aber auch jede andere Größe sein. Nehmen wir nun an, der ganze Raum wäre mit gekoppelten Oszillatoren durchsetzt und alle Oszillatoren der *y,z*-Ebene würden gleichphasig (synchron) angefacht. In diesem Fall würde die Phase dieser Ebene auf die parallelen Nachbarebenen übertragen werden. Orte gleicher Phase (*Wellenfronten*) bilden Ebenen – man spricht von *ebenen Wellen*. Da die Phase weiter nur von der *x*-Koordinate abhängt, gilt (*7.1.6*) auch für in *x*-Richtung laufende ebene Wellen.

Wenn man in (*7.1.8*) das Vorzeichen der Kreiswellenzahl umdreht, überträgt sich das auf das Vorzeichen der Phasengeschwindigkeit: Sie wird negativ – die Welle läuft in negative *x*-Richtung. Das Vorzeichen der Kreiswellenzahl bestimmt daher die Laufrichtung der Welle. Man geht sogar noch einen Schritt weiter: Werden in einem mit gekoppelten Oszillatoren durchsetzten Raum alle Oszillatoren, die in einer Ebene liegen, gleichphasig angefacht, dann ist die Laufrichtung eine Normale auf dieser Ebene. Nun wird die Richtung dieser Normalen mit dem Betrag

7.1 Viele gekoppelte Oszillatoren

der Kreiswellenzahl zu einem sogenannten *Wellenvektor* kombiniert. Die Phase der Welle an irgendeinem Ort errechnet sich dann aus der Projektion des Ortsvektors auf den Wellenvektor. Das Produkt $k \cdot x$ mutiert zu einem skalaren Produkt aus Wellenvektor und Ortsvektor. Eine ebene Welle im Raum bekommt dann die folgende Gestalt:

$$\underline{A}(\vec{r},t) = \underline{\hat{A}} e^{j(\omega t - \vec{k} \cdot \vec{r})} \quad \text{bzw.} \quad \underline{\hat{A}} \exp\left(j(\omega t - \vec{k} \cdot \vec{r})\right) \quad \text{bzw.} \quad \hat{A} \exp\left(j(\omega t - \vec{k} \cdot \vec{r} + \varphi_0)\right) \qquad (7.1.13)$$

Die Amplitude der Auslenkung darf, wie wir später noch sehen werden, durchaus ein Vektor sein. Voraussetzung für eine ebene Welle ist eine unendliche Ebene gleichphasig schwingender Oszillatoren. Es handelt sich daher um eine grobe Idealisierung. Der Wert ebener Wellen besteht darin, dass sie als Basis zur Linearkombination realer Wellenzüge eingesetzt werden können. Wir unterstreichen die Bedeutung ebener Wellen durch ein Anatomieschild:

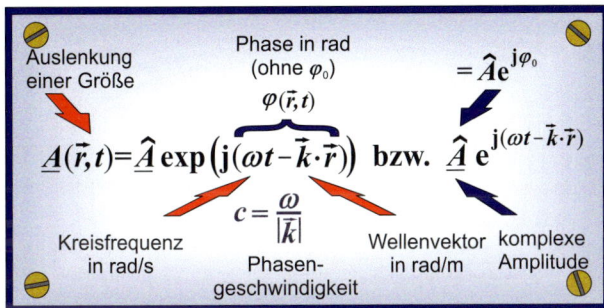

Beachten Sie:
Die Kreisfrequenz und der Wellenvektor sind nicht unabhängig voneinander!

Bild 7.1.6
„Anatomie" einer ebenen Welle

Bitte machen Sie kein Geheimnis aus der Anfangsphase φ_0! Wenn möglich wählt man die Anfangsbedingung so, dass sie verschwindet. Eine komplexe Amplitude erübrigt sich dann. Der Betrag des Wellenvektors heißt nach wie vor Kreiswellenzahl. Die reziproke Wellenlänge wird auch benutzt und heißt (nur) *Wellenzahl*. Beachten Sie, dass die imaginäre Einheit in der angewandten Mathematik wegen Benennungskollisionen mit „j" und nicht mit „i" benannt wird!

Ein verschmerzbarer Benennungskonflikt:
Der Einheitsvektor in y-Richtung wird kursiv und fett gedruckt.
Die imaginäre Einheit wird als regulärer Buchstabe dargestellt.

j komplexe Einheit
j Einheitsvektor

Möglicherweise haben Sie bereits einmal auf einem Felsen am Meer gestanden und sich dort über ein Phänomen gewundert. Sie sehen, wie vom offenen Meer her die Wellen mit einer zügigen (Phasen-)Geschwindigkeit auf Sie zukommen. Aber unmittelbar vor der Felskante bleiben sie „stehen" und führen dort einen sonderbaren Tanz auf. Wellenberge werden im stetigen Wechsel zu Tälern und umgekehrt und dazwischen gibt es auch noch Stellen, die an diesem Wechselspiel nicht teilnehmen.

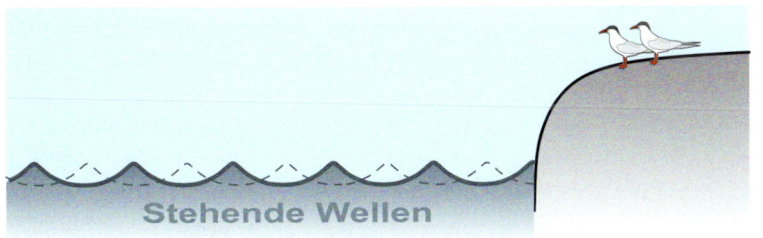

Bild 7.1.7
„Stehende Wellen" vor einer Felskante

Die Exponenten-Schreibweise erleichtert die Anwendung der Potenzrechenregeln.

(7.1.14)

An einem flachen Strandabschnitt ist das Phänomen nicht zu beobachten. Dort laufen die Wellen aus. Man könnte vermuten, dass an dem Felsen eine Reflektion stattfindet und die Superposition aus einkommender und reflektierter Welle das Phänomen bewirkt. „Superposition", „Linearkombination", das kennen Sie längst – lassen wir testweise zwei ebene Wellen gegeneinander laufen!

$$\underline{A}_{hin} = \tfrac{1}{2}\hat{A}\,e^{j(\omega t - \vec{k}\cdot\vec{r})}, \quad \underline{A}_{refl} = \tfrac{1}{2}\hat{A}\,e^{j(\omega t - (-\vec{k}\cdot\vec{r}))}, \quad \underline{A} = A_{hin} + A_{refl} = ?, \quad \mathrm{Im}(\underline{A}) = ?$$

$$\underline{A} = \tfrac{1}{2}\hat{A}\,e^{j\omega t}\cdot\tfrac{1}{2}\left(e^{j\vec{k}\cdot\vec{r}} + e^{-j\vec{k}\cdot\vec{r}}\right) = \hat{A}\,e^{j\omega t}\cos(\vec{k}\cdot\vec{r}), \quad \mathrm{Im}(\underline{A}) = \hat{A}\sin(\omega t)\cdot\cos(\vec{k}\cdot\vec{r})$$

Das folgende Bild zeigt, was sich aus der Superposition (7.1.14) ergeben hat.

Stehende Wellen: longitudinal oder transversal spielt keine Rolle.

Bild 7.1.8
Auslenkungen der Pendel im 0,09-Sekunden-Raster im Falle einer stehenden Welle

Die Kreise auf der schwarz ausgezogenen Sinuskurve sind eine Momentaufnahme zum Zeitpunkt $t = 0{,}18$ s. Die roten Pfeile deuten an, wie sich die Auslenkung der Oszillatoren während der folgenden 0,09 s weiter entwickelt. Die übrigen Sinuskurven zeigen die Abfolge der Auslenkungen im 0,09-Sekunden-Raster. Alle Oszillatoren schwingen entweder in Phase oder in Gegenphase oder in den „Knoten" überhaupt nicht. Die Amplituden der Teilsysteme zwischen den Knoten sind alle unterschiedlich. Eine derartige Bewegung gekoppelter Oszillatoren nennt man eine *stehende Welle*.

Kein Scherz: Die Orte maximaler Auslenkungen heißen Wellenbäuche.

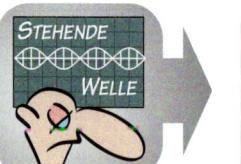

Aufgabe 7.1.1

Aufgabe:
Ermitteln Sie, die Superposition der folgenden ebenen Wellen! Beachten Sie, es wurden gegenüber (7.1.14) nur die Phasen der Amplituden geändert.

$$\underline{A}_{hin} = \tfrac{1}{2}\hat{A}\,e^{j\pi/2}\,e^{j(\omega t - \vec{k}\cdot\vec{r})}, \quad \underline{A}_{refl} = \tfrac{1}{2}\hat{A}\,e^{-j\pi/2}\,e^{j(\omega t - (-\vec{k}\cdot\vec{r}))}, \quad \mathrm{Im}(\underline{A}) = ?$$

$$e^{\pm j\pi/2} = \cos\!\left(\pm\tfrac{\pi}{2}\right) + j\sin\!\left(\pm\tfrac{\pi}{2}\right)$$
$$= \pm j = \mp\tfrac{1}{j}$$

Lösungsvorschlag:

$$\underline{A} = \tfrac{1}{2}\hat{A}\,e^{j\pi/2}\,e^{j(\omega t - \vec{k}\cdot\vec{r})} + \tfrac{1}{2}\hat{A}\,e^{-j\pi/2}\,e^{j(\omega t + \vec{k}\cdot\vec{r})} = \tfrac{1}{2}\hat{A}\,e^{j\omega t}\left(\tfrac{1}{j}e^{j\vec{k}\cdot\vec{r}} - \tfrac{1}{j}e^{-j\vec{k}\cdot\vec{r}}\right)$$

$$= \hat{A}\,e^{j\omega t}\tfrac{1}{2j}\left(e^{j\vec{k}\cdot\vec{r}} - e^{-j\vec{k}\cdot\vec{r}}\right) = \hat{A}\,e^{j\omega t}\sin(\vec{k}\cdot\vec{r}), \quad \mathrm{Im}(\underline{A}) = \hat{A}\sin(\omega t)\cdot\sin(\vec{k}\cdot\vec{r})$$

7.2 Eine Gleichung, die Wellen produziert

Im *Abschnitt 6.10* zeigte sich, dass ein bestimmter Differenzialgleichungstyp eine herausragende Bedeutung haben könnte. Von elektromagnetischen Wellen hat man gehört und auch Wellen auf der Wäscheleine sind keine Mär. Aber im letzten Abschnitt wurde gesagt, dass Wellen „Träger" benötigen. Gleichung (6.10.7) wurde aus den Maxwellgleichungen für den materiefreien Raum ermittelt – aber was soll im Vakuum Träger sein. Bei dem Seil fehlt die Materie nicht, aber gekoppelte Oszillatoren, die im letzten Abschnitt Voraussetzung für Wellen waren, gibt es nicht – eine in Scheiben zerschnittene Wäscheleine beinhaltet nicht etwa schwingfähige (Teil-)Systeme. Das Ermitteln von Lösungen einer partiellen Differenzialgleichung ist im Rahmen der Analysis II nur in Sonderfällen möglich – möglich ist aber Raten oder Probieren. Setzen wir doch einfach einmal die „Pendelketten-Welle" (7.1.6) in die Wäscheleinengleichung (6.10.11) ein. Da die Auslenkung hier nicht irgendeine Größe, sondern eine Koordinate ist, wird sie im Einklang mit *Bild 6.10.2* nicht mit A, sondern mit y benannt. Natürlich werden wir wegen der ableitungsfreundlichen e-Funktion die komplexe Darstellung der Pendelkettenauslenkungen wählen.

Bei Wellensystemen nicht immer klar erkennbar: Oszillatoren und deren Kopplung

Raten und Probieren!

$$y(x,t) = \hat{y}\, e^{j(\omega t - kx)} \quad \text{einsetzen in} \quad \frac{\partial^2 y}{\partial x^2} - \frac{1}{c^2}\frac{\partial^2 y}{\partial t^2} = 0 \;! \quad (7.2.1)$$

In der Funktion (7.2.1) sind eine lineare Funktion des Ortes und der Zeit, die wir Phase nennen, mit der einstelligen komplexen e-Funktion oder einer ebenfalls einstelligen Winkelfunktion verkettet. Für die Ableitungen ist deshalb die Kettenregel anwendbar:

Die Amplitude darf komplex sein. Auf den Unterstrich wurde verzichtet.

$$F(u) := \hat{y}\, e^u,\; u := j(\omega t - kx): \quad \frac{\partial}{\partial x} y = \frac{d}{du} F(u) \cdot \frac{\partial}{\partial x} u, \quad \frac{\partial}{\partial t} y = \frac{d}{du} F(u) \cdot \frac{\partial}{\partial t} u \quad (7.2.2)$$

Da die e-Funktion bei der Ableitung unverändert bleibt, produziert die partielle Ableitung nach x gemäß der Kettenregel einen Vorfaktor $-jk$. Bei zweimaliger Ableitung $(-jk)^2\, (= -k^2)$:

$$\frac{\partial}{\partial x} y = \hat{y}\, e^u \cdot (-jk) = -jk \cdot \underbrace{\hat{y}\, e^{j(\omega t - kx)}}_{y} = -jk \cdot y, \quad \frac{\partial^2}{\partial x^2} y = -k^2 \cdot y \quad (7.2.3)$$

Analog spaltet sich bei den zeitlichen Ableitungen jeweils ein Vorfaktor $j\omega$ ab:

$$\frac{\partial}{\partial t} y = \hat{y}\, e^u \cdot (j\omega) = j\omega \cdot \underbrace{\hat{y}\, e^{j(\omega t - kx)}}_{y} = j\omega \cdot y, \quad \frac{\partial^2}{\partial t^2} y = -\omega^2 \cdot y \quad (7.2.4)$$

Nach dem Einsetzen der partiellen Ableitungen in die Differenzialgleichung zeigt sich, dass unsere Pendelkettenfunktion Element der Lösungsmenge ist, sofern deren Kennkreisfrequenz und Kreiswellenzahl die rechte Relation zwischen c, ω und k erfüllen:

(7.2.5)
$$\frac{\partial^2 y}{\partial x^2} - \frac{1}{c^2}\frac{\partial^2 y}{\partial t^2} = 0: -k^2 y + \frac{1}{c^2}\omega^2 y = 0 \text{ erfüllbar mit } c^2 = \frac{\omega^2}{k^2}\left(=\frac{F}{\rho A}\right)$$

Anstelle nach gekoppelten Oszillatoren zu fahnden, kann ersatzweise geprüft werden, ob das System eine Wellengleichung erfüllt.

Es ist also durchaus vernünftig, von einer *Wellengleichung* zu sprechen. Da die Phasengeschwindigkeit quadratisch eingeht, wird die Wellengleichung auch von einer in negative x-Richtung laufenden Welle erfüllt. Die Wellengleichung enthält nur partielle Ableitungen – ansonsten nur einen konstanten Koeffizienten. Das heißt sie ist linear und jede Linearkombination von Lösungen erfüllt diese Gleichung. Von besonderem Interesse ist, dass die Linearkombination zweier ebener Wellen so wie in (*7.1.13*) und *Aufgabe 7.1.1* Lösungen der Wellengleichung sind. Es müsste deswegen möglich sein, auf einem gespannten Seil stehende Wellen zu erzeugen.

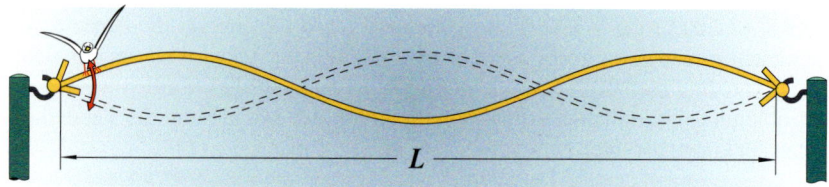

Bild 7.2.1
Stehende Welle auf einer Wäscheleine

Ob Sie es glauben oder nicht: Wenn ein gut gelaunter Vogel mit der richtigen Frequenz wippt, wird sich eine stehende Welle ausbilden. Weiterhin demonstriert das Tier eindrucksvoll die Bedeutung von *Randbedingungen* bei partiellen Differenzialgleichungen. Aus der Lösungsmenge der Wellengleichung sind hier nur diejenigen gefragt, die an beiden Enden des Seils einen Knoten aufweisen. Die Randbedingungen für dieses spezielle Problem lauten daher:

„Randbedingung": Auch für die Umgangssprache eine geeignete Vokabel.

(7.2.6)
$$\text{Randbedingungen: } y(0,t) = 0 \wedge y(L,t) = 0$$

Erlegt man einer Gleichung zu viele Randbedingungen auf, gibt es keine Lösung (mehr).

Das ist hier nur möglich, wenn die Länge der Leine gleich einem ganzzahligen Vielfachen der halben Wellenlänge beträgt. Physikalisch knüpft die harmlose Wäscheleine an den *Abschnitt 1.11* (Resonanz) und *Abschnitt 5.4* (Koppelschwingung) an. Hier zeigt sich, dass es Systeme gibt, die sogar unendlich viele diskrete Eigenfrequenzen haben. Natürlich wird die unvermeidliche Dämpfung dafür sorgen, dass hohe Eigenfrequenzen nicht mehr anschwingen können. Wir können zumindest die Eigenfrequenzen unserer Wäscheleine notieren (ebenfalls gültig für die Saite eines Musikinstruments):

(7.2.7)
$$c = \sqrt{\frac{F}{\rho A}}, L = n\cdot\frac{\lambda}{2}, n \in \mathbb{N}, k = \frac{2\pi}{\lambda} = \frac{n\pi}{L}: \quad \omega = kc = n\cdot\frac{\pi}{L}\sqrt{\frac{F}{\rho A}}$$

Haben Sie eine Wäscheleine im Garten? Probieren Sie es aus!

Mit etwas Übung könnten Sie anstelle des Vogels durch Rütteln von Hand stehende Wellen der niedrigsten Eigenfrequenzen erzeugen. Erwischt man keine Eigenfrequenz, ergibt sich aber ein scheinbar unregelmäßiges Gezappel, was uns mathematisch wieder auf den Boden der Tatsachen zurückbringt: Wir habe mit der Pendelkettenwelle laufend oder stehend nur sehr spezielle Lösungen gefunden.

7.2 Eine Gleichung, die Wellen produziert

Wer erkennen kann, dass man auch eine Lösung der Wellengleichung erhält, wenn in der Verkettung (7.2.2) anstelle der e-Funktion eine andere Funktion eingesetzt werden würde, kann sich beglückwünschen.

$$f : \mathbb{R}^2 \to \mathbb{C}, \ x,t \mapsto y \text{ mit } y = f(x,t) = F(u(x,t)), \ u = j(\omega t - kx)$$

$$\frac{\partial}{\partial x} y = \frac{dF}{du} \cdot \frac{\partial u}{\partial x} = -jkF', \ \frac{\partial^2}{\partial x^2} y = \underline{-k^2 F''} \text{ analog } \frac{\partial^2}{\partial t^2} y = \underline{-\omega^2 F''}$$

(7.2.8)

Setzt man die beiden Ableitungen in die Wellengleichung ein, so wird diese ebenfalls erfüllt, wenn die Relation (7.2.5) zwischen c, ω und k erfüllt ist. Die zweite Ableitung sorgt dafür, dass die Wellengleichung auch mit negativem k erfüllbar ist. Es können somit „sonst wie" geformte Auslenkungsformen das Seil entlang laufen oder stehend schwingen – probieren Sie es aus oder schauen Sie in ein Physikbuch. Wir können hier die Gelegenheit benutzen, um den Randbedingungen die Anfangsbedingung gegenüber zu stellen. Stellen Sie sich vor, sie schlagen mit einem Stock kurz auf die Leine. Bei der Auslenkungsfunktion, die die Leine unmittelbar nach dem Kontakt mit dem Holz erhalten hat, handelt es sich um die Anfangsbedingung:

Anfangsbedingung:

Zustand zur Zeit:
$t = 0$
bzw.
$t = t_0$

$$\text{Anfangsbedingung: } y(x,0) = f_a(x), \ x \in [0,L]$$

(7.2.9)

Im Gegensatz zu einer gewöhnlichen muss die Anfangsbedingung einer partiellen Differenzialgleichung mit einer Funktion dargestellt werden.

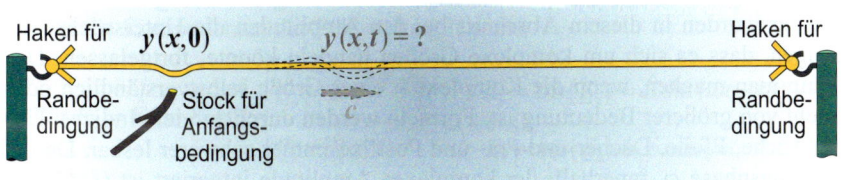

Bei y(x,t) handelt es sich um reine Spekulation!

Bild 7.2.2
Anfangsbedingung und Randbedingungen im Falle einer Wäscheleine

Hat man sich zähneknirschend mit dem eindimensionalen Kontinuum als Wellen-Träger abgefunden, wird es im Falle der aus den Maxwellgleichungen hergeleiteten Wellenfunktionen mystisch (s. (6.10.9)). Wie kann ein leerer Raum Träger einer Welle sein. Prüfen wir jetzt, ob die in *Bild 7.1.6* herausgestellte ebene Welle die aus den Maxwellgleichungen extrahierten Wellengleichungen erfüllt. Bei der „Auslenkung" handelt es sich jetzt um Feldstärken und das sind vektorielle Größen mit drei Komponenten. Beim Wellenvektor müssen ebenfalls drei Komponenten berücksichtigt werden:

Die indexfreien Einheitsvektoren i, j, k sind hier ungünstig, da sie mit dem Wellenvektor k und der imaginären Einheit j kollidieren.

$$\vec{E} = E_x \vec{e}_x + E_y \vec{e}_y + E_z \vec{e}_z, \ E_x = \hat{E}_x e^{j(\omega t - \vec{k} \cdot \vec{r})}; \ E_y, E_z \text{ analog}, \ \vec{k} \cdot \vec{r} = k_x x + k_y y + k_z z$$

(7.2.10)

Auch ohne große physikalische Grundkenntnisse dürfte plausibel sein, dass eine ebene Welle im Vakuum keine Quellen und Senken haben kann, prüfen wir, ob sich etwas Bemerkenswertes ergibt, wenn wir sie in Maxwell I einsetzen:

Ein Volumenelement Vakuum ein Oszillator?

$$\vec{\nabla} \cdot \vec{E} = \frac{\partial E_x}{\partial x} + \frac{\partial E_y}{\partial y} + \frac{\partial E_z}{\partial z} = -jk_x E_x - jk_y E_y - jk_z E_z = -j\vec{k} \cdot \vec{E} = 0 \ \Rightarrow \ \underline{\vec{k} \perp \vec{E}}$$

(7.2.11)

(7.3.3)
$$\underline{y}_1 = \frac{\hat{y}}{2}\exp\left(j\overline{\omega}\tau + j\frac{\Delta\omega}{2}\tau\right), \quad \underline{y}_2 = \frac{\hat{y}}{2}\exp\left(j\overline{\omega}\tau - j\frac{\Delta\omega}{2}\tau\right)$$
$$\underline{y}_1 + \underline{y}_2 = \frac{\hat{y}}{2}\exp(j\overline{\omega}\tau)\left[\exp\left(j\frac{\Delta\omega}{2}\tau\right) + \exp\left(-j\frac{\Delta\omega}{2}\tau\right)\right]$$
$$= \hat{y}\exp(j\overline{\omega}\tau)\cos\left(\frac{\Delta\omega}{2}\tau\right)$$

Würden wir y_2 in umgekehrter Phase mit y_1 mischen, ergäbe sich statt des Kosinus ein Sinus. Amplituden und konstante Phasen spielen hier keine Rolle. Für die Linearkombination ergibt sich die folgende reelle Funktion:

(7.3.4)
$$y = \mathrm{Im}(\underline{y}_1 + \underline{y}_2) = \hat{y}\cos\left(\frac{\Delta\omega}{2}\tau\right)\cdot\sin(\overline{\omega}\tau)\begin{cases} = +\hat{y}\cos\left(\frac{\Delta\omega}{2}t\right)\cdot\sin(\overline{\omega}t) \text{ falls } x = 0 \\ = -\hat{y}\cos\left(\frac{\Delta k}{2}x\right)\cdot\sin(\overline{k}x) \text{ falls } t = 0 \end{cases}$$

Im folgenden Bild sind die quadrierten Werte der Funktion (7.3.4) sowie deren Einhüllende am Ort $x = 0$ als Funktion der Zeit dargestellt. Da die übertragenden Energien proportional zum Quadrat der Feldstärken bzw. Auslenkungen sind, werden quadrierte Werte zur grafischen Darstellung herangezogen. Es stellt den auf und abschwellenden Ton (Phasen kann unser Gehör nicht wahrnehmen) dar, den ein Hörer an der Stelle $x = 0$ hören würde.

Blaue Kurve: Hüllkurve („Einhüllende")

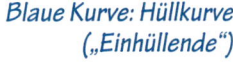

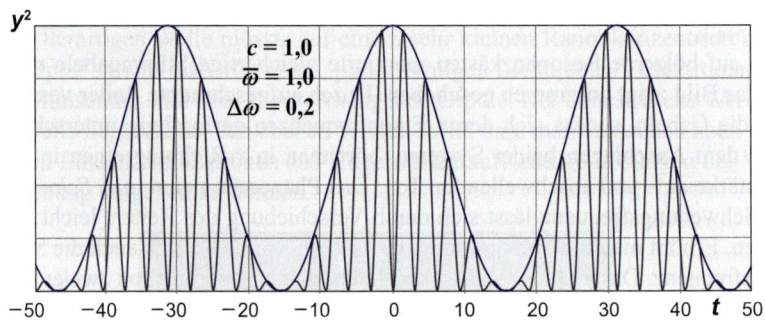

Bild 7.3.2
Grafische Darstellung einer Schwebung

Die Schwebungs-Welle lässt sich – wie im *Bild 7.3.1* illustriert – räumlich betrachten. Bei dieser Betrachtungsweise zeigt die grafische Darstellung die momentane Druckverteilung längs der x-Achse. Da hier die Phasengeschwindigkeit gleich eins gewählt wurde, könnte *Bild 7.3.2* genauso gut eine Momentaufnahme der Schwebung zum Zeitpunkt $t = 0$ zeigen. Kreisfrequenzen, -wellenzahlen, Zeiten und Orte sind für $c = 1$ zahlengleich.

Näherungsweise ...

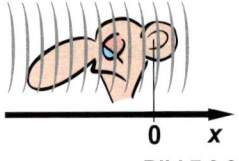

ebene   punktf.
Welle   Lichtquelle
(rote Linien: Wellenfronten)

Wie schon diskutiert, ist eine ebene Welle für modellhafte Betrachtungen ein sehr nützliches Objekt, aber realisieren lässt sie sich nicht. Abgesehen von den unendlich ausgedehnten Wellenfronten hätte die Welle weder zeitlich noch in Ausbreitungsrichtung Anfang und Ende. Wenn eine Quelle, die in der Lage ist ebene Wellen zu erzeugen, hochgefahren wird und nach einer bestimmten Zeitspanne wieder heruntergefahren wird, müssten sich eigentlich Wellengebilde mit Anfang und Ende auf die Reise machen. So ein begrenzter Wellenzug heißt *Wellengruppe* oder auch *Wellenpaket*, der Anfang wird *Wellenkopf* und das Ende scherzhaft Wellenschwanz genannt. Für eine Wellengruppe ist neben der Phasengeschwindigkeit noch eine weitere Geschwindigkeit von Bedeutung und das ist die *Gruppengeschwindigkeit* – manchmal auch *Signalgeschwindigkeit* genannt (Formelzeichen in der Regel v meist mit Index). Die Gruppengeschwindigkeit ist die Geschwindigkeit des Wellenkopfes (alternativ: Geschwindigkeit des Maximums der Einhüllenden der Gruppe).

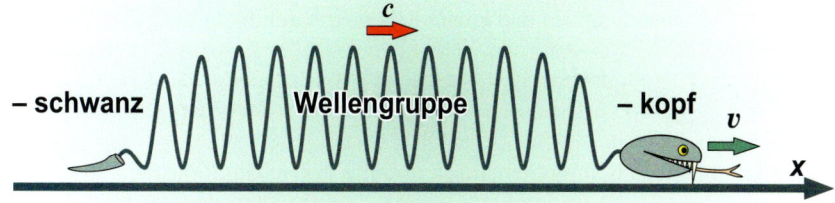

Bild 7.3.3
Illustration einer eindimensionalen Wellengruppe

Im Sonderfalle elektromagnetischer Wellen im Vakuum sind Phasen- und Gruppengeschwindigkeiten gleich. Im Allgemeinen muss man aber davon ausgehen, dass diese Geschwindigkeiten mehr oder weniger unterschiedlich ausfallen – man spricht von *Dispersion*.

dispergo <lat., „hier und dahin streuen">

Leider türmen sich auch bei fehlender Dispersion Probleme auf, wenn es darum geht, Funktionen zu finden, die Wellengruppen beschreiben. Möglicherweise bietet das Phänomen der Schwebung einen Ansatzpunkt. Immerhin ist dort durch Superposition zweier ebener Wellen benachbarter Frequenzen aus dem Dauerstrichsignal eine gewisse Rasterung entstanden. Mithilfe der Tabellenkalkulation können wir nicht nur zwei – wie in (7.3.1), sondern beispielsweise 15 Wellenzüge mischen. Die Frequenzen sollen sich äquidistant in einem Intervall $\Delta\omega$ verteilen.

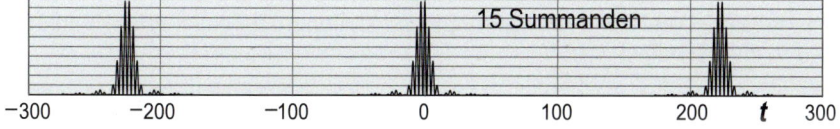

Bild 7.3.4
Schwebung aus 15 Wellenzügen

Wir verzichtet auf die hohe Auflösung und betrachtet das Ergebnis der Linearkombination aus 15 Wellenzügen im Intervall [–300, 300]. Es zeigt sich immer noch eine „Schwebung" nur bestehen die Signale aus Wellengruppen, die in relativ großen Abständen aufeinander folgen. Vielleicht kann man mit „unendlich vielen" Summanden alle bis auf eine Wellengruppen ins Unendliche verbannen. Aus der Summe ebener Wellen wird ein *Fourier-Integral*.

$$\underline{y}(x,t) = \int_{-\infty}^{+\infty} F(\omega) e^{j\omega\left(t-\frac{x}{c}\right)} d\omega \quad \text{bzw.} \quad \int_{-\infty}^{+\infty} F(\omega) \exp\left(j\omega\left(t-\frac{x}{c}\right)\right) d\omega$$

(7.3.5)

Die hier $F(\omega)$ genannte Funktion heißt *Spektralfunktion*. Die Werte diese Funktion sind nichts weiter als die Amplituden der infinitesimalen Beiträge, aus denen sich das Integral zusammensetzt. Das Integral wird nur konvergieren, wenn die Werte der Spektralfunktion für betragsmäßig große Argumente gegen null streben. Geben wir doch einfach einmal die nebenstehend dargestellte Spektralfunktion vor. Hatten wir vorher 15 Frequenzen äquidistant auf ein Intervall verteilt, mischen wir jetzt unendlich viele. Wie oben sollen alle die gleiche Amplitude haben. Außerhalb des Frequenzintervalls gibt es keine Beiträge:

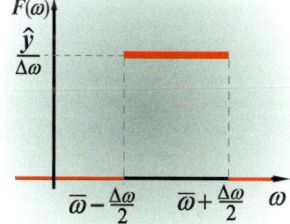

(7.3.6)
$$F(\omega) = \begin{cases} \dfrac{\hat{y}}{\Delta\omega} & \text{falls } \omega \in \left[\bar{\omega} - \dfrac{\Delta\omega}{2}, \bar{\omega} + \dfrac{\Delta\omega}{2}\right] \\ 0 & \text{sonst} \end{cases}$$

Dieser Fall bereitet keine Probleme, denn aus dem uneigentlichen Integral wird eines mit endlichen Grenzen und einem beherrschbaren Integranden:

(7.3.7)
$$\underline{y} = \int_{\bar{\omega}-\Delta\omega/2}^{\bar{\omega}+\Delta\omega/2} \dfrac{\hat{y}}{\Delta\omega} e^{j\omega(t-x/c)} d\omega \quad \text{mit } \tau := \left(t - \dfrac{x}{c}\right): \quad \underline{y} = \dfrac{\hat{y}}{\Delta\omega} \int_{\bar{\omega}-\Delta\omega/2}^{\bar{\omega}+\Delta\omega/2} e^{j\omega\tau} d\omega$$

Das Integral lässt sich unproblematisch mithilfe der Substitutionsregel lösen:

$$u := j\omega\tau, \quad du = j\tau\, d\omega, \quad \text{neue Grenzen: } og = j\left(\bar{\omega} + \dfrac{\Delta\omega}{2}\right)\tau, \; ug = j\left(\bar{\omega} - \dfrac{\Delta\omega}{2}\right)\tau$$

(7.3.8)
$$\underline{y} = \dfrac{\hat{y}}{j\Delta\omega\tau} \int_{ug}^{og} e^u\, du = \dfrac{\hat{y}}{j\Delta\omega\tau} \cdot \left(e^{og} - e^{ug}\right) = \dfrac{2\hat{y}}{\Delta\omega\tau} e^{j\bar{\omega}\tau} \cdot \dfrac{e^{+j\frac{\Delta\omega}{2}\tau} - e^{-j\frac{\Delta\omega}{2}\tau}}{2j}$$

Die Differenz der komplexen e-Funktionen ergibt einen reellen Sinus und die reelle Funktion wird durch Anwendung der Im-Funktion erzeugt:

(7.3.9)
$$y = \dfrac{\hat{y}}{\frac{\Delta\omega}{2}\cdot\tau} \sin\left(\dfrac{\Delta\omega}{2}\cdot\tau\right)\cdot\sin(\bar{\omega}\tau) \begin{cases} = +\dfrac{\hat{y}}{\frac{\Delta\omega}{2}\cdot t} \sin\left(\dfrac{\Delta\omega}{2}\cdot t\right)\cdot\sin(\bar{\omega}t) & \text{falls } x = 0 \\[1ex] = -\dfrac{\hat{y}}{\frac{\Delta k}{2}\cdot x} \sin\left(\dfrac{\Delta k}{2}\cdot x\right)\cdot\sin(\bar{k}x) & \text{falls } t = 0 \end{cases}$$

Das folgende Bild zeigt eine grafische Darstellung der (quadrierten) Funktion (7.3.9) an der Stelle $x = 0$.

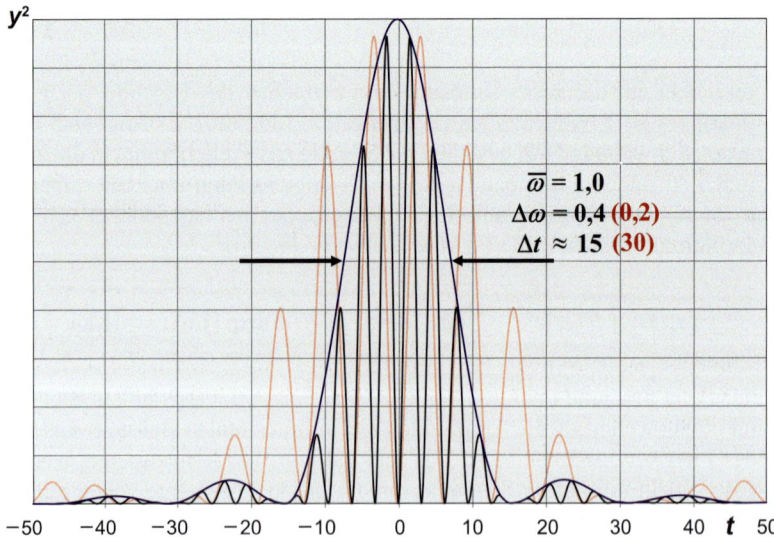

Bild 7.3.5
Grafische Darstellung einer Wellengruppe

Zwar sind die vielen Parameter in (7.3.9) irritierend, aber trotzdem ist zu erkennen, dass die Variable (τ, t oder x) anders als bei der Schwebungsfunktion (7.3.4)

7.3 Superposition von Wellen, Gruppen und Paketen

nicht nur im Argument der Winkelfunktion, sondern auch im Nenner steht. Damit ist gesichert, dass die Amplituden der Nebengruppen mit (betragsmäßig) größer werdenden Argumenten „in die Knie gezwungen" werden. Die Argumentachse ist Asymptote – wir können daher tatsächlich von **einer** Wellengruppe sprechen. Aufgrund des Arguments im Nenner ist an der Stelle $\tau = 0$ eine Singularität entstanden, die sich aber mithilfe der *l'Hospitalschen Regel* als hebbar herausstellt. Die Funktion ist wie die Schwebungsfunktion achsensymmetrisch.

Gemäß l'Hospital:
$$\lim_{x \to 0} \frac{\sin x}{x} = \frac{\cos x}{1} = 1$$

Für die in *Bild 7.3.5* dargestellte kompakte Wellengruppe würde viel eher die Bezeichnung Wellenpaket passen. Es fragt sich, wie man die Wellengruppe verbreitern könnte. Die Frage ist im Bild schon teilweise beantwortet, denn dort wurde (rot) eingezeichnet, was sich ergibt, wenn man das Frequenzintervall $\Delta\omega$ halbiert: Die Breite der Wellengruppe (zeitlich oder räumlich) hat sich verdoppelt. Nun hängt die „Breite" einer Wellengruppe davon ab, was man unter Breite versteht. Wir gehen hier wie bei der Definition der Bandbreite eines Resonanzpeaks (s. *Bild 1.11.4*) vor und wählen den Abstand des halbierten Maximalwertes als Breite. Das wäre ungefähr bei einer Phase von $\pm\pi/2$ der Fall. Die Breite der Spektralfunktion ist hier wegen der Rechteckverteilung eindeutig. Im Allgemeinen muss man auch dort festlegen, was unter der Breite des Frequenzintervalls zu verstehen ist. Für unseren Spezialfall gilt für den Zusammenhang zwischen der Breite der Spektralfunktion und der zeitlich Breite der Wellengruppe (s. (7.3.9) *rechts oben*):

$$\left. \begin{array}{l} \text{I)} \ \frac{\Delta\omega}{2} \cdot t_1 = +\frac{\pi}{2} \\ \text{II)} \ \frac{\Delta\omega}{2} \cdot t_2 = -\frac{\pi}{2} \end{array} \right\} \Rightarrow (\text{I} - \text{II}): \ \frac{\Delta\omega}{2} \cdot \underbrace{(t_1 - t_2)}_{\Delta t} = \pi \ \Rightarrow \ \Delta\omega \cdot \Delta t = 2\pi \quad (7.3.10)$$

Analog ergibt sich für Länge der Wellengruppe (s. (7.3.9) *rechts unten*):

$$\left. \begin{array}{l} \text{I)} \ \frac{\Delta k}{2} \cdot x_1 = +\frac{\pi}{2} \\ \text{II)} \ \frac{\Delta k}{2} \cdot x_2 = -\frac{\pi}{2} \end{array} \right\} \Rightarrow (\text{I} - \text{II}): \ \frac{\Delta k}{2} \cdot \underbrace{(x_1 - x_2)}_{\Delta x} = \pi \ \Rightarrow \ \Delta k \cdot \Delta x = 2\pi \quad (7.3.11)$$

Wegen „Schwammigkeiten" bei der Bestimmung der „Breiten" darf man den Wert der Konstanten nicht so ernst nehmen. Wichtig ist die Antiproportionalität zwischen den Größen. Um die Relationen auch an beliebige Spektralfunktionen anzupassen, schreibt man sie in der Regel wie folgt:

$$\Delta\omega \cdot \Delta t \geq 2\pi, \ \Delta k \cdot \Delta x \geq 2\pi \quad \text{alternativ:} \ \Delta\omega \cdot \Delta t \sim 1, \ \Delta k \cdot \Delta x \sim 1 \quad (7.3.12)$$

Elektromagnetische Wellen des Frequenzbereichs 430 THz bis 750 THz können wir wahrnehmen, denn es handelt sich um den Bereich des sichtbaren Lichtes (Farbeindruck: violett bis rot). Licht genau einer Frequenz heißt *monochromatisch*. Da Licht immer als Wellengruppe in Erscheinung tritt, gibt es streng genommen gar kein monochromatisches Licht. Die Relationen (7.3.12) sagen aus, dass extrem kurze Lichtblitze – etwa von einem gepulsten Laser – zwangsläufig einen großen Frequenzbereich (Wellenzahlbereich) umfassen. Weitgehend monochromatisches Licht muss daher mit einem kontinuierlichen Laser erzeugt werden. Die Relationen (7.3.12) erhalten trotz ihrer „Schwammigkeit" bei Betrach-

THz = 10^{12} Hertz

Vorsicht, unser Auge ist kein Frequenzmessgerät!

Physik: Heisenbergsche Unschärferelation

tungen der Materiewellen im Mikrokosmos eine große Bedeutung und firmieren dort unter „*Unschärferelationen*".

Bisher haben wir uns in diesem Abschnitt nur um die Auslenkungsfunktion ebener Wellen in Ausbreitungsrichtung gekümmert. Die Überlegungen gelten ebenfalls für eindimensionale Wellen – wie z. B. Seilwellen. Es fragt sich, ob man durch Superposition ebener Wellen verschiedener Ausbreitungsrichtungen nicht ebene Wellen im Raum darstellen kann:

(7.3.13)
$$A(\vec{r},t) = \int_{(\infty)} F(\vec{k}) \exp\left(j(\omega t - \vec{k} \cdot \vec{r})\right) dk_x \, dk_y \, dk_z \quad \text{mit} \quad \omega = |\vec{k}|c$$

Natürlich kann man so etwas ansetzen, aber ob man praktisch etwas damit anfangen kann, steht auf einem anderen Blatt. Kriterium für die Brauchbarkeit der Darstellung: Sie muss mit vernünftigem mathematischen Aufwand an reale Anfangs- und Randbedingungen anpassbar sein.

In den *Abschnitten 6.3/6.4* hatten wir kugelsymmetrische *E*-Felder superponiert und kamen dabei durchaus zu brauchbaren Ergebnissen (Multipole). Das müsste eigentlich mit Kugelwellen ebenfalls möglich sein. Superponieren wir die Kugelwellen zweier synchron schwingender punktförmiger Sender mit dem Abstand *d*. Mit *A* ist hier wieder die Auslenkung einer Größe gemeint.

(7.3.14)
$$A(\vec{r},t) = \text{Im}\left(\frac{\hat{A}}{r_1}e^{j(\omega t - k r_1)} + \frac{\hat{A}}{r_2}e^{j(\omega t - k r_2)}\right) \quad \text{mit} \quad r_{1(2)} = \sqrt{x^2 + (y \pm d/2)^2 + z^2}$$

Die sperrige Wurzelfunktion lässt zwar keine raffinierte Umformung zu, aber es gibt ja noch die Tabellenkalkulation. Begnügen wir uns mit einer Momentaufnahme zum Zeitpunkt *t* = 0 und der *x,y*-Ebene und lassen eine Matrix von Funktionswerten errechnen und grafisch als Reliefbild darstellen:

Erstaunlich: Es bilden sich wellenfreie Zonen aus.

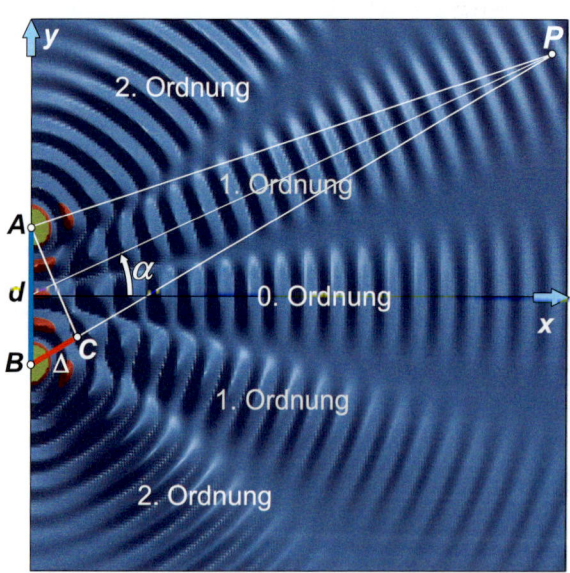

Bild 7.3.6
Reliefbild der Superposition zweier Kugelwellen in der x,y-Ebene

7.3 Superposition von Wellen, Gruppen und Paketen

Es entstehen Wellenzüge – sogenannte Ordnungen – unterschiedlicher Laufrichtungen, die durch wellenfreie Zonen getrennt sind. Es lässt sich sogar eine Aussage über die Laufrichtungen bzw. dem Winkel – im Bild mit α bezeichnet – machen. Betrachten Sie dazu das Dreieck ABC und gehen davon aus, dass die Entfernung des Punktes P vom Koordinatenursprung groß im Vergleich zum Abstand der Quellen ist. In diesem Fall kann das Dreieck als rechtwinklig angesehen werden. Die im Bild rot eingetragene Strecke BC heißt Gangunterschied. Sollte der Laufrichtungs-Winkel so beschaffen sein, dass der Gangunterschied ein ganzzahliges Vielfaches der Wellenlänge beträgt, werden die Wellenzüge beider Quellen gleichphasig (modulo 2π) aufeinander treffen und sich dort verstärken. Im Falle eines ungeradzahligem Vielfachen der halben Wellenlänge überlagern sich gegenphasige Wellenzüge und schwächen sich.

Wir betrachten wieder nur das Fernfeld.

$$\Delta := |\overline{BC}|,\ d := |\overline{AB}|: \sin\alpha = \frac{\Delta}{d} \begin{cases} \text{konstruktive Interferenz} & \text{falls } \Delta = n\lambda \\ \text{destruktive Interferenz} & \text{falls } \Delta = \left(n+\tfrac{1}{2}\right)\lambda \end{cases}$$

(7.3.15)

Ein Superwerkzeug zur Beschreibung von Wellenphänomenen stellt das Huygenssche Prinzip zur Verfügung. Es besagt, dass man komplette Wellenfronten mit punktförmigen Quellen von Kugelwellen bedecken kann, um die Überlagerung dieser Kugelwellen als Ersatz für die Welle zu verwenden. Damit lässt sich beispielsweise das Phänomen der *Beugung* klären. Trifft eine Welle auf ein Hindernis, werden sich dahinter die Wellenfronten deformieren. Extremstes Beispiel: Trifft eine ebene Welle auf eine Blende mit einem Durchmesser in der Größenordnung der Wellenlänge, entsteht dahinter eine Kugelwelle.

Bemerkt der Mann das Lampenlicht im Falle einer sehr kleinen Blende ($d \approx \lambda$)? Nein, auch ein Uhu könnte nichts sehen. Aber ein hochempfindliches Lichtmessgerät (Photonenzähler) würde an der Stelle des Beobachters verrücktspielen.

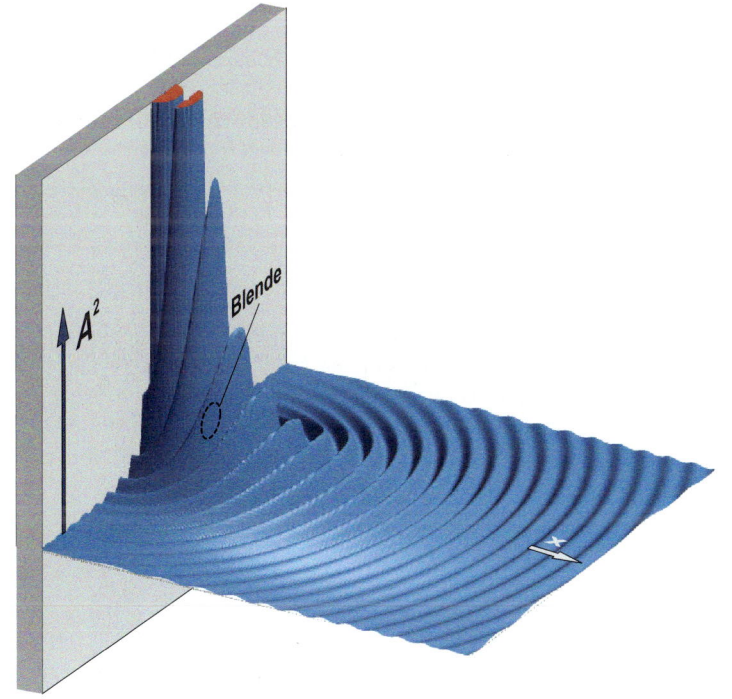

Bild 7.3.7
Perspektivische Darstellung der Welle, die sich hinter einer Blende ausbildet („Beugung am Spalt")

7.4 Fourier-Analyse im Komplexen

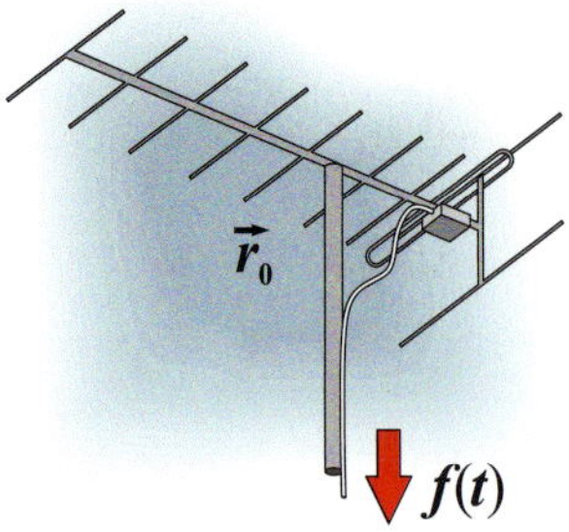

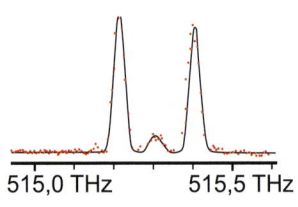

Bild 7.4.1
Yagi-Antenne

Bild 7.4.2
Ausschnitt aus einem Fluoreszenz-Spektrum von NO_2

Im vorherigen Abschnitt hatten wir Auslenkungen mit y benannt. Hier ist y = f(t).

Substituiert man ωt durch x, beziehen sich alle Überlegungen auf Funktionen mit der Einheitsperiode $T = 2\pi$.

Im vorherigen Abschnitt haben wir kühn eine Spektralfunktion vorgegeben und errechnet, wie die resultierende Welle aussieht. Eigentlich hat der umgekehrte Weg die größere Bedeutung. Wir kennen die Funktion und suchen dazu die Spektralfunktion. Anders als bisher werden in diesem Abschnitt Wellen von einem stationären Standpunkt aus mithilfe einer Empfangsantenne – beispielsweise der nebenstehenden *Yagi-Antenne* – betrachtet. Es könnte sich genauso gut um die Ohren eines Uhus im Ansitz handeln. Die Ortsabhängigkeit der Welle interessiert nicht. Es kümmert uns nicht, wenn der Nachbar sein Fernsehsignal 100 Nanosekunden früher empfängt. Der zur Konstanten mutierte Ort wird in diesem Abschnitt nicht erwähnt. Das Signal, welches über ein Koaxialkabel zum Empfangssystem geleitet wird ist kein „Wellensalat" mehr, sondern ein „Frequenzsalat". Es geht in diesem Abschnitt darum zu versuchen, ob sich dieser „Frequenzsalat" als Überlagerung harmonischer Teilschwingungen (s. Merksatz 1.7.1) auffassen lässt. Anders ausgedrückt: Wir versuchen mithilfe des obenerwähnten Monsieurs, ein mathematisches Spektrometer zu entwickeln. Echte Spektrometer versuchen aus dem zu untersuchenden Signal jeweils möglichst schmalbandige Frequenzbereiche herauszufiltern und deren Amplituden zu messen und aufzuzeichnen (s. Bild 7.4.2). Um unsere Überlegungen kompatibel zu den üblichen mathematischen Formelsammlungen zu halten, verwenden wir für die Signalgröße kein genormtes Formelzeichen, sondern schlicht $f(t)$. Sie müssen bei der Anwendung die Bezeichnungen gegen die genormten Formelzeichen austauschen.

Das erste zu analysierende Signal $f(t)$ sei ein periodisches Dauerstrichsignal. Die (zeitliche) Periodenlänge sei T. In der Akustik würde man so etwas *Klang* nennen. Handelte es sich um eine streng harmonische Druckschwankung, sagte man *Ton*. Günstig ist es, die Menge der Funktionen mit der Periodenlänge T als Vektorraum aufzufassen. Wir können so in den bewährten Werkzeugkasten der Vektorrechnung greifen.

Zunächst benötigt man eine geeignete „Basis". Dafür bieten sich – unserem Ziel entsprechend – harmonische Schwingungen (s. (1.7.16)) der Periode T an. Die harmonische Schwingung mit $\omega_0 = 2\pi/T$ hätte diese Eigenschaft. Aber auch harmonische Schwingungen mit einem ganzzahligen Vielfachen dieser Grundfrequenz hätten die Periode T – es wäre nur nicht deren kleinste Periodenlänge. Es wird sich als günstig erweisen, nicht mit reellen Funktionen vom Typ (1.7.16) zu arbeiten, sondern komplexen e-Funktionen mit positiven und negativen Exponenten den Vorzug zu geben:

(7.4.1)
$$B^? = \left\{ \ldots, e^{-j3\omega_0 t}, e^{-j2\omega_0 t}, e^{-j\omega_0 t}, 1, e^{j\omega_0 t}, e^{j2\omega_0 t}, e^{j3\omega_0 t}, \ldots \right\}$$

Sollten die Vektoren aus der in (7.4.1) mit $B^?$ bezeichneten Menge zueinander orthogonal sein, wäre ihre lineare Unabhängigkeit automatisch gesichert. Von Orthogonalität kann nur die Rede sein, wenn ein skalares Produkt existiert, beziehungsweise, da es sich um einen komplexen Vektorraum handeln soll, ein *Hermitesches Produkt*. So ein Produkt gibt es tatsächlich:

$$f \bullet g := \frac{1}{T} \int_{-T/2}^{+T/2} f(t) \cdot g^*(t) \, dt \qquad (7.4.2)$$

Einsteiger – möglicherweise auch Sie – empfinden derartige Produkte als Zumutung. Wie kann man so ein Integralgebilde Produkt nennen? Noch irritierender ist, wenn Sie hören, dass Sie sich ohne Weiteres selbst eine Verknüpfung ausdenken dürfen. Sobald diese die Axiome eines Hermitesches Produkts (Distributivgesetz, Assoziativgesetz, „Kommutativgesetz" und im Falle gleicher Faktoren reell und positiv definit) erfüllt, wären Sie Schöpfer eines Hermiteschen Produkts. Ob das Produkt praxistauglich ist, steht auf einem anderen Blatt. Das Produkt (7.4.2) hat sich bewährt. Ein mit einem Hermiteschen Produkt ausgepolsterter komplexer Vektorraum heißt *unitärer Raum*. Prüfen wir, ob die als Basis anvisierten Vektoren (7.4.1) orthogonal im Sinne des in (7.4.2) definierten Produkts sind:

Nur die Erfüllung der Gesetze zählt und nicht wo ein „Malpunkt" steht.

Ein reeller Vektorraum, in dem ein skalares Produkt definiert ist, heißt euklidischer Vektorraum.

$$n, m \in \mathbb{Z} : \left(e^{jn\omega_0 t}\right) \bullet \left(e^{jm\omega_0 t}\right) = \frac{1}{T} \int_{-T/2}^{T/2} e^{jn\omega_0 t} e^{-jm\omega_0 t} \, dt = \frac{1}{T} \int_{-T/2}^{T/2} e^{j(n-m)\omega_0 t} \, dt = \ldots \qquad (7.4.3)$$

Hier bewährt sich bereits die Verwendung der komplexen e-Funktion – wir können die Stammfunktion sofort notieren:

Im Reellen führt der Weg über Additionstheoreme.

$$\ldots = \frac{1}{j(n-m)\omega_0 T} e^{j(n-m)\omega_0 t} \Big|_{-\frac{T}{2}}^{+\frac{T}{2}} = \frac{1}{(n-m)\pi} \frac{e^{j(n-m)\pi} - e^{-j(n-m)\pi}}{2j} = \frac{\sin((n-m)\pi)}{(n-m)\pi} \qquad (7.4.4)$$

Im Argument des Sinus steht für $n \neq m$ immer ein ganzzahlige Vielfaches von π. Das heißt, das Hermitesche Produkt ungleicher Vektoren aus (7.4.1) ist gleich null – die Vektoren sind orthogonal. Im Falle $n = m$ entsteht ein unbestimmter Ausdruck. Behandeln wir diesen Fall in einer getrennten Rechnung:

$$n \in \mathbb{Z} : \left(e^{jn\omega_0 t}\right) \bullet \left(e^{jn\omega_0 t}\right) = \frac{1}{T} \int_{-T/2}^{T/2} e^{jn\omega_0 t} \cdot e^{-jn\omega_0 t} \, dt = \frac{1}{T} \int_{-T/2}^{T/2} dt = 1 \qquad (7.4.5)$$

Phantastisch, die Basisvektoren sind auch normiert. Der konstante Basisvektor lässt sich als $\exp(j \cdot 0 \cdot \omega t)$ auffassen und erfüllt somit auch beide Aussagen. Wir haben es als mit einer *Orthonormal-Basis* zu tun. Für das Skalarprodukt aus zwei beliebigen Basis-Vektoren aus (7.4.1) gilt somit:

$$\left(e^{jn\omega_0 t}\right) \bullet \left(e^{jm\omega_0 t}\right) = \delta_{nm} \left(= \begin{cases} 1 & \text{falls } m = n \\ 0 & \text{falls } m \neq n \end{cases} \right) \qquad (7.4.6)$$

Kronecker-δ siehe auch (2.12.18)

Damit müsste sich die periodische Funktion als Linearkombination dieser Basis darstellen lassen. Die Koeffizienten ergeben sich durch Projektion der Funktion auf die Basisvektoren:

(7.4.7)

$$f(t) = \sum_{n=-\infty}^{+\infty} c_n e^{jn\omega_0 t} \quad \Big|\cdot e^{jm\omega_0 t} \Rightarrow f(t)\bullet\left(e^{jm\omega_0 t}\right) = \sum_{n=-\infty}^{+\infty} c_n \delta_{nm} = c_m$$

Die „Punktschreibweise" könnte missverstanden werden.

Die Darstellung des Hermiteschen Produkts mithilfe des dicken Punktes erspart viel Schreiberei, aber zum Ausrechnen der Koeffizienten der Linearkombination muss man das Produkt doch ausschreiben:

(7.4.8)

$$c_m = f(t)\bullet\left(e^{jm\omega_0 t}\right) = \frac{1}{T}\int_{-T/2}^{T/2} f(t) e^{-jm\omega_0 t}\, dt$$

Beachten Sie, unser „Vektor" $f(t)$, der als Linearkombination einer komplexen Basis dargestellt wird, ist reell. Die Linearkombination kann durch paarweises Zusammenfassen der Summanden als reelle *Fourier-Reihe* dargestellt werden. Dazu ist zu beachten, wie die Koeffizienten mit positivem und negativem Index miteinander zusammenhängen:

(7.4.9)

$$c_{-m} = \frac{1}{T}\int_{-T/2}^{T/2} f(t) e^{jm\omega_0 t}\, dt = \left(\frac{1}{T}\int_{-T/2}^{T/2} f(t) e^{-jm\omega_0 t}\, dt\right)^{*} \Rightarrow \underline{\underline{c_{-m} = c_m^{*}}}$$

Das bedeutet, die Realteile beider Koeffizienten sind gleich. Die Imaginärteile unterscheiden sich nur durch das Vorzeichen.

(7.4.10)

$$f(t) = \sum_{n=-\infty}^{+\infty} c_n e^{jn\omega_0 t} = c_0 + \sum_{n=1}^{+\infty}\left(c_n e^{jn\omega_0 t} + c_{-n} e^{-jn\omega_0 t}\right) = c_0 + \sum_{n=1}^{+\infty}\left(c_n e^{jn\omega_0 t} + c_n^{*} e^{-jn\omega_0 t}\right)$$

$$= c_0 + \sum_{n=1}^{+\infty}\left[\operatorname{Re}(c_n)\left(e^{jn\omega_0 t} + e^{-jn\omega_0 t}\right) + j\cdot\operatorname{Im}(c_n)\left(e^{jn\omega_0 t} - e^{-jn\omega_0 t}\right)\right]$$

$$= c_0 + \sum_{n=1}^{+\infty}\left[2\operatorname{Re}(c_n)\cos(n\omega_0 t) - 2\operatorname{Im}(c_n)\sin(n\omega_0 t)\right]$$

Beachten Sie den Sonderfall n = 0 in (7.4.10)! Der Koeffizient c_0 muss in der Reihe „draußen vor" bleiben!

Üblicherweise werden die Amplituden mit $a_{...}$ und $b_{...}$ benannt. Damit ergibt sich schließlich die Fourier-Reihe:

(7.4.11)

$$\underline{\underline{a_n := 2\operatorname{Re}(c_n),\ b_n := -2\operatorname{Im}(c_n),\ (c_0 \in \mathbb{R} : a_0 := 2c_0, b_0 = 0)}}$$

$$f(t) = \frac{a_0}{2} + \sum_{n=1}^{+\infty}\left[a_n \cos(n\omega_0 t) + b_n \sin(n\omega_0 t)\right]$$

Um die in (7.4.11) unterstrichenen Definitionen auch für a_0 beibehalten zu können, wurde c_0 durch $a_0/2$ ersetzt.

Auch wenn dieser Abschnitt allmählich zur Quälerei ausartet, müssen Sie noch die sogenannte Spektraldarstellung der Fourier-Reihe schlucken. Die Umformungen dazu wurden bereits in Kapitel 1 angesprochen und in *Merksatz 1.7.1* zusammengefasst:

(7.4.12)

$$f(t) = \sum_{n=0}^{+\infty} A_n \sin(n\omega_0 t + \varphi_n) \text{ mit } A_n = \sqrt{a_n^2 + b_n^2} \text{ und } \varphi_n = \arctan\left(\frac{a_n}{b_n}\right) (b_n > 0)$$

Die Formel für die Berechnung der Phase gilt nur für $b_n > 0$!

In der Spektraldarstellung werden die Teilschwingungen durch Amplitude und Phase dargestellt. Wenn – wie beispielsweise in der Akustik – die Phasen nur eine

7.4 Fourier-Analyse im Komplexen

untergeordnete Bedeutung haben, hat der Anwender die wichtigen Amplituden sofort im Blickfeld.

Da unser Verfahren die Koeffizienten c_n in komplexer Form liefert, können die Fourier-Amplituden und -Phasen der Teilschwingungen ohne Umwege errechnet werden. Unter Verwendung von (7.4.11), (7.4.12) ergibt sich:

Im Komplexen formuliert es sich eleganter.

$$A_n = \sqrt{a_n^2 + b_n^2} = 2\sqrt{\left(\mathrm{Re}(c_n)\right)^2 + \left(\mathrm{Im}(c_n)\right)^2} = \underline{2|c_n|} \quad \left(= 2\sqrt{c_n c_n^*}\right) \qquad (7.4.13)$$

Sollten auch die Phasen gefragt sein, benutzt man besser die arg-Funktion, die alle Fallunterscheidungen einschließt:

Keine Fallunterscheidungen!

$$\varphi_n = \arctan\left(\frac{a_n}{b_n}\right) = \arctan\left(\frac{2\,\mathrm{Re}(c_n)}{-2\,\mathrm{Im}(c_n)}\right) \to \arg\left(c_n^*\right) \qquad (7.4.14)$$

Zum Abschluss stellt sich die Frage, wann gesichert ist, dass eine Fourier-Reihe auch wirklich gegen die Originalfunktion konvergiert. Der folgende Hauptsatz der Theorie der Fourier-Reihen (Dirichlet-Bedingungen) ist nur hinreichend.

Das heißt, Konvergenz ist möglich, auch wenn eine Bedingung nicht erfüllt ist.

Fourier-Reihe periodischer Funktionen:
Sei $f(t)$ eine periodische Funktion der Periodenlänge T. Im Periodenintervall sind endlich viele Unstetigkeitsstellen (Sprungstellen) zulässig. Dazwischen soll die Funktion stetig differenzierbar sein. Dann gilt:

a) $f(t) = \lim\limits_{n\to\infty} \sum\limits_{-n}^{+n} c_n e^{jn\omega_0 t}$ mit $c_n = \dfrac{1}{T}\int\limits_{-T/2}^{T/2} f(t) e^{-jn\omega_0 t}\, dt$ falls $f(t)$ stetig in t

b) $f(t) = \lim\limits_{n\to\infty} \dfrac{f(t_{S-}) + f(t_{S+})}{2}$ falls t_S Sprungstelle, $\begin{cases} t < t_S : f(t_{S-}) = \lim\limits_{t\to t_0} f(t) \\ t > t_S : f(t_{S+}) = \lim\limits_{t\to t_0} f(t) \end{cases}$

Die Reihe kann mithilfe der folgender Beziehungen in eine reelle Fourier-Reihe umgeschrieben werden:

$a_n = 2\,\mathrm{Re}(c_n),\ b_n = -2\,\mathrm{Im}(c_n):\ f(t) = \dfrac{a_0}{2} + \sum\limits_{n=1}^{+\infty} a_n \cos(n\omega_0 t) + b_n \sin(n\omega_0 t)$

Symmetrie-Einfluss von $\left(f(t) - \dfrac{a_0}{2}\right)$: $\begin{cases} \text{Achsen}\ldots \Rightarrow b_n = 0 \text{ bzw. } c_n \in \mathbb{R} \\ \text{Punkt}\ldots \Rightarrow a_n = 0 \text{ bzw. } c_n \in \mathbb{C}\setminus\mathbb{R} \end{cases}$

Alternativ kann die Reihe in Spektraldarstellung angegeben werden. Die Fourier-Amplituden der Teilschwingungen wurden mit A_n benannt:

$f(t) = \sum\limits_{n=0}^{+\infty} A_n \sin(n\omega_0 t + \varphi_n)$ mit $A_n = 2|c_n|$ und $\varphi_n = \arg(c_n^*)$

Merksatz 7.4.1

Sinn von (b) siehe Bild 7.4.3 (Rechteckspannung)

Sonderfall:
c_0 ist immer reell: $a_0/2 = c_0$

Als Rechenbeispiel wählen wir eine Rechteckspannung (s. nebenstehendes Oszilloskop-Bild). Anstelle der Amplitude ist hier der *Spitze-Tal-Wert* angegeben. Der Doppelindex steht für „Spitze-Spitze" (lies U-Spitze-Spitze). Aufgrund der Wahl des Nullpunktes der Zeitachse ist die Funktion ohne den konstanten Anteil punktsymmetrisch.

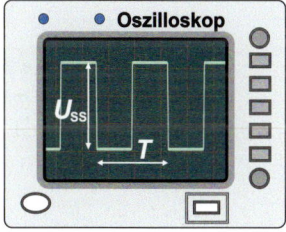

(7.4.15)
$$f(t) = \begin{cases} U_{SS} & \text{falls } t \in \left[mT, \left(m+\tfrac{1}{2}\right)T\right], \quad m \in \mathbb{Z} \\ \tfrac{1}{2}U_{SS} & \text{falls } t = mT \vee t = \left(m+\tfrac{1}{2}\right)T, \; m \in \mathbb{Z} \\ 0 & \text{sonst} \end{cases}$$

Bestimmen wir die Koeffizienten:

(7.4.16)
$$c_0 = \frac{1}{T}\int_0^{T/2} U_{SS}\,dt = \frac{U_{SS}}{2}$$

$$c_n = \frac{1}{T}\int_0^{T/2} U_{SS}\,e^{-jn\omega_0 t}\,dt = \frac{U_{SS}}{T}\frac{1}{(-jn\omega_0)}e^{-jn\omega t}\Big|_0^{T/2} = j\frac{U_{SS}}{2\pi}\frac{e^{-jn\pi}-1}{n} = \ldots$$

Die e-Funktion muss in die trigonometrische Form gebracht werden. Der Sinus aus einem ganzzahligen Vielfachen von π fällt dann heraus. Für c_n wird noch eine Fallunterscheidung notwendig:

(7.4.17)
$$\ldots = j\frac{U_{SS}}{2\pi}\frac{\cos(n\pi)-1}{n} = -j\frac{U_{SS}}{\pi}\cdot\begin{cases} \tfrac{1}{n} & \text{falls } n \text{ ungerade} \\ 0 & \text{falls } n \text{ gerade} \end{cases}$$

Die Koeffizienten (*7.4.17*) sind einheitlich imaginär. Gemäß (*7.4.11*) ergibt sich für die reellen Fourier-Koeffizienten:

(7.4.18)
$$a_0 = U_{SS}, \quad a_n = 0, \quad b_n = \frac{2U_{SS}}{\pi}\cdot\begin{cases} \tfrac{1}{n} & \text{falls } n \text{ ungerade} \\ 0 & \text{falls } n \text{ gerade} \end{cases}$$

Notieren wir zum Schluss die fertige reelle Fourier-Reihe:

(7.4.19)
$$f(t) = \frac{U_{SS}}{2} + \frac{2U_{SS}}{\pi}\left(\sin(\omega_0 t) + \tfrac{1}{3}\sin(3\omega_0 t) + \tfrac{1}{5}\sin(5\omega_0 t) + \tfrac{1}{7}\sin(7\omega_0 t) + \ldots\right)$$

Zu Merksatz 7.4.1: Sehen wir uns die ersten sieben Näherungsfunktionen der Rechteckspannung an:

Alle Näherungsfunktionen nehmen an den Sprungstellen den Mittelwert aus rechts- und linksseitigem Grenzwert an, deshalb sollte auch dort ein definierter Funktionswert vorliegen.

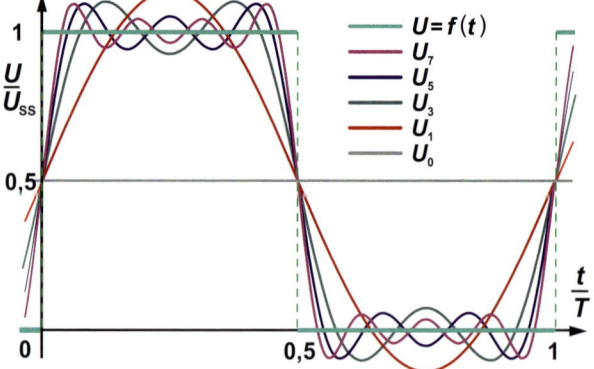

Bild 7.4.3
Rechteckspannung mit Fourier-Näherungsfunktionen

Auch wenn *Bild 7.4.3* es nahelegt: Rechtecksignale werden **nicht** durch Überlagerung von Sinusschwingungen erzeugt. Eine Rechteckspannung lässt sich mit einem schnellen elektronischen Schalter, der eine Gleichspannung periodisch ein

7.4 Fourier-Analyse im Komplexen

und ausschaltet, erzeugen. Trotzdem dürfen Sie nicht auf einen Musiker herabschauen, der darauf besteht, dass ein Klang eine Überlagerung von Grund- und Obertönen **ist**. Schickte man die Rechteckspannung durch einen Tiefpass, der nur Frequenzen bis einschließlich dem siebenfachen der Grundfrequenz durchlässt, aber alle darüberliegenden sperrt, würde sich auf dem Oszilloskop die Kurve U_7 zeigen. Falls, wie in der Akustik, nur die Amplituden von Bedeutung sind, wählt man auch eine Darstellung des Amplitudenspektrums.

Ein mechanischer Rechteckgenerator heißt Zerhacker.

Geht es um die Energiebeiträge, sollte man anstelle der Amplituden lieber deren Quadrate auftragen. Die Verbreiterung der Linien ist hier (noch) Kosmetik.

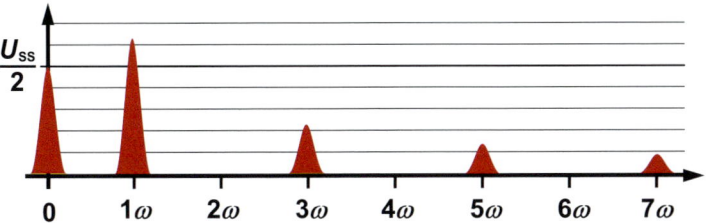

Bild 7.4.4
Amplitudenspektrum der Rechteckspannung

Auch wenn Sie die Fourier-Reihe der *Sägezahnspannung* in jeder professionellen Formelsammlung finden, stellt sie ein gutes Übungsobjekt dar:

Sägezahnaufgabe:
Sei $f(t)$ eine periodische Sägezahnspannung der Periodenlänge T.
$$f(t) = \frac{U_{SS}}{2\pi} \left\{ \left[(\omega t + \pi) \bmod 2\pi \right] - \pi \right\} \quad \left(= \frac{U_{SS}}{2\pi} \omega t \text{ für } t \in [-T/2, +T/2] \right)$$
a) Entwickeln Sie die Funktion in eine reelle Fourier-Reihe, indem Sie zunächst die komplexen Fourier-Koeffizienten berechnen!
a) Ermitteln Sie das Amplitudenspektrum!

Aufgabe 7.4.1

Lösungsvorschlag:

$$c_m = f(t) \cdot \left(e^{jm\omega_0 t} \right) = \frac{U_{SS}}{2\pi T} \int_{-T/2}^{T/2} \omega_0 t \, e^{-jm\omega_0 t} \, dt \underset{\substack{\text{Subst.}\\x=\omega_0 t}}{=} \frac{U_{SS}}{4\pi^2} \underbrace{\int_{-\pi}^{\pi} x e^{-jmx} \, dx}_{\text{s. Nebenrechnung}} = \ldots$$

N.R.: $\begin{cases} u = x & u' = 1 \\ v' = e^{-jmx} & v = \dfrac{1}{-jm} e^{-jmx} \end{cases}$ $\ldots = x \dfrac{1}{-jm} e^{-jmx} \Big|_{-\pi}^{\pi} - \dfrac{j}{m} \int_{-\pi}^{\pi} e^{-jmx} \, dx$

$= \dfrac{1}{-jm} \left(\pi e^{-jm\pi} - (-\pi) e^{jm\pi} \right) = \dfrac{2\pi}{-jm} \cos(m\pi) = j\dfrac{2\pi}{m} \cdot (-1)^m$

$c_0 = 0, \quad c_m = j\dfrac{U_{SS}}{2\pi} \dfrac{(-1)^m}{m}, \quad a_m = 0, \quad b_m = -2\,\text{Im}(c_m) = \dfrac{U_{SS}}{\pi} \dfrac{(-1)^{m+1}}{m}$

$f(t) = \dfrac{U_{SS}}{\pi} \left(\sin(\omega_0 t) - \tfrac{1}{2}\sin(2\omega_0 t) + \tfrac{1}{3}\sin(3\omega_0 t) - \tfrac{1}{4}\sin(4\omega_0 t) +/-\ldots \right)$

Zu b) Amplitudenspektrum: $A_0 = 0, \quad A_n = 2\sqrt{c_m c_m^*} = \dfrac{U_{SS}}{\pi} \dfrac{1}{m}$

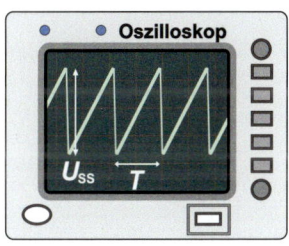

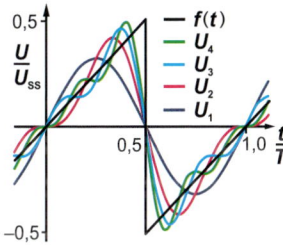

Bild 7.4.5
Fourier-Näherungsfunktionen der Sägezahnspannung

7.5 Fourier-Integral und Fourier-Transformation

An den Haaren herbeigezogen: die komplette Spanne der reellen Zahlen als „Periodenlänge" einer nichtperiodischen Funktion

Im *Abschnitt 7.3* hatten wir gesehen, dass sich eine Wellengruppe nicht mithilfe von endlich vielen ebenen Wellen darstellen lässt. Erst die Überlagerung von unendlich vielen mittels Integral ergab ein einzelnes Wellenpaket. Da auch die Signale am Koaxkabel einer Antenne zeitlich begrenzt sind und bestenfalls in kleinen Zeitintervallen näherungsweise eine Periodizität zeigen, liegt es nahe, das Fourier-Konzept auf nicht periodische Funktionen zu erweitern. Vielleicht akzeptieren Sie die folgende Plausibilitätsbetrachtung, die zum Ziel hat, die Größe T in (7.5.1) gegen unendlich streben zu lassen.

(7.5.1)
$$\left.\begin{array}{l} f(t) = \sum_{n=-\infty}^{\infty} c_n e^{jn\omega_0 t} \\ c_n = \frac{1}{T} \int_{-T/2}^{T/2} f(\tau) e^{-jn\omega_0 \tau} d\tau \end{array}\right\} \quad f(t) = \sum_{n=-\infty}^{\infty} \frac{1}{T} \left(\int_{-T/2}^{T/2} f(\tau) e^{-jn\omega_0 \tau} d\tau \right) e^{jn\omega_0 t}$$

„Aus zwei mach eins": Das Einsetzen des Integrals in die Summe liefert eine einzige Gleichung. Dazu musste in dem Integral die Zeit in τ umbenannt werden. Weiterhin wurde die Grundfrequenz ω_0 genannt – der Grund wird gleich einsichtig. Jetzt können wir die Größe T gegen unendlich streben lassen:

(7.5.2)
$$\Delta\omega := \omega_0 = \frac{2\pi}{T}, \quad \omega := n\omega_0 : \quad f(t) = \lim_{\Delta\omega \to 0} \frac{1}{2\pi} \sum_{\omega=-\infty}^{\infty} \underbrace{\left(\int_{-T/2}^{T/2} f(\tau) e^{j\omega(t-\tau)} d\tau \right)}_{:=\Phi(\omega)} \cdot \Delta\omega$$

In diesem Schritt ist noch einmal ein Umbenennungstrick angewendet worden: Die Schrittweite bei den Frequenzen ist immer gleich ω_0. Schrittweiten benennt man gerne mit $\Delta\ldots$ und T gegen unendlich ist gleichbedeutend mit $\Delta\omega$ gegen null. Für die Vielfachen der Grundfrequenzen schreiben wir nur noch ω (ohne Index). Durch diese Serie trickreicher Umbenennungen wird der Grenzwert einer Summe sichtbar – und das ist ein Integral:

(7.5.3)
$$\lim_{\Delta\omega \to 0} \frac{1}{2\pi} \sum_{\omega=-\infty}^{\infty} \Phi(\omega) \cdot \Delta\omega = \frac{1}{2\pi} \int_{-\infty}^{\infty} \Phi(\omega) d\omega = \frac{1}{2\pi} \int_{-\infty}^{\infty} \int_{-\infty}^{\infty} f(\tau) e^{j\omega(t-\tau)} d\tau \, d\omega$$

Die e-Funktion lässt sich in Faktoren zerlegen und es ergibt sich:

(7.5.4)

(II) *gemäß DIN 5487*

$$f(t) = \frac{1}{2\pi} \int_{-\infty}^{\infty} \left(\int_{-\infty}^{\infty} f(\tau) e^{-j\omega\tau} d\tau \right) e^{j\omega t} d\omega \quad \to \quad F(\omega) := \begin{cases} \text{I)} \quad \frac{1}{2\pi} \int_{-\infty}^{\infty} f(\tau) e^{-j\omega\tau} d\tau \\ \text{II)} \quad \int_{-\infty}^{\infty} f(\tau) e^{-j\omega\tau} d\tau \end{cases}$$

Das innere Integral in (7.5.4) wurde in eine „kosmetische" Klammer gesetzt. Ein Vergleich mit (7.5.1) zeigt, dass dieses innere Integral das Pendant zu den Fourier-

7.5 Fourier-Integral und Fourier-Transformation

Koeffizienten sein könnte. Leider stellt sich ein Ärgernis in den Weg: Vor dem Doppelintegral lauert noch ein Faktor $1/(2\pi)$, der untergebracht werden muss. Entweder bekommt das innere Integral den Zuschlag (Variante I), oder der Faktor bleibt vor dem äußeren Integral (Variante II). Variante (I) bleibt zwar im Einklang mit der Fourier-Reihe (s. (7.5.1)) und passt zu den Überlegungen im *Abschnitt 7.3*. Es ist aber die zweite Variante, die in DIN 5487 vorgeschlagen wird – wir müssen mit den Wölfen heulen. Sie müssen bei Übertragungen in die Praxis kritisch sein: Es kann vorkommen, dass sich ein „2π-Fehler" eingeschlichen hat. Im Folgenden gilt nach DIN 5487 (die Zeit darf jetzt wieder „t" heißen):

In (7.3.5) sagten wir Spektralfunktionen dazu.

Beachten Sie, der Wertebereich von F sind die komplexen Zahlen!

$$f(t) = \frac{1}{2\pi} \int_{-\infty}^{\infty} F(\omega) e^{j\omega t} d\omega \quad \text{mit} \quad F(\omega) := \int_{-\infty}^{\infty} f(t) e^{-j\omega t} dt \qquad (7.5.5)$$

Die mutierten Fourier-Koeffizienten heißen jetzt Spektralfunktionen und werden nicht mehr mit „c_n", sondern mit $F(\omega)$ benannt. Man kann die Ermittlung dieser Spektralfunktionen auch als Abbildung betrachten. Die wird dann *Fourier-Transformation* genannt und man schreibt:

$$\mathcal{F} : \mathbb{O} \to \mathbb{B}, \; f(t) \mapsto F(\omega) \quad \text{mit} \quad F(\omega) = \mathcal{F}\{f(t)\} := \int_{-\infty}^{\infty} f(t) e^{-j\omega t} dt \qquad (7.5.6)$$

Bei Größen:
$\mathcal{F}\{u(t)\} = \check{u}(\omega)$
Lies: „u-Hatschek"
oder: „u-Häkchen"

Definitionsbereich der hier mit $\mathcal{F}$ benannten Abbildung ist die Menge $\mathbb{O}$, deren Elemente aus einstelligen Funktionen (auch Originalfunktionen, Oberfunktionen) bestehen. Für diese Menge sagt man *Originalbereich* oder *Zeitbereich*. Die Bedingungen, die Funktionen des Originalbereichs zu erfüllen haben, ähneln denen in *Merksatz 7.4.1* (das „Periodenintervall" hat sich aber auf alle reellen Zahlen ausgedehnt). Zusätzlich muss die Funktion beschränkt sein:

$$f : \mathbb{R} \to \mathbb{R}, \; t \mapsto f(t), \; \int_{-\infty}^{+\infty} |f(t)| dt < \infty \; \text{und} \; \begin{cases} \text{endlich viele Sprungstellen} \\ \text{dazwischen stetig differenzierbar} \end{cases} \qquad (7.5.7)$$

Die Bildmenge $\mathbb{B}$ (*Bildbereich*, Frequenzbereich) besteht aus einstelligen **komplexwertigen** Funktionen, den *Unterfunktionen* (auch Spektralfunktionen, Fourier-Transformierten oder schlicht *Bildfunktionen*):

$$F : \mathbb{R} \to \mathbb{C}, \; \omega \mapsto F(\omega) \qquad (7.5.8)$$

Die Fourier-Transformation ist, wie in (7.5.5) ersichtlich, umkehrbar und man nennt die Ermittlung von $f(t)$ mittels Fourier-Integral *inverse Fourier-Transformation*:

$$\mathcal{F}^{-1} : \mathbb{B} \to \mathbb{O}, \; F(\omega) \mapsto f(t) \quad \text{mit} \quad f(t) = \mathcal{F}^{-1}\{F(\omega)\} := \frac{1}{2\pi} \int_{-\infty}^{\infty} F(\omega) e^{j\omega \tau} d\omega \qquad (7.5.9)$$

Beachten Sie bitte den Faktor $1/(2\pi)$ vor dem Integral! Anders als bei der Fourier-Reihe sind die Amplituden auf ein Frequenzintervall bezogen. Neben der Bildfunktion hat auch deren Betragsquadrat eine Bedeutung. Mit dem Betrag der komplexen Werte geht zwar die Information über die Phase verloren, aber dafür ist dieser Wert proportional zur spektralen Energiedichte. Eine wichtige (komfortable) Regel ergibt sich sofort aus der Definition der Fourier-Transformation durch Integrale. Da es sich bei Integrationen um lineare Operationen handelt, überträgt sich das auf die Fourier-Transformation und deren Inverse:

$$a,b \in \mathbb{C}: \mathcal{F}\{a \cdot f(t) + b \cdot g(t)\} = a \cdot \mathcal{F}\{f(t)\} + b \cdot \mathcal{F}\{g(t)\}$$
$$\mathcal{F}^{-1}\{a \cdot F(\omega) + b \cdot G(\omega)\} = a \cdot \mathcal{F}^{-1}\{F(\omega)\} + b \cdot \mathcal{F}^{-1}\{G(\omega)\}$$

(7.5.10)

Summanden können daher einzeln transformiert werden und konstante Faktoren können wie bei der Integration herausgezogen werden.

Leider ist das „Ärger-Potenzial" im Zusammenhang mit den Fourier-Transformationen nicht nur wegen des $1/(2\pi)$-Faktors hoch. Hinzu kommen die unterschiedlichen Begriffe und Schreibweisen in der Lehrbuch- und Fachliteratur. Bitte beachten Sie dazu den folgenden Merksatz:

Merksatz 7.5.1

Alternatives Formelzeichen für Frequenzen in Hz: f

> **Merke:**
> 1. Eine in x-Richtung laufende Welle ist zu einem festen Zeitpunkt längs der x-Achse periodisch. Geht es um deren Analyse, ersetzt man Produkte $\omega \cdot t$ durch $k \cdot x$ und die Periode T durch die Wellenlänge λ. Dabei steht k für die Kreiswellenzahl.
> 2. Kreisfrequenz und Kreiswellenzahl sind zwar etwas abstrakter als Frequenz (in s^{-1}) oder Wellenlänge, aber Sie ersparen sich ein Wirrwarr von 2π-Faktoren. Dafür sind folgende Umrechnungen zu schlucken:
>
> Kreisfrequenz: $\omega = \dfrac{2\pi}{T} \left(\text{in } \dfrac{\text{rad}}{\text{s}}\right)$, Frequenz: $\nu = \dfrac{1}{T} \left(\text{in } \dfrac{1}{\text{s}} \text{ bzw. Hz}\right)$
>
> Kreiswellenzahl: $k = \dfrac{2\pi}{\lambda} \left(\text{in } \dfrac{\text{rad}}{\text{m}}\right)$, Wellenzahl: $\lambda^{-1} \left(\text{in } \dfrac{1}{\text{m}}\right)$
>
> Perioden-„Längen": Zeit: T, Wellenlänge: λ

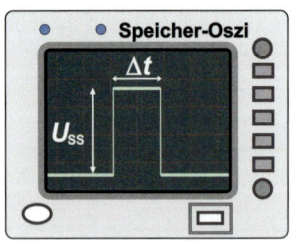

(7.5.11)

Standardbeispiel ist ein Rechteckimpuls – sozusagen das *Morsezeichen* E (einmal kurz) oder das Zeichen für T (dreimal so lang wie das E). Sobald die Freiheit besteht, einen Nullpunkt auf der Zeitachse frei wählen zu dürfen, sollte man diese Freiheit unbedingt ausnutzen. In unserem Beispiel ist es sicher günstig, den Nullpunkt in die Mitte des Rechteckimpulses zu legen. Der Lohn: Eine freundliche Achsensymmetrie wird die Rechnung vereinfachen.

$$f(t) = \begin{cases} U_{SS} & \text{falls} \quad t \in \left(-\tfrac{\Delta t}{2}, +\tfrac{\Delta t}{2}\right) \\ \tfrac{1}{2} U_{SS} & \text{falls} \quad t = -\tfrac{\Delta t}{2} \lor t = +\tfrac{\Delta t}{2} \\ 0 & \text{sonst} \end{cases}$$

Wir berechnen die Spektralfunktion bzw. die Fourier-Bildfunktion gemäß (*7.5.6*). Da der Integrand hier nur im Zeitintervall Δt von null verschieden ist, schrumpft der unendliche Integrationsbereich zu dem endlichen Δt-Intervall.

7.5 Fourier-Integral und Fourier-Transformation

$$F(\omega) = \int_{-\infty}^{+\infty} f(t) e^{-j\omega t} dt = U_{SS} \int_{-\Delta t/2}^{+\Delta t/2} e^{-j\omega t} dt = U_{SS} \frac{1}{(-j\omega)} e^{-j\omega t} \Big|_{-\Delta t/2}^{+\Delta t/2}$$

$$= \frac{2U_{SS}}{\omega} \frac{e^{j\omega \Delta t/2} - e^{-j\omega \Delta t/2}}{2j} = \underline{\underline{2U_{SS} \frac{\sin(\omega \frac{\Delta t}{2})}{\omega}}}$$

(7.5.12)

Im nebenstehenden Bild ist das Betragsquadrat der Spektralfunktion für eine Impulsbreite von $\Delta t = 200$ ms dargestellt. Damit wird die Verteilung der spektralen Energiedichten wiedergegeben.

Wenn Sie scherzhaft – so wie in *Abschnitt 7.4* gezeigt – eine Fourier-Analyse einer „reinen" Sinusfunktion mit der Grundfrequenz ω_0 durchführen, wären Sie sicherlich nicht erstaunt, wenn nur zwei komplexe Fourier-Koeffizienten von null verschieden sind: $c_1 = +1/(2j)$ und $c_{-1} = +1/(2j)$. Im Reellen ist mit $b_1 = 1$ nur dieser Koeffizient ungleich null. Für die komplexe e-Funktion $\exp(j\omega_0 t)$ wäre der Koeffizienten c_1 gleich eins – alle andere wären gleich null. Aber was wäre die Fourier-Transformierte von $\exp(j\omega_0 t)$? Für die Differenz der Kreisfrequenzen schreiben wir platzsparend $\Delta\omega$.

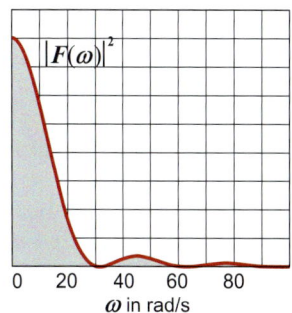

Bild 7.5.1
Spektralfunktion eines Rechteckimpulses

$$\mathcal{F}\{e^{j\omega_0 t}\} = \int_{-\infty}^{+\infty} e^{j\omega_0 t} e^{-j\omega t} dt = \lim_{T\to\infty} \int_{-T/2}^{+T/2} e^{j(\omega_0-\omega)t} dt = \lim_{T\to\infty} \frac{2\sin(\frac{T}{2}\Delta\omega)}{\Delta\omega} := 2\pi\delta(\Delta\omega)$$

(7.5.13)

Die „Bildfunktion" ist mehr als befremdlich. Sie hat offensichtlich für jedes endliche $T (\neq 0)$ ein Maximum bei ω_0 bzw. bei $\Delta\omega = 0$ mit dem Wert T und der strebt gegen unendlich. So etwas ist ein Fall für Excel: Im folgenden Bild sind zwei Folgeglieder von (7.5.13) dargestellt. Die einhüllenden Hyperbeläste sind gestrichelt eingetragen.

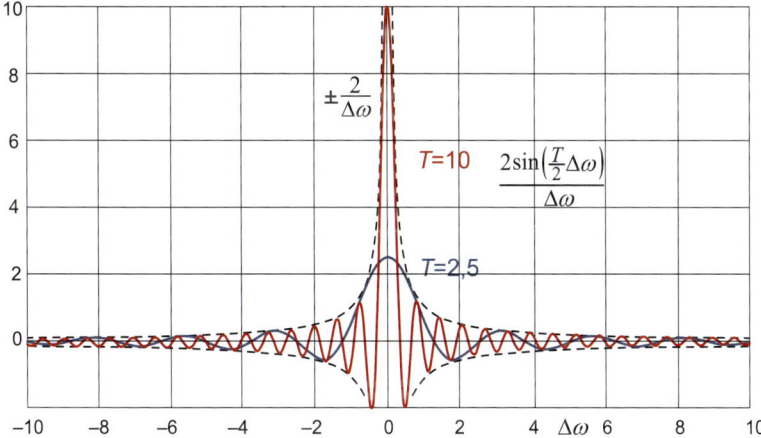

Kennen Sie schon „Sinc"?

$$\mathrm{sinc}(x) := \frac{\sin(\pi x)}{\pi x}$$

Bild 7.5.2
Die „sinc"-Funktion mutiert zu einer „Riesennadel".

Da mit wachsendem T einerseits die Oszillationen immer schmaler werden, schnürt sich der Fuß der Polstelle zusammen. Andererseits wird der Maximalwert immer höher und es entsteht eine superschmale „Riesen-Nadel". Diese sonderbare „Funktion" scheint, vom Faktor 2π einmal abgesehen, die Fourier-Transformierte von exp($j\omega_0 t$) zu sein. Mit zwei Umbenennungen erhalten wir eine Definition dieser „Funktion":

(7.5.14)

$$\text{Umbenennen } T \to \frac{\pi}{\varepsilon}, \Delta\omega \to x: \quad \delta(x) := \lim_{\varepsilon \to 0} \frac{\sin(\pi x/\varepsilon)}{\pi x} \quad \text{bzw.} \quad \lim_{\varepsilon \to 0} \text{sinc}\left(\frac{x}{\varepsilon}\right)$$

Leider viele Namen, erfinden Sie selbst einen dazu!

Sie heißt, obwohl es sich gar nicht um eine eindeutige Zuordnung handelt (trotzdem) Diracsche δ-Funktion (auch *Delta-Distribution, Dirac-Funktion, Impuls, Impulsfunktion, Stoßfunktion*).

Sie möchten die δ-Funktion nicht mit „sinc" definieren? Kein Problem – es gibt auch alternative Definitionen.

Das (uneigentliche) Integral der Funktion sin(ax)/x von minus bis plus unendlich findet sich in der Formelsammlung und ist für alle positiven Parameter – wie immer sie heißen mögen – immer gleich π. Nun passiert etwas Sonderbares: Der δ-Funktion, die eigentlich keine ist, kann man ein Integral zuordnen:

(7.5.15)

$$\Delta\omega := x: \quad \lim_{T \to \infty} \int_{-\infty}^{+\infty} \frac{\sin\left(\frac{T}{2}x\right)}{\pi x} dx = 1 \quad \to \quad \int_{-\infty}^{+\infty} \delta(x) dx = 1$$

Eine gnadenlose „Funktion"

Tatsächlich ist diese Integralgleichung eine notwendige Bedingung, die eine δ-Funktion zu erfüllen hat. Wenn die δ-Funktion mit irgendeiner beliebig oft differenzierbaren Funktion multipliziert wird, dann passiert noch etwas Sonderbares. Die δ-Funktion unterdrückt gnadenlos sämtliche Funktionswerte außer dem an der Stelle null und für das Integral gilt:

(7.5.16)

$$\int_{-\infty}^{+\infty} g(x) \cdot \delta(x) dx = g(0) \quad \text{bzw.} \quad \int_{-\infty}^{+\infty} g(x) \cdot \delta(x-a) d\omega = g(a)$$

$$\text{speziell: } \mathcal{F}^{-1}\{2\pi\delta(\omega_0 - \omega)\} = \frac{1}{2\pi} \int_{-\infty}^{+\infty} 2\pi\delta(\omega_0 - \omega) e^{j\omega t} \cdot d\omega = \underline{\underline{e^{j\omega_0 t}}}$$

Erst die Erfüllung der ersten Zeile von (7.5.16) erhebt eine „Funktion" – wie immer sie definiert sein mag – zur δ-Funktion. Diese phantastische Eigenschaft zeigt, dass man mit der δ-Funktion tatsächlich die Fourier-Transformierte der komplexen e-Funktion gefunden hat. Das muss unbedingt noch einmal herausgestellt werden:

(7.5.17)

$$\mathcal{F}\{\exp(j\omega_0 t)\} = 2\pi \cdot \delta(\omega_0 - \omega) \quad \text{bzw. wegen Achsensymmetrie} \quad 2\pi \cdot \delta(\omega - \omega_0)$$

Die δ-Funktion erlaubt auch eine Fourier-Reihe mit ihren diskreten Frequenzen in eine Fourier-Transformierte umzuschreiben. Es handelt sich dann um einen Kamm aus δ-Funktionen (*Deltakamm*):

(7.5.18)

$$\mathcal{F}\{f(t)\} = \mathcal{F}\left\{\sum_{n=-\infty}^{+\infty} c_n e^{jn\omega_0 t}\right\} = \sum_{n=-\infty}^{+\infty} c_n \mathcal{F}\{e^{jn\omega_0}\} = \sum_{n=-\infty}^{+\infty} c_n \delta(\omega - n\omega_0)$$

In (7.5.18) wurde die Linearität der Fourier-Transformation ausgenutzt.

Bisher wurde in diesem Abschnitt mit keinem Wort erwähnt, wozu Fourier-Transformationen nützlich sind. Mit gutem Grund: Die Fourier-Transformation ist für

Naturwissenschaft und Technik ein Universalwerkzeug und exemplarische Beispiele könnten zu falschen Schlüssen verleiten. In der Praxis verfährt man mit den Transformationen so wie mit dem Integrieren: Man benutzt die Tabellen professioneller Formelsammlungen. Wenn in einer Integraltabelle die passende Funktion nicht aufgeführt ist, passt man sie mithilfe der Integrationsregeln (Linearität, partielle Integration, Substitution) an eine in der Sammlung angegebene Funktion an. Tabellen mit Originalfunktionen und deren Fourier-Transformierten firmieren unter *Korrespondenztabellen*. Das Regelwerk mit dem Sie unter Umständen Ihre Funktion an die aufgeführten Funktionen anpassen können, finden Sie ebenfalls in einschlägigen Sammlungen.

Kein Arbeitsort für Fourier-Transformationen!

Leider lässt sich eine Fourier-Transformierte im Allgemeinen schlecht erraten. Vielleicht liefert eine Sinusschwingung, die mit einem Nulldurchgang beginnt und nach mehreren Halbperioden an einem Nulldurchgang ausgeschaltet wird, ein nachvollziehbares Beispiel. Um den Rechenaufwand zu minimieren, wählen wir den achsensymmetrischen Kosinus:

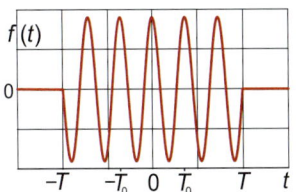

$$f(t) = \begin{cases} \hat{y}\cos(\omega_0 t) & \text{falls } t \in [-T, +T] \\ 0 & \text{sonst} \end{cases}$$

(7.5.19)

Die Transformation ist – wie es so schön heißt – elementar lösbar:

$$\mathcal{F}\{f(t)\} = \int_{-T}^{T} \cos(\omega_0 t) e^{-j\omega t} d\omega = \frac{1}{2}\int_{-T}^{T}\left(e^{j\omega_0 t} + e^{-j\omega_0 t}\right)e^{-j\omega t} d\omega = \ldots$$

(7.5.20)

Da die Originalfunktion nur im Zeitintervall $[-T, +T]$ von Null verschieden ist, können die Grenzen auf das Intervall zusammengezogen werden. Die freundlichen e-Funktionen versprechen auch weiterhin relativ geringen Aufwand:

$$\frac{1}{2}\int_{-T}^{T}\left(e^{j(\omega_0-\omega)t} + e^{-j(\omega_0+\omega)t}\right)d\omega = \left(\frac{1}{2j(\omega_0-\omega)}e^{j(\omega_0-\omega)t} - \frac{1}{2j(\omega_0+\omega)}e^{-j(\omega_0+\omega)t}\right)\Bigg|_{-T}^{+T}$$

$$\ldots = \frac{1}{2j(\omega_0-\omega)}\left(e^{j(\omega_0-\omega)T} - e^{-j(\omega_0-\omega)T}\right) + \frac{1}{2j(\omega_0+\omega)}\left(e^{j(\omega_0+\omega)T} - e^{-j(\omega_0+\omega)T}\right)$$

$$\ldots = \frac{\sin((\omega_0-\omega)T)}{\omega_0-\omega} + \frac{\sin((\omega_0+\omega)T)}{\omega_0+\omega}$$

(7.5.21)

Die beiden absoluten Maxima der Spektralfunktion liegen bei ω_0 und, weil die Linearkombination des Kosinus auch einen Summanden mit negativem Partner erfordert, auch bei $-\omega_0$. Da die Betragsquadrate die spektrale Energiedichte wiedergeben, lohnt es sich nur diese zu betrachten. Die begrenzte Einschaltdauer zerstört die Periodizität und verursacht dadurch eine Verbreiterung der „Spektrallinie". Das nebenstehende Bild zeigt den positiven Teil der Spektralfunktion für $\omega_0 = 20$ rad/s ($T_0 = \pi/10$ s) und einer Einschaltdauer von $5{,}5\ T_0$.

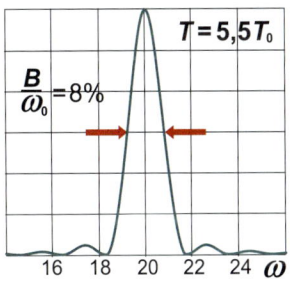

Bild 7.5.3
Spektralfunktion einer harmonischen Schwingung mit begrenzter Einschaltdauer

Die Bedeutung des Werkzeugs „Fourier-Transformation" lässt sich erahnen, wenn man sieht, wie einfach sich Ableitungen und unbestimmte Integrale Transformieren lassen:

(7.5.22)

N.R. partielle Integration: $u := e^{-j\omega t}$, $v' = f'(t)$, $u' = -j\omega e^{-j\omega t}$, $v = f(t)$

$$\mathcal{F}\{f'(t)\} = \int_{-\infty}^{+\infty} f'(t)e^{-j\omega t}d\omega = f(t)e^{-j\omega t}\Big|_{-\infty}^{+\infty} + j\omega \int_{-\infty}^{+\infty} f(t)e^{-j\omega t}d\omega = \underline{j\omega \mathcal{F}\{f(t)\}}$$

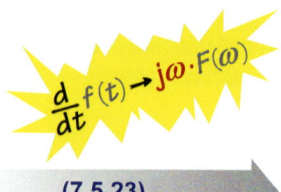

Wegen der Beschränktheitsforderung in (7.5.7) verschwindet der erste Summand, der aufgrund der partiellen Integration produziert wird. Der zweite Summand ist gleich dem Produkt aus dem Faktor $j\omega$ und der Bildfunktion. Das setzt sich für höhere Ableitungen fort und es gilt:

(7.5.23)

$$\mathcal{F}\{f^{(n)}(t)\} = (j\omega)^n \mathcal{F}\{f(t)\}$$

Einfacher geht es nicht. Schauen wir nach, was sich ergibt, wenn wir die Stammfunktion $\phi(t)$ der Originalfunktion $f(t)$ verarbeiten. Für die Stammfunktion sollen ebenfalls die Bedingungen (7.5.7) gelten.

(7.5.24)

$$\phi(t) = \int f(t)dt, \quad \phi'(t) = f(t)$$

Bei der partiellen Integration muss jetzt eine umgekehrte Zuordnung vorgenommen werden. Die entscheidende Stelle in der Nebenrechnung wurde einmal unterstrichen.

(7.5.25)

N.R.: $u := \phi(t)$, $v' = e^{-j\omega t}$, $\underline{u' = \phi'(t) = f(t)}$, $v = (-j\omega)^{-1} e^{-j\omega t}$

$$\mathcal{F}\{\phi(t)\} = \int_{-\infty}^{+\infty} \phi(t)e^{-j\omega t}d\omega = \phi(t)(-j\omega)^{-1} e^{-j\omega t}\Big|_{-\infty}^{+\infty} - \frac{1}{-j\omega}\int_{-\infty}^{+\infty} f(t)e^{-j\omega t}d\omega$$

Wieder ergibt sich eine supereinfache Regel:

(7.5.26)

$$\mathcal{F}\left\{\left(\int f(t)dt\right)\right\} = \frac{1}{j\omega}\mathcal{F}\{f(t)\}$$

Die Konsequenz dieser beiden Regeln ist schier unglaublich. Man kann Differenzialgleichungen und Integralgleichungen durch Fourier-Transformationen in algebraische Gleichungen überführen. Summanden und konstante Faktoren sind wegen der Linearität (7.5.10) kein Problem. Es bietet sich beispielsweise an, die kompletten Maxwellgleichungen zu transformieren. Das Gleichungssystem hätte im Bildraum nur noch Ortsvariable. Wir wollen hier bescheidener sein, es wird auch an wesentlich einfacheren Beispielen sichtbar, was sich mit der Fourier-Transformation erreichen lässt.

Wir hatten bereits anhand des in *Bild 6.9.1* dargestellten Versuchs, das Phänomen Induktion und Selbstinduktion klar gemacht und mithilfe der Integralform der zweiten Maxwellschen Gleichung eine handlichen Beziehung zwischen induzierter Spannung und dem felderzeugenden Strom hergeleitet (*vgl.* (6.9.10)):

(7.5.27)

$$u_{ind} = L \frac{d}{dt} i(t)$$

7.5 Fourier-Integral und Fourier-Transformation

Die Selbstinduktion bewirkt nun, dass sich das System Spule-Eisenkern einer äußeren angelegten Spannung mit der gleich großen induzierten Gegenspannung widersetzt.

$$u_{ind} = u(t): \quad L\frac{d}{dt}i(t) = u(t) \tag{7.5.28}$$

Es ergibt sich eine gewöhnliche inhomogene Differenzialgleichung erster Ordnung. Sofern die Induktivität konstant anzusehen ist (keine Selbstverständlichkeit), ist die Gleichung linear. Anstelle der kompletten Maxwellgleichungen transformieren wir nur diesen daraus hergeleiteten Spezialfall:

$$\mathcal{F}\left\{L\frac{d}{dt}i(t) = u(t)\right\} \rightarrow j\omega L\breve{i}(\omega) = \breve{u}(\omega) \big| : \breve{i} \Rightarrow \underline{Z_L(\omega) = j\omega L} \tag{7.5.29}$$

Es ergibt sich ein Phänomen: Die Spannung eilt dem Strom um 90° voraus – bzw. der Strom hinkt hinter der Spannung um 90° hinterher. Aus der transformierten Gleichung ergibt sich der komplexe induktive Widerstand des Systems.

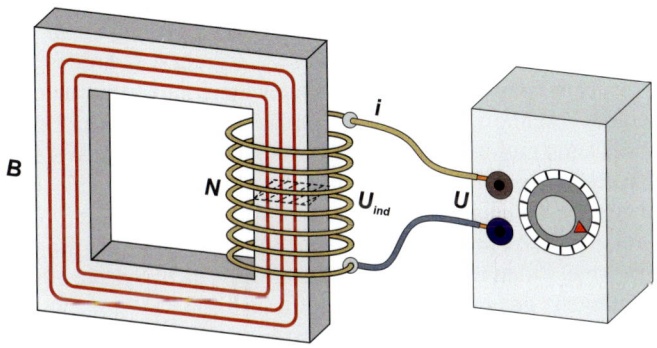

Bild 7.5.4
Induktiver Widerstand angeschlossen an einen Frequenzgenerator

Eine vergleichbare Überraschung birgt das folgende System:

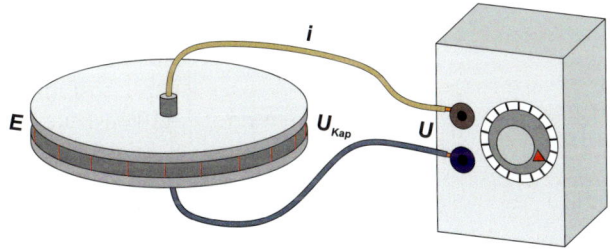

Bild 7.5.5
Desgleichen mit einem kapazitiven Widerstand

Gemäß Maxwell I verursachen die entgegengesetzt geladenen Platten ein elektrisches Feld und für die Spannung gilt zusammengefasst gemäß (6.2.16):

$$U_{kap} = \frac{1}{C}Q \tag{7.5.30}$$

Legt man an das System, so wie im Bild dargestellt, eine äußere (zeitabhängige) Spannung an, stellt sich die Kondensatorspannung diesem Zwang entgegen. Nimmt man auch noch die Kontinuitätsgleichung in der Form (6.2.17), die nicht nur für „Gravitationsladungen" (Massen), sondern auch für elektrische Ladungen gilt, dazu, ergibt sich wie oben eine Gleichung, die den Zusammenhang zwischen dem Strom und der äußeren Spannung beschreibt:

(7.5.31)
$$u_{kap} = u(t): \frac{1}{C}Q(t) = u(t) \Leftrightarrow \frac{1}{C}\int i\,dt = u(t) \text{ wegen } \left(i = \dot{Q} \Rightarrow Q = \int i\,dt\right)$$

Die Integralgleichung könnte man natürlich durch einmaliges Differenzieren in eine Differenzialgleichung überführen – wir „wollen" aber in den Bildraum und das geht auch mit unbestimmten Integralen:

(7.5.32)
$$\mathcal{F}\left\{\frac{1}{C}\int i\,dt = u(t)\right\} \rightarrow \frac{1}{j\omega C}\breve{i}(\omega) = \breve{u}(\omega)\,|\,:\breve{i} \Rightarrow \underline{Z_C = \frac{1}{j\omega C}}$$

Ein ungeladener Kondensator hoher Kapazität wirkt kurzzeitig wie ein Kurzschluss.

Auch für Kapazitäten gibt es einen komplexen Widerstand. Vielleicht kommen Ihnen Zweifel: Wieso fließt ein Strom, wenn doch die Platten voneinander isoliert sind. Es sind sozusagen Ladeströme. Sobald sich die äußere Spannung ändert, wird der Kondensator umgeladen und das erfordert bewegte Ladungen also Ströme. Das erklärt auch das Phänomen, dass hier der Strom der Spannung um 90° vorauseilt.

Eine beruhigende Information: Nichts geht verloren.

Da durch die Transformation der Maxwellgleichung keine Information verloren geht, gelten die Kirchhoffschen Gesetze für Stromkreise auch im Bildraum. Das bedeutet, man kann mithilfe dieser Gesetze und den komplexen Widerständen im Bildraum Wechselstromkreise, ohne Differenzialgleichungen aufstellen zu müssen, berechnen. Da die komplexen Widerstände Phasendifferenzen zwischen Strom und Spannung berücksichtigen, erhält man Informationen über die Phase gratis dazu. Als Beispiel füllen wir eine „Black-Box" mit einem System aus Widerständen und Leitungen und ermitteln, die fouriertransformierte Ausgangsspannung in Abhängigkeit von der fouriertransformierten Eingangsspannung.

Black-Box-Betrachtungsweise: Von Interesse sind nur Eingabe und Ausgabe des Systems. Der genaue Mechanismus im Inneren spielt eine Nebenrolle.

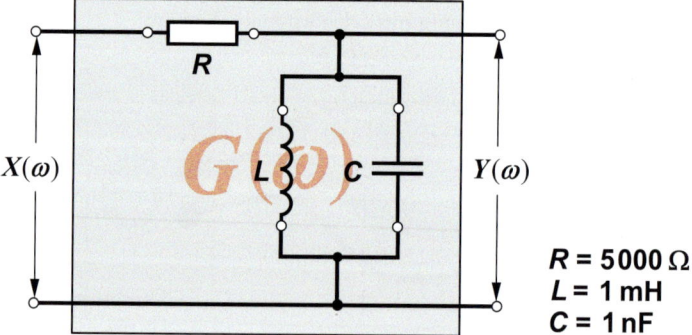

Bild 7.5.6
Black-Box mit Eingang und Ausgang

$R = 5000\,\Omega$
$L = 1\,\text{mH}$
$C = 1\,\text{nF}$

Berechnen wir zunächst den Gesamtwiderstand der Innereien:

(7.5.33)
$$\frac{1}{Z_{LC}} = \frac{1}{Z_L} + \frac{1}{Z_C},\; Z_{ges} = R + Z_{LC} = R + \frac{1}{\frac{1}{Z_L} + \frac{1}{Z_C}} = R + \frac{1}{\frac{1}{j\omega L} + j\omega C}$$

Für den Gesamtstrom und den Spannungsabfall über der Parallelschaltung aus Induktivität und Kapazität gilt dann:

7.5 Fourier-Integral und Fourier-Transformation

$$\check{I} = \frac{X}{Z_{ges}}, \quad Y = Z_{LC}\check{I} = \frac{Z_{LC}}{R + Z_{LC}} X = \frac{1}{R/Z_{LC} + 1} X \qquad (7.5.34)$$

Der zweite Summand in (7.5.33) ist gleich dem Widerstand der Parallelschaltung. Wir benötigen das Reziproke dieses Widerstands, um den Nenner in (7.5.34) fertig zu stellen:

$$\text{Mit } \frac{1}{Z_{LC}} = \frac{1}{\frac{1}{j\omega L} + j\omega C} \text{ gilt } Y = \frac{1}{R\left(\frac{1}{j\omega L} + j\omega C\right) + 1} \cdot X \qquad (7.5.35)$$

Der Faktor vor der Eingangsgröße X gibt an, wie die Fourier-Transformierte der Eingangsfunktion bezüglich Betrag und Phase gewichtet wird. Diese Funktion heißt *Frequenzgang* des Übertragungssystems (hier der Black-Box).

$$G(\omega) := \frac{1}{R\left(\frac{1}{j\omega L} + j\omega C\right) + 1} : \quad \underline{Y(\omega) = G(\omega) \cdot X(\omega)} \qquad (7.5.36)$$

Die Funktionswerte des Frequenzgangs lassen sich in der Gaußschen Ebene als Ortskurve mit der (Kreis-)Frequenz als Parameter darstellen. Die Funktion muss dazu durch Erweiterung mit dem konjugiert komplexen Nenner in Real- und Imaginärteil separiert werden – den Rest liefert Excel.

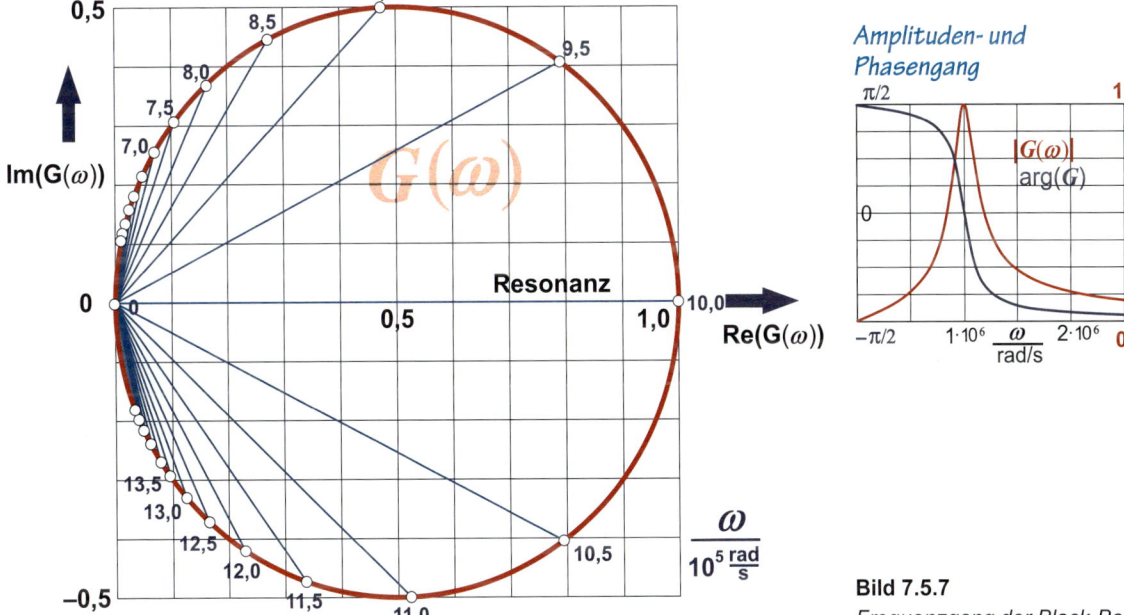

Bild 7.5.7
Frequenzgang der Black-Box

Die Ortskurve ist in unserem speziellen Beispiel ein Kreis. Jeder Punkt gibt Auskunft über die Amplitude und Phase bei der jeweiligen Frequenz. In der Randspalte sind die beiden Informationen in einem Diagramm heraus gezeichnet. Man

Der Umgang mit Frequenzgängen in der Gaußschen Ebene erfordert Übung! Der Lohn: Die Rücktransformation kann überflüssig werden.

erkennt bei einer Frequenz von 1 Mrad/s einen Resonanzpeak. An der Maximalstelle passiert die Eingangsgröße das System ohne Phasen- und Amplitudenänderung. Bei sehr niedrigen Frequenzen ist der kapazitive Widerstand unüberwindlich hoch, der induktive Widerstand sehr gering – die geringe Ausgangsspannung ist der Eingangsspannung um 90° voraus. Umgekehrt ist der induktive Widerstand im Falle höchster Frequenzen eine Sperre – der kapazitive Widerstand ist dagegen gering. Die geringe Ausgangsspannung hinkt dem Eingang um 90° hinterher. Es ist also mithilfe des Frequenzgangs und eventuell auch noch des Amplituden- und Phasengangs möglich, auch ohne Rücktransformation Informationen über ein System zu erhalten.

Leider unvermeidlich!

Instinktiv werden Sie sich sicher schon gedacht haben, dass auch noch ein Pferdefuß zum Vorschein kommt: Integrationen sind in der Regel mit Ärger und Mühe verbunden und inverse Transformationen beinhalten uneigentliche Integrale. Nun wäre es sicher von Interesse, die Ausgangsspannung auszurechnen, die das System einer konkreten zeitabhängigen Eingangsspannung zuordnet. Gehen wir davon aus, dass die Fourier-Transformierte der Eingangsspannung bekannt sei. Dann erhält man die Bildfunktion der Ausgangsspannung einfach aus dem Produkt (7.5.36). Sollte die inverse Transformation dieses Produkts unüberwindliche Probleme machen, gibt es möglicherweise eine Alternative. Man überführt die Übertragungsfunktion in den Originalraum und multipliziert hinterher die Originalfunktionen:

Die Bildfunktion der Ausgangsspannung ist leicht zugänglich, aber ...

(7.5.37) $\quad$ Schön wäre es: $\mathcal{F}^{-1}\{F(\omega)\cdot G(\omega)\}= g(t)\cdot x(t)$ Leider falsch!

Originalfunktionen und Bildfunktionen sind mittels Integralen verknüpft. Funktionswerte auf der einen Seite korrespondiert nicht mit einem, sondern aufgrund der Integraldefinition mit **allen** Funktionswerten der Gegenseite. Eine einfache inverse Transformation eines Produkts ist deshalb nicht selbstverständlich – und das ist auch keineswegs der Fall:

(7.5.38) $\quad \mathcal{F}^{-1}\{F(\omega)\cdot G(\omega)\} := (f*g)(t) := \int\limits_{-\infty}^{+\infty} f(\tau)\cdot g(t-\tau)\,d\tau$

Blankes Entsetzen: Die Rücktransformation erfordert ein Faltungsintegral.

Ein gutes Pferd darf auch einmal eine lästige Hürde verweigern.

Hier kann man nur mit blankem Entsetzen reagieren. Wenn man es irgendwie geschafft hat die Bildfunktionen F und G in den Originalraum zu überführen, stellt sich noch ein Integral in den Weg. Man sieht, jeder Funktionswert der einen Funktion wird jeweils mit allen Funktionswerten der zweiten Funktion multipliziert und integralmäßig „aufsummiert". Die Verknüpfung der beiden Funktionen heißt *Faltungsprodukt* mit einem Stern als Verknüpfungszeichen. Freundlicherweise ist das Faltungsprodukt kommutativ, assoziativ und (falls Summen im Spiel sind) distributiv. Angesichts der hohen Hürden, die sich bei der Rückkehr in den Originalraum in den Weg stellen, ist nicht verwunderlich, dass man möglichst im Bildraum bleibt und versucht, dort das Verhalten von Systemen zu studieren. Als Alternative zu den Fourier-Transformationen bieten sich Laplace-Transformationen an. Die sind zwar abstrakter, dafür aber rechentechnisch besser zu handhaben. Wir werden im nächsten Abschnitt hinein schnuppern.

7.6 Schnupperkurs Laplace-Transformation

Laplace-Transformationen sind für Anwender unverzichtbare Werkzeuge. Steuer- und Regelungstechnologie sind beispielsweise ohne Kenntnisse über Laplace-Transformationen undenkbar. Die (anspruchsvollen) mathematischen Grundlagen fallen in die Analysis III (auch Funktionentheorie) und stehen dem Studierenden in den Fachvorlesungen in der Regel noch nicht zur Verfügung. Generationen von angehenden Ingenieuren mussten sich deshalb irgendwie behelfen. Das wird Ihnen nicht anders gehen – dieser Abschnitt soll helfen, das kalte Wasser, in das Sie geworfen werden, zumindest etwas vorzuwärmen.

Mathematisches Glatteis!

Homogene lineare Differenzialgleichungen mit konstanten Koeffizienten haben wir am Beispiel des gedämpften Oszillators berechnet (s. (1.9.4)). Notieren wir eine Differenzialgleichung n-ten Grades dieses Typs in Operatorform und fügen den üblichen Lösungsansatz hinzu:

$$\left(a_n \frac{d^n}{dt^n} + a_{n-1} \frac{d^{n-1}}{dt^{n-1}} + \ldots + a_2 \frac{d^2}{dt^2} + a_1 \frac{d}{dt} + a_0\right) f(t) = 0 \qquad (7.6.1)$$

Lösungsansatz: $f(t) = e^{st}$ mit $s \in \mathbb{C}$

Geht man mit diesem Ansatz in die Differenzialgleichung, produziert jede Ableitung einen Faktor s und es ergibt sich die sogenannte *charakteristische Gleichung*:

Wir benennen den Parameter hier mit Rücksicht auf „Laplace" nicht mit „r" oder „λ", sondern mit „s".

$k \in \mathbb{N}$: $\quad \dfrac{d^k}{dt^k} y = \dfrac{d^k}{dt^k} e^{st} = s^k \cdot e^{st} = s^r \cdot y$

Einsetzen: $\left(a_n s^n + a_{n-1} s^{n-1} + \ldots + a_2 s^2 + a_1 s + a_0\right) f(t) = 0 \qquad (7.6.2)$

$\Rightarrow a_n s^n + a_{n-1} s^{n-1} + \ldots + a_2 s^2 + a_1 s + a_0 = 0 \quad$ charakteristische Gl.

Da wir im Komplexen arbeiten, hat die charakteristische Gleichung gemäß dem *Fundamentalsatz der Algebra* genau n Lösungen – aber nicht notwendig n verschiedenen Lösungen. Im Falle n verschiedener Lösungen der charakteristischen Gleichung ergibt sich die allgemeine Lösung der homogenen Differenzialgleichung aus einer Linearkombination der e-Funktionen des Lösungsansatzes:

Es gibt genau n komplexe Lösungen. Mehrfachnullstellen werden entsprechend ihrer Vielfachheit durchgezählt.

$$\mathbb{L} = \left\{ s_k \,\Big|\, \sum_{i=0}^{n} a_i s_k^i = 0 \right\}, \; |\mathbb{L}| = n: \; f(t) = \sum_{k=1}^{n} C_k \, e^{s_k t} \qquad (7.6.3)$$

Im Falle von Mehrfachnullstellen muss – wie am Beispiel von (1.9.28) gezeigt – die Linearkombination etwas umgestaltet werden. Komplexe Exponenten sind im Falle der Lösungen linearer gewöhnlicher Differenzialgleichungen mit konstanten Koeffizienten Normalität. Zumindest ist es plausibel, die Lösung (7.6.3) ähnlich wie im Falle der Fourier-Transformation zu einer Integral-Transformation auszubauen. Aus der Summe wird ein Integral, die Exponenten der e-Funktionen

Keine Angst vor komplexen Exponenten!

Aus $\mathcal{F}$ wird $\mathcal{L}$!

(7.6.4)

Vorsicht, es ist auch p statt s üblich!

Ohne Korrespondenztabellen keine Laplace-Transformationen

sind komplex und ein Anwendungsbereich zeichnet sich bereits im Vorfeld ab – gewöhnliche Differenzialgleichungen.

$$\mathcal{F}\{f(t)\}=\int_{-\infty}^{\infty}f(t)e^{-j\omega t}dt \xrightarrow{?} \mathcal{L}\{f(t)\}=\int_{\ldots}^{\ldots}f(t)e^{-st}dt \quad \text{mit} \quad s=\sigma+j\omega$$

Die Überlegungen scheinen hier bereits beendet zu sein, denn zu einer Transformation gehört auch eine Inverse. Nun besteht die in *(7.6.4)* mit s benannte Variable aus dem Realteil σ und dem Imaginärteil ω, das sind zwei voneinander unabhängige Variable! Damit hat die transformierte Funktion – hier mit $\mathcal{L}\{f(t)\}$ benannt – nicht wie die Fourier-Transformierten eine, sondern zwei unabhängige Variable – sie ist **zweistellig**! Das Differenzial für eine inverse Transformation wäre komplex – das Transformations-Integral müsste eine Art Kurvenintegral auf der Gaußschen Ebene sein und das ist noch nicht Teil Ihres Repertoires. Tatsächlich lässt sich dieses Handikap mithilfe ausführlicher *Korrespondenztabellen* und einem Netz von Regeln (beides Standard in professionellen Formelsammlungen) umgehen. Wegen der engen Anlehnung an Formelsammlungen ist es ratsam, sich **streng** an die üblichen Benennungen und Normen zu halten (deswegen heißt die komplexe Variable in diesem Abschnitt nicht r oder λ, sondern s – Sie müssen das schlucken).

Bevor wir uns an konkrete Anwendungen wagen, muss erst einmal die Vorschrift vorgestellt werden, wie die einstellige Funktion $f(t)$ alternativ zu „Fourier" transformiert werden soll:

(7.6.5)

$$\mathcal{L}: \mathcal{O} \to \mathcal{B}, \quad f(t) \mapsto F(s) \quad \text{mit} \quad F(s)=\mathcal{L}\{f(t)\}=\int_{0}^{\infty}f(t)e^{-st}dt$$

Die Vorschrift heißt *Laplace-Transformation* und überführt Funktionen aus dem Originalbereich (auch Zeitbereich) in den Bildbereich (auch Menge der Unterfunktionen). Beachten Sie, die untere Grenze ist nicht wie bei „Fourier" minus unendlich, sondern null. Vor dem Integral steht gemäß DIN 5487 kein Faktor – der steht vor der inversen Transformation. Für grundsätzliche Überlegungen werden die Funktionen des Originalbereichs mit einem kleinen f – die des Bildbereichs (*Bildfunktionen*) mit einem großen F benannt. Sollte es sich um physikalische Größen handeln, muss wie bei „Fourier" das Häkchen (Hatschek) herhalten. Vorteilhaft ist bei der Laplace-Transformation, dem komplexen Exponenten sei Dank, dass die strenge Forderung nach Beschränktheit (s. (7.5.7)) viel großzügiger gefasst sein darf. Das Laplace-Integral konvergiert, wenn gilt:

Beachten Sie, es geht hier um Mengen von Funktionen und nicht etwa um Zahlenmengen!

(7.6.6)

$$\forall t>0 \; \exists M, \beta \in \mathbb{R} \; (M>0); \; |f(t)|<Me^{\beta t}$$

Da eine e-Funktion stärker wächst als jede Potenz, erfüllen ganzrationale Funktionen problemlos diese Bedingung.

Die Anforderungen sind wesentlich schwächer als die für die Fourier-Transformation. Bezüglich der Sprungstellen gilt dasselbe wie das im vorherigen Abschnitt Gesagte.

Das für Sie vorerst wichtigste ist in dem folgenden Merksatzkasten zusammengestellt. Dort ist auch aufgeführt, wie das Integral aussieht, mit dem Funktionen aus dem Bildraum zurück in den Originalraum zu transformieren sind.

7.6 Schnupperkurs Laplace-Transformation

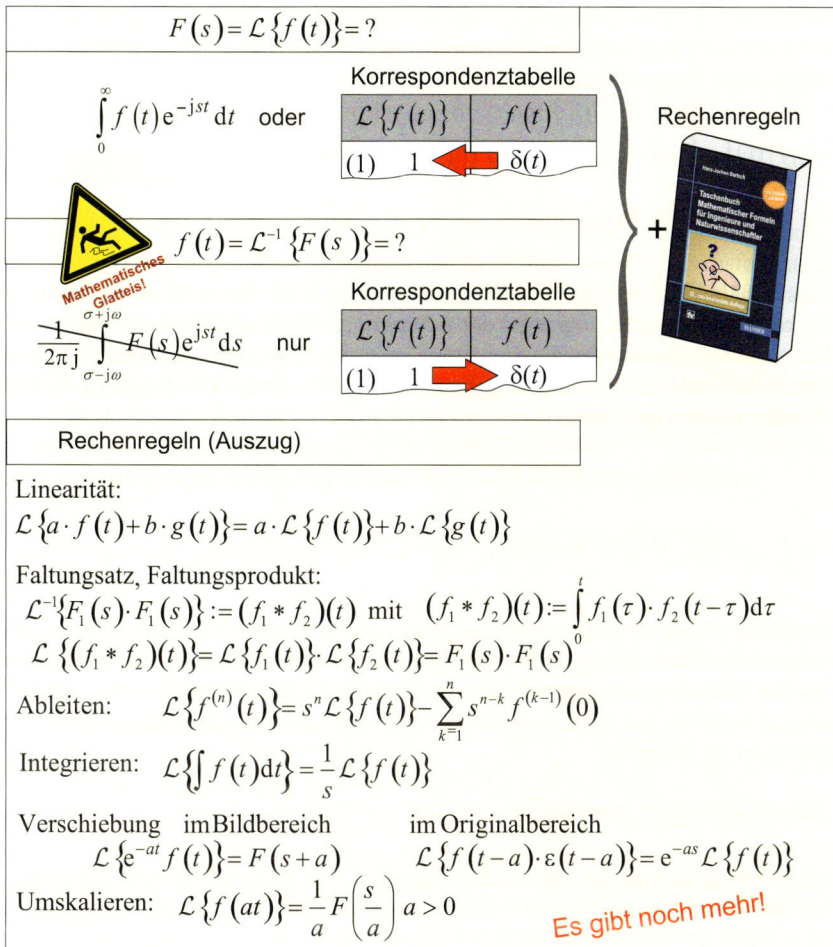

Merksatz 7.6.1

Linearität – die freundliche Eigenschaft

Faltungssatz: Diesen Frosch müssen Sie wohl schlucken.

ε(t-a) siehe (7.6.17)!

Da die Integrationen in beiden Transformationsrichtungen lineare Operationen sind, müssen auch Laplace-Transformationen und deren Inverse linear sein. Das ist dann auch bereits die erste und wichtigste Rechenregel. Mit dieser Regel entfällt wie bei „Fourier" Ärger mit Summanden und konstanten Faktoren. Summanden können separat transformiert werden, konstante Faktoren werden vorangestellt.

Das „Napoleonische Prinzip" funktioniert im Falle von Funktionsprodukten nicht. Sollte Sie die komplette Bildfunktion nicht in einer Korrespondenztabelle finden, gibt es wie bei „Fourier" Ärger. Auch wenn Sie Bildfunktionen der Faktoren in der Korrespondenztabelle finden, ergibt sich die Originalfunktion nicht einfach aus deren Produkt, sondern aus dem *Faltungsprodukt* der in den Originalraum überführten Faktoren. Es muss also integriert werden. Das Faltungsprodukt ist kommutativ, assoziativ und auch distributiv. Der Name *Faltungs-Produkt* ist damit angebracht – als Verknüpfungszeichen dient (wieder) der Stern.

Napoleonisches-Prinzip (abgewandelt):
Zerlege eine Aufgabe in lösbare Teilaufgaben und arbeite diese nacheinander ab!

Um ein Faltungsintegral kommt man in diesem Fall herum: Die Variable s kürzt sich heraus und die Suche in der Korrespondenztabelle ist erfolgreich:

(7.6.25)

$F(s) = \mathcal{L}\{f(t)\}$	$f(t)$
(15) $\dfrac{a}{(s-b)^2 + a^2}$	$e^{bt}\sin(at)$

Wenn man den Nenner der Bildfunktion ausmultipliziert, kann man die Systemparameter an die Parameter der Formel (7.6.24) anpassen:

(7.6.26)
$$b := -\frac{1}{2RC}\;(=\delta),\quad a := \sqrt{\frac{1}{LC} - \frac{1}{4R^2C^2}}\;\left(=\sqrt{\omega_0^2 - \delta^2}\right)$$

Die in Klammern zugefügten Parameter sind an die Bezeichnungen eines gedämpften Oszillators angepasst (s. Abschn. 1.9). Damit ergibt sich im Falle eines positiven Radikanden:

(7.6.27)
$$f(t) = \frac{U_\varepsilon}{\omega_d RC}\,e^{-\delta t}\sin(\omega_d \cdot t)\quad\text{mit}\quad \omega_d = \sqrt{\omega_0^2 + \delta^2},\; \omega_0 = \frac{1}{\sqrt{LC}},\; \delta = \frac{1}{2RC}$$

Zwar kein Wunder, aber immerhin bemerkenswert: Eine LC-Schaltung (Schwingkreis) benimmt sich wie ein mechanischer Oszillator.

Eine Kombination aus Induktivität und Kapazität ist demnach ein schwingfähiges System. Ohmsche Widerstände bilden die Dämpfung. Das folgende Bild zeigt die Antwort des Systems auf eine Sprungfunktion am Eingang. Eingesetzt sind die in *Bild 7.5.5* angegebenen Werte. Immerhin währt die Schwingung, in die das System durch einen δ-Impuls versetzt wird größenordnungsmäßig 100µs lang.

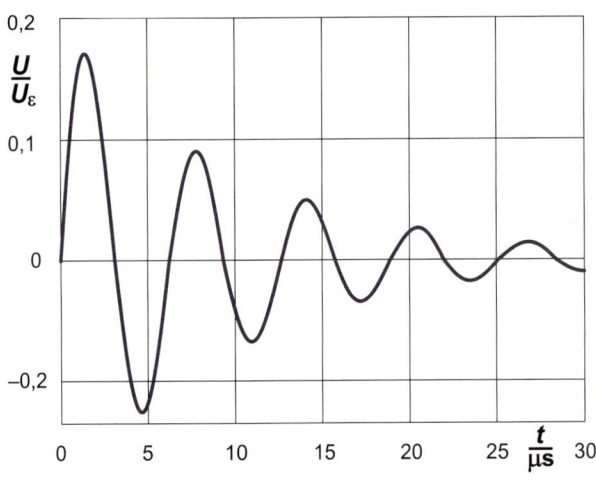

Bild 7.6.2
Antwort der Black-Box auf eine Sprungfunktion

Wer an der Nützlichkeit der Laplace-Transformation immer noch zweifelt, dem wird möglicherweise ein Blick (leider kein Überblick) in die *Steuer- und Regeltechnik* beeindrucken. Das folgende Bild zeigt eine typische Anordnung, wie sie dem Einsteiger in dieses Fachgebiet gerne angeboten wird. Die Teilsysteme des Gesamtsystems werden wie Kettenglieder aneinander gereiht – man spricht deshalb auch von den Gliedern des Regelkreises. Im vorliegenden Beispiel soll ein Schiff durch ein sehr enges Fahrwasser gesteuert werden. Die *Führungsgröße w* ist dabei die Mitte des Fahrwassers. Auszuregeln ist die momentane Abweichung des Schiffes (= *Regelgröße x*) von der Führungsgröße. Die Aufgabe des Reglers ist nun die Regelgröße bezüglich Größe und Zeitverhaltens zu bewerten und daraus nach einem vorgegebenen Algorithmus eine *Stellgröße* für die Rudermaschine zu errechnen. Die Rudermaschine ist ein Teilsystem der *Regelstrecke*.

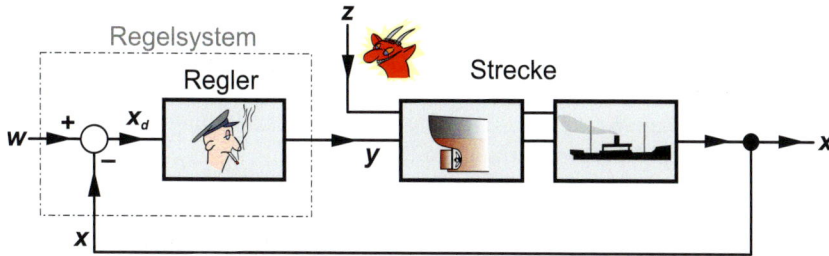

Bild 7.6.3
Beispiel eines Regelkreises.

Aufgrund der Verstellung des Steuerruders durch die Rudermaschine wird das Schiff hoffentlich seiner Ideallinie näher kommen. Am Eingang der Regeleinrichtung wird fortlaufend die Abweichung vom Sollwert geprüft, um diese mithilfe der Bauelemente der Strecke auszuregeln. Aber wo sind die Probleme? Die bestehen zum einen in den mannigfaltigen Störeinflüssen – im Bild symbolisiert durch die *Störgröße z*. Das Hauptproblem sind immer einige oder alle Glieder der Regelstrecke. Verzögerungen, Trägheits- und Dämpfungseffekte behindern das Verstellen des Steuerruders. Da die Querbeschleunigungen komplizierte hydrodynamische Vorgänge involvieren, ist das letzte Glied der Stecke – das komplette Schiff – im Grunde das widerborstigste Glied. Große Massen und Trägheitsmomente sind im Spiel. Ausgangs- und Eingangsgrößen der Glieder der Regelstrecke sind selten einfach zueinander proportional (p-Glied), sondern durch Differenzialgleichungen verwoben. Man ahnt, wie schwierig es sein kann, einen Regler Stellgrößen für derartig widerborstige Systeme errechnen zu lassen. Ein falsch eingestelltes Regelsystem gerät spontan oder bei einer Störung außer Kontrolle, man sagt, das System ist instabil.

z, die Störgröße

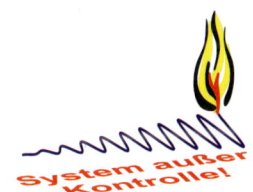

Bevor man sich allerding an einen kompletten Regelkreis wagt, ist es sinnvoll, zunächst einzelne Glieder eines möglichen Systems zu untersuchen. Dazu gibt man eine Gleichung zwischen Eingangs- und Ausgangsgröße vor und errechnet deren Verhalten unter dem Einfluss von Testsignalen. Das Werkzeug dazu sind die in diesem Abschnitt dargelegten Methoden.

Ergänzende Hinweise

Werfen Sie Ihre Formelsammlung aus der Schule nicht fort!

Formelsammlungen

Wie bereits erwähnt sind Formelsammlungen für Studium, Weiterbildung und Beruf unabdingbar. Werfen Sie Ihre gute alte Formelsammlung aus der Schule nicht fort – sie wird auch weiterhin gute Dienste tun.

Beispiel:
- Das große Tafelwerk interaktiv, Formelsammlung für die Sekundarstufen I u. II. Cornelsen, Volk und Wissen, Berlin 2003.

Für weitergehende Probleme müssen Sie sich – abhängig von Ihrer speziellen Fachrichtung – für eine Hochschulformelsammlung entscheiden.

Eine nicht zu unterschätzende Kompetenz ist das Arbeiten mit professionellen Formelsammlungen.

Beispiele:
- *Bartsch*: Taschenbuch mathematischer Formeln. Fachbuchverlag Leipzig im Carl Hanser Verlag 22. Auflage, München 2012.
- *Bronstein u. a*: Taschenbuch der Mathematik. Verlag Harri Deutsch. 7. Auflage, Frankfurt/Main 2008

Vorbereitende und weiterführende Literatur

Sollten Sie Lücken in Ihrem Vorwissen feststellen, kann das nebenstehende Lehrbuch helfen. Der im hinteren Teil des Buches abgedruckte Lernkompass navigiert Sie rasch zu den entsprechenden Abschnitten.

- *Paech*: Mathematik – anschaulich und unterhaltsam. Fachbuchverlag Leipzig im Carl Hanser Verlag 2. Auflage, Leipzig 2012.

Natürlich kann Mathematik anschaulich aber nur bedingt unterhaltsam sein.

Welche Literatur Sie in Zukunft benutzen, hängt von Ihrer Fachrichtung ab. Sollte in Ihrem Studiengang ein bestimmtes Werk Standard sein, hat es wenig Sinn gegen den Strom zu schwimmen. Wenn gesichert ist, dass im Rahmen dieses Buches gelehrt (Vorlesungen) und gearbeitet (Übungen) wird, sollten Sie sich das Buch anschaffen. Ansonsten tut man gut daran, sogenannten Literaturlisten kritisch gegenüberzustehen. Mathematik veraltet glücklicherweise nicht. Der Mode unterworfen können Schreibweisen sein und viele Autoren meinen ihre Fachkompetenz durch Verwendung angloamerikanischer Begriffe herausstellen zu müssen. Davon abgesehen können bewährte Klassiker, die möglicherweise als Erbstück im Ihrem Schrank stehen, weiterhin als ergänzende Literatur gute Dienste leisten. Was man in dem einen Buch nicht versteht, versteht man möglicherweise in einem anderen. Die beiden im Folgenden aufgeführten Bücher sind Beispiel für derartige Klassiker:

- *Courant*: Vorlesungen über Differential- und Integralrechnung, erster Band, Funktionen einer Veränderlichen. Springer-Verlag Berlin, Göttingen, Heidelberg.
- *Courant*: Vorlesungen über Differential- und Integralrechnung, zweiter Band, Funktionen mehrerer Veränderlicher. Springer-Verlag Berlin, Göttingen, Heidelberg.

Die in Kapitel 7 behandelten Integraltransformationen sollen Ihnen erst einmal für den Fall weiterhelfen, wenn in Ihren Fachvorlesungen vorzeitig darauf zurückgegriffen wird. Später bedürfen die in diesem Buch mit „Schnupperkurs" bezeichneten Abschnitte ergänzender Fachliteratur.

Der Klassiker „Courant" aus dem Jahre 1961 widersteht sogar einem Wurf gegen die Wand.

Beispiele:
- *Preuß*: Mathematik-Studienhilfen: Funktionaltransformationen – Fourier-, Laplace- und Z-Transformationen. Fachbuchverlag Leipzig im Carl Hanser Verlag, München 2009.
- *Föllinger*: Fourier-, Laplace- und Z-Transformation. VDE-Verlag GmbH. 10. Auflage Berlin Offenbach 2011.

Sollten nicht gegen Wände geworfen werden.

Bilder und Bildquellen

Sämtliche grafischen Objekte dieses Buches sind vom Autor selbst gezeichnete Vektorgrafiken, erstellt mit dem Corel-Designer X4. Einige Objekte wurden mit lizenzfreien Elementen oder aus der vom Autor 1996 auf der CeBit erworbenen lizensierten Clipart-Sammlung ergänzt („Task Force ClipArt"/New Vision Technologies Inc.). Grundlage für Bild 7.2.4 war die in Wikipedia dargestellte Förderschnecke (Zeichner: Silberwolf). Für eingebundene Bitmaps wurde Poser 5 verwendet.

Grafisches Objekt erstellt mit Corel-Designer X4

Tabellenkalkulation (Excel)

In diesem Buch wurde darauf verzichtet, teure Computeranwendungen wie beispielsweise MathCad einzubeziehen. Tatsächlich wird mit der im normalen Lieferumfang eines Rechners enthaltende Tabellenkalkulation (meistens Excel) bereits ein nicht zu unterschätzendes Werkzeug zur Verfügung gestellt. Es lohnt sich, den Umgang mit diesem universellen Werkzeug zu üben. Wer aus irgendwelchen Gründen – z. B. Zeitmangel – mit den hier beschriebenen Tabellenkalkulationen Schwierigkeiten hat, kann sie sich von der Homepage des Autors www.dr-paech.de unter dem Menüpunkt *Leserservice* herunterladen.

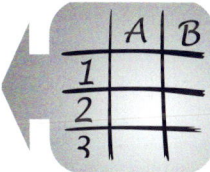

Tabellenkalkulation ist ein leistungsfähiges Werkzeug.

Sachwortverzeichnis

A

Abfallen (Segeln) 288
Abgangswinkel 79, 82
abgeschlossenes System 138, 155, 286
Abklingkoeffizient 54
Abklingkonstante *siehe* Abklingkoeffizient
Ableitungen
    gemischte 187
    partielle 186
    totale 196, 205
    zweite partielle 187
Absorption, selektive 74
Additionsverfahren 53, 134
Algorithmus 21
allgemeine Lösung 43, 53, 58, 67, 391
Amplitude
    komplexe 353
    reelle 45
Anfangsbedingung 21, 24, 45, 361
Anfangsgeschwindigkeit 53, 82
Anfangsphasenwinkel 44
Angriffspunkts einer Kraft 144
Antenne 374
aperiodischer Fall *siehe* Kriechfall
aperiodischer Grenzfall 52
Äquipotenzialfläche 286
Äquipotenziallinien 307
arg-Funktion 275
arithmetisches Mittel 230
Ausreißer *siehe* Regressionsfunktion
axialer Vektor 125, 145

B

Badmintonball (Flugbahn) 85
Bahnkurve 84
Bandbreite 74
beschleunigtes System 120
Beschleunigung 18
Beugung 373
Bewegungsenergie *siehe* kinetische Energie
Bewegungsgesetz *siehe* Newton, 2. Axiom
Bewegungsgleichung 79, 81, 86, 90, 109, 114, 120, 135, 138
Bewegungsgröße *siehe* Impuls
Bildbereich
    Fourier 381
    Laplace 392
Bildfunktion
    Fourier 381
    Laplace 392
Blutwurst-Relation 260
Bogenmaß 60

C

Cauchy-Riemannsche Differenzialgleichungen 308
charakteristische Gleichung 51, 391
Corioliskraft 124
Coulomb
    Feld 302
    Gesetz 302
    Potenzial 307
c_w-Wert 23

D

Dämpfung 39
Dämpfungsgrad 56
Dämpfungskonstante 40
Definitionszeichen *siehe* Zuweisungszeichen
Deltakamm 384
Deviationsmomente 169
Deviationswiderstand 172
D-Feld *siehe* Verschiebungsdichte
δ-Funktion 384
Diamagnetismus 337
Dichte 233, 243
    Ladungs- 278
    Massen- 278
Differenzenquotient 24
Differenziale 21, 22, 190
    2. Ordnung 206
Differenzialgleichung
    gewöhnliche 50
    homogene 50
    inhomogene 67
    lineare 67
    partielle 300, 305, 346, 356
Differenzialquotient 19
Dipol 310, 313
    elektrischer 332
    Feld 274
    magnetischer 333

Moment 310
Potenzial 310
Diskriminante 207, 216
Dispersion 369
Divergenz (Operator) 297
    Koordinatendarstellungen 298
    Rechenregeln 298
Drall *siehe* Drehimpuls
Drehimpuls 154
Drehimpulssatz 155
Drehmoment 145
Durchflutung 328

E
Ebene 95
    Normalform 96
    Parameterform 96
Eigenfrequenz 44, 54, 78
Eigenschwingung 44, 78
Eigenvektor *siehe* Eigenvektorproblem
Eigenwertproblem 162
Einheitsvektor 8
Einsiedlerpunkt *siehe* Punkt, isolierter
elektrische Feldkonstante 15
Elementarmagnet 334
Energie 285
    kinetische 286
    -Niveau 286
    potenzielle 285
    Strom 63
Erhaltungsgröße 137
Erreger 39, 60
Erregerfrequenz 40
Euler
    Formeln 52
    Gleichungen 172
    imaginäre Einheit j 52
explizit 28
explizite Darstellung 88
Exponentialfunktion
    komplexe 52, 352
    reelle, neg. Exponent 54
Extremstelle 206
Extremwertaufgaben 224

F
Falksche Regel *siehe* Matrizenmultiplikation
Fallbeschleunigung 129
Fallen 288

Faltungsprodukt 390, 393
Faradaysches Gesetz *siehe* Maxwell II
Federkonstante 40
Fehler *siehe* Unsicherheit
Fehlerfortpflanzungsgesetz 203
Feld
    ebenes Vektor- 265
    Feldlinien 266
    homogenes 183
    skalares 182
    Stärke 182
    stationäres 182
    Vektor- 181
Feldkonstante
    elektrische 300
    magnetische 329
Feldlinienbilder (Vektorfelder) 266
    Eigenschaften 267
    homogenes Feld 272
    Potenzialwirbel 271
    Quelle/Senke 272
    Wirbelfeld 270
Fernfeld 309
Figurenachse 161
Flächenvektor 260
Flugbahn(-daten) 83
Fluss 259, 277
Flussdichte 277
Fourier
    Integral 369
    Reihe 376
    Transformation 381
    Transformation, inverse 381
Freiheitsgrade 159
Frequenz 43, 60
Frequenzbereich *siehe* Bildbereich
Frequenzgang 389
Führungsgröße 399
Fundamentalsatz der Algebra 391
Funktionswert 29

G
ganzrationale Funktion 229
Gauß
    Gaußscher Integralsatz 299
    Gaußsche Zahlenebene 69, 352
Gerade im Raum 91
Gleichheitszeichen 7
Geschwindigkeit 18

Gradient 100, 193, 194, 195
    Darstellungen 200
Gradientenfeld *siehe* Potenzialfeld
Gravitationsgesetz 108
Gravitationskonstante 15, 106
Größenvektoren 79
Grundgesetz der Mechanik *siehe* Newton 2. Axiom
Gruppengeschwindigkeit 369

H

Halbwertszeit 54
harmonischer Oszillator 290
Hauptachsen *siehe* Hauptträgheitsachsen
Hauptträgheitsachsen 162
Heaviside-Funktion *siehe* Sprungfunktion
Hebelgesetz 144
Helmholtz-Spulen 329
Hermitesches Produkt 375
H-Feld 337
Höhe 288
Höhenlinien 183
Hookesches Gesetz 40
Hyperbelfunktionen 55
Hyperebene 193
Hysterese 340

I

imaginäre Einheit j 52
Im-Funktion 70, 353, 354
implizit 28
Impuls 16, 137
Impulssatz 138
Index 8
Induktion 341
Induktivität 343
Inertialsystem 120
Integrabilitätsbedingungen 282
Integral
    Bereichs- 234
    Bewegungs-, additives 137
    Doppel 237
    Dreifach- 236
    Flächen- (1. Art) 257
    Flächen- (2. Art) 260
    gewöhnliches 235
    Hüllen- 296
    Kurven- (1. Art) 252
    Kurven- (2. Art) 255
    Raum- 234
    Ring- 317

Integral, unbestimmtes *siehe* Stammfunktion
Integration, numerische 36
Isobaren 184

K

Kapazität 303
kartesisches Blatt 210, 215
Kegelschnitte 104
Kegelverhältnis 104
Kennkreisfrequenz 51, 59, 352
Keplersche Gesetze 111
Kettenregel 187
Klammern 7
Klang 374
klassische Physik 14
konservatives Feld *siehe* Potenzialfeld
Kontinuitätsgleichung
    als partielle Diff.gl. 305
    (für laminare Strömung) 300
Konus 104
Koordinatentransformation 120
    orthogonale 123
Koordinatenvektoren 79
Korrespondenztabelle 385, 392
Kräftepaar 146
Kreisel
    asymmetrischer 162
    sphärischer (Kugel-) 160
    Spiel- 172
    symmetrischer 161
Kreiselkompass 175
Kreiselmoment 172
Kreisfrequenz 43, 60
Kreisrepetenz *siehe* Kreiswellenzahl
Kreiswellenzahl 353
Kreuzprodukt 96, 125, 145
Kriechfall 47, 52
Kronecker δ-Funktion 158, 311
Krümmung 219
Krümmungskreis 219
Kugelkoordinaten 199, 247
Kugelsektor 247
Kursivregel 6
Kurve
    geschlossene 317
    Parameterdarstellung 89
Kurvendiskussion 214

L

l'Hospitalsche Regel 217, 371
Laplace
    Gleichung 306
    Koordinatendarstellungen 299
    Operator 298
    Transformation 392
least square method *siehe* Methode der kleinsten Quadrate
Lebensdauer 54
Leitfähigkeit, spezifische 338
Lemniskate 219
Lichtgeschwindigkeit 15
Linearkombination 44
logarithmisches Dekrement 55
Lorentzkurve 75

M

magnetische Feldstärke H *siehe* H-Feld
Magnetisierung 337
Magnus-Effekt 276
Masse (el.) *siehe* Nullpotenzial (el.)
Massenmittelpunkt 135, 149, 244
Massenstromdichte 278
Matrizenmultiplikation 158
Maximum, relatives 206
Maxwellsche Gleichungen 14
    I und II für stat. Felder 300
    II (allgemein) 341
    III und IV in Poissonfassung 330
    III und IV für st. Felder 323
Methode der kleinsten Quadrate 228
Minimum, relatives 206
Modell (Naturwissenschaft) 11, 13
Monopolterm 310
Morsezeichen 382
Multiplikatorregel von Lagrange 225
Multipole 309, 310, 312

N

Nabla-Operator 194
Naturkonstante 15
Neilsche Parabel 215
Newton
    1. Axiom 91
    2. Axiom 18, 138
    3. Axiom 107
    Gravitationsgesetz 106
Normalbeschleunigung *siehe* Zentripetalbeschleunigung
Normalenform, Hessesche 97

Normalenvektor 96
Normalkraft 113
Nullphasenwinkel *siehe* Anfangsphasenwinkel
Nullpotenzial (el.) 330
Nutation 170, 180

O

Ohmsches Gesetz
    Magnetismus 340
    Stromkreis 338
Orientierung im Raum 166
Originalbereich 381, 392
Orthogonaltrajektorie 222
Orthonormal-Basis 375
Ortskurve 389
Ortsvektor 88, 91
Oszillator 39
Oszillatoren, gekoppelte 77

P

Parabelflug 131
Paraboloid 208, 214
Parallelogrammregel 157
Paramagnetismus 337
Parameter 30, 51
Partikulärintegral 67
peak 74
Pendel
    Dreh- 167
    mathematisches 169
    Uhren- 168
Periodendauer 43
Permeabilität, relative 337
Permitivität, relative 336
Phasengeschwindigkeit 355
Phase, Phasenwinkel 45
physikalische Arbeit 254
Plattenkondensator 303
Plattfuß *siehe* Nullpotenzial (el.)
Poisson-Gleichung 306
polarer Vektor 125
Polarkoordinaten 197, 199
Polarkoordinaten, sphärische *siehe* Kugelkoordinaten
Polynomfunktion *siehe* ganzrationale Funktion
Potenzial 281
    -Feld 281
    -Funktion 281
    -Wirbel 271
Präfix-Schreibweise 7

Präzession 170
Präzession, reguläre *siehe* Nutation
Prüfformel 33
Pseudovektor *siehe* axialer Vektor
Punkt
    Doppel- 215
    isolierter 214
    regulär 216
    Rückkehr- 215
Punkte, singuläre 216
Punkt-Richtungs-Form 91
Punkt-vor-Strich 7

Q
Quabla-Operator 347
Quadrupol 310
Quelle 271, 296
    Dichte 297
    Ergiebigkeit 296
    negative *siehe* Senke

R
Radiant 60
Radiusvektor *siehe* Ortsvektor
Randbedingungen 360
Raumwinkel 247
Rechte-Hand-Regel 145
Re-Funktion 70
Regelgröße 399
Regelstrecke 399
Regressionsfunktion 228
Relativitätstheorie, allgemeine 130
Remanenz 344
Resonanz 60
Resonanzkatastrophe 61, 396
Richtungsvektor 91, 97

S
Sägezahnspannung 379
Sarrussche Regel 146
Scheindrehmoment 171
Scheinkräfte 127
Schleife 26
Schmiegekreis *siehe* Krümmungskreis
Schraubenregel 125
Schubkraft 141
Schwarz, Satz von 188
Schwarzsche Bedingung *siehe* Integrabilitäts-
    bedingungen

Schwebung 367
Schwerpunkt *siehe* Massenmittelpunkt
schwingfähiges System *siehe* Oszillator
Schwingfall 47, 52
Schwingung, erzwungene 41
Selbstinduktion 343
Senke 272, 296
Separation der Variablen 142
Sicherheitsparabel 88
Signalgeschwindigkeit *siehe* Gruppen-
    geschwindigkeit
Singularitäten 214
Skalarprodukt 96
Spalte *siehe* Matrix
Spatprodukt 290
Speicherplätze *siehe* Variable
Spektralfunktionen 369, 381
Spitze-Tal-Wert 377
Sprungfunktion 74, 396
Spur der Matrix 311
Stammfunktion 68
Standardabweichung 230
starrer Körper 159
stationäre Punkte 206
Steiner, Satz von 246
Stellgröße 399
Steradiant (sr) 247
stetig differenzierbar 6
Steuer- und Regeltechnik 398
Stokesscher Integralsatz 322
Störfunktion 41
Störgröße 399
Strecke 18
Strom 277
    elektrischer 278
Stromdichte 277
    elektrische 278
Stromfunktion Ψ 267
Stromlinie 266
Stromlinienkörper 242, 276
Stromröhren 266
Strömung, laminare 266
Strömungsfeld 182
Strudel 275
Summenkonvention 8
Superpositionsprinzip 274
Suszeptibilität
    elektrische 336
    magnetische 337

S

System 15
    abgeschlossenes 138, 155, 286

T

Tabellenkalkulation 28
Tangential-Ebene 191
Taylor
    Polynom 205
    -Reihe 168, 205
Tensor
    symmetrischer 159
    Trägheitstensor 156
Theorie (Naturwissenschaft) 13
Ton 374
totales Differenzial 192, 193, 197
Trägheitskraft 120
Trägheitsmoment 156, 159, 245
Transformationsmatrix 123
Translation 120
Transposition: (Matrix) 194
Trick-mit-der-Null 207

U

Übertragungsfunktion 395
unitärer Raum 375
Unruhe *siehe* Pendel, Dreh-
Unschärferelationen 371, 372
Unsicherheit 203
Unwucht *siehe* Deviationsmomente

V

Variable, abhängige 29
Variable, gebundene 29
Vektorgleichung 79
Vektorpfeile, Konventionen 150
Vektorpotenzial 330
Verschiebungsdichte 336
Volumendurchfluss 259

W

Wechselwirkung 292
Wellen
    Berge, Täler 355
    ebene 356, 357
    elektromagnetische 364
    elliptisch polarisierte 363
    Fronten 356
    -gruppe/-paket 368
    Kugel- 366
    Länge 355
    linear polarisierte 363
    longitudinale 356
    stehende 358
    transversale 352, 362
    Vektor 357
    -zahl 357
    zirkular polarisierte 363
Wellengleichung 360
Wendezeiger 174
Wetterkarte 183
Wirbel
    -Dichte 322
    -Feld 270
    -Stärke 318
Wirkungslinie der Kraft 144
Wurfparabel 88, 131

Z

Zeitbereich *siehe* Originalbereich
Zelle (Tabellenkalkulation) 28
Zentrifugalkraft 124
Zentripetalkraft 117
Zentripetalbeschleunigung 118
Zerfallskonstante 54
Zirkelbezug 35
Zirkulation *siehe* Wirbelstärke
zyklische Vertauschung 290
Zylinderkoordinaten 197, 241

Mathematik wirklich verstehen!

Paech
Mathematik – anschaulich und unterhaltsam
2., aktualisierte Auflage
596 Seiten. 311 Abb. Vierfarbig.
ISBN 978-3-446-42788-4

Dieses fachübergreifende populärwissenschaftliche Buch ist ideal zur Vorbereitung auf ein naturwissenschaftliches oder technisches Studium und unterstützt Studierende auch noch während der Anfangssemester. Dabei steht das Lernen durch Verstehen im Vordergrund.

Die Inhalte sind nicht streng wie in einem »normalen« Lehrbuch gegliedert, sondern nach dem Anwendungsbezug geordnet. So ist z. B. die Differenzial- und Integralrechnung über mehrere Kapitel verteilt. Dem Autor geht es um die Vermittlung von Zusammenhängen, nicht um das Auswendiglernen von Formeln. Der Lehrstoff wird übersichtlich, prägnant und verständlich dargestellt. Wichtige Begriffe, Definitionen und Merksätze sind hervorgehoben. Das Buch ist daher sehr gut zum Selbststudium geeignet.

Mehr Informationen unter **www.hanser-fachbuch.de**

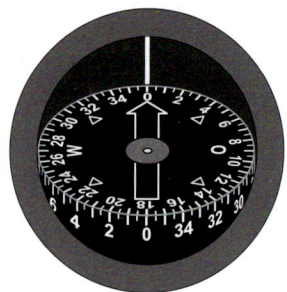

Lernkompass für Überflieger

Fluch und Segen der anwendungsorientierten Mathematik ist der fachübergreifende Charakter. Um relevante Beispiele bearbeiten zu können, kann man Sachverhalte aus Naturwissenschaft und Technik nicht ausklammern. Deshalb sind in diesem Buch ausgewählte Kapitel aus Naturwissenschaft und Technik einbezogen worden. Dieser Lernkompass soll Ihnen eine Hilfe anbieten, um sich in diesem „Fächergemenge" besser zurecht zu finden.

Nicht für Kaufleute gedacht!

Tabellenkalkulation für „experimentelle Mathematik"
Abschn. 1.5: Tabellenkalkulation verstehen
Abschn. 1.6: Mit der Tabellenkalkulation einen Fallschirmsprung simulieren
Abschn. 1.10: Zwang ausüben – Resonanz
Abschn. 2.6: Bahnkurven im Raum aufgrund Gravitation
Abschn. 3.3: Von Bergen, Tälern und Bergsätteln

Differenzialrechnung, gewöhnliche Differenzialgleichungen
Abschn. 1.3: Newtons Bewegungsgesetz (in diesem Abschnitt werden die Grundlagen der Differenzialrechnung wiederholt)
Abschn. 1.9: Der gedämpfte Oszillator exakt
Abschn. 1.11: Erzwungene Schwingungen exakt berechnen
Abschn. 2.1: Eine mittelalterliche Kanone (zusätzlich Abschn. 2.2)

Analytische Geometrie
Abschn. 2.4: Parameterdarstellung einer Geraden im Raum
Abschn. 2.5: Darstellungen von Ebenen im Raum

Weiterführende Differenzial- und Integralrechnung

Abschn. 3.3 Kurvendiskussion

Ausbau der Analysis
Abschn. 3.1: Mehrstellige Funktionen und ihre Ableitungen
Abschn. 3.2: Von totalen Differenzialen, Hyperebenen und Gradienten
Abschn. 3.3: Von Bergen, Tälern und Bergsätteln
Abschn. 3.4: Von Kurven und Singularitäten (Kurvendiskussion)
Abschn. 3.5: Extremwerte mit Nebenbedingungen (nach Lagrange)
Abschn. 3.6: Die Gaußsche Methode der kleinsten Quadrate
Abschn. 4.1: Bereichsintegrale
Abschn. 4.2: Bereichsintegrale in Zylinderkoordinaten
Abschn. 4.3: Bereichsintegrale in Kugelkoordinaten
Abschn. 4.4: Kurven- oder Linienintegrale
Abschn. 4.5: Flächen- bzw. Oberflächenintegrale
Abschn. 7.1: Viele gekoppelte Oszillatoren
Abschn. 7.2: Eine Gleichung, die Wellen produziert (partielle Diff.gl.)
Abschn. 7.4: Fourier-Analyse im Komplexen
Abschn. 7.5: Fourier-Integral und Fourier-Transformation
Abschn. 7.6: Schnupperkurs Laplace-Transformation